国家卫生健康委员会“十四五”规划教材
全国高等学校药学类专业第九轮规划教材
供药学类专业用

无机化学

第8版

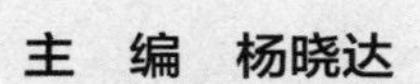

主　编　杨晓达

副主编　徐靖源　张爱平　陆家政

编　者（按姓氏笔画排序）

丁冶春　赣南医学院
王　霞　河南中医药大学
仲维清　浙江中医药大学
杨晓达　北京大学药学院
张爱平　山西医科大学
陆家政　广东药科大学
苟宝迪　北京大学药学院
周　萍　南京医科大学
胡密霞　内蒙古医科大学
徐靖源　天津医科大学
衷友泉　江西中医药大学
展　鹏　山东大学药学院

人民卫生出版社
·北　京·

图书在版编目（CIP）数据

无机化学 / 杨晓达主编 . —8 版 . —北京：人民卫生出版社，2022.7（2024.4重印）

ISBN 978-7-117-33226-2

Ⅰ. ①无… Ⅱ. ①杨… Ⅲ. ①无机化学－医学院校－教材 Ⅳ. ①O61

中国版本图书馆 CIP 数据核字（2022）第 101533 号

无机化学

Wuji Huaxue

第 8 版

主　　编：杨晓达
出版发行：人民卫生出版社（中继线 010-59780011）
地　　址：北京市朝阳区潘家园南里 19 号
邮　　编：100021
E - mail：pmph @ pmph.com
购书热线：010-59787592　010-59787584　010-65264830
印　　刷：保定市中画美凯印刷有限公司
经　　销：新华书店
开　　本：850 × 1168　1/16　　印张：21　　插页：1
字　　数：607 千字
版　　次：1987 年 5 月第 1 版　　2022 年 7 月第 8 版
印　　次：2024 年 4 月第 2 次印刷
标准书号：ISBN 978-7-117-33226-2
定　　价：68.00 元

出版说明

全国高等学校药学类专业规划教材是我国历史最悠久、影响力最广、发行量最大的药学类专业高等教育教材。本套教材于1979年出版第1版，至今已有43年的历史，历经八轮修订，通过几代药学专家的辛勤劳动和智慧创新，得以不断传承和发展，为我国药学类专业的人才培养作出了重要贡献。

目前，高等药学教育正面临着新的要求和任务。一方面，随着我国高等教育改革的不断深入，课程思政建设工作的不断推进，药学类专业的办学形式、专业种类、教学方式呈多样化发展，我国高等药学教育进入了一个新的时期。另一方面，在全面实施健康中国战略的背景下，药学领域正由仿制药为主向原创新药为主转变，药学服务模式正由"以药品为中心"向"以患者为中心"转变。这对新形势下的高等药学教育提出了新的挑战。

为助力高等药学教育高质量发展，推动"新医科"背景下"新药科"建设，适应新形势下高等学校药学类专业教育教学、学科建设和人才培养的需要，进一步做好药学类专业本科教材的组织规划和质量保障工作，人民卫生出版社经广泛、深入的调研和论证，全面启动了全国高等学校药学类专业第九轮规划教材的修订编写工作。

本次修订出版的全国高等学校药学类专业第九轮规划教材共35种，其中在第八轮规划教材的基础上修订33种，为满足生物制药专业的教学需求新编教材2种，分别为《生物药物分析》和《生物技术药物学》。全套教材均为国家卫生健康委员会"十四五"规划教材。

本轮教材具有如下特点：

1. 坚持传承创新，体现时代特色　本轮教材继承和巩固了前八轮教材建设的工作成果，根据近几年新出台的国家政策法规、《中华人民共和国药典》(2020年版)等进行更新，同时删减老旧内容，以保证教材内容的先进性。继续坚持"三基""五性""三特定"的原则，做到前后知识衔接有序，避免不同课程之间内容的交叉重复。

2. 深化思政教育，坚定理想信念　本轮教材以习近平新时代中国特色社会主义思想为指导，将"立德树人"放在突出地位，使教材体现的教育思想和理念、人才培养的目标和内容，服务于中国特色社会主义事业。各门教材根据自身特点，融入思想政治教育，激发学生的爱国主义情怀以及敢于创新、勇攀高峰的科学精神。

3. 完善教材体系，优化编写模式　根据高等药学教育改革与发展趋势，本轮教材以主干教材为主体，辅以配套教材与数字化资源。同时，强化"案例教学"的编写方式，并多配图表，让知识更加形象直观，便于教师讲授与学生理解。

4. 注重技能培养，对接岗位需求　本轮教材紧密联系药物研发、生产、质控、应用及药学服务等方面的工作实际，在做到理论知识深入浅出、难度适宜的基础上，注重理论与实践的结合。部分实操性强的课程配有实验指导类配套教材，强化实践技能的培养，提升学生的实践能力。

5. 顺应"互联网+教育"，推进纸数融合　本次修订在完善纸质教材内容的同时，同步建设了以纸质教材内容为核心的多样化的数字化教学资源，通过在纸质教材中添加二维码的方式，"无缝隙"地链接视频、动画、图片、PPT、音频、文档等富媒体资源，将"线上""线下"教学有机融合，以满足学生个性化、自主性的学习要求。

众多学术水平一流和教学经验丰富的专家教授以高度负责、严谨认真的态度参与了本套教材的编写工作，付出了诸多心血，各参编院校对编写工作的顺利开展给予了大力支持，在此对相关单位和各位专家表示诚挚的感谢！教材出版后，各位教师、学生在使用过程中，如发现问题请反馈给我们(renweiyaoxue@163.com)，以便及时更正和修订完善。

人民卫生出版社

2022年3月

主编简介

杨晓达

理学博士，北京大学药学院教授、博士生导师，毕业于北京大学化学系。自2000年留学回国，在北京大学医学部药学院化学生物学系从事本科和研究生教学工作已20余年。致力于金属代谢和金属药物研究。主讲医学基础化学、药学生物技术和生物无机及无机药物化学等本科、研究生课程。主编国家“十一五”和“十二五”生物和医学类规划教材《基础化学》，承担或参与了多项国家自然科学基金项目、科技部和教育部项目和北京市科技计划项目等研究工作。发表科研和教学论文100余篇，取得发明专利8项。荣获2004年教育部新世纪优秀人才资助、北京市科技进步奖二等奖（2002年）和高校自然科学奖二等奖（2012年和2013年）等。

副主编简介

徐靖源

教授、博士生导师、天津医科大学药学院任教28年，热爱教育事业，坚持一线教学，从事无机化学、医药配位化学、药学导论、药物开发与研究等课程本科、研究生教学工作。长期开展生物无机化学、药物化学、药理学等交叉学科科研工作，致力于铂类抗肿瘤药物以及生物小分子荧光探针研究，承担国家自然科学基金、天津市自然科学基金等课题10余项，发表学术论文100余篇，申请、获得中国发明专利10余项。获得天津自然科学奖2项。先后获得天津市特聘教授、天津市高校学科领军人才、天津市中青年骨干创新人才、天津市教学名师、天津市级教学团队负责人等荣誉称号。曾留学法国巴黎大学、德国李比希大学、美国麻省理工学院。

张爱平

博士，教授，硕士生导师，山西省教育厅教师资格认定专家评委、山西省教师高级专业技术职务评审委员会评委，全国普通高等医学院校“十三五”“十四五”规划教材建设指导委员会委员和《无机化学》教材主编，教育部学位与研究生教育评审专家。从1987年至今一直从事无机化学的教学与科研工作，主要研究方向为纳米材料的生物学效应。主持并参与10余项科研课题，主编教材3部，参编18部，已培养硕士研究生27名。曾荣获山西省教学成果奖一等奖和二等奖；山西省高校教学名师、山西医科大学优秀教师。发表学术研究论文50余篇，其中SCI收录18篇，EI收录2篇。授权国家发明专利1项。*Materials Science & Engineering C* 等SCI期刊和《化学研究与应用》等国内核心期刊的审稿人。

陆家政

男，1964年9月生，毕业于中山大学化学与化学工程学院，获理学博士学位。现为广东药科大学药学院教授、硕士生导师、制药工程系主任。25年来，一直在教学第一线从事无机化学的教学、科研工作。曾担任无机化学、元素无机化学及药用基础化学等课程的主讲教师，具有丰富的教学经验。曾担任高职高专药品类专业卫生部“十一五”规划教材《基础化学》等教材的主编。研究方向为新型钒配合物的设计、合成及其抗肿瘤活性和机制的研究，探讨它们的结构与活性之间的关系。

前　言

《无机化学》(第 8 版)为全国高等学校药学类专业第九轮规划教材。根据药学类专业本科教育的培养目标和人民卫生出版社的要求,我们以第 7 版教材为基础,秉承"传授基本知识、启迪创新思维、培养学习能力、提高科学素养"的教学理念,在综合考虑学科自身的系统性和完整性、信息和人工智能时代教学的新变化、药学其他学科与本学科的联系和需求、四大基础化学内容的相关性和教学重点,以及新时期思政教育对科学基础教育的需要等各方面因素,并在认真听取读者意见和建议的基础上,重新设计了教材的内容和章节。

本书分为三大模块。首先是基本化学原理,包括第一章至第三章的结构和物理化学原理,这是理解元素及其反应性的基础。在化学原理部分,我们重新适度加入了化学热力学、动力学和溶液性质等基本知识,虽然这部分知识将在物理化学课程中详细学习,但是并非所有同学都需要完整和深入地学习物理化学,而且缺乏化学热力学和动力学必需的基本知识,将使同学们无法正确理解和定量处理基本无机化学反应过程,形成对基本知识不彻底的认识或错误思维定式,更不利于未来的课程学习。

在第二模块中,我们力图以结构和物理化学原理对四大基本类型的无机化学反应:酸碱反应、难溶盐形成反应(即沉淀反应)、氧化还原反应和配位反应进行定性和定量的简明分析。对这些反应涉及的平衡(俗称"四大平衡")及其处理方法仅作必要的简单讲解,留待同学们在分析化学课程中详细学习。

在第三模块中,我们将扼要讲解无机元素及其重要的化合物。这部分的核心是将化学基本原理落实到具体的实例应用之中,因此是非常重要的知识获得和思维训练学习。但编者深知,在目前大多数学校的教学中,由于课时不足的问题,无机化学课程实际上很少讲解无机元素及其重要化合物的内容,形成了学习的缺环。因此,我们特地设计了"第八章元素总论"和"第九章主族元素、第十章过渡金属元素"两个相互联系又相对独立的部分。教师可以根据学时情况选择只讲授总论,留分论自学;或只讲授分论,留总论作为拓展知识。但无论何种方式,我们强烈建议无机元素及其重要化合物的知识必须在无机化学课程中有所体现,让教师和同学都不留教学和学习中的遗憾。

在基本教学内容之外,我们还在课程中设置了"知识拓展"条目。其主要内容将以二维码关联的数字资源展示。

本教材内容计划学时容量为 54 学时,建议教师根据实际情况进行教学。比如我们设计了 36 或 48 学时两套教学方案作为参考:绪言(1/1 学时)、第一章原子结构(4/5 学时)、第二章分子结构(8/8 学时)、第三章化学反应的基本原理简介(4/5 学时)、第四章酸碱与质子转移反应(3/4 学时)、第五章沉淀反应和溶胶(4/4 学时)、第六章氧化还原反应(4/5 学时)、第七章配位化合物(6/8 学时)、第八章元素总论(2/0 学时)、第九章主族元素(0/3 学时)、第十章过渡金属元素(0/5 学时)。

与教学内容相配套的《无机化学学习指导与习题集》,简要总结了章节的主要内容,附有课后习题解答,以及补充习题及其解答。希望同学们在学习时学会自己对章节内容进行总结,将知识点串联起来,构建自己的知识体系。自己完成课后习题而不是抄写习题解答,培养独立分析问题、解决问题的能力。

化学教育是药学教育的重要基础,然而如何将化学课程和药学紧密结合、让学生满意,一直是世界化学教育中的难题,因而也始终是我们全体参编人员面对挑战、努力工作的目标。参编的老师们分工协作完成了本次教材编订,具体章节的主笔编委分别为(按拼音顺序):丁冶春(第五章)、苟宝迪(第三章和附录)、胡密霞(第九章)、陆家政(第六章)、王霞(第二章)、徐靖源(第七章)、杨晓达(绪言和第八章)、张爱平(第二章)、展鹏(第七章)、周萍(第四章)、仲维清(第十章)、衷友泉(第一章)。初稿经作者互审、副主编修改、主编统稿、全体作者通读和责任编辑审定等过程后，最终定稿。在修订过程中，我们得到了人民卫生出版社和其他一些老师的帮助；特别感谢付青霞老师在第一章的编写、初稿互审和定稿通读中的付出和贡献。这里一并对帮助过我们的老师表示最真诚的感恩和致谢。

由于编者能力有限，书中不免存在各种错误和遗漏，诚请各位读者、老师和同学批评指正。

编 者
2022 年 1 月

目　录

绪　言

学习目标

1. **掌握**　无机化学在药学中的作用与地位。
2. **熟悉**　无机化学课程的内容和教学安排。
3. **了解**　本书的学习方法。

绪言
教学课件

《老子·六十四章》:"合抱之木,生于毫末;九层之台,起于累土;千里之行,始于足下"。无机化学是药学专业学习的起始课程之一,是药学教育中一门主干基础课,也介导了从中学到大学的化学学习过渡。所以,有必要在课程的开始与大家讨论一下无机化学讲什么内容?为什么选择这些内容?怎么从大学生的角度学习这些内容?

一、无机化学是药学各专业必备的化学知识

药学(pharmacy 或药物科学 pharmaceutical science)是一门研究药物的发现、开发、制备及合理使用,从而以效益最大的方式治疗或治愈疾病,同时不断发现和提供更加安全有效的新药物的科学。现代药学源自化学医学,从一开始药学就成了连接健康科学和化学科学的交叉学科。化学是药学最重要的基础课程。

无机化学是化学学科中发展最早的一个分支学科,研究除了碳(C)、氢(H)、氧(O)、氮(N)元素及其衍生物(即有机化合物)之外的金属和非金属元素及其化合物的性质和化学反应规律的科学。虽然生命体系中含量最大的是有机化合物,但无机化合物特别是金属离子及其配合物在生命过程及其调节中发挥关键性的作用。因此,无机化学与药学的各主要分支学科都紧密联系。

在中国现代药学教育体系中,药学一级学科(学科代码 1007)包括了药物化学(学科代码 100701)、药剂学(学科代码 100702)、生药学(学科代码 100703;临床药学 100703TK)、药物分析学(学科代码 100704;药事管理 100704T)、微生物与生化药学(学科代码 100705)、药理学(学科代码 100706)等可授予学位的二级学科(俗称"专业")。无机化学课程为这些学科的学习和研究提供了重要的支撑理论和实验方法(绪言图 1)。例如,在药物化学中,第一个成功应用于临床的合成抗癌药物顺铂是一个典型的金属配合物;药理学中,大约三分之一的酶是金属酶,也是药物的主要作用靶点;即使在传统医学的药物中,矿物中药也占有了一定的比例。在《中华人民共和国药典》(简称《中国药典》)(2020 年版)(一部)中的成方和制剂中,大约 14% 含有无机物组分。著名的中药方剂"温病三宝(安宫牛黄丸、紫雪丹、至宝丹)"中含有珍珠、石膏、寒水石、磁石、滑石、朴硝、硝石、朱砂、雄黄等多种无机矿物组分。可见,无机化学是同学们学习药学各专业课程之前必需修学的课程之一,可为未来进一步的专业学习奠定基础。

当然,除了对专业的意义外,无机化学和生活应用也息息相关。比如我们厨房中的调味之王食盐就是一个无机物,那么,同样化学成分都是氯化钠,海盐和矿盐有什么区别?加碘食盐中加入的是碘化钾还是碘酸钾?再如,牙膏中的摩擦剂是清洁牙齿的主要成分,有些品牌的牙膏使用碳酸钙,而有些使用硅胶,两者的区别是什么?为什么不用摩擦系数更大的氧化铝做牙膏的摩擦剂?发育中的儿童一般需要补充微量元素钙,补钙可以选择牡蛎壳制剂,也可以选择动物骨骼制剂,两者的差别是什么?佩玉是中国人的一种传统文化。常言道:石之美者为玉。那么漂亮的"雨花石"是玉吗?如何选择一款既美观又健康的玉石配饰?选择银饰的时候,是选择纯银制品还是选择含锗金属的亮银?等等。当你拥有良好的无机化学基础时,你就可以轻易解答上述问题,成为生活的行家里手。

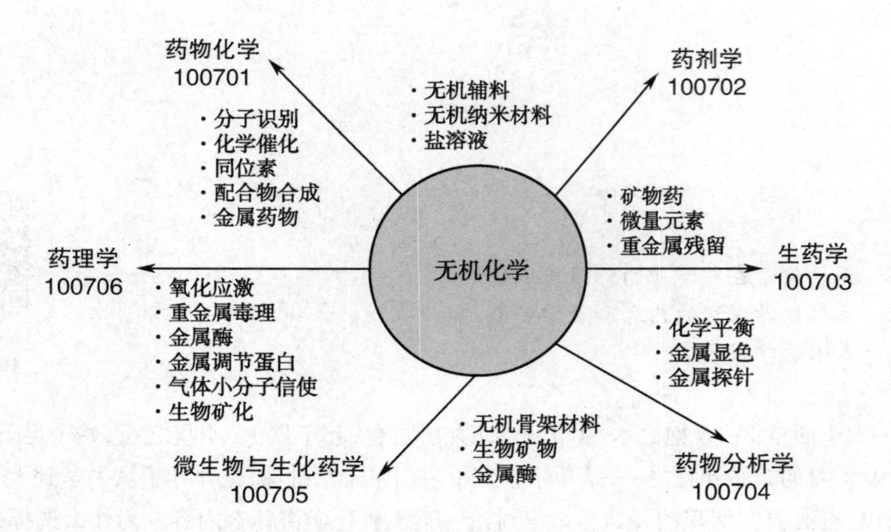

绪言图1 无机化学课程向药学主要分支学科提供的相关理论和实验方法

二、化学反应的本质和基本类型

无机化学、有机化学、物理化学和分析化学俗称化学的四大基础课。无机化学是大学生接触的第一门化学课程。但由于需要一些基本的化学原理和规则去理解具体的化学结构和过程,因此一些必需的物理化学原理包括化学热力学、化学动力学和分子的电子结构等需要在无机化学课程中进行讲解。因此,本书的无机化学课程包括了基本的物理化学原理、基本类型的无机化学反应、元素和重要的无机化合物这三个部分。其中,基本类型的无机化学反应是本课程的核心内容。

在谈论化学反应前,先说一下化学反应的介质。任何化学反应均在一定的介质中进行。考虑到生命的介质是“水”,本书将主要讨论在“水溶液”中进行的各种反应。其他介质(如气体,有机相、固相、超临界流体)中的反应,因介质的性质(如极性、介电性、流动性、传质能力等)不同,与水溶液会有较大差异。感兴趣的同学可去阅读相关专业文献资料。

所有化学反应的本质都是旧化学键的断裂和新化学键的生成。与碳(C)相关的键(如C—C、C—H、C—N、C—O、C—S等)的形成和活化主要是有机化学的范畴,其他则都是无机化学的内容。本无机化学课程主要涉及四个类型的反应:

1. 酸碱反应　或称质子转移反应,涉及氢原子与电负性大的原子X形成的强极性X—H共价键的快速、非对称的断裂和形成。X—H键的断裂产生酸根离子X^-和H^+(即质子)。H^+通过溶剂(水)分子的媒介在不同分子间转移,期间与溶剂水形成稳定的水合氢离子(H_3O^+,亦简写为H^+),而水合氢离子的浓度是决定溶液性质的一个重大因素。

2. 沉淀反应　水溶液中难溶性离子化合物的解离和形成过程,涉及弱离子键和水合(金属)离子的形成过程。而具有一定溶解性的难溶盐(如碳酸钙和磷酸钙等)是形成生物骨骼的成分,也是一些重大疾病(如肾结石和动脉硬化等)病理过程的关键环节。

3. 氧化还原反应　或称电子转移反应。对于金属离子或原子参与的氧化还原反应,电子的转移引起了金属原子发生明显电荷负载变化。但氧化还原反应一般指包含了可引起元素氧化数变化的任何化学过程;其中的关键是该反应可以通过设计原电池,将元素氧化数的变化转变为同等数量的电子转移,从而使反应的能量变化转化为可利用的电能(输入或输出)。氧化还原反应的这种电池转换模式非常重要,生命正是利用这种方式将葡萄糖氧化的能量转换成线粒体的膜电势蓄积能量,进而合成ATP等高能化合物,从而保证了细胞各项生命活动的能量供应。

4. 配位反应　金属离子或原子与具有孤对电子的配体通过配位键形成以金属为结构和功能中

心化合物的过程。配位键的形成和构建含金属中心的分子结构是无机化学课程的一个中心内容。在生物化学和有机合成中，金属离子一方面可以提供碳骨架所不能实现的特殊结构类型（如正八面体结构），一方面是最重要的化学催化中心。金属的这些功能均通过配位键的形成和变化而实现。此外，有机化学中的分子包合物（又称分子络合物，如碘和淀粉形成的蓝色化合物），其形成与金属配合物有不少相似之处，学好配位键的原理对于未来理解分子络合物的形成也会有帮助。

总结一下，掌握上述四大类型的反应原理，既是对学习的基本化学原理的应用和检验，又是下一步充分理解元素及其重要化合物性质的基础。

元素及其重要化合物的性质是无机化学的主要内容之一。本课程需要大家掌握的元素是周期表中前四周期的36种元素和部分重要元素（如碘I、金Au、银Ag、汞Hg、铂Pt、镉Cd、铅Pb、铋Bi等），每种元素都有至少十几到几十种化合物需要了解。这部分内容看似非常繁杂，但实际上，这些元素所参与的无非就是上述四种化学反应之一，同时在反应过程中，必须遵从结构学、热力学和动力学的基本原则。因此，绝大多数的元素及其化合物的性质均可以依据其原子/离子/分子的电子结构和化学反应的普遍规律进行预测，从而轻松掌握这些元素及其化合物。

三、学习本书内容的方法

中学教育的基本模式是让大家学习、记忆并应用一些重要的科学知识，重点是知识的传授。大学时代的学习，知识的拓展只是教育目的很小的一部分。特别是在互联网知识爆炸的时代，诚如庄子所说："吾生也有涯，而知也无涯。以有涯随无涯，殆已！已而为知者，殆而已矣！"。如今所有的知识，在互联网上都唾手可得。因此，大学的学习在于学会如何更新自己的知识和发现新的知识，后者也包括了个人通过创新研究发现而贡献的新知识。这一切的基础都要求同学们要建立对知识的分析、辨别和探索能力，因此，在大学学习中，同学们应注重培养主动学习的能力、交流和表达的能力、实验和行动的能力、独立思考和创新的能力，从而建立交流和更新式的学习方式。正如《大学》所说："苟日新，日日新，又日新"而"君子无所不用其极"。

在学习化学时，首先是要遵循化学作为一门科学的普遍规律。科学是认识和理解宇宙的一条途径（way），而不是教条或对事物的终极结论。所谓途径，包含了思路和方法两个基本点。大家知道，牛顿有一本书叫《自然哲学的数学原理》，在科学的思路中，任何物理原理都可用一种相应的数学关系表达，进而运算和推演——这是科学演绎分析的精髓所在，也是显示同学们是否全面掌握了一个科学原理的标志。在大学化学的学习中，同学们将不可避免地遇到许多定量计算的难题。这是中国学生传统上的薄弱环节，需要同学们重视并加强培养。

本书按科学逻辑顺序分成四个部分，首先是物质结构原理（第一章和第二章），这是了解物质性质和功能的基础。物质在化学反应中基本的组成单元是原子。原子的电子结构决定了原子间如何通过静电作用形成化学键，并通过化学键形成具有各种功能的分子。进一步，分子通过分子间作用力形成形态各异的万物。

单独的原子称为元素，纯的元素可形成单质物质，单质物质可有不同的形态。但更重要的是不同单质物质之间可形成化合物，以及化合物之间可进一步形成新的化合物。这种物质间的相互转化称为化学反应。而化学反应作为一种物理过程，必然遵循基本的物理化学原理。这部分将在第三章中做最基本的讲述，而且同学们会在未来的分析化学（化学平衡的定量计算）和物理化学（热力学、动力学，溶液化学）课程中进行更详尽、更系统的学习。

接下来，我们将在物质结构原理和物理化学原理的指导下，联系药学和医学应用较详细地介绍酸碱反应、沉淀反应、氧化还原反应和配位反应等基本的化学反应（第四～七章）。再次强调，每种化学反应都将对应一套数学形式和数学方法，虽然枯燥和困难，但这些是我们掌握和利用化学过程的基础能力培养。

最后，运用前面所学的原理和方法，我们将总结元素及其代表性无机化合物的性质（第八～十章），并在其中了解一些重要和常见的无机药物。考虑到课程的时限，这里我们为大家准备了一个简略的总论（第八章）和稍为详细的分论（第九章和第十章）。同学们（以及授课教师）可以根据自己的需要选择学习的内容。这里强调两点：①一定要学习元素及其无机化合物的性质；②一定要学会在基本化学原理的指导下，在学习中努力做到融会贯通、举一反三。

习 题

1. 药学的主要任务是什么？
2. 药学二级学科和中药学如何与无机化学相联系？
3. 你能解释几条前文中所提到的生活中的无机化学问题？
4. 本无机化学课程主要涉及哪四个类型的反应？
5. 大学学习的基础能力是什么？
6. 什么是化学反应过程？化学反应必须遵守哪些基本物理原理？

（杨晓达）

第一章

原 子 结 构

学习目标

1. **掌握** 四个量子数的物理意义与取值规则；原子轨道的角度分布图；多电子原子轨道的近似能级；多电子原子核外电子排布规则和价层电子组态；周期表中元素的分区和结构特性。
2. **熟悉** 波函数Ψ、原子轨道、概率密度、电子云的概念；电子云的角度分布函数图；屏蔽效应和钻穿效应。
3. **了解** 波粒二象性；核外电子运动的特征；径向分布函数的意义和特征。

第一章
教学课件

自然界中的物质种类繁多，性质千差万别，它们之间的相互作用也是变化无穷，这些都与物质的内部结构有直接的关系。要了解化学变化的本质，熟悉物质的性质及变化规律等，首先必须了解物质的内部结构。原子最早是由希腊哲学家德谟克利特（Democritus）提出，经过科学家不断的探索，证实原子是由带正电的原子核和带负电的电子组成。原子是参加化学反应的基本单元，因此，了解原子的内部组成、结构和相互作用是了解化学变化本质的前提条件。在一般的化学反应中，原子核不变，变化的只是核外电子。因此了解原子结构的重点在于了解和认识核外电子运动的规律性。本章重点用量子力学的观点说明核外电子的运动规律，阐述元素性质周期性变化与核外电子排布即电子组态（electronic configuration）的内在联系。

第一节 核外电子运动的特征

一、量子化特征

（一）原子光谱

1900年，德国物理学家普朗克（Planck）为了解决黑体辐射实验数据和经典理论计算方法之间的矛盾，提出假设：辐射能的吸收或发射是以基本量一小份、一小份整数倍作跳跃式的增减，是不连续的，这种过程叫作能量的量子化。这个基本量的辐射能叫作量子，量子的能量E和频率v的关系是：

$$E = \mathrm{h}v \qquad 式（1\text{-}1）$$

式（1-1）中，h为普朗克常数，其值为$6.626\times10^{-34}\mathrm{J\cdot s}$，$v$是黑体辐射的频率。

研究表明能量及其他物理量的不连续性是微观世界的重要特征，因此原子核外电子的能量也具有量子化特征。由于氢原子核只有一个质子，核外一个电子，是最简单的原子，因此原子结构的探索都从氢原子开始。氢原子光谱实验就是研究氢原子核外电子结构的实验。在一个连接着两个电极且抽成真空的玻璃管内，填充满氢气，在电极两边通电压，发现玻璃管内会发出光线，这是核外电子从高能状态到低能状态释放能量产生的光。通过光栅分光在黑屏上可以看到氢原子的发射光谱，从这个图谱可以发现发射光线是不连续的线状光谱，在可见光区内有四条颜色不同的明显谱线，波长分别为红色656.3nm、青色486.1nm、蓝色434.0nm和紫色410.2nm（图1-1）。

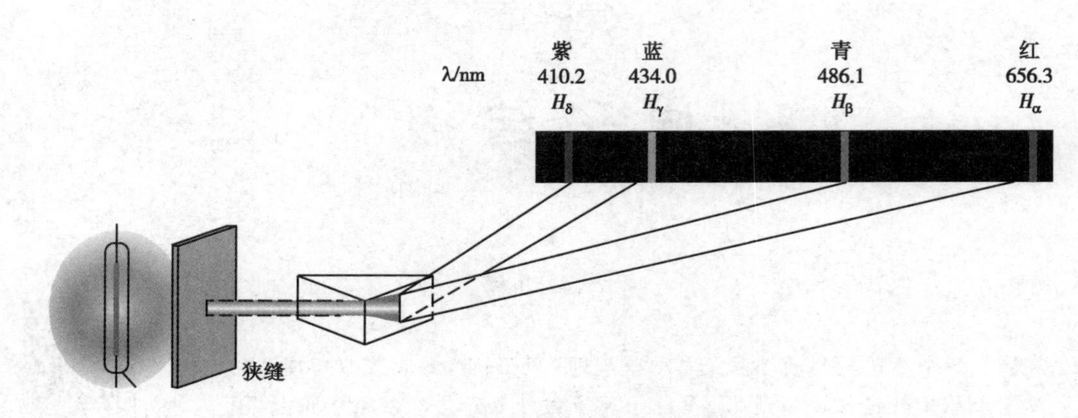

图 1-1　氢原子光谱仪与氢原子发射光谱图

按照经典电磁理论，若氢原子的电子绕原子核作圆周运动时，原子将不断发射连续波长的电磁波，所以原子光谱就应该是连续的，而且发射电磁波后电子的能量将逐渐降低，最后坠入到原子核上，就好像人造卫星最终将坠入地球上一样，结果原子将不能稳定存在。这个结论显然与氢原子光谱实验事实完全不符，说明不能用经典物理学理论来解释氢原子的光谱。同时氢原子光谱也说明这样一个事实：原子中电子的能量是不连续的，是量子化的。

（二）玻尔原子模型

1913 年，为了解释氢原子光谱的规律，丹麦物理学家玻尔（Bohr）提出了著名的玻尔原子模型，包括以下三点：

1. 定态假设　核外电子不能沿任意轨道运动，只能沿某些特定的、稳定的轨道绕核旋转，电子在轨道上运动的时候，既不吸收能量，也不释放能量，这种状态叫作定态（stationary state）。能量最低的定态称为基态（ground state），在正常情况下，电子处于基态轨道。当原子经过通电、受热或受到辐射时，处于基态的电子获得能量可以跃迁到离核较远、能量较高的轨道上（$n=2, 3\cdots\cdots$），这些状态为激发态（excited state）。

2. 轨道的量子化特性　在一定轨道上运动的电子具有一定的能量，它们只允许是不连续的分立值，即能量的量子化。

$$E=-\frac{Z^2}{n^2}\times 2.18\times 10^{-18}\,\text{J}\quad n=1, 2, 3, \cdots\cdots \qquad \text{式(1-2)}$$

式（1-2）中，Z 为核电荷数，n 为正整数。

3. 频率假设　当电子从一个能量状态跃迁到另一个能量状态时会吸收或释放出一定能量的光。光的频率取决于离核较远轨道的能量与离核较近轨道的能量之差：

$$E_1-E_2=\text{h}\nu \qquad \text{式(1-3)}$$

式（1-3）中，ν 为光的频率，h 为普朗克常数。

玻尔理论提出能级的概念，引入量子化特性，成功地解释了氢原子光谱是线状光谱，阐明了谱线的波长与电子在不同轨道间跃迁时能级差的关系，把宏观的光谱现象和微观的原子内部电子分层联系起来，推动了原子结构的发展。通过玻尔原子模型（图 1-2）求出的氢原子光谱中各条谱线的波长与实验结果基本吻合。玻尔理论揭示了微观体系物质运动的一个基本特征——物理量的量子化。玻尔理论在经典理论向量子理论的过渡中起着承前启后的重要作用。

玻尔原子模型未能冲破经典牛顿力学的束缚，因此不能说明氢原子光谱的精细结构，也不能解释多电子原子光谱。玻尔理论属于旧量子论，只是在经典物理学基础上加上了人为的量子化假设，必将被彻底的量子力学理论所代替。

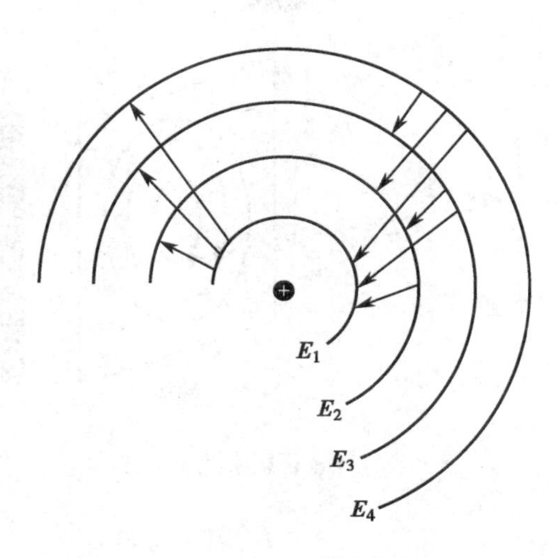

图 1-2　玻尔原子模型

二、波粒二象性

1905 年，爱因斯坦（A. Einstein）受普朗克旧量子论的启发，提出光子假说，成功地解释了光电效应。光不仅在黑体表面交换能量时，是一份一份进行的，是不连续的，而且在空间传播时，也是不连续的，是一份一份进行的。光波是一个个不可分割的粒子聚集而成的整体。光在空间传播过程中发生干涉、衍射等现象表现了光的波动性；而光与实物相互作用发生光的吸收、反射、光电效应等现象就表现了光的粒子性。光子学说揭示了光既具有波动性又具有粒子性（即波粒二象性）的特点。1924 年，年轻的法国博士生德布罗意（Louis de Broglie）受到光具有波粒二象性的启发，在他的博士论文中大胆假设：具有静止质量的微观粒子，如电子、质子、原子等都具有波粒二象性，德布罗意公式为：

$$\lambda=\frac{\mathrm{h}}{p}=\frac{\mathrm{h}}{mv} \qquad 式(1\text{-}4)$$

式（1-4）中，p 为电子的动量，m 为电子的质量，v 为电子的运动速度，λ 为电子的波长，h 为普朗克常数。计算发现只有当实物粒子的德布罗意波长大于或等于直径时，实物粒子才表现波粒二象性。

（一）粒子性

1905 年，爱因斯坦引入了光子概念，解释光电效应的实验规律，将单色光看成一粒一粒以光速 c 前进的粒子流，这种粒子流称为光子。爱因斯坦认为，光是由一群颗粒性的光子组成，光子的能量与入射光的频率有关，因此光子的能量为 $E=\mathrm{h}v$，h 为普朗克常数，v 为给定光的频率。当光子与金属的电子相碰撞时，也把光子的所有能量转移给了电子，所以光子的能量越高，意味着它的波长越短，转移给电子的能量越大，电子运动速率越快。当光子的数目越多，波长越短，释放的电子数目也就越多，这些现象就表明电子具有粒子性。

（二）波动性

1927 年，美国物理学家戴维森（Davisson）和革末（Germer）用高能电子束轰击一块金属箔晶体样品（作为衍射光栅）投射到照相底片上，得到了与 X 射线图像相似的衍射照片（图 1-3），电子衍射照片具有一系列明暗相间的衍射环纹，这是由于波的互相干涉的结果，而且从衍射图样上求出的电子波的波长证实了德布罗意的假设。同年，英国物理学家汤姆逊（Thomson）采用多晶金属薄膜进行电子衍射实验，也得到了类似的衍射图像。电子能发生衍射现象，证明了电子的波动性。

电子具有波粒二象性，实际上波粒二象性是所有微观粒子运动的一个重要特性。微观粒子的粒子性无须解释，但波动性是每个运动着的微粒的不确定性造成的，这种不确定性符合统计规律，即物质波不是真实的物理存在，而是大量粒子在统计行为下的概率波。

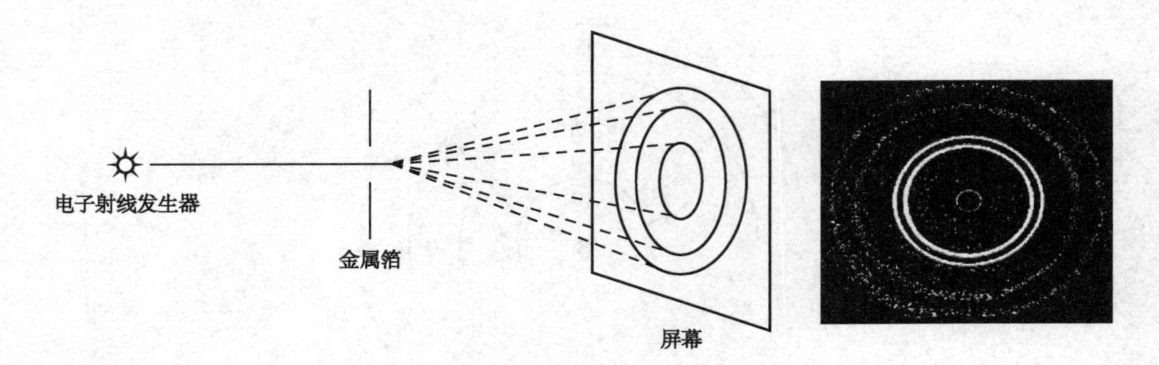

图 1-3 电子衍射实验示意图

（三）测不准原理

按照经典力学，对于宏观粒子的运动状态，物体运动有确定的轨道，即有其确定的坐标和动量（或速度），如炮弹、子弹和行星等宏观物体。但是对于具有波粒二象性的微观粒子是否也具有确定的动量和位置呢？答案是否定的。1927 年，德国物理学家海森堡（Heisenberg）提出了著名的测不准原理（uncertainty principle，也称不确定原理），指一个粒子的位置和动量不能同时、准确地被测定，它们之间存在一种相互依赖、互相制约的不确定关系。测不准原理的数学式为：

$$\Delta x \cdot \Delta p \geqslant \frac{\mathrm{h}}{4\pi} \qquad \text{式(1-5)}$$

式（1-5）中，Δx 为确定粒子位置时的测量误差，Δp 为确定粒子动量时的测量误差，h 为普朗克常数。

［例 1-1］ 计算微观粒子的位置不确定度：电子质量为 9.1×10^{-31}kg，电子的运动速度为 2.18×10^{7}m/s，电子速度的测量偏差为 1%。已知：$\mathrm{h}=6.626\times10^{-34}\mathrm{J\cdot s}$

解： $\Delta p = m\Delta v = 9.1\times10^{-31}\times2.18\times10^{7}\times0.01 = 2.0\times10^{-25}\mathrm{kg\cdot m/s}$

$\Delta x = \mathrm{h}/(4\pi\Delta p) = 6.63\times10^{-34}/(4\times3.14\times2.0\times10^{-25}) = 2.64\times10^{-10}\mathrm{m} = 264\mathrm{pm}$

通过计算可得，这个位置的不确定度比原子本身（37pm）还大，说明高速运动的电子不可能确定它在某时刻的位置。而这种测不准，并不是因为测量技术或者仪器设备不精确的影响，而是微粒运动的固有属性。所以测不准原理是区别宏观与微观物质的尺度。测不准原理并不意味着微观粒子运动无规律，只是说它不符合经典力学的规律，而应该用量子力学来描述。

第二节 核外电子运动状态的描述

一、薛定谔方程

（一）薛定谔（Schrödinger）方程

为了描述具有波粒二象性的微观粒子的运动状态，1926 年奥地利物理学家薛定谔受物质波的观点启发建立了微观粒子数理方程即著名的薛定谔方程：

$$\frac{\partial^2\psi}{\partial x^2}+\frac{\partial^2\psi}{\partial y^2}+\frac{\partial^2\psi}{\partial z^2}+\frac{8\pi^2 m}{\mathrm{h}^2}(E-V)\psi=0 \qquad \text{式(1-6)}$$

式（1-6）中，E 为电子的总能量，等于势能和动能之和；V 是电子的总势能，表示原子核对电子的吸引能；m 为微观粒子的质量，这些都是电子具有粒子性的表现。ψ 为波函数（wave function），是一个三维空间的函数，用来表示核外电子各种可能的运动状态，是电子具有波动性的表现。h 为普朗克常数，通过普朗克常数的联系，将电子的波动性和粒子性结合在薛定谔方程中，薛定谔方程是一个二

阶偏微分方程，求解过程非常复杂，超过学习范围，不作要求。

（二）波函数与原子轨道

薛定谔方程的解即为波函数 ψ，波函数 ψ 是描述核外电子运动状态的函数。为了更方便地求解薛定谔方程，通常把直角坐标 $P(x,y,z)$ 换成球极坐标 $P(r,\theta,\varphi)$ 表示，其中，空间某 P 点与原点距离为 r。这样，波函数 $\psi(x,y,z)$ 的形式变换成 $\psi(r,\theta,\varphi)$（图 1-4）。

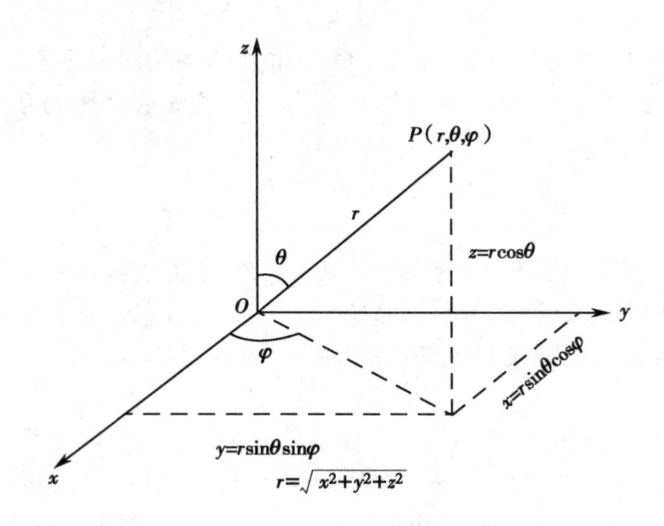

图 1-4　直角坐标与球极坐标的关系

基于能量的量子特性，薛定谔方程的每一组解中引入三个参数 n、l、m，称为量子数（quantum number）。这三个量子数的取值符合一定的取值要求。于是，每一个确定的电子能量 E 对应一个或几个由量子数 n、l、m 限定的波函数 $\psi_{n,l,m}(r,\theta,\varphi)$；每个 $\psi_{n,l,m}$ 代表电子的一种运动状态。表 1-1 显示了氢原子的部分波函数 $\psi_{n,l,m}(r,\theta,\varphi)$ 及其相应能量。

表 1-1　氢原子在不同量子数取值时得出的波函数及其能量

E/J	n	l	m	$R_{n,l}(r)$	$Y_{l,m}(\theta,\varphi)$
-2.18×10^{-18}	1	0	0	$2\left(\frac{1}{a_0}\right)^{3/2}e^{-r/a_0}$	$\sqrt{\frac{1}{4\pi}}$
-5.45×10^{-19}	2	0	0	$\frac{1}{2\sqrt{2}}\left(\frac{1}{a_0}\right)^{3/2}\left(2-\frac{r}{a_0}\right)e^{-r/2a_0}$	$\sqrt{\frac{1}{4\pi}}$
		1	0	$\frac{1}{2\sqrt{6}}\left(\frac{1}{a_0}\right)^{3/2}\left(\frac{r}{a_0}\right)e^{-r/2a_0}$	$\sqrt{\frac{3}{4\pi}}\cos\theta$
			±1	$\frac{1}{2\sqrt{6}}\left(\frac{1}{a_0}\right)^{3/2}\left(\frac{r}{a_0}\right)e^{-r/2a_0}$	$\sqrt{\frac{3}{4\pi}}\sin\theta\cos\varphi$
				$\frac{1}{2\sqrt{6}}\left(\frac{1}{a_0}\right)^{3/2}\left(\frac{r}{a_0}\right)e^{-r/2a_0}$	$\sqrt{\frac{3}{4\pi}}\sin\theta\sin\varphi$

注：$E=-2.18\times10^{-18}/n^2$；$\psi_{n,l,m}(r,\theta,\varphi)=R_{n,l}(r)Y_{l,m}(\theta,\varphi)$；$a_0=52.9$pm。

求解薛定谔方程得出的波函数 ψ 是代表电子运动状态的数学函数，ψ 有确切的数学含义，但没有直接的物理意义。波函数的物理意义是通过 $|\psi|^2$ 来体现的，$|\psi(r,\theta,\varphi)|^2$ 表示空间电子云出现的概率密度。借用经典物理学的概念，仍将这种复杂的电子空间位置图像称为“原子轨道”。所以，在一

些场合也把波函数 ψ 称为原子轨道。但是这里的原子轨道没有固定的圆周轨迹，只是它的图形表示有助于我们了解原子中电子的运动规律及研究分子结构。

二、四个量子数

（一）主量子数

主量子数（principal quantum number）n 的取值为 1, 2, 3……正整数。主量子数 n 代表电子所处的能级。每一个 n 值对应一组或几组 l, m 值。n 值相同的电子称为同一层电子，当 $n=1, 2, 3$……时，分别称为第一层电子层、第二层电子层、第三层电子层……。在光谱学中，另有一套符号 K, L, M, N, O, P, Q……表示电子层。

主量子数 n： 1 2 3 4 5 6 7……

光谱学符号： K L M N O P Q……

核外电子的能级是决定电子出现概率最大区域离核的远近的主要因素，n 越大，电子能量越高，电子在离核越远的区域内出现的概率越大。对核外只有一个电子的氢原子或类氢离子来说，由于没有核外电子间的相互作用，电子的能量将完全由主量子数 n 决定。

（二）角量子数

轨道角动量量子数 l 简称角量子数（angular quantum number），l 决定原子轨道的角度分布，即原子轨道电子云的形状。l 的取值受主量子数 n 的限制，它只能取 0 到（$n-1$）的整数，即 0, 1, 2, 3……（$n-1$），共 n 个数值，对应的原子轨道符号分别为：s, p, d, f, g……，分别对应球形、哑铃形、花瓣形、纺锤形……的形状。

在多电子原子中，由于存在电子之间的相互作用，因此同层（即 n 相同）的电子，其能量也因 l 不同而有差异。n 相同时，l 越小则其能量越低，即：$E_s<E_p<E_d<E_f$。所以，l 可以表示同一电子层中具有不同能量状态的电子亚层，如 $n=2, l=1$ 代表 2p 电子。总之，多电子原子的原子轨道能量由原子核的主电场和核外其他电子形成的微扰电场两种因素决定，即能量与 n、l 都有关，量子数（n, l）组合与核外电子的能级形成一一对应的关系。

（三）磁量子数

磁量子数（magnetic quantum number）m 决定原子轨道在空间的取向（或称伸展方向）。m 的取值受 l 的限制，m 只能取 0, ±1, ±2……±l，共 $2l+1$ 个数值，每个取值代表电子亚层的一个空间伸展方向。一个亚层中 m 有几个数值，该亚层中就有几个能量相同、伸展方向不同的原子轨道。当 $l=0$，m 只能取 0，原子轨道为中心对称的球形 s 轨道；当 $l=1$ 时，原子轨道为线形对称性的 p 轨道，因此轨道可沿三个坐标轴分别展开，即 m 可取 0、+1 和 −1 三个值，分别对应 p_z、p_x、p_y 三个能量的相同轨道。能量相等的原子轨道称为等价轨道或简并轨道。

总之，波函数可以用 n、l、m 三个量子数来描述，而每一个波函数表示一个电子可以驻留的原子轨道，每个电子层的轨道总数为 n^2。3 个量子数与原子轨道间的关系见表 1-2。

表 1-2 量子数组合和轨道数

主量子数 n	角量子数 l	磁量子数 m	原子轨道（波函数）ψ	同一电子层的轨道数 $/n^2$
1	0	0	ψ_{1s}	1
2	0	0	ψ_{2s}	4
	1	0	ψ_{2p_z}	
		±1	ψ_{2p_x}, ψ_{2p_y}	

续表

主量子数 n	角量子数 l	磁量子数 m	原子轨道（波函数）ψ	同一电子层的轨道数 $l n^2$
3	0	0	ψ_{3s}	9
	1	0	ψ_{3p_z}	
		±1	ψ_{3p_x}, ψ_{3p_y}	
	2	0	$\psi_{3d_{z^2}}$	
		±1，±2	$\psi_{3d_{xz}}$, $\psi_{3d_{x^2-y^2}}$, $\psi_{3d_{xy}}$, $\psi_{3d_{yz}}$	

（四）自旋量子数

在求解薛定谔方程时，我们只考虑了原子核 - 电子以及电子 - 电子间的相互作用，而忽略了电子作为一种微观粒子，具有一些自身的特性。在研究氢原子光谱的精细结构时发现：在高分辨率的光谱仪下每一条谱线分裂为两条波长相差甚微的谱线。这是由于电子作为一种费米子（自旋为半奇数的粒子），是一个具有磁性的粒子。物质的磁性，正是由核外电子的磁性产生的。电子的磁性可有两种取向（分别用符号“↑”和“↓”表示），分别由量子数 +½ 和 −½ 描述。由于早期（错误地）认为电子的磁性来自电子的自旋运动，将此量子数称为自旋量子数（spin quantum number）m_s。此外，电子的运动也服从泡利（Pauli）不相容原理的限制，因此每个原子轨道最多能容纳 $2n^2$ 个电子。

综上所述，n, l, m 三个量子数可以确定核外原子轨道的一种状态，电子将以服从泡利不相容原理的方式留驻（又称为填充）在这些原子轨道中。因此，要确定原子中任何一个电子的运动状态，则需要 n, l, m, m_s 四个量子数来完整描述。

三、原子轨道与电子云的空间图像

具有波粒二象性的电子不能像宏观物体那样沿着固定的轨道运动。根据测不准原理，我们无法同时准确地测定一个核外电子在某一瞬间所处的位置和运动速度。但是我们可以用统计的方法判断电子在核外空间某一区域内出现的概率密度。将电子在原子核周围空间出现的概率密度称为“电子云”。

处在不同运动状态的电子，它们的波函数 ψ 各不相同，$|\psi|^2$ 也必然不相同，即表示 $|\psi|^2$ 图像的电子云图也不相同。s、p、d 的电子云的分布形状见图 1-5。

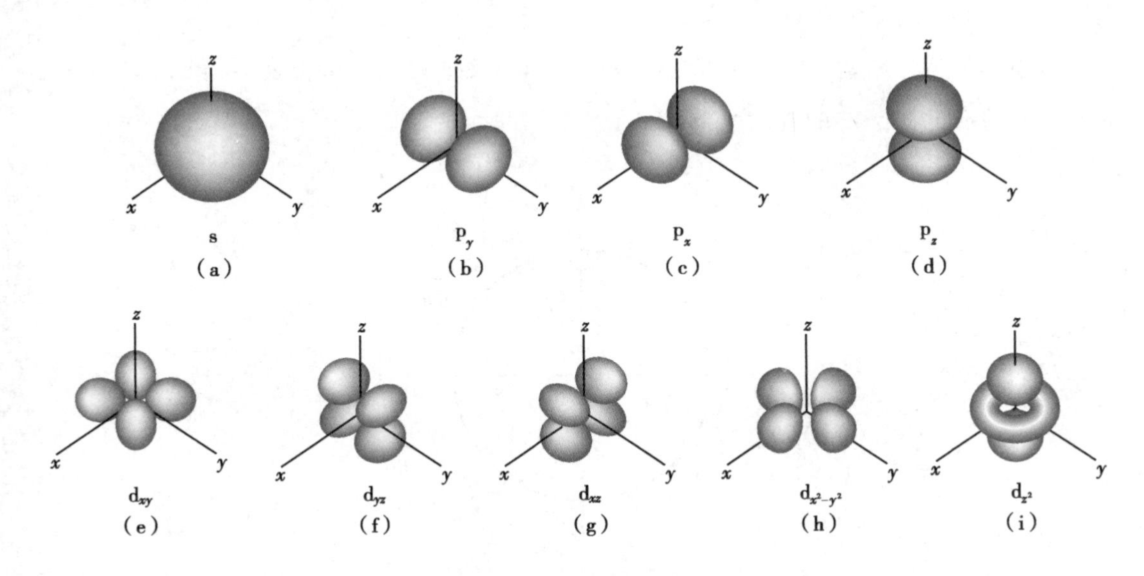

图 1-5　电子云的轮廓图

s 电子云　s 电子云的形状为球形对称。凡是处在 s 状态的电子，它在核外空间中半径相同的各个方向上出现的概率相同，因此 s 电子云是球形对称的。

p 电子云　沿着某一个轴的方向电子出现的概率密度最大，电子云主要集中在这个方向。另外两个轴上电子出现的概率密度几乎为零，在核附近也几乎为零，所以 p 电子云呈无柄的哑铃形，p 电子云有 3 个不同的伸展方向，分别为 p_x、p_y 和 p_z。

d 电子云　d 电子云在空间中有 d_{xy}、d_{yz}、d_{xz}、$d_{x^2-y^2}$、d_{z^2} 五个不同的分布，其中 d_{xy}、d_{yz} 和 d_{xz} 三种电子云彼此互相垂直，各有四个波瓣，分别在 xy、yz 和 xz 平面内，而且沿坐标轴的夹角平分线方向分布。$d_{x^2-y^2}$ 的电子形状和前面三种 d 电子云形状一样，也分布在 xy 平面内，四个波瓣沿坐标轴分布。d_{z^2} 电子云沿 z 轴有两个较大的波瓣，而围绕着 z 轴在 xy 平面上有一个圆环形分布。

而实际上，电子云图都是比较复杂的，且在实际应用中我们并不需要同时关注电子的所有信息。例如，当讨论两个原子的单电子的电子云能否叠加形成共价键时，更侧重的是两个电子在某一方向波函数的符号，当讨论两个电子云如何相互重叠时，更多关注的是电子云的形状和取向等。因此，为了简化计算和论述，可对波函数进行变量分离，即每个 $\psi_{n,l,m}(r,\theta,\varphi)$ 可拆解为径向 $R_{n,l}(r)$ 和角度 $Y_{l,m}(\theta,\varphi)$ 两个函数的积：

$$\psi_{n,l,m}(r,\theta,\varphi)=R_{n,l}(r)Y_{l,m}(\theta,\varphi) \qquad \text{式(1-7)}$$

式(1-7)中，$R_{n,l}(r)$ 仅与距离 r 有关，称为径向波函数(radial wave function)；$Y_{l,m}(\theta,\varphi)$ 仅与方位角 θ,φ 有关，称为角度波函数(angular wave function)。$R_{n,l}(r)$ 表明 θ,φ 一定时，波函数 ψ 随 r 的变化关系，$Y_{l,m}(\theta,\varphi)$ 表明 r 一定时，波函数 ψ 随 θ,φ 的变化关系。对这两个波函数分别作图，可以从波函数的径向和角度两个侧面观察电子的运动状态，即径向分布函数图和角度分布图。

(一) 原子轨道角度分布图

原子轨道角度分布图是用原子轨道的角度波函数 $Y_{l,m}(\theta,\varphi)$ 随方位角 (θ,φ) 变化的图形，以原子核为原点建立球极坐标系，使 $R(r)$ 保持不变，只改变角度，将 Y 随 (θ,φ) 变化作图可得。将不同 θ、φ 值代入，可求得一系列 Y 值，从坐标原点出发，引出方向为 (θ,φ) 的直线，取其长度为 Y 值，将所有这些端点连接起看，在空间就形成了一个曲面，并在曲面各部分标记 Y 值的正、负号，就得到波函数的角度分布图，反映 $Y_{l,m}(\theta,\varphi)$ 值随 (θ,φ) 改变而改变的情况。

1. s 轨道角度分布图　s 轨道对应的量子数 $l=0$, $m=0$，由表 1-1 可得 $Y_{0,0}(\theta,\varphi)=0.282$，这说明 s 轨道的角度波函数是一常数，与 (θ,φ) 无关，即 s 轨道的角度分布图是一个半径为 0.282 的球面，球面内标记为正号[图 1-6 和图 1-8(a)]。

2. p 轨道角度分布图　以 p_z 轨道为例，对应的量子数 $l=1$, $m=0$，由表 1-1 得 $Y_{p_z}=Y_{1,0}=\sqrt{\frac{3}{4\pi}}\cos\theta$，根据 θ 的不同求出 Y_{p_z} 的值(表 1-3)。

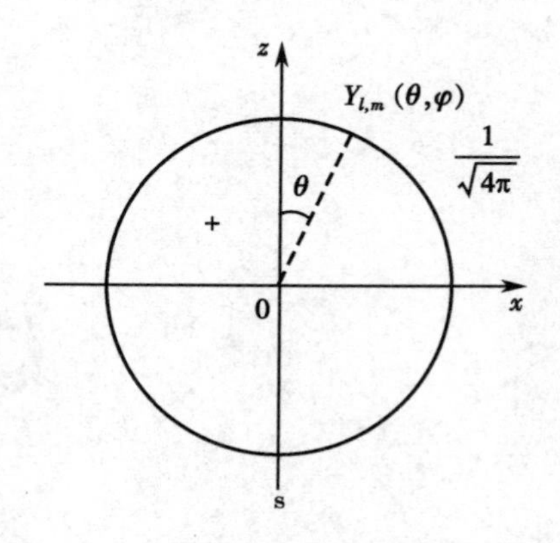

图 1-6　s 轨道角度分布图

表 1-3　Y_{p_z} 与 θ 的关系

θ / °	0	30	60	90	120	150	180
$\cos\theta$	1	0.866	0.5	0	−0.5	−0.866	−1
Y_{p_z}	0.489	0.423	0.244	0	−0.244	−0.423	−0.489

从原点出发，根据不同的 θ 值引出射线，使射线上长度为 $|Y_{p_z}|$，连接各点。将 θ 延伸至 360°，便得到一个沿着 z 轴方向伸展的等径外切的双球，如图 1-7 和图 1-8（d）所示，这就是 p_z 轨道的角度分布图，图中的正负号为 Y_{p_z} 的正负值。

p 轨道磁量子数 m 可以取 0、+1、−1 三个值，表明 p 轨道在空间有三个伸展方向。上面已经说明 $m=0$，p_z 原子轨道的角度分布图。当 $m=+1$ 或 −1 时，可以得到 p_x、p_y 原子轨道的角度分布图，如图 1-8（b）、（c）所示。

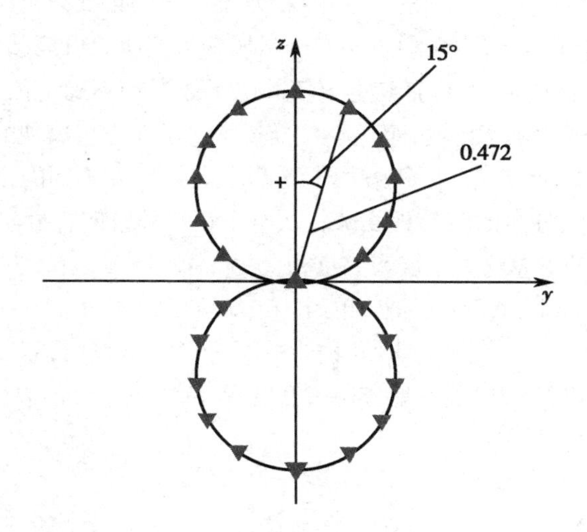

图 1-7　p_z 原子轨道角度分布图

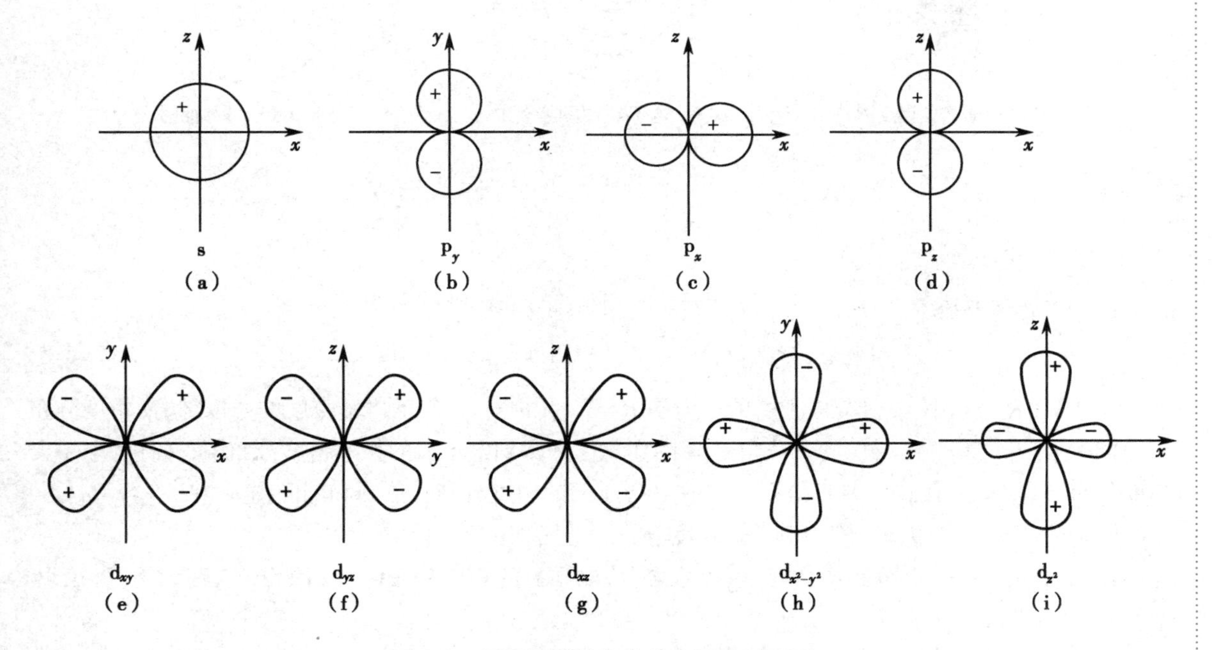

图 1-8　原子轨道的角度分布函数剖面图

用相似的方法可以得到d原子轨道的角度分布图,如图1-8(e)~(i)所示。角度分布图反映了原子轨道的形状。s轨道是球形;p轨道是哑铃形,p_x轨道的两个球是沿x轴的方向伸展,p_y的两个球是沿y轴的方向伸展,p_z的两个球是沿z轴的方向伸展;d轨道是花瓣形,d_{z^2}轨道的角度分布图沿z轴伸展,xy平面还有一个较小环形分布。$d_{x^2-y^2}$轨道的角度分布图沿x轴和y轴伸展。d_{xy}、d_{yz}和d_{xz}的波瓣分别沿两坐标轴间45°的方向伸展。

由于角度分布函数与主量子数无关,只与l和m有关,因此,只要原子轨道的l、m相同,其角度分布图都是一样的,即1s、2s、3s的角度分布图一样,2p、3p、4p的图也一样。原子轨道角度分布图中的正负号是因为θ、φ的函数值在不同象限取正负不同的原因,相当于轨道波函数处于"波峰"或"波谷"的情形。当两个原子之间形成化学键时,两原子各自轨道同号波瓣重叠("波峰-波峰"或"波谷-波谷"重叠)会得到加强,有利于形成共价键;异号波瓣重叠("波峰-波谷"重叠)则减弱或抵消,不利于形成共价键。

(二)概率密度与电子云

波函数ψ的物理意义曾引起科学家的长期争议,量子力学的正统诠释认为,微观粒子的运动遵循概率定律,波函数是一种概率波,代表着通过实验测量所获得的所有可能结果的概率情况。根据测不准原理,核外电子波函数的解包括了具有确定数值的电子能量和不确定位置的解;而$|\psi|^2$代表了该电子在核外空间某一点出现的概率密度,而$|\psi|^2 dx$描述了电子在空间出现的概率。

为了形象地表示电子在原子中的概率密度分布情况,常用密度不同的小黑点来表示,这种图像称为电子云。电子云用小黑点分布的疏密程度来表示电子在核外空间各处出现的概率密度相对大小,如图1-9(a),是$|\psi|^2$数值的形象化表示。小黑点密集处,$|\psi|^2$较大,表示单位体积内电子出现的概率较大;小黑点稀疏处,$|\psi|^2$较小,表示单位体积内电子出现的概率较小。

把电子云密度相等的各点连成一个曲面,称为概率密度等值线图,如图1-9(b)。如果将核外电子在空间出现的总概率的90%及以上的地方做等密度图,称为电子云的界面图,如图1-9(c)。

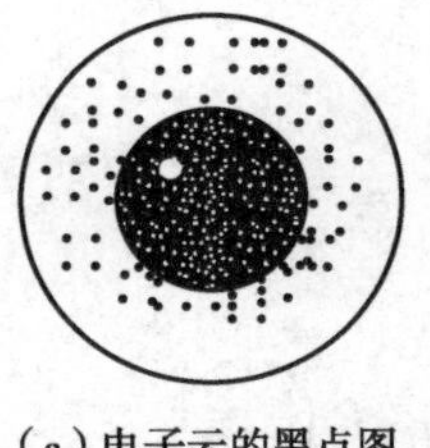

(a)电子云的黑点图

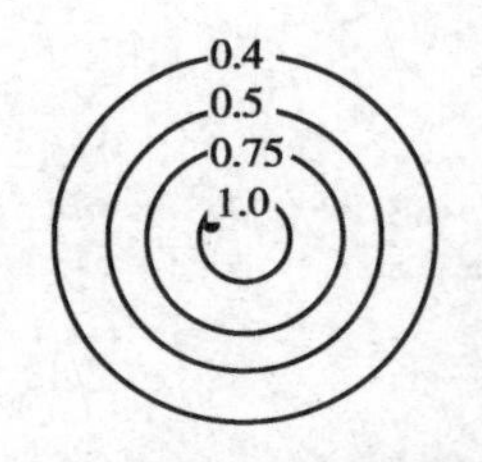

(b)电子云的等值线图

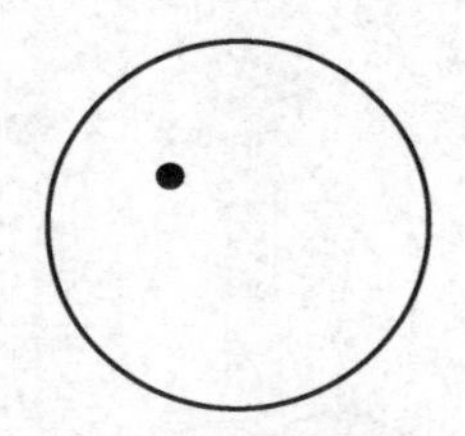

(c)电子云的界面图

图1-9　表示电子云的几种图形

(三)电子云角度分布图

概率密度与波函数一样,也可以拆分成径向和角度分布函数的乘积:

$$|\psi_{n,l,m}(r,\theta,\varphi)|^2 = |R_{n,l}(r)|^2 |Y_{l,m}(\theta,\varphi)|^2 \qquad 式(1\text{-}8)$$

式(1-8)中,$|R_{n,l}(r)|^2$表示概率密度的径向部分,$|Y_{l,m}(\theta,\varphi)|^2$表示概率密度的角度部分,角度分布函数的平方$|\psi_{n,l,m}(r,\theta,\varphi)|^2$随方位角$\theta$、$\varphi$的变化作图得到电子云的概率密度分布图,又称为电子云角度分布图,如图1-10、图1-11,分别为s、p、d电子云的角度分布立体图和剖面图。

原子轨道角度分布函数图与电子云角度分布图的区别:

1. 原子轨道的角度分布函数有正、负号之分,电子云的角度分布函数均为正值,因为$Y_{l,m}(\theta,\varphi)$中的θ,φ为正弦或余弦三角函数关系,但$|Y|^2$后就都是正值。

2. 电子云的角度分布函数比原子轨道的角度分布函数瘦些,这是因为Y值小于1,$|Y|^2$值就更小。

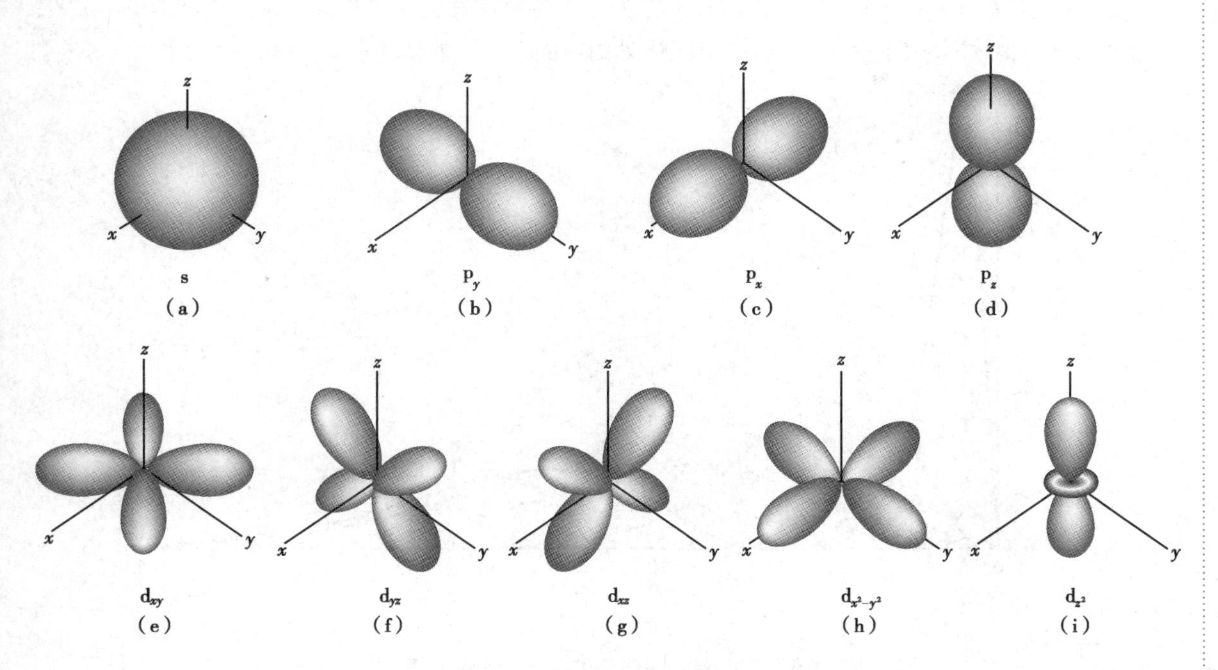

图 1-10　电子云的角度分布立体图

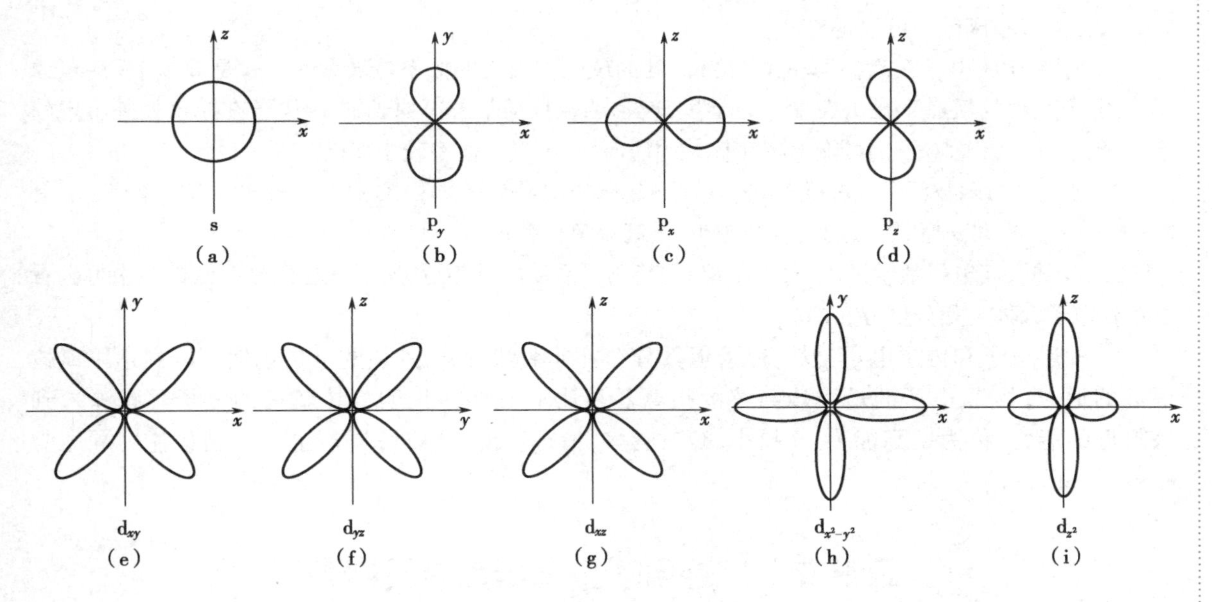

图 1-11　电子云的角度分布剖面图

3. 原子轨道的角度分布函数图是数学函数图，没有明确的物理意义。而后者表示在空间单位体积中出现的概率大小随角度 θ，φ 的变化。

（四）电子云壳层径向分布函数图

为了进一步了解电子在离核多远的区域内的运动，即要知道电子在核外空间各个区域内出现概率的大小，就需要了解径向分布图。将原子看作一个小小的球体，以原子核为圆心，半径为 r，厚度为 $dr(r \to r+dr)$ 的同心圆薄球壳夹层（图 1-12）的体积是 $4\pi r^2 dr$。定义径向分布函数（radial distribution function）：$D(r)=$

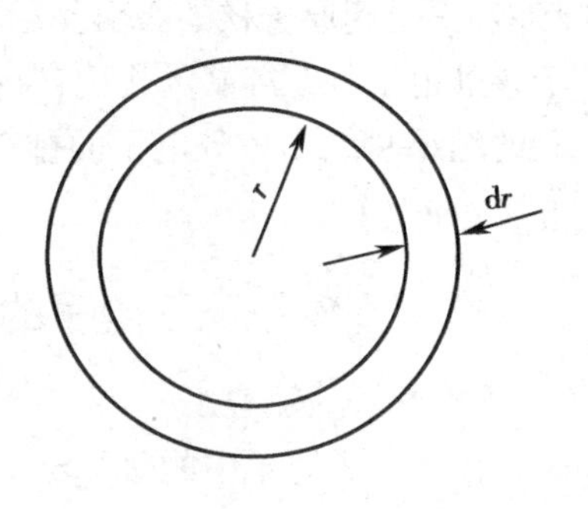

图 1-12　薄球壳示意图

$R^2(r)4\pi r^2$,则 $D(r)$ 函数表示电子在离核半径为 r、单位厚度球壳内出现的概率。绘制 $D(r)$ -r 图,称为径向分布函数图,表示电子在离核距离为 r 处的球面上出现的概率(图 1-13)。

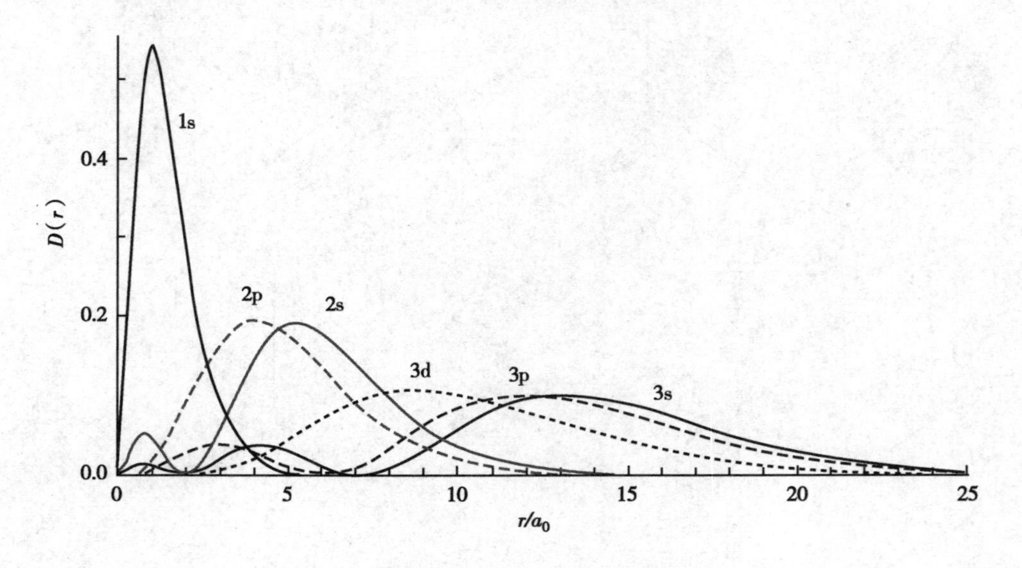

图 1-13　氢原子轨道的径向分布函数图

从径向分布函数图可以得出:

1. 氢原子 1s 电子在离核 $r=a_0=52.9$pm 处的球壳内出现的概率是最大的。a_0 是玻尔半径(氢原子 1s 电子运动的轨道半径),在量子力学里,玻尔半径只是基态氢原子的 1s 电子在原子核外出现的概率最大的距离;而电子仍可能出现在核外的任何一点,只是概率较小而已。

2. 径向分布函数图中的峰数有 $(n-l)$ 个峰,例如,1s 有 1 个峰,3s 有 3 个峰,2p 有 1 个峰,3p 有 2 个峰……。相同 n 值时,l 越大,峰数越少,最高峰离核越近。

3. n 不同,其电子活动区域不同,n 相同,其电子活动区域相近,所以从径向分布函数图中可以看出核外电子大体上是分层分布的。

4. 外层电子和内层电子虽然分层,但其分布并非截然分开,外层的电子仍然可以到达距离核很近的地方,如 3s 电子的最小峰离核的距离甚至比 1s 还近。说明离核较远的电子具有深入到核附近的能力,称为钻穿能力。l 越小,峰数越多,最小峰离核越近;同层电子的钻穿能力顺序为 ns>np>nd>nf。

第三节　核外电子排布与元素周期表

对单电子体系,如氢原子和类氢离子(如氦离子 He^+)的核外只有 1 个电子,电子在核外运动的势能,只受到原子核的吸引作用,原子轨道的能量只决定于主量子数 n。但对于多电子原子而言,由于核外电子相互屏蔽的作用,轨道能量高低还与角量子数及电子的具体排布有关。最终根据光谱实验的结果总结出核外电子的排布规律,并根据核外电子排布进一步归纳元素周期律(periodic law of the element)。

一、多电子原子电子的相互作用

(一)屏蔽效应

在多电子原子中的每个电子不仅受到原子核的吸引,同时还会受到其他电子的排斥。由于核外

电子的位置不确定，要准确地计算这种排斥作用是不可能的，因此可以采取一种近似处理的方法：将其他电子对某一电子排斥的作用归结为抵消了一部分核电荷，使其有效核电荷降低，削弱了核电荷对该电子吸引的作用，称为屏蔽效应（screening effect）。用屏蔽常数 σ 表示被抵消掉的核电荷，电子 i 只受到"有效核电荷 Z^*"的作用，$Z^*=(Z-\sigma)$ 称为有效核电荷。多电子原子可简化为核电荷数为 $(Z-\sigma)$ 的单电子原子。

多电子原子中电子 i 的能量公式可表示为：

$$E_i=-\frac{(Z-\sigma)^2}{n^2}\times 2.18\times 10^{-18}\text{J} \qquad \text{式(1-9)}$$

式（1-9）表明，多电子原子电子的能量与 Z、n、σ 都有关。Z 越大，相同轨道的能量越低。σ 越大，电子受到的屏蔽作用就越强，受核的束缚作用就越小，其能量就越高。l 相同，n 越大的电子受到的屏蔽效应越强，能量越高：

$$E_{ns}<E_{(n+1)s}<E_{(n+2)s}<\cdots\cdots$$

$$E_{np}<E_{(n+1)p}<E_{(n+2)p}<\cdots\cdots$$

对某一电子而言，σ 的大小既与起屏蔽作用的电子数以及这些电子所处的轨道有关，也与该电子所在的轨道有关。美国物理学家斯莱特（J. C. Slater）提出计算 σ 的经验规则：

1. 将原子中的轨道按下列顺序分组：

（1s）、（2s，2p）、（3s，3p）、（3d）、（4s，4p）、（4d）、（4f）、（5s，5p）、（5d）……

2. 外层电子对内层电子无屏蔽作用，$\sigma=0$。

3. 同组电子间屏蔽作用为 $\sigma=0.35$（同组为 1s 电子时，σ 为 0.30）。

4. $(n-1)$ 层电子对 n 层电子的屏蔽作用 $\sigma=0.85$，$(n-2)$ 层电子对 n 层电子的屏蔽作用 $\sigma=1.00$。

5. 若被屏蔽的电子处于 d、f 轨道，则所有内层电子对其屏蔽作用为 $\sigma=1.00$。

在计算原子中某电子的 σ 值，可将有关屏蔽电子对该电子的 σ 值相加而得到。

（二）钻穿效应

从电子云的径向分布图可以看出，当 n 相同，l 不同时，l 越小，峰数越多（峰数 $=n-l$），例如，3s 有三个峰，3p 有两个峰，3d 有 1 个峰，主峰位置相近，但 3s 在离核较近的区域有 2 个峰，3p 在离核较近的区域有 1 个峰，这说明 3s、3p 电子不仅会出现在离核较远的区域，还有机会钻到内层空间而更靠近原子核。其钻穿作用随 3s、3p、3d 顺序减弱，因此 l 越小，钻穿作用越大，受到的屏蔽作用就较小，有效核电荷越多，能量就越低：$E_{ns}<E_{np}<E_{nd}<E_{nf}$。这种由于角量子数 l 不同，电子的钻穿能力不同，而引起的能级能量的变化称为钻穿效应（penetration effect）。

4s 轨道电子钻穿能力强，有相当的概率出现在核附近，它的第一个峰比 3d 的主峰离核更近，有效避开了 3d 电子对它的屏蔽效应，反过来削弱了核对 3d 电子的吸引力，如图 1-13。因此，导致了在多电子原子中 n 较小的 3d 电子的能量略高于 n 较大的 4s 电子的能量，这种现象称为能级交错。

氢原子只有 1 个电子，无屏蔽效应，其激发态能量与 l 无关。

二、原子轨道的近似能级

1932 年，美国著名结构化学家鲍林（Pauling）根据光谱实验数据和理论计算结果，总结出多电子原子轨道近似能级图（图 1-14），可以看出：

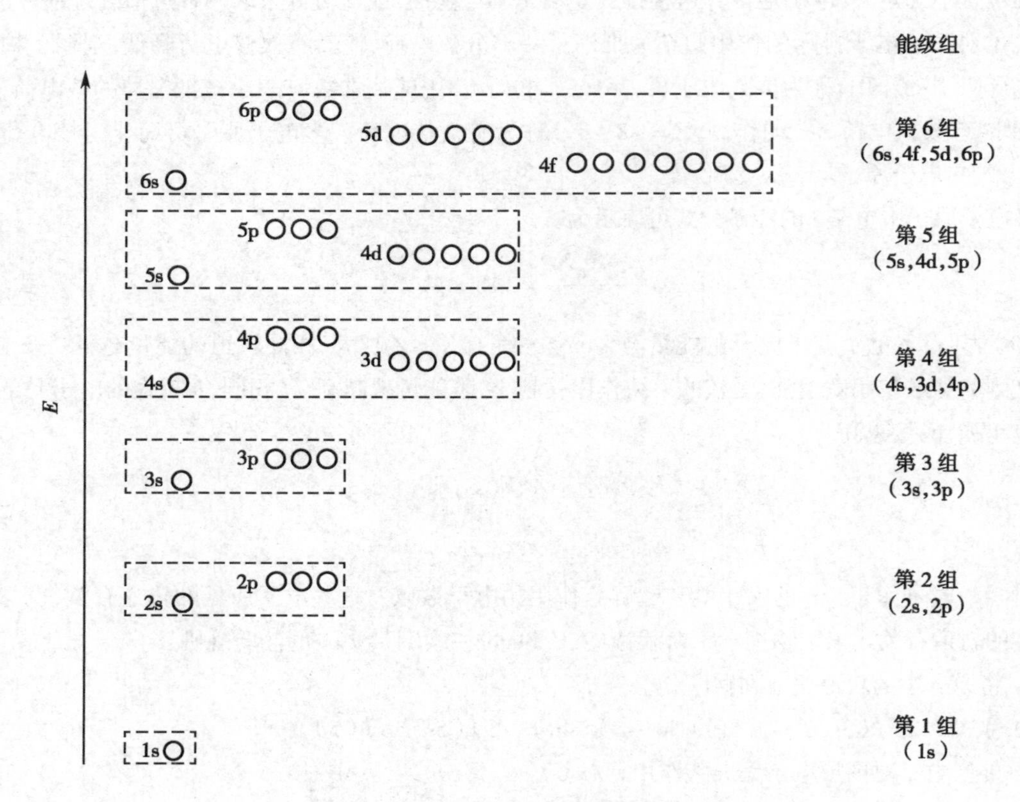

图 1-14 鲍林近似能级图

1. 轨道近似能级图按照能量从低到高的顺序排列，并且将能量相近的原子轨道排在同一组方框内。用小圆圈代表原子轨道，能量相近的划成一组，称为能级组。

2. 在每个能级组中，一个小圆圈代表一个原子轨道，将 3 个等价 p 轨道、5 个等价 d 轨道、7 个等价 f 轨道……排成一列，表示在该能级组中它们的能量相等。除第一能级组外，其他能级组中，原子轨道的能级都有差别。

3. 多电子原子中，原子轨道的能级主要由主量子数 n 和角量子数 l 来决定，l 相同，n 不同，n 越大，轨道能量越高，如 $E_{1s} < E_{2s} < E_{3s} < E_{4s}$；$n$ 相同，l 不同，l 越小，轨道能量就越低，如 $E_{4s} < E_{4p} < E_{4d} < E_{4f}$。但在第 4 能级组以上，会出现能级交错现象，如 $E_{4s} < E_{3d}$。这些原子轨道能级高低变化的情况，可以用“屏蔽效应”和“钻穿效应”解释。

需要注意的是，鲍林近似能级图反映了同一个多电子原子中原子轨道能量的相对高低，不具有绝对值意义。由式（1-9）可知，不同原子间由于核电荷数的不同，相同标号能级的能量其实存在着巨大的差异，因此，绝不能用鲍林近似能级图来比较不同元素原子轨道能级的相对高低。

我国著名化学家徐光宪教授提出：基态电中性原子的电子组态符合（$n + 0.7l$）的顺序，此顺序可定量地表示出各能级组之间的差异以及同层间电子亚层之间的能量差异，同一能级组内能量相差较小，不同能级组之间的能量相差较大。如 4s 对应的 $n = 4$，$l = 0$，则 $n + 0.7l = 4$，3d 对应的 $n = 3$，$l = 2$，则 $n + 0.7l = 4.4$，4p 对应的 $n = 4$，$l = 1$，则 $n + 0.7l = 4.7$，4s，3d，4p 计算的整数部分都为 4，即都在第四能级组。

原子轨道近似能级顺序可以用图 1-15 来帮助掌握。图中按原子轨道能量高低的顺序排列，下方的轨道能量低，上方的轨道能量高。用斜线贯穿各原子轨道，由下而上就可以得到近似能级顺序。

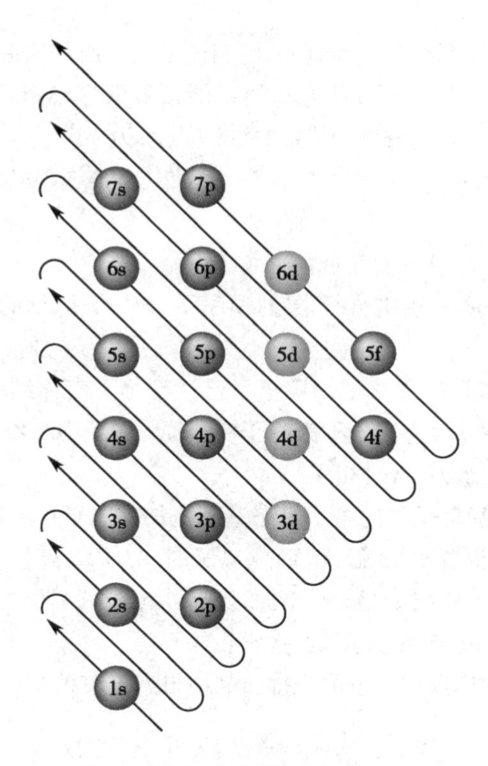

图 1-15　原子轨道近似能级顺序

三、多电子原子的核外电子排布

原子的核外电子排布称为电子组态，根据量子力学理论和光谱实验数据，基态原子电子组态的排布情况可以根据原子轨道能级次序和以下三条原则来确定。

（一）泡利（Pauli）不相容原理

奥地利物理学家泡利于 1925 年提出：电子作为费米子，在同一个空间位置上不能有两个自旋方向相同的电子存在。每一个原子轨道是一个独立的空间位置，因此同一个原子轨道上最多只能容纳两个自旋方向相反的电子，或者说，在同一原子中不会出现 4 个量子数完全相同的电子。泡利不相容原理规定了每个电子层最多可以容纳 $2n^2$ 个电子。

（二）能量最低原理

按照原子轨道近似能级顺序，在泡利不相容原理的条件下，核外电子的排布应尽可能使整个体系的能量最低，这样才能符合自然界的能量越低越稳定的普遍规律。即电子在原子轨道填充的顺序，应先从最低能级 1s 轨道开始，依次往能级较高的轨道上填充，故称为**能量最低原理**。

（三）洪德（Hund）规则

德国物理学家洪德于 1925 年指出：在能量相同的简并轨道上排布电子时，将尽可能分占不同的轨道，且自旋方向平行。量子力学计算证实，根据洪德规则，自旋方向平行的单电子越多，体系的能量就越低，体系就越稳定。

例如，基态碳原子有 6 个电子，电子排布为 $1s^22s^22p^2$，如图 1-16，2p 的 2 个电子以相同的自旋方式分占 2 个简并轨道。

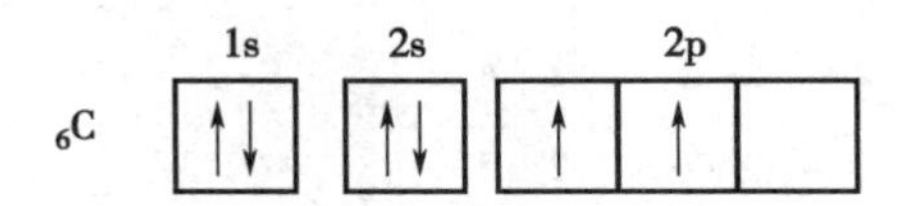

图 1-16　碳原子的电子排布图

根据光谱实验结果，洪德规则存在一些例外，即当体系处于简并轨道全充满（如 p^6、d^{10}、f^{14}）、半充满（如 p^3、d^5、f^7）或全为空（如 p^0、d^0、f^0）状态时体系能量最低最稳定。例如，基态 $_{24}Cr$ 原子的电子组态为 $1s^22s^22p^63s^23p^63d^54s^1$，而不是 $1s^22s^22p^63s^23p^63d^44s^2$，因为 $3d^5$ 为半充满状态，能量更低更稳定；$_{29}Cu$ 原子的电子组态为 $1s^22s^22p^63s^23p^63d^{10}4s^1$，而不是 $1s^22s^22p^63s^23p^63d^94s^2$，因为 $3d^{10}$ 为全充满状态，体系更稳定。

书写核外电子排布式还应注意下面几点：

1. 在书写原子电子组态时，一律按电子层的顺序写，如 $_{24}Cr$ 原子的最外层电子排布应为 $3d^54s^1$ 而不是 $4s^13d^5$。

2. 为了避免电子结构式过长，通常把内层电子已达到稀有气体结构的部分写成稀有气体的元素符号外加方括号的形式来表示，这部分称为原子实或原子芯。如 $_{19}K$ 的电子结构式也可以表示为 $[Ar]4s^1$，$_{26}Fe$ 的电子结构式表示为 $[Ar]3d^64s^2$。

3. 离子的电子组态是在基态原子的电子组态基础上加上电子（负离子）或失去电子（正离子）。但要注意，在填充电子时 4s 能量比 3d 低，但形成离子时，先失去离核较远的 4s 上的电子，使离子更接近稀有气体的电子构型、总能量最低。例如，Fe^{2+}：$[Ar]3d^64s^0$（失去 4s 上的 2 个电子），Fe^{3+}：$[Ar]3d^54s^0$（先失去 4s 上 2 个电子，再失去 3d 上 1 个电子）。

现将光谱实验中得出的前四周期原子电子排布的结果列于表 1-4 中。

表 1-4 前四周期原子的电子层结构

周期	原子序数	元素符号	元素名称	电子层结构																	
				K	L		M			N				O				P			Q
				1s	2s	2p	3s	3p	3d	4s	4p	4d	4f	5s	5p	5d	5f	6s	6p	6d	7s
Ⅰ	1	H	氢	1																	
	2	He	氦	2																	
Ⅱ	3	Li	锂	2	1																
	4	Be	铍	2	2																
	5	B	硼	2	2	1															
	6	C	碳	2	2	2															
	7	N	氮	2	2	3															
	8	O	氧	2	2	4															
	9	F	氟	2	2	5															
	10	Ne	氖	2	2	6															
Ⅲ	11	Na	钠	2	2	6	1														
	12	Mg	镁	2	2	6	2														
	13	Al	铝	2	2	6	2	1													
	14	Si	硅	2	2	6	2	2													
	15	P	磷	2	2	6	2	3													
	16	S	硫	2	2	6	2	4													
	17	Cl	氯	2	2	6	2	5													
	18	Ar	氩	2	2	6	2	6													

续表

周期	原子序数	元素符号	元素名称	电子层结构																	
				K	L		M			N				O				P			Q
				1s	2s	2p	3s	3p	3d	4s	4p	4d	4f	5s	5p	5d	5f	6s	6p	6d	7s
Ⅳ	19	K	钾	2	2	6	2	6		1											
	20	Ca	钙	2	2	6	2	6		2											
	21	Sc	钪	2	2	6	2	6	1	2											
	22	Ti	钛	2	2	6	2	6	2	2											
	23	V	钒	2	2	6	2	6	3	2											
	24	Cr	铬	2	2	6	2	6	5	1											
	25	Mn	锰	2	2	6	2	6	5	2											
	26	Fe	铁	2	2	6	2	6	6	2											
	27	Co	钴	2	2	6	2	6	7	2											
	28	Ni	镍	2	2	6	2	6	8	2											
	29	Cu	铜	2	2	6	2	6	10	1											
	30	Zn	锌	2	2	6	2	6	10	2											
	31	Ga	镓	2	2	6	2	6	10	2	1										
	32	Ge	锗	2	2	6	2	6	10	2	2										
	33	As	砷	2	2	6	2	6	10	2	3										
	34	Se	硒	2	2	6	2	6	10	2	4										
	35	Br	溴	2	2	6	2	6	10	2	5										
	36	Kr	氪	2	2	6	2	6	10	2	6										

四、原子的电子层结构与元素周期表

元素以及由其形成的单质与化合物的性质，随原子序数（核电荷数）的递增呈周期性的变化，这一规律称为元素周期律。元素周期律总结和揭示了元素性质从量变到质变的特征和内在依据。元素的原子核外电子层结构的周期性变化是元素周期律的本质原因。周期律的发现是化学发展过程中的一个重要里程碑。

（一）周期与能级组

随着原子序数的增加，不断有新的电子层出现，并且最外层电子的填充始终是从 ns^1 开始到 ns^2np^6 结束（除第一周期外），即都是从碱金属开始到稀有气体结束，重复出现。由于最外电子层的结构决定了元素的化学性质，因此就出现了元素性质呈现周期性变化的规律。根据徐光宪（$n+0.7l$）计算规则，整数部分相同的轨道作为一个能级组，于是得到 7 个能级组（表 1-5）。一个能级组对应元素周期表中的一个周期，即有 7 个周期。

当电子开始填充到一个新的能级组，就标志着电子层增加了一层，多了一个新的周期。元素所在周期数与该元素的原子核外电子的最高能级所在能级组数相一致，也与原子核外电子最外层电子的主量子数 n 一致，如：$_{13}Al\ 1s^22s^22p^63s^23p^1$，$n=3$，所以它处在周期表中第三周期。因此，元素所在周期序数等于该元素原子的电子层数。

表 1-5 能级组与周期的关系

周期数	周期	能级组	对应的能级	起止元素	元素种类数
一	特短周期	1	1s	${}_{1}H \rightarrow {}_{2}He$	2
二	短周期	2	2s2p	${}_{3}Li \rightarrow {}_{10}Ne$	8
三	短周期	3	3s3p	${}_{11}Na \rightarrow {}_{18}Ar$	8
四	长周期	4	4s3d4p	${}_{19}K \rightarrow {}_{36}Kr$	18
五	长周期	5	5s4d5p	${}_{37}Rb \rightarrow {}_{54}Xe$	18
六	特长周期	6	6s4f5d6p	${}_{55}Cs \rightarrow {}_{86}Rn$	32
七	未完周期	7	7s5f6d	${}_{87}Fr$ →未完成	—

（二）族与原子的价层电子组态

元素的价层电子组态相似的元素排在同一列，称为族。元素周期表中共有 18 列，16 个族，第 8~10 列合称为一个族，其余每一列为一族，8 个主族，8 个副族。主族和副族的性质区别在于价层电子结构的不同。

主族：周期表中共有 8 个主族。主族元素内层轨道全充满，最后 1 个电子填入 ns 或 np 亚层上，价层电子组态为 $ns^{1\sim2}$ 或 $ns^2np^{1\sim6}$，族号用罗马数字后面加“A”表示，从ⅠA 到ⅦA 和零族。主族元素族序数 = 该族元素原子最外层电子数 = 该族元素原子价电子数。例如，元素 ${}_{14}Si$，电子组态为 $1s^22s^22p^63s^23p^2$，最后一个电子填入 3p 亚层，为主族元素，价层电子组态为 $3s^23p^2$，价层电子数为 4，故为ⅣA 族。零族元素是稀有气体，其最外层全填满，价层电子组态为 $1s^2$ 或 ns^2np^6，呈稳定结构。

副族：周期表中共有 8 个副族。副族元素也称为过渡元素，最后一个电子填入 $(n-1)$d 或 $(n-2)$f 亚层上，族号用罗马数字后加“B”表示，从ⅠB 到Ⅷ族。对于副族元素，最外层电子、次外层 d 电子、外数第三层 f 电子都是价电子，都可以参加化学反应。ⅠB、ⅡB 族元素原子价层电子排布为 $(n-1)d^{10}ns^{1\sim2}$，ns 上的电子数等于族数。ⅢB~ⅦB 族元素的族数等于价电子数，例如，元素 ${}_{24}Cr$ 的电子组态是 $1s^22s^22p^63s^23p^63d^54s^1$，价层电子组态是 $3d^54s^1$，属于ⅥB 族。第六、七周期中，ⅢB 族有两个系列的元素新增的电子都是依次填充在 $(n-2)$f 轨道上，这些元素称为镧系元素和锕系元素，其 $(n-1)$d 轨道电子为 1 或 0。Ⅷ族有三列，最后 1 个电子填在 $(n-1)$d 亚层上，价层电子构型为 $(n-1)d^{6\sim10}ns^{0\sim2}$，电子总数是 8~10。

（三）元素在周期表中的分区

根据元素最后一个电子填充的能级不同，把价电子构型相似的元素合并成区，可以将周期表中的元素分为 5 个区，如图 1-17。

s 区元素：最后 1 个电子填充在 ns 轨道上，价层电子组态为 ns^1 或 ns^2，包括ⅠA 和ⅡA 族，除氢原子和氦原子外它们都是活泼金属，容易失去价层电子形成 +1 或 +2 价离子。

p 区元素：最后 1 个电子填充在 np 轨道上，价层电子组态为 $ns^2np^{1\sim6}$，包括ⅢA~ⅦA 族元素，大部分为非金属元素，零族稀有气体也属于 p 区。随着最外层电子数目的增加，原子失去电子趋势越来越弱，得电子趋势越来越强。

d 区元素：价层电子构型为 $(n-1)d^{1\sim10}ns^{0\sim2}$，最后 1 个电子填充在 $(n-1)$d 轨道上，包括ⅢB~Ⅷ族元素。这些元素都是金属，常有可变化的氧化值。

ds 区元素：价层电子构型为 $(n-1)d^{10}ns^{1\sim2}$，即次外层 d 轨道是充满的，最外层轨道上有 1~2 个电子。它们既不同于 s 区，也不同于 d 区，故称为 ds 区，包括ⅠB 和ⅡB 族。

f 区元素：最后 1 个电子填充在 $(n-2)$f 轨道上，价层电子构型为 $(n-2)f^{0\sim14}ns^2$ 或 $(n-2)f^{0\sim14}(n-1)d^{0\sim2}ns^2$，包括镧系和锕系元素。

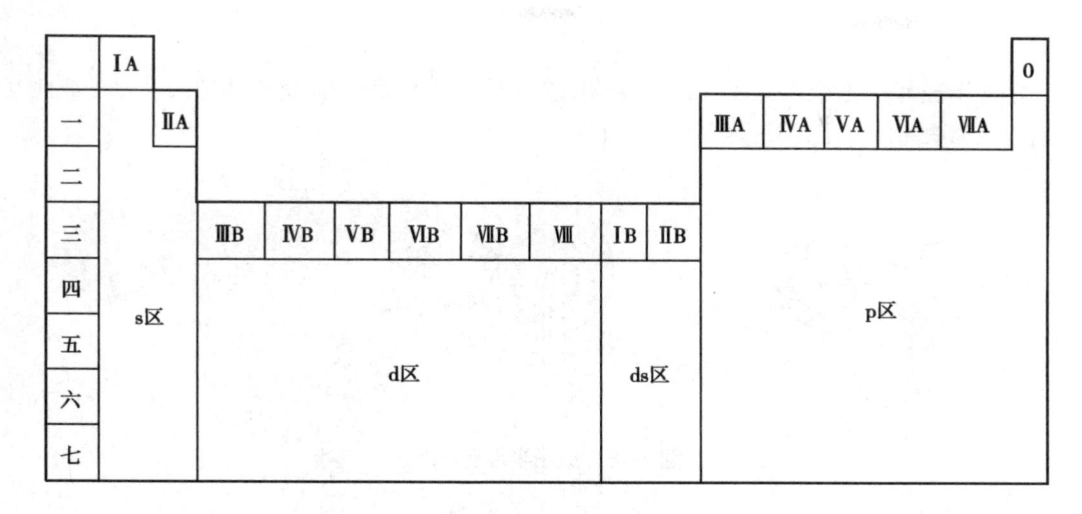

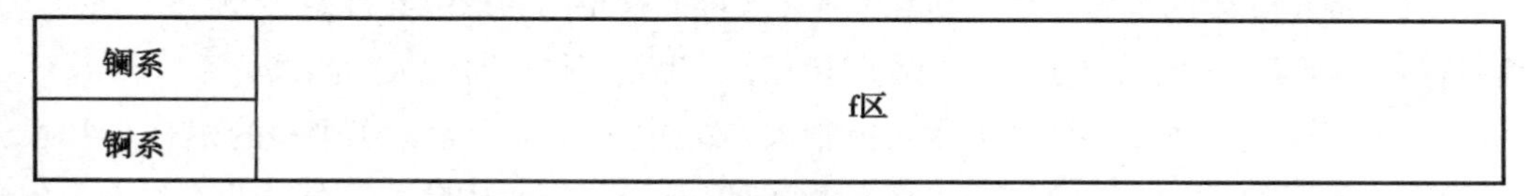

图 1-17　周期表中元素的分区

［例 1-2］ 试写出 28、37 号元素原子的：

（1）电子组态。

（2）元素在周期表中所属周期、族和区。

解：（1）28 号元素原子的电子组态为：$1s^22s^22p^63s^23p^63d^84s^2$ 或［Ar］$3d^84s^2$。

37 号元素原子的电子组态为：$1s^22s^22p^63s^23p^63d^{10}4s^24p^65s^1$ 或［Kr］$5s^1$。

（2）28 号元素属于第四周期，Ⅷ族，d 区元素。37 号元素属于第五周期，ⅠA 族，s 区元素。

第四节　元素基本性质的周期性变化

随着元素原子序数的增加，原子核外的电子层结构呈周期性变化。因此元素的基本性质如原子半径、电离能、电子亲和能和电负性等，也呈现明显的周期性变化。

一、原子半径

按照量子力学的观点，电子在核外运动没有固定轨道。因此，对于原子来说并没有一个界限分明的界面。通常所说的原子半径（atomic radius）指的是原子在同原子分子或同原子晶体中表现的大小。

（一）原子半径的类型

根据原子与原子间的作用力不同，原子半径一般可分为共价半径、金属半径和范德瓦耳斯半径三种。原子半径的大小与它所形成的化学键的类型（离子键、共价键、金属键）、相邻原子的大小和数目等因素有关。

1. 范德瓦耳斯半径 r_v　在分子晶体中，分子间以范德瓦耳斯力结合，相邻两原子核间距的一半，即为范德瓦耳斯半径，如图 1-18（a），主要适用于稀有气体（零族元素）。

2. 共价半径 r_c　同种元素的两个原子以共价单键相结合时的核间距离的一半，称为共价半径，如图 1-18（b）。例如，H_2 的共价键键长是 74pm，所以 H 原子的共价半径就是 37pm。共价半径具有加和性，Cl 的共价半径是 99pm，C 的共价半径是 77pm，则 C—Cl 键长应为 99 + 77 = 176pm，CCl_4 中 C—Cl 键长的实测值为 177.6pm，与计算值基本吻合。这说明共价半径取决于成键原子本身，受相邻

原子的影响较小。

3. 金属半径 r_m　把金属晶体看成是由球状金属原子堆积而成，假定相邻的两个原子彼此互相接触，它们核间距离的一半，称为金属半径，如图 1-18（c）。

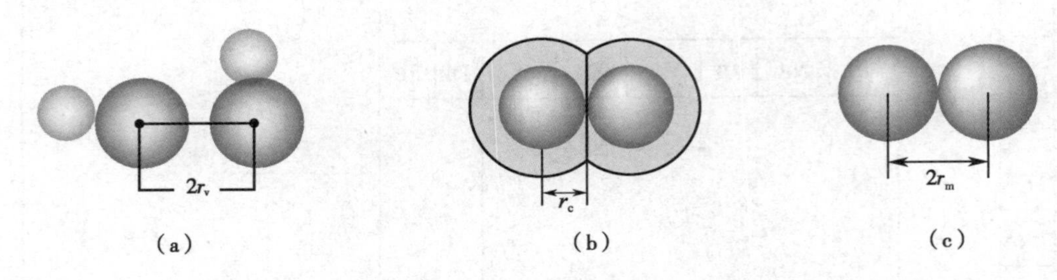

图 1-18　原子半径示意图

一般来说，同一元素的金属半径比其共价半径大些。这是因为形成共价键时，轨道的重叠程度大些。而范德瓦耳斯半径的值总是最大，它是分子间不产生相互排斥时的最短距离。

对同一种元素，这三种半径数值差别可能很大，故在比较不同元素原子半径的相对大小时，应选择同一类型的原子半径。图 1-19 列出了各种原子的原子半径，表中除稀有气体为范德瓦耳斯半径外，其余均为共价半径。

H 37																	He 122
Li 152	Be 111											B 88	C 77	N 70	O 66	F 64	Ne 160
Na 186	Mg 160											Al 143	Si 117	P 110	S 104	Cl 99	Ar 191
K 227	Ca 197	Sc 161	Ti 145	V 132	Cr 125	Mn 124	Fe 124	Co 125	Ni 125	Cu 128	Zn 133	Ga 122	Ge 123	As 121	Se 117	Br 114	Kr 198
Rb 248	Sr 215	Y 181	Zr 160	Nb 143	Mo 136	Tc 136	Ru 133	Rh 135	Pd 138	Ag 144	Cd 149	In 163	Sn 141	Sb 141	Te 137	I 133	Xe 217
Cs 265	Ba 217	*	Hf 159	Ta 143	W 137	Re 137	Os 134	Ir 136	Pt 136	Au 144	Hg 160	Tl 170	Pb 175	Bi 155	Po 167	At 145	Rn 145

*镧系元素

La	Ce	Pr	Nd	Pm	Sm	Eu	Gd	Tb	Dy	Ho	Er	Tm	Yb	Lu
188	183	183	182	181	180	204	180	178	177	177	176	175	194	173

图 1-19　元素的原子半径（单位：pm）

（二）原子半径的变化规律

从图 1-19 中看出，同一周期从左到右随原子核电荷数的增多，核对电子的吸引力增强，由于同一周期主族元素的内层电子数不变，即内层电子对外层电子的屏蔽效应不变，故同一周期主族元素原子半径逐渐减小。而同一周期副族元素随原子序数增加，新增加的电子进入次外层的 d 亚层，对外层电子的屏蔽效应增强，d 电子之间的排斥作用也倾向于使半径增大，使得同一周期副族元素的原子半径变化的总趋势缓慢缩小，其间有小幅度起伏。

镧系元素新增加的电子填充到（$n-2$）f 亚层上，这虽然对屏蔽效应有较大贡献，但 1 个 f 电子不

能“抵消”掉1个核电荷。因此,随着原子序数的增加,镧系元素原子半径在总趋势上逐渐减小。虽然相邻原子间变化很小,但镧系共有15个元素,递减的总和却非常显著,这使得镧系之后的原子比预计的原子半径小得多,比如电子层增加了一层的铪(Hf)原子半径比前一周期的锆(Zr)还要小。这种现象称为镧系收缩(lanthanide contraction)。

镧系收缩的结果,使第六周期过渡元素的原子半径与第五周期过渡元素的原子半径相近,导致了如锆(Zr)和铪(Hf)、铌(Nb)和钽(Ta)、钼(Mo)和钨(W)等在性质上极为相似,分离困难,这种现象称为镧系收缩效应;同时镧系各元素之间的原子半径也非常相近,性质相似,分离非常困难。

尽管同一主族元素由上到下核对外层电子的吸引力增强,但元素的原子电子层数增加,内层电子对外层电子的屏蔽效应起主导作用,所以同一主族元素由上到下原子半径逐渐增大。同一副族元素从上到下原子半径(除了受镧系收缩的元素外)总的趋势也增大,但幅度较小。

二、电离能

气态的基态原子失去电子成为气态正离子时所消耗的能量,称为电离能(ionization energy)。基态气体原子失去第一个电子成为气态+1价离子时所需的最低能量称为第一电离能,用I_1表示;气态+1价离子失去第二个电子成为气态+2价离子所需要的能量称为第二电离能,用I_2表示,依此类推。同一元素各级电离能的大小有如下规律$I_1 < I_2 < I_3 < \cdots\cdots$,因为原子失去一个电子形成正离子后,有效核电荷数$Z^*$增加,离子半径越来越小,原子核对电子引力增大,所以失去电子逐渐变难,需要的能量逐渐升高。

电离能的大小可表示原子失去电子的倾向,从而可以说明元素的金属性。如电离能越小表示原子失去电子所消耗能量越少,就越易失去电子,则该元素在气态时金属性就越强。元素的第一电离能最重要,I_1是衡量元素原子失去电子的能力和元素金属性的一种尺度。元素的第一电离能的数据可由发射光谱实验得到,随着原子序数的增加,第一电离能也呈周期性变化,如图1-20。

一般说来,同一周期中,从左到右随着原子序数的增加,核电荷数逐渐增加,原子半径逐渐减小,原子核对外层的引力越来越大,元素原子更加不容易失去电子,因此主族元素的第一电离能从左到右逐渐增大。但同一周期中,第一电离能的变化不像原子半径变化的那样规律,当元素的价层电子处于全空、半充满或全充满状态时,其稳定性偏高,不容易失去电子,因此其第一电离能也偏高。每一周期

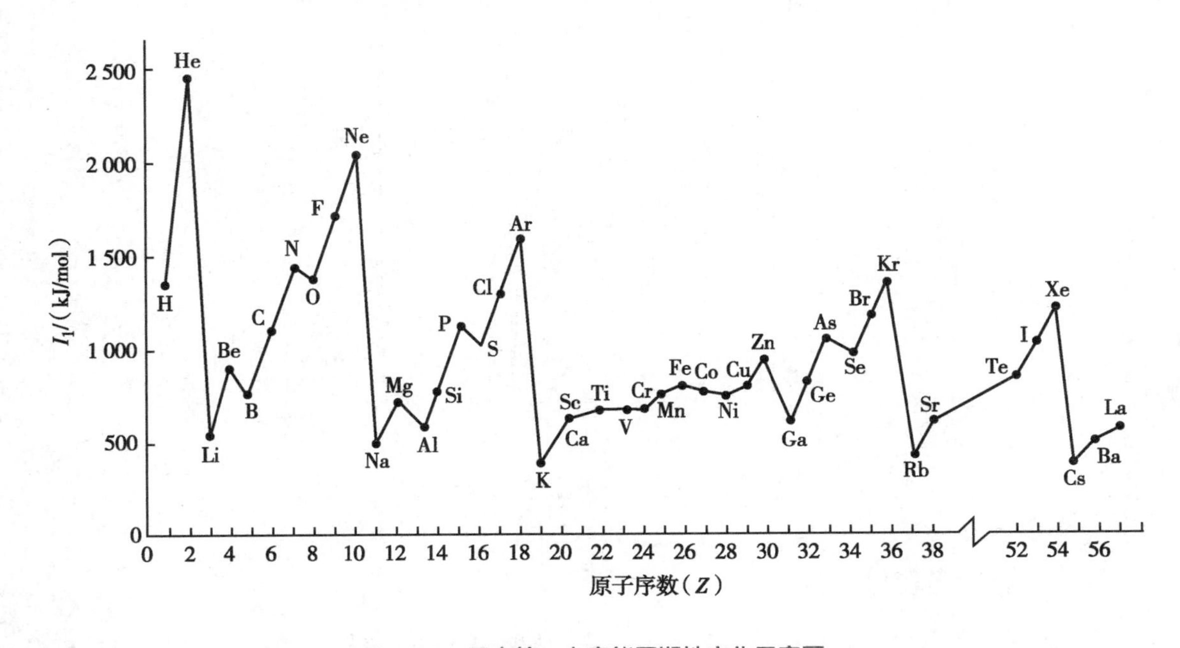

图1-20 元素第一电离能周期性变化示意图

中稀有气体原子具有最高的电离能，因为它们有 ns^2np^6 的稳定电子层组态。此外，图 1-20 中曲线中有小的起伏，如 N、P 元素的电离能分别比 O、S 元素的电离能高，这是因为前者 ns^2np^3 组态，p 亚层处于半充满，失去一个 p 电子破坏了半充满状态，电离能较高。后者 ns^2np^4 组态，失去一个 p 电子后，p 亚层变成半充满状态，电离能较低。

而同周期过渡元素，随着原子序数的增加，电子填充到屏蔽作用较大的内层，抵消了核电荷增加所产生的影响，因此元素的第一电离能变化不大。

同一族元素，从上往下原子半径增大起主要作用，半径越大，核对电子引力越小，越易失去电子，电离能越小。

三、电子亲和能

与原子失去电子需消耗一定的能量正好相反，电子亲和能（electron affinity）是指气态的基态原子获得电子时所放出的能量。当气态的基态原子得到一个电子形成 –1 价气态负离子时，所放出的能量叫该元素的第一电子亲和能，用 A_1 表示。由 –1 价气态负离子得到一个电子成为 –2 价气态负离子时所放出的能量称为第二电子亲和能，用 A_2 表示，依此类推。

元素的电子亲和能越大，表示原子得到电子的倾向越大，其非金属性也越强。一般元素的第一电子亲和能为负值，表示得到一个电子形成负离子时放出能量，也有的元素 A_1 为正值，表示得电子时要吸收能量，这说明该元素的原子变成负离子非常困难。元素的第二电子亲和能一般均为正值，说明由 –1 价的离子变成 –2 价的离子也要吸热，主要是由于 –1 价离子对加入的第二个电子具有排斥作用。

碱金属和碱土金属的电子亲和能都很小，说明它们形成负离子的倾向很小，非金属性很弱。所以可以认为电子亲和能是元素非金属性的一种标度。ⅥA 和ⅦA 族的第一个元素 O 和 F 的电子亲和能并非最大，而比同族中第二个元素甚至第三个元素要小。这是因为 O 和 F 的原子半径过小，电子云密度过高，以致当原子结合一个电子形成负离子时，由于电子间的互相排斥使放出的能量减小。而 S 和 Cl 原子半径较大，接受电子时电子间的排斥力较小，所以在同族中电子亲和能是最大的。电子亲和能周期性变化示意图见图 1-21。

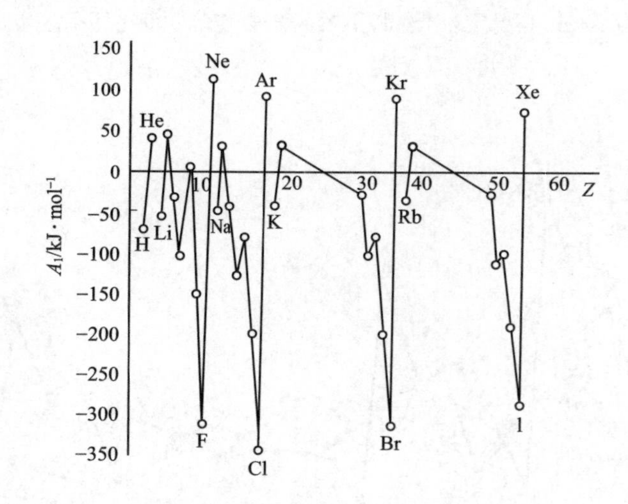

图 1-21 电子亲和能周期性变化示意图

四、元素的电负性

元素的电离能和电子亲和能可以反映某元素的原子失去和获得电子的能力，但在许多化合物形成时，元素的原子既不失电子也不得电子，电子只是在它们的原子之间发生偏移。因此为了更全面地反映分子中原子对成键电子的吸引能力，鲍林在1932年提出电负性的概念。电负性（electronegativity）是指元素原子吸引电子的能力，用符号χ来表示。指定氟的电负性为4.0，根据热化学的方法可以求出其他元素的相对电负性，故元素的电负性没有单位，电负性数值见图1-22。值得注意的是，图1-22所列电负性是该元素最稳定的氧化态的电负性值，同一元素处于不同氧化态时，其电负性值也会不同。根据元素的电负性大小也可以衡量元素的金属性和非金属性的强弱。

H 2.20																
Li 0.98	Be 1.57											B 2.04	C 2.55	N 3.04	O 3.44	F 3.98
Na 0.93	Mg 1.31											Al 1.61	Si 1.90	P 2.19	S 2.58	Cl 3.16
K 0.82	Ca 1.00	Sc 1.36	Ti 1.54	V 1.63	Cr 1.66	Mn 1.55	Fe 1.80	Co 1.88	Ni 1.91	Cu 1.90	Zn 1.65	Ga 1.81	Ge 2.01	As 2.18	Se 2.55	Br 2.96
Rb 0.82	Sr 0.95	Y 1.22	Zr 1.33	Nb 1.60	Mo 2.16	Tc 1.90	Ru 2.28	Ru 2.20	Pd 2.20	Ag 1.93	Cd 1.69	In 1.78	Sn 1.96	Sb 2.05	Te 2.10	I 2.66
Cs 0.79	Ba 0.89	La 1.10	Hf 1.30	Ta 1.50	W 2.36	Re 1.90	Os 2.20	Ir 2.20	Pt 2.28	Au 2.54	Hg 2.00	Tl 2.04	Pb 2.33	Bi 2.02	Po 2.00	At 2.20

图1-22　元素电负性数值

电负性的周期性变化同元素的金属性、非金属性的周期性变化基本一致。即同一周期中从左到右元素的电负性依次增大；同族中自上而下元素的电负性逐渐减小（副族元素规律不明显）。在所有元素中氟的电负性最大，是非金属性最强的元素，铯的电负性最小，是金属性最强的元素；通常情况下，金属元素的电负性在2.0以下，非金属元素的电负性在2.0以上，但没有严格的界限。根据电负性数据以及其他键参数，可以预测化合物中化学键的类型。

第一章
知识拓展

习　题

1. 判断题

（1）L电子层原子轨道的主量子数都等于2。　（　　）

（2）在多电子原子中，n相同，l越小的电子，钻穿效应就越强，能量越高。　（　　）

（3）原子轨道的角度分布图有“+”“−”号，电子云的角度分布图没有。　（　　）

（4）只要知道量子数 n, l, m 就能同时确定一个原子轨道和电子的具体运动状态。（ ）

（5）同一周期中，元素的原子半径和第一电离能均随原子序数递增而依次增大。（ ）

2. 填空题

（1）3p 轨道有____条，它们在空间有______个伸展方向。

（2）Mg、Cl、Ba 原子半径从小到大的排列顺序是________________。

（3）24 号元素 Cr 原子的核外电子排布为________________，其位于元素周期表第____周期，第____族。

（4）已知 A 原子是电负性最大的原子，A 原子比 B 原子少 2 个电子，则 B 元素是________。

（5）1~36 号元素中，基态原子中 3d 能级半充满的元素是______和______，基态原子中 3d 能级全充满的元素是______和______。

3. 单选题

（1）导致 4s 轨道能量低于 3d 轨道能量的主要原因是（ ）

A. 钻穿效应 B. 屏蔽效应 C. 能量最低原理 D. 洪德规则

（2）某一电子有下列成套量子数（n、l、m、m_s），其中不可能存在的是（ ）

A. 3, 2, 1, 1/2 B. 3, 3, −1, 1/2 C. 1, 0, 0, −1/2 D. 2, 1, 0, 1/2

（3）基态 $_{24}Cr$ 的电子组态是（ ）

A. [Ar]$4s^23d^4$ B. [Kr]$3d^44s^2$ C. [Ar]$3d^54s^1$ D. [Xe]$4s^13d^5$

（4）某原子的基态电子组态是[Ar]$3d^54s^2$，该元素属于（ ）

A. 第四周期，ⅦB 族，d 区 B. 第四周期，ⅡB 族，ds 区

C. 第四周期，ⅡB 族，d 区 D. 第四周期，ⅡA 族，d 区

（5）下列外层电子组态的原子中，电负性最大的是（ ）

A. $3s^1$ B. $4s^1$ C. $3s^23p^6$ D. $2s^22p^5$

4. 简答题

（1）$n=3$ 的电子层有几个亚层？相应的轨道角动量量子数分别是多少？写出每个亚层的符号；每个亚层有几个轨道？写出每个轨道的符号和 3 个量子数。

（2）什么是元素的电负性？试述同周期和同主族元素的电负性变化规律。

（3）第二周期元素的第一电离能为什么在 Be 和 B 以及 N 和 O 之间出现转折？

（4）填写下表：

基态元素符号	位置（区、周期、族）	价层电子组态	单电子数
S			
Zn	ds 区、第四周期、ⅡB		0

（5）某元素的原子最外层仅有一个电子，该电子的量子数分别为 $n=4$, $l=0$, $m=0$, $m_s=+1/2$。符合上述条件的元素有哪些？原子序数分别为多少？请写出元素原子的核外电子排布式以及元素在周期表中的周期、族、区。

第一章
目标测试

（袁友泉）

第二章

分 子 结 构

学习目标

1. **掌握** 离子键的成键条件和特点；价键理论的要点，共价键的成键本质和特点，σ 键和 π 键的概念；杂化轨道理论的基本要点，杂化轨道类型与分子空间构型的关系；分子轨道理论的基本要点，第二周期同核双原子分子的轨道能级图；范德瓦耳斯力和氢键的概念。
2. **熟悉** 三种典型离子晶体的结构；键级、键能、键长和键角的概念；价层电子对互斥模型，利用该模型判断简单的多原子分子或离子的形状；判断键的极性及常见分子的极性；范德瓦耳斯力对物质的熔沸点及溶解度等性质的影响。
3. **了解** 离子极化的概念，离子键与共价键的区别和联系；晶体的基本概念，金属晶体、离子晶体、原子晶体和分子晶体的结构特点。

第二章
教学课件

第一节 离 子 键

一、离子键的形成与特点

（一）离子键的形成

1916 年，德国化学家瓦特尔・柯塞尔（Walther Kossel，1888—1956 年）根据稀有气体具有较稳定结构的事实提出了离子键模型。根据 Kossel 模型，在一定条件下，当电负性较小的活泼金属元素的原子与电负性较大的活泼非金属元素的原子相互接近时，活泼金属原子失去最外层电子，形成具有稳定电子层结构的正离子；而活泼非金属原子得到电子，形成具有稳定电子层结构的负离子。这些带相反电荷的离子通过静电作用结合形成的化学键称为离子键（ionic bond）。

以金属钠和氯气生成氯化钠固体为例，当电负性较小的 Na 原子与电负性较大的 Cl 原子相互作用时，由于两者的电负性相差较大，原子之间发生电子转移：Na 原子的电子组态为 $1s^22s^22p^63s^1$，趋向失去最外层的 1 个电子，成为具有稳定结构的 Na^+；而 Cl 原子的电子组态为 $1s^22s^22p^63s^23p^5$，趋向得到 1 个电子，成为具有稳定结构的 Cl^-。带正电荷的 Na^+ 和带负电荷的 Cl^- 由于静电吸引而互相靠近，但 Na^+ 和 Cl^- 距离较近时，它们的电子云之间以及它们的原子核之间会产生较强的排斥作用。当 Na^+ 和 Cl^- 之间的静电吸引和排斥作用达到平衡，则形成离子键，所以离子键是正、负离子之间的强烈相互作用。

如上所述，电负性较小的活泼金属原子和电负性较大的非金属原子之间能够通过电子转移分别成为正、负离子。因此，形成离子键的条件是两原子电负性的差值比较大。由离子键形成的化合物称为离子型化合物。

在形成离子键的过程中，体系释放的能量越多，表示正、负离子之间的结合越牢固，即离子键越稳定。但引起离子化合物体系能量变化的并非单个正、负离子的吸引，而是多离子体系的整体作

用。因此不能简单地用键能表示离子键的强度，而应从晶体整体考虑离子间的相互作用，采用晶格能（lattice energy）来衡量离子键的强度。晶格能是指在标准状态下（298K）将 1mol 离子晶体转化为气态离子所吸收的能量，用符号 ΔH_{latt} 表示。例如：

$$NaCl(s) = Na^+(g) + Cl^-(g) \quad \Delta H_{latt} = 787kJ/mol$$

晶格能越大，表示破坏该晶体需要消耗的能量越多，晶体则越稳定。由于离子晶体在标准状态下不可能气化为正、负离子，所以无法用实验的方法直接测定晶格能。1919 年，玻恩（Max-Born，1882—1970 年）和哈伯（Fritz Haber，1868—1934 年）建立了 Born-Haber 循环，利用有关热力学数据通过热化学计算晶格能的大小。

例如，在 298K 和 1atm，1mol 金属钠和 0.5mol 氯气生成 1mol NaCl 晶体的反应热为 −411kJ/mol（负号表示系统放出能量）。该过程的热化学方程式可表示为：

$$Na(s)+1/2Cl_2(g) = NaCl(s) \quad \Delta H = -411kJ/mol$$

如图 2-1，从该反应的始态（固态金属钠和氯气）到反应的终态（NaCl 晶体）设计另一条途径，通过 5 个反应分步完成，但是始态和终态一定，过程的热效应是相同的。

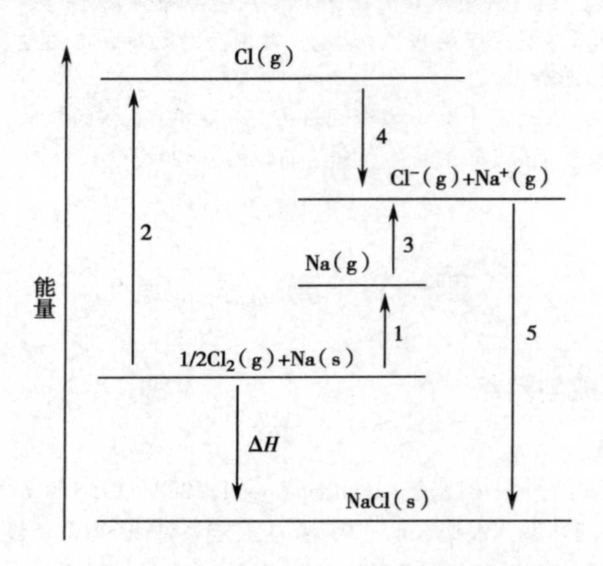

图 2-1　NaCl 晶体的 Born-Haber 循环图

1. 1mol 金属钠气化为气态 Na 原子，其反应热为 ΔH_1。

$$Na(s) \longrightarrow Na(g) \quad \Delta H_1 = 108kJ/mol$$

2. 0.5mol 氯气解离为气态 Cl 原子，其反应热为 ΔH_2。

$$1/2Cl_2(g) \longrightarrow Cl(g) \quad \Delta H_2 = 121kJ/mol$$

3. 1mol 气态 Na 原子失去电子形成 1mol 气态 Na^+，其反应热为 ΔH_3。

$$Na(g) \longrightarrow Na^+(g) + e^- \quad \Delta H_3 = 496kJ/mol$$

4. 1mol 气态 Cl 原子结合电子形成 1mol 气态 Cl^-，其反应热为 ΔH_4。

$$Cl(g) + e^- \longrightarrow Cl^-(g) \quad \Delta H_4 = -349kJ/mol$$

5. 1mol 气态 Na^+ 和 1mol 气态 Cl^- 结合成 1mol NaCl 晶体，其反应热为 ΔH_5。

$$Na^+(g) + Cl^-(g) = NaCl(s) \quad \Delta H_5 = -\Delta H_{latt}$$

根据 Hess 定律（详见第三章第二节之摩尔反应焓变的计算），NaCl 的生成热 ΔH 等于各个步骤的能量变化的总和，即：

$$\Delta H = \Delta H_1 + \Delta H_2 + \Delta H_3 + \Delta H_4 + \Delta H_5$$

反应 5 的热效应 ΔH_5 为：

$$\Delta H_5 = \Delta H - (\Delta H_1 + \Delta H_2 + \Delta H_3 + \Delta H_4)$$

$$= -411\text{kJ/mol} - (108 + 121 + 496 - 349)\text{kJ/mol} = -787\text{kJ/mol}$$

求得 NaCl 晶体的晶格能为：

$$\Delta H_{\text{latt}} = -\Delta H_5 = 787\text{kJ/mol}$$

从氯化钠生成过程的 Born-Haber 循环图可知，金属钠的蒸发和氯气的解离需要的能量较小。因此，影响离子键形成的主要因素包括：

（1）正离子的电离能：若电离能较大，离子键则不能形成。所以，一般只有金属才能形成离子键，而且形成离子键时所失去的电子一般不会超过 3 个，失去电子太多则电离能太高。

（2）负离子的电子亲和能：形成离子键的负离子一般是卤素离子 X^-、O^{2-}、S^{2-} 以及含氧酸根等。

（3）晶格能：晶格能是影响离子键形成的最重要的因素，晶格能的大小取决于正、负离子的密堆积方式；而密堆积方式则取决于离子的电荷、离子半径大小、正 / 负离子的半径比和离子的电子组态。一般地，根据库仑定律，离子电荷越高、半径越小，相互作用力则越强，晶格能也越大。离子的电子组态影响离子之间的相互作用，使得离子键可能还有部分共价键的成分，从而影响正、负离子的配位结构和晶格能的大小，造成晶体具有不同的物理性质（如熔点、溶解度和硬度等）。

（二）离子键的特点

从离子键的形成过程可知，正、负离子通过电荷之间的相互作用结合，离子键的本质其实就是静电作用，因此离子键没有方向性和饱和性。“离子键没有方向性”是指离子的电荷分布呈球形对称，可以在空间各个方向上同等地与带相反电荷的离子互相吸引，即正、负离子之间的静电作用没有特定的空间取向的选择性；“离子键没有饱和性”是指只要离子周围的空间条件允许，则倾向于从不同方向同时吸引尽可能多的带相反电荷的离子，并不受离子本身所带电荷的限制。

前面提到离子键没有饱和性，那么在离子晶体中，一种离子的周围是不是可以结合任意数目的异号离子呢？实际上，正、负离子的相对大小以及所带电荷影响它们在空间的排列，每一种离子的周围只能结合一定数目的异号离子，这个数目在晶体学中称为中心离子的“配位数”。例如，NaCl 晶体中的每个 Na^+ 周围等距离地排列着 6 个 Cl^-（晶体学术语称为 6 配位），如图 2-2。同样，每个 Cl^- 周围等距离地排列着 6 个 Na^+。不仅相邻的 Na^+ 和 Cl^- 存在静电作用，远处并不接触的离子之间也存在着弱的相互作用。因此在离子晶体中是不存在分子的概念的。一般而言，NaCl 只是表示整个氯化钠晶体中的 Na^+ 和 Cl^- 的数目之比为 1∶1，不存在单个的 NaCl 分子。

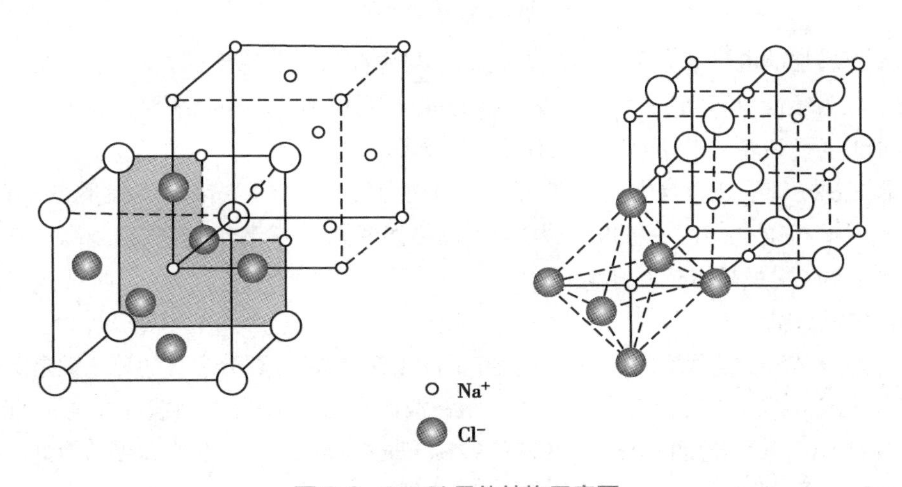

图 2-2　NaCl 晶体结构示意图

二、离子的电荷和半径

在离子键的成键过程中，活泼金属原子和活泼非金属原子之间通过电子转移分别成为正、负离子，离子化合物的性质由相应的离子性质所决定。离子的主要性质包括离子电荷（ionic charge）和离子半径（ionic radius）。

（一）离子的电荷

离子化合物形成过程中相应原子失去或得到的电子数为离子电荷数，正离子的电荷数就是原子失去相应的电子数，负离子的电荷数则是原子获得相应的电子数。离子电荷是影响离子化合物中正、负离子之间吸引力的主要因素之一。一般而言，离子电荷越多，对相反电荷离子的吸引力越强，离子晶体的晶格能越大，形成的离子化合物则越稳定，其熔、沸点也越高。例如，大多数碱土金属离子盐类的熔点比相应碱金属离子的盐类高，MgO 和 Al_2O_3 的晶格能相对较大，它们的熔点很高，通常被用作高温耐火材料。此外，同一元素的不同价态的离子表现出不同的稳定性。例如，氧化亚铜 Cu_2O 的熔点为 1 235℃，而氧化铜 CuO 的熔点为 1 446℃。

（二）离子的半径

离子半径是指离子的电子云分布范围，因此严格地说，离子没有固定的半径，半径数值的大小只能近似地反映离子的大小。那么如何测定离子半径？离子晶体中相互接触的正、负离子中心之间的距离（称为核间距）可以通过 X- 射线衍射实验测得，然后通过一系列的晶体数据比较或量子力学推算，获得晶体中正、负离子的半径比，从而计算出各自离子的半径。戈尔德施米特（V. M. Goldschmidt）和鲍林（L. C. Pauling）分别提出一套推算离子半径的方法，并以此为基础得出各种离子半径数据。虽然戈尔德施米特半径和鲍林半径数值不完全相同，但是它们相对大小的变化趋势是相同的。离子半径变化有以下规律：

1. 同一周期主族元素正离子半径随原子序数递增而减小。例如：

$$r(Na^+)>r(Mg^{2+})>r(Al^{3+})$$

2. 同一主族元素离子半径从上而下随电子层数的依次增多而递增。例如：

$$r(F^-)<r(Cl^-)<r(Br^-)<r(I^-)$$

3. 同一元素正离子的半径随电荷数增加而减小。例如：

$$r(Fe^{3+})<r(Fe^{2+})$$

4. 对角线规则：相邻两主族左上方和右下方两元素的正离子半径相近。例如：

$$Li^+(60pm)\sim Mg^{2+}(65pm)$$

$$Na^+(90pm)\sim Ca^{2+}(99pm)$$

镧系元素新增加的电子填充到（$n-2$）f 亚层上，导致镧系收缩现象（详见第一章第四节）。但原子半径收缩的较为缓慢，相邻原子半径之差仅为 1pm 左右，但离子半径收缩要比原子半径明显得多。锕系元素的原子半径和离子半径的变化也有类似的现象。

离子半径是决定离子化合物中正、负离子之间吸引力的另一个重要因素，也是影响晶格能大小的因素之一。离子半径越小，离子间的吸引力越大，晶格能越大，化合物的熔、沸点越高。例如，碱金属氟化物 KF、NaF 和 LiF 的熔点依次升高。

（三）离子的极化

离子极化理论是离子键理论的重要补充。离子极化理论认为：百分之百的离子键是不存在的，离子键中也有共价成分。近代实验表明，即使 Cs（最活泼的金属）与 F_2（最活泼的非金属）形成的最典型离子型化合物 CsF，其化学键的离子性也只有 92%。即 Cs^+ 和 F^- 之间并非纯粹的静电作用，而是有部分原子轨道的重叠，即正、负离子之间有 8% 的共价性。

为什么离子化合物具有一定的共价性？这是由于当带相反电荷的离子相互靠近时，均会诱导对方的电子云发生变形，偏离原来的球形分布，这种现象称为离子极化（ionic polarization）。离子极化包含了极化能力和变形性两个方面：一方面，离子的外电场造成其他离子的电子云变形，即离子具有极化能力（polarizing force）；另一方面，离子的电子云在外电场的作用下发生变形，即离子具有变形性（deformability）。虽然正离子和负离子均具有极化能力和变形性，但是由于正离子的半径较小，周围电场强度较大，主要显现其极化能力；而负离子的半径一般较大，外层有较多的电子，电子云易变形，主要显现其变形性。所以，一般情况下主要考虑正离子对负离子的极化能力和负离子的变形性。

离子的极化作用具有如下规律：

1. 离子壳层的电子组态相同，半径相近，电荷高的正离子有较强的极化作用。例如：$Al^{3+} > Mg^{2+} > Na^{+}$，离子半径越小，电荷越多，极化能力越强。

2. 半径相近，电荷相等，对于不同电子组态的正离子，其极化能力大小顺序为：18 电子和 18+2 电子组态（如 Ag^{+}、Pb^{2+}、Li^{+} 等）>9~17 电子组态（如 Fe^{2+}、Ni^{2+}、Cr^{3+} 等）>8 电子组态（如 Na^{+}、Ca^{2+}、Mg^{2+} 等）。

3. 离子的电子组态相同，电荷相等，半径越小，离子的极化作用越强。例如，ⅡA 族的正离子的极化能力依次减弱：$Mg^{2+} > Ca^{2+} > Sr^{2+} > Ba^{2+}$。

离子的变形性反映了离子的外层电子云在电场作用下的偏移能力，体积大的负离子更容易变形，离子变形性的一般规律是：

1. 电荷相等、电子组态相同的离子，半径越大，其变形性越大。例如，ⅦA 族的负离子的变形性依次增大：$F^{-} < Cl^{-} < Br^{-} < I^{-}$。

2. 在离子电荷相同、半径相近的情况下，不同电子组态离子变形性的变化规律是：8 电子组态 <9~17 电子组态 <18 或 18+2 电子组态。

3. 电子组态相同、半径相近的离子，负电荷数高的离子具有较大的变形性。

正、负离子相互极化的结果，导致彼此电子云的变形。负离子的部分负电荷可与正离子的空轨道发生部分的重叠，虽然远不及形成配位共价键的程度，但正、负离子在某些方向的吸引得到增强，使离子键产生了一定的共价性。随着离子极化程度增大，离子键逐渐向共价键过渡。

第二节　共　价　键

电负性相差较大的原子形成分子时可形成离子键，而电负性相近或相等的元素如何形成稳定的分子（如 HCl、H_2、O_2 等）呢？1916 年美国化学家路易斯（G. N. Lewis）提出了经典共价键理论：该理论认为相同原子或电负性相近的原子，可以通过共用电子使分子中的原子均具有稀有气体原子的 8 电子稳定构型，这样形成的分子称共价分子。原子间通过共用电子对形成的化学键称为共价键（covalent bond）。路易斯的共价键概念初步解释了一些简单非金属元素原子间能够成键的原因，但在说明一些共价化合物成键时却遇到了困难。例如，第二周期的 Be 和 B 元素分别形成的 $BeCl_2$ 和 BF_3 分子，在这两个化合物中 Be 原子和 B 原子外层只有 4 个和 6 个电子，并没有达到 8 电子构型；而第三周期的 P 和 S 元素分别形成 PCl_5 和 SF_6 分子，P 原子和 S 原子外层分别有 10 个和 12 个电子，反而超出了 8 个电子。显然，Lewis 的共价键概念没有阐释共价键的本质，但“共用电子对”的共价键概念却为共价键理论的发展奠定了基础。

1927 年，海特勒（W. Heitler）和伦敦（F. London）用量子力学处理氢分子的形成过程，并推广到其他分子体系，发展成价键理论（valence bond theory）。后来，1930 年，鲍林等人继续发展了这一理论，建立杂化轨道理论（hybrid orbital theory）。1932 年美国化学家密立根（R. S. Muliiken）和洪德（F. Hund）等人创立了分子轨道理论（molecular orbital theory），亦称 MO 法。本书主要介绍这两种理论的要点，不涉及其中的量子力学计算。

一、现代价键理论

（一）价键理论

1. 共价键的形成和本质 1927 年，德国化学家海特勒和伦敦用量子力学处理了 H_2 分子的形成过程，得到 H_2 分子的能量 E 和核间距 R 之间的关系曲线（图 2-3）。

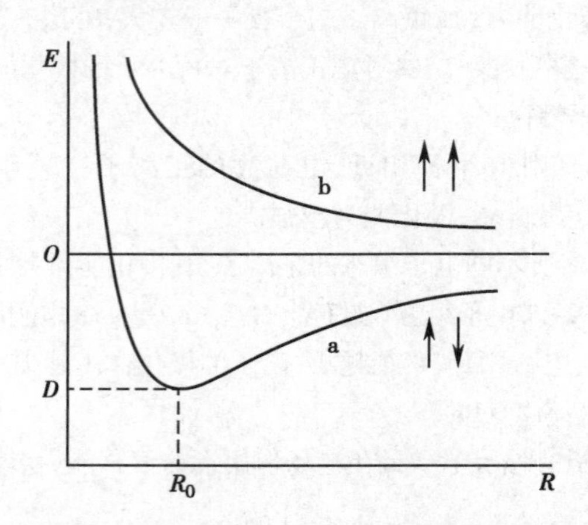

a. 两个氢原子电子自旋方向相反；b. 两个氢原子电子自旋方向相同。

图 2-3 H_2 分子的能量与核间距的关系曲线

理论计算表明：当两个 H 原子距离较远时，可以看成两个孤立的 H 原子，相互间作用的能量几乎为零。当两个 H 原子彼此接近时，它们之间的相互作用逐渐增大，系统的能量与电子的自旋方向密切相关。随着核间距 R 的减小，两个 H 原子的 1s 原子轨道发生重叠，根据泡利不相容原理，两个自旋方向相反的电子出现在两核之间的概率增大，因此两核基于核间增多的负电荷而吸引靠近。当核间距 R 等于 R_o 时，核间的静电引力和斥力达到平衡，系统的能量处于最低状态。此时，两个 H 原子稳定连接在一起，形成基态的 H_2 分子。其中的 R_o 值相当于 H—H 的键长，D 值近似等于 H—H 的键能。实验中测得 H_2 分子的键长和键能分别为 74pm 和 4.75eV，量子力学计算出 R_o 和 D 分别为 87pm 和 3.14eV，计算值和实验值基本吻合。

综上，海特勒和伦敦首次从理论上解释了 H_2 分子稳定的原因，阐明了共价键形成的本质，即：两个具有未成对电子的原子，它们的原子轨道发生重叠，形成电子云在两核之间密度更高的成键轨道，两个电子以自旋方向相反的方式填充到此轨道，使系统能量降低而形成共价键。

2. 价键理论的基本要点 1930 年，鲍林等人在量子力学对 H_2 分子成键的处理结果基础上，建立起现代价键理论。其基本要点如下：

（1）自旋方向相反的单电子可以相互配对形成稳定的共价键。

（2）形成共价键时，成键电子的原子轨道尽可能达到最大重叠。轨道重叠程度越大，两核之间电子的概率密度越大，系统能量降低越多，形成的共价键越稳定，这就是原子轨道最大重叠原理。

3. 共价键的特点

（1）共价键的饱和性：根据泡利不相容原理，自旋方向相反的两个单电子才能配对形成共价键。每个原子所能形成共价键的数目取决于该原子中单电子的数目，这就是共价键的饱和性。例如，两个 Cl 原子各有一个单电子，它们可以配对形成共价单键，不可能再与第三个 Cl 原子结合；两个 O 原子各有两个单电子，则配对形成共价双键；两个 N 原子各有三个单电子，则配对形成共价三键；氧原子只能与两个氢原子结合为 H_2O 分子。

（2）共价键的方向性：根据原子轨道最大重叠原理，在形成共价键时，原子轨道总是沿着最大重

叠的方向成键。这样两核间的电子云密度最大,形成的共价键更牢固,这就是共价键的方向性。除 s 轨道呈球形对称、只有一种空间伸展方向外,p、d、f 轨道在空间都有一定的伸展方向。因此,在形成共价键时,除 s-s 轨道重叠之外,其他轨道与轨道重叠需要满足对称性匹配的原则,才能有效地形成共价键。即 s 轨道与 p 轨道必须沿键轴方向的对称性一致的方式重叠,如图 2-4(d),而其他方向则受阻碍,如图 2-4(a)、(b)、(c);p 轨道与 p 轨道重叠时,既可以轴对称的方式(两个 p 轨道沿键轴方向)重叠,也可以平面反对称的方式(两个 p 轨道与键轴垂直,波函数符号在平面的同一侧相同)重叠。

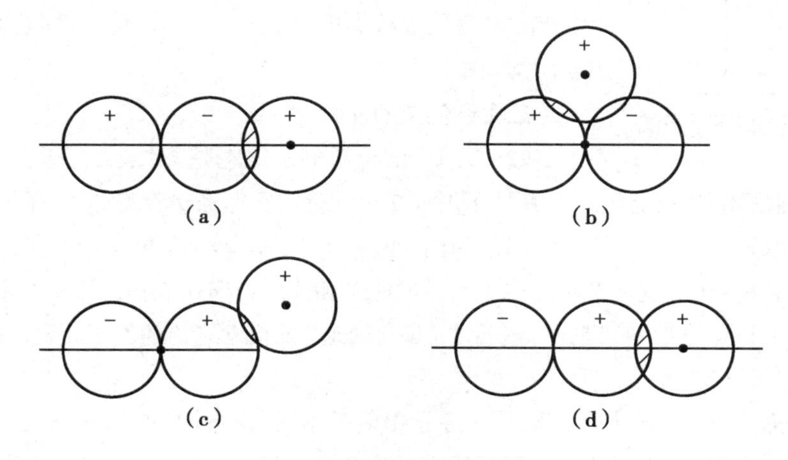

图 2-4 s 轨道和 p 轨道的几种重叠方式

4. 共价键的类型 由于成键原子轨道的重叠方式不同,所以形成了两种不同类型的共价键。

(1)σ 键:两原子轨道沿键轴方向以"头碰头"方式重叠所形成的共价键称为 σ 键。其特点是成键的两个原子可以各自绕键轴旋转任意角度,其轨道的形状和符号均不发生改变。s-s 轨道、s-p 轨道、p-p 轨道都可以形成 σ 键(图 2-5)。由于我们定义键轴方向为 x 轴,这里参与形成 σ 键的都是 p_x 轨道。

(2)π 键:两原子轨道垂直于键轴方向以"肩并肩"方式重叠所形成的共价键称为 π 键。其特点是成键的两原子不能再各自绕键轴旋转,否则将因电子云伸展方向不一致和 / 或波函数的符号不一致导致两原子轨道无法形成有效重叠(图 2-6)。p 轨道与 p 轨道以"肩并肩"的方式相互作用形成 π 键。

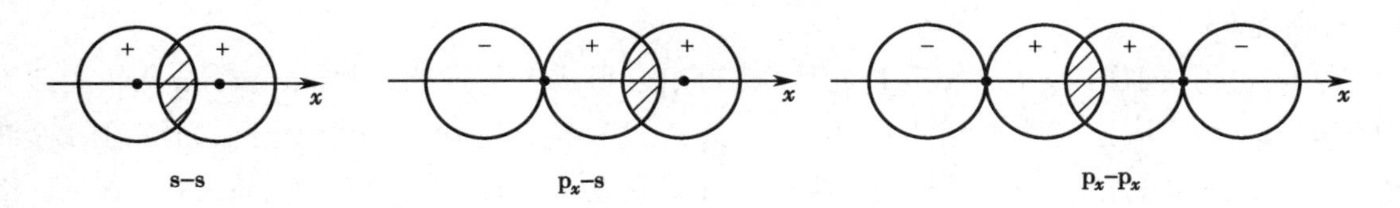

图 2-5 σ 键示意图

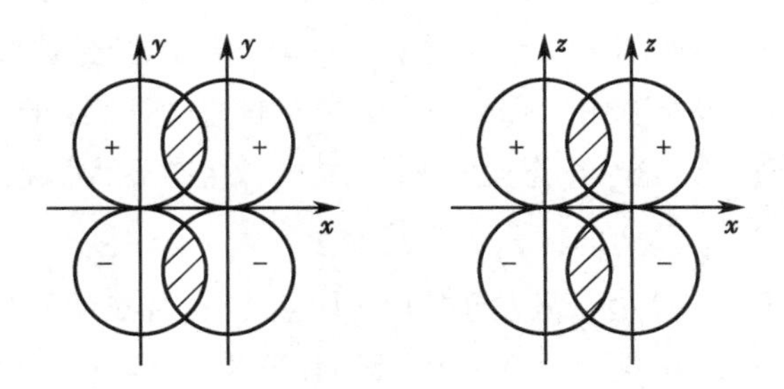

图 2-6 π 键示意图

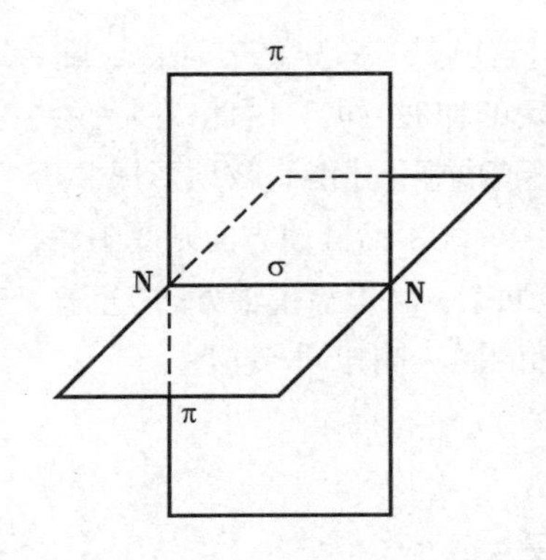

图 2-7 N_2 分子的成键示意图

量子力学计算表明：原子轨道形成 σ 键时，轨道重叠程度大于 π 键的重叠程度。所以 σ 键的键能通常大于 π 键的键能，稳定性相对高一些。两个原子之间一般优先生成 1 个 σ 键，然后才生成 π 键。因此 Cl_2 分子中的共价单键一定是 σ 键而非 π 键。O_2 分子中两个 O 原子先以 $2p_x$ 轨道形成 1 个 σ 键，剩余 1 个有单电子的 2p 轨道再形成 1 个 π 键；而不可能是 2 个有单电子 2p 轨道同时形成 2 个 π 键。依次类推，N_2 分子中的共价三键包括 1 个 σ 键和 2 个 π 键（图 2-7）。

（二）杂化轨道理论

基态 C 原子的价层电子组态是 $2s^2 2p_x^1 2p_y^1$，即有 2 个未成对的 p 电子，根据价键理论要点，只能与两个 H 原子形成 2 个共价键。但经实验测得，C 原子能与 4 个 H 原子结合，形成甲烷分子，其空间构型为正四面体构型，4 个 C—H 键及夹角完全相同，均为 109°28′ 而非 p 轨道间正常夹角 90°。这就意味着原子轨道的能量和伸展方向在成键过程中发生了变化。甲烷分子如何形成 4 个相同的 C—H 键呢？鲍林用“杂化轨道”的概念来描述原子轨道，即为了更好地形成共价键通过组合形成新轨道的现象。

杂化轨道理论认为：根据量子力学，同一原子中能量相近的不同类型的原子轨道重新组合，形成能量、形状和方向与原轨道不同的新的原子轨道。这个过程称为杂化（hybridization），所形成的新轨道称为杂化轨道（hybrid orbital）。

1. 杂化轨道的基本要点

（1）同一原子内不同类型而能量相近的原子轨道才能发生杂化。

（2）杂化前后轨道的总数目不变。

（3）杂化轨道具有不对称的形状，更有利于轨道沿对称轴形成最大重叠，因此杂化轨道的成键能力比原来轨道的成键能力强。

（4）杂化轨道之间尽可能取最大夹角分布，形成相互排斥能最小的杂化轨道构型。

2. 杂化轨道的类型与分子空间构型 根据参与杂化的原子轨道种类和数量，介绍几种杂化轨道：

（1）s-p 型杂化轨道：同层的 s、p 能级比较接近，主族元素往往采用 s-p 型杂化成键。s-p 型有以下三种杂化方式。

1）sp 杂化：同层的 1 个 s 轨道和 1 个 p 轨道组合形成 2 个 sp 杂化轨道，每个杂化轨道含有 1/2 s 和 1/2 p 轨道成分，杂化轨道的能量 $E_{sp}=(E_s+E_p)/2$。杂化轨道的形状类似于 p 轨道，但 2 个波瓣是一边大、一边小的形状。s 轨道是三维的，但 p 轨道是一维的，因此组合的新轨道是一维的。因此，2 个 sp 杂化轨道在沿键轴方向各自伸展，夹角为 180°，呈直线形。

以 $BeCl_2$ 分子的杂化和成键过程为例说明（图 2-8）。基态 Be 原子的价层电子组态是 $2s^2$。当 Be 原子与 Cl 原子形成 $BeCl_2$ 分子时，需要 2 个杂化轨道与 2 个 Cl 原子分别形成 σ 键。因此，Be 原子的 1 个 2s 轨道和 1 个 2p 轨道进行杂化，形成 2 个 sp 杂化轨道，然后 2s 的 2 个电子分别填充到两个新轨道，形成 sp^1sp^1 的电子组态。这个组态比原先的 $2s^2$ 电子组态显然能量要高：

$$E_{杂化}-E_{未杂化}=2(E_s+E_p)/2-2E_s=E_p-E_s>0$$

可见，杂化后的 Be 原子是一个处于激发态的原子。然后 Be 原子的两个有单电子的 sp 杂化轨道分别与有 1 个电子的 Cl 原子的 3p 轨道重叠和电子配对、形成 σ 键，释放大量键能、生成能量降低了的 $BeCl_2$ 分子。由于两个 sp 杂化轨道互成 180° 分布，所以 $BeCl_2$ 是直线形分子。

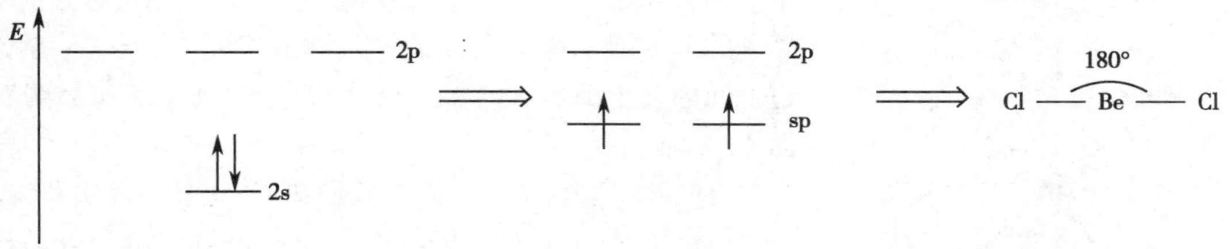

图 2-8　$BeCl_2$ 分子的形成示意图

乙炔（C_2H_2）分子的空间构型也可以用 sp 杂化轨道的概念说明。在 C_2H_2 分子中，一般认为 C 原子的外层电子组态为 $2s^22p^2$，在成键前 2s 轨道和 1 个 2p 轨道杂化，形成 $sp^1sp^12p_y^12p_z^1$ 的新电子组态。每个 C 原子以 1 个 sp 杂化轨道与另一个 C 原子形成 C—C σ 键，以另一个 sp 杂化轨道与 H 原子的 s 轨道形成 C—H σ 键，从而形成直线型的 H—C—C—H 分子骨架。剩余两个各有 1 个电子的 2p 轨道相互重叠形成 2 个 π 键，所以 C_2H_2 分子结构为 H—C≡C—H。其中碳 - 碳间为三重键，由 1 个 σ 键和 2 个 π 键所组成。

2）sp^2 杂化：同层的 1 个 s 轨道和 2 个 p 轨道组合形成 3 个 sp^2 杂化轨道，杂化轨道的能量 $E_{sp^2}=(E_s+2E_p)/3$，每个杂化轨道含有 1/3 s 轨道成分和 2/3 p 轨道成分。与 sp 杂化轨道形状相似，sp^2 杂化轨道的形状也是一头大、一头小的不对称波瓣形。由于 2 个 p 轨道形成一个二维的平面，因此 3 个 sp^2 杂化轨道呈二维平面分布，3 个波瓣大头按最大夹角 120° 伸展，形成一个平面三角形的空间构型（图 2-9）。

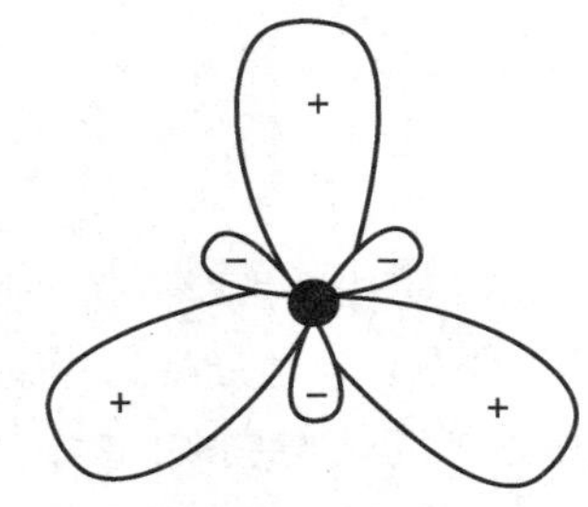

图 2-9　3 个 sp^2 等性杂化轨道

形成 BF_3 分子的杂化过程见图 2-10。基态 B 原子的价层电子组态为 $2s^22p^1$，进行 sp^2 杂化后形成 $(sp^2)^1(sp^2)^1(sp^2)^1$ 的电子结构，然后 B 原子的 3 个 sp^2 杂化轨道分别与 F 原子有单电子的 2p 轨道形成 σ 键，生成 BF_3 分子。由于 sp^2 杂化轨道之间的夹角都是 120°，所以 BF_3 分子具有平面三角形的结构。

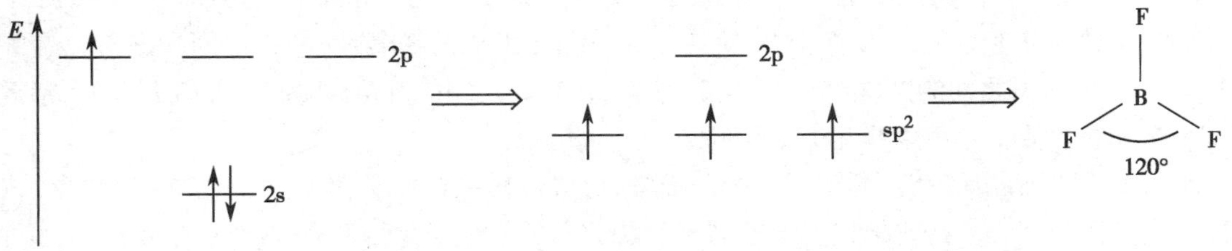

图 2-10　BF_3 分子的形成示意图

在乙烯分子中，2 个 C 原子和 4 个 H 原子处于同一平面上，每个 C 原子用 3 个 sp^2 杂化轨道分别与 2 个 H 原子的 s 轨道及另一个 C 原子的 sp^2 杂化轨道成键，而 C 原子中未参与杂化的 2p 轨道相互重叠形成 1 个 π 键，所以 C_2H_4 分子的 C═C 双键中一个是 sp^2-sp^2 重叠形成的 σ 键，另一个是 p-p 轨道重叠形成的 π 键。

3）sp^3 杂化：由同层的 1 个 s 轨道和 3 个 p 轨道组合形成 4 个 sp^3 杂化轨道，杂化轨道的能量 $E_{sp^2}=(E_s+3E_p)/4$，每个杂化轨道含有 1/4 s 轨道成分和 3/4 p 轨道成分。由于 s 和 3 个 p 轨道都是三维的结构，4 个杂化轨道在三维空间按最大方式伸展，形成正四面体的空间构型。其大头波瓣分别指向正四面体的 4 个顶角，夹角为 109° 28′（图 2-11）。

形成 CH_4 分子的杂化过程见图 2-12。C 原子进行 sp^3 杂化，得到 4 个 sp^3 杂化轨道。C 原子的 4

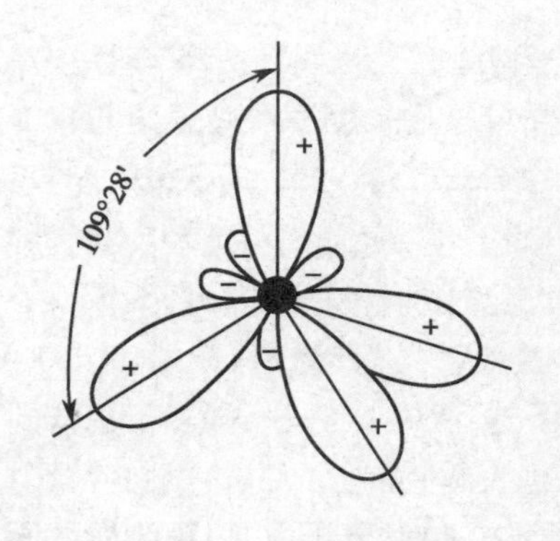

图 2-11 3 个 sp^3 等性杂化轨道

个电子分别占据 4 个 sp^3 杂化轨道，每个 sp^3 杂化轨道分别与 H 原子的 1s 轨道重叠形成 σ 键，生成 CH_4 分子。由于 sp^3 杂化轨道之间的夹角都是 109° 28′，所以 CH_4 分子的几何形状为正四面体。

通过第二章第三节的学习，我们知道，3d 轨道其实和 4s、4p 轨道能量相近，在一个能级组中，若原子需要更多的杂化轨道及更丰富的几何构型成键，具有 d 轨道的原子可在杂化时引入同层或内层的 d 轨道，形成 d-s-p 和 s-p-d 型杂化轨道的杂化类型。因一般此类型成键的原子为过渡金属，故这部分将在第七章第二节"配合物的化学键理论"中给大家讲解。

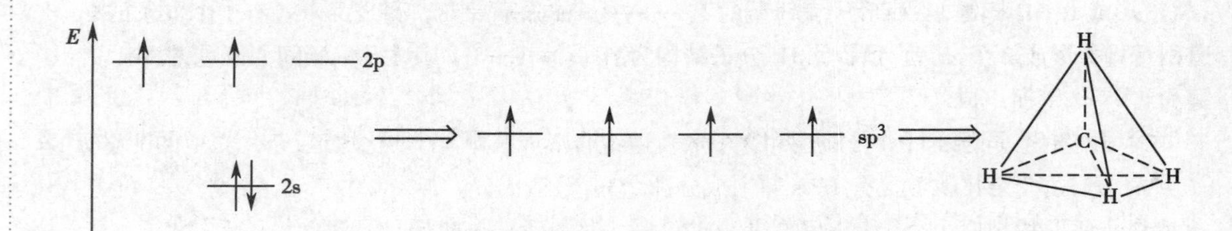

图 2-12 CH_4 分子的形成示意图

（2）等性杂化和不等性杂化轨道：以上介绍的几种杂化均为等性杂化轨道的情形，即在杂化轨道中，每个杂化轨道能量相等，均填充了等量数目的 1 个电子。但对很多原子而言，它们形成的杂化轨道中除了填充成键的单电子外，还存在孤对电子。当杂化轨道中含有孤对电子时，为进一步降低系统能量，杂化轨道则通过分子几何构型的畸变而消除能量简并的轨道（类似效应称为 Jahn-Teller 效应，详见第七章第二节相关内容），导致杂化轨道的能量和成分不再完全相同，孤对电子填充于能量较低的杂化轨道。这种杂化称为不等性杂化。

比如 NH_3 分子中，N 原子的价层电子组态为 $2s^22p_x^12p_y^12p_z^1$，有 3 个未成对电子。如果 N 原子与 H 原子成键时不发生杂化，由于 3 个 2p 轨道互成 90°，则形成的 3 个 N—H 键之间的键角应为 90°，即等于 3 个 2p 轨道之间的夹角 90°。而实验测得 N—H 键之间的键角为 107° 18′（图 2-13），接近于 sp^3 杂化轨道的情形。如何解释此实验事实呢？

首先实验结果告诉我们：对于 NH_3 分子而言，成键过程中 N 原子的 1 个 2s 轨道和 3 个 2p 轨道进行杂化，形成 4 个 sp^3 杂化轨道。但不同于甲烷分子的等性杂化情形，在 4 个杂化轨道中，其中 1 个杂化轨道被孤对电子占据，含有较多的 2s 轨道成分，能量较低；与之相应地，其余 3 个含 1 个电子的 sp^3 杂化轨道含有较多的 2p 轨道成分，能量较高，这种杂化过程称为不等性杂化。同时其空间分布构型也相应发生一些畸变，3 个轨道的夹角从等性杂化的正四面体的夹角（109° 28′）向相互垂直的原始 p 轨道夹角（90°）些许偏移，因此，NH_3 分子的 3 个 N—H 键之间的键角减小为 107° 18′，NH_3 分子的几何形状是三角锥形。

H_2O 分子的形成类似于上述过程，O 原子也是采用 sp^3 不等性杂化。基态 O 原子的价层电子组态为 $2s^22p_x^22p_y^12p_z^1$，在形成 H_2O 分子的过程中，O 原子形成了 $(sp^3)^2(sp^3)^2(sp^3)^1(sp^3)^1$ 的电子组态。在 4 个杂化轨道中，两个能量较低含 2s 轨道成分较多的杂化轨道被孤对电子占据，另外两个能量较高含 2p 轨道成分较多的杂化轨道被单电子占据，后者分别与两个 H 原子的 1s 电子形成 σ 键。由于不等性杂化成分更多，H_2O 分子的 2 个 O—H 键之间的键角比 NH_3 分子的更小，为 104° 45′，H_2O 分子的几何形状是 V 形（图 2-14）。

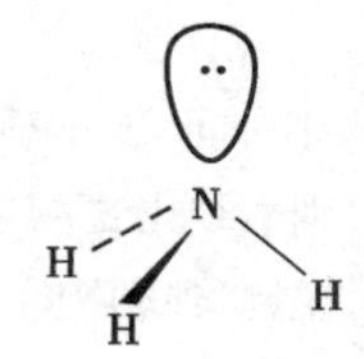

图 2-13 NH_3 分子的结构

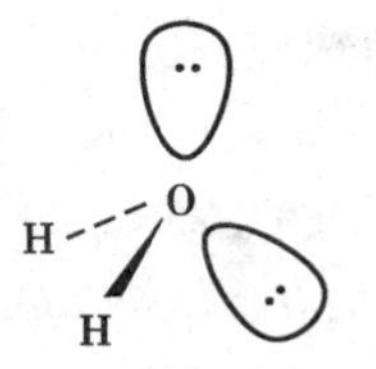

图 2-14 H_2O 分子的结构

二、价层电子对互斥模型

杂化轨道理论很好地解释了有机和无机分子的几何形状及其形成机制。但很多时候不需要这么复杂的分析，一些简单的方法足以快速预测分子的几何构型。1940 年，希奇维克（N. V. Sidgwick）和鲍威尔（H. M. Powell）总结大量的实验事实，提出了价层电子对互斥模型（valence shell electron pair repulsion model，VSEPR），能够比较方便有效地预测分子或离子的几何形状。虽然 VSEPR 只是定性地说明问题，但在预言多原子分子的几何形状方面简单而有效。

（一）价层电子对互斥模型的基本要点

价层电子对互斥模型假定分子中的价层电子尽可能配对，形成特定区域存在最大电荷密度分布。分子的形状由价层电子对形成的电荷定域分布决定。在不违背泡利不相容原理的条件下，价层电子对尽量远离以降低库仑排斥力，使分子的电子云分布具有最低能量。

价层电子对互斥模型的基本要点概括如下：

（1）一个分子中决定分子空间构型的原子称为中心原子，与中心原子连接的为配位原子。中心原子的几何构型取决于其价层电子对数。对于一个 AB_m 型分子或离子，围绕中心 A 原子的价层电子对（包括成键电子对和孤对电子）之间由于排斥作用而尽可能互相远离，这样电子对之间静电斥力小；分子尽可能采取对称的结构，系统趋于稳定。

（2）孤对电子只受中心原子核的吸引，比成键电子对更接近中心原子，电子云密度大，因而对相邻电子对的斥力较大。电子对之间斥力大小的顺序为：孤对电子 - 孤对电子 > 孤对电子 - 成键电子对 > 成键电子对 - 成键电子对。

（3）对于 AB_m 型分子或离子中存在的双键或三键，按生成单键考虑，即只提供一对成键电子。但多重键具有较多的电子而斥力大，其斥力大小顺序是：三键 > 双键 > 单键。

（二）中心原子价层电子对数的确定

对于 AB_m 型分子或离子而言，其价层电子总数等于 A 的价层电子数加上 B 原子按生成共价单键提供的电子数，电子总数除以 2 就是价层电子对数，即：

$$价层电子对数 =（中心原子价电子数 + 配位原子提供电子数）/ 2$$

计算价层电子对时，若剩余一个电子，则当作一对电子处理。

电子对数的具体计算方法是：作为配位原子，氢和卤素原子各提供 1 个价电子；氧族元素原子提供的电子数为零。作为中心原子，ⅡA~ⅦA 主族元素的原子提供所有的价电子，如氧和硫提供所有的 6 个价电子；若所讨论的是离子，则应加上或减去与电荷相应的电子数。

例如：NH_4^+ 中的中心原子 N 的价层电子对数为 $(5+4-1)/2=4$；

SO_4^{2-} 中的中心原子 S 的价层电子对数为 $[6+0-(-2)]/2=4$。

（三）价层电子对数目和分子几何形状

在使用 VSEPR 讨论 AB_m 型分子或离子的几何形状时，首先要确定中心原子 A 的价电子对数（包括成键电子对和孤对电子），然后按价层电子对尽量相互远离推测价层电子对的几何构型，可参考表 2-1。由于分子的几何形状是指分子中的原子在空间的排布，所以需要忽略孤对电子占据的空间，

从而得到分子的几何构型。

如果中心 A 原子周围均为成键电子对，直接连接配位原子 B，则分子的几何形状和价层电子对的排布方式一致。如果中心 A 原子的价层电子对中包括孤对电子，则需要考虑弧对电子如何分布才能使空间斥力最小，然后在成键电子对的位置连接配位原子 B，最后忽略孤对电子，即可判断分子的几何形状。

表 2-1 中心原子价层电子对的几何构型和分子形状的关系

中心原子价层电子对数	成键电子对数	孤对电子数	中心原子价层电子对的几何构型	分子形状	实例
2	2	0	:— A —:	直线形	CO_2
3	3	0		平面三角形	BF_3, BCl_3, SO_3
	2	1		V 形或角形	SO_2, $PbCl_2$
4	4	0		四面体	CH_4, CCl_4
	3	1		三角锥形	NH_3
	2	2		角形	H_2O, SF_2
5	5	0		三角双锥形	PCl_5, PF_5
	4	1		变形四面体	SF_4, $TeCl_4$
	3	2		T 形	ClF_3, BrF_3
	2	3		直线形	XeF_2, I_3^-
6	6	0		八面体	SF_6, AlF_6^{3-}
	5	1		四角锥形	BrF_5, IF_5
	4	2		平面四方形	XeF_4

判断分子（离子）几何构型的实例：

1. 判断 BF_3 分子的几何构型　BF_3 分子中，B 的价层电子对数为 3，无孤对电子。其电子对的形状是平面三角形，3 个 B—F 键夹角为 120°。所以得出 BF_3 分子的形状是平面三角形。

从平面三角形可以判断中心原子 B 采取 sp^2 杂化，其还剩余 1 个空的 p 轨道，是个缺电子分子。B 的这个空 p 轨道可以接受周围 3 个 F 的 p 电子形成大 π 键，也可以和其他富电子的分子形成配位键，这是 BF_3 分子在有机反应中作为强的 Lewis 酸催化剂的原因。

2. 判断 BrF_3 分子的几何构型　Br 为ⅦA 族元素，有 7 个价电子，每个 F 作为配位原子时，仅提供 1 个电子。中心原子 Br 的价层电子对数 $=(7+1\times3)/2=5$，其中 3 对为成键电子，余下 2 对为孤对电子。价层电子对构型为三角双锥形。为使分子张力最小，2 对孤对电子占据三角双锥的平面三角形的 2 个顶点，夹角略大于 120°，而 3 个 Br—F 键的夹角略小于 90°。因此 BrF_3 分子的几何构型为 T 形。

从价层电子的三角双锥形，可知中心原子 Br 采取了 sp^3d 不等性杂化，2 对孤对电子所占据的杂化轨道中 p 和 s 成分较多，因而占据中间的平面位置，夹角略大于 120°，而 3 个 Br—F 键的夹角略小于 90°。

3. 判断 H_2S 分子的几何构型　中心原子 S 价层电子对 =（S 价电子数 + 2 个 H 提供的电子数）/2 $=(6+2)/2=4$。其中成键电子对数 = 2，孤对电子对数也为 2。价层电子对构型为四面体形，由于孤对电子的排斥力较大，两个 H—S 键的夹角略小于 109° 28′。H_2S 分子为 V 型。

从价层电子为四面体形，可以推知中心 S 原子采取了 sp^3 不等性杂化。

总之，价层电子对互斥模型可以预测许多分子的几何构型，比较简明直观，它比较适用于预测以 p 区元素为中心原子的分子的几何形状。当预测 d 区元素为中心原子的分子时，由于内层 d 轨道参与了成键，价层电子对互斥模型不再适用。价层电子对互斥模型只是一个定性的方法，既不能说明原子结合时的成键原理，也不能用来讨论分子的相对稳定性。为此，讨论分子结构时，往往先用价层电子对互斥理论确定分子的几何构型，然后再用杂化轨道理论等说明成键原理。

三、分子轨道理论

现代价键理论成功地解释了共价键的形成和分子的几何构型。但在解释分子的光、电、磁等性质（如氧分子的顺磁性、H_2^+ 和 He_2^+ 的形成等）时则基本无能为力。1932 年，密立根和洪德进一步应用量子力学原理和简化算法，提出了分子轨道理论，成功地解释了上述问题。

（一）分子轨道理论的要点

分子轨道理论把分子作为一个整体处理，分子中的电子不再属于某个特定的原子，而是在多电子、多原子核组成的势能场中运动。电子在分子中的运动状态称为分子轨道（molecular orbital）。分子轨道与原子轨道的不同之处主要是：分子轨道是多中心（多个原子核）的，而原子轨道是一个中心（单原子核）的。

分子轨道理论认为，分子轨道波函数可以近似地用能级相近的原子轨道线性组合得到。组合形成的分子轨道数目与组合前的原子轨道数目相等，但轨道能量不同。

原子轨道同号叠加（波函数相加）形成的分子轨道，其电子在两核之间出现的概率密度增加，吸引两原子核成键，这种分子轨道的能量比组合前的原子轨道的能量低，在填充电子后能使系统能量降低，这种分子轨道称为成键分子轨道（bonding molecular orbital）；相应地，原子轨道异号重叠（波函数相减）形成的分子轨道，电子在两核间出现的概率密度减小，其能量比组合前的原子轨道的能量高，填充电子后反而削弱已形成的共价键，这种分子轨道称为反键分子轨道（antibonding molecular orbital）。

原子轨道组合时，为有效地组成分子轨道，必须满足下述三个原则：

（1）对称性匹配原则：在前面讲述共价键的方向性和类型时，我们知道，共价键形成时只有对称性匹配的原子轨道才能够进行轨道重叠。同样地，只有对称性匹配的原子轨道才能够通过线性组合形成分子轨道。所谓对称性匹配是指组合成分子轨道的两个原子轨道以其原子核中心的连线为轴（即键轴）旋转 180°时，原子轨道角度分布的正、负号均不发生改变或均发生改变。例如，以 x 轴为键轴时，s-s、p_x-p_x、s-p_x 轨道的对称性相同或匹配，可以组成分子轨道。s-p_y（p_z）、p_x-p_y（p_z）这些轨道的对称性不匹配，不能组成分子轨道（图 2-15）。

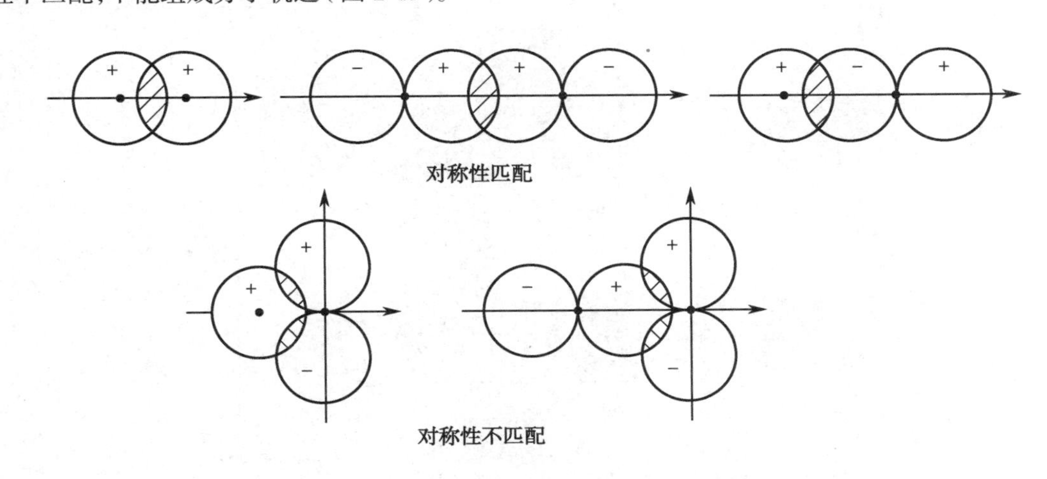

图 2-15　原子轨道对称性匹配与不匹配示意图

（2）能量相近原则：原子轨道之间能量相差越小，组成的分子轨道的成键能力则越强；当原子轨道之间能量相差太大时，将不能有效地组合成分子轨道。例如，Li 原子的 1s 轨道能量为 –6261.5kJ/mol，2s 轨道的能量为 –512kJ/mol。所以当两个 Li 原子组成锂分子时，不必考虑 1s 轨道和 2s 轨道之间的组合。

（3）轨道最大重叠原则：在满足能量相近、对称性匹配原则的前提下，原子轨道重叠程度越大，成键轨道能量下降得则越多，成键效应则越强，形成的共价键越稳定。这称为轨道最大重叠原则。

在以上三条原则中，对称性匹配原则是首要的，它决定原子轨道能否组合成分子轨道，而其他两个原则决定分子轨道组合的有效性。

在价键理论中，我们通常以单键、双键和三键（多重键）的方式描述成键原子间的强度。在分子轨道理论中，每一对成键轨道和反键轨道对应通常意义上的一个键。由于分子轨道允许更多的成键模式，因此用键级（bond order）的概念描述键的多重性。分子轨道理论中对键级的定义为：

$$键级 =（成键电子数 - 反键电子数）/ 2$$

键级的大小表示原子之间成键的强度。键级越大，分子越稳定。所以，通过键级可以定性地比较分子的稳定性。特别是，分子轨道理论允许分数键级的存在。如 H_2^+ 和 He_2^+ 分子的键级只有 1/2，虽然只有一半的键强度，但这个分子却可以存在。

（二）分子轨道的类型

根据原子轨道线性组合的方式不同，分子轨道可分为 σ 分子轨道和 π 分子轨道。

1. σ 分子轨道　两个原子轨道沿连接两个原子核的连线以“头碰头”的方式组合而成的分子轨道称 σ 轨道。主要有 3 种组合方式：s-s 轨道组合，s-p_x 轨道组合和 p_x-p_x 轨道组合。组合后将产生 1 个 σ 成键分子轨道和 1 个 $σ^*$ 反键分子轨道（图 2-16）。

2. π 分子轨道　两个原子轨道沿垂直两个原子核的连线方向以“肩并肩”的方式组合而成的分子轨道称 π 轨道（图 2-17）。主要有 2 种组合方式：p_y-p_y 轨道组合和 p_z-p_z 轨道组合。同样地，每种组合将产生 1 个 π 成键分子轨道和 1 个 $π^*$ 反键分子轨道（图 2-17）。

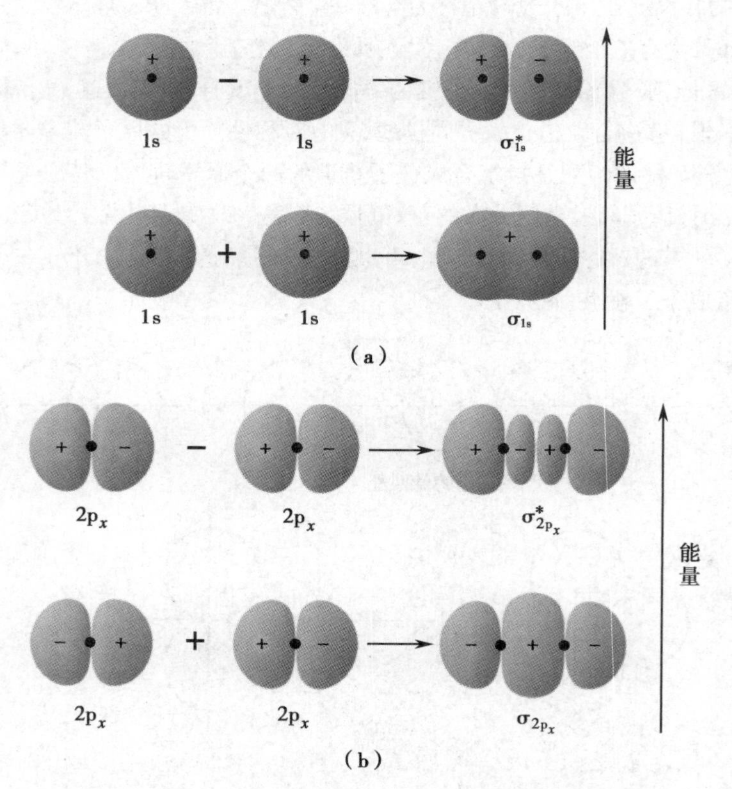

图 2-16　s-s 轨道组合及 p_x-p_x 轨道组合形成 σ 成键与 $σ^*$ 反键分子轨道图

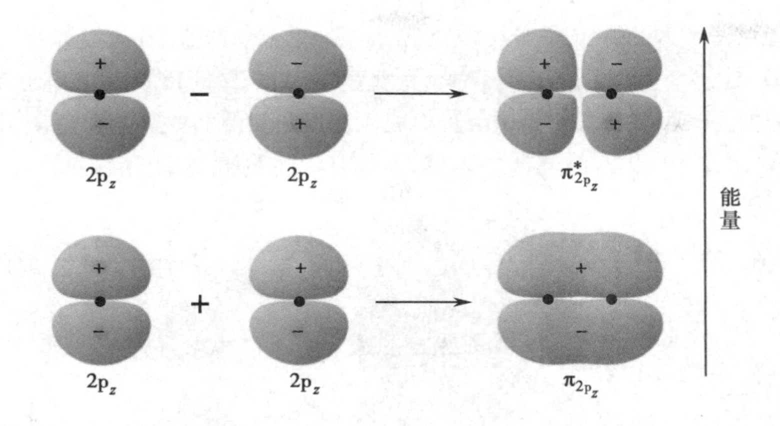

图 2-17　原子轨道形成 π_p 成键与 π_p^* 反键分子轨道图

前面介绍了两个 ns 原子轨道组合成 σ_{ns} 和 σ_{ns}^* 分子轨道的情况。接下来看一下两个 2p 原子轨道组合成分子轨道的情况。2p 原子轨道在空间上有三种取向，标记为 $2p_x$、$2p_y$ 和 $2p_z$。如果两个原子沿 x 轴互相靠近，$2p_x$ 轨道和 $2p_x$ 轨道对称性匹配，线性组合形成一组沿键轴对称分布的 σ_{2p_x} 成键轨道和 $\sigma_{2p_x}^*$ 反键轨道。两个原子的 $2p_y$ 轨道和 $2p_y$ 轨道对称性匹配，平行重叠组合形成沿键轴反对称分布的 π_{2p_y} 成键轨道和 $\pi_{2p_y}^*$ 反键轨道。同样，两个原子的 $2p_z$ 轨道和 $2p_z$ 轨道线性组合形成另外一组 π_{2p_z} 和 $\pi_{2p_z}^*$ 分子轨道。$2p_x$ 轨道和 $2p_y$ 轨道之间由于对称性不匹配，不能线性组合形成分子轨道；$2p_x$ 轨道和 $2p_z$ 轨道同样不能满足对称性匹配原则。$2p_y$ 轨道和 $2p_z$ 轨道之间虽然满足对称性匹配原则，但不符合最大重叠原则，也不能有效形成分子轨道。最后可以得到 6 个分子轨道：σ_{2p_x} 和 $\sigma_{2p_x}^*$、π_{2p_y} 和 $\pi_{2p_y}^*$、π_{2p_z}和 $\pi_{2p_z}^*$。其中 π_{2p_y} 和 π_{2p_z} 分子轨道的形状和能量完全相同，两者是简并轨道，在空间上呈 90° 夹角分布；同样，$\pi_{2p_y}^*$ 和 $\pi_{2p_z}^*$ 也是简并轨道。

综上所述，ns–ns 轨道，ns–np_x 轨道，np_x–np_x 轨道形成 σ 分子轨道；而 $np_y(np_z)$–$np_y(np_z)$ 轨道形成 π 分子轨道，具体以原子轨道重叠的方式而定。

由于组合后分子轨道的总能量与组合前原子轨道的总能量一样，参与线性组合的原子轨道自身的能量高低是影响分子轨道能级高低的主要因素。首先，能级的高低主要取决于参与线性组合的原子轨道自身的能级，例如，$2p_x$ 轨道的能量比 2s 轨道的能量高，所以 σ_{2p_x} 分子轨道的能级比 σ_{2s} 分子轨道的能级高。其次，原子轨道之间的重叠程度影响分子轨道能级的高低，例如，σ_{2p_x} 分子轨道有较大的轨道重叠，所以 σ_{2p_x} 能级低于 π_{2p_y} 和 π_{2p_z} 的能级。最后，成键轨道降低的能量等于反键轨道升高的能量，所以 $\sigma_{2p_x}^*$ 的能级高于 $\pi_{2p_y}^*$ 和 $\pi_{2p_z}^*$ 的能级。因此，分子轨道的能级次序如下：

$$\sigma_{1s} < \sigma_{1s}^* < \sigma_{2s} < \sigma_{2s}^* < \sigma_{2p_x} < \pi_{2p_y} = \pi_{2p_z} < \pi_{2p_y}^* = \pi_{2p_z}^* < \sigma_{2p_x}^*$$

（三）分子轨道理论的应用

1. 第二周期元素同核双原子分子的电子组态　分子中的电子在分子轨道上排布时，同样需要遵循泡利不相容原理（每个分子轨道中最多只能有两个自旋方向相反的电子）、能量最低原理（依次排布在能量由低到高的分子轨道中）和洪德规则（电子在简并轨道上排布时保持自旋方向相同，尽可能分占不同的轨道）。O_2 分子中的分子轨道能级次序和电子填充情况见图 2-18。此轨道能级次序也适用于 F_2 分子。

O_2 共有 16 个电子，其分子轨道的电子组态为：

$$O_2[(\sigma_{1s})^2(\sigma_{1s}^*)^2(\sigma_{2s})^2(\sigma_{2s}^*)^2(\sigma_{2p_x})^2(\pi_{2p_y})^2(\pi_{2p_z})^2(\pi_{2p_y}^*)^1(\pi_{2p_z}^*)^1]$$

在 O_2 的分子轨道中，O 原子的价层电子组态为 $2s^22p^4$，两个 O 原子组成 O_2 分子后共有 12 个价电子，前 10 个电子依次排布在能级升高的分子轨道上。最后 2 个电子遵循洪德规则，保持自旋平行，分别排布在简并的 $\pi_{2p_y}^*$ 和 $\pi_{2p_z}^*$ 分子轨道上。根据电子在分子轨道上的排布情况，不难看出，在简并的 $\pi_{2p_y}^*$ 和 $\pi_{2p_z}^*$ 分子轨道上，O_2 分子中有 2 个单电子，所以分子轨道理论能够很好地说明 O_2 分子为顺磁性分子。

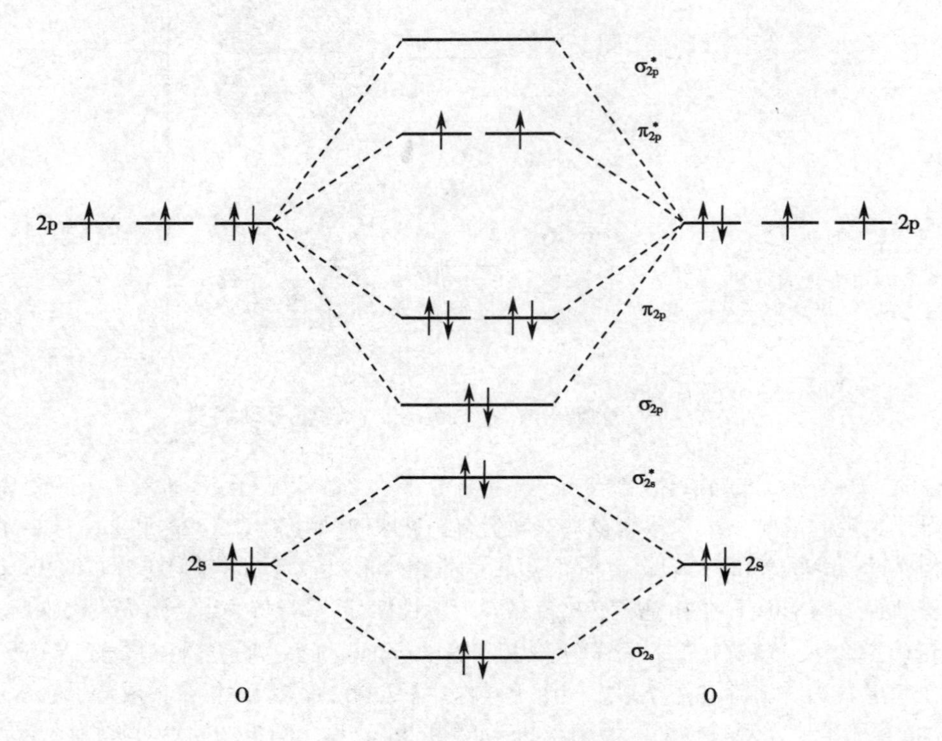

图 2-18　O_2 分子轨道能级图

N_2 分子的分子轨道能级次序和电子填充情况见图 2-19。与 O_2 分子不同，在 N_2 分子的光电子能谱实验中，人们发现二重简并的 π_{2p} 成键轨道比 σ_{2p} 成键轨道的能级低。

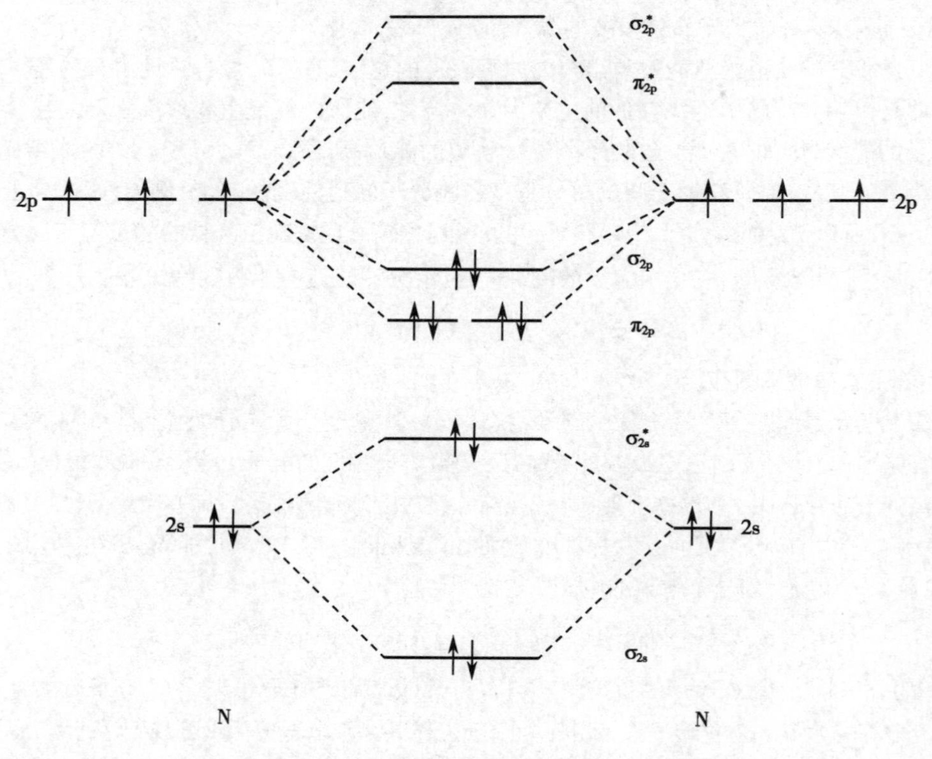

图 2-19　N_2 分子轨道能级图

这是由于 N 原子的 2s 和 $2p_x$ 轨道的能级相差不大，同时对称性是匹配的。因此形成 N_2 分子时，不再单纯是 2s-2s 轨道之间以及 $2p_x$-$2p_x$ 轨道之间的组合，还要考虑 2s 和 $2p_x$ 轨道之间的相互作用（类似于 s-p 发生了杂化）。这使得 σ_{2s} 分子轨道能量降低，同时 σ_{2px} 轨道能量升高，超过了 π_{2p} 成键轨道的能量。当然，相对应的反键轨道也同时发生相应的改变。

N_2 共有 14 个电子，其分子轨道电子组态为：

$$N_2[(\sigma_{1s})^2(\sigma_{1s}^*)^2(\sigma_{2s})^2(\sigma_{2s}^*)^2(\pi_{2p_y})^2(\pi_{2p_z})^2(\sigma_{2p_x})^2]$$

成键轨道上排布 10 个电子，反键轨道上排布 4 个电子，稳定性很高。其中对成键有贡献的主要是 $(\pi_{2p_y})^2(\pi_{2p_z})^2$ 和 $(\sigma_{2p_x})^2$ 这 3 对电子，键级为 3，即形成 2 个 π 键和 1 个 σ 键，构成 N_2 分子中的三键，与价键理论讨论的结果一致。

惰性气体能形成分子吗？例如 He，假如形成 He_2 分子，则其分子轨道电子组态为：

$$He_2[(\sigma_{1s})^2(\sigma_{1s}^*)^2]$$

此分子的键级为 0，所以不可能存在。但若用辐射的方法打掉 He 的一个电子成 He^+，则和 He 反应形成 He_2^+：

$$He_2^+[(\sigma_{1s})^2(\sigma_{1s}^*)^1]，键级\ 0.5$$

上述是实际可存在的分子离子。

2. 异核双原子分子的分子轨道　在无机化学中，CO 是很重要的异核双原子分子。C 和 O 两种元素均位于元素周期表的第二周期，O 原子的电负性明显大于 C 原子的电负性，但是偶极矩的测定结果表明成键电子偏向 C 原子。下面我们利用分子轨道理论解释 CO 分子的异常，CO 分子中的分子轨道能级次序和电子填充情况见图 2-20。

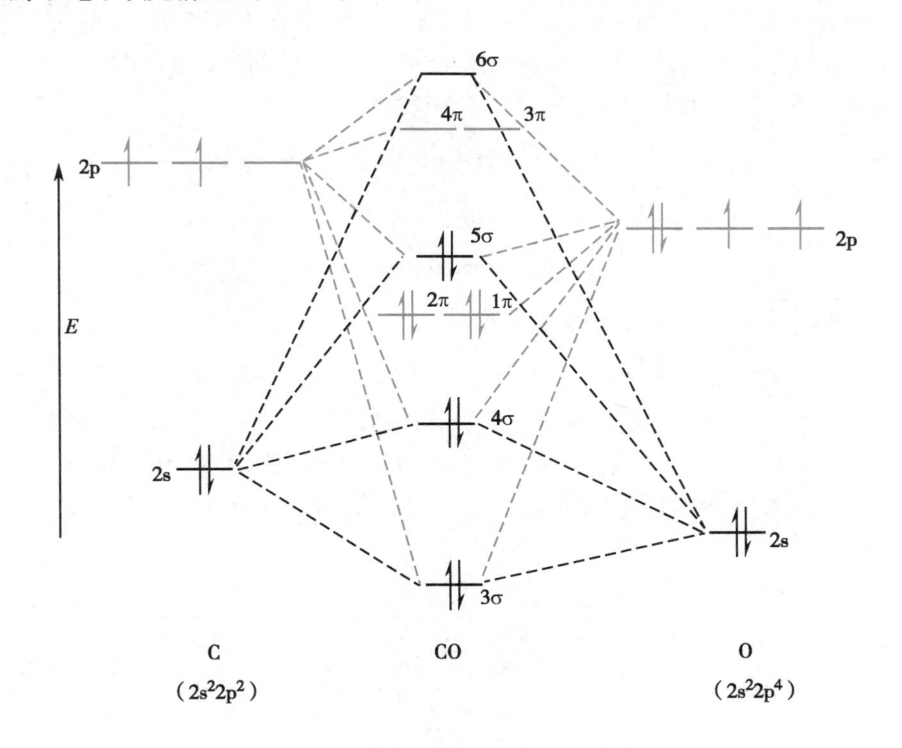

图 2-20　CO 分子轨道能级图

从 CO 的分子轨道能级图可以看到：O 原子价层中的 2s 和 2p 轨道能量低于 C 原子的 2s 和 2p 轨道能量，由于 O 原子的 $2p_x$ 轨道与 C 原子的 2s 轨道之间的能级差较小，在进行分子轨道组合时，应当考虑两者的相互作用。其结果导致 5σ 分子轨道的能量高于二重简并的 1π 和 2π 分子轨道的能

量。CO 的分子轨道能级排布与 N_2 分子较相似，分子的电子组态为：

$$CO[KK(3\sigma)^2(4\sigma)^2(1\pi)^2(2\pi)^2(5\sigma)^2]$$

其中，“KK”代表最内层 1s 电子。

量子计算表明，在 2 个 π 键中，O 的 2p 电子贡献了 69% 的成分。若用价键理论解释，即其中一个是 C ← O 配位键（关于配位键，详见第七章相关内容）：

:C⇇O:　　或　　:C—O:

总体上，O 原子比 C 原子多贡献 2 个 p 电子，因而 O 原子端反而带部分正电荷，C 原子端带部分负电荷。

四、共价键参数

共价键参数是表征共价键性质的可测量的物理量，包括键能、键长、键角和键极性。

（一）键能

键能（bond energy）是表示键的牢固程度的参数，用符号 E_{bond} 表示。在热力学标准态，将 1mol 气态双原子分子 AB 解离为气态 A 原子和 B 原子，这一过程的标准摩尔反应焓变称为键能。键能的大小等于在热力学标准态下断裂 1mol 理想气体分子中某一化学键所需要的能量，单位为 kJ/mol。

对于双原子分子而言，键能即解离能：

$$AB(g) \longrightarrow A(g) + B(g) \quad \Delta_r H_m^{\ominus} = E_{A-B}$$

对于多原子分子而言，键能和解离能是有区别的。例如，水分子中有两个相同的 O—H 键，H_2O 分解时两个 O—H 键依次断裂，当前一个 O—H 键断裂后，余下的部分可能有电子的重新排布，使两步分解所需能量不同，但 O—H 键的键能应是两个解离能的平均值。

$$H_2O(g) \longrightarrow H(g) + OH(g) \quad \Delta_r H_{m,1}^{\ominus} = 501.87\text{kJ/mol}$$

$$HO(g) \longrightarrow H(g) + O(g) \quad \Delta_r H_{m,2}^{\ominus} = 423.38\text{kJ/mol}$$

$$E_{O-H} = (501.87 + 423.38)/2 = 462.63\text{kJ/mol}$$

我们再看看甲酸分子中 O—H 键的解离过程：

$$HCOOH(g) \longrightarrow H(g) + HCOO(g) \quad \Delta H_m^{\ominus} = 431.0\text{kJ/mol}$$

由此可见，HCOOH 中 O—H 键的键能与 H_2O 中 O—H 键的键能是不同的。人们通常把同一共价键在不同分子中的解离能的平均值作为键能，因此 O—H 键的平均键能为 463kJ/mol。表 2-2 列出了一些共价键的键能，这些键能具有平均的意义。一般而言，键能越大，共价键越牢固，构成的分子也越稳定。

表 2-2　某些共价键的键能　　单位：kJ/mol

	H	C	N	O	F	Si	P	S	Cl	Br	I
H	436	413	391	463	565	328	322	347	432	366	299
C		346	305	358	485	—	—	272	339	285	213
N			163	201	283	—	—	—	192	—	—
O				146	—	452	335	—	218	201	201
F					155	565	490	284	253	249	278

续表

	H	C	N	O	F	Si	P	S	Cl	Br	I
Si						222	—	293	381	310	234
P							201	—	326	—	184
S								226	255	—	—
Cl									242	216	208
Br										193	175
I											151

N=N	418	C=C	610
N≡N	945	C≡C	835
C=N	615	C=O	745
C≡N	887	C≡O	1 046

需要注意的是,单键一般是指双原子之间的普通 σ 键,而多重键既有 σ 键又有 π 键,因此多重键的键能不是相应单键键能的简单倍数。例如,C—C 单键的键能是 346kJ/mol,C=C 双键的键能是 610kJ/mol,两者之间不是 2 倍的关系;同样,C≡C 三键的键能是 835kJ/mol,并不是单键键能的 3 倍。

(二)键长

键长(bond length)是指构成共价键的两个原子的核间距离,用符号 L 表示。例如,F_2 分子中 2 个 F 原子的核间距为 128pm,所以 F—F 键长就是 128pm。理论上说,用量子力学近似方法可以求算键长,但是复杂分子中原子间的键长实际上是通过光谱学方法或晶体结构分析方法测定。

从表 2-3 列出的一些常见共价键的键长数据可以观察到,对于同一族元素的单质或同类型化合物的双原子分子而言,键长随着原子序数的增大而增加,例如,卤素单质分子中 F—F、Cl—Cl、Br—Br 和 I—I 的键长依次为 128pm、200pm、228pm 和 266pm,H—F、H—Cl、H—Br 和 H—I 的键长同样依次增大。表中的数据也表明原子之间形成单键、双键或三键时,它们的键长各不相同,键数越多则键长越短。一般情况下,两个原子之间的共价键的键长越短,表示共价键越强,结合越牢固。

表 2-3　某些共价键的键长　　单位:pm

	H	C	N	O	F	Si	P	S	Cl	Br	I
H	74	110	98	94	92	145	138	132	127	142	161
C		154	147	143	141	194	187	181	176	191	210
N			140	136	134	187	180	174	169	184	203
O				132	130	183	176	170	165	180	199
F					128	181	174	168	163	178	197
Si						234	227	221	216	231	250
P							220	214	209	224	243
S								208	203	218	237
Cl									200	213	232
Br										228	247
I											266

续表

N═N	123	C═C	134
N≡N	110	C≡C	121
C═N	127	C═O	122
C≡N	115	C≡O	113

（三）键角

键角（bond angle）是指分子中相邻的共价键之间的夹角，用符号 θ 表示。由于成键原子轨道需满足最大重叠原理，必须按照一定的方向重叠成键，因此键角反映了分子内的原子在三维空间的分布情况，是描述分子几何形状的重要参数之一。一般而言，复杂分子中原子间的键角通过实验测定，也可以用价层电子对互斥模型估算。

一般掌握了某一分子的所有键长和键角数据，则这个分子的几何形状也就能确定。例如，在 NH_3 分子中，3 个 N—H 键的键长均为 101.9pm，而且每两个 N—H 键之间的夹角为 107° 18′，则可以知道 NH_3 分子呈三角锥形。又如，实验中测得 CH_4 分子中的 4 个 C—H 键等长，而且每两个 C—H 键之间的夹角为 109° 28′，由此可以推断 CH_4 是正四面体分子。

总而言之，以上所讨论的键能、键长和键角，不仅是表征共价键性质的一些参数，还可以作为分析研究物质的熔点、沸点、密度、溶解性以及化学活性的参考依据。

（四）键的极性

键的极性反映了共价键中正、负电荷的分布情况，也可以看作分子中成键原子吸引电子能力不同的标志。根据价键理论，共价键是原子间通过共用电子对形成，电子云密集在两个成键原子的原子核之间。如果成键原子的电负性相同，吸引成键电子的能力相同，原子轨道相互重叠形成的电子云密度最大区域在两原子核的中心，两个原子的正、负电荷重心恰好重合，这种共价键称为非极性共价键（non-polar covalent bond）。例如，H_2、O_2、Cl_2、N_2 分子中的共价键就是非极性共价键。

如果不同元素的两个原子形成共价键，成键原子的电负性不同，吸引成键电子的能力不同，两原子核之间的电子云密度最大区域会偏离两原子核的中间位置，使得键的负电荷重心与两原子核的正电荷重心不重合，这样的共价键称为极性共价键（polar covalent bond）。电负性大的原子一端带部分负电荷 δ^-，电负性小的原子一端带等量的正电荷 δ^+。例如，在 HCl 分子中，H—Cl 键就是极性共价键，电子云偏向 Cl 原子一端，Cl 原子一端带负电荷，H 原子一端带正电荷，因而形成的键就是极性共价键。

共价键极性的大小，可以用键的偶极矩（简称键距）μ 来衡量。键距 μ 是矢量，定义为化学键的电荷重心所带电量 q 和正、负电荷重心间的距离 d 的矢量乘积，即：

$$\mu = q \times d$$

键矩 μ 的单位为 10^{-30}C·m，方向是电场方向 $\delta^+ \rightarrow \delta^-$；一般而言，是从电负性小的原子指向电负性大的原子。通常，成键的两个原子的电负性差值越大，键矩就越大，键的极性就越大。例如，HI、HBr、HCl 和 HF 的键距依次增大。CO 分子是个特例，其 δ^- 在 C 侧，键矩方向是 O → C。

从化学键的形成过程来看，共价键和离子键是不同的。然而由键的极性来看，共价键与离子键之间没有严格的界限，随着成键原子之间电负性的差值增大，化学键由非极性共价键向离子键过渡，离子键可以看成是极性很强的共价键，极性共价键是由离子键到非极性共价键的过渡状态。

第三节　分子间作用力

一、分子的极性

分子间除了万有引力外，其主要相互作用是静电引力，来源于分子因各种原因形成的分子偶极矩。

每个分子都可以看成是由带正电的原子核和带负电的电子所组成的体系。整个分子是电中性的，但从分子内部电荷的分布情况来看，如果分子内部的电荷分布均匀，正、负电荷的重心相互重合，我们称之为非极性分子（nonpolar molecule）；如果正、负电荷的重心不相互重合，则为极性分子（polar molecule）。

极性分子又称偶极子。分子的极性一般用分子偶极矩（dipole moment）μ 度量，其大小为正、负电荷重心之间的距离 d 与电荷量 q 的乘积：

$$\mu = q \times d$$

偶极矩是一个矢量，其方向是从正到负，其 SI 单位是 10^{-30}C·m。偶极矩越大，分子的极性越大。通常把极性分子的偶极矩称为永久偶极（permanent dipole）。表 2-4 列出了一些分子的偶极矩和分子的几何构型。

表 2-4　分子的偶极矩和几何构型

分子	μ（$\times 10^{-30}$）/C·m	几何构型	分子	μ（$\times 10^{-30}$）/C·m	几何构型
H_2	0	直线形	HF	6.09	直线形
O_2	0	直线形	HCl	3.70	直线形
N_2	0	直线形	HBr	2.76	直线形
CS_2	0	直线形	HI	1.49	直线形
CO_2	0	直线形	NH_3	4.91	三角锥形
BF_3	0	平面正三角形	CO	0.37	直线形
CH_4	0	正四面体	H_2O	6.19	V 形
CCl_4	0	正四面体	H_2S	3.67	V 形

由表 2-4 可见，偶极矩 μ 为零的分子如 H_2、O_2、N_2、CO_2、BF_3 和 CH_4 都是非极性分子；偶极矩 μ 不为零的分子如 CO、H_2O 和 NH_3 都是极性分子。其中，结构对称（如直线形、平面正三角形、正四面体）的多原子分子，其分子的偶极矩为零；结构不对称（如 V 形、三角锥形）的多原子分子，其分子的偶极矩不为零。根据偶极矩 μ 的数值，我们可以判断分子有无极性。

分子的偶极矩是分子中各共价键偶极矩的矢量和。对于双原子分子而言，共价键的极性就是分子的极性。例如，HCl 分子中的 H—Cl 是极性共价键，HCl 就是极性分子；而 H_2 分子中的 H—H 是非极性共价键，H_2 就是非极性分子。所以 O_2、F_2、H_2、Cl_2 等都是非极性分子；HCl、HBr、CO、NO 等都是极性分子。

对于多原子分子而言，分子的极性不仅与化学键的极性有关，还与分子的空间构型有关。因此多原子分子的极性与键的极性不一定一致。如果分子中的化学键为极性键，且分子的空间构型不对称，则其键矩之和不为零，该分子为极性分子。例如，H_2O 分子的 O—H 键是极性键，分子为 V 形结构，两

个 O—H 键成 104.5°。因此，O←H 键矩矢量和结果使正电荷重心在两个 H 原子之间的位置，负电荷的重心在 O 原子附近（图 2-21），所以 H_2O 是极性分子。如果分子中化学键是极性键，但分子的空间构型是完全对称的，键矩之和为零，则该分子为非极性分子。比如 CO_2 分子，虽然两个 C═O 键是极性键，但是从整个直线形分子看，其键矩正好大小相等、方向相反（$O^{\delta-} \leftarrow C^{\delta+} \rightarrow O^{\delta-}$），两者相互抵消，所以 CO_2 是非极性分子（图 2-22）。

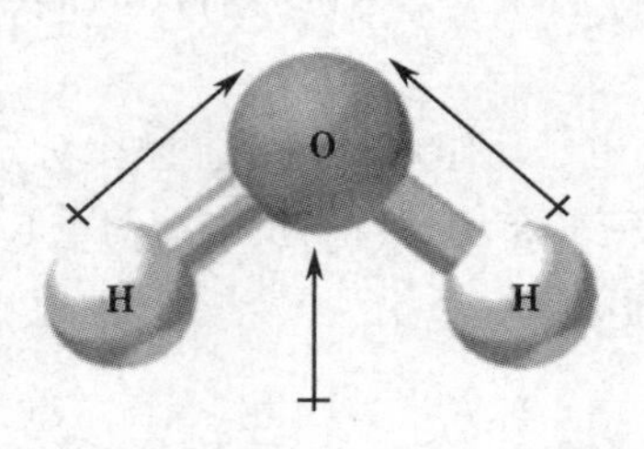

图 2-21　H_2O 的偶极矩

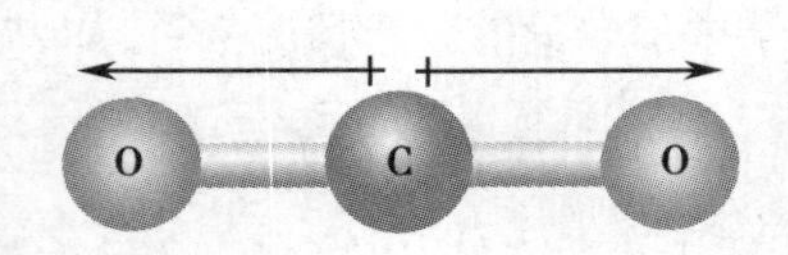

图 2-22　CO_2 的偶极矩

多数同核分子一般都是非极性分子，一个例外是臭氧（O_3）分子，它是氧气的一种同素异形体。O_3 分子几何构型为 V 型，是极性分子。其键矩的方向是 $O^{\delta-} \leftarrow O^{\delta+} \rightarrow O^{\delta-}$。有关 O_3 分子几何构型和键矩的形成，请有兴趣的同学参阅知识拓展。

二、范德瓦耳斯力

由分子的偶极作用等产生了分子间引力等作用力，分子间作用力比化学键要弱得多，一般只有化学键强度（150~650kJ/mol）的百分之几到十分之几。然而，分子间作用力是决定物质的物理性质如沸点、熔点、汽化热、熔化热、溶解度、黏度等的主要因素。最早注意到这种作用力存在的是荷兰物理学家范德瓦耳斯（van der Waals），并对此进行了卓有成效的研究。范德瓦耳斯在研究气体的体积、压力和温度之间的定量关系时发现实际气体的行为偏离理想气体，并提出了范德瓦耳斯气体方程式，式中的修正项与分子间作用力有关。所以人们又称分子之间由于电偶极作用形成的引力为范德瓦耳斯力。

（一）范德瓦耳斯力的类型

1. 取向力　取向力存在于极性分子之间。极性分子由于正、负电荷重心不重合，始终存在一个正极和负极，这种偶极称为分子的固有偶极或永久偶极。当极性分子与极性分子相互靠近时，一个极性分子的正电荷端必定吸引另一极性分子的负电荷端，反之亦然。这会使极性分子发生相对转动，从而定向排列，并通过静电作用相互吸引，如图 2-23，这种永久偶极子之间的作用称为取向力（orientation force）。

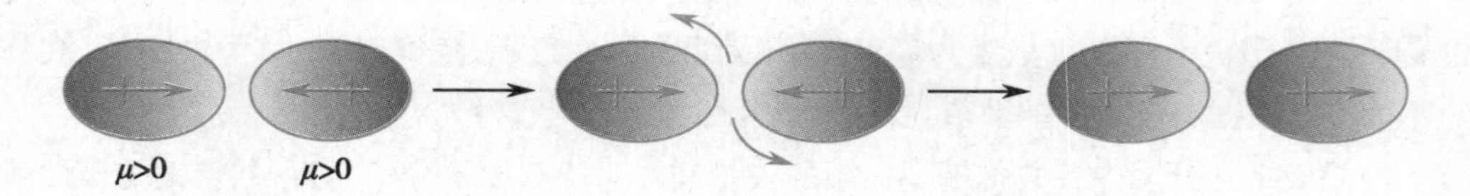

图 2-23　取向力示意图

取向力的本质是静电作用。因此极性分子的极性越大，永久偶极的作用越强，它们之间的取向力越大；极性分子之间的距离增大，它们之间的取向力减小。除此之外，当温度升高时，分子热运动的程度加剧，极性分子的取向被一定程度地破坏，它们之间的取向力相应减弱。

2. 诱导力　诱导力（induction force）存在于极性分子与极性分子之间、极性分子与非极性分子

之间。当分子处于外界电场中时，分子的电子云会发生变形；非极性分子会产生极性，极性分子的偶极矩则会增强，如图 2-24，我们把这种附加的偶极矩称为诱导偶极。一般而言，外界电场越强，分子的变形性越大，其诱导偶极越大。

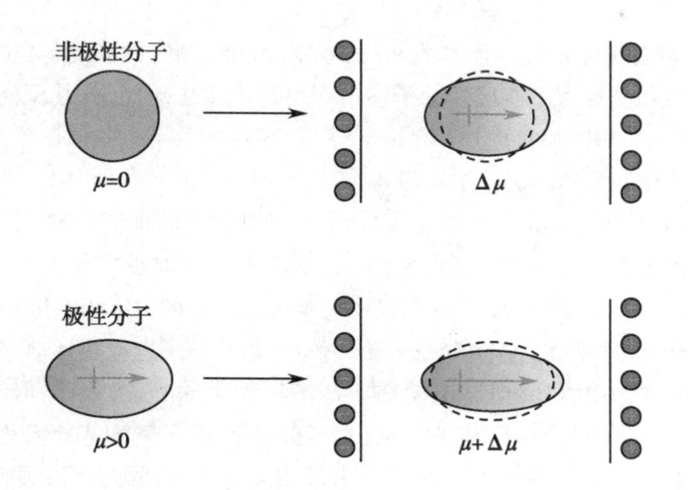

图 2-24　外界电场对分子极性影响示意图

当极性分子与非极性分子相互靠近时，极性分子的永久偶极所产生的电场使非极性分子的电子云变形，产生诱导偶极。这种永久偶极与诱导偶极之间的静电作用称为诱导力，如图 2-25。由此可见，极性分子的永久偶极矩和被诱导分子的变形性共同影响诱导力的大小。此外，极性分子与极性分子通过永久偶极相互作用时，它们的电子云也会发生一定程度的变形，从而产生诱导偶极。因此极性分子与极性分子之间不仅存在取向力，而且也存在诱导力；而非极性分子与极性分子之间，则不存在取向力，仅存在诱导力。极性分子的极性越大，诱导作用越强；分子的变形性越高，则诱导偶极越大，它们之间的诱导力也越大。

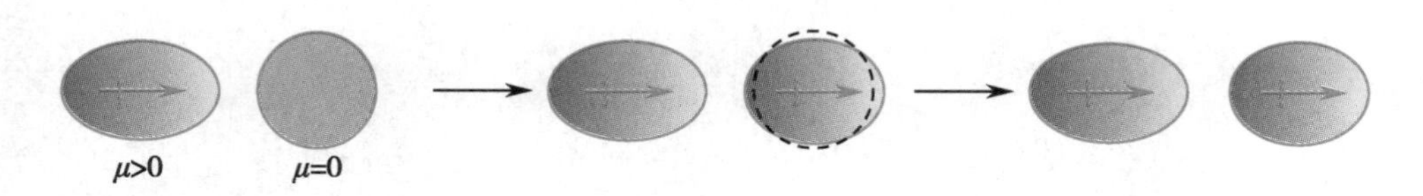

图 2-25　诱导力示意图

3. 色散力　色散力（dispersion force）存在于一切分子之间。对于非极性分子而言，虽然没有永久偶极，但是在分子内原子的热运动等的诱导下，导致正、负电荷重心在某一瞬间不再重合，产生瞬时偶极并于相邻分子产生偶极 - 偶极相互作用（图 2-26）。尽管每个分子产生的瞬时偶极是短暂的，但是瞬时偶极会诱导相邻的非极性分子的电子云变形，相邻分子的极化作用反过来又使得瞬时偶极变化的程度加大，如此不断地重复，这种瞬时偶极与瞬时偶极之间的作用称为色散力。伦敦于 1930 年利用量子力学导出了瞬时偶极 - 偶极作用的理论公式，因其与光色散公式相似，故将这种作用称为色散力。

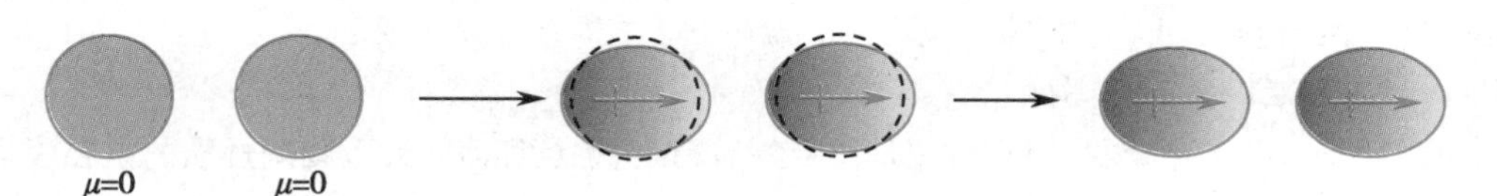

图 2-26　色散力示意图

不仅非极性分子之间,极性分子也能产生瞬时偶极,因为所有分子的原子核与电子任何瞬间都不可能完全重合,不论其原来是否存在偶极,都会有瞬时偶极产生,所以色散力不是非极性分子之间独有的作用。实际上极性分子与极性分子之间,以及极性分子与非极性分子之间都普遍存在色散力。

色散力的大小主要和分子的变形性有关,分子越容易变形,瞬时偶极越容易产生,色散力则越大。

综上所述,取向力和诱导力只有极性分子参与作用时才存在,而色散力普遍存在于一切分子、原子和离子之间。

(二)影响范德瓦耳斯力的因素

范德瓦耳斯力包括取向力、诱导力和色散力。三种作用力在分子间作用中的贡献,如表 2-5,对大多数分子而言,色散力是最主要的分子间作用力。尤其是对于非极性分子 Ar、H_2 或偶极距很小的 CO 分子,范德瓦耳斯力由色散力贡献。对于有较大永久偶极距的 HI、HBr 和 HCl 分子,范德瓦耳斯力同样主要来自色散力。这是因为在大量分子聚集体中,由于分子存在热运动,分子永久偶极和诱导偶极的方向是紊乱的,其作用力互相抵消了许多。分子的瞬时偶极虽然很小,但不管分子处在什么方向,由瞬时偶极产生的相互作用力总是存在。所以,一般而言,分子间的范德瓦耳斯力以色散力为主。但是对于有很大偶极距的 H_2O 分子,范德瓦耳斯力以取向力为主,取向力占到整个范德瓦耳斯力的 76.9%。

表 2-5 一些物质的范德瓦耳斯力的分配

分子	μ(×10^{-30})/C·m	取向力/(kJ/mol)	诱导力/(kJ/mol)	色散力/(kJ/mol)	范德瓦耳斯力/(kJ/mol)	色散力/总/%
A_r	0	0	0	8.5	8.5	100
H_2	0	0	0	0.17	0.17	100
CO	0.37	0.003	0.008	8.75	8.75	100
HCl	3.70	3.31	1.00	16.83	21.14	79.61
HBr	2.76	0.69	0.502	21.94	23.11	94.93
HI	1.49	0.025	0.113	25.87	26.00	99.5
NH_3	4.91	13.31	1.55	14.95	29.60	49.78
H_2O	6.19	36.39	1.93	9.00	47.31	19

范德瓦耳斯力的大小由分子的偶极矩和分子的变形性决定。一般而言,分子的相对分子质量越大,所含电子的数目越多,电子云的变形性越明显。因此,HI、HBr 和 HCl 的变形性依次减小,所以,HI、HBr 和 HCl 分子的色散力明显下降,如表 2-5。我们在前面提到分子极性的大小影响取向力和诱导力的大小,表中的数据表明 HI、HBr 和 HCl 分子的偶极矩依次增大,所以它们的取向力和诱导力均随之增大。但是诱导力增大的幅度要小一些,这是由于分子的变形性依次减小造成的。总的来看,HI、HBr 和 HCl 的范德瓦耳斯力下降,说明色散力在分子之间往往是主要的。

(三)范德瓦耳斯力对物质性质的影响

范德瓦耳斯力虽然比较弱,但它往往是决定物质沸点、熔点和溶解性等物理性质的主要因素。分子与分子通过范德瓦耳斯力而聚集,要使分子晶体熔融成液体,或使液体蒸发成气体都必须克服范德瓦耳斯力。一般地,范德瓦耳斯力越强,物质的熔点、沸点越高。对结构相似的同系物,如稀有气体、

卤素单质、直链烷烃、烯烃等，范德瓦耳斯力大小主要由色散力决定，故这些同系物的熔点和沸点均随相对分子质量的增大而升高。例如，ⅦA族的卤素分子都是非极性分子，从 F_2 到 I_2，分子内的电子数目逐渐增多，半径逐渐增大，电子云的变形性增大，它们各自的色散力增大，其熔点、沸点随之升高。所以常温下，F_2 和 Cl_2 是气体，Br_2 是液体，而 I_2 是固体。

范德瓦耳斯力除了影响物质的沸点和熔点，对物质的溶解性也有影响。在非极性分子的溶解过程中，溶质和溶剂之间主要靠瞬时偶极互相吸引，即使溶剂分子的极性很大，诱导偶极的作用也是较小的。一般地，溶质和溶剂之间的范德瓦耳斯力越大，溶质分子则越容易“挤”进溶剂中，其溶解度也就越大。

例如，惰性气体He、Ne和Xe，原子半径依次增大，分子的变形性也依次增大，它们与溶剂 H_2O 分子之间的色散力增强，所以在水中的溶解度顺序为：Xe > Ne > He。此外，用四氯化碳从碘水中萃取碘的实验，溶质 I_2 是非极性分子，和偶极矩很大的 H_2O 分子之间的色散力较弱，却与非极性的 CCl_4 分子之间存在很强的色散力。这样就能够挣脱溶剂 H_2O 分子对其的“束缚”，从水相一侧进入有机相。由此类事实总结出“相似相溶”规则：非极性分子易溶于非极性溶剂，而极性分子易溶于极性溶剂。

三、氢键

研究同系列元素氢化合物的沸点递变规律时，发现 H_2O、HF和 NH_3 的沸点变化异常（表2-6）。一般地，同系物的分子间作用力随其相对分子质量增加而增大，因此同系物的沸点随着相对分子质量增加而增加。例如，对于碳族元素，它们的氢化物沸点顺序为 $CH_4 < SiH_4 < GeH_4 < SnH_4$。但是，氧族元素氢化物中的 H_2O、卤化氢中的HF、氮族氢化物中的 NH_3，其熔点和沸点却比较反常，尽管它们在同系物中的相对分子质量最小，但沸点却最高。由此表明在 NH_3、H_2O 和HF分子之间除了存在范德瓦耳斯力外，还存在另一种更强的分子间作用力，这种特殊的分子间作用力称为氢键（hydrogen bond）。

表2-6　某些氢化合物的沸点比较

ⅣA		ⅤA		ⅥA		ⅦA	
化合物	沸点/K	化合物	沸点/K	化合物	沸点/K	化合物	沸点/K
CH_4	113	NH_3	240	H_2O	373	HF	293
SiH_4	153	PH_3	185	H_2S	202	HCl	188
GeH_4	185	AsH_3	218	H_2Se	232	HBr	206
SnH_4	221	SbH_3	255	H_2Te	271	HI	237

（一）氢键的形成和特点

1. 氢键的形成　为什么 H_2O 分子之间能够形成氢键？H_2O 分子中的H原子与O原子以共价键结合，由于O原子的电负性大，成键电子对会被强烈地吸引到O原子一方，所以H原子用唯一的电子形成共价键后，几乎变成裸露的质子。

实际上，氢键究竟是化学键还是分子间作用力一直在科学界是个争议问题。H_2O 分子之间氢键的形式为O—H⋯O，O—H⋯O的夹角几乎为180°。分子内部共价键的O—H键长为100pm，键能为463kJ/mol；而在分子之间的H⋯O结构中，H和O相距较远，距离约为180pm，键能约19kJ/mol。无论键能和键长，氢键均超越了范德瓦耳斯力；但与共价键相比，键能显得较小。近年来多项研究揭示了

氢键的奥秘[①]。2013 年,我国科学家利用原子力显微镜首次观察到氢键的电子密度图像,这一结果证实氢键属于一种弱的三中心共价键(类似结构在乙硼烷 B_2H_6 中出现过),因为纯粹的静电作用中间不存在电子云。2021 年,短强氢键(short strong H-bond)[②] 被确认是从氢键到化学键过渡的交界点,说明氢键实际上是化学键到分子间作用力的中间状态。

因此,我们仍然可以用传统观点理解氢键的形成,即:当氢原子与电负性大而半径很小的原子(X=N、O、F)形成 H—X 共价键时,共价键的极性非常强,共用电子对被强烈地吸引向 X 的一方。同时由于氢原子只有 1 个电子,因此,H—X 强烈的偏向使氢原子核在背对 H—X 键的方向几乎完全裸露。这样,氢原子呈现明显的正电荷。这种正电荷可以对其他电负性高的原子 Y 的孤对电子产生强烈的吸引,从而形成氢键。随着 X···Y 之间距离的变化,氢键表现出从[X—H···Y](分子间作用力)到[X···H···Y](短强氢键交界态)再到[X—H—Y](共价键)的连续过渡。因此,氢键具有明显的共价键的性质,键长越短,共价成分越多,氢键也越强。

由上述讨论可知,氢键的形成需要满足两个条件:一方面,H 原子与电负性大的原子形成共价键;另一方面,存在能够提供孤对电子的原子。氢键的通式可表示为:X—H···Y,其中 X 和 Y 可以是同种原子,也可以是不同的原子。X 只能为 N、O、F 三者之一;Y 则除了 N、O、F 外,还可以是 Cl 和 S 等电负性较高的原子。但 Cl 和 S 的半径较大,所以形成 O—H···Cl 或 S 的氢键较弱,更多地偏向分子间作用力。

2. 氢键的特点　氢键具有范德瓦耳斯力和共价键的双重特点。氢键键能一般为 15~40kJ/mol,一些强氢键键能可超过 80kJ/mol。氢键具有饱和性和方向性。当 H—X 和 1 个 Y 原子靠近形成氢键后,由于 H 原子半径很小,其周围空间的位阻作用使其不再接受第 2 个 Y 原子,所以氢键具有饱和性,即 H—X 只能和 1 个 Y 原子形成氢键。而且 H 原子尽可能沿着 Y 原子上的孤对电子的电子云伸展方向,这样 H 和 Y 之间的吸引力最大,同时 X 与 Y 之间的排斥力最小,形成相对稳定的氢键,所以氢键具有方向性,即 X—H···Y 在同一直线上。但弱的氢键由于更趋向范德瓦耳斯力,X—H···Y 可发生不同程度的弯曲。

(二)氢键的类型

氢键可分为分子内氢键和分子间氢键两类。如果 X—H···Y 中的 X 和 Y 属于同一分子,这种氢键称为分子内氢键。例如,HNO_3 分子中存在如图 2-27(a)所示的分子内氢键。分子内氢键还常见于邻位有合适取代基的芳香族化合物,如邻硝基苯酚、邻苯二酚等,如图 2-27(b)和图 2-27(c)。分子内氢键往往在分子内形成较稳定的五元或六元环状结构,从而使化合物的分子极性下降。

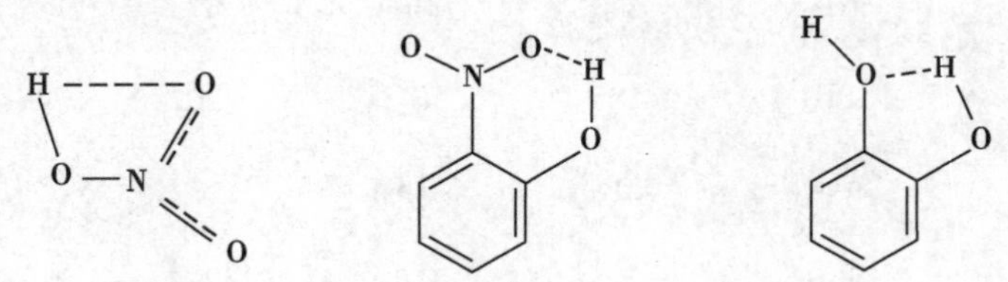

(a)　(b)　(c)

图 2-27　分子内氢键示例

分子间氢键是由分子 X—H 与另一个含 Y 原子的分子之间形成的氢键,用 X—H···Y 表示。分子

---

①CLEVELAND　W W, et al. Science, 1994, 264(5167): 1887-1890; FREY P A, et al. Science, 264(5167): 1927-1930; ZHANG J, et al. Science, 2013, 342(6158): 611-614; DEREKA B, et al. Science, 2021, 371(6525): 160-164。

②短强氢键存在于[F—H···F]$^-$、[HO—H···OH]$^-$ 和[H_2O—H···OH_2]$^+$ 等分子/离子中。水合氢离子 H_3O^+ 严格来说应该写成[H_9O_4]$^+$,即 3 个 H_2O 分子和一个 H_3O^+ 形成氢键复合物[O—(H···OH_2)$_3$]$^+$。短强氢键是一种低能垒键,在酶催化(酸碱催化机制)中发挥重要的作用。

间氢键的存在可使小分子聚合在一起，这种由于分子间氢键而结合的现象称为缔合。

例如，冰中的 H_2O 分子具有四面体骨架结构，每个 O 原子周围有四个 H 原子，其中两个 H 原子以共价键与 O 原子结合，另外两个 H 原子来自其他 H_2O 分子，以分子间氢键的方式与 O 原子连接，离得稍微远一些。这种四面体结构在空间上有序排列，构成类似金刚石的结构。也可以六方堆积，形成雪花中的美丽六角形结构，如图 2-28。H_2O 分子的这种三维氢键结构使得冰和雪的内部空隙较大，因而冰的密度下降，漂浮在水面上。即使溶解为水后，常温下仍然保持因氢键形成 12~18 个 H_2O 分子缔合在一起的水团结构。

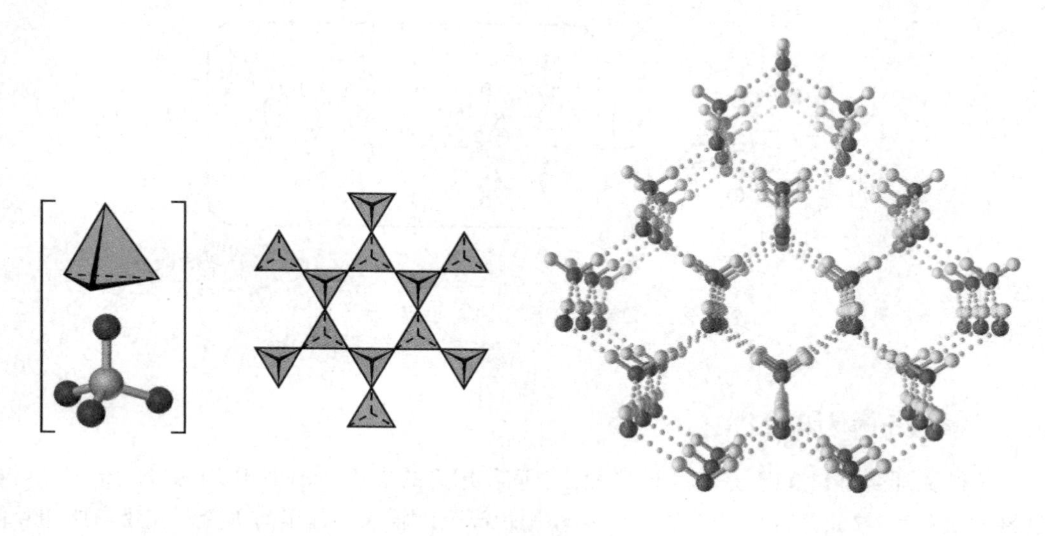

图 2-28　雪花的结构示意图

（三）氢键对物质性质的影响

1. 对熔点和沸点的影响　尽管氢键比共价键弱得多，但它却比范德瓦耳斯力强，因而对含有氢键物质的物理性质产生很大的影响，如对熔点、沸点的影响。分子间氢键的形成会使物质的熔点和沸点显著升高，这是因为要使固体熔化或气体汽化，不仅要破坏分子间的范德瓦耳斯力，还要有额外的能量使氢键断裂，如前面已讨论过的分子间氢键的存在使水、氨和氟化氢分子的熔点、沸点反常。同样，熔化热和汽化热等也相应偏高。相反，分子内氢键的生成常使其比同类化合物的熔点、沸点降低，如存在分子内氢键的邻硝基苯酚的熔点是 318K，而存在分子间氢键的间硝基苯酚和对硝基苯酚的熔点分别为 369K 和 387K。

2. 对物质溶解度的影响　如果溶质分子和溶剂分子间能形成分子间氢键，将有利于溶质的溶解。例如，H_2O 与 C_2H_5OH 可以任意比例混溶，NH_3 易溶于 H_2O，这些都是因为溶质和溶剂形成分子间氢键所致。若溶质形成分子内氢键，则其在极性溶剂中的溶解度降低，在非极性溶剂中的溶解度增加。如邻位与对位的硝基苯酚在 293K 水中的溶解度比值为 0.39，而在苯中该比值为 1.93。

除了常见的水、醇、羧酸等简单化合物外，一些对生命具有重要意义的基本物质，如蛋白质、脂肪及糖类等，这些生物大分子都含有 N—H 键和 O—H 键。氢键的存在也对这些物质的性质产生了重要的影响，例如，蛋白质分子是由许多氨基酸通过肽键相连而成，羰基上的 O 原子和亚胺基上的 H 原子之间能够形成数量众多的 C═O…H—N 氢键，从而保持蛋白质分子二级结构中的 α-螺旋和 β-折叠。脱氧核糖核酸分子（DNA）是生物体主要的遗传物质，DNA 链上的腺嘌呤（缩写为 A）与胸腺嘧啶（缩写为 T）之间、鸟嘌呤（缩写为 G）与胞嘧啶（缩写为 C）之间通过氢键形成碱基对，从而保持 DNA 分子的双螺旋结构，如图 2-29。可以说，没有氢键的存在，也就没有这些特殊而又稳定的大分子结构，也正是这些大分子支撑了生物机体的存在和正常运行，使物种得以繁衍。

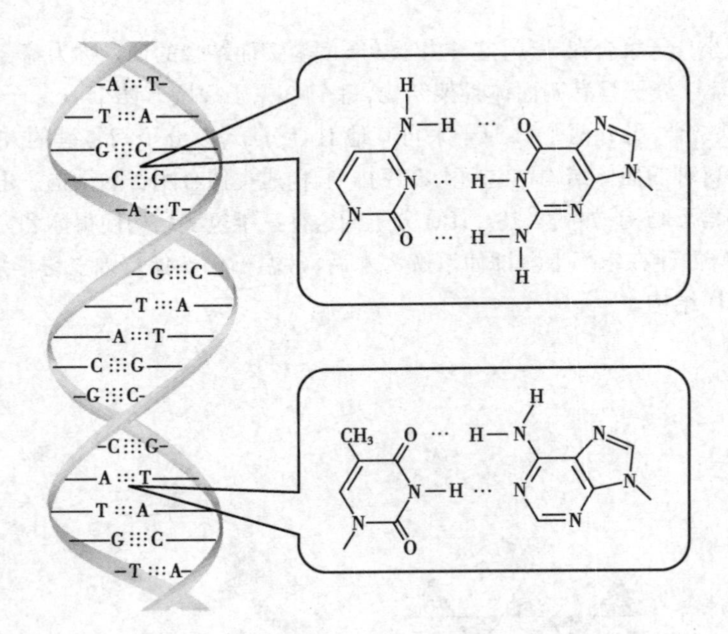

图 2-29　DNA 分子的双螺旋结构示意图

四、其他分子间作用力

除了范德瓦耳斯力和氢键，还有其他多种分子间作用力的形式，如疏水作用、盐键、π-π 堆积等。与共价键相比（表 2-7），它们的键能均较小，但作用距离范围较大。这里简单介绍在蛋白质相互作用中非常重要的盐键和疏水作用。

表 2-7　几种主要分子间作用力及共价键的比较

作用力种类	键能 /（kJ/mol）	作用距离 /pm
范德瓦耳斯力	0.4~10	300~600
氢键	10~40	150~300
盐键	20~50（蛋白质间） 170~1 500（离子晶体内）	150~300
疏水作用	10~40	不计距离
共价键（单键）	100~500	70~250

（一）盐键

盐键（salt bond）广义上包括离子晶体中的离子键和分子间的静电作用。后者是狭义的盐键，即溶液中带有净的正电荷或负电荷的分子或基团与带相反电荷的分子或基团之间的静电吸引作用。由于水的介电常数较大，因此溶液中盐键的作用一般较弱。但在蛋白质分子内部或蛋白质－蛋白质分子作用的疏水界面，排除了水分子的影响，使带负电荷的酸性氨基酸残基可与碱性带正电荷氨基酸残基强烈相互吸引，形成盐键（图 2-30）。盐键对蛋白质的结构和相互作用有时非常重要。

（二）疏水作用

大家都知道油滴与水互不相溶，即使振荡摇匀后，油滴又会自动聚集，表现出一种疏水性（hydrophobicity）。像这种在水溶液中，当非极性分子或基团相互接近到一定程度时，它们之间会强烈倾向于聚集在一起，好像有一种力使非极性溶质或基团相互吸引在一起，这种现象称为疏水作用

(hydrophobic interaction)。实验证明,疏水作用相互作用的距离和范德瓦耳斯力很相似,但强度稍大于范德瓦耳斯力,每个疏水基团产生的键能约十几个 kJ/mol 或更高一些。

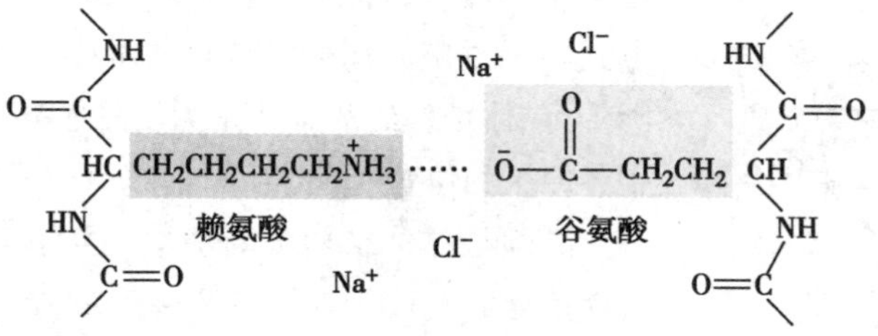

图 2-30　蛋白质分子中的盐键示意图

分子间疏水作用是一个复杂的过程,目前人们仍不完全了解其作用机制。研究发现,非极性分子溶于水,焓变通常较小,有时甚至是负的($\Delta H<0$),溶解过程的焓变有利于溶解。实验测得非极性分子进入水中会导致体系熵的降低($\Delta S<0$),总的自由能的变化表现为正值($\Delta G>0$)。由此可知,疏水效应只是表观上的力学作用,而本质是一种熵效应,主要原因是水的动态的氢键网络受非极性分子进入溶液而引起重排变化。

疏水作用在生物大分子的结构和性质中扮演着重要的角色,特别是在蛋白质的折叠以及在小分子药物与生物大分子的相互作用中。例如,在镰刀型细胞贫血症病人的血红蛋白(称为血红蛋白 S)中,其 β 链上第 6 位的氨基酸由正常血红蛋白的谷氨酸突变成为缬氨酸,于是在血红蛋白 S 表面形成一个疏水的粘斑。氧合血红蛋白的这个粘斑藏在分子内部。在缺氧时,脱氧血红蛋白 S 暴露出这个疏水粘斑,恰与其他血红蛋白分子表面的一个疏水点互补结合,这样会导致血红蛋白 S 聚集形成细长的螺旋纤维,从而引起红细胞变形为镰刀形状。

第四节　晶 体 结 构

一、晶体的结构

物质都是由微观粒子(分子、原子、离子)聚集而成,微观粒子之间的相互作用不同,物质的聚集状态也不同。固体物质是生物体的重要组成部分,固体物质的宏观形貌是微观结构的反映。固体按照其内部的结构特点可以分为晶体(crystal)和非晶体(amorphism)。

从直观上看,晶体的特点是有规则而整齐的几何外形,有确定的熔点和各向异性等物理性质。晶体的这些性质是由其内在结构的有序性决定的,晶体内部的原子、离子或分子是按照一定的方式在三维空间呈规律性重复排列,体现出晶体结构的有序性和周期性。非晶体物质内部的原子、离子或分子不具备周期性有序排列。例如,玻璃是最常见的非晶体物质,不具有特征形状,内部阴、阳离子排列与液体一样混乱,可以看作是一种凝固的液体。另外一些物质虽然具有液体的流动性,但内部结构却呈现周期性的有序排列,表现出各向异性的物理性质,这一类物质称为液晶;细胞膜就是典型的液晶。

X 射线衍射实验结果表明,晶体的微观结构具有周期性。晶体由重复的结构单元排列而成,每个单元内部的化学组成、原子排列方式及配位环境(不包括表面)都相同,即为了方便讨论晶体的周期性,将每个结构单元抽象为一个几何质点,无数个几何质点有规律地排列,构成空间点阵,连结其中任意两点可以得到一个矢量,点阵按此矢量平移能使它复原。这样,空间点阵中可以划分出一个个的平行六面体,我们称之为晶格(crystal lattice),如图 2-31 中阴影部分所示。

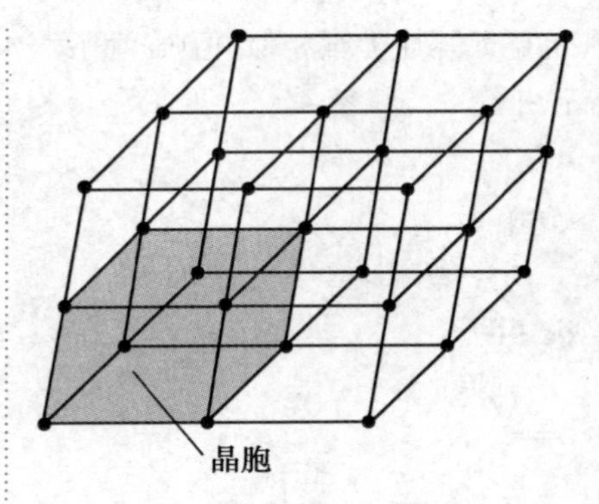

图 2-31　点阵和晶格示意图

每个晶格对应着晶体中的一个晶胞（unit cell），所以晶胞是大小和形状完全等同的平行六面体。由于晶胞是平行六面体，在整个晶体中，每个晶胞与相邻晶胞以完全共角、共棱、共面的方式在三维空间周期性地重复堆砌，因此晶胞具有平移性。实际上，晶体结构的测定就是测定晶体晶胞的大小、形状和确定其中各原子的位置。

晶胞是晶体结构中的基本重复单元，其大小和形状可用平行六面体的边长 a、b、c 以及夹角 α、β、γ 的关系确定，这些边长和夹角被称为晶胞参数。如图 2-32，根据平行六面体的几何特征（晶胞参数间的相互关系），人们将晶体中的晶胞归类为七种不同的晶系，其中包括立方晶系、四方晶系、正交晶系、三方晶系、单斜晶系、三斜晶系和六方晶系。除了上述七种简单晶胞之外，还有七种复合晶胞：体心立方、面心立方、体心四方、体心正交、面心正交、底心正交和底心单斜，总共有 14 种晶胞类型。晶胞参数可以确定晶胞所处的晶系，也可以确定一个晶体的结构。

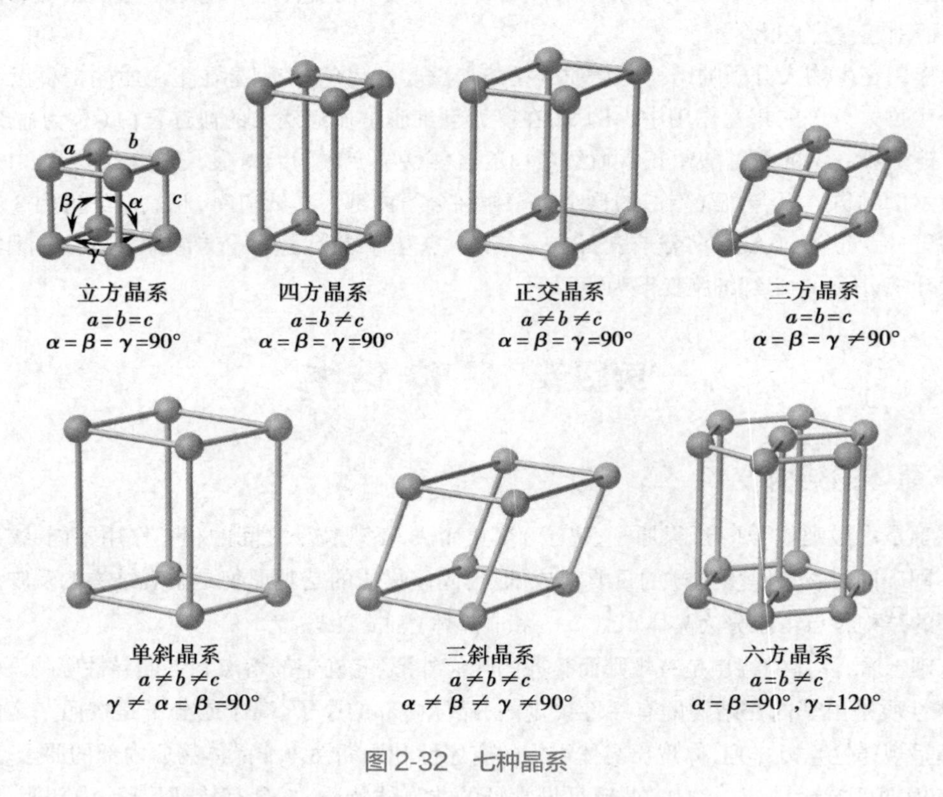

图 2-32　七种晶系

二、晶体的类型

按照组成晶体的质点以及质点之间的结合力不同，可将晶体分为四种类型：金属晶体、离子晶体、原子晶体和分子晶体。因质点不同，相互之间的作用力（化学键）不同，不同晶型晶体的物理性质也不同。

（一）金属晶体

金属晶体（metallic crystal）都是金属单质。在金属晶体中，质点之间的化学键是金属键（metallic bond）。根据经典的自由电子模型，部分金属原子的外层价电子“脱落”成为“自由电子”，这些电子在整个晶体中自由运动形成“电子海洋”，将金属原子和离子“胶合”在一起，即构成金属晶体的微

粒是金属阳离子和自由电子（金属的价电子），所以金属键是一种遍布整个晶体的离域化学键，如图 2-33。自由电子模型简单而形象，可以定性地解释金属的许多性质，如金属有光泽、不透明，是热和电的良导体，有良好的延展性和机械强度等性质。大多数金属具有较高的熔点和硬度，金属晶体中，金属离子排列越紧密，金属离子的半径越小、离子电荷越高，金属键越强，金属的熔、沸点则越高。

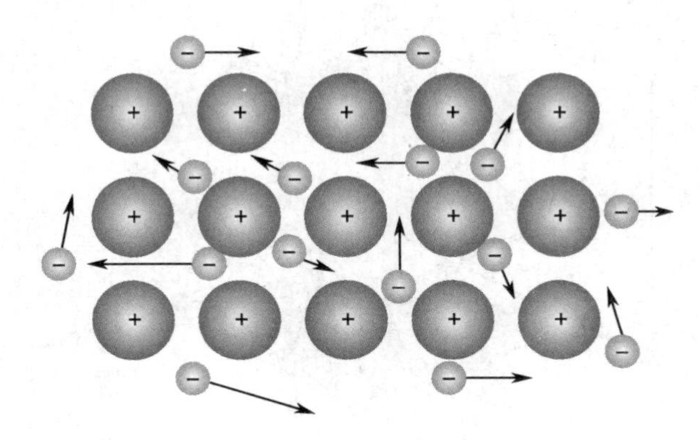

图 2-33　金属晶体中金属原子和电子示意图

金属键可以看成是由许多金属原子共用许多电子的一种特殊形式的共价健，但又与共价键不同，它不具有方向性和饱和性。形成晶体时，每个金属原子拥有尽可能多的相邻原子，电子的能级尽可能多地重叠，从而使系统的势能尽可能降低，形成稳定结构。所以，金属原子通常采用密堆积的排列方式形成金属晶体。金属原子的电子云分布基本上是球形对称的，可以把金属原子看作等径的球体。由于金属原子之间存在较强的结合力，球体尽可能地相互靠近，所以金属晶体的结构可用等径圆球的密堆积模型来研究，在晶体中金属原子有六方密堆积、面心立方密堆积、体心立方堆积和简单立方堆积四种堆积方式。

（二）离子晶体

离子化合物是由正离子和负离子通过离子键相互结合而成，由于离子键没有方向性和饱和性，正、负离子在常温下尽可能地紧密堆积在一起，形成离子晶体（ionic crystal）。离子晶体中的晶胞类型通常由体积大的负离子的堆积方式所决定，负离子最常见的堆积有简单立方、面心立方、六方等方式，体积小的正离子正好处于负离子之间的空隙中。这些空隙的形状有四面体、八面体或立方体等类型，这样使得每个正离子的配位数（周围负离子的数目）分别为 4、6 和 8。

离子晶体中正、负离子在空间排列上具有交替相间的结构特征，因此具有一定的几何外形，例如，NaCl 是正立方体晶体，Na^+ 与 Cl^- 相间排列，每个 Na^+ 同时吸引 6 个 Cl^-，每个 Cl^- 同时吸引 6 个 Na^+。不同的离子晶体，离子的排列方式可能不同，形成的晶体类型也不一定相同。离子晶体不存在分子，所以没有分子式。离子晶体通常根据正、负离子的数目比，用化学式表示该物质的组成，如 NaCl 表示氯化钠晶体中 Na^+ 与 Cl^- 个数比为 1 : 1，$CaCl_2$ 表示氯化钙晶体中 Ca^{2+} 与 Cl^- 个数比为 1 : 2。

生物体内的矿物多数是离子晶体物质，如骨骼、牙齿、外壳等硬组织和感官晶体（如耳石、微磁体）等。离子晶体易于被生物体所利用，一方面是由于离子晶体的生成方式容易为生物体所控制，另一方面，离子晶体具有较高的物理强度，可以形成不同结构和功能的生物材料。

羟基磷灰石（HAP）是人体和动物骨骼的主要无机成分，在体内有一定的溶解度，能释放对机体无害的离子，参与体内代谢，对骨质增生有刺激或诱导作用，促进缺损组织的修复，显示出生物活性。在牙釉质中，羟基磷灰石的含量达到 95%，其余部分是 1% 的釉蛋白和存在于牙釉质的结构缝隙及孔道中的水。骨骼的组成也以羟基磷灰石为主，但有机物的含量上升到 20%~24%，还有水、碳酸钙及其他形式磷酸钙等物质。骨骼中的结构空隙较大，水含量可达 15%。羟基磷灰石的主要成分是

$Ca_{10}(PO_4)_6(OH)_2$，其晶体的晶胞参数为 $a=b=0.937\ 5nm$，$c=0.688\ 0nm$（图 2-34）。羟基磷灰石无法形成大颗粒的晶体，只能形成纳米尺度的微晶，其形状为一种六面柱体，几十纳米大小。骨骼和牙齿都是纳米羟基磷灰石微晶构成的多晶聚集体系，但两者的微晶的聚集态不一样。

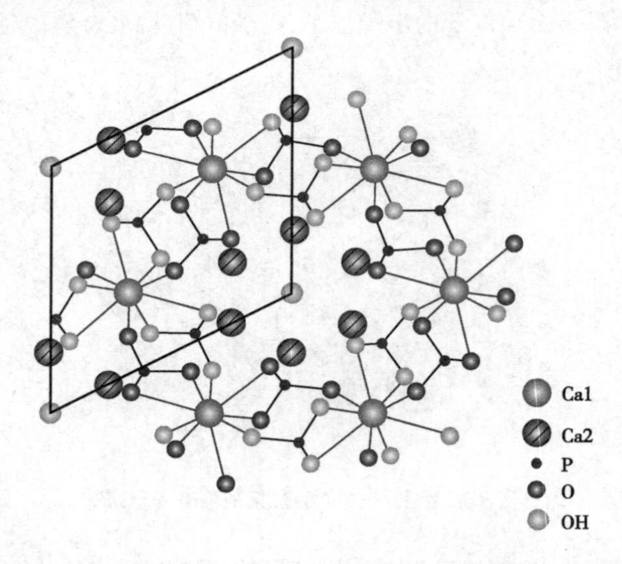

图 2-34　羟基磷灰石的晶体结构

羟基磷灰石中的钙离子可以被多种金属离子通过发生离子交换反应所代替，形成对应金属离子的 M 磷灰石（M 代表取代钙离子的金属离子）；OH^- 能被氟化物、氯化物和碳酸根离子代替，生成氟基磷灰石或氯基磷灰石。其中 F^- 替代羟基磷灰石中的 OH^- 生成氟磷灰石较为常见，氟磷灰石与羟基磷灰石相比，氟磷灰石的晶胞略小，Ca—F 键长（0.229nm）比羟基磷灰石中的 Ca—O（0.289nm）更短，所以，氟磷灰石的晶格能比羟基磷灰石大，稳定性增加，溶解度和溶解速率均降低。因此，使用含氟牙膏和牙齿局部涂氟可有效降低龋齿的发生，这是因为牙釉质表面发生氟取代后，部分釉质的羟基磷灰石转化成氟磷灰石，降低了釉质的溶解度；另外，氟化物可以抑制细菌产生酸性物质腐蚀牙齿。但是，骨骼中过多的氟取代也可造成机体的严重损伤，导致氟斑牙和氟骨病。

（三）原子晶体

原子晶体（atomic crystal）是由原子直接通过共价键组成的晶体物质，整块晶体是一个三维的共价键网状结构，它是一个“大分子”。由于原子之间相互结合的共价键非常强，断裂这些键而使晶体熔化必须消耗大量能量，所以原子晶体一般具有较高的熔点、沸点和硬度。例如，金刚石的熔点高达 4 023K，质地坚硬的金刚石可以作为金属表面的磨料或石油勘探的钻头。除此之外，原子晶体中不含离子和自由电子，一般不具有导电性（单晶硅具有半导体的性质，在一定条件下也能导电）；在大多数常见的溶剂中，原子晶体的溶解性较差。原子晶体中不存在分子，用化学式表示物质的组成，单质的化学式直接用元素符号表示，两种以上元素组成的原子晶体，按各原子数目的最简比书写化学式。

例如，在金刚石中，每个碳原子均采取 sp^3 杂化，形成 4 个 sp^3 杂化轨道，彼此之间以共价键相连，形成一个由大量碳原子组成的“大分子”。每个碳原子都处于与它直接相连的 4 个碳原子所组成的正四面体的中心，构成如图 2-35 所示的面心立方晶胞。从图中可以看出，1 个金刚石的晶胞中有 8 个 C 原子。单晶硅、金刚砂（SiC）和二氧化硅（SiO_2）等物质具有和金刚石相似的晶体结构，也属于原子晶体。由于共价键具有方向性和饱和性，所以原子晶体中的原子之间堆积不紧密。与金属晶体相比，原子晶体的空间利用率较低，晶体的密度较小；金刚石的空间利用率只有 34%。

（四）分子晶体

分子通过范德瓦耳斯力或氢键聚集在一起，形成分子晶体。分子晶体（molecular crystal）是由分子组成，可以是极性分子，也可以是非极性分子。尽管分子内部存在较强的共价键，但是分子之间的作用力较弱，因此分子晶体的熔点都比较低，许多物质在常温下就融化，如冰醋酸。同类型的分子晶体，其熔点随相对分子质量的增加而升高。例如，在卤素单质中，氟和氯是气体，溴单质（Br_2）是易挥发的液体，只有碘单质（I_2）是易升华的固体。

分子晶体中的分子通常采取紧密的堆积方式，如 CO_2、CH_4 等分子晶体是面心立方密堆积结构，如图 2-36，直线形的 CO_2 分子在二氧化碳固体（俗称“干冰”）中形成面心立方晶胞，每个晶胞中有 4 个 CO_2 分子。

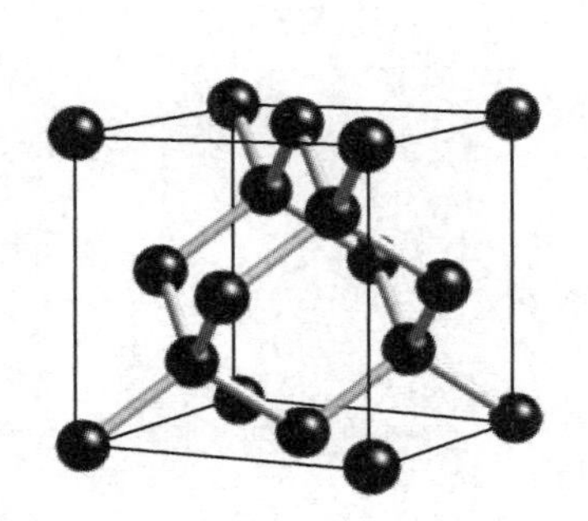

图 2-35 金刚石的晶体结构

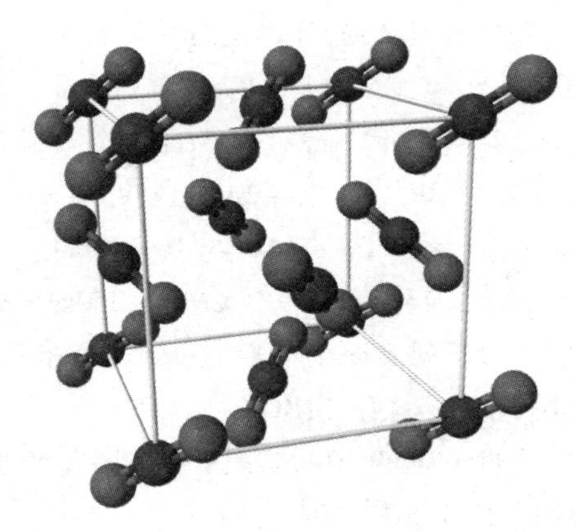

图 2-36 干冰的晶体结构

除了上述四种典型的晶体外，还有一种混合型晶体。如石墨，从图 2-37 中可以看出，石墨晶体是层状结构，层与层之间的距离为 340pm，各层之间通过范德瓦耳斯力结合，相互作用较弱，容易断裂而滑动，所以石墨的质地较软，而且具有润滑性，可以用于制作书写用的铅笔芯或工业上的固体润滑剂。然而同一层中的碳原子均采取 sp^2 杂化形式，每个碳原子与相邻的 3 个碳原子以 σ 共价键结合，键长为 142pm，在二维平面上形成一个“无限”的正六边形蜂巢状结构，所以石墨的熔点很高，化学性质也很稳定。其次每个碳原子还有 1 个 2p 轨道和 1 个 2p 电子，这些 p 轨道互相平行且与碳原子所在的平面互相垂直，因此形成 π 键，这些离域的电子可以在整个碳原子平面层上活动，所以石墨有类似金属的导电性，是一种很好的电极材料。由此可见，石墨晶体兼有分子晶体、原子晶体和金属晶体的特点，是一种典型的混合型晶体。

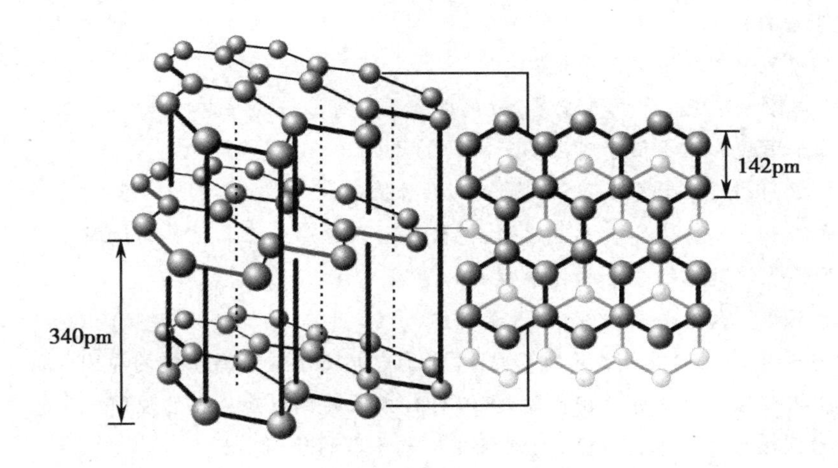

图 2-37 石墨的晶体结构

习　题

1. 利用下列数据，计算气态 Al^{3+} 和 F^- 生成固态 AlF_3 的能量变化。

$Al(s) === Al(g)$　$\Delta H_1 = 326kJ/mol$

$Al(g) === Al^{3+}(g) + 3e$　$\Delta H_2 = 5\ 138kJ/mol$

$2Al(s) + 3F_2(g) === 2AlF_3(s)$　$\Delta H_3 = -2\ 620kJ/mol$

$F_2(g) === 2F(g)$　$\Delta H_4 = 160kJ/mol$

$F(g) + e^- === F^-(g)$　$\Delta H_5 = -350kJ/mol$

2. 指出下列各分子中各个 C 原子所采用的杂化轨道的类型：

CH_4、C_2H_2、C_2H_4、CH_3OH、CH_2O

3. 应用 VSEPR 预测下列分子或离子的几何形状：

ClO_4^-、NO_3^-、SiF_6^{2-}、BrF_5、NF_3、NO_2、NH_4^+

4. 分别指出下列各组化合物中，哪个化合物的化学键极性最大？哪个化合物的化学键极性最小？

（1）$NaCl$、$MgCl_2$、$AlCl_3$、$SiCl_4$、PCl_5

（2）LiF、NaF、KF、RbF、CsF

（3）HF、HCl、HBr、HI

5. 根据 NO 的分子轨道能级图讨论下列问题：

（1）NO 的键级是多少？

（2）比较 NO 和 NO^- 的键长。

（3）NO 有几个单电子？

（4）从键级推测 NO^+ 存在的可能性。

（5）讨论 NO、NO^- 和 NO^+ 的磁性。

6. 解释以下现象：

（1）为什么碳原子不能形成离子键？

（2）为什么熔融的 $AlBr_3$ 导电性能差，而它的水溶液有很好的导电性能？

（3）邻羟基苯甲酸的熔点低于对羟基苯甲酸的原因。

（4）在气相中，BeF_2 是直线形而 SF_2 是 V 形的原因。

（5）磷元素能形成三氯化磷和五氯化磷，但氮元素只能形成三氯化氮的原因。

（6）氟分子的化学键比氧分子的化学键弱的原因。

（7）在室温下为什么水是液体，而 H_2S 是气体？

（8）$AlCl_3$ 分子中的化学键是共价键而 AlF_3 分子中的化学键是离子键的原因。

（9）氧元素与碳元素的电负性相差较大，但 CO_2 分子的偶极矩为零的原因。

（10）BF_3 的偶极矩等于零，而 NF_3 的偶极矩不等于零的原因。

7. 说明下列每组分子之间存在的分子间作用力。

（1）苯和 CCl_4　　（2）甲醇和水　　（3）HBr 气体

（4）He 和水　　（5）NaCl 和水

8. 按沸点由低到高的顺序依次排列下列两组物质。

（1）H_2、CO、Ne、HF

（2）CI_4、CF_4、CBr_4、CCl_4

9. 比较下列物质的相关性质。

（1）键能：HF、HCl、HBr、HI

（2）晶格能：NaF、NaCl、NaBr、NaI

第二章
目标测试

（张爱平　王　霞）

第三章

化学反应的基本原理简介

第三章
教学课件

学习目标

1. **掌握** 溶液浓度的概念及其表示方法；溶液的渗透压在临床中的应用；利用 Hess 定律计算化学反应的热效应；热力学平衡常数 $K^{\ominus}$与标准 Gibss 自由能变化 $\Delta_r G_m^{\ominus}$的关系；化学反应速率和速率定律；利用 Arrhenius 方程计算实验活化能 E_a。
2. **熟悉** 电解质溶液的电离度以及稀溶液的依数性；利用 Gibbs-Helmholtz 方程讨论温度对化学反应自发性的影响；热力学平衡常数的数学意义以及表达形式；利用 Van't Hoff 等温式讨论浓度、压力、温度对化学平衡的影响；一级反应的动力学特征；浓度、温度、催化剂对反应速率的影响。
3. **了解** 焓、熵、Gibss 自由能等状态函数的定义及影响因素；自发过程；化学平衡和可逆反应；半衰期、活化能、过渡态、酶催化等基本概念；碰撞理论和过渡态理论的基本内容。

第一节 溶液和溶液的性质

溶液（solution）是指两种或两种以上物质的均相混合物。溶液在我们日常生活中随处可见，如临床上使用的生理盐水、葡萄糖溶液等。除了这些熟知的液态溶液，周围的空气主要是 O_2 和 N_2 的气态混合物，属于气态溶液；中国商代制作器皿所用的青铜是铜和锡形成的合金（alloy），属于固态溶液。我们把溶液中被均匀分散的物质称为溶质（solute），溶质分散其中的介质称为溶剂（solvent）。实际上，溶质和溶剂只是一组相对的概念，区分标准依据两者在溶液中相对含量的多少，相对较多的组分称为溶剂，而相对较少的组分称为溶质。一般来说，如果液态溶液中只有一种组分是液态物质，其余是固态或气态物质，则不论液体的多少，一般均称液体为溶剂。如人们通常说的 98% 浓硫酸，其中水的含量相对较少，人们习惯上却仍把水看作溶剂。如果溶液的组成都是液态物质，通常把水默认为溶剂，如医用酒精是 75% 的乙醇水溶液。

大多数化学反应以及药物在体内的吸收和代谢过程都在溶液中进行，因此在药物的研发、生产和临床实践中，经常要涉及溶液相关的内容。为此，我们首先以离子晶体和分子晶体在水中的溶解为例，说明水溶液的形成过程以及溶液组成的表示方法，然后简要讨论溶液的一些基本理化性质。

一、离子晶体和分子晶体的溶解

溶液的形成就是溶质溶解于溶剂的过程。溶解过程以及物质在溶液中的状态均取决于溶质与溶剂双方的性质。一种物质的溶解过程、存在状态和溶解程度可以因溶剂而异，而不同的物质在相同溶剂中的溶解过程、存在状态和溶解程度也不相同——甚至差别很大。同时物质的溶解总是伴随着能量和体积的变化，有时还有颜色变化。下面，我们介绍离子晶体和分子晶体在水中的溶解过程。

（一）溶解过程

常见的离子晶体有 NaCl，临床上用它制备生理盐水。把 NaCl 晶体加入水里后，Na^+ 和 Cl^- 在熵增加的驱动下离开晶格，进入溶液。裸离子具有电场（即离子势 Z/r），可以吸附极性的溶剂分子，直到其电场因介电效应而衰减到正、负离子不再相互吸引和聚集。在水溶液中，Na^+ 和 Cl^- 分别吸引水分子，使得每个离子都被水分子包围，这种现象称为水合作用（hydration）①。离子离开晶格需要吸收能量，而它们与溶剂分子相互吸引、生成水合离子会释放能量；这两种能量之差，决定着溶解过程是吸热还是放热。在离子周围的水分子并不是固定的，它们不停地被其他水分子替换。

$$NaCl(s) \xrightarrow{H_2O} Na^+(aq) + Cl^-(aq)$$

其中（s）和（aq）分别表示固态和水溶液，aq 是英文 aqueous（水的，水合的）的缩写。因为溶液中的溶质以水合离子的形式存在，所以这种溶液称为离子溶液（ionic solution），具有导电性，因此也叫作电解质溶液。

蔗糖晶体属于分子晶体，当它在水中溶解时，以分子的形式离开固相，以自由分子或部分水合的形式存在于溶液中，这种溶液称为分子溶液（molecular solution）。因为溶解过程没有产生可导电的离子，所以溶液是不导电的（溶剂水本身的导电性除外），人们也因此称其为非电解质溶液。

$$C_{12}H_{22}O_{11}(s) \xrightarrow{H_2O} C_{12}H_{22}O_{11}(aq)$$

在 25℃，乙醇（CH_3CH_2OH）与水能够以任何比例互溶，这是因为乙醇和水都是极性较大的分子，而且乙醇分子的羟基（—OH）可以与水分子之间形成氢键。随着一元醇类的碳原子数目增加，分子非极性部分的疏水作用增强，溶解度逐渐降低。如正丁醇和正戊醇在水中的溶解度分别为 84g/L 和 27g/L。与此相反，辛烷和四氯化碳（CCl_4）都是非极性分子，它们都难溶于水，但是两者之间却能够以任何比例互溶。这种现象称作"相似相溶"（like dissolves like），意思是极性相似的物质彼此容易溶解。

"相似相溶"概括了大量实验现象，是一个经验规则，适用于多数的电解质和非电解质溶液。例如，KCl 易溶于极性溶剂 H_2O，I_2 易溶于非极性溶剂 CCl_4；反过来 KCl 则难溶于非极性的 CCl_4，I_2 也难溶于极性的 H_2O。但物质的溶解是差异性很大的复杂过程。比如三氯甲烷（$CHCl_3$）是一种常见的极性溶剂，其极性和乙醇接近。乙醇和水互溶，三氯甲烷与乙醇互溶，但三氯甲烷基本不溶于水；前例中的 I_2 易溶于三氯甲烷，但 KCl 却不溶。这其中，溶质分子的溶剂化能力对溶解度的影响更大。理解物质的溶解性还是最终需要从溶解过程的热力学因素（焓和熵）考虑。热力学原理将在后面详细介绍。

（二）溶解度

晶体在水中溶解是动态的双向物质传递过程。把 NaCl 晶体加入纯水中，当一些 Na^+ 和 Cl^- 从晶格进入溶液形成水合离子 $Na^+(aq)$ 和 $Cl^-(aq)$ 时，在晶格附近的一些水合离子也会返回晶格或通过碰撞形成新的晶体微粒。起初，溶液中的溶质很少，溶解过程占主导地位。随着溶液中的溶质增多，溶解速率逐渐降低，而从溶液到晶体的物质传递速率则逐渐增大。只要 NaCl 晶体足够多、时间足够长，上述两个方向的物质传递就会达到相同的速率。此时，剩余晶体的质量和溶液中溶质的浓度都不再随时间延长而改变。当已溶解的溶质与其未溶解的部分稳定共存时，溶液处于平衡状态（equilibrium state）。

$$NaCl(s) \xrightleftharpoons{H_2O} Na^+(aq) + Cl^-(aq)$$

在平衡态，溶质的溶解限度已达到最大，这种溶液称为该溶质的饱和溶液（saturated solution）。

①当溶剂不是特指水时，通常称为溶剂化作用（solvation）。

在指定温度下，一定量的饱和溶液中所含溶质的量（g 或 mol）称为溶解度（solubility），用 S 表示[①]。不同物质的溶解度可以有很大差异，人们根据溶解度把物质大致分为以下三类[②]：

难溶（sparingly soluble）| 0.001 | 微溶（slightly soluble）| 0.1 | 可溶（soluble）→ 溶解度（mol/L）

在有些条件下，能够得到比饱和溶液浓度更高的溶液，这种溶液称为过饱和溶液（supersaturated solution）。在表面光滑的玻璃器皿中，用缓慢加热的办法浓缩醋酸钠稀溶液，就能够得到过饱和溶液。这种溶液处于亚稳定状态，用玻璃棒轻轻摩擦溶液浸着的器壁表面，或者加入极少量醋酸钠的晶体颗粒，就会引起固相快速析出，使溶液的浓度降低到饱和溶液的水平。

（三）电解质和非电解质溶液

我们知道，酸、碱、盐的水溶液能够导电，把这一类物质叫作电解质。而蔗糖、乙醇、甘油等在水溶液中以分子形式存在，我们称之为非电解质。1887 年，瑞典化学家 S. A. Arrhenius 根据溶液具有导电性等事实，提出了电离理论。该理论认为，电解质在水溶液中可以自发地部分解离为带相反电荷的粒子，这个过程称作离子化（ionization）；因电离而产生的带电荷的粒子称作离子，未电离的分子和离子之间存在电离平衡。

不同电解质在水溶液中的电离程度可以不同。在水溶液中能够完全电离的电解质称为强电解质，如强酸、强碱和大部分盐类。在水溶液中只能部分电离的电解质称为弱电解质，包括弱酸、弱碱和某些盐类（如 $HgCl_2$ 等）。弱电解质已电离的分子数与原有分子总数之比称作电离度（degree of ionization），用 α 表示：

$$\alpha = \frac{\text{已电离的分子数}}{\text{原有分子总数}} \times 100\%$$

一般通过测定电解质溶液的电导求得其电离度（表 3-1）。

表 3-1 几种 0.10mol/L 弱电解质溶液在 18℃的电离度

电解质	化学式	电离度	电解质	化学式	电离度
草酸	$H_2C_2O_4$	31%	亚硝酸	HNO_2	6.5%
磷酸	H_3PO_4	26%	醋酸	HAc	1.33%
亚硫酸	H_2SO_3	20%	氢硫酸	H_2S	0.070%
氢氟酸	HF	15%	氢氰酸	HCN	0.0070%
水杨酸	HOC_6H_4COOH	10%	氨水	$NH_3 \cdot H_2O$	1.3%

由表 3-1 可以看出，不同的弱电解质，尽管浓度相同，但是它们在水溶液中的电离度不同。这表明电离度的大小是由物质本性决定的，电解质越弱，其电离度越小。

此外，电离度的大小还与电解质溶液的浓度、温度、溶剂的性质等外界因素有关。表 3-2 列出了不同浓度醋酸的电离度，数据表明弱电解质溶液的浓度越小，电离度就越大。当溶液极稀时，任何电解质都趋于完全电离。

①目前有许多溶解度数据是指 100g 水中所含溶质的质量（g）。例如，在 20℃，把 36g NaCl 溶解于 100ml 水可得到饱和溶液，NaCl 的溶解度就是 36g/100ml H_2O。

②JAMES N S, GEORGE M B, LYMAN H R. CHEMISTRY: Structure and Dynamics. 5th ed. New Jersey: Wiley, 2012: 347。

表 3-2　不同浓度醋酸溶液的电离度和氢离子浓度(25℃)

c(HAc)/(mol/L)	2.00×10^{-1}	1.00×10^{-1}	2.00×10^{-2}	1.00×10^{-3}
α	0.934%	1.33%	2.96%	12.4%
$c(H^+)$/(mol/L)	1.87×10^{-3}	1.33×10^{-3}	5.92×10^{-4}	1.24×10^{-4}

各种电解质在水中电离产生离子的多少,主要决定于电解质自身的性质。电离程度与溶解度属于不同的概念,像 AgCl 这样的难溶物虽然溶解度很低,但是溶解后几乎完全电离,以水合离子的形式存在于溶液中,这类物质称为难溶强电解质。

二、溶液的浓度

浓度是影响溶液性质的关键因素之一。例如,H_2SO_4 浓溶液具有氧化性,稀溶液却没有氧化性,只呈现酸性。所谓溶液的浓度,就是指一定量的溶液中所含溶质的量。首先定义:n 表示物质的量,单位为 mol;V 表示溶液的体积,单位为 L 或 dm^3;m 表示质量,单位为 kg;M 表示摩尔质量,单位为 kg/mol。A 和 B 分别表示溶剂和溶质。常用浓度的表示方法包括:

(一)质量浓度

质量浓度(mass concentration)定义为溶质的质量(m_B)除以溶液的体积(V),记作 ρ_B。

$$\rho_B=\frac{m_B}{V}$$

按照国际单位制(international system of units, SI),ρ_B 的 SI 单位是 kg/m^3,但实际操作中的常用单位是 g/L。

例如,0.9% 的生理盐水注射液的质量浓度是 9.0g/L。

(二)物质的量浓度

物质的量浓度(amount-of-substance concentration)定义为溶质的物质的量(n_B)除以溶液的体积(V),记作 c_B。

$$c_B=\frac{n_B}{V}$$

其 SI 单位为 mol/m^3,常用单位为 mol/L。值得注意的是,凡是与物质的量有关的浓度,都必须指明溶质的基本单元。

在不至于引起混淆的情况下,物质的量浓度可简称为浓度。在国内外的一些教科书中,物质的量浓度被称为摩尔浓度(molar concentration 或 molarity),其单位为 mol/L,简写为 M(即 1M = 1mol/L)。

(三)质量摩尔浓度

质量摩尔浓度(molality)定义为溶质 B 的物质的量(n_B)除以溶剂 A 的质量(m_A),记作 b_B。

$$b_B=\frac{n_B}{m_A}$$

质量摩尔浓度与温度无关,其 SI 单位为 mol/kg。

(四)质量百分数

质量百分数(mass percentage)定义为溶质的质量(m_B)与溶液的质量(m)之比的百分值,记作 ω_B。

$$\omega_B=\frac{m_B}{m}\times100\%$$

若溶质为结晶水合物,溶于水后,其溶质的质量不包括结晶水的质量。

(五)体积分数

体积分数(volume fraction)是指液态溶质的体积(V_B)占全部溶液体积(V)的百分数,记作 φ_B。

$$\varphi_B = \frac{V_B}{V} \times 100\%$$

例如，75% 的医用酒精是指乙醇的体积分数。

（六）摩尔分数

摩尔分数（mole fraction）定义为溶质 B 的物质的量（n_B）与溶液各组分物质的量之和（$n=\sum n_i$）的比值，记作 x_B。

$$x_B = \frac{n_B}{\sum n_i}$$

如果溶液是二元体系，即由溶质 B 和溶剂 A 组成，显然：

$$x_A + x_B = \frac{n_A}{\sum n_i} + \frac{n_B}{\sum n_i} = \frac{n_A}{n_A + n_B} + \frac{n_B}{n_A + n_B} = 1。$$

三、稀溶液的依数性

一般来说，溶液的化学性质既与溶质的本性有关，也与溶质的浓度有关，如前面提到的浓 H_2SO_4 的氧化性。但是，溶液还有一些与溶质的本性无关的共性，即有一类物理性质只与溶质质点的浓度有关，称作溶液的依数性（colligative properties）。例如，与纯溶剂相比，溶液的饱和蒸气压、沸点、凝固点发生的变化等。下面着重讨论难挥发性非电解质的稀溶液的依数性。

（一）溶液的蒸气压下降

1. 饱和蒸气压　放在敞口杯子里的水，会慢慢变得愈来愈少。这是由于水分子的热运动，一些动能较高的水分子会从液面逸出，扩散到周围的空气中，这种汽化过程称为蒸发（evaporation）。反过来，气相中的水分子接触液面也可凝结（condensation）成液态水。如果在一定温度下，把纯水放在一个密闭的真空容器里，液相中的水分子不断逸出充满液面上方空间；与此同时，气相中的水分子也会进入液相。最终两个相反的过程达到气液平衡，气相中的压力稳定在某一个固定的数值。此时液面上方气态水分子的压强就是该温度下水的饱和蒸气压（saturated vapor pressure），用符号 p 表示，单位为 kPa。

饱和蒸气压与溶剂的物质本性和温度有关。在同一温度，不同的物质具有不同的饱和蒸气压。例如，在 293K，H_2O 和乙醚的饱和蒸气压分别是 2.43kPa 和 57.6kPa。同一物质的饱和蒸气压随温度升高而增大（表 3-3）。

表 3-3　水在不同温度下的饱和蒸气压

T/K	p/kPa	T/K	p/kPa	T/K	p/kPa
273	0.61	323	12.33	373	101.3
283	1.23	333	19.92	383	143.3
293	2.43	343	31.16	393	198.6
303	4.18	353	47.34	403	270.1
313	7.38	363	70.10	413	361.4

对于大多数固体而言，它们的饱和蒸气压数值很小。但低熔点的冰、碘、樟脑等均有较显著的蒸气压，其蒸气压同样随温度的升高而增大，例如，表 3-4 给出冰在不同温度下的饱和蒸气压数据。

表 3-4　冰在不同温度下的饱和蒸气压

T/K	253	263	265	267	269	271	273
p/kPa	0.11	0.27	0.31	0.37	0.44	0.52	0.61

2. 溶液的蒸气压　纯水的饱和蒸气压在一定温度下是一个定值。如果往水里加入一种难挥发的非电解质（如蔗糖），你会发现，溶液的饱和蒸气压低于同温度下水的饱和蒸气压，这种现象称为溶液的蒸气压下降（vapor pressure lowering）。

19 世纪 80 年代法国化学家 F. M. Raoult 研究发现，在一定温度下，难挥发非电解质稀溶液的蒸气压与溶剂的摩尔分数（x_A）呈正比，而与溶质的本性无关，这个定律称为 Raoult 定律（Raoult's law），表示为：

$$p = p_A^{\circ} \cdot x_A \qquad 式(3\text{-}1)$$

式（3-1）中，p_A° 和 p 分别为纯溶剂和溶液在相同温度下的饱和蒸气压。由此可得溶液的蒸气压下降：

$$\Delta p = p_A^{\circ} - p = p_A^{\circ}(1 - x_A)$$

在只含有一种溶质的溶液中，$x_B = 1 - x_A$，所以：

$$\Delta p = p_A^{\circ} \cdot x_B \qquad 式(3\text{-}2)$$

对于稀溶液而言，溶剂的物质的量远远大于溶质的物质的量，因此：

$$x_B = \frac{n_B}{n_A + n_B} \approx \frac{n_B}{n_A}$$

然后把 $n_A = m_A/M_A$ 代入可得：

$$x_B \approx M_A b_B$$

对于指定的温度和溶剂，M_A 和 p_A° 均为定值，溶液的蒸气压下降可表示为：

$$\Delta p \approx K \cdot b_B \qquad 式(3\text{-}3)$$

因此，难挥发非电解质稀溶液的蒸气压下降，在一定温度下，近似地与溶质 B 的质量摩尔浓度呈正比。

Raoult 定律是根据稀溶液的实验结果总结得到的，对于性质相差较大的组分所构成的溶液，当其浓度大于 0.01mol/kg 时就可能产生偏差；而对于性质相似的组分所构成的溶液，在所有浓度范围内都符合 Raoult 定律，该溶液称为理想溶液。在实际工作中，可以把稀溶液近似简化为理想溶液。

（二）溶液的沸点升高

在一定温度下，液体内部和表面同时发生的剧烈汽化现象称为沸腾。当液体开始沸腾时，在其内部所形成的气泡中的饱和蒸气压必须与外界压强相等，气泡才有可能长大并上升至液面，此时的温度称作该液体的沸点（boiling point）。物理学上把液体在 100kPa 下的沸点称作正常沸点（normal boiling point）。显然，外界压力越大，液体的沸点就越高。根据液体沸点随着外界压强增加而升高的性质，对某些注射液或医疗器械灭菌时，为了在较短时间内达到灭菌效果，可以在高压装置内加热，以提高水蒸气温度；而在实验室中为了避免某些对热不稳定的物质的分解，常常采用减压的方式，以便降低蒸馏温度。

众所周知，在 100kPa 条件下，纯水加热到 100℃就开始沸腾。如果往水中加入难挥发非电解质，根据 Raoult 定律可知溶液的蒸气压下降，水溶液在 100℃不能沸腾。只有继续升高温度，以便增加溶液的蒸气压，使其等于外界压力，此时的溶液的沸点温度 T_b 高于纯水的正常沸点 T_b°。也就是说，含有难挥发非电解质的溶液的沸点比纯溶剂的沸点高，这一现象称作溶液的沸点升高（boiling point elevation）。

需要注意的是，溶液在沸腾过程中，由于溶剂不断蒸发，溶质浓度逐渐增大，其蒸气压不断降低，沸点也越来越高。因此我们这里讨论某种溶液的沸点时，是指该溶液刚刚开始沸腾，但溶剂尚未挥发时的温度。

根据 Raoult 定律，我们不难理解难挥发非电解质稀溶液的沸点升高（ΔT_b）与溶质的质量摩尔浓度呈正比：

$$\Delta T_b = T_b - T_b^\circ = K_b b_B \qquad 式(3-4)$$

式(3-4)中，T_b° 和 T_b 分别为纯溶剂和溶液的沸点，ΔT_b 表示溶液的沸点升高，单位均为 ℃；b_B 为溶质 B 的质量摩尔浓度；K_b 为溶剂的摩尔沸点升高常数，单位为 ℃·kg / mol。

当 b_B = 1mol/kg 时，$\Delta T_b = K_b$。因此，某溶剂的摩尔沸点升高常数的数值似乎等于 1mol 溶质溶于 1kg 溶剂所引起的沸点升高。其实不然，因为浓度为 1mol/kg 的溶液不再是稀溶液了，已不符合 Raoult 定律。实际上表 3-5 中给出的 K_b 数值是由稀溶液的测定值外延到浓度为 1mol/kg 而获得，不同溶剂的摩尔沸点升高常数 K_b 值不同。

表 3-5 几种溶剂的摩尔沸点升高常数

溶剂	正常沸点 /℃	K_b/(℃·kg/mol)
水	100.00	0.513
醋酸	117.9	3.22
乙醇	78.24	1.23
丙酮	56.08	1.80
二硫化碳	191.9	2.42
三氯甲烷	61.2	3.80
四氯化碳	76.7	5.26
苯	80.08	2.64
乙醚	34.4	2.20

已知溶剂和溶质的质量分别为 m_A 和 m_B，溶质的摩尔质量为 M_B，则：

$$b_B = \frac{n_B}{m_A} = \frac{m_B/M_B}{m_A} = \frac{m_B}{m_A \cdot M_B}$$

将上式代入式 $\Delta T_b = K_b b_B$，整理得：

$$M_B = \frac{k_b}{\Delta T_b} \cdot \frac{m_B}{m_A} \qquad 式(3-5)$$

即对于一些热稳定性高的物质，我们可以利用溶液沸点升高的性质来测定其摩尔质量。

[例 3-1] 将 1.09g 葡萄糖溶于 20.0g 水中，在 100kPa 条件下测得该溶液的沸点为 100.156℃，求葡萄糖的摩尔质量。

解：已知水的正常沸点为 100℃，其摩尔沸点升高常数为 0.513℃·kg/mol，根据式(3-5)，葡萄糖的摩尔质量为

$$M_B = \frac{k_b}{\Delta T_b} \cdot \frac{m_B}{m_A} = \frac{0.513}{100.156 - 100.0} \times \frac{1.09}{20.0} = 0.179\,kg/mol = 179\,g/mol$$

葡萄糖的摩尔质量为 180mol/kg，从实验中得到的数值与理论值基本吻合。

（三）溶液的凝固点下降

我们都知道，纯水在 100kPa 下，0℃时会结冰；而海水冬天结冰的温度比河水低，这是为什么呢？

结冰是一个凝固过程，由液体（水）变成晶体（冰），此时水和冰的饱和蒸气压相等，固相和液相平衡共存，物质由液态变成固态晶体的临界温度称之为凝固点（freezing point）。若固相和液相的蒸气压不相等，则蒸气压较大的相将向蒸气压较小的相转变。在水溶液中，由于存在难挥发的溶质，从而造成溶液的蒸气压下降。因此在 0℃时，如果把冰放入水溶液中，冰的蒸气压等于此温度下纯水的蒸

气压，也就是说高于溶液的蒸气压，固相和液相没有达到平衡，冰就会融化成水。为了促成冰与溶液平衡共存，只有把温度降到 0℃以下的某一临界温度，使得冰的蒸气压和溶液的蒸气压相等，溶液中刚刚开始有冰析出时，该温度就是溶液的凝固点。由此可知，溶液的凝固点比纯溶剂的凝固点低，这一现象被称为溶液的凝固点降低（freezing point depression）。

稀溶液的凝固点降低与沸点升高一样，都是蒸气压下降的结果。根据 Raoult 定律，我们不难理解难挥发性非电解质稀溶液的凝固点降低（ΔT_f）与溶质的质量摩尔浓度呈正比：

$$\Delta T_f = T_f^{\circ} - T_f = K_f b_B \qquad 式（3-6）$$

式（3-6）中，b_B 为溶质的质量摩尔浓度，单位为 mol/kg；T_f° 和 T_f 分别为纯溶剂和溶液的凝固点，单位为 ℃；K_f 为溶剂的摩尔凝固点降低常数，单位为 ℃ · kg/mol，不同溶剂具有不同的 K_f 值（表 3-6）。

表 3-6　几种溶剂的摩尔凝固点降低常数

溶剂	凝固点 /℃	K_f/（℃ · kg/mol）
水	0.00	1.86
苯	5.538	5.07
1，2- 丙二醇	–13	3.11
甘油	18.2	3.56
环已醇	26	42.2
二甲基亚砜	18.52	3.85
醋酸	17	3.63

凝固点降低的原理在日常生活中具有重要的应用价值。在北方寒冷的冬季，为了防止因结冰引起的体积增大而导致汽车水箱胀裂，通常使用甘油或乙二醇作为防冻液加入水箱中。冬季路面积雪，可以抛撒工业盐作为融雪剂，防止路面结冰。一定比例的 NaCl 和冰混合，可以使凝固点降至 –22℃，若用 $CaCl_2 \cdot 2H_2O$ 代替 NaCl，凝固点可降到 –55℃，因此可将冰盐混合物制成冰袋，以保持水产业和食品的贮藏、运输过程的低温条件。

与沸点升高原理一样，可以推导出如下的表达式：

$$M_B = \frac{k_f{}^*}{\Delta T_f} \cdot \frac{m_B}{m_A} \qquad 式（3-7）$$

根据溶液凝固点降低与浓度的关系也可以测定溶质的摩尔质量。

［**例 3-2**］　将 0.749g 谷氨酸溶于 50.0g 的水中，测得其凝固点为 –0.188℃，求谷氨酸的摩尔质量。

解：已知水的 K_f = 1.86℃ · kg/mol，设谷氨酸的摩尔质量为 M_B

$$M_B = \frac{k_f}{\Delta T_f} \cdot \frac{m_B}{m_A} = \frac{1.86}{0.00-(-0.188)} \times \frac{0.749}{50.0} = 0.148\text{kg/mol}$$

对于相同的溶剂，其摩尔凝固点降低常数（K_f）比摩尔沸点升高常数（K_b）大，在相同质量摩尔浓度时，凝固点降低的程度大于沸点升高的程度，测量相对误差较小；此外，在凝固点有晶体析出，现象明显，容易观察。所以，与沸点升高法相比，采用凝固点降低法测定未知物质的摩尔质量精确度较高。此法尤其适用于不宜加热的生物样品以及某些挥发性溶质（沸点升高法要求溶质难挥发），因而凝固点降低法的应用范围更为广泛。

（四）溶液的渗透压

我们都知道，生活在海水里的鱼类不能在淡水里存活，同样淡水鱼也不能到海水里生活；厨房里的蔬菜因失水而打蔫，放到清水里可恢复如初；游泳时，眼睛进水后会产生胀疼感等，是什么原因造成

这些现象呢?

1. 渗透现象和渗透压　像细胞膜、动物的肠衣、人工制备的火棉胶、羊皮纸等,对透过的物质具有选择性,即只允许某些物质透过,我们把这种多孔性薄膜称之为半透膜(semipermeable membrane)。一般来说,半透膜只允许离子和小分子物质透过,而生物大分子物质不能自由透过。生化实验中的透析袋和超滤膜都是不同规格的半透膜,可用于分离提纯不同相对分子质量的生物大分子。

如图 3-1(a),如果我们用一种允许溶剂(如水)分子透过、而溶质(如蔗糖)分子不能透过的半透膜把相同体积的溶液和纯溶剂隔开。由于膜两侧单位体积内溶剂分子数不等,单位时间内由纯溶剂一侧进入溶液中的溶剂分子数要比由溶液一侧进入纯溶剂的多,其结果导致溶液一侧液面升高。这种溶剂分子通过半透膜从纯溶剂向溶液或从稀溶液向浓溶液的净迁移称为渗透(osmosis)。随着溶液液面慢慢升高,静水压力随之增加,驱使溶液中的溶剂分子加速通过半透膜,当静水压增大到一定程度后,单位时间内从膜两侧透过的溶剂分子数相等,这时溶液的液面不再发生变化,意味着达到渗透平衡,见图 3-1(b)。由此可见,半透膜的存在和膜两侧单位体积内溶剂分子数不等,即半透膜和膜两侧存在浓度差是产生渗透现象的两个必要条件。而且渗透的方向总是从溶剂分子数目更多的一方向着溶剂分子数目更少的一方发生迁移,以缩小半透膜两侧的浓度差。

如图 3-1(c),如果我们在溶液一侧施加作用,恰好能够阻止渗透现象的发生。这种为维持只允许溶剂分子通过的膜所隔开的溶液与纯溶剂之间的渗透平衡而需要的额外压力称为该溶液的渗透压(osmotic pressure)。渗透压的符号为"Π",单位为 kPa。若在溶液一侧施加的额外压力大于渗透压,则发生逆向渗透(reverse osmosis)现象,使得溶液中的溶剂分子通过半透膜进入溶剂一侧,这种逆向渗透可用于海水的淡化以及处理工业废水。

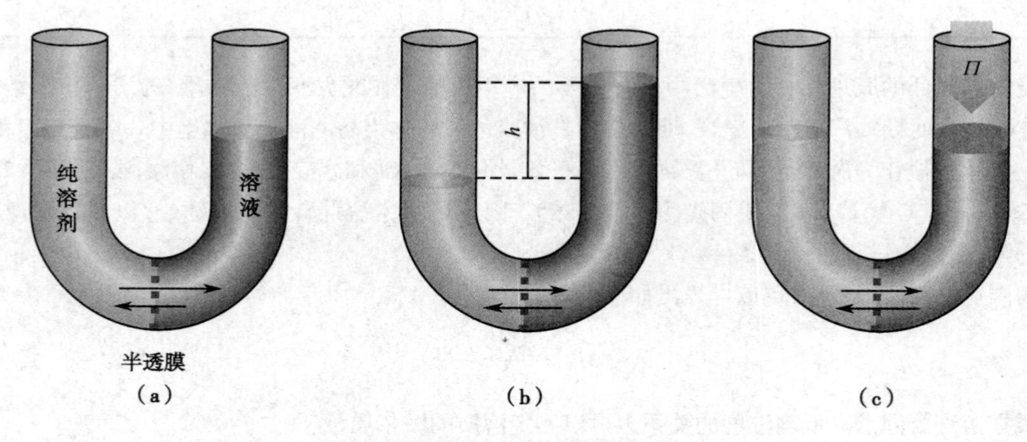

图 3-1　渗透现象和渗透压

2. van't Hoff 定律　1886 年,荷兰化学家 J. H. van't Hoff 根据大量实验结果发现非电解质稀溶液的渗透压与溶液浓度和温度的关系可用理想气体状态方程表示。

$$\Pi V = nRT \qquad \text{式(3-8a)}$$

或

$$\Pi = \frac{n}{V}RT = c_B RT \qquad \text{式(3-8b)}$$

式(3-8)称为 van't Hoff 定律,其中 Π 表示渗透压,单位为 kPa;c_B 为溶质的物质的量浓度,单位为 mol/L;R 为摩尔气体常数,其值为 8.314kPa·L/(mol·K);T 为热力学温度,单位为 K。

van't Hoff 定律表明在一定温度下,稀溶液渗透压的大小仅与单位体积溶液中溶质的物质的量有关,而与溶质的本性无关。显然,渗透压也是溶液的一种依数性。

通过测定溶液的渗透压,可以计算溶质的摩尔质量。由定义知

$$c_B=\frac{n_B}{V}=\frac{m_B/M_B}{V}$$

将上式代入 $\Pi=cRT$，整理得

$$M_B=\frac{RT}{\Pi}\cdot\frac{m_B}{V}$$ 式(3-9)

[例 3-3] 11.0ml 某种蛋白的溶液中，含有溶质 5.6mg，在 310K 时测得溶液的渗透压为 121Pa，求该蛋白的摩尔质量。

解：由式(3-9)可得

$$M_B=\frac{RT}{\Pi}\cdot\frac{m_B}{V}=\frac{8.314\times310}{121\times10^{-3}}\times\frac{5.6\times10^{-6}}{11.0\times10^{-3}}=10.8\text{kg/mol}$$

当溶液浓度很低时，溶质的物质的量浓度(c_B)与质量摩尔浓度(b_B)在数值上近似相等。利用这个特点，可以从一种依数性的实测数据估算另一种依数性的数值。例如，由上例测定的渗透压数据可求得 $c_B=5.2\times10^{-7}$mol/L。若近似地认为该溶液 $b_B=5.2\times10^{-7}$mol/kg，则可求得凝固点降低 ΔT_f 仅为 9.7×10^{-7}K，这显然不可能准确测定。由此可见，渗透压法更适用于测定大分子化合物的摩尔质量。

以上讨论的都是非电解质溶液的依数性。在电解质溶液中，由于溶质发生电离，使单位体积溶液中溶质粒子的总数比相同浓度的非电解质溶液要多。因此讨论电解质溶液的沸点升高、凝固点降低、渗透压时需引入校正系数 i：

$$\Delta T_b=i\cdot K_b b_B$$ 式(3-10a)

$$\Delta T_f=i\cdot K_f b_B$$ 式(3-10b)

$$\Pi=i\cdot c_B RT$$ 式(3-10c)

对于强电解质而言，它们在稀溶液中几乎 100% 电离。因此校正系数 i 与电解质的化学组成比有关。AB 型电解质的校正系数 i 近似等于 2，如 NaCl 和 $MgSO_4$ 等；A_2B 或 AB_2 型电解质的校正系数 i 近似等于 3，如 Na_2SO_4 和 $MgCl_2$ 等。

[例 3-4] 临床上常用的生理盐水是 9.0g/L 的 NaCl 溶液，求其在 37℃时的渗透压。

解：已知 NaCl 的摩尔质量为 58.5g/mol。NaCl 在稀溶液中几乎完全电离，所以校正系数 i 近似等于 2。由式(3-10c)可得

$$\begin{aligned}\Pi&=i\cdot c_B RT\\&=2\times\frac{9.0\times8.314\times(273+37)}{58.5}\\&=7.9\times10^2\text{kPa}\end{aligned}$$

3. 等渗、高渗和低渗溶液　血浆等生物体液是电解质(如 NaCl、KCl、$NaHCO_3$ 等)、小分子物质(如葡萄糖、氨基酸、尿素等)和大分子物质(如蛋白质、多糖、脂质等)与水形成的复杂的混合物。在医学上，人们使用渗透活性物质的总浓度来表示渗透压的大小，称之为渗透浓度(osmolarity)，用符号 c_{os} 表示，常用单位为 mmol/L。表 3-7 列出正常人的血浆、组织间液和细胞内液中各种渗透活性物质的渗透浓度。

由于正常人体血浆的渗透浓度约为 300mmol/L，临床上通常把渗透浓度在 280~320mmol/L 的溶液称为生理等渗溶液(isotonic solution)。例如，生理盐水(308mmol/L)、50.0g/L 的葡萄糖水溶液(280mmol/L)和 12.5g/L 的 $NaHCO_3$ 溶液(298mmol/L)都是等渗溶液。渗透浓度 $c_{os}>320$mmol/L 的溶液称为高渗溶液(hypertonic solution)，渗透浓度 $c_{os}<280$mmol/L 的溶液称为低渗溶液(hypotonic solution)。

表 3-7　正常人的血浆、组织间液和细胞内液中各种渗透活性物质的渗透浓度[1]

单位：mmol/L

溶质粒子	血浆	组织间液	细胞内液
Na^+	142	139	14
K^+	4.2	4.0	140
Ca^{2+}	1.3	1.2	0
Mg^{2+}	0.8	0.7	20
Cl^-	106	108	4
HCO_3^-	24	28.3	10
HPO_4^{2-}, $H_2PO_4^-$	2	2	11
SO_4^{2-}	0.5	0.5	1
磷酸肌酸	—	—	45
肌肽	—	—	14
氨基酸	2	2	8
肌酸	0.2	0.2	9
乳酸	1.2	1.2	1.5
三磷酸腺苷	—	—	5
一磷酸己糖	—	—	3.7
葡萄糖	5.6	5.6	
蛋白质	1.2	0.2	4
尿素	4	4	4
其他活性物质	4.8	3.9	10
总渗透浓度	299.8	300.8	301.2

在临床治疗中，如果病人需要大量输液，应特别注意输液的渗透浓度，否则可能导致机体内水分调节失常及细胞变形和破坏。以红细胞为例，由于红细胞膜具有半透膜的性质，正常情况下，其膜内的细胞液和膜外的血浆等渗，因此，给病人输入生理等渗溶液时，细胞内外仍处于渗透平衡状态，红细胞形态保持不变。如若大量滴注低渗溶液，血浆渗透浓度则比细胞内低，血浆中的水分子向细胞内渗透，以致细胞内液体逐渐增多，使细胞膨胀，严重时可使红细胞破裂，这种现象称为溶血现象。如若大量滴注高渗溶液，则使血浆的渗透浓度高于细胞内，红细胞内的水分子向血浆渗透，结果使红细胞皱缩。皱缩的红细胞相互聚结成团，形成血管的"栓塞"。

第二节　化学热力学基础

我们都有这样的常识，杯子中的热水会逐渐变凉，直到与室温相同。如果把一小块锌片浸入 $CuSO_4$ 溶液，在锌片表面会有紫红色的 Cu 析出，同时溶液的蓝色慢慢褪去。像这些在一定条件下无

①Textbook of medical physiology / Arthur C. Guyton, John E. Hall. 11th ed。

须外力持续驱动、能够自动进行的物理或化学变化称作自发过程（spontaneous process）。在相同反应条件下，绝不会出现相反的情形。也就是说，自发过程具有方向性（directionality）。可是，为什么热传递的方向是由高温物体（水）向低温物体（水杯周围的环境）？为什么铜片不能置换出 $ZnSO_4$ 溶液中的 Zn^{2+}？或者说，对于某个化学反应，如何判断自发过程的方向是从左向右，还是从右向左？有多少反应物能够转变成产物？这些问题都属于化学热力学（chemical thermodynamics）研究的范畴。

为什么学习化学热力学？物质变化总是伴随着能量变化，而能量变化是驱动物质变化的根本原因，从本质上掌握化学反应在指定条件下的自发方向和限度，需要从化学热力学的角度进行分析。在药学上，研究药物的有效性和时效性问题的学科分别称为药效学（pharmacodynamics，PD）和药动学（pharmacokinetics，PK），正是从化学原理出发进行研究的。下面将介绍一些化学热力学的基本知识和原理。

一、热力学基本概念和第一定律

（一）系统、环境和过程

在热力学中，人们把所研究的对象称作系统（system），与系统密切相关的外围部分称作环境（surrounding）。例如，研究铁和硫的反应，实验用到的铁粉和硫粉混合物就是系统，而混合物之外的一切（如石棉网、酒精灯、周围的空气）都是环境，系统和环境之间存在界面，通过界面发生物质和能量的交换。

$$Fe + S \xrightarrow{\triangle} FeS + energy$$

上述反应只有能量交换发生。而加热试管中的 $NaHCO_3$，产生的二氧化碳和水蒸气逸出，进入周围的空气环境，同时发生了能量和物质交换：

$$2NaHCO_3 \xrightarrow{\triangle} Na_2CO_3 + CO_2\uparrow + H_2O\uparrow + energy$$

在上面两个反应中，铁和硫的反应，系统与环境之间没有物质交换，只有能量交换，称之为封闭系统（closed system）；如 $NaHCO_3$ 的分解反应，系统与环境之间既有物质交换，又有能量交换，称之为开放系统（open system）。如果将反应放入一个密闭并隔热的容器中进行，则系统与环境之间既没有物质交换，也没有能量交换，称之为孤立系统（isolated system）。实际上孤立系统并不存在，但是可以把系统和环境一起看作是孤立系统。

系统中所发生的一切变化称作热力学过程（process）。不同的过程具有不同的与环境作用的特征，从而可以把过程分为不同类型，见表 3-8。

表 3-8　热力学过程的不同类型

热力学过程	特征
等温过程	系统的温度恒定（$\Delta T=0$），通常与环境温度相等
等压过程	系统的压力恒定（$\Delta p=0$），通常与大气的压力相等
等容过程	系统的体积恒定（$\Delta V=0$）
绝热过程	系统与环境之间不发生能量交换

（二）状态和状态函数

在一定温度和压力下，系统中物质的种类、数量和物理状态保持不变，就认为系统处于一定的热力学状态（state）。可以用来确定系统热力学性质的宏观物理量，如温度、压力、体积、质量、物质的量等，统称为状态函数（state function）。系统的每一种状态都和一组特定的状态函数值相对应。例

如，1mol 某气体（本书中气体一般当作理想气体）在压力 p = 101.3kPa、温度 T = 273.15K 时，其体积 V = 22.4L，当 n、p、V 和 T 这些状态函数的数值保持不变，我们就说系统处于确定的状态。如果系统中物质的种类、数量或某种性质因内部或外部原因发生改变，则系统的状态发生变化，变化前的状态称作始态（initial state），变化后的状态称作终态（final state）。系统的变化可以用各状态函数的改变量来描述。状态函数的改变量经常用希腊字母 Δ 表示，例如，始态的温度为 T_1，终态的温度为 T_2，则状态函数 T 的改变量 $\Delta T = T_2 - T_1$。

系统的物质的量、质量及后面将介绍的内能、焓、熵、自由能等状态函数具有加和性，例如，两杯 50g 的水混合后，质量变为 100g，这些状态函数具有广度性质；而温度、密度和压力等状态函数不具有加和性，例如，两杯 50℃的水混合，水温仍是 50℃，而不会变成 100℃，因此这些状态函数具有强度性质。

（三）热、功和热力学第一定律

人类在长期实践中发现不能制成“永动机”（不需要提供能量而可以永恒运动的机器）。要想理解这个问题，首先要搞清楚能量是什么？能量是一个系统对其他系统做功的能力，例如，水力发电时，水的重力势能推动叶轮转动，叶轮的动能推动线圈在磁场中转动，线圈的动能转化为电能；我们用电热水器烧水，电能转化热能，然后通过热传递使水沸腾。上述两个例子表明水的状态发生了变化。人们用内能（internal energy）这个状态函数来描述系统包含的全部能量，用 U 表示。内能不仅包括系统在外力场中的势能，也包括了系统整体的动能和内部的势能（核能、键能和分子张力等）和分子热动能（振动能、转动能、平动能）等。内能没有绝对的数值。对于一个封闭体系来说，可以通过与环境交换功和热而发生改变：

$$\Delta U = Q + W \qquad 式（3\text{-}11）$$

其中 Q 表示热（heat），是由于温差而发生能量传递的方式；W 表示功（work），是通过改变系统内部结构（如化学键）而传递能量的方式。功与热的单位均为焦耳（joule，J）。

早期热能的大小用卡路里（calorie，cal）来衡量，现在仍被广泛使用在营养计量和健身手册上；将 1g 水在 1atm 下由 14.5℃提升到 15.5℃所需的热量即为 1cal。英国物理学家焦耳（James Prescott Joule）通过实验确定功可全部转化成热，功和热之间转换的当量关系为：

$$4.4180\text{J} = 1\text{cal}$$

但反过来，由于熵效应的原因，热不可能全部转化为功。通过热机做功时，系统最少要损失 $T\Delta S$ 的能量，而成功转化为功的这部分能量称为自由能。等温等压下的自由能称为吉布斯自由能（Gibbs free energy），将是后面的一个重点内容。

式（3-11）也称为能量守恒定律，即能量既不会凭空产生，也不会凭空消失，它只会从一种形式转化为另一种形式，或者从一个物体转移到其他物体，而能量的总量保持不变。因此系统内能的改变量 ΔU 只能等于输入或者输出该系统的能量的多少。系统出入能量的符号有 + 和 - 之分，本书采取以下定义：当系统从环境吸热时，Q 取正值；当系统向环境放热时，Q 取负值。当环境对系统做功时，W 取正值；当系统对环境做功时，W 取负值。

要强调的是，热和功只是系统和环境通过两种不同形式进行能量交换的量度，而不是系统的状态函数，我们不能说系统在某种状态下含有多少热或多少功。当系统获得或损失一定的功和热后，必然将导致相应的内能的变化。

二、化学反应的热效应

（一）等容反应热和等压反应热

将化学能转化为热能加以利用是过去一段时间中人类利用能源的重要方式。例如，我们在日常生活中燃烧天然气来煮饭、取暖。在燃油车中，利用一种热机——内燃机产生推动汽车运动的能量。

人类的生存和发展离不开能源，虽然未来清洁能源将逐渐替代现有的热机，但在未来一段较长的时间内，热机仍将发挥主要的作用。研究化学反应的热效应的就是热化学（thermochemistry）。

在封闭系统中发生的化学反应，如果只做体积功且产物温度恢复到与反应物温度相同时，系统吸收或放出的热称作该化学反应的热效应，简称反应热。在讨论化学反应的热效应时，为什么需要人为规定产物的温度和反应物的温度相同呢？这是因为我们测量的是系统与环境之间的热量交换的最大值，测量中首先需要保持环境恒温，否则环境的温差变化中就包含了热量的差异，造成严重的误差。反应开始时需要系统环境先处于热平衡状态，即两者温度一致；反应完成后，要求系统与环境的热交换彻底完成，同样需要系统与环境不存在温差，否则会导致明显的测量误差。因此，反应热的测量过程都是等温过程。

如果化学反应在密封的金属反应釜中进行，由于金属反应釜的容积不会发生变化，这是一个等容过程。我们把化学反应在等容过程中的热效应称为等容反应热，通常用 Q_V 表示。

由于反应热测量过程中系统只做体积功，即 $W=-p\Delta V=0$，则根据热力学第一定律：

$$\Delta U = Q_V - p\Delta V$$

$$Q_V = \Delta U \qquad \text{式(3-12)}$$

由式（3-12）可知，反应系统在等容条件下由始态（反应物）到终态（产物），与环境之间交换的热量 Q_V 等于其内能的改变量 ΔU。

实际上，自然界和实验室中大多数化学反应都是在等压条件下进行的。我们把化学反应在等压过程中的热效应称之为等压反应热，用 Q_p 表示，则：

$$Q_p = \Delta U + p\Delta V \qquad \text{式(3-13)}$$

如果我们定义 $H=U+pV$，则得到一个新的状态函数 H，称之为焓（enthalpy）。焓也没有绝对值。在等压条件下，焓的改变量 ΔH 可表示为：

$$\Delta H = \Delta U + p\Delta V \qquad \text{式(3-14)}$$

由式（3-13）和式（3-14）可得

$$Q_p = \Delta H \qquad \text{式(3-15)}$$

即焓的物理意义是：在等温等压，且系统只做体积功的条件下，焓变 ΔH 等于等压反应热 Q_p。

（二）热化学方程式

等容反应热和等压反应热为我们提供了一种研究化学反应热效应的方法。大多数自然界和实验室中的化学反应都是在等温等压（大气压）下完成的，因此可用 $\Delta_r H_m^\ominus$ 来表示反应中有多少化学能可以转变为热，即反应热。$\Delta_r H_m^\ominus$ 称作摩尔反应焓变，常用单位是 kJ/mol。例如：

$$2Al(s) + Fe_2O_3(s) \longrightarrow 2Fe(s) + Al_2O_3(s) \qquad \Delta_r H_m^\ominus = -847.64\,kJ/mol$$

$$C_6H_{12}O_6(s) + 6O_2(g) \longrightarrow 6CO_2(g) + 6H_2O(l) \qquad \Delta_r H_m^\ominus = -2\,802.5\,kJ/mol$$

这种标注反应热的化学方程式称之为热化学方程式（thermochemical equation）。为什么用摩尔反应焓变 $\Delta_r H_m^\ominus$ 来表示反应热？因为焓是广度性质的状态函数，对于同一个化学反应，消耗不同物质的量的反应物，产生的反应热也不尽相同。$\Delta_r H_m^\ominus$ 的下标“m”指的是“单位化学反应[①]”，例如，在上述表示铝热反应的热化学方程式中，每 2mol 铝粉和 1mol 三氧化二铁完全反应，放出的热量为 847.64kJ。而 $\Delta_r H_m^\ominus$ 的上标“$\ominus$”表示该化学反应中的所有物质都处于标准状态。在化学热力学中，规定标准压力 $p^\ominus$= 100kPa，标准浓度 $c^\ominus$= 1mol/L。对于固体或液体，标准压力下的纯固体或液体为标准状态；对于气体，其分压等于 100kPa 时为标准状态；在溶液中，溶质的浓度等于 1mol/L 时为标准状态。

由于相同反应条件（温度、压力）下，物质可有不同的物相状态，不同物相状态之间的变化也会有

①按化学方程式中各物质的化学计量数完成反应，其反应进度 ξ = 1mol。

热效应。因此,热化学方程式还需要注明反应物/产物的物相状态。书写热化学方程式的注意事项如下:

1. 注明化学反应的温度和压力　默认反应条件为 $T=298.15\text{K}$,$p=100\text{kPa}$。

2. 注明参与反应各物质的物相状态　分别用小写的 s(solid)、l(liquid)、g(gas)表示物质的固态、液态和气态;如为水溶液,用 aq(aqueous solution)表示;同素异构体等写明形态。例如:

(1) $C(\text{石墨})+O_2(g) \longrightarrow CO_2(g)$　　$\Delta_r H_m^\ominus=-393.5\text{kJ/mol}$

(2) $C(\text{金刚石})+O_2(g) \longrightarrow CO_2(g)$　　$\Delta_r H_m^\ominus=-395.4\text{kJ/mol}$

(3) $AgCl(s) \longrightarrow Ag^+(aq)+Cl^-(aq)$　　$\Delta_r H_m^\ominus=65.4\text{kJ/mol}$

3. 同一化学反应,如果反应方程式的化学计量数不同,其摩尔反应焓变不同。例如:

(1) $2H_2(g)+O_2(g) \longrightarrow 2H_2O(l)$　　$\Delta_r H_m^\ominus=-571.6\text{kJ/mol}$

(2) $H_2(g)+\frac{1}{2}O_2(g) \longrightarrow H_2O(l)$　　$\Delta_r H_m^\ominus=-285.8\text{kJ/mol}$

4. 在相同条件下,正反应和逆反应的摩尔反应焓变在数值上相等,但取值符号相反。例如:

(1) $H_2(g)+\frac{1}{2}O_2(g) \longrightarrow H_2O(l)$　　$\Delta_r H_m^\ominus=-285.8\text{kJ/mol}$

(2) $H_2O(l) \longrightarrow H_2(g)+\frac{1}{2}O_2(g)$　　$\Delta_r H_m^\ominus=285.8\text{kJ/mol}$

(三)摩尔反应焓变 $\Delta_r H_m^\ominus$ 的计算

1. Hess 定律　由于焓是一种状态函数,焓变 ΔH 只取决于始态和终态的差异,而和中间过程没有关系。俄国科学家 G. H. Hess 最早观察到了这个现象。他总结 19 世纪中期物理学家用量热法测量的许多化学反应的热效应结果发现:一个化学反应,不论是一步完成的还是分几步完成的,其热效应总是相同的,称为 Hess 定律。

对于某些化学反应而言,人们不能准确测量甚至无法测量它们的反应热。例如,在碳和氧气生成 CO 的反应中,不可避免地会产生 CO_2,因此不宜由实验直接测得反应热。但是我们通过量热法可以获得反应(1)和反应(2)的反应热:

(1) $C(s)+O_2(g) \longrightarrow CO_2(g)$　　$\Delta_r H_m^\ominus(1)=-393.5\text{kJ/mol}$

(2) $CO(g)+\frac{1}{2}O_2(g) \longrightarrow CO_2(g)$　　$\Delta_r H_m^\ominus(2)=-283.0\text{kJ/mol}$

这时我们可以利用 Hess 定律,间接获得反应(3)的反应热。

(3) $C(s)+\frac{1}{2}O_2(g) \longrightarrow CO(g)$

$$\Delta_r H_m^\ominus(3)=\Delta_r H_m^\ominus(1)-\Delta_r H_m^\ominus(2)=-393.5-(-283.0)=-110.5\text{kJ/mol}$$

从状态函数变化的角度,上述处理可表述成如图 3-2 所示过程:

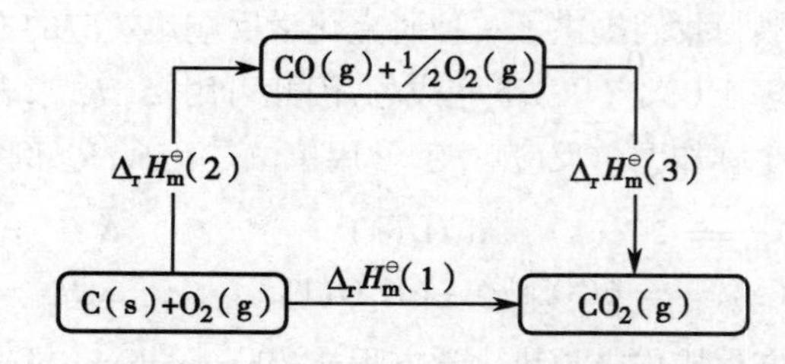

图 3-2　不同化学反应历程焓变的关系示意图

2. 标准摩尔生成焓和摩尔反应焓变　Hess 定律告诉我们,可以用已知反应的焓变推算一些无法实验测量的反应的焓变。我们能否建立一套已知焓变的化学反应体系,用这套体系组建实验室难以控制条件的反应(乃至一些完全的思想实验反应),并推算这些反应的焓变呢?于是,物理化学家们设计了一种化合物的生成反应,即:由最稳定单质生成标准状态下的 1mol 某纯物质的反应,如在 298.15K:

$C(\text{石墨})+O_2(g) \longrightarrow CO_2(g)$　　$\Delta_r H_m^\ominus=-393.5\text{kJ/mol}$

我们规定:处于标准状态的各种元素的最稳定单质的生成焓都为零。则知上述生成反应的标准摩尔焓变($\Delta_r H_m^\ominus$)即可作为产物 $CO_2(g)$ 在 298.15K 下的标准摩尔生成焓(standard molar enthalpy of formation），用符号 $\Delta_fH_m^\ominus(CO_2,g)$ 表示。其中 Δ 右下角的 f 表示“生成（formation）”的意思，其常用单位为 kJ/mol。

所谓最稳定单质，一般是指在指定温度和 100kPa 下元素相对能量最低状态的形态。例如，上例中，碳元素的单质有石墨（graphite）和金刚石（diamond）等不同形式，石墨转变成金刚石需要外界高压和做功，因此石墨能量状态较低，是碳元素的最稳定单质；同理，氧元素的最稳定单质是氧气，而不是臭氧；白磷是磷元素最稳定单质，而非结构较复杂但化学反应相对惰性的红磷；如此等等。

将已知的 298.15K 时的标准摩尔生成焓汇集成表（表 3-9），就可依据 Hess 定律计算目标反应的标准焓变，计算逻辑见图 3-3。

因此，根据状态函数的特性，可得：

$$\Delta_rH_m^\ominus=\sum\Delta_fH_m^\ominus(\text{产物})-\sum\Delta_fH_m^\ominus(\text{反应物}) \quad \text{式(3-16)}$$

即：产物的标准摩尔生成焓之和减去反应物的标准摩尔生成焓之和等于目标化学反应的摩尔反应焓变。

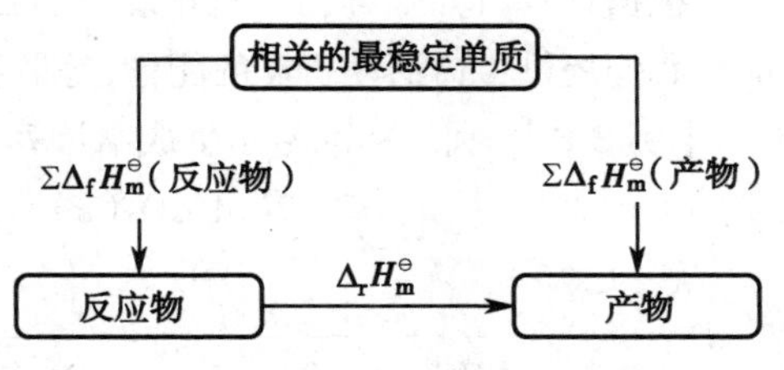

图 3-3　元素最稳定单质生成反应物和产物化学反应焓变的关系

表 3-9　常见物质的标准摩尔生成焓（273.15 K）

物质	$\Delta_fH_m^\ominus$/（kJ/mol）	物质	$\Delta_fH_m^\ominus$/（kJ/mol）
Ag（s）	0	H_2（g）	0
Ag^+（aq）	105.6	H^+（aq）	0
$AgNO_3$（s）	−124.4	HCl（g）	−92.3
AgCl（s）	−127.0	HF（g）	−273.3
AgBr（s）	−100.4	HBr（g）	−36.3
AgI（s）	−61.8	HI（g）	26.5
C（金刚石）	1.9	Na（s）	0
C（石墨）	0	Na^+（aq）	−240.1
CO（g）	−110.5	NaCl（s）	−411.2
CO_2（g）	−393.5	Na_2CO_3（s）	−1 130.7
Ca（s）	0	$NaHCO_3$（s）	−950.81
Ca^{2+}（aq）	−542.8	O_2（g）	0
$CaCO_3$	−1 207.6	OH^-（aq）	−230.0
CaO（s）	−634.9	H_2O（g）	−241.8
$Ca(OH)_2$（s）	−985.2	H_2O（l）	−285.8
Cl_2（g）	0	H_2O_2（g）	−136.3
Cl^-（aq）	−167.2	H_2O_2（l）	−187.78

［例 3-5］　利用表 3-8 标准摩尔生成焓计算 $C_6H_{12}O_6$ 氧化反应的摩尔反应焓变 $\Delta_rH_m^\ominus$：

$$C_6H_{12}O_6(s)+6O_2(g)=\!=\!=6CO_2(g)+6H_2O(l)$$

解：已知

物质	$C_6H_{12}O_6$（s）	O_2（g）	CO_2（g）	H_2O（l）
$\Delta_fH_m^\ominus$/（kJ/mol）	−1 273.3	0	−393.5	−285.8

由式（3-16）得

$$\Delta_r H_m^\ominus = \sum \Delta_f H_m^\ominus(\text{产物}) - \sum \Delta_f H_m^\ominus(\text{反应物})$$

$$\begin{aligned}\Delta_r H_m^\ominus &= [6\Delta_f H_m^\ominus(CO_2) + 6\Delta_f H_m^\ominus(H_2O)] - [\Delta_f H_m^\ominus(C_6H_{12}O_6) + 6\Delta_f H_m^\ominus(O_2)] \\ &= [6\times(-393.5) + 6\times(-285.8)] - [(-1\,273.3) + 6\times 0] \\ &= -4\,075.8 + 1\,273.3 \\ &= -2\,802.5\text{kJ/mol}\end{aligned}$$

根据计算可知葡萄糖的氧化反应的 $\Delta_r H_m^\ominus < 0$，为放热反应（exothermic reaction）。葡萄糖氧化反应为我们提供生命活动所需的能量，是最重要的生化反应之一。

［**例 3-6**］ 利用标准摩尔生成焓计算 $NaHCO_3$ 分解反应的摩尔反应焓变 $\Delta_r H_m^\ominus$：

$$2NaHCO_3(s) = Na_2CO_3(s) + CO_2(g) + H_2O(l)$$

解：已知

物质	$NaHCO_3(s)$	$Na_2CO_3(s)$	$CO_2(g)$	$H_2O(l)$
$\Delta_f H_m^\ominus$/（kJ/mol）	−950.81	−1 130.7	−393.5	−285.8

由式（3-16）得

$$\Delta_r H_m^\ominus = \sum \Delta_f H_m^\ominus(\text{产物}) - \sum \Delta_f H_m^\ominus(\text{反应物})$$

$$\begin{aligned}\Delta_r H_m^\ominus &= [\Delta_f H_m^\ominus(Na_2CO_3) + \Delta_f H_m^\ominus(CO_2) + \Delta_f H_m^\ominus(H_2O)] - [2\Delta_f H_m^\ominus(NaHCO_3)] \\ &= [(-1\,130.7) + (-393.5) + (-285.8)] - [2\times(-950.81)] \\ &= -1\,810.2 + 1\,895.36 \\ &= 91.62\text{kJ/mol}\end{aligned}$$

该反应的 $\Delta_r H_m^\ominus > 0$，为吸热反应（endothermic reaction）。利用 $NaHCO_3$ 固体受热分解产生 CO_2 气体的特点，$NaHCO_3$ 在生活中可以用作食品膨松剂。

三、化学反应的熵效应和自发方向

我们在日常生活中经常接触到一些自动发生的现象，例如，把开水倒入杯子中，杯子中的水慢慢凉下来。已经凉下来的水不会自动升温变成开水，除非我们把水重新加热；如果把一勺糖放到盛有水的杯子中，糖会自动溶解到水中，变成一杯糖水。糖水则不会自动变成一勺糖和一杯水，除非我们把水蒸干使糖结晶析出，同时把蒸发的水冷凝下来；河水自动从高处流到低处，反过来必须用水泵推动才能把地面的水送到高楼上……。这些在一定条件下不需要外力帮助即可发生的过程叫作自发过程（spontaneous process），而且相反方向的过程则一定不会自动进行；而若要使一个非自发过程发生，则外界必须提供相应的能量（做功或传热）。

人们在 19 世纪中叶曾经讨论化学反应的自发性，起初认为只有放热反应才能自发进行，而吸热反应是不能自发的。如铁在潮湿的空气中生锈的反应就是一个放热反应。

$$2Fe(s) + 3O_2(g) = 2Fe_2O_3(s) \qquad \Delta_r H_m^\ominus = -1\,648.4\text{kJ/mol}$$

但是，很快发现有许多吸热反应也是可以自发进行，如冰的融化、NH_4NO_3 在水中的溶解。

$$H_2O(s) \longrightarrow H_2O(l) \qquad \Delta H_{fus} = 6.01\text{kJ/mol}$$

$$NH_4NO_3(s) \xrightarrow{H_2O} NH_4^+(aq) + NO_3^-(aq) \qquad \Delta H_{soln} = 25\text{kJ/mol}$$

如果说以上是物理过程，来看看以下化学反应：

$$Ba(OH)_2 \cdot 8H_2O(s) + 2NH_4Cl(s) \longrightarrow BaCl_2 \cdot 2H_2O(s) + 2NH_3(aq) + 8H_2O(l)$$

$$\Delta_r H_m^\ominus = 164\text{kJ/mol}$$

这个吸热反应可常温发生，能产生 -20℃的低温。再看碳酸钙的分解反应：

$$CaCO_3(s) \xlongequal{} CaO(s) + CO_2(g) \qquad \Delta_r H_m^{\ominus} = 179.2\,kJ/mol$$

这也是一个吸热过程，虽然在常温常压下不能进行，但是当温度升高到 850℃该反应可以自发进行。上述例子说明，无论高温还是低温，都有吸热反应可以自发进行。常温自发进行的反应例子只有很少几个；不过，高温自发进行的吸热反应例子倒是很多。

那么，究竟什么原因使一个过程/化学反应能够自发进行呢？按照热力学第一定律，系统和环境一起是保持能量守恒的。也就是说，如果加上环境一起看，化学反应过程中放热或吸热只是热量从整个体系的一部分转移到另一部分，总能量既没减少，也没有增加。因而，单凭反应热不足判断一个化学过程是否自发进行。还有一个未知的因素在决定一个过程/化学反应的自发方向。这个因素就是新的热力学状态函数——熵（entropy），用符号 S 表示。

（一）熵和微观状态数

在利用卡诺循环研究热量如何转变为功这个问题时，克劳修斯（R.J.E. Clausius）发现任意的可逆循环过程的热温商[①]的总和等于零，在形式上与物理学的保守力沿闭合路径做功一致，于是热温商被定义为新的状态函数——熵。在等温过程中，熵的改变量 ΔS 可以近似地表示为：

$$\Delta S = \frac{\Delta H}{T} \qquad \text{式(3-17)}$$

克劳修斯发现系统在每一次经历不可逆自发过程中，总会有 $T\Delta S$ 的能量变成不能做功的能量。或者说，在不可逆自发过程中，系统内能中可以转化为对外做功的部分（称为"自由能"）总是会有 $T\Delta S$ 量的损失，开尔文勋爵（Lord Kelvin）称其为"能量退化"。两人于是分别提出了被称为热力学第二定律的"熵增加原理（principle of entropy increase）"——孤立体系任何自发过程总是熵增加的。熵增加原理是自发过程的终极判据。

对于熵的物理意义，玻尔兹曼（L. E. Boltzmann）提出了统计热力学原理，认为熵是系统存在的可能微观状态数的量度，即：

$$S = k\ln \Omega \qquad \text{式(3-18)}$$

式（3-18）中，Ω 代表微观状态数，$k = 1.38 \times 10^{-23}$J/K，称作 Boltzmann 常数。从式（3-18）可见，若系统只能有一种存在状态，则说明系统内部必然是完美有序的，此时其熵值 $S = 0$；若系统可能的微观状态数越多，则系统的熵值越大。相应的，微观状态数越多，则系统的有序性就越低，或者说系统的混乱程度越大。所以熵的物理意义是系统混乱度的量度。

在绝对零度时，任何纯物质的完整晶体只有一种微观状态，其熵值等于零[②]。依此零点，可以建立熵的绝对值。某 1mol 纯物质在标准状态下的绝对熵值，称之为标准摩尔熵（standard molar entropy），简称标准熵，用符号 $S_m^{\ominus}$ 表示，SI 单位为 J/（K·mol）。表 3-10 给出一些物质在 298.15K 时的标准摩尔熵。

温度升高时，物质的热运动加剧、混乱程度增大，因此标准熵均为正值。压力变化对气态物质的熵值影响较明显，但对固态、液态物质的熵值影响较小。

分析一些物质的熵值，我们会发现一些规律：①对于同一种物质来说，气态比液态有较高的摩尔熵，液态又比固态有较高的摩尔熵，即 $S_m^{\ominus}(g) > S_m^{\ominus}(l) > S_m^{\ominus}(s)$；②同一物态的物质，其分子中原子数目或电子数目越多，它的摩尔熵一般也越大，如 $S_m^{\ominus}(HF) < S_m^{\ominus}(HCl) < S_m^{\ominus}(HBr) < S_m^{\ominus}(HI)$；③摩尔质量相同的不同物质，结构越复杂，$S_m^{\ominus}$ 越大，如乙醇分子的对称性不如二甲醚，则 $S_m^{\ominus}(CH_3CH_2OH) < S_m^{\ominus}(CH_3OCH_3)$。

---

①系统在各温度所吸收的热与该温度之比，即 $S = \frac{Q_{rev}}{T}$，下标"rev"表示可逆过程。

②热力学第三定律。

表 3-10 常见物质的标准摩尔熵(298.15 K)

物质	$S_m^\ominus$/[J/(K·mol)]	物质	$S_m^\ominus$/[J/(K·mol)]
Ag(s)	42.6	H_2(g)	130.7
Ag^+(aq)	72.7	H^+(aq)	0
$AgNO_3$(s)	140.9	HCl(g)	186.9
AgCl(s)	96.3	HF(g)	173.8
AgBr(s)	107.1	HBr(g)	198.70
AgI(s)	115.5	HI(g)	206.6
C(金刚石)	2.4	Na(s)	51.3
C(石墨)	5.7	Na^+(aq)	59.0
CO(g)	197.7	NaCl(s)	72.1
CO_2(g)	213.8	Na_2CO_3(s)	135.0
Ca(s)	41.6	$NaHCO_3$(s)	101.7
Ca^{2+}(aq)	−53.1	O_2(g)	205.2
$CaCO_3$	91.7	OH^-(aq)	−10.8
CaO(s)	38.1	H_2O(g)	188.8
$Ca(OH)_2$(s)	83.4	H_2O(l)	70.0
Cl_2(g)	223.1	H_2O_2(g)	232.7
Cl^-(aq)	56.5	H_2O_2(l)	109.6

(二)化学反应的标准摩尔熵变

熵是状态函数,对于某一化学反应来说,其标准摩尔熵变 $\Delta_r S_m^\ominus$ 等于产物的标准摩尔熵之和减去反应物的标准摩尔熵之和。

$$\Delta_r S_m^\ominus = \sum S_m^\ominus(产物) - \sum S_m^\ominus(反应物) \quad 式(3\text{-}19)$$

虽然 $S^\ominus$与温度有关,但大多数情况下,某化学反应的标准摩尔熵变 $\Delta_r S_m^\ominus$ 随温度变化甚小,在近似计算时可用 298.15K 的 $\Delta S^\ominus$代替其他温度的值。

[**例 3-7**] 在 298.15K,肼和过氧化氢发生下列反应:

$$N_2H_4(l) + 2H_2O_2(l) = N_2(g) + 4H_2O(g)$$

试计算该反应的标准摩尔熵变 $\Delta_r S_m^\ominus$。

解:已知:

物质	N_2H_4(l)	H_2O_2(l)	N_2(g)	H_2O(g)
$S_m^\ominus$/[J/(K·mol)]	121.2	109.6	191.6	188.8

根据式（3-19）得：

$$\Delta_r S_m^\ominus = \sum S_m^\ominus(\text{产物}) - \sum S_m^\ominus(\text{反应物})$$

$$\begin{aligned}\Delta_r S_m^\ominus &= [S_m^\ominus(N_2) + 4S_m^\ominus(H_2O)] - [S_m^\ominus(N_2H_4) + 2S_m^\ominus(H_2O_2)] \\ &= [191.6 + 4 \times 188.8] - [121.2 + 2 \times 109.6] \\ &= 946.8 - 340.4 \\ &= 606.4\text{J/(K·mol)}\end{aligned}$$

肼和过氧化氢反应生成气态物质，通过计算得知这是一个熵增加的自发过程。而且该反应的 $\Delta_r H_m^\ominus = -642.2\text{kJ/mol}$，因此肼是一种良好的火箭燃料，与适当的氧化剂配合，作为单元推进剂，可用于卫星和导弹的姿态控制。

［例 3-8］ 计算下列反应在 298.15K 时的标准摩尔熵变 $\Delta_r S_m^\ominus$

$$NH_3(g) + HCl(g) = NH_4Cl(s)$$

解：已知：

物质	$NH_3(g)$	$HCl(g)$	$NH_4Cl(s)$
$S_m^\ominus$/[J/(K·mol)]	192.8	186.9	94.6

根据式（3-19）得：

$$\Delta_r S_m^\ominus = \sum S_m^\ominus(\text{产物}) - \sum S_m^\ominus(\text{反应物})$$

$$\begin{aligned}\Delta_r S_m^\ominus &= [S_m^\ominus(NH_4Cl)] - [S_m^\ominus(NH_3) + S_m^\ominus(HCl)] \\ &= 94.6 - (192.8 + 186.9) \\ &= 94.6 - 379.4 \\ &= -281.5\text{J/(K·mol)}\end{aligned}$$

我们都熟知该反应在室温下可以自发进行，但这是一个熵减小的过程。

（三）Gibbs 自由能与自发过程

1. Gibbs 自由能　前面讲过，任何一个过程 / 化学反应沿自发方向进行总是造成该系统自由能减小的。J. W. Gibbs 研究了在等温等压条件下的自由能变化，定义了 Gibbs 自由能（Gibbs free energy，G）：

$$G = H - TS$$

推导出以下 Gibbs-Helmholtz 方程：

$$\Delta G = \Delta H - T\Delta S \qquad \text{式（3-20）}$$

显然，Gibbs 自由能是状态函数，其改变量 ΔG 只取决于系统的始态和终态。

与熵增加原理等同，Gibbs 自由能的变化 ΔG 可作为化学反应（或物理过程）在等温等压条件下能否自发进行的判据：

- 当一个化学反应是自由能减少的反应，即 $\Delta G < 0$，该反应是正向自发的，同时系统具有可向外作最大为 $W_{max} = -\Delta G$ 有用功的能力。
- 当一个化学反应进行时没有自由能变化，即 $\Delta G = 0$，则该反应处于平衡状态，系统向外没有做有用功的能力。
- 当一个化学反应是自由能增加的反应，即 $\Delta G > 0$，则该反应正向是非自发进行。欲使正向反应发生，则至少需要向系统作 $W_{min} = -\Delta G$ 的有用功。

我们之所以对自发过程感兴趣，正是因为自发过程具有对外做有用功的能力，可在适当条件下加以利用。如将锌片置入硫酸铜溶液中：

$$Zn(s) + Cu^{2+}(aq) \longrightarrow Zn^{2+}(aq) + Cu(s)$$

这是一个自发过程。如果该反应在烧杯中进行，化学能几乎全以热的形式放出。如果将此反应设计成原电池，则其释放的 $-\Delta G$ 可转化成电能加以利用。

反过来，H_2O 在常温常压下分解成 O_2 和 H_2 是一个非自发过程。但是，如果我们设计一个电解池并附加适当的电压（详见第六章），就可以将水电解获得 O_2 和 H_2：

$$2H_2O(l) \xrightarrow{\text{电解}} O_2(g) + 2H_2(g)$$

再如细胞内葡萄糖被利用的第一步是在 6 位发生磷酸化：

$$C_6H_{12}O_6 + H_2PO_4^- \longrightarrow \text{Glucose-6-phosphate} + H_2O + H^+ \qquad \Delta_r G_m^\ominus = 13\,kJ/mol$$

这显然是个非自发反应，如何让它发生呢？大家知道，体内三磷酸腺苷（ATP）是一个高能分子，其水解是个自发过程：

$$ATP + H_2O \longrightarrow ADP + H_2PO_4^- \qquad \Delta_r G_m^\ominus = -30\,kJ/mol$$

聪明的细胞将两个反应偶联起来，合二为一：

$$C_6H_{12}O_6 + ATP \longrightarrow \text{Glucose-6-phosphate} + ADP + H^+ \qquad \Delta_r G_m^\ominus = -17\,kJ/mol$$

于是葡萄糖的磷酸化便得以自发实现。这是 ATP 作为生物体“通用能量货币”的一个典型例子。

根据式（3-20）Gibbs-Helmholtz 方程，ΔH、ΔS 和 T 对 ΔG 的数值同时产生影响。每一个化学反应的 ΔH 和 ΔS 是不同的。因此，不同反应自发进行的方向可以分成以下几个类型（表 3-11）。

表 3-11 等温等压下反应自发进行的不同类型

类型	$\Delta_r H_m$	$\Delta_r S_m$	$\Delta_r G_m$	反应举例
1	<0	>0	任何温度自发	$2H_2O_2(l) \longrightarrow 2H_2O(l) + O_2(g)$ $H_2(g) + Br_2(l) \longrightarrow 2HBr(g) + O_2(g)$
2	>0	<0	任何温度非自发	$2CO(g) \longrightarrow 2C(\text{石墨}) + O_2(g)$ $3O_2(g) \longrightarrow 2O_3(g)$
3	>0	>0	高温时自发（$T > T_c$*） 低温时不自发（$T < T_c$）	$CaCO_3(s) \longrightarrow CaO(s) + CO_2(g)$ $CCl_4(l) \longrightarrow C(\text{石墨}) + 2Cl_2(g)$
4	<0	<0	高温时不自发（$T > T_c$） 低温时自发（$T < T_c$）	$NH_3(g) + HCl(g) \longrightarrow NH_4Cl(s)$ $2H_2S(g) + SO_2(g) \longrightarrow 3S(s) + 2H_2O(l)$

注：*T_c 为自发 ⇌ 非自发转变的临界温度，$T_c = \Delta_r H_m / \Delta_r S_m$。

2. 标准状态下化学反应的 Gibbs 自由能变 $\Delta_r G_m^\ominus$ 计算 由 Gibbs 自由能定义可知，G 无法测得其绝对值。为计算标准状态下化学反应的 $\Delta_r G_m^\ominus$，仿照前面已介绍过用标准摩尔生成焓的方法，人们设定了标准摩尔生成 Gibbs 自由能（standard Gibbs free energy of formation），即：在标准压力下，由最稳定单质生成 1mol 某物质时反应的标准 Gibbs 自由能变，用符号 $\Delta_f G_m^\ominus$ 表示，单位为 kJ/mol。表 3-12 给出部分常见物质的标准摩尔生成 Gibbs 自由能在 298.15K 时的数值。

表 3-12 常见物质的标准摩尔生成 Gibbs 自由能（298.15 K）

物质	$\Delta_f G_m^\ominus$/（kJ/mol）	物质	$\Delta_f G_m^\ominus$/（kJ/mol）
$Ag(s)$	0	$AgCl(s)$	−109.8
$Ag^+(aq)$	77.1	$AgBr(s)$	−96.9
$AgNO_3(s)$	−33.4	$AgI(s)$	−66.2

续表

物质	$\Delta_f G_m^\ominus$/(kJ/mol)	物质	$\Delta_f G_m^\ominus$/(kJ/mol)
C(金刚石)	2.9	HF(g)	−275.4
C(石墨)	0	HBr(g)	−53.4
CO(g)	−137.2	HI(g)	1.7
CO_2(g)	−394.4	Na(s)	0
Ca(s)	0	Na^+(aq)	−261.9
Ca^{2+}(aq)	−553.6	NaCl(s)	−384.1
$CaCO_3$	−1 129.1	Na_2CO_3(s)	−1 044.4
CaO(s)	−603.3	$NaHCO_3$(s)	−851.0
$Ca(OH)_2$(s)	−897.5	O_2(g)	0
Cl_2(g)	0	OH^-(aq)	−157.2
Cl^-(aq)	−131.2	H_2O(g)	−228.6
H_2(g)	0	H_2O(l)	−237.1
H^+(aq)	0	H_2O_2(g)	−105.6
HCl(g)	−95.3	H_2O_2(l)	−120.42

对任意化学反应，利用产物的标准摩尔生成 Gibbs 自由能之和减去反应物的标准摩尔生成 Gibbs 自由能之和，可以求得反应的 $\Delta_r G_m^\ominus$：

$$\Delta_r G_m^\ominus = \sum \Delta_f G_m^\ominus(\text{产物}) - \sum \Delta_f G_m^\ominus(\text{反应物}) \qquad \text{式(3-21)}$$

根据 $\Delta_r G_m^\ominus$ 数值的正、负情况，我们就可以判断该化学反应在标准状态下自发进行的方向。

[例 3-9] 利用反应的标准 Gibbs 自由能变 $\Delta_r G_m^\ominus$ 判断该反应在标准状态下能否自发进行。

$$6CO_2(g) + 6H_2O(l) = C_6H_{12}O_6(s) + 6O_2(g)$$

解：已知

物质	CO_2(g)	H_2O(l)	$C_6H_{12}O_6$(s)	O_2(g)
$\Delta_f G_m^\ominus$/(kJ/mol)	−394.4	−237.1	−910.4	0

根据式(3-21)得：

$$\Delta_r G_m^\ominus = \sum \Delta_f G_m^\ominus(\text{产物}) - \sum \Delta_f G_m^\ominus(\text{反应物})$$

$$\begin{aligned}\Delta_r G_m^\ominus &= [\Delta_f G_m^\ominus(C_6H_{12}O_6) + 6\Delta_f G_m^\ominus(O_2)] - [6\Delta_f G_m^\ominus(CO_2) + 6\Delta_f G_m^\ominus(H_2O)] \\ &= [-910.4 + 0] - [6\times(-394.4) + 6\times(-237.1)] \\ &= -910.4 + 3\,789 \\ &= 2\,878.6\text{kJ/mol}\end{aligned}$$

该化学反应的 $\Delta_r G_m^\ominus > 0$，意味着在标准状态下不能自发进行。但是绿色植物（包括藻类）能够吸收光能，用二氧化碳和水合成葡萄糖，同时释放氧气，从而实现自然界的能量转换、维持大气的碳 - 氧平衡。

在前面已介绍过，反应的 $\Delta_r H_m^\ominus$ 和 $\Delta_r S_m^\ominus$ 在一般情况下随温度变化很小，故也可用 298.15K 时的 $\Delta_r H_m^\ominus$ 和 $\Delta_r S_m^\ominus$ 数值代替其他温度的焓变和熵变。然后利用 Gibbs-Helmholtz 方程求算其他温度时的

$\Delta_r G_m^\ominus(T)$的近似值。

$$\Delta_r G_m^\ominus(T)=\Delta_r H_m^\ominus(298.15\text{K})-T\Delta_r S_m^\ominus(298.15\text{K}) \qquad \text{式(3-22)}$$

［例 3-10］ 已知反应：

$$CaCO_3(s) \xlongequal{} CaO(s)+CO_2(g)$$

其 $\Delta_r H_m^\ominus(298.15)=179.2\text{kJ/mol}$，$\Delta_r S_m^\ominus(298.15)=160.2\text{J/(K·mol)}$，求反应在 850℃时的 $\Delta_r G_m^\ominus$。

解：已知 $T=850+273.15=1\ 123.15\text{K}$

根据式(3-22)得：

$$\Delta_r G_m^\ominus(1\ 123.15)=\Delta_r H_m^\ominus(298.15\text{K})-T\Delta_r S_m^\ominus(298.15\text{K})$$

$$\Delta_r G_m^\ominus(1\ 123.15)=179.2-1\ 123.15\times\frac{160.2}{1\ 000}=-0.73\text{kJ/mol}$$

通过计算可知 $\Delta_r G_m^\ominus<0$，意味着石灰石在 850℃时可以发生分解。我们也可以利用 Gibbs-Helmholtz 方程求出石灰石发生分解的最低温度。若使反应自发进行，必需满足 $\Delta_r G_m^\ominus(T)<0$，即：

$$T\Delta_r S_m^\ominus(298.15\text{K})>\Delta_r H_m^\ominus(298.15\text{K})$$

故反应能够自发进行时，温度 T 为：

$$T>\frac{\Delta_r H_m^\ominus(298.15\text{K})}{\Delta_r S_m^\ominus(298.15\text{K})}=\frac{179.2}{160.2}\times1\ 000=1\ 118.6\text{K}$$

计算结果表明，$CaCO_3$ 在标准态时的最低分解温度为 1 118.6 K(845.5℃)。同学们可能会问：845.5℃不是任何木柴火焰可以达到的温度，古人是怎么用碳酸钙烧制石灰的呢？其原因是实际空气中的二氧化碳浓度远低于标准状态(空气中 CO_2 的实际分压约为 0.05kPa)。在此非标准状态下，$CaCO_3$ 的最低分解温度只需 505℃即可。实际上，无论在自然界还是在工业生产和日常生活中，几乎没有哪个化学反应是在标准状态下进行的，所以判断实际条件下化学反应的方向，需要同学们计算非标准状态下的 $\Delta_r G_m$ 的值。计算方法将在平衡常数一节介绍。

四、化学平衡

(一)化学反应的可逆性和化学平衡

1. 化学反应的可逆性　先来看一个例子：N_2O_4 是一种无色的气体。我们把适量的 N_2O_4 密封于安瓿瓶(ampoule bottle)中，室温放置一段时间，会观察安瓿瓶中的气体逐渐呈现红棕色，意味着 N_2O_4 分解生成 NO_2 气体：

$$N_2O_4(g)\longrightarrow 2NO_2(g)$$

如果我们在室温下把适量 NO_2 气体密封于安瓿瓶中，又会观察到红棕色慢慢变淡，光谱分析可知，NO_2 结合生成无色的 N_2O_4 气体：

$$N_2O_4(g)\longleftarrow 2NO_2(g)$$

像这种在一定条件下，既能按反应方程式向某一方向进行，又能向相反方向进行的反应，通常称作可逆反应(reversible reaction)。

$$N_2O_4(g)\rightleftharpoons 2NO_2(g)$$

再看下一个例子，实验室中加热高锰酸钾制取氧气：

$$2KMnO_4(s)\xrightarrow{\triangle}K_2MnO_4(s)+MnO_2(s)+O_2(g)$$

加热高锰酸钾，我们可以看到氧气放出。但若将氧气和锰酸钾、二氧化锰密封在一起，不管放置多久和如何加热，都观察不到紫红色的高锰酸钾生成。通常这类反应称作不可逆反应(irreversible reaction)。

从上面的热力学介绍中，我们知道所有化学反应都可以双向进行，但会沿某个方向自发进行，而逆方向非自发进行。从双向进行的角度看，所有化学反应都是可逆反应。但在热力学的定义中，一个过程的可逆性是指该过程正向完成后，若按同样途径逆向回到原点，系统和环境同时都得以复原。理论上，只有理想气体的准静态过程才是真正的可逆过程（请参与物理化学课程相关内容），任何有限步骤完成的过程都是不可逆的。比如小球从一个高台沿滑轨滚落到地上，你可以把小球重新推回同样的高度，但过程中在滑轨上会留下双向的划痕，是不可复原的。因此，对于任何实际进行的化学反应来说都是不可逆过程。

回到上面的例子，反应 $N_2O_4 \rightleftharpoons 2NO_2$ 表观上可以双向自发进行，而高锰酸钾分解的反应是单向自发进行。其原因是两个反应正向和逆向的热力学趋势大小不同。对 $N_2O_4 \rightleftharpoons 2NO_2$ 的反应，其正向反应 $N_2O_4 \longrightarrow 2NO_2$ 的 $\Delta_r G_m^\ominus = 2.8kJ/mol$，标准状态下是非自发反应，但当反应体系一开始产物 NO_2 浓度很小时，此时可有非标准状态 $\Delta_r G_m < 0$，导致平衡向正方向移动；反过来，逆反应 $N_2O_4 \longleftarrow 2NO_2$ 的 $\Delta_r G_m^\ominus = -2.8kJ/mol$，当然可以自发进行。而对高锰酸钾分解反应，其正向自发进行的趋势非常大，有限的条件改变并不能使逆方向的 $\Delta_r G_m < 0$，于是表观上为单向进行。可见，通常说的可逆化学反应其实是说该反应单一方向进行的热力学趋势不大（即 $\Delta_r G_m^\ominus$ 的绝对值较小），因而可以通过改变反应温度、反应物 / 产物浓度等方式让此反应的平衡向预设的方向移动。简单来说，可逆反应就是容易发生平衡移动的反应。

可逆反应在生产和生活中有着重要的应用。比如用镍镧合金的储氢反应：

$$LaNi_5 + 3H_2 \rightleftharpoons LaNi_5H_6$$

上述反应的 $\Delta_r H_m^\ominus = -31kJ \cdot mol^{-1}$，$\Delta_r S_m^\ominus = -110J/(K \cdot mol)$，其临界温度约为 7℃：

$$Tc = \frac{\Delta_r H_m^\ominus}{\Delta_r S_m^\ominus} = \frac{-31}{-110} \times 1\ 000 = 280K$$

因此，镍镧合金可以在冰点温度下储氢（正向自发），而在室温下释放氢气（逆向自发），可以作为储氢材料用于镍氢电池等。

2. 化学平衡　当把 N_2O_4 置于密闭的安瓿瓶中。在开始的一瞬间，该封闭系统中只有 N_2O_4 气体。随即 N_2O_4 发生分解，系统中 N_2O_4 的浓度逐渐减小。与此同时，NO_2 从无到有，而且浓度逐渐增大（图 3-4）。经过一段时间后，我们会观察到安瓿瓶中气体持续保持一定的颜色，意味着反应系统内各物质的浓度不再随时间发生变化，系统此时达到化学平衡（chemical equilibrium）。

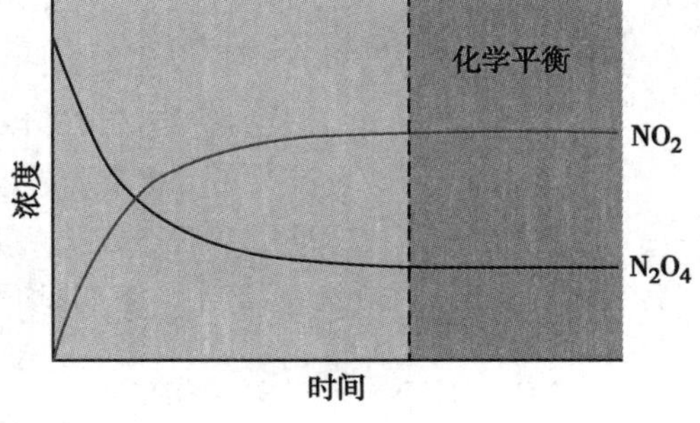

图 3-4　反应物和产物随时间变化示意图

化学平衡是一个动态平衡。尽管从宏观层面来看，反应物和产物的浓度不再变化，但是实际上正反应（N_2O_4 分解产生 NO_2）和逆反应（NO_2 结合生成 N_2O_4）仍在进行，只不过单位时间内正、逆反应的浓度变化相等，即正反应速率等于逆反应速率。

对于任意反应来说，如果系统与环境不发生物质的交换，只要反应系统所处的温度不变，就会自发地趋于平衡。例如，在试管中将氯化钡溶液和硫酸溶液混合，这是一个封闭系统，能够很快达到沉淀溶解平衡：

$$Ba^{2+}(aq) + SO_4^{2-}(aq) \rightleftharpoons BaSO_4(s)$$

而在试管中加热分解 $(NH_4)_2CO_3$，这是一个开放系统，产生的气态物质不断逸出，$(NH_4)_2CO_3$ 将完全分解消失而达不到化学平衡：

$$(NH_4)_2CO_3(s) \xrightarrow{\triangle} 2NH_3(g) + CO_2(g) + H_2O(g)$$

从以上两个例子可以看出，封闭系统和等温条件是化学平衡的必要条件。

（二）化学反应的平衡常数

当可逆反应达到化学平衡态时，系统中各物质的浓度不再随着时间的改变而改变，称为平衡浓度。实验证明，在同一温度下，尽管反应系统的初始状态不同，反应物和产物的平衡浓度（或相对平衡浓度）之间存在一定的数学关系。表 3-13 列出了 N_2O_4—NO_2 反应系统在 25℃时的实验数据。

表 3-13 N_2O_4—NO_2 反应系统的实验数据（25℃）

编号	初始浓度 /（mol/L）		平衡浓度 /（mol/L）		$\frac{[NO_2]^2}{[N_2O_4]}$
	N_2O_4	NO_2	N_2O_4	NO_2	
1	0.670	0.000	0.643	0.054 7	4.65×10^{-3}
2	0.446	0.050	0.448	0.045 7	4.66×10^{-3}
3	0.500	0.030	0.491	0.047 5	4.60×10^{-3}
4	0.600	0.040	0.594	0.052 3	4.60×10^{-3}
5	0.000	0.200	0.090	0.020 4	4.63×10^{-3}

分析表 3-13 中的数据发现，对于 N_2O_4 和 NO_2 平衡反应：

$$N_2O_4(g) \rightleftharpoons 2NO_2(g)$$

当反应系统在达到化学平衡时，产物的平衡浓度幂的乘积与反应物的平衡浓度幂的乘积之间的比值几乎完全相等，即

$$K=\frac{[NO_2]^2}{[N_2O_4]}=4.63\times10^{-3}\text{mol/L}$$

人们称之为实验平衡常数。

实验平衡常数 K 带有浓度单位。为了标准化和应用的方便，SI 规定在表述平衡常数时，物质的浓度都需转换成标准浓度或压力的倍数，从而使之成为一个无量纲的常数，即 $K^{\ominus}$，称作热力学平衡常数（thermodynamic equilibrium constant）。

我们在应用 $K^{\ominus}$时，应根据反应的实际情况正确写出其对应的数学形式：

1. 反应物质的浓度均为标准浓度的倍数，即：

气体物质：写成标准压力的倍数 $p/p^{\ominus}$，其中 $p^{\ominus}=100\text{kPa}$。

溶液物质：写成标准浓度的倍数 $c/c^{\ominus}$，其中 $c^{\ominus}=1\text{mol/L}$。

纯固体、纯液体或稀溶液中的溶剂：均不写入热力学平衡常数表达式中，即将浓度均视为 1。例如：

$NH_3+H_2O \rightleftharpoons NH_4^++OH^-$ $\qquad K^{\ominus}(1)=\frac{([OH^-]/c^{\ominus})([NH_4^+]/c^{\ominus})}{([NH_3]/c^{\ominus})}$

$CaCO_3(s) \rightleftharpoons CaO(s)+CO_2(g)$ $\qquad K^{\ominus}=p_{CO_2}/p^{\ominus}$

$4Au+O_2+8HCN \rightleftharpoons 4HAu(CN)_2+2H_2O$ $\qquad K^{\ominus}=\frac{([HAu(CN)_2]/c^{\ominus})^4}{(p_{O_2}/p^{\ominus})([HCN]/c^{\ominus})^8}$

2. 热力学平衡常数表达式必须与反应方程式相对应 例如：

$2NH_3+2H_2O \rightleftharpoons 2NH_4^++2OH^-$ $\qquad K^{\ominus}=\frac{([OH^-]/c^{\ominus})^2([NH_4^+]/c^{\ominus})^2}{([NH_3]/c^{\ominus})^2}=(K^{\ominus}(1))^2$

3. 正反应和逆反应的热力学平衡常数值互为倒数 例如：

$NH_4^++OH^- \rightleftharpoons NH_3+H_2O$ $\qquad K^{\ominus}=\frac{([NH_3]/c^{\ominus})}{([OH^-]/c^{\ominus})([NH_4^+]/c^{\ominus})}=\frac{1}{K^{\ominus}(1)}$

（三）热力学平衡常数 $K^{\ominus}$ 和 Gibbs 自由能变 $\Delta_r G_m^{\ominus}$

在前面已经说过，我们在实际工作中处理的化学反应通常并不处于标准状态，因此具有普遍实用意义的是非标准态下的 Gibbs 自由能变 $\Delta_r G_m$。通过热力学推导，人们得知化学反应的 $\Delta_r G$ 和 $\Delta_r G_m^{\ominus}$ 之间存在下列数学关系：

$$\Delta_r G_m = \Delta_r G_m^{\ominus} + RT\ln Q \qquad 式(3\text{-}23)$$

式（3-23）称作 van't Hoff 等温式，其中 Q 称作反应商（reaction quotient），其表达式类似于热力学平衡常数 $K^{\ominus}$。假设一个下列反应：

$$a\mathrm{A(s)} + b\mathrm{B(aq)} + c\mathrm{C(g)} \rightleftharpoons d\mathrm{D(l)} + e\mathrm{E(aq)} + f\mathrm{F(g)}$$

则此反应的反应商 Q 为：

$$Q = \frac{(c_E/c^{\ominus})^e (p_F/p^{\ominus})^f}{(c_B/c^{\ominus})^b (p_C/p^{\ominus})^c}$$

达到化学平衡时，$\Delta_r G_m = 0$，$Q_{平衡} = K^{\ominus}$，代入式（3-22）可得：

$$\Delta_r G_m^{\ominus} = -RT\ln K^{\ominus} \qquad 式(3\text{-}24)$$

式（3-24）是化学热力学中最重要的公式之一。通过热力学数据可以计算化学反应在不同温度下的标准 Gibbs 自由能变 $\Delta_r G_m^{\ominus}$，然后利用式（3-24）即可求出反应系统在该温度下的热力学平衡常数 $K^{\ominus}$。

把式（3-24）代入式（3-23）可得：

$$\Delta_r G_m = -RT\ln K^{\ominus} + RT\ln Q$$

合并对数项可得：

$$\Delta_r G_m = RT\ln \frac{Q}{K^{\ominus}} \qquad 式(3\text{-}25)$$

由式（3-25）可知，Q 与 $K^{\ominus}$ 的比值决定 $\Delta_r G_m$ 的正负符号。在一定温度下，反应系统的热力学平衡常数 $K^{\ominus}$ 保持恒定，因此可以通过比较 Q 与 $K^{\ominus}$ 的相对大小来判断反应在非标准状态下的自发方向（图 3-5）。

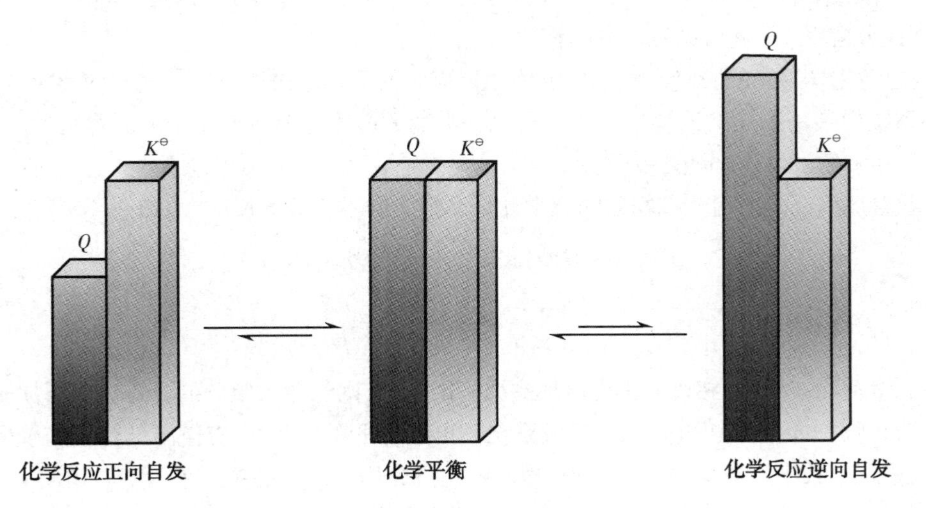

图 3-5　Q 和 $K^{\ominus}$ 的相对大小与自发方向示意图

［例 3-11］　利用热力学数据计算合成氨反应在 298K 时 $K^{\ominus}$。

$$N_2(g) + 3H_2(g) \rightleftharpoons 2NH_3(g)$$

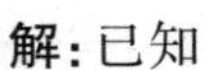

解：已知

物质	$N_2(g)$	$H_2(g)$	$NH_3(g)$
$\Delta_f G_m^{\ominus}$/(kJ/mol)	0	0	-16.4

$$\begin{aligned}\Delta_r G_m^{\ominus} &= [2\times\Delta_f G_m^{\ominus}(NH_3)] - [\Delta_f G_m^{\ominus}(N_2) + 3\times\Delta_f G_m^{\ominus}(H_2)] \\ &= [2\times(-16.4)] - [0+0] \\ &= -32.8\text{kJ/mol}\end{aligned}$$

$$\ln K^{\ominus} = -\frac{\Delta_r G_m^{\ominus}}{RT} = \frac{-32.8\times10^3}{8.314\times298} = 13.24$$

$$K^{\ominus} = 5.6\times10^5$$

（四）影响化学平衡移动的因素

对于一个处在平衡状态的反应，如果外界条件发生改变，原来的平衡状态（始态）被破坏，在给定的条件下建立新的平衡状态（终态）。这种由于外界条件的改变，使反应从一种平衡状态向另一种平衡状态转变的过程，称作化学平衡的移动（shift of chemical equilibrium）。Le Chatelier 定性地指出如果改变平衡状态的任一条件，如浓度、压力、温度，平衡则向减弱这个改变的方向移动。热力学平衡分析则可定量讨论一些因素对化学平衡的影响。

1. 浓度对化学平衡的影响　在温度不变的条件下，反应系统的热力学平衡常数 $K^{\ominus}$保持恒定。反应系统处于平衡状态时，满足 $Q_{eq} = K^{\ominus}$（下标“eq”表示平衡状态）。如果平衡系统中某一物质的浓度发生变化，反应商随之发生变化，导致 $Q \neq K^{\ominus}$，平衡必然发生移动。

当增大任一反应物的浓度时，Q 表达式的分母增大，Q 变小，使得 $Q < K^{\ominus}$，于是系统将朝着正反应的方向进行。随着反应的进行，反应物的浓度不断减小，产物的浓度不断增大，Q 随之不断增大，直至 Q 重新等于 $K^{\ominus}$时，系统建立起新的平衡。反之，如果增大任一产物的浓度，使得 $Q > K^{\ominus}$，反应逆向进行，随着反应的进行，产物的浓度不断减小，反应物的浓度不断增大，Q 也随之不断减小，直至 Q 重新等于 $K^{\ominus}$。

例如，在例 3-11 合成氨反应中，在其他条件不变的情况下，增大 N_2 或 H_2 的浓度，平衡就朝着正方向移动；增大 NH_3 的浓度，平衡就朝着逆方向移动。减小 N_2 或 H_2 的浓度，平衡就朝着逆方向移动；减小 NH_3 的浓度，平衡就朝着正方向移动。

2. 压力对化学平衡的影响　我们在前面用反应商的变化来讨论浓度对平衡的影响，往往只是增加或减小系统中某一物质的浓度。而压力对化学平衡的影响是指改变整个反应系统的压力，反应系统中所有气体物质的浓度都随之变化。

首先看看那些反应前后气态物质的化学计量系数之和不相等的反应，例如：

$$C(s) + H_2O(g) \rightleftharpoons CO(g) + H_2(g)$$

$$K^{\ominus} = \frac{(p_{CO}/p^{\ominus})(p_{H_2}/p^{\ominus})}{(p_{H_2O}/p^{\ominus})} = \frac{p_{CO}\cdot p_{H_2}}{p_{H_2O}\cdot p^{\ominus}}$$

如果平衡系统被压缩，导致总压力增加到原来的 n 倍，则气体各组分的分压 p 也增加 n 倍。计算可知 Q 同时也增加 n 倍，则得 $Q > K^{\ominus}$，反应系统不再处于平衡状态，反应逆向进行。如果平衡系统被扩张，导致总压力减小到原来的 $1/n$，同理可知，各组分分压 p 将减小到原来的 $1/n$，则使 $Q < K^{\ominus}$，反应正向进行。即温度保持不变，系统被压缩时，平衡向着气态物质减少的方向移动；系统被扩张时，平衡向着气态物质增多的方向移动。

若向系统内注入惰性气体，虽系统的总压力增加，但各组分的分压没有变化，则 Q 不变，平衡也不会发生移动。而对于那些反应前后气态物质计量系数之和相等的反应，例如：

$$H_2(g) + I_2(g) \rightleftharpoons 2HI(g)$$

因为反应前后气态物质计量系数之和相等，无论压缩、扩张或注入惰性气体，则 Q 均不会改变，所以无论总压力如何改变，对平衡没有影响。

3. 温度对化学平衡的影响 温度对化学平衡的影响同浓度、压力对化学平衡的影响有着本质的区别。浓度、压力变化通过使 $Q \neq K^{\ominus}$ 而引起平衡移动。然而当温度改变时，热力学平衡常数 $K^{\ominus}$ 随之改变。

由式（3-20）和式（3-24）可知 $K^{\ominus}$ 与 $\Delta_r G_m^{\ominus}$ 的数学关系为：

$$\Delta_r G_m^{\ominus} = -RT\ln K^{\ominus}$$

$$\Delta_r G_m^{\ominus} = \Delta_r H_m^{\ominus} - \mathrm{T}\Delta_r S_m^{\ominus}$$

将两式合并可得：

$$\Delta_r H_m^{\ominus} - T\Delta_r S_m^{\ominus} = -RT\ln K^{\ominus}$$

$$\ln K^{\ominus} = -\frac{\Delta_r H_m^{\ominus}}{RT} + \frac{\Delta_r S_m^{\ominus}}{R}$$

设反应系统在 T_1 和 T_2（$T_1 < T_2$）的热力学平衡常数分别为 $K_1^{\ominus}$ 和 $K_2^{\ominus}$，由于 $\Delta_r H_m^{\ominus}$ 和 $\Delta_r S_m^{\ominus}$ 随温度变化很小，则有：

$$\ln K_1^{\ominus} = -\frac{\Delta_r H_m^{\ominus}}{RT_1} + \frac{\Delta_r S_m^{\ominus}}{R}$$

$$\ln K_2^{\ominus} = -\frac{\Delta_r H_m^{\ominus}}{RT_2} + \frac{\Delta_r S_m^{\ominus}}{R}$$

两式相减，可得：

$$\ln\frac{K_2^{\ominus}}{K_1^{\ominus}} = \frac{\Delta_r H_m^{\ominus}}{R}\left(\frac{1}{T_1} - \frac{1}{T_2}\right) = \frac{\Delta_r H_m^{\ominus}(T_2 - T_1)}{RT_1T_2} \qquad 式（3-26）$$

式（3-26）表明，如果反应放热（$\Delta_r H_m^{\ominus} < 0$），公式右端为负值，则 $K_2^{\ominus} < K_1^{\ominus}$，即平衡常数 $K^{\ominus}$ 随温度的升高而减小，此时发生 $Q > K^{\ominus}$，平衡会向逆方向（吸热方向）移动；若反应吸热（$\Delta_r H_m^{\ominus} > 0$），则知 $K^{\ominus}$ 随温度的升高而增大，发生 $Q < K^{\ominus}$，平衡会向正方向（放热方向）移动。总结为：升高温度有利于吸热反应，降低温度有利于放热反应。

［例 3-12］ 已知合成氨反应：

$$N_2(g) + 3H_2(g) \rightleftharpoons 2NH_3(g)$$

在 298K 时，$\Delta_r H_m^{\ominus} = -92.2\text{kJ/mol}$，$K_1^{\ominus} = 5.6 \times 10^5$，估算反应系统的温度升高到 500℃时的热力学平衡常数 $K_2^{\ominus}$。

解：已知 $T_2 = 500 + 273 = 773\text{K}$

根据式（3-26）可得

$$\ln\frac{K_2^{\ominus}}{5.6 \times 10^5} = \frac{-92.2 \times 10^3}{8.31}\left(\frac{500}{298 \times 733}\right)$$

$$\ln K_2^{\ominus} = -9.63$$

$$K_2^{\ominus} = 6.57 \times 10^{-5}$$

合成氨反应为放热反应，反应温度升高，热力学平衡常数减小，不利于反应生成氨气。实际上，化学平衡的计算只是说明在 298K 时合成氨反应有很大的趋势，并不涉及反应快慢的问题。由于 N_2 即使用铁触媒活化也需要一定的温度条件，为了较快达到化学平衡，人们不得不采取较高温度的反应条件进行生产。而生物固氮则可以在室温条件进行，因此研究获得模拟生物固氮酶的工业合成氨催化剂依然是当今的一个研究热点。

第三节 化学动力学基础

有的化学反应进行得很快，如硝化甘油的爆炸，瞬间即可完成；相比之下，塑料的降解却相当缓慢。人们常常希望有的化学反应进行得快些，比如工业上的合成氨反应；而希望另一类化学反应进行得慢些，比如药物变质和金属腐蚀的反应。你也许会问：怎样表示一个化学反应进行得快慢？哪些因素影响化学反应的快慢？又如何影响？这些涉及反应速率（reation rate）的问题属于化学动力学（chemical kinetics）的研究范畴。

一、化学反应速率

（一）平均反应速率

化学反应速率是指在一定条件下反应物转变为产物的速率。我们可以仿照物理学中定义物体运动速率的方法，用单位时间内反应物浓度的减少或产物浓度的增加表示化学反应速率，则平均反应速率为：

$$\bar{\nu} = -\frac{\Delta c_{\text{反应物}}}{\Delta t} = \frac{\Delta c_{\text{产物}}}{\Delta t} \qquad \text{式（3-27）}$$

Δt 表示从 t_1 到 t_2 的时间间隔，Δc 为对应的浓度改变量。下面我们利用表 3-14 中的数据具体讨论 N_2O_5 在 55℃时发生分解的反应速率。

$$2N_2O_5(g) \longrightarrow 4NO_2(g) + O_2(g)$$

表 3-14 分解反应中各物质随时间的浓度变化

时间 /s	浓度 /（mol/L）		
	N_2O_5	NO_2	O_2
0	0.020 0	0	0
100	0.016 9	0.006 3	0.001 6
200	0.014 2	0.011 5	0.002 9
300	0.012 0	0.016 0	0.004 0
400	0.010 1	0.019 7	0.004 9
500	0.008 6	0.022 9	0.005 7
600	0.007 2	0.025 6	0.006 4
700	0.006 1	0.027 8	0.007 0

由表 3-14 中的实验数据可知，NO_2 在 400~500 秒时间段中，浓度由 0.019 7mol/L 增加到 0.022 9mol/L，根据速率定义可以得到 NO_2 的平均反应速率：

$$\bar{\nu}(NO_2) = \frac{\Delta c_{NO_2}}{\Delta t} = \frac{0.022\,9 - 0.019\,7}{500 - 400} = 3.2 \times 10^{-5}\text{mol/（L·s）}$$

同样可以求出在同一时间段，O_2 的平均反应速率：

$$\bar{\nu}(O_2) = \frac{\Delta c_{O_2}}{\Delta t} = \frac{0.005\,7 - 0.004\,9}{500 - 400} = 8 \times 10^{-6}\text{mol/（L·s）}$$

同样，N_2O_5 的平均反应速率：

$$\bar{v}(N_2O_5) = -\frac{\Delta c_{N_2O_5}}{\Delta t} = -\frac{0.0086 - 0.0101}{500 - 400} = 1.5 \times 10^{-5} mol/(L \cdot s)$$

分析上述平均反应速率的数值可以发现，对于同一化学反应，由于反应式中各物质的计量系数不同，它们消耗或生成的速率并不相等，因此表示平均反应速率时需要注明反应物或产物的种类。如果我们把化学反应表示为：

$$aA + bB \longrightarrow gG + hH$$

为了避免讨论同一反应时发生混淆，通常进行归一化处理：

$$-\frac{1}{a} \cdot \frac{\Delta c_A}{\Delta t} = -\frac{1}{b} \cdot \frac{\Delta c_B}{\Delta t} = \frac{1}{g} \cdot \frac{\Delta c_G}{\Delta t} = \frac{1}{h} \cdot \frac{\Delta c_H}{\Delta t} \quad \text{式(3-28)}$$

（二）瞬时速率

用浓度对时间作图，可得化学反应的动力学曲线（图 3-6）。动力学曲线形象地显示出反应进行得快慢与反应物浓度之间的关系。在反应开始的 100 秒内，反应物浓度较大，曲线较陡，表明反应较快；在反应后期的 100 秒，反应物浓度已经大大降低了，曲线就较平缓，表明反应变慢了。而且可以从动力学曲线上各相应时间点的斜率绝对值求得瞬时速率（instantaneous rate）。我们通常所说的反应速率，就是指化学反应在某一时刻的瞬时速率。接下来我们利用数学工具来讨论反应速率。

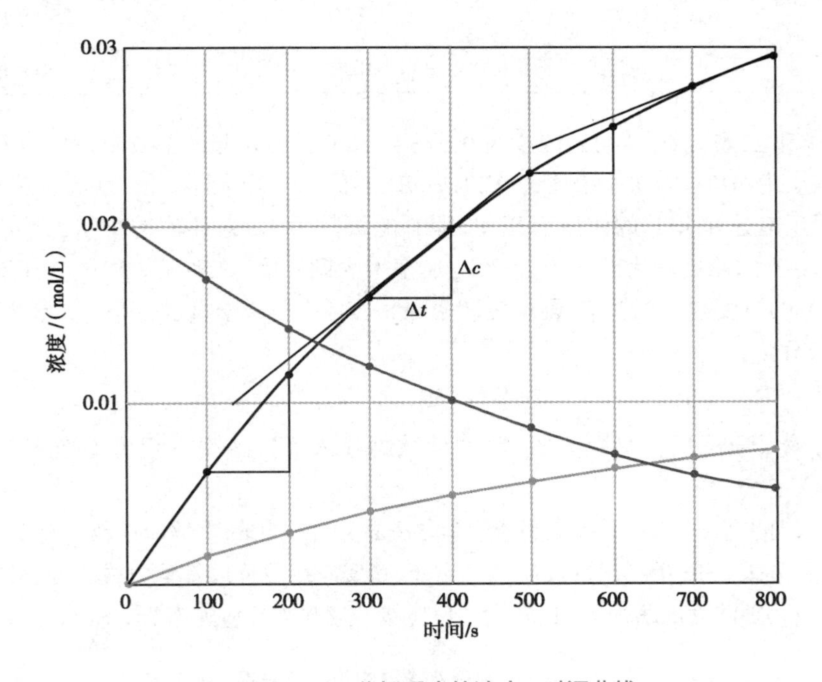

图 3-6　N_2O_5 分解反应的浓度 - 时间曲线

二、化学反应速率与反应物浓度的关系

（一）反应速率方程

由 N_2O_5 分解的例子可以看出，反应速率并不是一个常数。随着反应时间的持续，当反应物 N_2O_5 的浓度不断降低时，反应的平均速率和瞬时速率都随时间逐渐减小。

大量实验事实说明，在一定温度下，化学反应的瞬时速率等于此时反应物浓度的幂的乘积。对于一般的化学反应 $aA + bB \longrightarrow$ 产物，其速率和浓度的关系可写成：

$$v = k \cdot c_A^m \cdot c_B^n \quad \text{式(3-29)}$$

这个从实验数据中得到的经验公式表示反应速率与相关物质的浓度之间的关系，称作速率定律

(rate law),其数学表达式称为反应的速率方程,比例系数 k 称作该反应的速率常数(rate constant)。对于某一化学反应,速率常数不随反应物浓度的改变而变化。速率常数相当于在给定温度 T、各种反应物浓度皆为 1mol/L 时的反应速率,因此有时也称比速率。m 和 n 分别称作该反应对 A 和 B 的反应级数(reaction order),而($m+n$)为总反应级数。

例如,在 25℃,H_2O_2 在酸性水溶液中可以氧化 I^-:

$$H_2O_2(aq) + 3I^-(aq) + 2H^+(aq) \longrightarrow I_3^-(aq) + 2H_2O(l)$$

在相同 pH 值(即 H^+ 浓度固定)的条件下,改变 H_2O_2 和 I^- 的初始浓度,测得反应初速率列于表 3-15。

表 3-15 H_2O_2 氧化 I^- 系列实验数据(25℃)

实验编号	初始浓度 c_0/(mol/L)		$\frac{\Delta c(I_3^-)}{\Delta t}$/[mol/(L·s)]
	H_2O_2	I^-	
1	0.100	0.100	1.15×10^{-4}
2	0.100	0.200	2.30×10^{-4}
3	0.200	0.100	2.30×10^{-4}
4	0.200	0.200	4.60×10^{-4}

对比实验 1 和 2,当 H_2O_2 的初始浓度为 0.100mol/L,I^- 的浓度增大到 2 倍,则反应速率增大到 2 倍;在实验 3 和 4 中,H_2O_2 的初始浓度为 0.200mol/L,I^- 的浓度增大到 2 倍,则反应速率也相应增大到 2 倍,这说明反应速率和 I^- 的浓度呈正比,即 I^- 的级数为 1。对比实验 1 和 3,当 I^- 的初始浓度为 0.100mol/L,H_2O_2 的浓度增大到 2 倍,则反应速率增大到 2 倍;在实验 2 和 4 中,I^- 的初始浓度为 0.200mol/L,H_2O_2 的浓度增大到 2 倍,则反应速率也相应增大到 2 倍,说明 H_2O_2 的级数也为 1。于是可得反应速率方程为:

$$\nu = k \cdot c(H_2O_2) \cdot c(I^-)$$

由此可见,该反应总反应级数为 2。将实验数据代入反应速率方程可得速率常数 $k = 1.15 \times 10^{-2}$ L/(mol·s)。

需要特别指出的是,m 和 n 不一定等于化学方程式中反应物的化学计量数。对于非元反应[①]只能通过实验求得,如表 3-16 中列出的反应速率方程,其反应级数可以是整数或零,也可以是分数。反应级数不同,反应物随浓度的增加不同;较大的反应级数意味着反应速率具有较高的浓度依赖性。

表 3-16 部分化学反应的速率方程

化学反应	反应速率方程
$HCOOH(aq) + Br_2(aq) \longrightarrow CO_2(g) + 2H+(aq) + 2Br^-(aq)$	$\nu = k \cdot c(Br_2)$
$2O_3(g) \longrightarrow 3O_2(g)$	$\nu = k$
$BrO_3^-(aq) + 5Br^-(aq) + 6H^+(aq) \longrightarrow 3Br_2(aq) + 3H_2O(l)$	$\nu = k \cdot c(BrO_3^-) \cdot c(Br^-) \cdot c(H^+)^2$
$2NO(g) + O_2(g) \longrightarrow 2NO_2(g)$	$\nu = k \cdot c(NO)^2 \cdot c(O_2)$
$H_2(g) + Cl_2(g) \longrightarrow 2HCl(g)$	$\nu = k \cdot c(H_2) \cdot c(Cl_2)^{1/2}$

①元反应(elementary reaction)也称为基元反应,是指在反应中,反应物分子一步直接转化为产物。多数的化学反应是由两个或两个以上元反应构成,如 N_2O_4 的分解是经历了三步元反应才完成的。

（二）反应物浓度和时间的数学关系

前面已经介绍，通过检测产物或反应物在反应过程中的浓度，我们可以获得化学反应的速率方程。对速率方程进行积分处理，进一步得到浓度随时间变化的数学函数。下面分别对比较常见的一级反应和二级反应加以讨论。

1. 一级反应（first-order reaction） 一级反应是反应速率与反应物浓度呈正比的反应。如果用 c_0 和 c_t 分别表示反应物的 $t=0$（初始浓度）和 $t=t$ 时刻的浓度，然后对其速率方程进行积分处理可得：

$$\ln\frac{c_t}{c_0}=-kt$$

或写成

$$\ln c_t=-kt+\ln c_0 \quad \text{式（3-30）}$$

由式（3-30）可以看出，对于一级反应而言，速率常数 k 的单位为 s^{-1}。用 $\ln c$ 对 t 作图得一条直线，直线的斜率为 $-k$，截距为 $\ln c_0$。研究发现放射性同位素的衰变反应以及许多分解反应、分子内重排反应都属于一级反应。

反应物浓度消耗一半所需要的时间，称为这个反应的半衰期（half-life），用 $t_{1/2}$ 表示。由式（3-30）可求得一级反应的半衰期为：

$$t_{1/2}=\frac{\ln 2}{k} \quad \text{式（3-31）}$$

式（3-31）表明，一级反应的半衰期与反应物的初始浓度 c_0 无关。具有特定的半衰期是一级反应的重要特点。

2. 二级反应（second-order reaction） 二级反应是反应速率与反应物浓度的平方呈正比的反应，其速率方程的积分形式为：

$$\frac{1}{c_t}=kt+\frac{1}{c_0} \quad \text{式（3-32）}$$

由式（3-32）可以看出，对于二级反应，k 的单位为 L/（mol·s）。用 $1/c_t$ 对 t 作图得一条直线，直线的斜率为 k，截距为 $1/c_0$。

由式（3-32）可求得二级反应的半衰期为：

$$t_{1/2}=\frac{1}{kc_0} \quad \text{式（3-33）}$$

二级反应的半衰期是浓度的函数，没有什么实用价值。

二级反应较一级反应更为常见。在实践中我们可以通过固定其中一个反应物的浓度，然后并入速率常数中，从而将速率方程转化成一级反应处理：

$$v=kc_Ac_B\xrightarrow{c_A=\text{常数}}(kc_A)c_B=k'c_B$$

此类处理称为准一级反应（pseudo-first-order reaction）。例如，蔗糖的水解反应是二级反应，但是当溶液的浓度很小时，由于 H_2O 的浓度变化很小，可以认为是恒定的，因此可作一级反应处理。

［例 3-13］ 患者体重 50kg，需要静脉注射某抗生素，剂量 6mg/kg。已知该抗生素在体内的代谢符合一级反应的函数关系，测定药 - 时曲线数据如下：

注射后时间 /h	0.5	1.0	3.0	6.0	12	18
血药浓度 /（μg/ml）	7.87	7.23	5.20	3.09	1.11	0.40

试求：（1）该抗生素代谢的半衰期。

（2）若血液中抗生素的最低有效量为 1.0μg/ml，则几小时后需要进行第二次注射？

解：（1）对于一级反应，以 ln$c$ 对 t 作图可得：

t	0.5	1.0	3.0	6.0	12	18
$\ln c_t$	2.06	1.98	1.65	1.13	0.100	–0.920

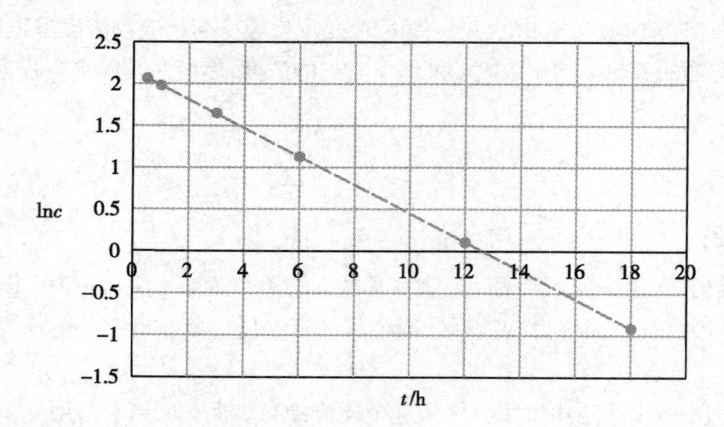

直线回归处理得线性方程：

$$\ln c_t = -0.170t + 2.15$$

即得：

$$k = 0.170\text{h}^{-1}$$

$$t_{1/2} = \ln 2/k = 4.1\text{h}$$

（2）血液中抗生素的最低有效量为 1.0μg/ml，代入上述线性方程可得

$$\ln(1.0) = -0.170t + 2.15$$

$$t = 12.6\text{h}$$

因此应于第一次注射 12.6 小时之后注射第二针，即每天注射 2 次。

三、温度对化学反应速率的影响

根据热力学计算结果可知，H_2 和 O_2 具有在室温下自发反应生成 H_2O 的巨大趋势。但实际上，室温条件下 H_2 和 O_2 混合气体可以长年放置，但当加入 Pt 金属粉或点燃时，混合气体将发生爆炸，反应在瞬间完成；若将 H_2 和 O_2 混合气体的温度升到 400℃，则大约经过 80 天全部生成水；如果将反应温度升到 500℃时，反应所需时间则减少为大约 2 小时。说明反应可经历不同的历程，不同的历程将使反应以不同的速率完成；同样的反应方式，温度升高则反应加快。

为什么不同的反应历程导致不同的速率？为什么升高温度可以使反应速率增加呢？1889 年，瑞典化学家 S.A. Arrhenius 提出了活化能（activation energy）的理论完美对上述问题进行了解释。

（一）温度对反应速率的影响

Arrhenius 根据大量实验事实，总结出反应速率常数和温度之间的经验关系式（Arrhenius 方程）：

$$k = A \cdot e^{-\frac{E_a}{RT}} \qquad \text{式（3-34）}$$

式（3-34）中 k 为反应速率常数；T 为热力学温度；E_a 为反应活化能；R 为摩尔气体常数；常数 A 称为指前因子。

Arrhenius 在方程中提供了决定化学反应速率的三个关键因素：①活化能 E_a，所有化学反应都需要克服一个能量的壁垒才能进行，这个能量壁垒就是活化能；②反应温度 T 以指数函数影响反应速率，温度越高，速率常数越大；③Arrhenius 没有指出指前因子 A 的意义。现代化学动力学研究表明，A

与反应过渡态分子化学键的振动频率有关，所以现在也称为频率因子。

我们可以使用 Arrhenius 方程讨论反应速率与温度的关系。为直观方便，常常将其转换成对数形式：

$$\ln k = -\frac{E_a}{RT} + \ln A \qquad \text{式(3-35)}$$

如果反应在 T_1、T_2 时的速率常数分别为 k_1、k_2，则：

$$\ln k_1 = -\frac{E_a}{RT_1} + \ln A$$

$$\ln k_2 = -\frac{E_a}{RT_2} + \ln A$$

两式相减可得：

$$\ln \frac{k_1}{k_2} = -\frac{E_a}{R}\left(\frac{1}{T_1} - \frac{1}{T_2}\right) \qquad \text{式(3-36)}$$

通过式（3-36）求出其活化能的大小和不同温度下的速率常数。

［例 3-14］ 已知下列反应：

$$2NO_2 \longrightarrow 2NO + O_2$$

测得反应在 227℃和 277℃时的速率常数分别为 2.7×10^{-2}mol/（L·s）和 2.4×10^{-1}mol/（L·s），计算该反应的活化能和室温（298K）时的速率常数。

解： $T_1 = 227 + 273 = 500K$

$T_2 = 277 + 273 = 550K$

代入式（3-36）可得：

$$\ln \frac{2.7 \times 10^{-2}}{2.4 \times 10^{-1}} = -\frac{E_a}{8.314}\left(\frac{1}{500} - \frac{1}{550}\right)$$

解得：

$$E_a = 1.0 \times 10^5 \text{J/mol} = 1.0 \times 10^2 \text{kJ/mol}$$

将 E_a 代入式（3-36）：

$$\ln \frac{k_{298}}{2.4 \times 10^{-1}} = -\frac{1.0 \times 10^5}{8.314}\left(\frac{1}{298} - \frac{1}{550}\right)$$

解得：

$$k_{298} = 2.5 \times 10^7 \text{mol/(L·s)}$$

可见温度升高对活化能较大得反应具有很大的提升能力。

（二）碰撞理论

为解释 Arrhenius 方程中各常数的物理意义，1918 年 W. C. M. Lewis 提出了碰撞理论（collision theory）。碰撞理论认为反应物分子通过相互碰撞发生反应，但能发生反应的碰撞只是其中的极少数。能发生反应的碰撞叫作有效碰撞，能发生有效碰撞的高能量分子称为活化分子。活化分子的最低分子动能称为化学反应临界能（critical energy），对应于 Arrhenius 方程中的活化能 E_a。

碰撞理论假定，反应体系中分子的能量符合麦克斯韦 - 玻耳兹曼正态分布，在不同温度（$T_2 > T_1$）下的气态分子能量分布曲线如图 3-7 所示。图中的横坐标为分子的动能 E；纵坐标为单位能量间隔内的分子

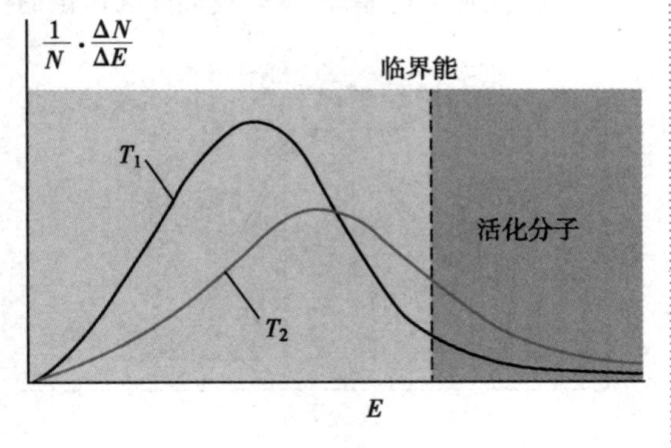

图 3-7　气态分子能量分布曲线示意图

分数；临界能右侧的为活化分子。由图可见，在一定温度下，活化能越大，活化分子所占的比例越小，单位时间内发生的有效碰撞越少，反应进行得越慢。而当温度升高时，系统的平均能量增大，使得更多分子的能量高于临界能，即活化分子所占的比例增大，因而发生有效碰撞的概率越大，反应进行得越快。

碰撞理论简单明了，但对活化能和指前因子 A 等的解释不能让人完全满意。重要的是，碰撞理论无法解释化学反应为何存在不同的反应历程，每个历程为何有不同大小的活化能。能够完整解释 Arrhenius 方程的是过渡态理论。

（三）过渡态理论

基于量子化学和统计力学，艾林（H. Eyring）等提出过渡态理论（transition-state theory）：当两个反应物分子相互接近时，它们可以相互结合形成一种处于反应物和产物中间活化状态的过渡态（transition-state）复合物。在过渡态复合物中，旧的化学键已经减弱，新的化学键正在形成，此时的能量最高。过渡态复合物既可以向前生成产物，也可以向后重回反应物。在相同条件下，一个化学反应会通过同一个过渡态复合物进行正向或逆向的过程，这称为“微观可逆原理”。

以元反应 NO 和 N_2O 的反应为例，当 NO 和 N_2O 分子相互靠近时，会结合形成高能量的过渡态，反应物与过渡态复合物之间符合热力学平衡的分布规律：

$$NO + N_2O \rightleftharpoons [O{=}N \cdots O \cdots N{=}N]^{\ddagger}$$

则有：

$$K^{\ddagger} = \frac{[O{=}N \cdots O \cdots N{=}N]^{\ddagger}}{[NO][N_2O]}$$

则：　　$$[O{=}N \cdots O \cdots N{=}N]^{\ddagger} = K^{\ddagger}[NO][N_2O]$$

将 $-\Delta G^{\ddagger} = -(\Delta H^{\ddagger} - T\Delta S^{\ddagger}) = RT\ln K^{\ddagger}$ 代入，得：

$$[O{=}N \cdots O \cdots N{=}N]^{\ddagger} = e^{\frac{\Delta S^{\ddagger}}{R}} e^{-\frac{\Delta H^{\ddagger}}{RT}}[NO][N_2O]$$

其中 $\Delta H^{\ddagger}$ 和 $\Delta S^{\ddagger}$ 分别称为活化焓和活化熵。接下来，过渡态复合物以一定的频率 a 分解成产物，则：

$$v = a[O{=}N \cdots O \cdots N{=}N]^{\ddagger} = ae^{\frac{\Delta S^{\ddagger}}{R}} e^{-\frac{\Delta H^{\ddagger}}{RT}}[NO][N_2O]$$

比较速率方程 $v = k[NO][N_2O]$，可知速率常数 k 为：

$$k = (ae^{\frac{\Delta S^{\ddagger}}{R}})e^{-\frac{\Delta H^{\ddagger}}{RT}} = Ae^{-\frac{\Delta H^{\ddagger}}{RT}}$$

整个过程的化学势能（自由能）变化如图 3-8 所示。

中间过渡态是反应历程中必须克服的能垒（图 3-8），而活化能 E_a 是活化焓 $\Delta H^{\ddagger}$。对正反应来说，活化能 E_a 是反应物到过渡态复合物的焓变；同理，其逆向反应的活化能 E'_a 是产物到过渡态的焓变。根据微观可逆原理，可知我们前面讨论的反应的焓变 $\Delta_r H_m$ 等于正反方应的活化能之差：

$$\Delta_r H_m = E_a - E'_a$$

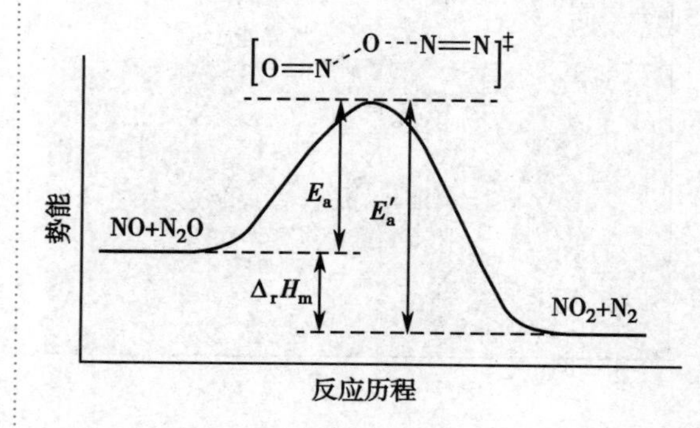

图 3-8　势能—反应历程示意图

由于焓变主要来自反应过程中键能的变化，因此不同的反应系统，反应物的化学键能不同，反应中重组化学键形成过渡态复合物所需的能量不同，因而不同的化学反应具有不同的活化能，以致化学反应速率不同。反应的活化能大，意味着发生反应需要越过较高的能垒，反应速率就慢；反之，反应的活化能小，只需克服较低的能垒，反应速率就快。

活化能是决定反应速率快慢的内在因素。大多

数化学反应的活化能在 60~250kJ/mol，当活化能低于 40kJ/mol 时，反应进行得很快，室温下即可瞬间完成，如酸碱中和反应；当活化能高于 100kJ/mol 时，反应往往需要加热才能进行，活化能越大，要求的温度越高；当活化能高于 400kJ/mol 时，反应速率几乎察觉不到。

过渡态理论告诉我们，当存在催化剂时，催化剂参与形成了新的过渡态复合物，可以引导反应通过一条新的反应途径进行。催化剂引导的途径常常具有较低的活化能，同时催化剂分子可引导形成特定几何构型的过渡态复合物，从而让反应产生具有立体选择性等的优势产物。这点将在第七章第四节给大家再做介绍。

四、催化剂对反应速率的影响

前面说过，在室温下将 H_2 和 O_2 混合，从化学热力学角度来说，这是个自发生成 H_2O 的过程，但实际上我们根本观察不到反应的发生。这是由于反应的活化能过大，速率极其缓慢。但若在混合气体中加入微量铂粉，反应随即发生，而且铂粉的质量和组成在反应结束后并没有发生变化。

（一）催化剂和催化作用

凡是能够增大化学反应速率，而它本身在反应前后质量和化学组成均不改变的物质，称为催化剂（catalyst）。上述例子中，铂粉就是 H_2 和 O_2 化合反应的催化剂。除此之外，我们在实验室使用二氧化锰催化氯酸钾固体热分解制备氧气，工业上使用 Fe 催化剂合成氨反应等。我们把催化剂这种加快反应速率的作用称为催化作用。

过渡态理论告诉我们，催化剂之所以加速化学反应，是由于催化剂参与了变化过程，改变了原来反应历程，从而降低了反应的活化能。如下列过氧化氢的分解反应：

$$2H_2O_2 \longrightarrow 2H_2O + O_2$$

在没有催化剂时，推测的反应历程[①]是：

步骤 1：$H_2O_2 + H_2O_2 \longrightarrow H_2O + HO—O^+(H)—O^-$

步骤 1：$HO—O^+(H)—O^- \longrightarrow H_2O + O_2$

H_2O_2 这个自然分解过程的 E_a = 220~260kJ/mol，所以过氧化氢相当稳定。不过，多数溶液中有微量的金属离子杂质存在，一般市售的 H_2O_2 分解过程的 E_a 约 75kJ/mol，因此过氧化氢不宜长久存放。

当存在催化剂如 Br^- 时的具体反应历程如图 3-9 所示：

步骤 1：$H_2O_2 + 2Br^- + 2H^+ \longrightarrow Br_2 + H_2O$

步骤 2：$Br_2 + H_2O_2 \longrightarrow O_2 + 2Br^- + 2H^+$

由于 E_{a1} 和 E_{a2} 均小于 E_a，于是反应选择走了一条能量壁垒较低的捷径，所以反应速率加快了。从图 3-9 中还可以看出，根据微观可逆原理，催化剂使正反应和逆反应活化能降低的数值相等，表明正、逆反应速率都加快了，因此催化剂可以使反应加速达到平衡状态。重要的一点是，由于催化剂不改变反应的始态和终态，所以不影响化学反应的热效应和熵效应，也就不改变反应平衡常数的大小。

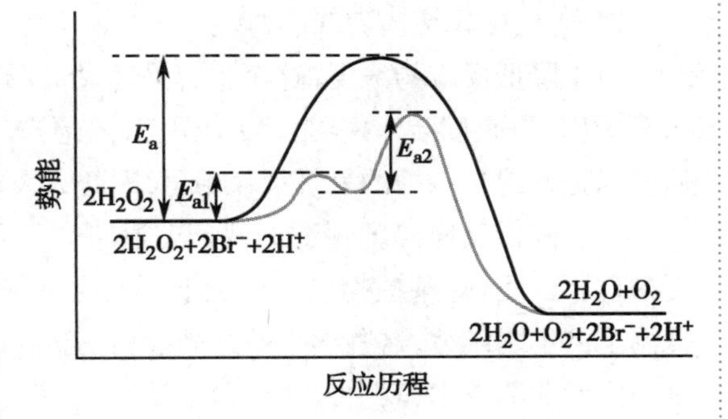

图 3-9　催化作用降低反应活化能示意图

（二）酶

生物体内几乎所有的化学反应都需要酶（enzyme）的催化。被酶催化的对象称为底物（substrate）。酶具有高度的催化活性，以过氧化氢分解反应为例，酶

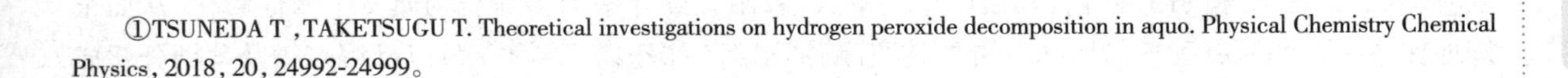
①TSUNEDA T，TAKETSUGU T. Theoretical investigations on hydrogen peroxide decomposition in aquo. Physical Chemistry Chemical Physics，2018，20，24992-24999。

的存在可以显著降低反应的活化能。由表3-17列出的数据可以看出，对于同一个反应来说，酶的催化能力常常比非酶催化高10^6~10^{10}倍。因此，酶可以使所有的生化反应都在很温和的条件下完成。此外，不同于一般的催化剂，一种特定的酶往往只催化某一种或一类反应，具有高度的专一性。例如，H^+对淀粉、脂肪、蛋白质等的水解反应都起催化作用，而α-淀粉酶作用于淀粉分子的主链，使其水解成糊精；β-淀粉酶只能催化水解淀粉分子的支链，生成麦芽糖。所以酶的种类繁多，以适应种类繁多的生化反应。

表3-17 不同催化剂对过氧化氢分解反应速率的影响比较

催化剂	E_a/(kJ/mol)	相对速率
无	75.3	1
I^-	56.5	2.0×10^3
Pt	49.0	4.1×10^4
过氧化氢酶	8	6.3×10^{11}

不过酶多数都是蛋白质，催化活性极易受外界条件的影响，如温度或pH的改变都可以显著影响酶的结构，降低酶的催化活性，甚至使其失活。利用DNA工程改造酶的结构，提高酶的稳定性和环境、底物的耐受性；或者基于酶的催化机制，设计高催化性而高稳定性的人工酶或酶模拟分子，是当今一个很受关注的研究课题。

五、化学反应的加速和减速

在生活和实际应用中，我们总是期待一些反应能够更快速地进行，而另一些反应能够尽量不发生。根据前面学习的化学动力学原理，我们这里归纳一下将化学反应加速和减速的方法。

1. 加快反应速率的方法

（1）根据反应的速率方程，提高反应物的浓度首先应当想到并容易做到的方法。

（2）活化能是由反应的过渡态能量高低决定的，是反应所固有的因素。一个给定的反应，其活化能E_a是一定的。从Arrhenius公式可以看到，速率常数k随温度T增加而增加，特别是对于E_a较高的反应，升高温度对反应的加速较为显著。此外，反应温度是实验者便于控制的反应条件。

（3）使用催化剂：催化剂通过降低其参与反应途径的活化能，从而大大提高反应速率，特别是生物酶可使很多反应在常温常压下快速反应。值得注意的是，酶可降低反应的活化能，但不能改变反应的方向，不能使反应的平衡发生移动。

2. 降低化学反应速率的方法

（1）降低反应物浓度：这个很容易通过稀释等方法实现。此处，食品和药品的氧化是变质的一个重要原因，将它们装入密封包装中保存，隔绝空气，并在包装中加入铁粉作脱氧剂。铁粉自身被氧化后可以把密封包装中的氧气消耗殆尽，因此大大延长食品和药品的保存时间。

（2）降低反应温度：例如，我们普遍将食品和药品保存在冰箱中，将生物样品保存在液氮乃至液氦条件下。不过，某些物质在低温下会发生一些意想不到的物理变化，如橡胶在低温会变得易脆等。低温下溶剂水结冰，这些细小的冰晶会划伤正在冷冻保存的细胞或活的生物样品等。因此，冷冻保存是一门专业的技术，其中大有学问。

（3）很多反应体系中可存在一些催化剂（一些反应的产物可能就是"自催化剂"），如溶液的杂质和细胞内存在的各种酶等。我们可以通过各种使催化剂失活的方法降低反应速率。例如，在制作绿茶时，人们通过快速的高温过程让茶叶中的酶失活，阻止鲜叶中的多酚类物质发生酶促氧化，从而很好地保持绿茶的原有香气和风味。再如，糖苷酶抑制剂（如药物拜糖平）可以延缓多糖及蔗糖分解成

葡萄糖，达到减缓人体吸收葡萄糖的目的，从而帮助病人控制餐后血糖升高。

总之，在前面的学习中，我们讲解了化学热力学和动力学的基本原理。任何一个化学反应，都同时受到热力学和动力学因素的控制。只有在这些基本原理指导下，才能正确掌握已知或未知的化学反应，在未来的科学创新和技术发明中具备坚实的基础。这其中非常复杂，但也因此给了我们设计控制反应进行的方向、程度和速率的机会。更重要的是，这些化学原理并非无用的理论和知识，而是指导科学和生产实践活动，乃至日常生活的实用利器。

习　题

1. 临床上纠正酸中毒的乳酸钠（$C_3H_5O_3Na$）针剂，其规格为20.0ml/支，每支针剂含2.24g $C_3H_5O_3Na$，试计算该针剂的质量浓度和物质的量浓度。

2. 测得血浆的凝固点为−0.52℃，求血浆的渗透浓度及在37℃时的渗透压。

3. 把2.00g白蛋白溶于100ml水中，在25℃测得该溶液的渗透压为0.717kPa，求该白蛋白的相对分子质量。

4. 已知下列热化学方程式：

$$C(s) + O_2(g) \longrightarrow CO_2(g) \qquad \Delta_r H_m^\ominus = -393.5\,kJ/mol$$
$$2CO(g) + O_2(g) \longrightarrow 2CO_2(g) \qquad \Delta_r H_m^\ominus = -566.0\,kJ/mol$$
$$2H_2(g) + O_2(g) \longrightarrow 2H_2O(g) \qquad \Delta_r H_m^\ominus = -483.6\,kJ/mol$$

利用Hess定律计算水煤气反应的$\Delta_r H_m^\ominus$。

$$C(s) + H_2O(g) \longrightarrow CO(g) + H_2(g)$$

5. 利用附录2中各物质的标准摩尔生成热数据，计算下列反应的$\Delta_r H_m^\ominus$。

（1）$CO(g) + 2H_2(g) \longrightarrow CH_3OH(l)$

（2）$Fe_3O_4(s) + 4H_2(g) \longrightarrow 3Fe(s) + 4H_2O(g)$

（3）$CH_3CH_2OH(l) + 3O_2(g) \longrightarrow 2CO_2(g) + 3H_2O(g)$

（4）$N_2O(g) + NO(g) \longrightarrow N_2(g) + NO_2(g)$

（5）$Ag^+(aq) + I^-(aq) \longrightarrow AgI(s)$

6. 写出下列可逆反应的热力学平衡常数。

（1）$4NH_3(g) + 5O_2(g) \rightleftharpoons 4NO(g) + 6H_2O(g)$

（2）$CO(g) + Cl_2(g) \rightleftharpoons COCl_2(g)$

（3）$2N_2O(g) + O_2(g) \rightleftharpoons 4NO(g)$

（4）$CH_3COOH(aq) + H_2O(l) \rightleftharpoons CH_3COO^-(aq) + H_3O^+(aq)$

（5）$2HgO(s) \rightleftharpoons 2Hg(l) + O_2(g)$

7. 利用附录2中各物质的标准Gibss自由能数据计算下列反应的$\Delta_r G_m^\ominus$以及热力学平衡常数$K^\ominus$的数值，并讨论这些反应在25℃的标准状态下自发进行的方向。

（1）$2NO(g) + O_2(g) \rightleftharpoons 2NO_2(g)$

（2）$NO(g) + CO_2(g) \rightleftharpoons NO_2(g) + CO(g)$

（3）$2H_2O_2(l) \rightleftharpoons 2H_2O(l) + O_2(g)$

（4）$CH_4(g) + H_2O(g) \rightleftharpoons CO(g) + 3H_2(g)$

（5）$C_2H_4(g) + H_2O(l) \rightleftharpoons CH_3CH_2OH(l)$

8. 利用热力学数据估算下列反应正向发生的温度。

（1）$2NaHCO_3(s) \rightleftharpoons Na_2CO_3(s) + CO_2(g) + H_2O(g)$

（2）$FeO(s) + CO(g) \rightleftharpoons Fe(s) + CO_2(g)$

（3）$2CH_3OH(l) \rightleftharpoons 2CH_4(g) + O_2(g)$

9. 反应

$$NH_4^+(aq) + NO_2^-(aq) \longrightarrow N_2(g) + 2H_2O(l)$$

在 25℃时，其反应速率和初始浓度的关系如下：

实验编号	初始浓度 c_0/(mol/L)		$\frac{\Delta c(NH_4^+)}{\Delta t}$/[mol/(L·s)]
	NH_4^+	NO_2^-	
1	0.24	0.10	7.2×10^{-6}
2	0.12	0.10	3.6×10^{-6}
3	0.12	0.15	5.4×10^{-6}

（1）写出该反应的速率方程，并指出各反应物的反应级数。

（2）求出该反应的速率常数。

（3）求出当 NH_4^+ 和 NO_2^- 的浓度分别为 0.39mol/L 和 0.052mol/L 时的反应速率。

10. 已知蔗糖的水解为准一级反应

$$C_{12}H_{22}O_{11} + H_2O \xlongequal{\quad} C_6H_{12}O_6(\text{葡萄糖}) + C_6H_{12}O_6(\text{果糖})$$

某温度时，起始浓度 $c_0 = 0.500$mol/L 的蔗糖溶液在稀盐酸催化下发生水解。已知速率常数 $k = 5.32\times10^{-3}\text{min}^{-1}$，求：

（1）300 分钟时，溶液中蔗糖的浓度。

（2）蔗糖水解反应的半衰期。

11. 由实验测得下列反应在不同温度下的速率常数

$$S_2O_8^{2-} + 3I^- \longrightarrow 2SO_4^{2-} + I_3^-$$

T/K	273	283	293	303
$k\times10^3$/[mol/(L·s)]	0.82	2.00	4.10	8.30

求该反应的实验活化能。

12. 在生物化学中常用温度因子 Q_{10}，即 310K 时速率常数与 300K 时速率常数的比值来说明温度对酶催化反应的影响。已知某种酶催化反应的 Q_{10} 为 2.50，求该反应的活化能。

第三章
目标测试

（苟宝迪）

第四章

酸碱与质子转移反应

学习目标

1. **掌握** 酸碱质子理论；酸度常数和碱度常数及其应用；弱酸、弱碱、两性物质溶液 pH 的近似计算；缓冲溶液 pH 的近似计算；缓冲溶液的配制原则和方法。
2. **熟悉** 弱酸、弱碱溶液的质子传递平衡；稀释效应和同离子效应；缓冲溶液的作用机制；缓冲容量和缓冲范围。
3. **了解** 拉平效应和区分效应；血液中碳酸缓冲系的作用机制及相关计算。

酸和碱是非常重要的电解质，与人体健康密切相关。人体体液必须维持一定的 pH 范围，机体才能进行正常的生理活动，如酶只能在一定的 pH 范围内才能正常发挥其生理功能。对于药物而言，有些药物本身就是酸或碱，如阿司匹林、胃舒平等，此外在药物的制备、分析测试及其药理作用中也常常涉及酸碱反应和酸碱催化等。酸碱及其相关反应在社会生活、工农业生产和科学研究中具有十分广泛的应用。

第一节　酸碱质子理论

对酸碱本质的认识是一个逐渐由现象到本质的长期历程。最初人们把有酸味、能使石蕊变红的物质称为酸，有涩味、能使石蕊变蓝的物质称为碱。自 17 世纪末英国化学家玻意耳（R. Boyle）首先提出酸碱的定义，人们在长期的探索和研究过程中，发展和创立了多种酸碱理论。1887 年，瑞典化学家阿伦尼乌斯（S. Arrhenius）基于溶液导电实验结果提出了酸碱电离理论，该理论认为：在水溶液中电离出的阳离子全部是 H^+ 的物质是酸（acid），电离出的阴离子全部是 OH^- 的物质是碱（base），酸碱反应的实质是 $H^+ + OH^- \longrightarrow H_2O$。酸碱的强度可以用电离度衡量，一定浓度时电离度越高，酸碱的强度就越高。

运用电离理论定义酸碱有助于了解水溶液中酸碱的组成以及酸碱反应中的定量关系，对化学的发展产生了重要影响，至今仍得到普遍应用。但是酸碱电离理论对酸碱的定义仅局限于水溶液中，因此无法解释非水体系或者无溶剂体系中的酸碱反应，如氨气和氯化氢气体间的中和反应；此外该理论将碱仅局限于氢氧化物，因此也无法说明氨水溶液的碱性。1923 年，丹麦化学家布朗斯特（J. N. Brønsted）和英国化学家劳里（T. M. Lowry）各自独立地提出了酸碱质子理论（Brønsted-Lowry theory of acids and bases）。该理论只用一种离子（H^+）定义酸和碱，比酸碱电离理论具有更广泛的适用性和实用性。

一、酸碱的定义

根据酸碱质子理论，凡是能给出质子（H^+）的物质都是酸，如 HCl、NH_4^+、$H_2PO_4^-$ 等，凡是能接受质子的物质都是碱，如 NH_3、OH^-、HCO_3^-、SO_4^{2-} 等。酸碱质子理论中，酸是质子供给体（proton donor），碱

是质子接受体（proton acceptor），酸和碱可以是不带电的中性分子，也可以是带电的离子。酸和碱不是孤立的，两者之间有如下关系：

$$酸 \rightleftharpoons H^+ + 碱$$

$$NH_4^+ \rightleftharpoons H^+ + NH_3$$

$$H_2SO_4 \rightleftharpoons H^+ + HSO_4^-$$

$$HSO_4^- \rightleftharpoons H^+ + SO_4^{2-}$$

$$H_3O^+ \rightleftharpoons H^+ + H_2O$$

$$H_2O \rightleftharpoons H^+ + OH^-$$

$$[Zn(H_2O)_4]^{2+} \rightleftharpoons H^+ + [Zn(H_2O)_3(OH)]^+$$

上述关系式称作酸碱半反应。可以看出，酸给出质子后即转变成可以得到质子的碱，而碱接受质子后即转变成酸。酸碱之间通过质子的传递相互依存又相互转化，我们将酸碱的这种关系称为共轭关系。只相差一个质子的酸碱构成一对共轭酸碱对（conjugate acid-base pair），如 NH_4^+ 和 NH_3 就是一对共轭酸碱对，NH_4^+ 为 NH_3 的共轭酸（conjugate acid），反之 NH_3 为 NH_4^+ 的共轭碱（conjugate base）。有些物质既可以给出质子也可以接受质子，称为两性物质（amphoteric substance），如 H_2O、HSO_4^-、H_2NCH_2COOH（甘氨酸）等。两性物质可以分别形成两组共轭酸碱对，以 H_2NCH_2COOH 为例：

作为酸

$$H_2NCH_2COOH \rightleftharpoons H_2NCH_2COO^- + H^+$$

作为碱

$$H_2NCH_2COOH + H^+ \rightleftharpoons H_3N^+CH_2COOH$$

较之酸碱电离理论，酸碱质子理论扩大了酸碱的范围，也不存在盐的概念。例如，NH_4F 在电离理论里是盐，但是质子理论认为 NH_4F 中 NH_4^+ 为质子酸、F^- 为质子碱，因而 NH_4F 为两性物质。

酸碱质子理论认为，酸给出 H^+ 能力越强，其酸性越强；碱接受 H^+ 能力越强，其碱性越强。能给出其所有 H^+ 的是强酸，而只能给出部分 H^+ 的是弱酸。此外，酸碱强度还与溶剂的性质有关。例如，醋酸（HAc）在水中只能给出部分质子，表现为弱酸；但在液氨中，由于 NH_3 接受质子的能力远强于 H_2O，因此 HAc 可以给出所有的质子，表现为强酸。

二、酸碱反应的实质

酸碱半反应不能单独发生，因为 H^+ 比最小的原子还要小，其表面电荷密度很高，极易受负电荷吸引，所以 H^+ 不能独立存在。一旦酸给出质子，质子必定会与另一个碱结合，酸给出质子的半反应与碱结合质子的半反应将会同时发生，例如，HAc 水溶液中，HAc 给出 H^+ 后，H_2O 即与 H^+ 结合生成 H_3O^+。

$$\overset{\text{酸1}}{HAc} + \overset{\text{碱2}}{H_2O} \xrightleftharpoons{} \overset{\text{碱1}}{Ac^-} + \overset{\text{酸2}}{H_3O^+} \quad (H^+: HAc \rightarrow H_2O)$$

又如 HCl 与 NH_3 之间的反应，HCl 给出 H^+ 后，NH_3 即与 H^+ 结合生成 NH_4^+。

$$\overset{\text{酸1}}{HCl} + \overset{\text{碱2}}{NH_3} \rightleftharpoons \overset{\text{碱1}}{Cl^-} + \overset{\text{酸2}}{NH_4^+} \quad (H^+: HCl \rightarrow NH_3)$$

可以看出，一种酸（酸 1）与一种碱（碱 2）发生反应，H^+ 即从酸 1 传递给碱 2 而转变为各自的共轭碱（碱 1）和共轭酸（酸 2）；其中酸 1 和碱 1 是一对共轭酸碱对，而碱 2 和酸 2 是另一对共轭酸碱对。可见酸碱反应的实质是两对共轭酸碱对之间的质子传递反应（protolysis reaction）。这种质子传递过程，只是质子从一种酸传递给另一种碱，可以在水溶液中进行，也可以在非水溶剂或气相中进行。

酸碱反应进行时，都是由相对较强的酸将质子传递给相对较强的碱而生成相对较弱的碱和相对较弱的酸。酸和碱越强，反应进行得就越完全。例如：

$$HCl + NH_3 \rightleftharpoons NH_4^+ + Cl^-$$

由于 HCl 的酸性远远强于 NH_4^+，而 NH_3 的碱性远强于 Cl^-，因此上述反应强烈向右进行。

酸碱互变的观点是质子理论与电离理论的主要区别之一，它扩展了酸碱反应的范围，可以把电离理论里的中和反应、酸的解离反应、水解反应等都归并到酸碱质子传递。例如：

$$H_3O^+ + OH^- \rightleftharpoons H_2O + H_2O \qquad \text{中和反应}$$

$$HAc + H_2O \rightleftharpoons H_3O^+ + Ac^- \qquad \text{解离反应}$$

$$NH_4^+ + H_2O \rightleftharpoons H_3O^+ + NH_3 \qquad \text{水解反应}$$

$$CO_3^{2-} + H_2O \rightleftharpoons HCO_3^- + OH^- \qquad \text{水解反应}$$

综上所述，酸碱质子理论扩大了酸碱的含义及酸碱反应的范围，同时将酸碱的强度与溶剂得失质子的能力相联系，既适用于水溶液，也可用于非水溶剂或气相中发生的酸碱反应。

第二节　水溶液中的质子传递平衡

一、水溶液中质子传递动力学

质子的体积很小，原子核外没有电子，极易与富电子体系形成强烈的静电作用，因此难以独立存在。水溶液中，质子能与水分子形成多种水合氢离子（如 $H_5O_2^+$、$H_9O_4^+$ 等），一般写为 H_3O^+，通常会简写为 H^+。

质子在水溶液中，移动能力比其他离子要高得多，原因在于水分子之间能形成氢键并相互连接成网络，而质子迁移的本质则是沿着氢键网络从一个水分子传递到另外一个水分子。

如图 4-1（a）中最左侧是水合氢离子 H_3O^+，质子从最左侧的 H_3O^+ 向右边相邻的 H_2O 传递；由图 4-1（b）可见，第 2 个水分子与传递的质子结合形成了 H_3O^+，同时最左侧的 H_3O^+ 变成 H_2O。如此不断地传递下去，质子就从氢键网络的最左边传递到了最右边，如图 4-1（c）。

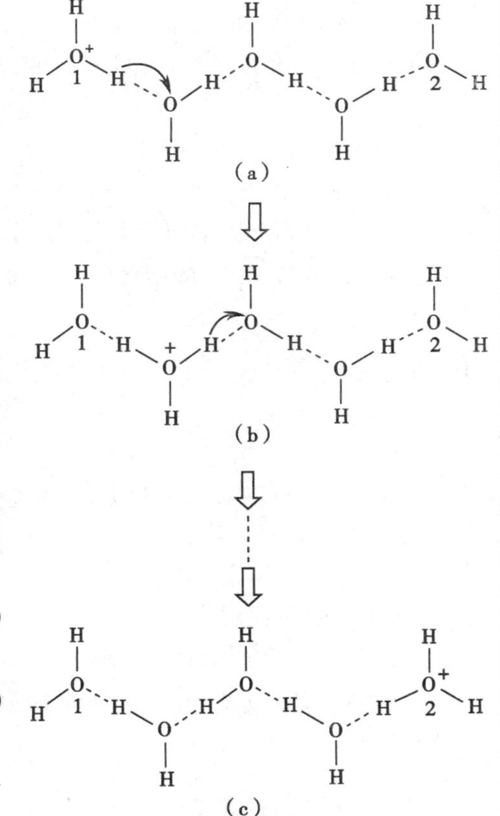

图 4-1　质子沿氢键网络传递示意图

水溶液中，质子通过氢键网络的快速传递具有重要意义：一是水溶液中酸碱反应进行的速率非常快；二是水溶液中酸 HA 与碱 B^- 间发生的质子传递过程，必定是酸 HA 先将质子传递给水分子，然后再由 H_3O^+ 将质子传递给碱 B^-，具体机制如下：

（1）酸 HA 与 H_2O 之间的质子传递：$HA + H_2O(1) \longrightarrow H_3O^+(1) + A^-$

（2）H^+ 沿水分子氢键网络传递：$H_3O^+(1) + H_2O(2) \longrightarrow H_2O(1) + H_3O^+(2)$

（3）H_3O^+ 与碱 B 之间的质子传递：$H_3O^+(2) + B^- \longrightarrow HB + H_2O(2)$

因此，水溶液中进行质子传递反应的关键参数主要是

酸的解离及其解离产生的质子浓度。

二、水的质子自递平衡和 pH

(一)水的质子自递平衡

大多数酸碱反应都在水溶液中进行。水既可以给出质子,也可以得到质子,是两性物质,因此质子也可以在水分子之间传递。发生在同种分子之间的质子传递称为质子自递反应(proton self-transfer reaction)。

$$H_2O + H_2O \rightleftharpoons H_3O^+ + OH^-$$

一定温度下,上述质子自递反应达平衡时,其平衡常数表达式为

$$K_i = \frac{[H_3O^+]\cdot[OH^-]}{[H_2O]\cdot[H_2O]} \qquad 式(4\text{-}1)$$

因为 H_2O 的解离极其微弱,所以式(4-1)中的分母可以视为常数,与 K_i 合并可得

$$K_w = K_i\cdot[H_2O]\cdot[H_2O] = [H_3O^+]\cdot[OH^-] \qquad 式(4\text{-}2)$$

K_w 是水的质子自递平衡常数(autoprotolysis equilibrium constant);也称为水的离子积常数(ionic product constant)。表 4-1 列出了纯水在不同温度下的 pK_w($pK_w = -\lg K_w$)。可以看出,K_w 数值受温度变化影响,但室温下变化不大,因此室温时,pK_w 通常取值 14.000 来进行相关计算。

表 4-1 不同温度下水的离子积

T/K	273	283	293	298	323	373
pK_w	14.938	14.528	14.163	13.995	13.275	12.264

由式(4-2)可知,298K 时纯水中,$[H_3O^+] = [OH^-] = \sqrt{K_w} = 1.00 \times 10^{-7}$mol/L。需要注意的是,$K_w$ 不因溶液中含有其他物质而改变,也就是说,水的离子积关系不仅适用于纯水,也适用于所有的稀水溶液。

(二)pH

正常人血液的 H_3O^+ 浓度约为 3.98×10^{-7}mol/L,许多化学反应也是在接近中性的溶液中进行,溶液中$[H_3O^+]$很低。为了使用方便,通常用 pH 来表示溶液的酸碱度。1909 年,丹麦化学家索伦森(Sørensen)首先提出 pH 的概念,并定义为氢离子活度($a_{H_3O^+}$)的负对数,即

$$pH = -\lg a_{H_3O^+} \qquad 式(4\text{-}3)$$

由于稀溶液中,离子的活度和浓度的数值十分接近,因此常用浓度代替活度进行计算,则

$$pH = -\lg\frac{c(H_3O^+)}{c^\ominus} \qquad 式(4\text{-}4)$$

式(4-4)中,$c(H_3O^+)$常常简化为 $c(H^+)$。类似地,可以定义 pOH:

$$pOH = -\lg\frac{c(OH^-)}{c^\ominus} \qquad 式(4\text{-}5)$$

pH 和 pOH 的使用范围一般在 1~14,在这个范围之外,则直接用浓度表示更加方便。

常温下,水溶液中$[H_3O^+]\cdot[OH^-] = K_w = 1.0\times10^{-14}$,因此 $pH + pOH = pK_w = 14$。中性溶液中,$[H_3O^+] = [OH^-] = 1.00\times10^{-7}$mol/L,$pH = 7$;酸性溶液中,$[H_3O^+] > 1.00\times10^{-7}$mol/L,$pH < 7$;碱性溶液中,$[H_3O^+] < 1.00\times10^{-7}$mol/L,$pH > 7$。

三、溶剂的拉平效应和区分效应

根据酸碱质子理论,酸碱的强度与溶剂的性质有关,因为溶剂自身也可以作为提供质子的酸或

接受质子的碱。例如，HCl 在水中可以完全解离，是一种强酸，而 HAc 在水中只能部分解离，表现为弱酸。但是 HCl 和 HAc 在液氨中均表现出强酸性。这是由于 NH_3 比 H_2O 接受质子的能力强，从而掩盖了这些酸给出质子能力的差异。这种通过溶剂的作用，将不同强度的酸拉平到溶剂化质子水平的效应称为拉平效应（leveling effect），具有拉平效应的溶剂称为拉平溶剂。例如，液氨是 HCl 和 HAc 的拉平溶剂；冰醋酸是 NaOH 和液氨的拉平溶剂。

强酸如 HNO_3、H_2SO_4、HCl、$HClO_4$ 等在水中给出质子的程度都几近完全，水是它们的拉平溶剂，难以区分这 4 种酸的相对强度。但在更难接受质子的溶剂中就可显示出这些酸强度的差异。例如，在冰醋酸中，$HClO_4$、H_2SO_4、HCl、HNO_3 给出质子的程度依次降低，这 4 种酸的强度顺序为：$HClO_4 > H_2SO_4 > HCl > HNO_3$。这种能够区分酸（或碱）强弱的效应称为区分效应（differentiating effect），具有区分效应的溶剂称为区分溶剂。冰醋酸就是上述 4 种强酸的区分溶剂，水则是 HCl 和 HAc 的区分溶剂。

溶剂的拉平效应和区分效应可以用来解释质子酸、碱的相对强度，在实际应用中可以扩大酸碱滴定的应用范围。

第三节　酸碱溶液 pH 的计算

室温下，纯水中的 H_3O^+ 与 OH^- 浓度相等，均为 10^{-7}mol/L。若在纯水中加入酸，H_3O^+ 浓度就会增加。溶液中的 H_3O^+ 有两个来源，一是由水的质子自递反应产生，另一个是由酸与水的质子传递反应产生。在计算酸碱溶液中 H_3O^+ 的浓度时，是否需要考虑水的质子自递反应的贡献呢？这需要看溶液中来自酸解离生成的 H_3O^+ 浓度的高低。通常根据计算 H_3O^+ 浓度时允许的误差（一般允许 < 5% 的误差），若酸解离产生的 H_3O^+ 浓度超过 20 倍的水的质子自递反应产生的 H_3O^+ 浓度（计算可知为 $[H_3O^+] \geqslant \sqrt{20K_w}$ 或 $[H_3O^+]^2 \geqslant 20K_w$），则可忽略水的质子自递反应。

一、强酸（碱）溶液 pH 计算

强酸和强碱是强电解质，在水溶液中完全解离。一般情况下，可忽略由水的质子自递反应生成的 H_3O^+ 或 OH^-，而直接根据强酸（碱）的浓度求算溶液的 pH，例如，0.10mol/L HCl 溶液的 pH 为 1；0.10mol/L KOH 溶液的 pH 为 13。但当强酸（碱）的浓度极低（低于 1×10^{-6}mol/L），计算溶液中 $[H_3O^+]$ 时就必须考虑水的质子自递反应。

［例 4-1］ 计算 1.00×10^{-7}mol/L HCl 溶液中的 H_3O^+ 浓度。

解：由题意可知 HCl 浓度极低，所以计算溶液中 $[H_3O^+]$ 时必须考虑水的质子自递反应。同时由于 HCl 是强酸，在溶液中完全解离，因此溶液中由 HCl 解离生成的 H_3O^+ 浓度 $c = 1.00 \times 10^{-7}$mol/L。

设由水的质子自递反应生成的 H_3O^+ 浓度为 $x$mol/L，则溶液中

$$[H_3O^+] = (c + x) = (1.00 \times 10^{-7} + x)\text{mol/L}, [OH^-] = x\text{mol/L}。$$

$$H_2O + H_2O \rightleftharpoons H_3O^+ + OH^-$$

平衡态　　$c + x$　　x

根据水的离子积公式，式（4-2）可得：

$$K_w = [H_3O^+][OH^-] = (c + x) \cdot x = (1.00 \times 10^{-7} + x) \cdot x$$

解二次方程，得：

$$x = \frac{-c + \sqrt{c^2 + 4K_w}}{2} = \frac{-(1.00 \times 10^{-7}) + \sqrt{1.00 \times 10^{-14} + 4K_w}}{2} = 6.18 \times 10^{-8}\text{mol/L}$$

因此　$$[H_3O^+] = (x + 1.00 \times 10^{-7}) = 1.62 \times 10^{-7}\text{mol/L}$$

即
$$pH = 6.79$$

通过计算可知，当强酸 HCl 的浓度增大到 1.00×10^{-6}mol/L，如果不考虑水的质子自递，H_3O^+ 的浓度等于 HCl 的浓度，pH = 6.00；如果考虑水的质子自递，H_3O^+ 的浓度为 1.01×10^{-6}mol/L，pH = 5.996 ≈ 6.00，与前者结果大致相同。因此，当溶液中强酸（碱）的浓度高于 1.00×10^{-6}mol/L 时，可以忽略水的质子自递对溶液中 H_3O^+ 的浓度的贡献。

二、一元弱酸（碱）溶液 pH 计算

（一）一元弱酸（碱）溶液的质子传递平衡

一分子一元酸（碱）只能给出（接受）一个质子，如 HAc、NH_4^+ 等是一元弱酸，而 Ac^-、F^- 等是一元弱碱。

水溶液中，一元弱酸 HB 与水分子的质子传递是可逆的，反应如下：

$$HB + H_2O \rightleftharpoons H_3O^+ + B^-$$

达平衡状态时，

$$K_a = \frac{[H_3O^+] \cdot [B^-]}{[HB]} \quad \text{式(4-6)}$$

K_a 称为酸度常数（acidity constant）[①]，也称为酸的解离平衡常数（dissociation constant of acid），可以定量地表明 HB 向 H_2O 传递质子的程度。K_a 越大，溶液中酸给出质子能力越强，酸性越强。一定温度下，K_a 为一常数。弱酸的 K_a 通常较小，因此常用 pK_a（$pK_a = -\lg K_a$）来表示。

类似地，水溶液中一元弱碱 B^- 与水分子间有如下质子传递平衡：

$$B^- + H_2O \rightleftharpoons HB + OH^-$$

$$K_b = \frac{[HB] \cdot [OH^-]}{[B^-]} \quad \text{式(4-7)}$$

K_b 称为碱度常数（basicity constant），也称为碱的解离平衡常数（dissociation constant of base），可定量地表明 B^- 从 H_2O 获取质子的程度。K_b 越大，碱性越强。一定温度下，K_b 为一常数，也常用 pK_b（$pK_b = -\lg K_b$）来表示。

在 K_a、K_b 两个平衡常数表达式中，分母内的 $[H_2O]$ 已经合并到常数项了，这与化学平衡的处理是一个原则（详见第三章第二节之"化学平衡"）。一些无机酸和简单有机酸在 25℃的 K_a 数据列于书末附录 4。

根据 HB 的酸常数 K_a 及其共轭碱 B^- 的碱常数 K_b 的表达式，可以看出两者存在以下关系：

$$K_a \cdot K_b = \frac{[H_3O^+] \cdot [B^-]}{[HB]} \cdot \frac{[OH^-] \cdot [HB]}{[B^-]} = [H_3O^+] \cdot [OH^-] = K_w \quad \text{式(4-8)}$$

式（4-8）表明了共轭酸的 K_a 和共轭碱的 K_b 之间的定量关系。由此可见，共轭酸碱对中，酸碱的强度是相互制约的。共轭酸的酸性越强，其共轭碱的碱性就越弱；共轭碱的碱性越强，其共轭酸的酸性就越弱。此外，如果已知共轭酸的 K_a，就可根据式（4-8）计算其共轭碱的 K_b。因此，质子碱的碱性也可以通过其共轭酸的酸度常数来衡量，在酸的范畴内一并讨论，从而使问题得以简化。

由水的质子自递平衡及其离子积关系式可以得出，H_2O 的酸度常数和碱度常数分别为：$K_a = K_b = K_w = 1.00 \times 10^{-14}$。因此以 H_2O 为参照物，测定一系列质子酸与 H_2O 之间的质子传递反应的平衡常数，就可以定量地评价质子酸的强弱了。

（二）一元弱酸（碱）溶液的 pH

由一元弱酸的 K_a 数值可以看出，弱酸与水之间的质子传递程度较低。只有当弱酸浓度足够高，

①人们为了简便，有时也把平衡常数表达式中的 $[H_3O^+]$ 表示成 $[H^+]$，并相应地把 K_a 称为弱酸的电离常数（ionization constant）或解离常数（dissociation constant）。

能产生足够多的 H_3O^+ 时，才可以忽略水的质子自递对溶液中 H_3O^+ 浓度的贡献。

一元弱酸 HB 的初始浓度为 c，若 $K_ac \geqslant 20K_w$，即可忽略水的质子自递对溶液中 H_3O^+ 浓度的贡献，此时溶液中 H_3O^+ 浓度的计算结果相对误差不大于 ±5%。当 HB 与 H_2O 的质子传递平衡时，溶液中 $[H_3O^+]=[B^-]$。

	HB + H_2O ⇌	H_3O^+ +	B^-
初始态	c	0	0
平衡态	$c-[H_3O^+]$	$[H_3O^+]$	$[H_3O^+]$

根据以上平衡分析，可列出平衡常数表达式：

$$K_a = \frac{[H_3O^+]\cdot[H_3O^+]}{c-[H_3O^+]}$$

即 $[H_3O^+]^2 + K_a[H_3O^+] - K_ac = 0$，则

$$[H_3O^+] = \sqrt{K_a(c-[H_3O^+])} \qquad 式(4\text{-}9)$$

式(4-9)是计算一元弱酸溶液中 H_3O^+ 浓度的近似式。当 $c \geqslant 20[H_3O^+]$，即 $c \geqslant 400K_a$ 时，可近似认为：$c-[H_3O^+] \approx c$。式(4-9)可进一步简化，得计算一元弱酸溶液 $[H_3O^+]$ 的最简式：

$$[H_3O^+] = \sqrt{K_ac} \qquad 式(4\text{-}10)$$

不过，若酸的解离度较大，用式(4-10)最简式计算得到的 $[H_3O^+]$ 误差会超过 5%，此时可用式(4-9)的一元二次方程解求算：

$$[H_3O^+] = \frac{-K_a + \sqrt{K_a^2 + 4K_a}}{2}$$

不过，更简单和常用的方法是把最简式的结果进一步通过式(4-9)进行迭代计算[①]，一般通过 2~3 次迭代即可获得正确值。

同理，对于一元弱碱 B^-，其与水的质子传递平衡如下

$$B^- + H_2O \rightleftharpoons HB + OH^-$$

与一元弱酸类似，若 $K_bc \geqslant 20K_w$，则计算溶液 $[OH^-]$ 的近似式为

$$[OH^-] = \sqrt{K_b(c-[OH^-])} \qquad 式(4\text{-}11)$$

若 $c \geqslant 20[OH^-]$，即 $c \geqslant 400K_b$ 时，则计算溶液 $[OH^-]$ 的最简式为

$$[OH^-] = \sqrt{K_bc} \qquad 式(4\text{-}12)$$

[例 4-2] 已知 HAc 的 $K_a = 1.75\times10^{-5}$，请计算 0.100mol/L HAc 溶液的 pH。

解：$K_ac > 20K_w$，$c/K_a > 400$，故可应用式(4-10)计算：

$$[H_3O^+] = \sqrt{K_ac} = \sqrt{1.75\times10^{-5}\times0.100} = 1.32\times10^{-3}\text{mol/L}$$

$$pH = 2.886$$

还可将上述结果用式(4-9)通过迭代法计算获得更精确的结果：

第一次代入（$[H_3O^+] = 1.32\times10^{-3}$mol/L）：

$$[H_3O^+] = [1.75\times10^{-5}\times(0.100-1.32\times10^{-3})]^{½} = 1.31\times10^{-3}\text{mol/L}$$

第二次代入（$[H_3O^+] = 1.31\times10^{-3}$mol/L）：

$$[H_3O^+] = [1.75\times10^{-5}\times(0.100-1.31\times10^{-3})]^{½} = 1.31\times10^{-3}\text{mol/L}$$

①迭代法是数值计算中一类典型方法，应用于方程求根，方程组求解，矩阵求特征值等方面。其基本思想是逐次逼近，先取一个粗糙的近似值，然后用同一个递推公式，反复校正此初值，直至达到预定精度要求为止。

两次代入结果已经重合，即精算结果为：$[H_3O^+]=1.31\times10^{-3}$mol/L。可见，当一元弱酸的 $K_ac>20K_w$，$c/K_a>400$，采用最简式求算出的 H_3O^+ 浓度，较之精算结果，其相对误差仅为 0.76%。

[例 4-3] 将 1.00mol/L HAc 溶液加水稀释至 0.100mol/L，计算稀释前后溶液中 H_3O^+ 浓度和 HAc 的解离度 α。已知 HAc 的 $K_a=1.75\times10^{-5}$。

解：由于 $K_ac>20K_w$，可忽略水的质子自递，因此溶液中 $[H_3O^+]$ 与 $[Ac^-]$ 数值上近似相等，则 HAc 的解离度 α 为：

$$\alpha=\frac{[H_3O^+]}{c}$$

所以 $[H_3O^+]=c\alpha$。

	HAc	+	H_2O	$\rightleftharpoons$	H_3O^+	+	Ac^-
初始态	c				0		0
平衡态	$c-[H_3O^+]$				$[H_3O^+]$		$[H_3O^+]$
	$c(1-\alpha)$				$c\alpha$		$c\alpha$

当 $c>400K_a$ 时，$\alpha<0.05$，在计算时可采用近似 $1-\alpha\approx1$。该反应的平衡常数表达式为：

$$K_a=\frac{[H_3O^+][Ac^-]}{[HAc]}=\frac{c\alpha\cdot c\alpha}{c(1-\alpha)}\approx c\alpha^2$$

即
$$\alpha=\sqrt{\frac{K_a}{c}} \qquad 式(4\text{-}13)$$

（1）当 HAc 浓度为 1.00mol/L 时，根据式（4-13）可得：

$$\alpha=\sqrt{\frac{K_a}{c}}=\sqrt{\frac{1.75\times10^{-5}}{1.00}}=4.18\times10^{-3}=0.418\%$$

则
$$[H_3O^+]=c\alpha=1.00\times4.18\times10^{-3}=4.18\times10^{-3}\text{mol/L}$$

（2）当 HAc 浓度为 0.100mol/L 时：

$$\alpha=\sqrt{\frac{K_a}{c}}=\sqrt{\frac{1.75\times10^{-5}}{0.100}}=1.32\times10^{-3}=1.32\%$$

$$[H_3O^+]=c\alpha=0.100\times1.32\times10^{-2}=1.32\times10^{-3}\text{mol/L}$$

式（4-13）表明，溶液中 HAc 解离度 α 与其浓度呈反比。也就是说，HAc 溶液加水稀释之后，HAc 浓度降低但是其解离度 α 却升高了。稀释使弱电解质解离度升高的作用称为稀释效应（dilution effect）。

还可以看出，稀释后溶液中 HAc 的解离度虽然增大了，H_3O^+ 的浓度仍然是降低的，但是却只下降为稀释前的约 1/3。之所以如此，正是因为稀释所引起的 HAc 解离度的增加，部分补偿了 HAc 浓度的降低对 H_3O^+ 浓度的影响。

[例 4-4] 在 0.100mol/L HAc 溶液中加入适量 NaAc 固体，使 NaAc 浓度为 0.100mol/L。忽略溶液的体积变化，计算该溶液的 pH 和 HAc 的解离度 α。已知 HAc 的 $K_a=1.75\times10^{-5}$。

解：溶液中 Ac^- 分别来自 NaAc 和 HAc 的解离，但是溶液中 Ac^- 的平衡浓度只能有 1 个数值。

NaAc 是强电解质，在水溶液中完全解离，因此溶液中由 NaAc 解离生成的 Ac^- 浓度即为 0.100mol/L。忽略水的质子自递，则溶液中 H_3O^+ 浓度计算只需要考虑 HAc 与水的质子传递平衡，并且由 HAc 解离生成的 H_3O^+ 和 Ac^- 的浓度数值上近似相等。

设已解离的 HAc 的浓度为 $x$mol/L，则：

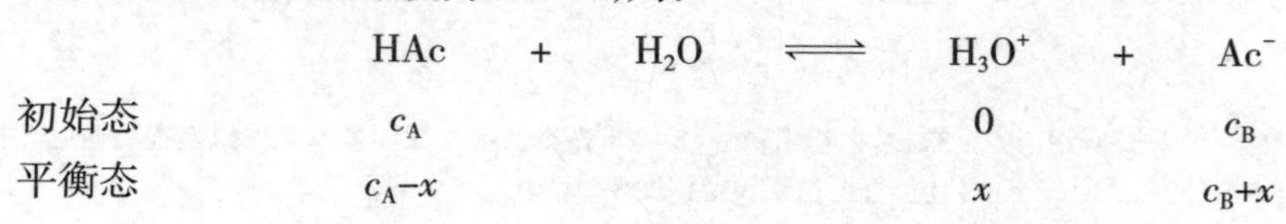

	HAc	+	H_2O	$\rightleftharpoons$	H_3O^+	+	Ac^-
初始态	c_A				0		c_B
平衡态	c_A-x				x		c_B+x

溶液中达质子传递平衡时：

$$K_a=\frac{[H_3O^+][Ac^-]}{[HAc]}=\frac{x\cdot(c_B+x)}{c_A-x}\approx\frac{x\cdot c_B}{c_A}=\frac{x\cdot 0.100}{0.100}=x$$

因此$[H_3O^+]=K_a=1.75\times10^{-5}$mol/L

则 HAc 的解离度 α 为：

$$\alpha=\frac{x}{c_A}=\frac{1.75\times10^{-5}}{0.100}=1.75\times10^{-4}=0.017\ 5\%$$

计算结果表明，溶液中$[H_3O^+]$远远低于 c_A 和 c_B。由此可见，在求算过程中采用的近似 $c_A-[H_3O^+]\approx c_A$ 和 $c_B+[H_3O^+]\approx c_B$ 是合理的。

与［例 4-3］相比可以看出，加入强电解质 NaAc 之后，HAc 向水传递的质子浓度由原来的 1.32×10^{-3}mol/L 降低到 1.75×10^{-5}mol/L，解离度也从 1.32% 降低至 0.017 5%。同样，若向氨水溶液中加入一定量的 NH_4Cl 时，氨水的解离度也会随之降低。我们常将向弱电解质的溶液中加入与之含有相同离子的强电解质，而使弱电解质的解离度降低的作用称为同离子效应（common ion effect）。需要注意的是，这里加入的强电解质应该是易溶于水的。

三、多元弱酸（碱）溶液 pH 计算

（一）多元弱酸（碱）溶液的质子传递平衡

一分子多元酸（碱）可以给出（接受）2 个或 2 个以上的质子。多元弱酸（碱）在水溶液中的质子传递反应是分步进行的，如三元酸 H_3PO_4 在水溶液中的质子传递分 3 步进行，每一步都有相应的酸度常数 K_a：

$$H_3PO_4+H_2O\rightleftharpoons H_2PO_4^-+H_3O^+$$

$$K_{a1}=\frac{[H_2PO_4^-][H_3O^+]}{[H_3PO_4]}=6.92\times10^{-3}$$

$$H_2PO_4^-+H_2O\rightleftharpoons HPO_4^{2-}+H_3O^+$$

$$K_{a2}=\frac{[HPO_4^{2-}][H_3O^+]}{[H_2PO_4^-]}=6.23\times10^{-8}$$

$$HPO_4^{2-}+H_2O\rightleftharpoons PO_4^{3-}+H_3O^+$$

$$K_{a3}=\frac{[PO_4^{3-}][H_3O^+]}{[HPO_4^{2-}]}=4.79\times10^{-13}$$

可以看出，H_3PO_4 的三级解离常数是逐级减小的，原因在于随着多元弱酸逐级地给出质子，生成的相应共轭碱的负电荷也逐级增多，其对带正电的质子的结合力也逐级增强，因此多元酸给出质子的能力是逐级降低的。

上述三级质子传递反应中，H_3PO_4、$H_2PO_4^-$、HPO_4^{2-} 均为酸，它们对应的共轭碱分别为 $H_2PO_4^-$、HPO_4^{2-}、PO_4^{3-}，即

$$H_3PO_4\underset{K_{b3}}{\overset{K_{a1}}{\rightleftharpoons}}H_2PO_4^-\underset{K_{b2}}{\overset{K_{a2}}{\rightleftharpoons}}HPO_4^{2-}\underset{K_{b1}}{\overset{K_{a3}}{\rightleftharpoons}}PO_4^{3-}$$

根据共轭酸碱对 K_a 和 K_b 的关系及共轭碱的质子传递反应，三元弱碱 PO_4^{3-} 的各级碱常数 K_b 分别为：

$$PO_4^{3-}+H_2O\rightleftharpoons HPO_4^{2-}+OH^-$$

$$K_{b1}=\frac{K_w}{K_{a3}}=2.09\times10^{-2}$$

$$HPO_4^{2-} + H_2O \rightleftharpoons H_2PO_4^- + OH^-$$

$$K_{b2} = \frac{K_w}{K_{a2}} = 1.61 \times 10^{-7}$$

$$H_2PO_4^- + H_2O \rightleftharpoons H_3PO_4 + OH^-$$

$$K_{b3} = \frac{K_w}{K_{a1}} = 1.44 \times 10^{-12}$$

对于多元弱酸碱，在利用酸度常数计算碱度常数时，需要注意相应的共轭酸碱对。如果酸和碱不属于同一共轭酸碱对，那么它们的 K_a 和 K_b 的乘积就不等于 K_w，如 $H_2PO_4^-$ 与 PO_4^{3-} 之间不存在共轭关系，因此 $K_{a2} \cdot K_{b1} \neq K_w$。

（二）多元弱酸（碱）溶液的 pH

多元弱酸的溶液中存在多步质子传递平衡，事实上其每一步质子传递都对溶液中 H_3O^+ 浓度有贡献。多元弱酸给出质子的能力是逐级降低的，第一步质子传递平衡往往比第二步进行的程度大得多，同时第一步质子传递生成的 H_3O^+ 会对第二步质子传递平衡产生同离子效应，从而抑制第二步质子传递，使得第二步质子传递生成的 H_3O^+ 远远少于第一步。因此，在计算多元弱酸溶液中的 H_3O^+ 浓度时，常常进行近似处理。

若多元弱酸的 $K_{a1}/K_{a2} > 100$，通常只需考虑第一步质子传递平衡，而忽略第二步及其以后各步质子传递平衡生成的 H_3O^+ 浓度。因而，计算溶液中 $[H_3O^+]$ 时，类似于一元弱酸。

若 $K_{a1} \cdot c \geqslant 20K_w$，则计算溶液中 $[H_3O^+]$ 的近似式为：

$$[H_3O^+] = \sqrt{K_{a1}(c - [H_3O^+])} \quad \text{式(4-14)}$$

若 $K_{a1} \cdot c \geqslant 20K_w$，且 $c/K_{a1} \geqslant 400$，则计算溶液中 $[H_3O^+]$ 的最简式为：

$$[H_3O^+] = \sqrt{K_{a1}c} \quad \text{式(4-15)}$$

上述近似处理的方法，同样适用于多元弱碱溶液 $[OH^-]$ 的计算。也就是说，若多元弱碱的 $K_{b1}/K_{b2} > 100$，则计算溶液中 $[OH^-]$ 的方法类似于一元弱碱。

［例 4-5］ 室温时，H_2CO_3 饱和溶液的浓度约为 0.040mol/L，请计算溶液的 pH 及 $[CO_3^{2-}]$。已知 H_2CO_3 的 $K_{a1} = 4.2 \times 10^{-7}$，$K_{a2} = 5.6 \times 10^{-11}$。

解： 由于 $K_{a1}/K_{a2} > 100$，因此只考虑第一步质子传递平衡。

$$H_2CO_3 + H_2O \rightleftharpoons HCO_3^- + H_3O^+$$

因为 $K_{a1}c > 20K_w$，$c/K_{a1} > 400$，所以采用式（4-15）进行计算：

$$[H_3O^+] = \sqrt{K_{a1}c} = \sqrt{4.2 \times 10^{-7} \times 0.040} = 1.3 \times 10^{-4}\text{mol/L}$$

$$pH = 3.89$$

CO_3^{2-} 由第二步质子传递反应生成，质子传递平衡如下：

$$HCO_3^- + H_2O \rightleftharpoons CO_3^{2-} + H_3O^+$$

因为忽略了第二步质子传递，因此可认为溶液中 $[H_3O^+] \approx [HCO_3^-]$，则：

$$K_{a2} = \frac{[H_3O^+][CO_3^{2-}]}{[HCO_3^-]} \approx [CO_3^{2-}]$$

所以 $[CO_3^{2-}] \approx K_{a2} = 5.6 \times 10^{-11}$mol/L

由［例 4-5］可以得到以下结论：多元弱酸溶液中，第二步质子传递反应中生成的共轭碱的平衡浓度与其 K_{a2} 在数值上近似相等，而与多元弱酸的初始浓度无关。该结论具有普遍意义，例如，H_2S 溶液中 $[S^{2-}]$ 近似等于 H_2S 的 K_{a2}，H_3PO_4 溶液中 $[HPO_4^{2-}]$ 近似等于 H_3PO_4 的 K_{a2}。类似地，对于多元弱碱溶液，第二步质子传递反应中生成的共轭酸的平衡浓度与其 K_{b2} 在数值上近似相等，而与多元弱碱

的初始浓度无关。

四、两性物质溶液 pH 计算

两性物质既能给出质子，也能接受质子，主要有两性阴离子（如 $H_2PO_4^-$）、弱酸弱碱盐（如 NH_4Ac）和氨基酸（如 $NH_3^+—CH_2—COO^-$）等 3 种类型。两性物质在水溶液中的质子传递平衡较为复杂。

设两性物质作为酸时其酸度常数为 K_a，作为碱时其共轭酸的酸度常数为 K'_a，当满足条件 $c \geqslant 20K'_a$ 和 $cK_a \geqslant 20K_w$（c 为两性物质浓度）时，溶液中 H_3O^+ 浓度的近似计算公式为：

$$[H_3O^+] = \sqrt{K'_a K_a} \qquad \text{式(4-16)}$$

则两性物质溶液 pH 的近似计算公式为：

$$pH = \frac{1}{2}(pK_a + pK'_a) \qquad \text{式(4-17)}$$

由上述近似计算公式看出，两性物质溶液中 H_3O^+ 的浓度与其初始浓度基本无关。

[例 4-6] 计算 0.10mol/L $NaHCO_3$ 溶液的 pH。

解：$NaHCO_3$ 溶液中的 HCO_3^- 是两性物质，作为酸时其酸度常数 K_a 为 H_2CO_3 的 $K_{a2} = 4.79 \times 10^{-11}$；作为碱时其共轭酸的酸度常数 K'_a 即为 H_2CO_3 的 $K_{a1} = 4.17 \times 10^{-7}$。

因为 $c > 20K'_a$ 和 $cK_a > 20K_w$，因此，$NaHCO_3$ 溶液中 $[H_3O^+]$ 为：

$$[H_3O^+] = \sqrt{K_{a1}K_{a2}} = \sqrt{(4.17 \times 10^{-7})(4.79 \times 10^{-11})} = 4.47 \times 10^{-9}\text{mol/L}$$

$$pH = 8.35$$

[例 4-7] 计算 0.10mol/L NH_4CN 溶液的 pH。

解：NH_4CN 由能给出质子的阳离子酸 NH_4^+ 和能接受质子的阴离子碱 CN^- 构成，是两性物质。其中阳离子酸 NH_4^+ 的 $pK_a = 9.25$，阴离子碱 CN^- 的共轭酸为 HCN，HCN 的 $pK_a = 9.40$。

因为 $c > 20K'_a$ 和 $cK_a > 20K_w$，因此，NH_4CN 溶液的 pH 为：

$$pH = \frac{1}{2}(pK_a + pK'_a) = \frac{1}{2}(9.25 + 9.40) = 9.32$$

由此可见，NH_4CN 溶液呈碱性。

[例 4-8] 计算 0.10mol/L 甘氨酸（$NH_3^+—CH_2—COO^-$）溶液的 pH。

解：氨基酸的结构中，$—NH_3^+$ 基团可以给出质子，$—COO^-$ 基团可以接受质子，因此氨基酸是两性物质。甘氨酸与水的质子传递平衡如下：

甘氨酸作为酸时，

$$^+H_3N—CH_2—COO^- + H_2O \rightleftharpoons H_2N—CH_2—COO^- + H_3O^+ \quad K_a = 1.56 \times 10^{-10}$$

甘氨酸作为碱时，

$$^+H_3N—CH_2—COO^- + H_2O \rightleftharpoons {}^+H_3N—CH_2—COOH + OH^- \quad K_b = 2.24 \times 10^{-12}$$

其共轭酸 $NH_3^+—CH_2—COOH$ 的 $K'_a = K_w/K_b = 4.46 \times 10^{-3}$

因为 $c > 20K'_a$ 和 $cK_a > 20K_w$，因此，甘氨酸溶液中 $[H_3O^+]$ 为：

$$[H_3O^+] = \sqrt{K_a K'_a} = \sqrt{(1.56 \times 10^{-10})(4.46 \times 10^{-3})} = 8.34 \times 10^{-7}\text{mol/L}$$

$$pH = 6.08$$

第四节　缓 冲 溶 液

生化生理实验中，如微生物培养、组织切片染色、药液配制等，都需要在相对稳定的 pH 条件下进行，因此应用缓冲溶液来保持溶液酸碱度的相对稳定至关重要。

一、缓冲溶液及缓冲机制

（一）缓冲溶液的组成

能够抵抗外加少量强酸、强碱或稍加稀释而维持 pH 基本不变的溶液称为缓冲溶液（buffering solution）。常用的缓冲溶液由足够浓度的一对共轭酸碱对组成，组成缓冲溶液的共轭酸碱对也称为缓冲对（buffer pair）或缓冲系（buffer system）。表 4-2 列出了一些常见的缓冲溶液。

表 4-2　常见缓冲溶液

缓冲体系	共轭酸	共轭碱	质子转移平衡
$H_2C_8H_4O_4$—$KHC_8H_4O_4$[a]	$H_2C_8H_4O_4$	$HC_8H_4O_4^-$	$H_2C_8H_4O_4 \rightleftharpoons HC_8H_4O_4^- + H^+$
HAc—NaAc	HAc	Ac^-	$HAc \rightleftharpoons Ac^- + H^+$
KH_2PO_4—Na_2HPO_4	$H_2PO_4^-$	HPO_4^{2-}	$H_2PO_4^- \rightleftharpoons HPO_4^{2-} + H^+$
Tris[b]—HCl	$TrisH^+$	Tris	$TrisH^+ \rightleftharpoons Tris + H^+$
$NaHCO_3$—Na_2CO_3	HCO_3^-	CO_3^{2-}	$HCO_3^- \rightleftharpoons CO_3^{2-} + H^+$
NH_3—NH_4Cl	NH_4^+	NH_3	$NH_4^+ \rightleftharpoons NH_3 + H^+$
CH_3NH_2—HCl	$CH_3NH_3^+$	CH_3NH_2	$CH_3NH_3^+ \rightleftharpoons CH_3NH_2 + H^+$

注：[a] 邻苯二甲酸 - 邻苯二甲酸氢钾；[b] 三（羟甲基）氨基甲烷。

（二）缓冲机制

下面以 HAc-NaAc 缓冲溶液为例，定性地说明缓冲溶液的缓冲机制。

HAc 为弱电解质，在溶液中解离程度很低；而 NaAc 为强电解质，在溶液中完全解离，以 Na^+ 和 Ac^- 形式存在，并对 HAc 的解离产生同离子效应，因此在 HAc-NaAc 缓冲溶液中，HAc 和 Ac^- 的浓度都相对很大。溶液中存在下列质子传递平衡：

$$\begin{aligned} HAc + H_2O &\rightleftharpoons H_3O^+ + \boxed{Ac^-} \\ NaAc &\longrightarrow Na^+ + \boxed{Ac^-} \end{aligned}$$

当外加少量强碱时，加入的 OH^- 将中和溶液中的 H_3O^+，使 HAc 的解离平衡向右移动，从而弥补了 H_3O^+ 浓度的降低，使得溶液的 pH 维持基本不变；当外加少量强酸时，由于溶液中有足够浓度的 Ac^-，可以与加入的 H^+ 反应，上述质子传递平衡向左移动，使得溶液的 pH 维持基本不变。

由此可见，正是由于缓冲溶液中同时含有足够浓度的共轭酸碱对，外加少量强酸或强碱时，弱酸的质子传递平衡没有被破坏，从而可以维持溶液的 pH 基本不变。缓冲对中的弱酸称为抗碱成分，其共轭碱称为抗酸成分。

浓度较高的强酸（$pH \leqslant 2$）或强碱（$pH \geqslant 12$）溶液中，H_3O^+ 浓度或 OH^- 浓度也很高，外加少量强酸或强碱时，不会使溶液中 H_3O^+ 浓度或 OH^- 浓度发生较为明显的变化，因此溶液的 pH 也可维持基本不变，具有一定的缓冲能力。但因强酸或强碱溶液的酸性或碱性太强、远偏离中性的生理条件，实际工作中基本用不上。本章仅讨论由共轭酸碱对组成的缓冲溶液。

二、缓冲溶液 pH 的计算

现以一元弱酸 HB 及其共轭碱 B^- 组成的缓冲溶液为例，来推导缓冲溶液 pH 的计算公式。缓冲溶液中由于共轭酸碱对的浓度都比较高，因此计算溶液 pH 时，常忽略水的质子自递，而只考虑弱酸 HB 与 H_2O 的质子传递平衡。

$$HB + H_2O \rightleftharpoons H_3O^+ + B^-$$

平衡状态时：

$$[H_3O^+]=K_a\cdot\frac{[HB]}{[B^-]}$$

等式两边同时取负对数，得：

$$pH=pK_a+\lg\frac{[B^-]}{[HB]} \qquad 式(4\text{-}18)$$

式(4-18)是计算缓冲溶液 pH 的亨德森 - 哈塞尔巴尔赫方程(Henderson-Hasselbalch equation)。式中，pK_a 为弱酸的解离平衡常数的负对数，B^- 与 HB 的浓度之比称为缓冲比，B^- 与 HB 的浓度之和称为缓冲溶液的总浓度，即 $c_{总}=[HB]+[B^-]$。

上述 HB-B^- 缓冲溶液中，B^- 浓度较高，对 HB 的解离将产生较强的同离子效应，使得 HB 的解离程度很低。假设溶液中 HB 的初始浓度为 $c(HB)$，B^- 的初始浓度为 $c(B^-)$，发生解离的 HB 的浓度为 $c'(HB)$，则溶液中 [HB] 和 [B^-] 分别为：

$$[HB]=c(HB)-c'(HB)\approx c(HB)$$

$$[B^-]=c(B^-)+c'(HB)\approx c(B^-)$$

由此，式(4-18)也可表示为：

$$pH=pK_a+\lg\frac{c(B^-)}{c(HB)} \qquad 式(4\text{-}19)$$

根据物质的量浓度的定义，即 $c_B=\frac{n_B}{V}$，式(4-19)又可表示为：

$$pH=pK_a+\lg\frac{n(B^-)}{n(HB)} \qquad 式(4\text{-}20)$$

可以看出，影响缓冲溶液 pH 大小的因素主要有温度、缓冲对中弱酸的酸度常数 K_a 以及缓冲溶液的缓冲比。同时还可以看到，当向缓冲溶液中加入少量纯水进行稀释时，溶液中 HB 和 B^- 的浓度同等程度下降，HB 和 B^- 的物质的量基本都不改变，因此缓冲溶液的 pH 可以维持基本不变。

[例 4-9] 计算 0.100mol/L HAc – 0.100mol/L NaAc 混合溶液的 pH。若向其中滴加少量浓 HCl，使 HCl 浓度为 0.010 0mol/L。忽略溶液的体积变化，计算溶液的 pH。已知 HAc 的酸度常数 $pK_a=4.756$。

解：(1) 根据题意，HAc-NaAc 缓冲溶液中，$c(HAc)=c(Ac^-)=0.100$mol/L，则该缓冲溶液的 pH 为：

$$pH=pK_a+\lg\frac{c(Ac^-)}{c(HAc)}=4.756+\lg\frac{0.100}{0.100}=4.756$$

(2) 若向缓冲溶液中加入 HCl，则溶液中将发生如下反应：

$$H^++Ac^-=\!=\!=HAc$$

由此，溶液中 Ac^- 浓度将减小而 HAc 浓度将增大，浓度改变值均为 0.010 0mol/L。则加入 HCl 后，溶液的 pH 为：

$$pH=pK_a+\lg\frac{c(Ac^-)-c(HCl)}{c(HAc)+c(HCl)}=4.756+\lg\frac{0.100-0.010\,0}{0.100+0.010\,0}=4.669$$

由计算结果可见，在题中的缓冲溶液中加入少量的强酸后，溶液的 pH 仅减小了约 0.087 个单位；反之，若向上述缓冲溶液中加入少量的 NaOH 并使其浓度为 0.010 0mol/L，则溶液的 pH 将从 4.756 升至 4.843，仅升高了 0.087 个单位。可见在缓冲溶液中外加少量强酸或强碱时，溶液的 pH 变化都很小，维持了溶液 pH 的相对稳定。

严格来说，亨德森 - 哈塞尔巴尔赫方程式计算出的只是缓冲溶液 pH 的近似值。例如，含有 0.025mol/L KH_2PO_4 和 0.025mol/L Na_2HPO_4 的缓冲溶液，其 pH 的计算值为 7.21，但应用 pH 计实际测出的 pH 为 6.86。为何计算值和实测值之间会出现一定的差距呢？原因在于缓冲溶液由足够高浓度

的一对共轭酸碱对组成，其中含有较高浓度的强电解质，因此溶液的离子强度较高，各离子活度随之降低。如果想要更为精确地计算出缓冲溶液的 pH，必须要引入活度因子对亨德森 - 哈塞尔巴尔赫方程式进行校正。

$$\begin{aligned}\mathrm{pH} &= \mathrm{p}K_a + \lg\frac{a(\mathrm{B}^-)}{a(\mathrm{HB})} \\ &= \mathrm{p}K_a + \lg\frac{c(\mathrm{B}^-)}{c(\mathrm{HB})} + \lg\frac{\gamma(\mathrm{B}^-)}{\gamma(\mathrm{HB})}\end{aligned} \qquad \text{式(4-21)}$$

式（4-21）为校正后的缓冲溶液 pH 计算公式。式中 γ 为活度因子，$\lg\frac{\gamma(\mathrm{B}^-)}{\gamma(\mathrm{HB})}$为校正系数，可以通过查表 4-3 获得。表 4-3 列出了 20℃时，在不同离子强度下，带有不同电荷数 z 的弱酸缓冲系的校正系数。0~30℃的校正系数均可以 20℃时的数值代入式（4-21）中进行计算。

表 4-3　电荷数为 z 的弱酸缓冲系在一定离子强度下的校正系数（20℃）

I	$z=+1$	$z=0$	$z=-1$	$z=-2$
0.01	+0.04	−0.04	−0.13	−0.22
0.05	+0.08	−0.08	−0.25	−0.42
0.10	+0.11	−0.11	−0.32	−0.53

三、缓冲容量和缓冲范围

（一）缓冲容量

不同缓冲溶液的缓冲能力大小不同，通常用缓冲容量（buffer capacity）β 来衡量缓冲溶液的缓冲能力[①]。缓冲容量定义为：使 1L 缓冲溶液的 pH 改变 1 个单位所需加入的一元强酸或一元强碱的物质的量。

$$\beta \overset{\mathrm{def}}{=\!=} -\frac{\mathrm{d}n_a}{V\cdot \mathrm{dpH}} = \frac{\mathrm{d}n_b}{V\cdot \mathrm{dpH}} \qquad \text{式(4-22)}$$

式（4-22）中，V 为缓冲溶液体积，$\mathrm{d}n_a$、$\mathrm{d}n_b$ 分别为加入的一元强酸和一元强碱的微小改变量，dpH 为缓冲溶液 pH 的微小改变量。根据式（4-22）可见，β 值越大，缓冲溶液的缓冲能力越强。

由式（4-22）可以推导出缓冲容量的计算公式：

$$\beta = 2.303\times\frac{[\mathrm{HB}][\mathrm{B}^-]}{[\mathrm{HB}]+[\mathrm{B}^-]} = 2.303\times\frac{[\mathrm{HB}][\mathrm{B}^-]}{c_{总}} = 2.303\times c_{总}\times\frac{r}{(1+r)^2} \qquad \text{式(4-23)}$$

式（4-23）中，$c_{总}$为缓冲溶液的总浓度，r 为缓冲比。

由式（4-23）可以看出，缓冲溶液缓冲容量的大小与其总浓度及缓冲比有关：

（1）缓冲容量与总浓度：当缓冲比 r 一定时，缓冲溶液的总浓度越高，其缓冲容量越大，缓冲能力越强。

（2）缓冲容量与缓冲比：当总浓度 $c_{总}$一定时，缓冲比改变时，缓冲溶液的缓冲容量随之改变。缓冲溶液的缓冲容量与缓冲比的关系示意图见图 4-2。

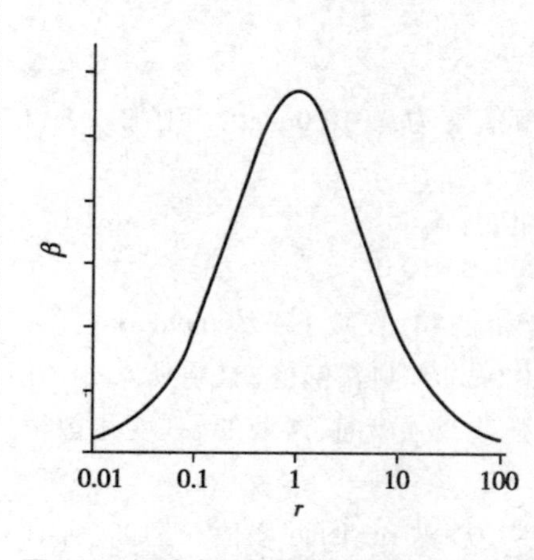

图 4-2　缓冲容量与缓冲比的关系示意图

如图 4-2 所示，总浓度 $c_{总}$一定时，缓冲比越接近于 1，缓冲溶液的缓冲容量越大。当缓冲比 r 为 1，即[HB]=[B^-]=（1/2）$c_{总}$时，缓冲溶液的 pH = pK_a，其缓冲容量极大，β_{max} = 0.576 $c_{总}$。

①缓冲容量的相关计算将在分析化学课程中介绍。

(二)缓冲范围

缓冲溶液的缓冲能力是有限的。缓冲溶液的总浓度 $c_{总}$一定时,缓冲比越偏离 1,其缓冲容量越小,甚至可能失去其缓冲能力。当缓冲溶液的缓冲比小于 0.1 或大于 10,即缓冲溶液的 $pH < pK_a-1$ 或 $pH > pK_a+1$ 时,其缓冲容量很小,可以认为缓冲溶液已经失去了缓冲能力。因此,常认为 $pH = pK_a \pm 1$ 是缓冲溶液的有效区间,称其为缓冲溶液的缓冲范围(buffer effective range)。不同的缓冲溶液,由于它们的弱酸的 pK_a 取值不同,因此缓冲范围也各不相同。

四、缓冲溶液的配制

(一)缓冲溶液的配制原则和步骤

在生物医学的实验研究中,常常需要配制一定 pH 的缓冲溶液,常用的缓冲系主要有磷酸、柠檬酸、碳酸、醋酸、巴比妥酸、Tris(三羟甲基氨基甲烷)等系统。为使配制的缓冲溶液具有足够的缓冲能力,应遵循以下原则和步骤:

1. 选择合适的缓冲系　选择合适的缓冲系,需要考虑两个因素:首先所配制缓冲溶液的 pH 需在所选缓冲系的缓冲范围($pK_a \pm 1$)之内,并尽量地接近弱酸的 pK_a,使所配缓冲溶液具有较大的缓冲容量。例如,若所配制缓冲溶液的 pH 范围在 7.4 附近,则可选择 $H_2PO_4^-$-HPO_4^{2-} 缓冲系,因为 $H_2PO_4^-$ 的 $pK_a = 7.21$,该缓冲系的缓冲范围在 6.21~8.21。其次选择的缓冲系需性质稳定、无毒,既不能与所要研究体系中的其他物质发生化学反应,也不能对所要研究的生物活性物质产生不良影响。例如,硼酸 - 硼酸盐缓冲系具有一定的毒性,不能作为注射液、口服液或细胞培养的缓冲溶液。

2. 确定适宜的总浓度　缓冲溶液总浓度太低,缓冲容量过小;但若总浓度过高,则有可能使得溶液的离子强度太大或者渗透压过高,都无法满足实际应用需求。实际工作中,在满足最小缓冲容量的前提下,一般选用的总浓度在 0.05~0.2mol/L。

3. 计算所配缓冲溶液中各物质的量　根据亨德森 - 哈塞尔巴尔赫方程式,计算出配制缓冲溶液所需的弱酸及其共轭碱的物质的量。为方便计算和配制,常常应用浓度相等的弱酸及其共轭碱来进行配制。实际工作中,也会采取在弱酸溶液中加入一定量强碱或者在弱碱溶液中加入一定量强酸,来配制缓冲溶液。

对于生理缓冲溶液而言,溶液中往往还含有其他物质,如加入一定量的 NaCl 来维持溶液的渗透压等。例如,在生物化学研究中常用到的磷酸缓冲生理盐水,就是在 0.050mol/L $H_2PO_4^-$-HPO_4^{2-} 缓冲溶液中加入 NaCl 使其浓度为 8.50g/L 配制而成。

4. 校正缓冲溶液的 pH　根据计算结果,将弱酸及其共轭碱的溶液混合或者将弱酸及其共轭碱溶于一定体积的去离子水中,即可配制成所需 pH 的缓冲溶液。但是,在运用亨德森 - 哈塞尔巴尔赫方程式进行相关计算时,我们一方面采用了弱酸及其共轭碱的初始浓度代替了相应的平衡浓度[HB]和[B^-],另一方面也未考虑溶液中离子强度对各物质活度的影响。按照上述计算结果配制的缓冲溶液,其实测 pH 与计算值往往会有所不同,因此在配制缓冲溶液时,通常还需要在 pH 计的监测下对缓冲溶液的 pH 进行校正。例如,在 pH 计监测下,可以向缓冲溶液中滴加强酸(如 HCl)或强碱(如 NaOH)来调节溶液的 pH 而加以校正。

此外在配制与生物系统有关的制剂时,不仅要求 pH 缓冲溶液具有适当的缓冲范围,而且还可能要求不含有某些物质(如 NH_4^+),甚至还需要注意所用的磷酸盐或碳酸盐是钠盐还是钾盐。

[例 4-10] 如何利用 0.10mol/L HAc 和 0.10mol/L NaAc 溶液配制 1.0L pH = 5.00 的缓冲溶液?忽略混合时溶液的体积变化。

解: 设配制缓冲溶液时,消耗的 HAc 溶液的体积为 V_A,NaAc 溶液的体积为 V_B,则缓冲溶液的总体积 $V = V_A + V_B$。则溶液中 HAc 的物质的量 $n_A = 0.10V_A$,NaAc 的物质的量 $n_B = 0.10V_B$。

根据式(4-20)可得

$$pH = pK_a + \lg\frac{n_B}{n_A} = pK_a + \lg\frac{0.10V_B}{0.10V_A} = pK_a + \lg\frac{V_B}{V_A}$$

因为 $V_A = V - V_B$,所以

$$pH = pK_a + \lg\frac{V_B}{V - V_B}$$

将 pH = 5.00、pK_a = 4.756 和 V = 1.00L 代入上式,计算得

$$V_B = 0.64L$$

$$V_A = 1.00 - V_B = 0.36L$$

由上述例题可以看到,配制缓冲溶液时,若各储备液的浓度相等,则可直接应用各储备液的体积来进行相关计算。在实际工作中,通常是查阅有关手册,根据手册中提供的配方直接配制相关缓冲溶液。表 4-4 列出了 0.05mol /L KH_2PO_4-Na_2HPO_4 缓冲溶液的配制方法。

表 4-4 0.05mol/L KH_2PO_4-Na_2HPO_4 缓冲溶液的配方表[a](20℃)

pH	0.2mol/L KH_2PO_4[b]/ml	0.2mol/L NaOH V/ml	pH	0.2mol/L KH_2PO_4/ml	0.2mol/L NaOH V/ml
5.8	50	3.72	7.0	50	29.63
6.0	50	5.70	7.2	50	35.00
6.2	50	8.60	7.4	50	39.50
6.4	50	12.60	7.6	50	42.80
6.6	50	17.80	7.8	50	45.20
6.8	50	23.65	8.0	50	46.80

注:[a] 50ml 0.2mol/L KH_2PO_4 + V ml 0.2mol/L NaOH,加去离子水稀释至 200ml。

[b] 0.2mol/L KH_2PO_4 储备液:27.2g KH_2PO_4 加去离子水溶解后稀释至 1L。

(二)标准缓冲溶液

用 pH 计测定溶液的 pH 时,需要用标准缓冲溶液进行校正。表 4-5 列出了国际纯粹化学与应用化学协会(IUPAC)确定的 5 种常用标准缓冲溶液,它们的 pH 经过准确的实验测得。

表 4-5 常见标准 pH 缓冲溶液

pH 标准缓冲溶液	pH 标准值(25℃)
饱和酒石酸氢钾(0.034mol/L)	3.557
0.05mol/L 邻苯二甲酸氢钾	4.008
0.025mol/L KH_2PO_4-0.025mol/L Na_2HPO_4	6.865
0.008 695mol/L KH_2PO_4-0.030 43mol/L Na_2HPO_4	7.413
0.01mol/L 硼砂	9.180

由表 4-5 可见,酒石酸氢钾、邻苯二甲酸氢钾和硼砂标准缓冲溶液均由单一化合物配制而成。

五、缓冲溶液在医学上的意义

人体每天都在不断地摄入酸碱性物质,同时也在不断地代谢而产生多种酸碱性物质,但是人体内的各种体液都能够维持相对稳定的 pH 环境,这与机体内的体液具有较强的缓冲能力密切相关。表 4-6 列举了人体内一些体液的 pH。

表 4-6 人体内一些体液的 pH

体液	pH	体液	pH
动脉血	7.35~7.45	脑脊液	7.31~7.34
唾液	6.6~7.1	小肠液	约 7.6
胃液	0.9~1.5	尿液	4.5~7.9

在血浆缓冲系及红细胞缓冲系的共同作用下，正常人体血液的 pH 稳定在 7.35~7.45。若因某些生理或病理原因，血液 pH 低于 7.35 时则发生酸中毒，高于 7.45 时则发生碱中毒。例如，一些中枢神经系统的病变如延脑肿瘤、脑膜炎、椎动脉栓塞等，会抑制人体的呼吸中枢活动，从而使通气减少造成血液中 CO_2 蓄积，最终可导致血液 pH 低于 7.35 发生酸中毒。

人体血液中含有的缓冲系主要有：H_2CO_3-HCO_3^-、HHb-Hb^-（HHb 为血红蛋白）、$HHbO_2$-HbO_2^-（$HHbO_2$ 为氧合血红蛋白）、$H_2PO_4^-$-HPO_4^{2-}、HPr-Pr^-（HPr 为血浆蛋白）。几种缓冲系中，碳酸氢盐缓冲系占全血缓冲总量的 1/2 以上，是人体内缓冲能力最强、含量最高的缓冲系，发挥的作用也最为重要。

碳酸氢盐缓冲系在血液中存在如下平衡：

$$CO_2(aq) + H_2O \rightleftharpoons H_2CO_3 \rightleftharpoons H^+ + HCO_3^-$$

正常人体血液中 H_2CO_3 的 $pK_a' = 6.10$，$[HCO_3^-] = 0.024mol/L$，$[CO_2(aq)] = 0.001\ 2mol/L$，根据亨德森 - 哈塞尔巴尔赫方程式，可得血液的 pH 为：

$$pH = pK_{a1}'(H_2CO_3) + \lg\frac{[HCO_3^-]}{[CO_2(aq)]} = 6.10 + \lg\frac{0.024}{0.001\ 2} = 7.40$$

HCO_3^- 是血浆中含量最高的抗酸成分，称之为碱储，其一定程度上可以代表血浆对体内产生的固定酸的缓冲能力。

可以看出，正常人血液中碳酸氢盐缓冲系的缓冲比为 20/1，远超出一般缓冲溶液的有效缓冲比范围（1/10~10/1），然而血液 pH 仍能维持在 7.35~7.45 这一狭小的范围之内，原因在于人体是一个"开放系统"。

人体内多数代谢过程都会产生酸，从而使得血浆中 H^+ 浓度增大，H_2CO_3-HCO_3^- 缓冲系中的抗酸成分 HCO_3^- 就会与 H^+ 结合，并在碳酸酐酶的催化下转化为 CO_2，此时人体可以通过加快肺的呼吸迅速将 CO_2 排出体外，从而使血液 pH 不会显著降低。正常膳食时，人体内代谢产生的酸性物质远高于碱性物质，因此肾脏的主要功能是排酸保碱，但当体内碱性物质增多，血浆中 HCO_3^- 浓度超过 0.026mol/L 时，肾会减少对 HCO_3^- 的吸收，使得过多的 HCO_3^- 随着尿液排出体外，从而使血液 pH 不会显著升高。由此可见，依赖于肺和肾的生理功能，人体可以调控 CO_2 和 HCO_3^- 的排出，从而有效控制了血浆中 HCO_3^- 和 CO_2 浓度的相对稳定，维持其缓冲比为 20/1，进而保证了血液 pH 的相对稳定。

第五节 酸碱催化简介

催化剂能够改变化学反应速率，但其本身在反应前后，无论是质量还是化学性质，均不发生明显的变化。

根据不同的催化反应机制，催化反应可以分为酸碱型催化反应和氧化还原型催化反应。酸碱型催化反应的反应机制一般认为是催化剂和反应物分子间通过质子转移或配位结合，导致目标化学键发生强烈极化而活化；氧化还原型催化反应的反应机制可以认为是催化剂与反应物之间通过电子转移，改变目标原子的价态而活化与之相连接的化学键。

根据催化剂、反应物和产物的物理状态，催化反应可以分为均相催化反应和非均相催化反应。均

相催化反应是指反应物和催化剂居于同一相态中的反应，主要包括可溶性的酸或碱催化、均相配位催化；非均相催化反应是指反应物和催化剂居于不同相态的反应。均相酸碱催化在石油化工、生物医学等领域应用较为广泛。本节主要介绍在溶液中发生的均相酸碱催化反应。

一、酸碱催化剂

根据布朗斯特酸碱质子理论，酸是能给出质子 H^+ 的物质，而碱是能接受质子 H^+ 的物质，也称之为 B 酸和 B 碱，酸碱反应的实质是两对共轭酸碱对间的质子传递过程；根据路易斯酸碱电子理论，酸是能接受电子对的物质，而碱是能提供电子对的物质，也称其为 L 酸和 L 碱。水溶液中，氢离子、氢氧根离子、未解离的酸分子或碱分子、B 酸或 B 碱、L 酸或 L 碱都可以作为酸碱催化剂来催化一些反应，如乙烯水合、蔗糖转化、酯的合成和水解等。

水溶液中发生酸碱催化反应时，若只有 H^+（严格来说应为 H_3O^+）或 OH^- 发挥催化作用，其他离子或分子没有显著催化作用的称为特殊酸、碱催化；若是由 B 酸或 B 碱发挥催化作用的，则称之为 B 酸或 B 碱催化。水溶液中的酸碱催化反应，H^+ 和 OH^- 的催化系数远远高于其他酸碱催化剂，其催化效应占绝对优势，因而以 B 酸或 B 碱为催化剂的实验需在缓冲溶液中进行，以有效地控制溶液中 H^+ 或 OH^- 的浓度、避免 H^+ 和 OH^- 的干扰。

例如，硝酰胺 NH_2NO_2 在 HAc-NaAc 缓冲溶液中的分解反应：

$$NH_2NO_2 \longrightarrow N_2O + H_2O$$

可能的催化剂物种包括 HAc、Ac^-、H^+ 和 OH^-。实验发现该分解反应的反应速率与溶液中 HAc 和 H^+ 的浓度无关，而与 Ac^- 的浓度呈线性关系。由于在 HAc-NaAc 缓冲溶液中 OH^- 的浓度极低，可以忽略不计，由此可以看出 Ac^- 是 NH_2NO_2 分解反应的催化剂，而 Ac^- 是 B 碱，因而该反应是一个可以由 B 碱催化而发生的反应。

这里仅对 H^+ 和 OH^- 参与的特殊酸、碱催化反应做简单介绍。

二、酸碱催化水解反应

有机化合物水解反应是有机化学中常见的化学反应，其结果是反应物被分解为两部分，H_2O 中的 H^+ 加到其中的一部分，而 OH^- 加到另一部分，因而得到两种或两种以上新的化合物。常见的有酰氯、酸酐、酯、磷酸酯和酰胺等的水解，常常需要酸或碱作为催化剂来促进反应的进行。

（一）酯的碱性水解

酯的水解反应常常用碱作为催化剂，酯的碱性水解机制如图 4-3 所示。

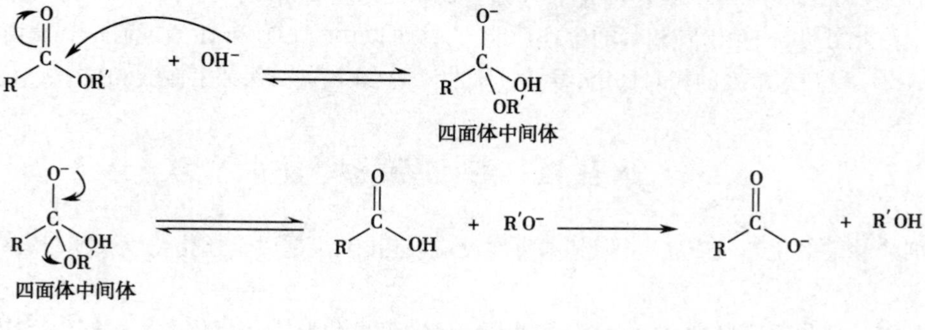

四面体中间体

四面体中间体

图 4-3　酯的碱性水解机制

由碱性水解反应机制可以看出，酯在发生碱性水解时，发生了酰氧键—（O＝C）—O—的断裂。因为 OH^- 能较强地与带 δ^+ 的原子结合（称为“亲核试剂”），反应时 OH^- 首先进攻酯的羰基碳—（$O^{\delta-}=C^{\delta+}$）—，生成四面体的中间产物，中间产物消去 $R'O^-$，同时生成羧酸。由于反应生成的产物羧酸可与碱反应

生成盐，促使平衡正向移动，因此有利于酯水解反应的进行。碱催化酯的水解反应时，其用量往往比较大，因为碱不仅是反应的催化剂，同时还参与了反应。

在碱性水解反应历程中生成了一个四面体的中间产物，是带电荷的负离子，若羰基附近的碳上连接有吸电子基团，可使得该中间产物负离子稳定性增加，从而促进水解反应的进行。

油脂在碱性条件下发生水解后，将生成脂肪酸的钠盐或钾盐以及甘油。日常生活中，人们使用的肥皂就是脂肪酸的钠盐，因此油脂的碱性水解也被称为“皂化反应”。

（二）酯的酸性水解

在酸催化剂的作用下，酯也可以发生水解反应。同位素方法实验证实，在酸催化的条件下，酯水解时主要是酰氧键发生断裂，其反应机制如图 4-4 所示。

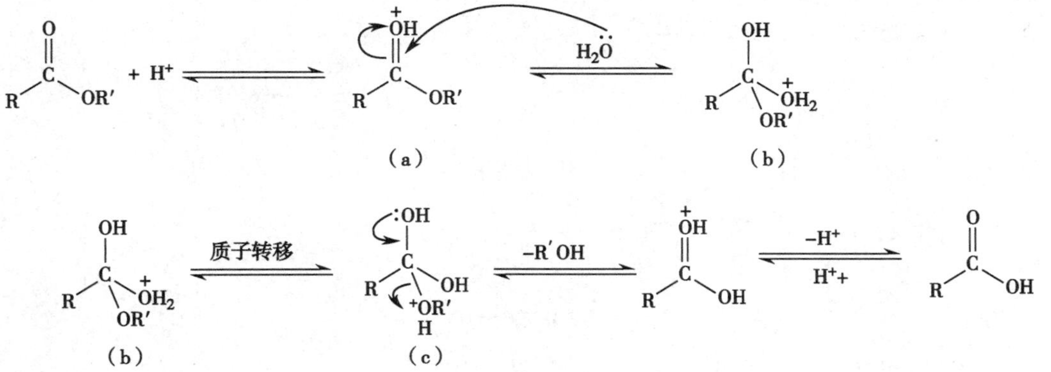

图 4-4　酯的酸性水解反应机制

由反应机制可以看出，反应的第一步是酯和催化剂使 H^+ 反应生成质子化的酯（a），质子化后的酯结构中的中心碳原子的 δ^+ 增强，因此亲核能力不强的 H_2O，此时可以与质子化的酯发生反应，生成带正电荷的四面体型的中间产物（b），中间产物（b）经质子转移后生成（c），（c）先消除醇，再消除质子即得最终产物羧酸。

通过鉴定水解生成的酸和醇的结构，从而可以确定酯的结构；此外，酯的水解反应在油脂工业上应用广泛，常常通过酸催化水解很多天然存在的脂肪、油或蜡，来制得相应的羧酸。

（三）核酸的水解

生物体细胞内存在两种核酸，脱氧核糖核酸（deoxyribonucleic acid，DNA）主要存在于细胞核内，核糖核酸（ribonucleic acid，RNA）主要存在于细胞质中。无论是 DNA 还是 RNA，在细胞内都与蛋白质结合形成核蛋白体。

核酸是一类多聚化合物，其基本构成单位是核苷酸。由核苷酸的水解产物可知，核苷酸由含氮碱基、戊糖和磷酸构成，其中碱基与戊糖的羟基之间脱水后形成核苷。核苷酸则由核苷与磷酸之间经脱水形成，是核苷的磷酸酯。核苷酸的结构组成如图 4-5 所示。

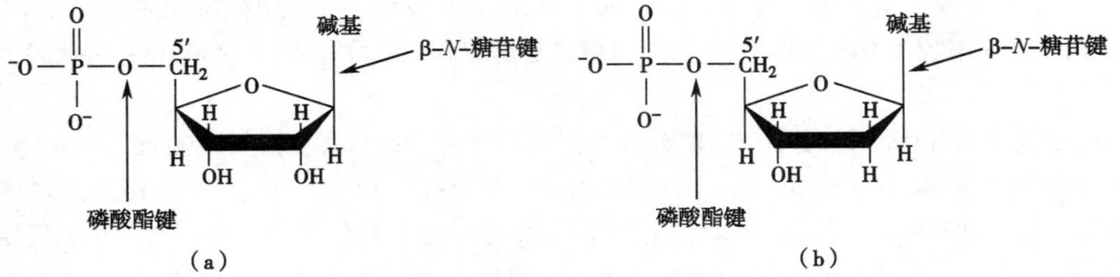

图 4-5　核糖核苷酸（a）和脱氧核糖核苷酸（b）结构

由于戊糖和碱基的组成有所不同,因此核苷酸有不同的类别。含有核糖的称为核糖核苷酸(ribonucleotide),其结构为图 4-5(a)所示;含有脱氧核糖的称为脱氧核糖核苷酸(deoxyribonucleotide),其结构如图 4-5(b)所示。而根据不同的碱基,又可分为嘌呤核苷酸和嘧啶核苷酸。

DNA 和 RNA 为多聚核苷酸,是由核苷酸通过 3′, 5′- 磷酸二酯键连接而形成的生物大分子。核酸长链中的化学键主要包括单核苷酸之间的磷酸二酯键、碱基和核糖之间的 *N*- 糖苷键、长链末端的磷酸单酯键。核酸在不同条件下发生水解时,由于断裂的键的位置不同,生成的产物也有所不同。因此研究核酸的水解反应对于核酸或核苷酸的制备和稳定性研究都非常重要。

DNA 一般不被碱水解,但是 RNA 则可发生碱性水解。核酸结构中,核糖和碱基之间的 *N*- 糖苷键对碱稳定,RNA 主链中的磷酸二酯键一般也对碱稳定,但 RNA 分子的核糖结构中含有 2′-OH,能发生邻近基团参与效应。在 OH^- 作用下,RNA 结构中的磷酰基发生位移后生成中间产物。RNA 的碱性水解反应机制如图 4-6 所示。

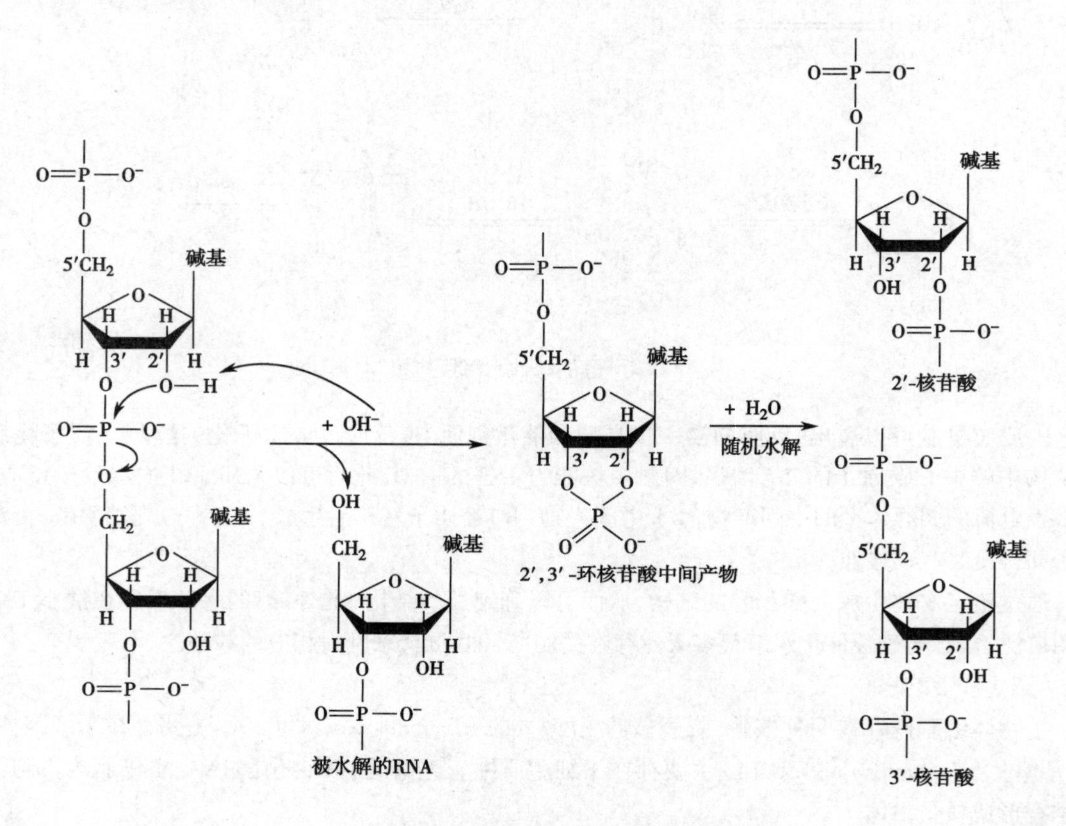

图 4-6　RNA 的碱性水解反应机制

可以看出,在 OH^- 催化 RNA 水解过程中,2′-OH 上的 H 先与 OH^- 作用而生成 $2'\text{-}O^-$,生成的 $2'\text{-}O^-$ 再进攻 3′, 5′- 磷酸二酯键中带部分正电荷的 P 原子,导致 5′- 磷酸酯键断裂,进而生成 2′, 3′- 环核苷酸中间产物,该中间产物不稳定,会随机水解而生成 2′- 核苷酸和 3′- 核苷酸的混合物。由于 DNA 分子的戊糖结构中不含 2′-OH,因此 DNA 分子对碱是稳定的。一般可利用 RNA 和 DNA 对碱的稳定性差异,将两者区分开来。

核酸结构中的 *N*- 糖苷键对酸敏感,嘌呤的 *N*- 糖苷键比嘧啶的 *N*- 糖苷键更敏感,而 DNA 的 *N*- 糖苷键比 RNA 的又更敏感,同时核酸结构中的磷酸二酯键对酸也有一定的敏感性。因此核酸发生酸性水解时,根据 *N*- 糖苷键和磷酸二酯键的相对稳定性的不同,可以得到不同的产物。DNA 分子中的嘌呤碱基与戊糖所连接的 *N*- 糖苷键比磷酸二酯键更不稳定,因此 DNA 酸性水解一般生成游离碱基。如在 1mol/L HCl 溶液中,温和处理,DNA 发生酸性水解,脱去嘌呤,生成脱嘌呤酸,其反应机制如图 4-7 所示。

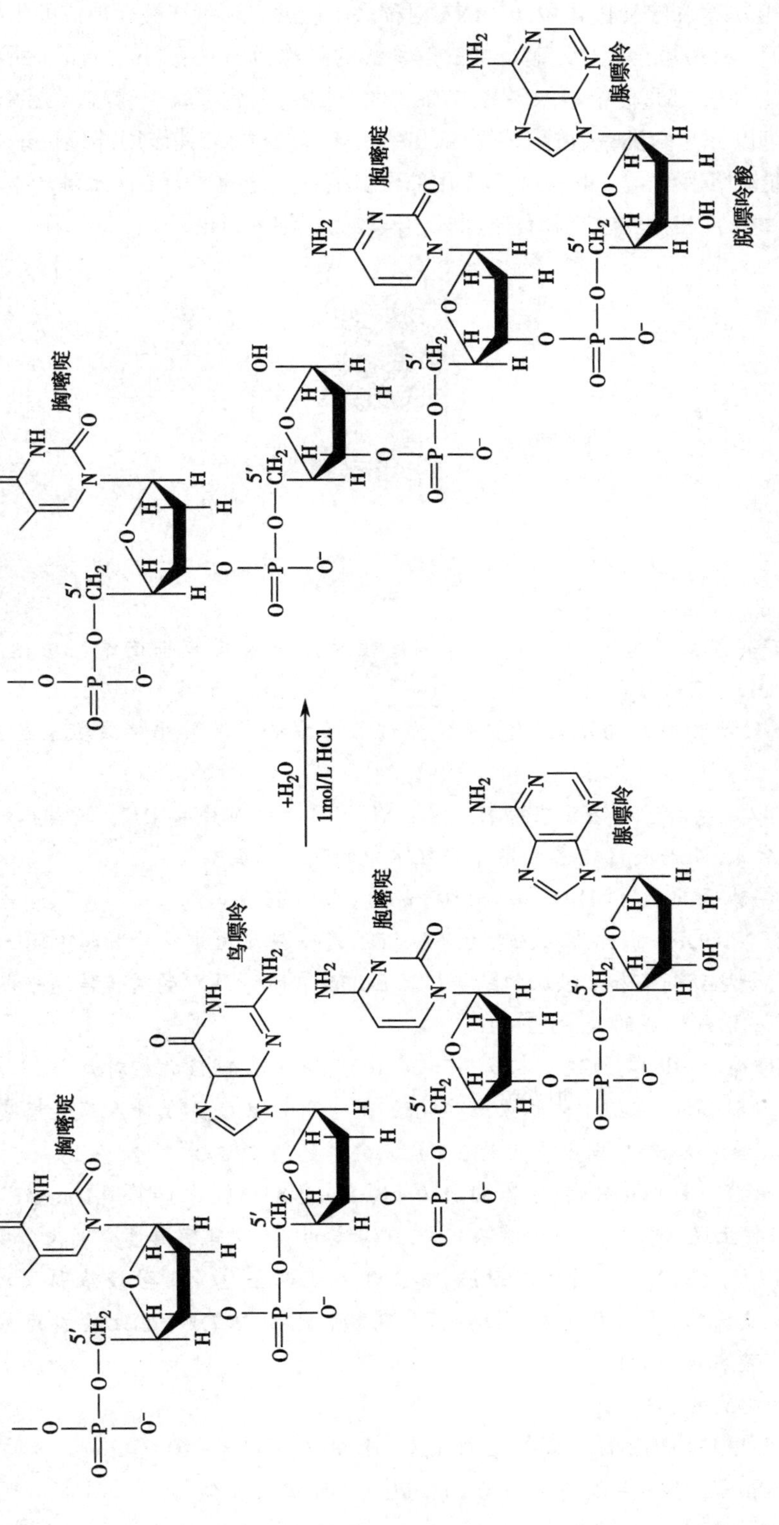

+H_2O

1mol/L HCl

胸嘧啶　鸟嘌呤　胞嘧啶　腺嘌呤　脱嘌呤酸

图 4-7　DNA 的酸性水解反应机制

DNA 酸性水解时，一般用 HCOOH（甲酸）、$HClO_4$ 或 HCl 为催化剂。但是酸性较强的 HCl 水解 DNA 时，腺嘌呤将稍有分解，而酸性更强的 $HClO_4$ 水解时，DNA 结构中部分胸腺嘧啶会分解。

RNA 结构中的磷酸二酯键的酸稳定性低于嘌呤 *N*- 糖苷键而高于嘧啶 *N*- 糖苷键，因此其酸性水解产物一般为嘌呤碱基和嘧啶核苷酸，但 RNA 对稀酸不敏感。

在酶的作用下，核酸也会发生水解。能水解核酸的酶称为核酸酶（nuclease），所有的细胞都含有不同的核酸酶。核酸酶都是使核酸的磷酸二酯键发生水解，因此都属于磷酸二酯酶。根据核酸酶作用的部位不同，可以分为两类，一类是核酸内切酶（endonuclease），其作用部位位于多核苷酸链的内部，另一类是核酸外切酶（exonuclease），其作用部位从核苷酸链的一端依次水解产生单核苷酸。核酸酶催化核酸水解的反应机制将在生物化学课程中做较为详细的讨论。

第四章
知识拓展

习　题

1. 请写出下列酸或碱与水之间质子传递过程的方程式及其平衡常数表达式：H_3PO_4、NH_3、CH_3COO^-、H_3O^+、OH^-、$[Zn(H_2O)_4]^{2+}$。

2. 请写出下列两性物质与水之间质子传递过程的方程式及其平衡常数表达式：HS^-、NH_4Ac、H_2O。

3. 液氨也可以发生质子自递反应：$NH_3(l) + NH_3(l) \rightleftharpoons NH_4^+ + NH_2^-$。请写出醋酸 HAc 在液氨中的质子传递反应式，并比较 HAc 在液氨中与在水中的酸性强弱？

4. 在 298K，某地区雨水的 $[H_3O^+] = 1 \times 10^{-5}$mol/L，求 $[OH^-]$。

5. 烟酸（C_5H_4NCOOH）又称为维生素 B_3、尼克酸，是一种应用广泛的医药中间体，以其为原料可以合成多种医药，如尼可刹米和烟酸肌醇酯等。写出烟酸在水溶液中的质子传递平衡反应式，并计算其共轭碱的 K_b 值。已知烟酸的 $K_a = 1.5 \times 10^{-4}$。

6. 请查阅 HCO_3^- 和 HPO_4^{2-} 的酸度常数，并比较 CO_3^{2-} 和 PO_4^{3-} 碱性的相对大小。

7. 在剧烈运动时，肌肉组织中会积累一些乳酸（$CH_3CHOHCOOH$），使人产生疼痛或疲劳的感觉。在 0.100mol/L 的乳酸水溶液中，其解离度为 3.7%，求乳酸的酸度常数。

8. 已知丙酸（CH_3CH_2COOH，又称为初油酸）的 $K_a = 1.35 \times 10^{-5}$，计算 0.10mol/L 丙酸溶液的 pH 及其解离度 α；若将上述丙酸溶液加水稀释 1 倍，则溶液的 pH 及其解离度分别为多少？

9. 巴比妥酸（$C_4H_4N_2O_3$），又称丙二酰脲，其亚甲基上两个氢原子被烃基取代后所得的若干衍生物，称为巴比妥类药物，是一类重要的镇静催眠药物。已知 25℃时，巴比妥酸的 $K_a = 9.8 \times 10^{-5}$，求 0.050mol/L 巴比妥酸溶液的 pH。

10. 计算下列溶液的 pH：

（1）0.20mol/L 甲胺（CH_3NH_2）溶液，已知 CH_3NH_2 的 $K_b = 4.38 \times 10^{-4}$。

（2）20ml 0.10mol/L HAc 溶液与 20ml 0.10mol/L NaOH 溶液混合。

（3）20ml 0.10mol/L H_2CO_3 溶液与 20ml 0.10mol/L NaOH 溶液混合。

11. 乙酸溶液的 pH = 2.378，其中乙酸的浓度是多少？若要使该溶液 pH = 3.00，在 0.100L 溶液中需要加入多少体积水？

12. 将50ml 0.10mol/L HB溶液与20ml 0.10mol/L NaOH溶液相混合，并加水稀释至100ml，测得该溶液pH为5.25，试求HB的酸度常数K_a。

13. 试求0.10mol/L H_2S溶液中各离子的平衡浓度。

14. 在饱和H_2S溶液中通入HCl使其为0.20mol/L，试求该混合溶液中的$[S^{2-}]$及其pH。

15. 在0.10L浓度为0.20mol/L的氨水中溶入1.1g NH_4Cl固体（忽略体积变化），溶液的pH为多少？溶液中氨水的解离度为多少？

16. 计算pH＝7.40时磷酸盐缓冲溶液中$[HPO_4^{2-}]/[H_2PO_4^-]$的比值。

17. 已知HAc-NaAc缓冲溶液的pH＝4.45，溶液中HAc的浓度为0.30mol/L，则溶液中Ac^-的浓度为多少？若向1L该缓冲溶液中加入0.40g NaOH晶体，忽略溶液体积改变，则溶液的pH为多少？

18. 阿司匹林是一种解热镇痛药，其有效成分是乙酰水杨酸（$C_9H_8O_4$），为一元弱酸。服用后会发生部分解离，但仅未发生解离的游离酸可在胃中被吸收。现有某患者先服用了调节胃酸的药物，使胃酸的pH维持在2.95，接着又服用阿司匹林0.65g。假设服用后阿司匹林在胃中立即完全溶解，且胃液的pH不发生改变，则该患者胃中被吸收的阿司匹林有多少克？已知阿司匹林的$pK_a = 3.48$，$M =$ 180.2g/mol。

19. 配制pH＝7.40的缓冲溶液1.0L，如果采用浓度均为0.10mol/L的KH_2PO_4和K_2HPO_4溶液，两者体积各需多少？

20. 37℃时，已知Tris·HCl的$pK_a = 7.85$，Tris-Tris·HCl缓冲溶液常用于不同pH条件下的蛋白质晶体生长。现欲配制pH＝7.40的缓冲溶液，则在1L含有Tris和Tris·HCl浓度均为0.050mol/L的溶液中，需加入0.10mol/L HCl溶液的体积为多少？

21. 柠檬酸（缩写为H_3Cit）为三元酸，常用于配制培养细菌的缓冲溶液。现欲配制pH＝5.00的缓冲溶液，需在1L 0.20mol/L H_3Cit溶液中加入多少克NaOH？已知H_3Cit的$pK_{a1} = 3.13$，$pK_{a2} = 4.76$，$pK_{a3} = 6.40$。

22. 临床检验测得某人血浆中$[HCO_3^-] = 21.6$mmol/L，$[CO_2(aq)] = 1.34$mmol/L，试计算此人血浆pH，并判断处于酸中毒、碱中毒还是正常状态。已知37℃时，血浆中H_2CO_3的$K'_{a1} = 6.10$。

第四章
目标测试

（周　萍）

第五章

沉淀反应和溶胶

第五章
教学课件

【学习目标】

1. **掌握** 溶度积常数表达式的书写；溶度积常数与溶解度的换算；溶度积规则的运用；沉淀的形成过程；溶胶的基本性质及结构。
2. **熟悉** 同离子效应和盐效应；同离子效应对沉淀－溶解平衡的影响；沉淀形成与转化的计算。
3. **了解** 沉淀的类型；凝胶；纳米颗粒的性质及其应用。

根据强电解质在水中溶解度的大小，强电解质可分为易溶强电解质和难溶强电解质。若溶解的部分全部解离且溶解度小于0.1g/L的强电解质称为难溶强电解质。在难溶强电解质的饱和溶液中，存在着未溶解的难溶强电解质的固体与其溶解于水中并解离成自由移动的离子之间的平衡，该平衡属于一种多相平衡，称为沉淀-溶解平衡。沉淀的生成和溶解是一种重要的化学过程，在自然界中普遍存在。例如，自然界中钟乳石的形成、人体内某些器官结石的形成、医药生产中一些物质的制备和纯化等都和沉淀-溶解平衡有关。因此，有必要研究沉淀-溶解平衡理论及其相应的规律。

第一节 溶度积规则——沉淀反应的热力学

一、溶度积常数

在一定温度下，将难溶强电解质置于水中，在水分子的作用下，难溶强电解质的表面会有少数离子挣脱晶体的束缚，溶解形成溶液离子，此过程称为溶解（dissolution）。与此同时，解离出去的离子又相互吸引，重新结合形成分子，回到固体表面，此过程称为沉淀（precipitation）。刚开始，溶液中解离出去的离子浓度较小，溶解速率大于沉淀速率。随着溶解过程的进行，溶液中的离子浓度逐渐增大，阴离子和阳离子相互碰撞结合，回到固体表面的概率增大，沉淀速率逐渐增大。当固体的溶解速率与离子的沉淀速率相等时，此时建立起的动态平衡称为沉淀-溶解平衡（precipitation-dissolution equilibrium），此时的溶液称为难溶强电解质的饱和溶液（saturated solution）。达到沉淀-溶解平衡时，虽然沉淀和溶解这两个相反的过程仍在继续进行，但溶液中离子的浓度不再发生变化。

例如，在一定温度下，在AgCl的水溶液中，当AgCl沉淀与溶液中的Ag^+和Cl^-之间达到动态平衡，此时：

$$AgCl(s) \underset{沉淀}{\overset{溶解}{\rightleftharpoons}} Ag^+(aq) + Cl^-(aq)$$

反应的平衡常数表达式为

$$K = \frac{[Ag^+][Cl^-]}{[AgCl(s)]}$$

即

$$[Ag^+][Cl^-] = K[AgCl(s)]$$

由于[AgCl(s)]是常数，可并入常数项，得

$$K_{sp}=[Ag^+][Cl^-] \qquad 式(5\text{-}1)$$

K_{sp} 称为溶度积常数(solubility product constant),简称溶度积。它反映了难溶强电解质在水中的溶解能力。

而对于任一难溶强电解质:

$$A_aB_b(s) \rightleftharpoons aA^{n+}(aq)+bB^{m-}(aq)$$

$$K_{sp}=[A^{n+}]^a[B^{m-}]^b \qquad 式(5\text{-}2)$$

式(5-2)表明,在一定温度下,难溶强电解质的饱和溶液中离子浓度幂之乘积为一常数,而离子浓度的幂的数值为平衡状态下反应方程式中各物质的化学计量数。需要指出的是,严格意义上的溶度积应以离子活度幂之乘积来表示,但在难溶强电解质溶液中,解离出的离子浓度非常小,因而离子强度很小,活度因子趋近于 1,即 $c \approx a$,通常可用浓度代替活度。

溶度积 K_{sp} 的大小与温度及难溶强电解质本身的性质有关,一般可由实验测得,也可以从热力学数据计算获得。根据化学反应的标准摩尔自由能变化 $\Delta_r G_m^\ominus$ 和标准平衡常数 $K^\ominus$ 的关系,在沉淀 - 溶解平衡中,K_{sp} 和沉淀反应 $\Delta_r G_m^\ominus$ 的关系为

$$RT\ln K_{sp}=-\Delta_r G_m^\ominus$$

对于 AgCl 溶解反应:

$$\begin{aligned}\Delta_r G_m^\ominus &= \Delta_f G_m^\ominus(Ag^+)+\Delta_f G_m^\ominus(Cl^-)-\Delta_f G_m^\ominus(AgCl)\\ &=[77.12+(-131.26)-(-109.80)]\text{kJ/mol}\\ &=55.66\text{kJ/mol}\end{aligned}$$

则可计算出　　$K_{sp}(AgCl)=1.77\times10^{-10}$

一些难溶强电解质的 K_{sp} 值列于附录 3 中。

二、溶度积常数与溶解度

溶解度(solubility)是指在一定的温度和压力下,一定量的饱和溶液中溶质的含量,溶解度常用 S 表示。在实际工作中,通常根据溶解度的高低选用合适的浓度单位,如 g(溶质)/100g(溶剂)、g(溶质)/L(溶液)、mol(溶质)/L(溶液)或 mol(溶质)/kg(溶剂)等。对难溶性强电解质常用(mol 或 mmol 或 μmol)/L 或(mg 或 μg)/L 表示。

溶度积常数和溶解度均可反映难溶强电解质溶解能力的大小,它们既相互联系又有区别。溶度积常数 K_{sp} 是在一定温度下,难溶强电解质饱和溶液中阳离子和阴离子的平衡浓度分别以其化学计量数为指数的幂的乘积;而溶解度 S 是指一定温度下难溶强电解质溶解形成饱和溶液时的浓度。尽管溶度积常数和溶解度意义有所不同,但两者之间存在内在联系,在一定条件下,可以直接进行换算,换算时溶解度常用 mol/L 来表示。

在一定温度下,假设 A_aB_b 型难强溶电解质的溶解度为 S,当达到沉淀 - 溶解平衡时:

$$\begin{array}{l}A_aB_b(s) \rightleftharpoons aA^{n+}(aq)+bB^{m-}(aq)\\ \qquad\qquad\qquad\quad aS \qquad\qquad bS\end{array}$$

$$K_{sp}=[A^{n+}]^a\cdot[B^{m-}]^b=(aS)^a\cdot(bS)^b$$

$$S=\sqrt[a+b]{\frac{K_{sp}}{a^a\cdot b^b}} \qquad 式(5\text{-}3)$$

[例 5-1]　在 298.15K,已知 AgCl 的溶解度为 1.91×10^{-3}g/L,求 AgCl 的 K_{sp}。

解:已知 AgCl 的摩尔质量 M(AgCl)为 143.4g/mol,则以物质的量浓度(mol/L)表示的 AgCl 的溶解度为:

$$S=\frac{1.91\times10^{-3}\text{g/L}}{143.4\text{g/mol}}=1.33\times10^{-5}\text{mol/L}$$

AgCl 溶于水时，1mol AgCl 溶解产生 1mol Ag^+ 和 1mol Cl^-，所以在 AgCl 的饱和溶液中：

$$[Ag^+]=[Cl^-]=1.33\times10^{-5}\text{mol/L}$$

得

$$K_{sp}(AgCl)=[Ag^+][Cl^-]=(1.33\times10^{-5})^2=1.77\times10^{-10}$$

[例 5-2] 在 298.15K，已知 $K_{sp}(AgCl)=1.77\times10^{-10}$，$K_{sp}(AgBr)=5.35\times10^{-13}$，$K_{sp}(AgI)=8.52\times10^{-17}$，$K_{sp}(Ag_2CrO_4)=1.12\times10^{-12}$。请计算并比较这几种难强溶电解质的溶解度。

解：（1）由式（5-3）得：

$$S_{AgCl}=\sqrt{K_{sp}}=\sqrt{1.77\times10^{-10}}=1.33\times10^{-5}$$

$$S_{AgBr}=\sqrt{K_{sp}}=\sqrt{5.35\times10^{-13}}=7.31\times10^{-7}$$

$$S_{AgI}=\sqrt{K_{sp}}=\sqrt{8.52\times10^{-17}}=9.23\times10^{-9}$$

可得

$$S_{AgCl}>S_{AgBr}>S_{AgI}$$

（2）设 Ag_2CrO_4 的溶解度为 S(mol/L)，则：

$$Ag_2CrO_4(s)\rightleftharpoons 2Ag^+(aq)+CrO_4^{2-}(aq)$$

平衡态 $2S$ S

$$K_{sp}=[Ag^+]^2[CrO_4^{2-}]=(2S)^2S=4S^3$$

$$S_{Ag_2CrO_4}=\sqrt[3]{\frac{K_{sp}}{4}}=\sqrt[3]{\frac{1.12\times10^{-12}}{4}}=6.54\times10^{-5}$$

可见，相同类型难溶强电解质的溶解度顺序与它们的溶度积常数 K_{sp} 的顺序一致：AgCl > AgBr > AgI；但 AgCl 和 Ag_2CrO_4 类型不同，虽然 $K_{sp}(AgCl)>K_{sp}(Ag_2CrO_4)$，但是计算结果表明 $S_{AgCl}<S_{Ag_2CrO_4}$。

根据[例 5-2]的计算结果表明，对于相同类型的难溶强电解质，可以用溶度积常数 K_{sp} 的大小比较它们溶解度 S 的相对大小：K_{sp} 较大的物质，其 S 也较大；对于不同类型的难溶强电解质（比如 AB 型和 A_2B 型），不能直接用 K_{sp} 判断它们的溶解度的相对大小，需要经过计算才能进行比较。

由于影响难溶强电解质溶解度的因素很多，因此，运用 K_{sp} 与溶解度之间的相互关系直接换算时，应满足一定的条件：

（1）难溶强电解质的离子在水溶液中不发生其他反应：以 CdS 为例，它解离产生的 S^{2-} 可以与 H_2O 发生反应，生成难电离的 HS^-，这将促进 CdS 的溶解平衡：

$$CdS(s)\rightleftharpoons Cd^{2+}(aq)+S^{2-}(aq)$$
$$S^{2-}\ \xrightleftharpoons{H_2O(l)}\ HS^-+OH^-$$

（2）已溶解的难溶强电解质完全电离：$PbCl_2$ 不满足该条件，它在水中会发生分步电离：

$$PbCl_2(s)=PbCl^+(aq)+Cl^-(aq)\qquad K_1=0.63$$

$$PbCl^+(aq)=Pb^{2+}(aq)+Cl^-(aq)\qquad K_2=0.026$$

在这种情况下，虽然 $[Pb^{2+}]\cdot[Cl^-]^2=K_{sp}$，但是 $[Cl^-]\neq2[Pb^{2+}]$。

（3）浓度可以代替活度的稀溶液：如果电解质的溶解度较大（如 $CaSO_4$、$CaCrO_4$ 等），就会使饱和溶液中离子浓度较大，离子之间的相互影响增强。在这种情况下，采用浓度的数值代替活度进行计算会产生较大误差。

（4）溶液中不含有与难溶强电解质的组成离子相同的成分。详见本节的“同离子效应”。

三、溶度积规则

根据热力学，等温、等压、不做非体积功的条件下，化学反应的方向可利用反应的摩尔吉布斯自由能变（$\Delta_r G_m$）作为判据，因此利用沉淀-溶解反应的 $\Delta_r G_m$，可以判断沉淀-溶解反应进行的方向。

一定温度下，对于难溶强电解质 A_aB_b 的沉淀-溶解反应：

$$A_aB_b(s) \rightleftharpoons aA^{n+}(aq) + bB^{m-}(aq)$$

当达到沉淀-溶解平衡时，溶液中离子浓度幂的乘积为一常数，即：

$$K_{sp} = K^{\ominus} = [A^{n+}]^a \cdot [B^{m-}]^b$$

而在任意时刻：

$$I_p = c_{A^{n+}}^a \cdot c_{B^{m-}}^b \qquad 式(5\text{-}4)$$

式（5-4）表示的是任意条件下，难溶强电解质溶液中离子浓度幂的乘积，称为离子积（ion product，I_p），即一定条件下沉淀反应的反应商。当 $I_p < K_{sp}$，说明难溶强电解质解离的自由离子浓度未达到饱和浓度，说明此时未达到沉淀-溶解平衡，即难溶强电解质 A_aB_b 会继续溶解，直至溶液中离子浓度幂的乘积等于 K_{sp}，即达到沉淀-溶解平衡为止；当 $I_p > K_{sp}$，说明此时也未达到沉淀-溶解平衡，且 A_aB_b 溶液体系中，解离的自由离子浓度比饱和溶液更高，这种比饱和溶液浓度更高的溶液称为过饱和溶液（supersaturated solution）。过饱和溶液中比平衡时多出的自由离子会相互结合，以沉淀的形式析出，从而降低离子浓度，直至溶液中离子浓度幂的乘积等于 K_{sp}，即达到沉淀-溶解平衡为止。

而在热力学中，沉淀-溶解反应的摩尔吉布斯自由能变为：

$$\Delta_r G_m = \Delta_r G_m^{\ominus} + RT\ln Q = \Delta_r G_m^{\ominus} + RT\ln I_p$$

而

$$\Delta_r G_m^{\ominus} = -RT\ln K_{sp}$$

则有

$$\Delta_r G_m = -RT\ln K_{sp} + RT\ln I_p \qquad 式(5\text{-}5)$$

从式（5-5）可以得出以下结论：

1. 当 $I_p = K_{sp}$ 时，$\Delta_r G_m = 0$，沉淀-溶解反应处于动态平衡，此时既无沉淀析出又无沉淀溶解，溶液为饱和溶液。

2. 当 $I_p < K_{sp}$ 时，$\Delta_r G_m < 0$，此时为不饱和溶液，无沉淀析出，沉淀-溶解反应正向进行。若加入难溶强电解质则会继续溶解，直至溶液达到沉淀-溶解平衡为止。

3. 当 $I_p > K_{sp}$ 时，$\Delta_r G_m > 0$，此时为过饱和溶液，溶液中将会有沉淀析出，直至 $I_p = K_{sp}$，重新达到沉淀-溶解平衡为止。

以上结论称为溶度积规则，它是难溶强电解质溶解沉淀平衡移动规律的总结，也是判断沉淀生成和溶解的依据。

在运用溶度积规则时存在一定的条件限制，下列因素的影响可能会与实际情况具有一定的偏差：

1. 根据溶度积规则，只要 $I_p > K_{sp}$，理论上就应该有沉淀产生。但是只有当溶液中沉淀的浓度大于 1g/L，人肉眼才能观察到浑浊现象。如仅有极微量的沉淀生成，虽然其离子积大于溶度积，人的视觉并不一定能察觉。因此，实际能观察到有沉淀产生所需要的离子浓度往往比理论计算值稍高一些。

2. 有时溶液处于过饱和状态，即使 $I_p > K_{sp}$，仍然观察不到沉淀的生成。

3. 有时解离的自由离子发生水解、缔合、配位等副反应，致使溶液中实际离子浓度要小于理论值，则按照理论计算所需沉淀剂的浓度与被沉淀离子浓度的乘积不能大于 K_{sp}。

因此，在运用溶度积规则时应考虑具体情况。

四、沉淀-溶解平衡的移动

一定温度下，难溶强电解质 A_aB_b 的平衡溶液中，A^{m+}（aq）和 B^{n-}（aq）的浓度满足溶度积规则。

而沉淀-溶解平衡是动态平衡，如果某种因素能够改变 $A^{m+}(aq)$ 和 $B^{n-}(aq)$ 的浓度，将导致平衡发生移动，促使溶液中的离子形成沉淀，或使沉淀溶解。

（一）同离子效应和盐效应

当 $BaSO_4(s)$ 在纯水中达到平衡态之后，溶液 Ba^{2+} 和 SO_4^{2-} 浓度相等，其乘积等于溶度积常数。如果在溶液中加入易溶强电解质，如 Na_2SO_4，SO_4^{2-} 浓度就会升高，Ba^{2+} 的浓度就会相应地降低；也就是说，$BaSO_4(s)$ 的溶解度降低。像这种在难溶强电解质饱和溶液中，加入与其含有相同离子的易溶强电解质，使沉淀-溶解平衡向着生成沉淀的方向移动，最终导致难溶强电解质溶解度降低，这种现象称为沉淀-溶解平衡中的同离子效应（common ion effect）。在实际工作中，常常需要把溶液中的某种离子以沉淀的形式除去，利用同离子效应可以促进"沉淀完全"。

［例 5-3］ 在 298.15K 时，已知 Ag_2CrO_4 的溶度积常数 $K_{sp}=1.12\times10^{-12}$。试计算 Ag_2CrO_4 在纯水和 1.0mol/L K_2CrO_4 溶液中的溶解度。

解：（1）设 Ag_2CrO_4 在纯水中溶解度为 S_1 mol/L：

$$S_1=\sqrt[3]{\frac{K_{sp}}{4}}=\sqrt[3]{\frac{1.12\times10^{-12}}{4}}=6.54\times10^{-5}\text{mol/L}$$

（2）设 Ag_2CrO_4 在 1.0 mol/L K_2CrO_4 溶液中的溶解度为 S_2 mol/L：

$$Ag_2CrO_4(s) \rightleftharpoons 2Ag^+(aq)+CrO_4^{2-}(aq)$$

初始态　　0　　1.0

平衡态　　$2S_2$　　$1.0+S_2$

根据溶度积规则，　$K_{sp}=[Ag^+]^2\cdot[CrO_4^{2-}]=(2S_2)^2\cdot(1.0+S_2)$

因为 Ag_2CrO_4 的 K_{sp} 值很小，所以溶液中的 CrO_4^{2-} 主要来自 K_2CrO_4 溶液，即：$S_2\ll1.0$，$1.0+S_2\approx1.0$，$(2S_2)^2\times(1.0+S_2)\approx(2S_2)^2\times1.0$，代入上式，得：

$$4(S_2)^2=K_{sp}$$

由此可得：

$$S_2=\sqrt{\frac{K_{sp}}{4}}=\sqrt{\frac{1.12\times10^{-12}}{4}}=5.29\times10^{-7}\text{mol/L}$$

即：Ag_2CrO_4 在纯水中的溶解度为 6.54×10^{-5}mol/L，在 1.0mol/L 的 K_2CrO_4 溶液中的溶解度为 5.29×10^{-7}mol/L。

计算结果表明，强电解质 K_2CrO_4 的存在增加了同离子 CrO_4^{2-} 的浓度，有效地降低了 Ag_2CrO_4 的溶解度。

若在沉淀-溶解平衡体系中，加入与其不含有相同离子的其他易溶强电解质，例如，在 AgCl 饱和溶液中加入 KNO_3，则 AgCl 的溶解度将比纯水中的溶解度略有增大。这是因为加入了易溶性强电解质（如 KNO_3）后，溶液中的离子强度增大，带相反电荷的离子间相互吸引、相互牵制作用增强，妨碍了离子的自由运动，使得 Ag^+ 和 Cl^- 的活度降低，它们发生碰撞结合形成 AgCl 的概率减小，因此使得沉淀-溶解平衡向溶解的方向移动，致使溶解度增大。这种在含有难溶强电解质的饱和溶液中，加入不含有相同离子的易溶强电解质，使得难溶强电解质溶解度略有增加的现象称为盐效应（salt effect）。

需要注意的是，当在难溶强电解质的饱和溶液中加入含有相同离子的强电解质时，同离子效应和盐效应同时存在。Na_2SO_4 浓度对 $PbSO_4$ 溶解度的影响就是一个例子（图 5-1）。当 Na_2SO_4 浓度为 1.0×10^{-3}mol/L 时，同离子效应显著降低了 $PbSO_4$ 的溶解度；随着 Na_2SO_4 浓度增加，同离子效应增加的幅度越来越小，而盐效应的作用却越来越明显。当 Na_2SO_4 浓度达到 4.0×10^{-2}mol/L 之后，盐效应的作用就超过了新增加的同离子效应的贡献，导致 $PbSO_4$ 的溶解度开始增加。盐效应通常比同离子效应对溶解度的影响小得多。因此，当两种效应同时存在时，可忽略盐效应的影响。

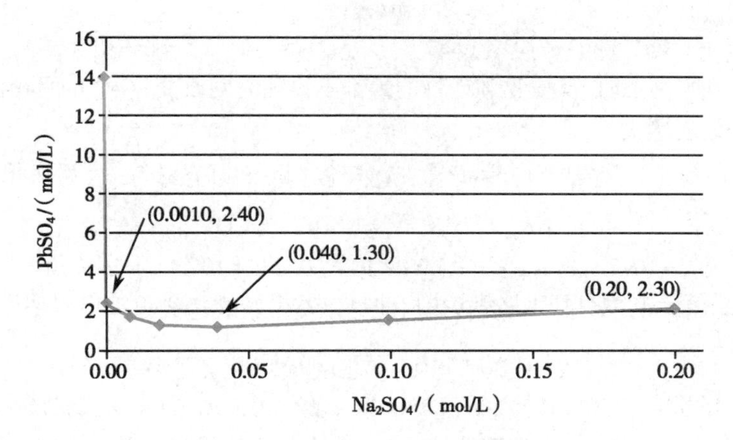

图 5-1　Na_2SO_4 浓度对 $PbSO_4$ 溶解度的影响
（括号中的数字显示出对应点的坐标）

（二）沉淀的生成

1. 沉淀的生成　根据溶度积规则，在难溶强电解质溶液中，如果 $I_p > K_{sp}$，就会生成沉淀。

［例 5-4］ $BaCl_2$ 溶液和 Na_2SO_4 溶液的浓度均为 1.0×10^{-3}mol/L，若将两者等体积混合，是否有 $BaSO_4$ 沉淀生成？

解：（1）两种溶液等体积混合后，Ba^{2+} 和 SO_4^{2-} 的浓度：

$$c(Ba^{2+}) = c(SO_4^{2-}) = 1.0 \times 10^{-3} / 2 = 5.0 \times 10^{-4} \text{mol/L}$$

（2）反应式 $BaSO_4(s) = Ba^{2+}(aq) + SO_4^{2-}(aq)$ 对应的离子积为：

$$I_p = c(Ba^{2+}) \cdot c(SO_4^{2-}) = (5.0 \times 10^{-4}) \cdot (5.0 \times 10^{-4}) = 2.5 \times 10^{-7}$$

由附录 3 查得 $BaSO_4$ 的 $K_{sp} = 1.08 \times 10^{-10}$。因为 $I_p > K_{sp}$，所以给定的溶液等体积混合后能够产生 $BaSO_4$ 沉淀。

［例 5-5］ 判断下列条件下是否有沉淀生成（均忽略体积的变化）：

（1）将 0.020mol/L 的 $CaCl_2$ 溶液 10ml 与等体积同浓度的 $Na_2C_2O_4$ 溶液相混合。

（2）在 1.0mol/L 的 $CaCl_2$ 溶液中通入 CO_2 气体至饱和。

解：（1）溶液等体积混合后，$[Ca^{2+}] = 0.010$mol/L，$[C_2O_4^{2-}] = 0.010$mol/L

此时

$$\begin{aligned} I_p(CaC_2O_4) &= [Ca^{2+}] \cdot [C_2O_4^{2-}] \\ &= (1.0 \times 10^{-2}) \cdot (1.0 \times 10^{-2}) \\ &= 1.0 \times 10^{-4} > K_{sp}(CaC_2O_4) = 2.32 \times 10^{-9} \end{aligned}$$

因此溶液中有 CaC_2O_4 沉淀析出。

（2）在饱和 CO_2 的水溶液中 $[Ca^{2+}] = K_{a2} = 4.68 \times 10^{-11}$(mol/L)

因此

$$\begin{aligned} I_p(CaCO_3) &= [Ca^{2+}] \cdot [CO_3^{2-}] \\ &= 1.0 \times (4.68 \times 10^{-11}) \\ &= 4.68 \times 10^{-11} < K_{sp}(CaCO_3) = 2.8 \times 10^{-9} \end{aligned}$$

因此 $CaCO_3$ 沉淀不会析出。

2. 沉淀的转化　在实际工作中，有时需要把一种难溶强电解质转化成另一种难溶强电解质。例如，锅炉水垢中的主要成分是 $CaSO_4(s)$（$K_{sp} = 4.93 \times 10^{-5}$），但其导热能力差，难溶于水，不易清除。用足量的饱和 Na_2CO_3 溶液多次浸泡处理，能够使之转化成较为疏松的 $CaCO_3(s)$（$K_{sp} = 2.8 \times 10^{-9}$）；后者可溶于盐酸稀溶液，便于除去。这种把一种沉淀转化成另一种沉淀的过程称为沉淀的转化。上述例子的转化过程如下：

（1）$CaSO_4(s) \rightleftharpoons Ca^{2+}(aq) + SO_4^{2-}(aq)$　　$(K_{sp})_1 = [Ca^{2+}] \cdot [SO_4^{2-}]$

（2）$CaCO_3(s) \rightleftharpoons Ca^{2+}(aq) + CO_3^{2-}(aq)$　　$(K_{sp})_2 = [Ca^{2+}] \cdot [CO_3^{2-}]$

当上述反应达到平衡态时，反应物和产物的量都不再随时间改变，Ca^{2+} 的平衡浓度同时满足这两个反应的溶度积常数表达式：

$$(K_{sp})_1/[SO_4^{2-}] = [Ca^{2+}] = (K_{sp})_2/[CO_3^{2-}]$$

由此得
$$(K_{sp})_1/(K_{sp})_2 = [SO_4^{2-}]/[CO_3^{2-}]$$

令
$$K = (K_{sp})_1/(K_{sp})_2 = (4.93 \times 10^{-5})/(2.8 \times 10^{-9}) = 1.76 \times 10^4$$

则 $K=[SO_4^{2-}]/[CO_3^{2-}]$ 正是下列沉淀转化反应的平衡常数表达式：

$$CaSO_4(s) + CO_3^{2-} \rightleftharpoons CaCO_3(s) + SO_4^{2-}$$

由平衡常数 K 的数值 1.76×10^4 判断，$CaSO_4(s)$ 转化为 $CaCO_3(s)$ 的趋势很大。对于以上相同类型的两种难溶强电解质，把 K_{sp} 大的沉淀转化为 K_{sp} 小的沉淀较易实现。然而，如果两种相同类型沉淀的 K_{sp} 相差不大，如 $BaSO_4$ 和 $BaCO_3$，通过调节 SO_4^{2-} 和 CO_3^{2-} 的浓度也可使 K_{sp} 较小的 $BaSO_4(s)$ 转化为 K_{sp} 较大的 $BaCO_3(s)$。应当注意的是，纯固体的相对浓度规定为 1，因此反应方程式中的纯固体并未出现在平衡常数表达式中。

沉淀转化的实质是，因为原有沉淀和新沉淀含有一种相同的组成离子，所以新沉淀的形成降低了与原有沉淀平衡的那种离子的浓度。对于不同类型的难溶强电解质，需要通过计算或实验才能确定沉淀转化的方向。如图 5-2，$Ag_2CrO_4(s)$ 为了维持平衡态，需要不断溶解出 Ag^+，以便使其在溶液中达到平衡浓度。可是，如果溶液中含有适当浓度的 Cl^-，当溶液中的 Ag^+ 还没有达到 $Ag_2CrO_4(s)$ 的平衡浓度时，却已经达到了 $AgCl(s)$ 的平衡浓度；于是，来自 $Ag_2CrO_4(s)$ 的 Ag^+ 就持续地形成 $AgCl(s)$，直到 $Ag_2CrO_4(s)$ 全部溶解，或者溶液中的 Cl^- 消耗殆尽。实验结果表明，在砖红色 $Ag_2CrO_4(s)$ 沉淀中加入 NaCl 溶液，沉淀可以转化成白色的 $AgCl(s)$。

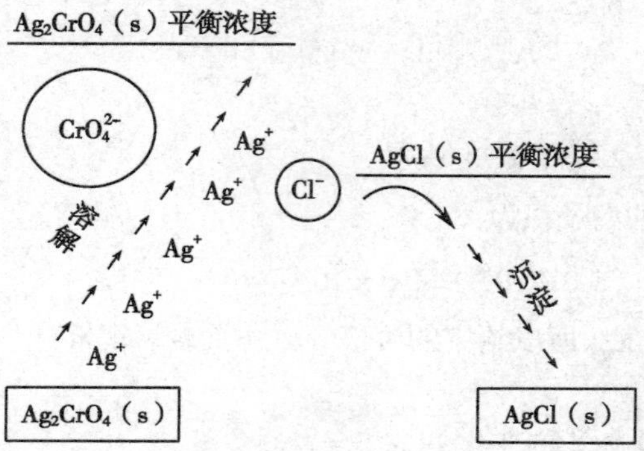

图 5-2　$Ag_2CrO_4(s)$ 向 $AgCl(s)$ 转化示意图

［例 5-6］　如果要在 1.0L KI 溶液中把 0.10mol 的 $PbCl_2$ 完全转化成 PbI_2，KI 的初始浓度应该是多少？假设 $PbCl_2$ 溶解后完全解离。

解： 设沉淀完全转化成 PbI_2 时 KI 的平衡浓度为 x mol/L。根据配平的化学反应方程式，KI 的初始浓度应为 $(0.20 + x)$ mol/L，Cl^- 的平衡浓度应为 0.20mol/L。

$$PbCl_2(s) + 2I^-(aq) \rightleftharpoons PbI_2(s) + 2Cl^-(aq)$$

	$2I^-(aq)$	$2Cl^-(aq)$
初始态	$0.20 + x$	
平衡态	x	0.20

当转化完成时，Pb^{2+} 的浓度同时满足下列 2 个平衡：

$PbI_2(s) = Pb^{2+}(aq) + 2I^-(aq)$　　$K_{sp}(PbI_2) = 9.8 \times 10^{-9} = [Pb^{2+}] \cdot [I^-]^2$

$PbCl_2(s) = Pb^{2+}(aq) + 2Cl^-(aq)$　　$K_{sp}(PbCl_2) = 1.7 \times 10^{-5} = [Pb^{2+}] \cdot [Cl^-]^2$

由此可得：
$$K_{sp}(PbI_2)/K_{sp}(PbCl_2) = [I^-]^2/[Cl^-]^2$$

即
$$[I^-] = [Cl^-] \times \sqrt{K_{sp}(PbI_2)/K_{sp}(PbCl_2)} = 0.20 \times \sqrt{5.76 \times 10^{-4}}$$

平衡浓度 $x = [I^-] = 4.8 \times 10^{-3}$，初始浓度 $0.20 + x \approx 0.20$

即：KI 的初始浓度应大于 0.20mol/L。

3. 分级沉淀和共沉淀　如果在溶液中有两种或两种以上的离子，可与同一试剂反应产生沉淀，首先析出的是 I_p 最先达到 K_{sp} 的化合物。这种按先后顺序沉淀的现象，称为分级沉淀（fractional

precipitate），也称分步沉淀。例如，在含有同浓度的 I^- 和 Cl^- 的溶液中，逐滴加入沉淀剂 $AgNO_3$ 溶液，最先看到淡黄色 AgI 沉淀，至加到一定量 $AgNO_3$ 溶液后，才生成白色 AgCl 沉淀，这是因为 AgI 的溶度积比 AgCl 小得多，离子积最先达到溶度积而首先沉淀。

对于分级沉淀，通常考虑两个关键问题：一是哪种离子先沉淀，即沉淀的先后顺序问题；二是能否将几种离子完全分离，即沉淀是否完全的问题。在定性分析中，离子残留量小于 1.0×10^{-5}mol/L 即可认为沉淀完全。下面用例题来说明这类问题的思路。

［例 5-7］ 在 0.010mol/L 的 Cl^- 和 0.010mol/L 的 I^- 混合溶液中，逐滴加入 $AgNO_3$ 溶液。

（1）哪种离子先沉淀？

（2）当第二种离子开始沉淀时，溶液中第一种离子的浓度为多少？是否已经沉淀完全？（忽略溶液体积的变化）

解：（1）查表可知 $K_{sp}(AgCl)=1.77\times10^{-10}$，$K_{sp}(AgI)=8.51\times10^{-17}$，根据溶度积规则，$I_p>K_{sp}$ 时才能产生沉淀。

AgCl 开始沉淀所需 Ag^+ 的浓度为：

$$[Ag^+]=\frac{K_{sp}(AgCl)}{[Cl^-]}=\frac{1.77\times10^{-10}}{0.010}=1.77\times10^{-8}\text{mol/L}$$

AgI 开始沉淀所需 Ag^+ 的浓度为：

$$[Ag^+]=\frac{K_{sp}(AgI)}{[Cl^-]}=\frac{8.52\times10^{-17}}{0.010}=8.52\times10^{-15}\text{mol/L}$$

计算结果表明，Ag^+ 的浓度超过 1.77×10^{-8}mol/L 时，Cl^- 开始沉淀；Ag^+ 的浓度超过 8.52×10^{-15}mol/L 时，I^- 开始沉淀。沉淀 I^- 所需 Ag^+ 的浓度比沉淀 Cl^- 所需 Ag^+ 的浓度小得多，所以 AgI 先沉淀。

（2）在 AgI 沉淀析出的过程中，I^- 浓度不断降低，为了继续析出沉淀，必须不断增加 Ag^+ 的浓度。当 Ag^+ 的浓度达到 1.77×10^{-8}mol/L 时，AgCl 开始沉淀。此时溶液中的 I^- 浓度为：

$$[I^-]=\frac{K_{sp}(AgI)}{[Ag^+]}=\frac{8.52\times10^{-17}}{1.77\times10^{-8}}=4.81\times10^{-9}\text{mol/L}$$

结果表明，AgCl 开始沉淀时，I^- 浓度小于 1.0×10^{-5}mol/L，此时 I^- 的沉淀率为：

$$(0.010-1.0\times10^{-5})\times100\%/0.010=99.9\%$$

可见 I^- 已沉淀完全。

利用分步沉淀可进行离子间的相互分离。需要注意的是，分级沉淀的次序不仅与难溶强电解质的溶度积和类型有关，还与溶液中对应的离子浓度有关，溶液中被沉淀离子浓度的变化，可以使得沉淀的次序发生变化。

在分级沉淀的过程常常伴随有共沉淀（co-precipitation）现象：当某种沉淀从溶液中析出时，溶液中共存的可溶性组分也夹杂在该沉淀中一起析出。共沉淀会影响沉淀纯度，是重量分析法误差的主要来源之一。例如，以 $BaCl_2$ 为沉淀剂测定 SO_4^{2-} 时，若试液中有 K^+、Fe^{3+} 存在，本来是易溶性的 K_2SO_4 和 $Fe_2(SO_4)_3$ 会混在主沉淀 $BaSO_4$ 中一起析出，这些杂质会给分析结果带来误差。然而，也可以利用共沉淀的方法富集、分离一些贵重的痕量组分。例如，在痕量 Ra^{2+} 存在下生成 $BaSO_4$ 沉淀时，该沉淀几乎可夹带所有的 Ra^{2+}。类似地，AgCl 沉淀可用于富集溶液中极微量的 Au^+。

产生共沉淀的主要原因有：

（1）表面吸附：在沉淀晶体颗粒内部，正负离子按一定的顺序排列，离子被相反电荷离子所饱和，处于静电平衡状态。而沉淀表面或棱角上的离子没有被相反电荷离子完全包围，这些离子的电荷未达到平衡，因而具有吸附溶液中带相反电荷离子的能力。这种吸附是有选择性的。与构晶离子（形成或组成晶体的微粒）生成较难溶化合物的离子优先被吸附；对于浓度相同的离子，带电荷多的离子

优先被吸附；对于电荷相同的离子，浓度较大的离子优先被吸附。沉淀的表面积越大，温度越低，吸附量也越多。吸附是放热过程，因此溶液温度升高可减少吸附。

（2）形成混晶或固溶体：如果被吸附的杂质与沉淀具有相同的晶格、电荷或离子半径，被吸附离子可以进入晶格，形成混晶，如 $BaSO_4 \cdot PbSO_4$ 和 $AgCl \cdot AgBr$。此外，因为 K^+ 和 Ba^{2+}、MnO_4^- 和 SO_4^{2-} 的离子半径相近，所以 $KMnO_4$ 可随 $BaSO_4$ 沉淀进入晶格，生成固溶体，使得 $BaSO_4$ 沉淀呈粉红色，用水洗涤不褪色。

（3）包埋或吸留：如果沉淀形成较快，吸附在沉淀表面的杂质或母液来不及离开，就会被随后长大的沉淀所覆盖，包埋在沉淀内部。例如，在过量 $BaCl_2$ 存在下生成 $BaSO_4$ 沉淀时，沉淀表面首先吸附构晶离子 Ba^{2+}；为了保持电中性，晶体表面的 Ba^{2+} 又吸引 Cl^-。如果晶体生长较慢，溶液中的 SO_4^{2-} 会置换出大部分 Cl^-；如果晶体成长较快，则 SO_4^{2-} 来不及置换 Cl^-，就会把 $BaCl_2$ 包埋进去。因为硝酸钡比氯化钡的溶解度小，所以钡的硝酸盐比氯化物更易被包埋。在晶体生长过程中，由于晶面缺陷或晶面生长的各向异性，也可将母液包埋在晶格内部的小空穴中而被共沉淀。通过重结晶可减少或消除包埋共沉淀。

（三）沉淀的溶解

根据溶度积规则，在难溶强电解质的沉淀 - 溶解平衡中，要使沉淀溶解，则需平衡向着溶解的方向移动，这就必须有效降低平衡体系中难溶强电解质离子的浓度，使其 $I_p < K_{sp}$。使沉淀溶解的方法主要有以下三种：

1. 生成弱电解质使沉淀溶解　在难溶强电解质的饱和溶液中加入某种试剂，如它能与难溶强电解质解离出的离子反应生成弱电解质，使 $I_p < K_{sp}$，从而使沉淀溶解。

许多难溶强电解质的溶解性受到酸度的影响，其中以金属氢氧化物沉淀和某些硫化物沉淀最为典型。

以 $Mg(OH)_2$ 为例，加入 HCl 后，$Mg(OH)_2$ 解离出的 OH^- 与 H^+ 生成弱电解质 H_2O，使得 OH^- 浓度降低，$I_p[Mg(OH)_2] < K_{sp}[Mg(OH)_2]$，沉淀溶解。$Mg(OH)_2$ 还可溶解在 NH_4Cl 溶液中，因为按照酸碱质子理论 NH_4^+ 是酸，可降低 OH^- 浓度，导致 $I_p[Mg(OH)_2] < K_{sp}[Mg(OH)_2]$。其反应如下：

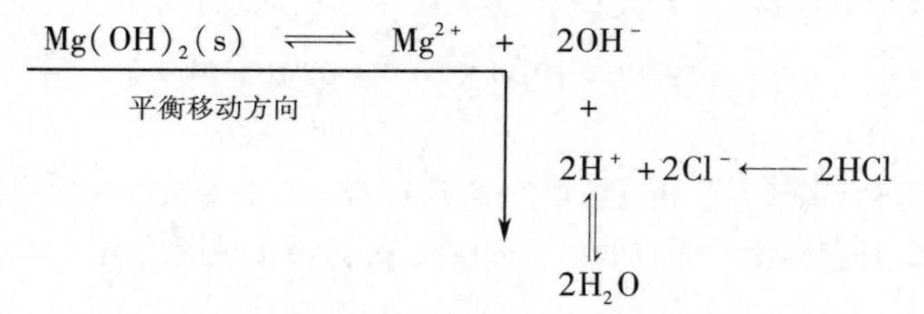

再如 ZnS。在 ZnS 沉淀中加入 HCl，由于 H^+ 与 S^{2-} 结合生成 HS^-，再与 H^+ 结合生成 H_2S 气体，使 ZnS 的 $I_p(ZnS) < K_{sp}(ZnS)$，沉淀溶解。

$$ZnS(s) \rightleftharpoons Zn^{2+} + S^{2-}$$

平衡移动方向

$$+$$

$$H^+ + Cl^- \longleftarrow HCl$$

$$\Downarrow$$

$$HS^- + H^+ \rightleftharpoons H_2S$$

2. 氧化还原反应使沉淀溶解　金属硫化物的 K_{sp} 值相差很大，故其溶解情况大不相同。如 ZnS、PbS、FeS 等 K_{sp} 值较大的金属硫化物都能溶于盐酸，而 HgS、CuS 等 K_{sp} 值很小的金属硫化物就不能溶于盐酸。在这种情况下，可通过加入氧化剂，使某 S^{2-} 被氧化成单质硫，从而降低沉淀 - 溶解平衡中 S^{2-} 浓度，达到溶解的目的。

$CuS(s) \rightleftharpoons Cu^{2+} + S^{2-}$

平衡移动方向

$+ HNO_3 \rightleftharpoons S(s) + NO(g)$

总反应式为：$3CuS(s)+8HNO_3(aq)=3Cu(NO_3)_2(aq)+3S(s)+2NO(g)+4H_2O(l)$

3. 生成难解离配合物使沉淀溶解　金属离子可以和一些分子或离子形成难解离的金属配合物（见第七章）。形成难解离配合物后，金属离子浓度可被大大降低，导致难溶盐沉淀的溶解。如 AgCl 溶于氨水的反应：

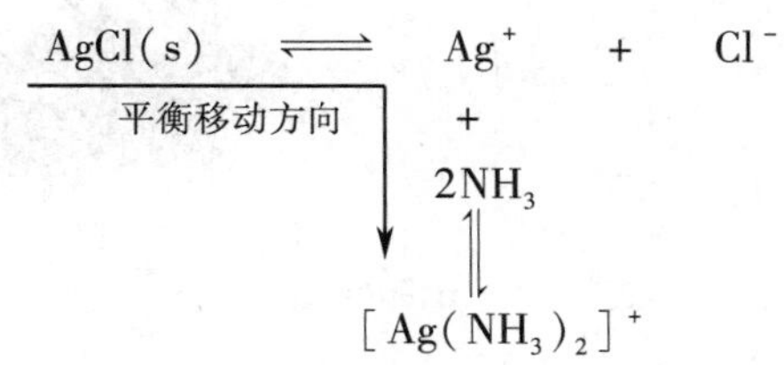

由于 Ag^+ 可以和氨水中的 NH_3 结合成难解离的配离子 $[Ag(NH_3)_2]^+$，使溶液中 $[Ag^+]$ 降低，导致 AgCl 沉淀溶解。

第二节　难溶盐沉淀的形成过程——沉淀反应的动力学

从热力学方面考虑，根据溶度积规则可判断沉淀能否生成，即当溶液中的反应商——离子积 $I_p>K_{sp}$ 时，即能产生沉淀，此时的溶液为过饱和溶液，处于一种热力学不稳定状态，最终将以形成沉淀直至达到沉淀 - 溶解平衡为止，但其从开始沉淀到达到平衡的过程却可长可短。例如，AgI 沉淀的形成一般可以瞬间发生，而黄色磷钼酸铵通常需要摩擦试管壁来诱发沉淀的形成。因此，动力学因素在沉淀形成过程中非常重要。

一、沉淀的类型

主要按照沉淀颗粒的大小可以将沉淀分为三种类型：晶形沉淀、无定形沉淀和凝乳状沉淀。

1. 晶形沉淀　晶形沉淀的结构为晶体。晶形沉淀的内部离子排列较规则，结构紧密，沉淀颗粒直径通常在 0.1~1μm。由于颗粒一般较大，晶形沉淀易于沉降和过滤。如 $BaSO_4$、$MgNH_4PO_4$ 等属于晶形沉淀。

2. 无定形沉淀　无定形沉淀的内部离子排列杂乱，沉淀颗粒无规则堆积，并且包含有大量水分子。沉淀颗粒较小，其直径约在 0.02μm 以下。由于无定形沉淀的结构较为疏松，比表面积较大，其外形显得很大。如 $Fe(OH)_3$、$Al(OH)_3$ 等就属于无定形沉淀，因此它们的结构式也常写成 $Fe_2O_3 \cdot nH_2O$ 和 $Al_2O_3 \cdot nH_2O$。

3. 凝乳状沉淀　凝乳状沉淀颗粒大小介于晶形沉淀与无定形沉淀之间，其直径约在 0.02~1μm。其性质也介于两者之间，属于两者之间的过渡形。如 AgCl 就属于凝乳状沉淀。

沉淀的结构类型主要取决于构成沉淀的离子的性质。不同的结构类型意味着沉淀形成时的不同动力学过程。

二、沉淀的形成过程

沉淀形成的微观过程极其复杂，影响沉淀形成的因素也是多方面的。一般认为，沉淀的形成大致可以分为 3 个阶段，包括晶核的形成、晶粒的成长和后续沉淀过程（图 5-3）。后续沉淀过程主要包括晶粒的聚集和内部晶体结构转化。

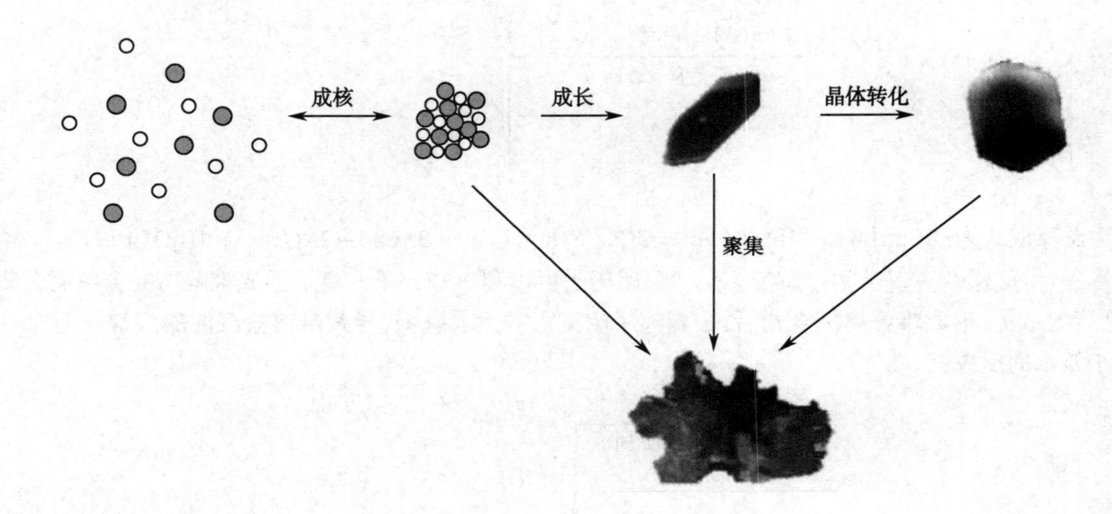

图 5-3 沉淀的形成过程

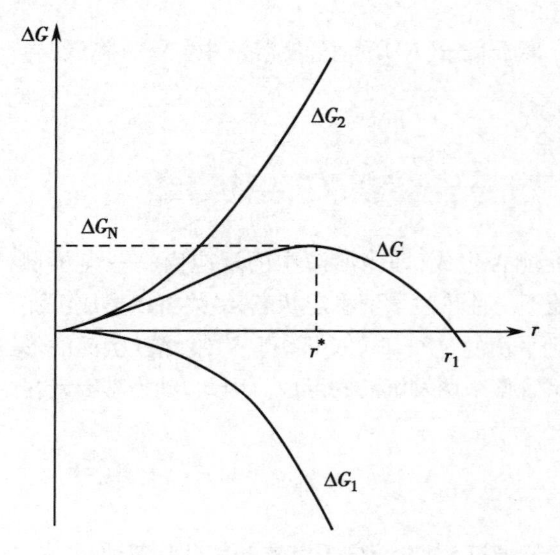

图 5-4 晶核形成时体系自由能的变化

1. 成核过程 过饱和溶液中离子相互结合形成沉淀微粒，此时溶液中形成了新相——沉淀固相。在形成新相的过程中，体系的自由能变化 ΔG 见图 5-4。

分析可知，ΔG 包含两项：

$$\Delta G = \Delta G_1 + \Delta G_2$$

其中，ΔG_1 为离子结合形成固相沉淀微粒所释放的自由能，为负值；而 ΔG_2 为固相微粒的表面自由能增加，为正值。从图 5-4 中可以看到，ΔG 存在一个极大值点（$\Delta G = \Delta G_N$，微粒半径 $r = r^*$），此点为体系的临界点，称为临界晶核。

当沉淀微粒的半径比临界晶核小（$r \leqslant r^*$）时，沉淀微粒处于不稳定状态，它们将自发地溶解缩小，此时不会形成沉淀的新相。只有微粒的大小超过临界晶核，固体沉淀相才会出现；即溶液中一旦析出晶粒，其大小必然大于临界晶核。最初出现的晶粒称为晶核，晶核可以看成是最小极限值的晶粒。从图 5-4 可见，晶核并不是热力学稳定的沉淀相，它具有自发长大的趋势。当晶核逐渐成长、微粒的大小超过 r_1 后，体系的总自由能变化 ΔG 从此成为负值，这时的晶粒在热力学意义上是稳定的。

综上所述，从饱和溶液中自发形成沉淀固相需要克服一种临界点能垒（图 5-4），称为成核过程的活化能 ΔG_N。理论推导出从均相溶液形成晶核的活化能 ΔG_N 为：

$$\Delta G_N = \frac{16\pi\sigma^3 V^2}{3(kT\ln s)^2} \qquad \text{式(5-6)}$$

式（5-6）中，s 为过饱和度（s= 溶液浓度 c/ 饱和浓度 c_0），V 为晶体的摩尔体积，k 为玻尔兹曼（Boltzmann）常数，T 为绝对温度，σ 为沉淀固体的比表面自由能。

从式（5-6）可以看出，如果要降低晶核形成的活化能、提高晶核的形成速度，加快沉淀的形成，有两种方式：一是提高过饱和度，二是降低比表面自由能。向过饱和溶液中加入其他固体微粒作为晶种，使晶核在加入固体微粒的表面形成，这样便可很大程度地降低表面自由能，从而降低成核过程的活化能。在一些沉淀反应的实验中，例如，形成磷钼酸铵沉淀，常用玻璃棒摩擦试管壁，从而产生固体玻璃微粒，这些微粒作为晶种从而诱导并加速了沉淀的产生。

2. 成长过程 晶核形成后，微粒晶体将自发成长为大颗粒晶体。研究表明，晶粒的成长速率 ν 主要取决于溶液的过饱和度 s：

$$\nu = gA(c-c_0)^2 = gAc_0^2(s-1)^2 \tag{式(5-7)}$$

式(5-7)中，A 为晶粒的表面积，g 为结晶成长速率常数。在晶形沉淀形成过程中，如果成核速率大于成长速率，则得到非常细小的结晶；而如果成长速率大于成核速率，则得到较大的晶体。

从上述可知，过饱和度是一个可以影响成核速率和晶粒成长速率的重要因素。有效地控制过饱和度即可调节成核速率和成长速率的比例，从而获得所需的晶体大小。在药物制剂中，药物晶体的大小控制非常重要，较小的药物晶体可以提高药物溶出速率，增加药效，但在回收及再加工方面可能引起问题。在实际操作中，药物的结晶通常是通过控制药物溶液的冷却速度，从而控制药物溶液的过饱和度。一般在开始阶段，过饱和度比较小，然后逐渐升高，成核速率大于成长速率；当结晶继续析出至一定程度时，再使溶液过饱和度下降，即可得到数量较少但颗粒较大的结晶。

3. 后续沉淀过程 最初形成的难溶盐的微晶因吸附溶液中的离子而带电。如果晶粒较小（≤100nm）和带较多的电荷，则可能形成稳定的胶体溶液，如 $Fe(OH)_3$ 和 AgI 溶胶。但当晶粒的体积达到一定程度，表面电荷不足以支持晶粒的悬浮，于是晶粒沉淀下来，从而形成晶形沉淀；或者因其他原因（如溶液中存在一定浓度的电解质等），导致晶粒表面电荷减少，于是悬浮的颗粒会聚集而沉淀，根据不同的聚集方式形成晶形、无定形或凝乳状沉淀。

在后续沉淀过程中，常常会发生固相晶体构型的转化。例如，将磷酸根离子和钙离子在中性生理条件下混合，最初形成的一般是磷酸八钙晶粒[$Ca_8H_2(PO_4)_6$]，但磷酸八钙晶粒逐渐地转变为更稳定、溶解性更小的羟基磷灰石[碱式磷酸钙，$Ca_{10}(OH)_2(PO_4)_6$]。

第三节 纳米颗粒和溶胶

纳米颗粒（nanoparticle），又称纳米粒子，指粒度在 1~100nm 的微观颗粒。纳米颗粒处于原子簇和宏观物体之间的过渡区，处于微观体系和宏观体系之间，是由数目不多的原子或分子组成的集团。纳米颗粒具有重要的科学研究价值，它搭起了大块物质和原子、分子之间的桥梁。

一、纳米颗粒

纳米颗粒由于粒径小，表面曲率大，内部产生很高的额外压力。纳米颗粒具有以下几个方面的性质。

（一）纳米颗粒的性质

1. 体积效应 当纳米颗粒的尺寸与传导电子的德布罗意波长相当或更小时，粒子的很多物理性质都较普通粒子发生了很大改变。例如，纳米颗粒的熔点远低于块状本体；利用等离子共振频随颗粒尺寸变化的性质，可以改变颗粒的尺寸，控制吸收的位移，制造具有一种频宽的微波吸收纳米材料，用于电磁屏蔽、隐形飞机等。

2. 表面效应 表面效应是指纳米颗粒表面与总原子数之比随着粒径的变小而急剧增大后所引起的性质上的变化。从粒子尺寸与表面原子数的关系可以看出，随着粒径不断减小，表面原子数迅速增加，表面原子的晶体场环境和结合能与内部原子不同，表面原子周围缺少相邻的原子，有许多悬空键，具有不饱和性质，易于其他原子相结合而稳定下来，因而表现出较高的化学活性和催化活性。

3. 量子尺度效应 纳米颗粒内部电子在各方向上的运动都受到限制，所以量子局限效应（quantum confinement effect）特别显著。量子局限效应会导致产生类似原子的不连续电子能级结构，

而这取决于粒子的大小。其中一个典型例子就是量子点(quantum dot)。量子点,又名半导体纳米颗粒,是指由ⅡB~ⅥB或ⅢB~ⅤB元素原子组成的半导体纳米颗粒。由于其中电子的运动在空间三个维度受到限制,因此在光、电、磁学等方面表现出优异的性质。例如,量子点受激后可以发射荧光,且可以通过调整粒子的尺寸得到不同颜色的荧光。此外,不同颜色的量子点可以由同一波长的光来激发。量子点的这些独特性质,使它们在生物标记、发光装置、生物成像及新型材料等众多领域得到广泛的应用。

(二)常见的无机纳米颗粒及其生物医学应用

1. 胶体金 胶体金(colloidal gold),又称金溶胶(gold solution),是指金盐被还原成金单质后,形成的分散相粒子直径在1~150nm,并通过静电形成一种稳定、呈单一分散状态悬浮在液体中的金颗粒悬浮液。胶体金的颜色根据金粒子的大小不同,从小到大呈橘红色到紫红色。胶体金常见的制备方法主要有:柠檬酸三钠还原法、鞣酸-柠檬酸三钠还原法、白磷还原法、硼氢化钠还原法及抗坏血酸盐还原法。其制备的基本原理是向一定浓度的金溶液内加入一定量的还原剂,使金离子还原成金原子,并且通过改变反应体系中金盐与还原剂的比例从而得到不同直径大小的金颗粒。

胶体金因其尺寸处于纳米级,又被称为纳米金(gold nanoparticle,GNP)或金纳米颗粒。由于其具有形状和粒径可控、较大的比表面积、易于表面改性和修饰等优点,故而具有独特的物理特征,以及良好的生物相容性和化学稳定性。

胶体金常作为标记物用于免疫组织化学,近年来胶体金标记已经发展为一项重要的免疫标记技术。免疫胶体金技术是以胶体金作为标志物,应用于抗原抗体的新型免疫标记技术。其具有标记物稳定、适用范围广、快捷、方便、成本低等优势,在临床医疗检测、食品检测和重金属检测等领域中得到广泛发展和应用,并越来越受到相关研究领域的重视。

2. CdS量子点 CdS是一种典型的ⅡB~ⅥB族半导体化合物,由于量子点是尺寸为1~100nm的纳米颗粒,受到量子尺度效应、表面及界面效应、小尺寸效应等的影响,使其具有宏观材料不具备的更加良好的光学性质,主要体现在其发射峰窄、吸收峰宽、发光效率高、发光稳定性强且可以反复多次激发等方面。因此,其在光催化、感光材料、新型显示材料以及生物荧光探针等方面表现出巨大的应用潜力,使之成为当前纳米材料研究和开发的重要对象。

CdS量子点的化学和光稳定性高、水溶性和生物相容性好,同时,其所发出的荧光具有激发光谱波长范围宽、发射峰尖锐、发射波长可通过纳米颗粒粒径调节等许多优点,使其在生命科学,特别是生物标记方面有着极大的优越性,是一种非常理想的生物荧光标记物。CdS量子点可被应用于标记识别生物分子、研究生物大分子相互作用、多组分测定、疾病诊断和治疗等众多领域。

二、溶胶的性质和结构

自然界中的物质多以混合物的形式存在,即一种或几种物质分散在另外一种物质中形成的分散系(dispersed system)。其中被分散的物质称为分散相(dispersed phase),容纳分散相的连续介质称为分散介质(dispersed medium),通常我们也称作是溶剂。

胶体分散系是指分散相粒子大小在1~100nm的体系。这个大小范围的颗粒具有许多独特的性质,如能透过滤纸,但不能透过半透膜;分散相分散程度高,表现出一些特殊的物理化学性质。根据分散相粒子的结构特点,胶体分散系分为溶胶(sol)、高分子溶液(macromolecular solution)和缔合胶体(associated colloid)。本节主要讲授溶胶的性质与结构。

(一)溶胶的性质

溶胶中,分散相粒子称为胶粒,它是由数目巨大的原子(或分子、离子)构成的聚集体。直径为1~100nm的胶粒分散在溶液中,形成热力学不稳定性分散系统。多相性、高度分散性和聚集不稳定性

是溶胶的基本特性，其光学性质、动力学性质和电学性质都是由这些基本特性引起的。

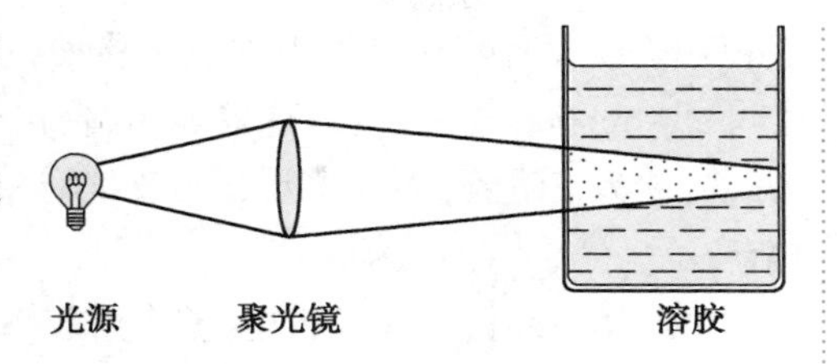

图 5-5　溶胶的 Tyndall 效应

1. 溶胶的光学性质　在暗室中用一束汇聚的可见光照射溶胶，在与光束垂直的方向观察，可见一束光锥通过，这种现象称为 Tyndall 效应（Tyndall effect）（图 5-5）。

Tyndall 效应的本质是胶粒对光的散射。光是一种电磁波，当光束通过分散系时，一部分光可自由透过，而其余部分则被吸收、反射或者散射。光被吸收主要取决于胶粒的化学组成，而光的反射或散射的强度则与分散相颗粒大小有关：①当粒子直径大于入射光波长时，光透射到粒子上主要发生反射；②当粒子大小与入射光波长接近或略小于入射光的波长时，光波就环绕胶粒向各个方向散射，成为散射光或称乳光；③当粒子直径远小于入射光波长时，光波绕过粒子前进不受阻碍。而溶胶胶粒大小略小于可见光波长，光波透过溶胶的同时，也会发生散射，这样在暗背景下就可看到一条圆锥形光柱。真溶液的分散相粒子是分子和离子，它们的直径很小，对光的散射十分微弱，肉眼无法观察到。因而 Tyndall 现象是溶胶区别于真溶液的一个基本特征。

1871 年，Rayleigh 研究了光的散射现象，得出如下结论：①散射光强度随单位体积内溶胶胶粒的增多而增大；②直径小于光波波长的胶粒，体积愈大，散射光愈强；③波长愈短的光被散射愈多，可见光中蓝紫色光易被散射，故无色溶胶的散射光呈蓝色，而透射光呈红色；④分散相与分散介质的折射率相差愈大，散射光也愈强。高分子溶液由于是均相系统，没有相界面，分散相和分散介质折射率相差不大，故散射光不强。利用上述散射光原理可以测定高分子化合物的相对分子质量及研究分子形状。

2. 溶胶的动力学性质

（1）Brown 运动：1872 年，英国植物学家布朗（Brown）在显微镜下观察到悬浮在液面上的花粉粉末不停地做无规则运动。后来发现其他的物质，只要微粒足够小，也都有同样的现象。人们把这一现象称之为 Brown 运动（Brownian movement）。

溶胶中的胶粒在介质中做布朗运动的原因，是由于某一瞬间胶粒受到来自周围各方溶剂分子碰撞的合力未被完全抵消而引起的，由于这个合力的方向是完全随机的，因此胶粒的运动轨迹也就是不规则的。胶粒质量愈小，温度愈高，运动速度愈高，Brown 运动愈剧烈。运动着的胶粒不易下沉，因而 Brown 运动是溶胶的一个稳定因素，即溶胶具有动力学稳定性。

（2）扩散与沉降平衡：当溶胶中的胶粒存在浓度差时，胶粒将从浓度大的区域向浓度小的区域迁移，这种现象称为扩散（diffusion）。扩散现象是由胶粒的布朗运动引起的。研究表明，温度愈高，溶胶的黏度愈小，愈容易扩散。

在重力场中，胶粒受重力作用发生下沉，这种现象称为沉降（sedimentation）。如果分散相粒子大而重，则布朗运动表现不明显，扩散力接近于零，分散相在重力作用下将很快沉降。溶胶的胶粒较小，扩散和沉降两种现象同时存在且作用正好相反。当沉降速度等于扩散速度时，系统处于平衡状态，此时胶粒的浓度从上到下逐渐增大，形成一个稳定的浓度梯度，这种状态称为沉降平衡（sedimentation equilibrium）（图 5-6）。

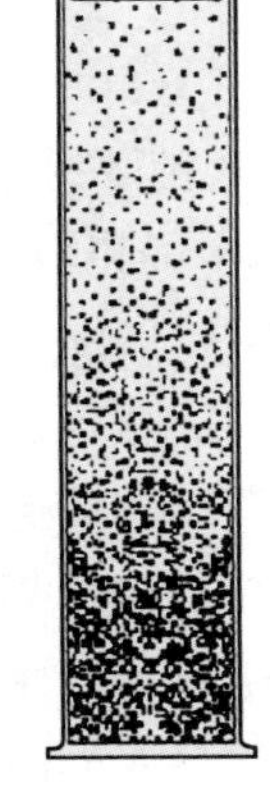
图 5-6　沉降平衡示意图

3. 溶胶的电学性质

（1）电泳：在一 U 形管内装入 $Fe(OH)_3$ 溶胶，小心地在溶胶面上注入无色电解质溶液，使溶胶与电解质溶液间有一清晰的界面，并使溶胶液面在同一水平。在电解质溶液中分别插入正、负电极，接通直流电。通电一段时间之后，可以观察到 U 形管负极一侧的界面上升，正极一侧界面下降（图 5-7），表

明 $Fe(OH)_3$ 溶胶在电场中发生了移动。这种溶胶粒子在外加电场作用下定向移动的现象称为电泳（electrophoresis）。电泳现象表明，胶粒是带电的。大多数金属氢氧化物溶胶胶粒带正电，向负极迁移，称为正溶胶；而大多数金属硫化物、硅酸、金、银等贵金属溶胶胶粒带负电，向正极迁移，称为负溶胶。

（2）电渗：由于胶粒带电，整个溶胶系统又是电中性的，介质中必然带有与胶粒相反电荷的溶液离子。假如在上述电泳实验中，将溶胶充满在多孔隔膜中，使胶粒被吸附而固定。在外电场作用下，溶液中相反电荷的离子将通过多孔隔膜向电荷相反的电极方向移动，通过渗透机制带动溶剂水分子一起运动，其结果（液体介质的移动方向）很容易从电渗仪毛细管中液面的升降观察到（图 5-8）。这种在外电场作用下，分散系介质（即溶剂分子）的定向移动现象称为电渗（electroosmosis）。

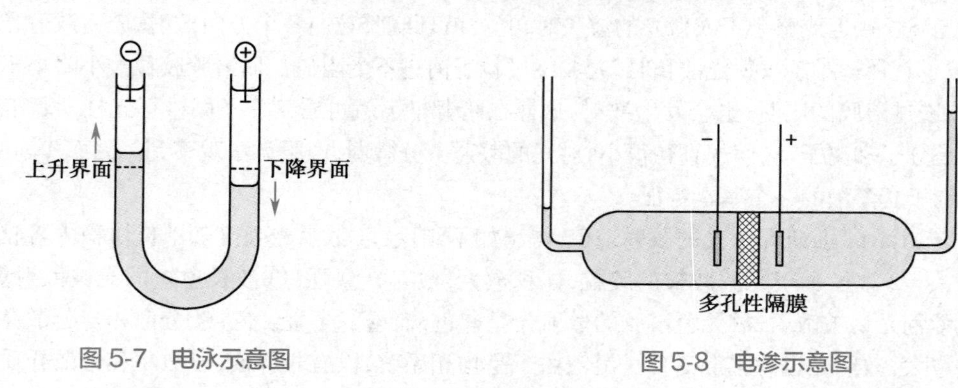

图 5-7 电泳示意图　　图 5-8 电渗示意图

（3）胶粒带电原因

1）胶核的选择性吸附：胶粒中的胶核（原子、离子、或分子的聚集体）比表面积大，有吸附其他物质而降低界面自由能的趋势。当胶核吸附阳离子时，胶粒带正电；当胶核吸附阴离子时，胶粒带负电。无机胶粒带电多属于此类型。

胶核吸附离子是有选择性的，其优先吸附分散系统中与其化学组成或性质类似的离子作为稳定剂。例如，以 $AgNO_3$ 和 KI 溶液为原料制备 AgI 溶胶时，若 $AgNO_3$ 过量，则分散系统中主要含有 Ag^+、NO_3^- 和 K^+，AgI 胶核优先吸附 Ag^+（而非 K^+）带正电，生成正溶胶；若 KI 溶液过量，则分散系统中主要含有 I^-、K^+ 和 NO_3^-，AgI 胶核优先吸附 I^-（而非 NO_3^-）带负电，生成负溶胶。

2）胶核表面分子的解离：胶粒与分散介质接触时，表面分子发生解离，使得胶粒带电。例如，硅胶的胶核是由许多 $x SiO_2 \cdot y H_2O$ 分子组成的，其表面的 H_2SiO_3 分子在水分子作用下发生解离：可以离解成 SiO_3^{2-} 和 H^+。

$$H_2SiO_3 \rightleftharpoons HSiO_3^- + H^+$$

$$HSiO_3^- \rightleftharpoons SiO_3^{2-} + H^+$$

H^+ 扩散到介质中去，而 SiO_3^{2-} 则留在胶核表面，结果使胶粒带负电荷，形成负溶胶。

3）晶格取代：主要发生在黏土矿物溶胶中。例如，某些黏土在成矿过程中，其中含有 Al^{3+} 的位置被 Ca^{2+}、Mg^{2+} 所取代，正电荷减少，使其带有多余的负电荷，形成负溶胶。

（二）胶团的结构

溶胶的结构相当复杂。固态胶核表面因离解或选择性吸附某种离子而带电后，以静电引力吸引介质中的电荷相反的离子（反离子）。反离子具有因热运动扩散到整个溶液中去的倾向。但由于受到带电胶核的静电引力的作用，愈靠近胶核表面反离子愈多，离胶核愈远，反离子愈少。

胶核表面因带电而结合着大量水，且吸附在其周围的反离子也是水合离子，给胶粒周围覆盖了一层水合膜。当胶粒运动时，靠近胶核的水合膜层以及处于膜层内的反离子也跟着一起运动。这部分存在于胶核表面的离子和被束缚的反离子的水合膜层称为吸附层；其余水合反离子以自由状态分

布在吸附层周围,形成与吸附层荷电性质相反的扩散层。这种由吸附层和扩散层构成的电性相反的两层结构称为扩散双电层(diffused electric double layer)。其中,胶核与吸附层合称为胶粒,胶粒与扩散层合称为胶团。扩散层外的介质称胶团间液,其电位为零。溶胶就是所有胶团和胶团间液构成的整体。

以 AgI 溶胶为例。当 $AgNO_3$ 溶液和 KI 溶液作用时,若 $AgNO_3$ 适当过量,胶核 AgI 选择性吸附 Ag^+,同时束缚住部分反离子 NO_3^-,从而得到带正电的胶体粒子;而当 KI 适当过量时,胶核 AgI 选择性吸附 I^-,束缚住部分反离子 K^+,得到带负电的胶体粒子。这两种情况的胶团结构见图 5-9。

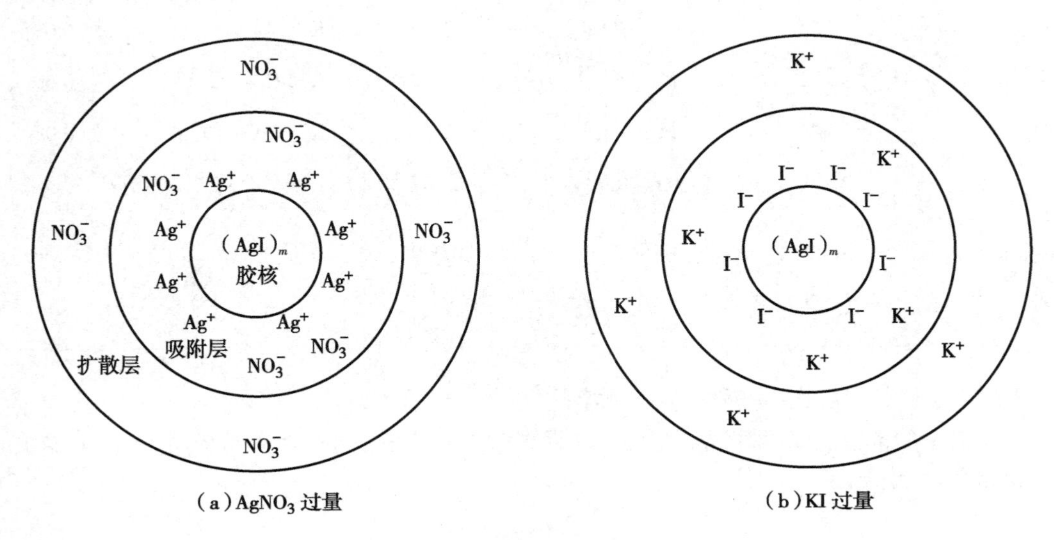

(a)AgI 正溶胶$[(AgI)_m \cdot nAg^+ \cdot (n-x)NO_3^-]^{x+} \cdot xNO_3^-$;

(b)AgI 负溶胶$[(AgI)_m \cdot nI^- \cdot (n-x)K^+]^{x-} \cdot xK^+$。

图 5-9　AgI 溶胶胶团结构

(三)溶胶的稳定性和聚沉

虽然溶胶是热力学不稳定系统,但事实上许多溶胶却能在相当长的时间内保持相对稳定。其主要原因有以下几点。①胶粒带电:同一溶胶的胶粒带有相同电荷,彼此互相排斥、不易聚集。胶粒所带电荷越多,斥力越大,溶胶越稳定。②胶粒表面水合膜的保护作用:胶粒吸附层的离子可溶剂化形成水合膜。水合膜可使胶粒之间的静电作用被屏蔽,并犹如一层弹性膜,阻碍胶粒相互碰撞合并。因此水合膜层愈厚,胶粒愈稳定。③布朗运动:避免了胶粒因重力场引起的沉积作用而聚集,进而发生聚沉。

当溶胶的稳定因素遭到破坏,胶粒碰撞时会合并变大,从介质中析出而下沉,此现象称为聚沉(coagulation)。引起溶胶聚沉的原因很多,如加热、辐射、加入电解质等。

1. 电解质的作用　在制备溶胶时极少量电解质的存在对溶胶有稳定作用,但只要稍微过量,即会引起溶胶的聚沉。其主要原因是电解质的加入,使得分散介质中反离子的浓度增加,扩散层中的反离子更多地进入吸附层,减少甚至中和掉胶粒所带电荷,胶粒间静电斥力减小,溶胶的稳定性下降,最终导致聚沉。

不同电解质对溶胶的聚沉能力是不同的。通常用临界聚沉浓度来反映电解质的聚沉能力。所谓临界聚沉浓度是指使一定量溶胶在一定时间内发生聚沉所需电解质溶液的最小浓度,单位为 mmol/L。临界聚沉浓度愈小,聚沉能力愈强。几种常见电解质对三种溶胶聚沉的临界聚沉浓度见表 5-1。

表 5-1　不同电解质对三种溶胶的临界聚沉浓度　　单位：mmol/L

As_2S_2（负溶胶）		AgI（负溶胶）		Al_2O_3（正溶胶）	
LiCl	58	$LiNO_3$	165	NaCl	43.5
NaCl	51	$NaNO_3$	140	KCl	46
KCl	49.5	KNO_3	136	KNO_3	60
KNO_3	50	$RbNO_3$	126	K_2SO_4	0.30
$CaCl_2$	0.65	$Ca(NO_3)_2$	2.40	$K_2Cr_2O_7$	0.63
$MgCl_2$	0.72	$Mg(NO_3)_2$	2.60	$K_2C_2O_4$	0.69
$MgSO_4$	0.81	$Pb(NO_3)_2$	2.43	$K_3[Fe(CN)_6]$	0.08
$AlCl_3$	0.093	$Al(NO_3)_3$	0.067		
$\frac{1}{2}Al_2(SO_4)_2$	0.096	$La(NO_3)_3$	0.069		
$Al(NO_3)_2$	0.095	$Ce(NO_3)_3$	0.069		

电解质对溶胶的聚沉作用一般有如下规律：

（1）反离子的价数愈高，聚沉能力愈强，临界聚沉浓度越小。如聚沉负溶胶时，下列电解质的聚沉能力次序为：

$$AlCl_3 > MgCl_2 > NaCl$$

（2）同价离子聚沉能力虽然接近，但也略有不同。如用一价正离子聚沉负溶胶时，其聚沉能力次序为：

$$H^+ > Cs^+ > Rb^+ > NH_4^+ > K^+ > Na^+ > Li^+$$

一价负离子聚沉正溶胶时，其聚沉能力次序为：

$$F^- > Cl^- > Br^- > I^- > CNS^-$$

其聚沉能力的差别可能与离子的半径有关。

（3）有机物离子具有非常强的聚沉能力。特别是一些表面活性剂（如脂肪酸盐）和聚酰胺类化合物的离子，能有效地破坏溶胶使之聚沉，这可能是因为有机物离子都含有疏水的分子结构，当电荷被中和后，疏水作用加强，增加了胶粒的聚集，使其从溶液分离。

2. 溶胶的相互聚沉　带相反电荷的溶胶有相互聚沉能力。当正、负溶胶按适当比例混合致使胶粒所带电荷恰被中和时，就可完全聚沉。若两者比例不适当，则聚沉不完全，甚至不发生聚沉。明矾净水的原理就是溶胶的相互聚沉：污水中的胶状悬浮物一般带负电，加入明矾后，明矾中的 Al^{3+} 可水解成 $Al(OH)_3$ 正溶胶使悬浮物发生聚沉，达到净水的目的。

3. 高分子溶液对溶胶的保护作用和敏化作用　在溶胶中加入高分子溶液，高分子物质吸附于胶粒的表面，包围住了胶粒，使其对介质的亲和力加强，从而增加了溶胶的稳定性。但有时加入少量的高分子溶液，不但起不到保护作用，反而降低溶胶的稳定性，甚至发生聚沉，这种现象称作敏化作用。发生敏化作用的原因可能是由于加入的高分子物质数量较少，无法将胶粒表面完全覆盖，而是将多个胶粒串联在一起变成较大的聚集体而聚沉。

三、凝胶

一些溶胶或高分子溶液，在温度降低或者溶解度减小的条件下，溶液黏度逐渐增大，溶液中的胶粒或高分子互相接近，在很多结合点上相互联结形成网状骨架，而溶剂分子填充其空隙中，最后失去流动性，形成具有空间网状结构且具有弹性的半固态物质，这种状态的物质称为凝胶（gel），形成凝胶的过程称为胶凝（gelation）。

凝胶可分为刚性凝胶和弹性凝胶两大类。刚性凝胶粒子间的交联强，网状骨架坚固，干燥后，网孔中的溶剂分子可被驱出，而凝胶的体积和外形基本不变，如硅酸、氢氧化铁等形成的无机凝胶就属于刚性凝胶。而弹性凝胶一般由柔性高分子化合物形成，如琼脂、明胶、聚丙烯酰胺胶等，这类凝胶经干燥后，体积明显缩小而变得有弹性，但如果将其干的凝胶再放到合适的溶剂中，它又会溶胀变大，甚至完全溶解。

凝胶的性质与它的网状结构密切相关。凝胶有下面一些主要性质：

1. 溶胀　将干燥的弹性凝胶置于合适的溶剂中，它会自动吸收溶剂而使其体积增大的现象称为溶胀（swelling）。如果这种溶胀作用进行到一定的程度便停止，这种溶胀称为有限溶胀。如果溶胀作用一直进行下去，直到凝胶网状骨架完全消失，最后形成溶液，这种溶胀称为无限溶胀。

影响溶胀的内因是凝胶的结构，即高分子化合物的柔性强弱及其交联的连接力强弱。例如，葡聚糖凝胶以化学键连接而成的网状骨架相当牢固，这种凝胶在水中仅作有限溶胀。影响凝胶溶胀的外因有温度、介质的 pH 及溶液中电解质等。升高温度会使分子的热运动得到加强，从而削弱交联分子链间的连接强度，使凝胶的溶胀程度增大，甚至可使凝胶的网状骨架破裂而成无限溶胀，如琼脂在热水中就是无限溶胀。而介质的 pH 对蛋白质构成的凝胶有很大的影响，通常蛋白质在等电点时溶胀作用最弱，pH 偏离蛋白质等电点时溶胀作用增强，只有在某一最适宜的 pH 介质中，凝胶的溶胀才能达到最大程度。

2. 离浆　凝胶在放置过程中，一部分液体会自动从凝胶中分离出来，使其体积逐渐缩小，这种现象称为离浆（syneresis）或脱液收缩。例如，将琼脂凝胶置于密闭容器内一段时间，凝胶会收缩并有液体分泌；临床化验用的人血清就是从放置的血液凝块中慢慢分离出来的。离浆可看成溶胀的相反过程，是凝胶内部结构逐渐塌陷而造成的。

3. 结合水　凝胶溶胀时需要吸收水分，其中一部分与凝胶结合得相当牢固，那部分水称为结合水。结合水的一些物理性质不同于纯水，例如，结合水的介电常数低于纯水，在相同条件下其蒸汽压低于纯水，凝固点和沸点也都偏离正常值。

对凝胶中结合水的研究对于生物学和医学具有重要意义。例如，热带植物抗旱与寒带植物的抗寒能力可能和上述特征有关。人体肌肉组织中的结合水量随年龄的增加而减小，老年人肌肉组织中的结合水量就低于青壮年等。

第五章
知识拓展

习　题

1. 写出难溶强电解质 PbI_2、$AgBr$、$Ba_3(PO_4)_2$、$Fe(OH)_3$、Ag_2S 的溶度积常数的表达式。

2. 回答下列问题：

（1）离子积与溶度积的区别。

（2）比较 AgBr 在 $AgNO_3$ 溶液与 KNO_3 溶液中的溶解度。

（3）CuS溶于稀硝酸但难溶于稀硫酸的原因。

（4）AgCl溶于氨水，AgBr、AgI则难溶于氨水的原因。

3. 试解释溶胶产生Tyndall效应的本质原因。

4. 将等体积的0.008mol/L KI和0.01mol/L $AgNO_3$混合制成AgI溶胶。现将$MgSO_4$、$K_3[Fe(CN)_6]$及$AlCl_3$等三种电解质的同浓度等体积溶液分别滴加入上述溶胶后，试写出三种电解质对溶胶聚沉能力的大小顺序。若将等体积的0.01mol/L KI和0.008mol/L $AgNO_3$混合制成AgI溶胶，试写出三种电解质对此溶胶聚沉能力的大小顺序。

5. 试写出$Fe(OH)_3$溶胶胶团结构式并画出胶团的构造示意图。

6. 什么是凝胶？凝胶有哪些主要性质？

7. 在常温下，1.0L水中最多可以溶解某难溶强电解质A_2B（相对分子质量为80）2.4×10^{-3}g。问：

（1）A_2B的溶度积常数是多少？

（2）在浓度均为0.001mol/L可溶性钾盐（K_2B）及可溶性硝酸盐（ANO_3）中A_2B溶解度各是多少？

8. 在298K时，反应$AgCl(s)=Ag^+(aq)+Cl^-(aq)$的$\Delta_r G_m^\ominus$为55.66kJ/mol，请计算AgCl的溶度积常数。

9. 10ml浓度为0.001mol/L的$Pb(NO_3)_2$溶液与20ml浓度为0.002mol/L的KI溶液混合，是否有沉淀生成？

10. 溶液中含有0.010mol/L的KI和0.10mol/L的KCl，当向上述溶液逐滴加入$AgNO_3$溶液，使Cl^-有一半沉淀为AgCl，此时溶液中I^-浓度为多少？已知$K_{sp}(AgCl)=1.77\times10^{-10}$，$K_{sp}(AgI)=8.52\times10^{-17}$。

11. 某溶液中含有浓度为1.0×10^{-4}mol/L的Cu^+和浓度为1.0×10^{-3}mol/L的Pb^{2+}。请计算：

（1）当CuI和PbI_2沉淀开始出现时各自所需的I^-浓度。

（2）当后一种离子开始出现沉淀时，前一种离子的浓度。已知$K_{sp}(CuI)=1.27\times10^{-12}$，$K_{sp}(PbI_2)=9.8\times10^{-9}$。假定溶解后的CuI和$PbI_2$完全解离。

12. AgI分别用Na_2CO_3和$(NH_4)_2S$溶液处理。问：

（1）沉淀能否转化为Ag_2CO_3和Ag_2S? 为什么？

（2）如果在1.0L的$(NH_4)_2S$溶液中转化0.010mol的AgI，则$(NH_4)_2S$溶液的初始浓度应该是多少？

13. 某学生称取0.385 0g的NaCl配制成250.0ml的溶液。滴定20.0ml该溶液消耗$AgNO_3$溶液（0.019 80mol/ L）体积15.0ml时，溶液中的Ag^+浓度是多少？

14. $CaCO_3$能溶于HAc溶液中，假设沉淀溶解平衡时，HAc的浓度为1.0mol/L，已知室温下，产物H_2CO_3的饱和浓度为0.040mol/L。求在1.0L溶液中能溶解多少摩尔的$CaCO_3$？需要HAc的起始浓度是多少？

15. 将20.0ml浓度为1.0×10^{-3}mol/L的$MgCl_2$溶液与30.0ml浓度为5.0×10^{-3}mol/L的NaOH溶液混合，是否能产生$Mg(OH)_2$沉淀？稀释至1 000.0ml，是否产生$Mg(OH)_2$沉淀？已知$Mg(OH)_2$的溶度积常数$K_{sp}=5.61\times10^{-12}$。

16. 一溶液中含有Fe^{2+}和Fe^{3+}，它们的浓度均为0.02mol/L，若要使Fe^{3+}生成沉淀，而Fe^{2+}不沉淀，则溶液的pH应控制在什么范围？已知$K_{sp}[Fe(OH)_2]=4.87\times10^{-17}$，$K_{sp}[Fe(OH)_3]=2.79\times10^{-39}$。

第五章
目标测试

（丁冶春）

第六章

氧化还原反应

第六章
教学课件

学习目标

1. **掌握** 元素的氧化数概念，离子-电子法配平氧化还原反应方程式；电极反应和电极电势；Nernst方程计算电极电势和电池的电动势；判断氧化剂和还原剂的相对强弱；判断氧化还原反应进行的方向；一些平衡常数的计算。
2. **熟悉** 原电池组成式（符号）的书写，电池反应及电池电动势的定义；标准电动势和平衡常数之间的关系。
3. **了解** 电极电势产生的机制，常用电极的类型，原电池的结构及工作原理，电势法测定溶液的pH、离子选择性膜和浓差电势及细胞的动作电势。

氧化还原是一类极为重要的化学反应。人们熟知的各种燃料的燃烧、金属的冶炼、许多新材料的制备、化学电池的制造及使用、工业电解和电镀等，都是在氧化还原反应的基础上才得以实现。

氧化还原反应与地球上生命体的产生、进化及繁衍生息等密切相关，是生物化学中最常见的一类化学反应。人体通常所需能量主要来自葡萄糖在体内的氧化，许多与衰老、疾病相关的自由基反应也是氧化还原反应。植物的光合作用、呼吸作用、固氮作用以及许多代谢过程都涉及氧化还原反应。

在药学领域中，许多药物是通过氧化还原反应发挥作用的。例如，外用消毒使用的高锰酸钾、过氧化氢（俗称双氧水）和碘酒等都是利用它们的氧化性，而一些抗氧化剂如亚硫酸钠、维生素C和维生素E等则起还原剂的作用。因此，学习氧化还原反应的理论知识，无论是对于了解生命的奥秘，掌握药物的制备、性质、功能并探索其作用机制，还是对后续课程的学习都是十分必要的。

本章将学习氧化还原反应的基本原理和定量方法，重点讨论电极电势，以及电极电势的影响因素和应用。

第一节 氧化还原的基本概念

一、氧化与还原

化学反应可以分为两大类：氧化还原反应和非氧化还原反应。在酸碱反应（第四章）和沉淀反应（第五章）中，参加反应的各种物质在反应前后不涉及电子的得失，这类反应属于非氧化还原反应。如果参加反应的物质在反应前后有电子的转移或偏移，这类反应就称为氧化还原反应（oxidation-reduction reaction），又称为电子转移反应（electron transfer reaction）。其中，失去电子的过程称为氧化（oxidation），得到电子的过程称为还原（reduction）。失去电子的物质是还原剂（reductant），它使另一种物质被还原；获得电子的物质是氧化剂（oxidant），它使另一种物质被氧化。氧化还原反应的实质是参与反应的物质之间的电子转移过程。在任何一个氧化还原反应中，氧化和还原总是同时发生，互

相依存的，若有得电子的物质，必有失电子的物质，而且得失电子总数一定相等。氧化还原反应一般伴随着巨大的自由能的变化，可为生物体或人所利用。

二、元素的氧化数

在一些化学反应中，电子并不完全离开某个原子，而只是从一个原子向另一个原子偏移。例如，碳在氧气中燃烧生成 CO_2，碳在反应中并没有完全失去它最外层的 4 个电子，只是在共用的状态下偏向氧而已。为了描述原子中电子的得失或偏移程度，统一说明氧化还原反应，人们提出了元素的氧化数（oxidation number）① 的参数以表征电子得失情况。

1970 年，国际纯粹和应用化学联合会（IUPAC②）把氧化数定义为：某元素一个原子的表观电荷数（apparent charge number），即把每个化学键中的成键电子指定给电负性较大的原子所形成的表观电荷数。在离子型化合物 NaCl 中，Cl 的电负性比 Na 大，Na 失去一个电子给 Cl，所以 Cl 的氧化数为 -1，Na 的氧化数为 +1。对于共价化合物，人为地把共用电子对指定给电负性较大的原子，这样得到的正、负表观电荷数就等于正、负氧化数。例如，在 H_2O 分子中，O 的电负性比 H 大，因此把 O 原子和每个 H 原子之间的成键电子都归于 O 原子，则 O 的表观电荷数（即氧化数）为 -2，而 H 的氧化数为 +1。

通常可按照如下规则确定元素的氧化数：

1. 元素处于任何形态的单质时，氧化数均为零。如 Na、Be、H_2 和 Cl_2 等单质中，它们的元素的氧化数都等于零。

2. 在化合物中，所有元素氧化数的代数和等于零；在多原子离子中，所有元素氧化数的代数和等于该离子所带的电荷数；单原子离子的氧化数等于它所带的电荷数。

3. 氟是电负性最大的元素，故氟的化合物中氟的氧化数总是 -1。

4. H 的氧化数一般为 +1；但在活泼金属氢化物（如 NaH、CaH_2）中，H 的氧化数为 -1。

5. O 的氧化数一般为 -2；但在过氧化物（如 H_2O_2、Na_2O_2）中为 -1，在超氧化物（如 KO_2）中为 -0.5，在 OF_2 中为 +2。

［**例 6-1**］ 试确定在 $KMnO_4$、MnO_4^{2-}、MnO_2、Mn^{2+} 中 Mn 元素的氧化数。

解：设 Mn 的氧化数为 x，因为 O 的氧化数为 -2，K 为 +1，则

在 $KMnO_4$ 中：$1 + x + 4 \times (-2) = 0$，　$x = +7$

在 MnO_4^{2-} 中：$x + 4 \times (-2) = -2$，　$x = +6$

在 MnO_2 中：$x + 2 \times (-2) = 0$，　$x = +4$

在 Mn^{2+} 中：$x = +2$

［**例 6-2**］ 求 Fe_3O_4 中 Fe 的氧化数。

解：设 Fe 的氧化数为 x，因为 O 的氧化数为 -2，则

$$3x + 4 \times (-2) = 0$$
$$x = +8/3$$

可用氧化数的变化来判断氧化剂和还原剂。在化学反应中，某元素的氧化数升高，说明该元素失去了电子，该元素（及化合物）是还原剂；某元素的氧化数降低，说明该元素得到了电子，该元素（及化合物）是氧化剂。例如，在下列反应中：

$$\underset{\text{氧化剂}}{Na\overset{+1}{Cl}O} + \underset{\text{还原剂}}{2\overset{+2}{Fe}SO_4} + H_2SO_4 = \underset{\text{还原产物}}{Na\overset{-1}{Cl}} + \underset{\text{氧化产物}}{\overset{+3}{Fe_2}(SO_4)_3} + H_2O$$

① 也称为氧化值（oxidation state）。

② International Union of Pure and Applied Chemistry 的英文缩写。

次氯酸钠 NaClO 中的 Cl 的氧化数从 +1 降低到 -1，表明 Cl 在反应中被还原，NaClO 是氧化剂；Fe 的氧化数从 +2 升高到 +3，表明 Fe 被氧化，$FeSO_4$ 是还原剂。H_2SO_4 分子中的任何原子的氧化数都没有改变，它未参与氧化还原过程。这是一个复杂反应，H_2SO_4 参与了其中的中和反应过程。

若氧化数的升高和降低都发生在同一种物质中的同一种元素，则该物质既是氧化剂又是还原剂，这类氧化还原反应称为歧化反应（disproportionation reaction）。例如：

$$\overset{0}{Cl_2} + H_2O = H\overset{+1}{Cl}O + H\overset{-1}{Cl}$$

$$4K\overset{+5}{Cl}O_3 = 3K\overset{+7}{Cl}O_4 + K\overset{-1}{Cl}$$

应当注意，在判断共价化合物的氧化数时，不要与共价数（某元素原子形成共价键的数目）混淆。例如，在 CH_4、C_2H_4、C_2H_2 分子中，C 的共价数均为 4，而其氧化数则依次分别为 -4、-2 和 -1。单独书写氧化数时，与数学中的正负数表示方法相同，但正号不省去。在分子式或化合物中需注明元素的氧化数时，一般在相应元素符号或名称后用罗马数字以括号形式标明，正号可以省去，负号则不能省去。

当多个同种原子以不同形态处于同一个分子或原子团时，氧化数通常使用其平均值，可以是整数，也可以是非整数。如下面的结构所示，在 $S_2O_3^{2-}$ 中 S 的平均氧化数为 +2，在 $S_4O_6^{2-}$ 中 S 的平均氧化数为 +5/2。

```
        O                 O           O
        ‖                 ‖           ‖
  O⁻—S—O⁻       O⁻—S—S—S—S—O⁻
        ‖                 ‖           ‖
        S                 O           O
```

这里请大家将“氧化数”和一个老概念“化合价（valence）”做个区分。化合价描述的是某原子与其他原子相结合的能力，IUPAC 的定义为：某元素的化合价是可与该元素的原子相结合的单价原子（以氢原子或氯原子为基准）的最大数量。计算方式为：

化合价 = 元素价电子数 - 分子中该元素的非成键电子数

所以化合价通常都是正整数。比如在高氯酸 $HClO_4$ 中，H、Cl、O 的化合价分别为 1、7 和 2，而其氧化数分别是 +1、+7 和 -2。自氧化数广泛使用以来，化合价已经很少使用。

三、氧化还原半反应的概念和应用

（一）氧化 - 还原半反应

一个氧化还原反应可以看成是由两个半反应（half-reaction）组成的。例如，金属钠在氯气中燃烧：

$$Na + \frac{1}{2}Cl_2 = NaCl$$

在上面的反应中，Na 失去一个电子，是还原剂，经过氧化半反应变成了 Na^+；Cl 得到一个电子，是氧化剂，经过还原半反应变成了 Cl^-。

$$Na - e^- = Na^+ \quad （也可以写成：Na^+ + e^- = Na）$$

$$\frac{1}{2}Cl_2 + e^- = Cl^-$$

在一个半反应中，获得电子前（或失去电子后）的物质形式称为氧化型（oxidized species），获得电子后（或失去电子前）的物质形式称为还原型（reduced species）；这两种物质形式构成一对氧化还原电对（redox electric couple），简称电对。它们之间的关系可表示为：

$$氧化型(Ox)+ne^- \rightleftharpoons 还原型(Red)$$

每个氧化还原半反应中都有一对氧化还原电对。为书写方便,氧化还原电对常表示为Ox/Red。例如,上面反应中的2个氧化还原电对 Na^+ 和 Na、Cl_2 和 Cl^- 可分别表示为:Na^+/Na、Cl_2/Cl^-。

(二)氧化还原反应方程式的配平

配平反应方程式是了解氧化还原反应的一个重要环节,它的理论基础是质量守恒定律。在多种配平方法中,氧化数法适用范围较广,而离子-电子法(the ion-electron method)又称为半反应法,较易为初学者所掌握。下面主要介绍后者。

离子-电子法根据以下原则配平方程式:①在反应中氧化剂得到的电子总数与还原剂失去的电子总数相等;②方程式两边各种元素的原子数相等。

[例6-3] 配平 $K_2Cr_2O_7$ 与 KI 在稀 H_2SO_4 中的反应方程式。

解:(1)写出离子反应方程式:

$$Cr_2O_7^{2-} + H^+ + I^- \longrightarrow Cr^{3+} + I_2 + H_2O$$

(2)将氧化还原反应拆分成两个半反应:

氧化半反应: $I^- - n_1e^- \longrightarrow I_2$

还原半反应: $Cr_2O_7^{2-} + H^+ + n_2e^- \longrightarrow Cr^{3+} + H_2O$

(3)分别配平两个半反应:

$$2I^- - 2e^- = I_2 \quad ①$$

$$Cr_2O_7^{2-} + 14H^+ + 6e^- = 2Cr^{3+} + 7H_2O \quad ②$$

(4)将两个半反应分别乘以相应系数,使其得、失电子数相等,再将两个半反应相加,得到一个配平的氧化还原反应离子方程式:

$$3\times① \quad 6I^- - 6e^- = 3I_2$$

$$+)\ 1\times② \quad Cr_2O_7^{2-} + 14H^+ + 6e^- = 2Cr^{3+} + 7H_2O$$

$$Cr_2O_7^{2-} + 6I^- + 14H^+ = 2Cr^{3+} + 3I_2 + 7H_2O$$

(5)在配平的离子方程式中添加不参与反应的正、负配对离子,写出相应的化学式,即得到配平的氧化还原反应方程式:

$$K_2Cr_2O_7 + 6KI + 7H_2SO_4 = Cr_2(SO_4)_3 + 3I_2 + 4K_2SO_4 + 7H_2O$$

在配平过程中,若半反应式两边的氧原子数不等,应根据反应的介质条件(酸、碱性),添加 H^+、OH^- 或 H_2O,以配平半反应式。在酸性介质中,半反应式中不能出现 OH^-;在碱性介质中,半反应式中不能出现 H^+。

[例6-4] 在碱性介质中,单质溴能将亚铬酸钠氧化成铬酸钠,请写出该反应的离子反应方程式并配平。

解:(1)写出离子反应方程式:

$$CrO_2^- + Br_2 + OH^- \longrightarrow CrO_4^{2-} + 2Br^- + H_2O$$

(2)将氧化还原反应拆分成两个半反应:

氧化半反应:$CrO_2^- \longrightarrow CrO_4^{2-}$

还原半反应:$Br_2 \longrightarrow 2Br^-$

(3)分别配平半反应式(包括原子数和电荷数)。在碱性介质中,多氧一边加 H_2O,少氧一边加 OH^-。

$$CrO_2^- + 4OH^- = CrO_4^{2-} + 2H_2O + 3e^- \quad ①$$

$$Br_2 + 2e^- = 2Br^- \quad ②$$

(4)确定两个半反应得、失电子数的最小公倍数,将各半反应配上系数后,两式相加。

$$
\begin{array}{lll}
 & 2\times ① & CrO_2^- + 4OH^- = CrO_4^{2-} + 2H_2O + 3e^- \\
+) & 3\times ② & Br_2 + 2e^- = 2Br^- \\
\hline
 & & 2CrO_2^- + 3Br_2 + 8OH^- = 2CrO_4^{2-} + 6Br^- + 4H_2O
\end{array}
$$

离子-电子法无须计算元素的氧化数。另外,通过学习离子-电子法配平,掌握书写半反应式的方法,而半反应式是电极反应的基本反应式。

第二节　原　电　池

一、电极和原电池

(一)原电池的组成

将一块 Zn 片置入含 $CuSO_4$ 的溶液中。经过一段时间后,可以观察到 Zn 片逐渐溶解变小,$CuSO_4$ 溶液的蓝色渐渐变浅;而 Zn 片上不断有紫红色的 Cu 析出,同时溶液温度升高。产生以上现象的原因是 Zn 和 $CuSO_4$ 之间发生了氧化还原反应:

$$Zn + Cu^{2+} \longrightarrow Zn^{2+} + Cu$$

由于 Zn 片与 $CuSO_4$ 溶液接触,电子可从 Zn 直接转移给 Cu^{2+},这些电子的转移是无秩序的,反应放出的化学能转变成热能。

将实验改在如图 6-1 的装置中进行。连接两个烧杯的∩形管称为盐桥(salt bridge),管内充满饱和 KCl(或 KNO_3)溶液制成的凝胶。合上开关,可以观察到检流计的指针偏转,表明导线中有电流通过。由检流计指针偏转方向可知,电子从 Zn 电极流向 Cu 电极。电流与电子的运动方向相反,电子流入的电极称为正极(cathode),对应于氧化剂电对;电子流出的电极称为负极(anode),对应于还原剂电对。盐桥中的 K^+ 和 Cl^-(或 NO_3^-)离子分别向两端扩散,构成电流通路,并使两端溶液保持电中性。

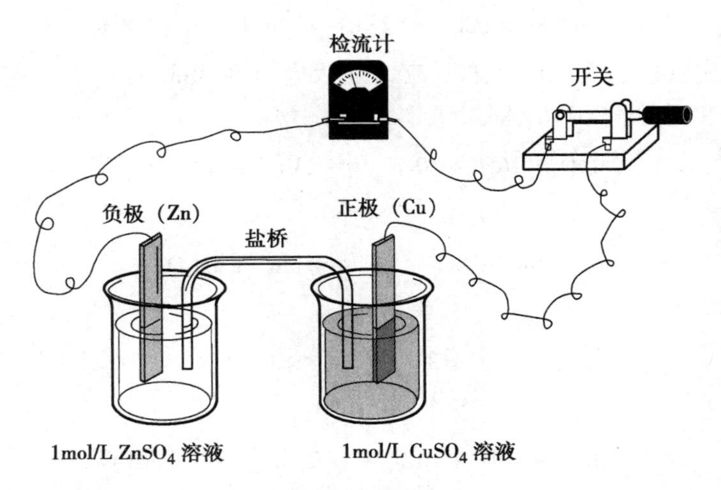

图 6-1　铜-锌原电池

上述两电极发生的反应可以表示为:

$$
\begin{array}{ll}
Zn\ 电极(负极):Zn - 2e^- \rightleftharpoons Zn^{2+} & 氧化反应 \\
Cu\ 电极(正极):Cu^{2+} + 2e^- \rightleftharpoons Cu & 还原反应 \\
\hline
电池反应:Zn + Cu^{2+} \rightleftharpoons Zn^{2+} + Cu &
\end{array}
$$

图 6-1 装置中发生的反应与 Zn 和 Cu^{2+} 直接接触所发生的反应其实质是一样的,只不过该装置

使氧化和还原分别在负极和正极进行,电子由 Zn 电极向 Cu 电极定向流动而形成了电流。这种将氧化还原反应的化学能转变为电能的装置称为原电池(primary cell)(以下称电池),它由两个半电池(half cell)、盐桥和导线组成。半电池也称为电极(electrode)。每个半电池(电极)含有同一元素不同氧化数的物质,高氧化数的物质为氧化型,低氧化数的物质为还原型,两者构成氧化还原电对。两个半电池反应(或两个电极反应)相加即得电池反应(cell reaction)。原电池中的氧化还原反应的特点是反应不在一个容器内完成,而是分别在不同的两处同时进行。所以,原电池由两个半电池(即电池的两个电极)组成。从理论上讲,任何自发进行的氧化还原反应都可设计成原电池。

(二)电极和原电池的符号

原电池的组成用图表示太繁杂。在电化学中,常用电池符号来表示原电池。书写电池符号的规定如下:

1. 将负极写在左边,并用“(-)”表示;正极写在右边,用“(+)”表示。

2. 用单垂线“|”表示相与相之间的界面,双垂线“‖”表示盐桥[①]。

3. 用化学式表示电池中各物质的组成,纯净物质后面用括号注明物质的状态(如 g,l,s)[②],溶液中要标明各种物质的浓度或活度,同一溶液中的不同物质之间用“,”隔开;气体应注明分压(p_x)。

4. 如果半电池的氧化还原电对是不能导电的物质,则需使用外加惰性物质作电极导体,如铂或石墨等。该电极导体不参与反应,只起传递电子的作用。

按上述规定,铜-锌原电池可用电池符号表示为:

$$(-)Zn(s)|Zn^{2+}(c_1)\parallel Cu^{2+}(c_2)|Cu(s)(+)$$

又如,反应:$Cl_2+2Fe^{2+} \rightleftharpoons 2Fe^{3+}+2Cl^-$

正极反应:$Cl_2+2e^- \rightleftharpoons 2Cl^-$

负极反应:$Fe^{2+} \rightleftharpoons Fe^{3+}+e^-$

其电池符号为:$(-)Pt|Fe^{2+}(c_1),Fe^{3+}(c_2)\parallel Cl^-(c_3)|Cl_2(p)|Pt(+)$

[例 6-5] 高锰酸钾与浓盐酸作用,制取氯气的反应如下:

$$2KMnO_4+16HCl \rightleftharpoons 2KCl+2MnCl_2+5Cl_2+8H_2O$$

将此反应设计成原电池,写出正、负极反应、电池反应、电池组成式。

解: 首先,写出相应离子反应方程式:

$$2MnO_4^-+16H^++10Cl^- \rightleftharpoons 2Mn^{2+}+5Cl_2+8H_2O$$

正极反应为:

$$MnO_4^-+8H^++5e^- \rightleftharpoons Mn^{2+}+4H_2O$$

负极反应为:

$$2Cl^--2e^- \rightleftharpoons Cl_2$$

电池反应为:

$$2MnO_4^-+16H^++10Cl^- \rightleftharpoons 2Mn^{2+}+5Cl_2+8H_2O$$

电池组成式:

$$(-)Pt|Cl_2(p)|Cl^-(c)\parallel MnO_4^-(c_1),Mn^{2+}(c_2),H^+(c_3)|Pt(+)$$

(三)常用电极的类型

电极的种类很多,常用电极有以下 4 种类型:

① 有些原电池的两个电极间是由半透膜或多孔物质进行分隔,用“|”表示。

② 常见的固体物质,物态(s)可省略不写。

1. 金属电极　将金属浸入含有该金属离子的溶液中构成。例如，铜电极：

电极符号：$Cu \mid Cu^{2+}(c)$

电极反应式：$Cu^{2+}(aq)+2e^- \rightleftharpoons Cu(s)$

2. 气体电极　将气体通入含有该气体所对应的离子的溶液中构成。例如，氢电极：

电极符号：$Pt \mid H_2(p) \mid H^+(c)$

电极反应式：$2H^+(aq)+2e^- \rightleftharpoons H_2(g)$

3. 金属 - 金属难溶盐 - 负离子电极　在金属表面覆盖一层该金属的难溶盐，然后浸入含有该难溶盐的相同负离子的溶液中构成。例如，将表面涂有 AgCl 的银丝插在 HCl 溶液中，可得氯化银（Ag-AgCl）电极。

电极符号：$Ag \mid AgCl \mid Cl^-(c)$

电极反应式：$AgCl(s)+e^- \rightleftharpoons Ag(s)+Cl^-(aq)$

实验室常用的甘汞电极也属于这类电极。它的组成是在金属汞（液态）的表面上覆盖一层氯化亚汞（甘汞，Hg_2Cl_2），然后注入氯化钾溶液。

电极符号：$Hg(l) \mid Hg_2Cl_2(s) \mid Cl^-(c)$

电极反应式：$Hg_2Cl_2(s)+2e^- \rightleftharpoons 2Hg(l)+2Cl^-(aq)$

4.（普通）氧化 - 还原电极　常将惰性导电材料（Pt 或石墨）浸入离子型氧化还原电对的溶液所构成的电极中，这种溶液含有同一元素不同氧化态的两种离子。例如，将 Pt 插入含有 Fe^{3+}、Fe^{2+} 溶液中构成此类电极：

电极符号：$Pt \mid Fe^{3+}(c_1), Fe^{2+}(c_2)$

电极反应式：$Fe^{3+}(aq)+e^- \rightleftharpoons Fe^{2+}(aq)$

二、电极电势和电池电动势

（一）电极电势的产生及电动势

在铜 - 锌原电池中，导线中有电流通过，这表明两个电极之间存在电势差。由指针的偏转方向可知电子的流动方向。为什么电子从 Zn 原子流向 Cu^{2+} 而不是相反？这与金属的性质有关。

实验证明，当金属片插入它的盐溶液时，金属表面的正离子（M^{n+}）在溶剂分子（通常为 H_2O 分子）和负离子的作用下会进入溶液中，而把电子留在金属片上，这是溶解过程。金属越活泼，其离子浓度越稀，这一趋势就越大。另外，溶液中无规则运动的水合金属离子由于运动碰到金属表面，受到自由电子的吸引，并在获得电子后重新沉积到金属表面上，这称为沉积过程。当金属溶解的速率与金属离子沉积的速率相等时，建立了如下动态平衡：

$$M(s) \underset{\text{沉积}}{\overset{\text{溶解}}{\rightleftharpoons}} M^{n+}(aq)+ne^-$$

若金属溶解的倾向大于金属离子沉积的倾向，则达到平衡时，金属表面因留有较多电子而带负电荷。由于静电作用，溶液中的正离子就会排布在金属板表面附近的液层中，于是在金属的界面处形成如图 6-2（a）所示的双电层（double electric layer）。反之，若金属离子沉积倾向大于溶解倾向，则达到平衡时，金属表面因沉积了过多的金属离子而带正电荷，溶液中的负离子就会排布在靠近金属板附近的液层中而形成如图 6-2（b）所示的双电层。无论形成哪一种双电层，在金属与溶液之间都会产生一个恒定的电势[①]差。这种由于双电层的建立而在金属和它的盐溶液之间产生的电势差称为该金属的电极电势（electrode potential）[②]，也称为电极电位，记为$\varphi^{\ominus}(M^{n+}/M)$。其电极反应式表示为：

$$M^{n+}+ne^- \rightleftharpoons M$$

① 有些教材、文献资料称作“电位”。本教材统一用“电势”。

② 有些教材、文献资料用“电极电位”。本教材统一用“电极电势”。

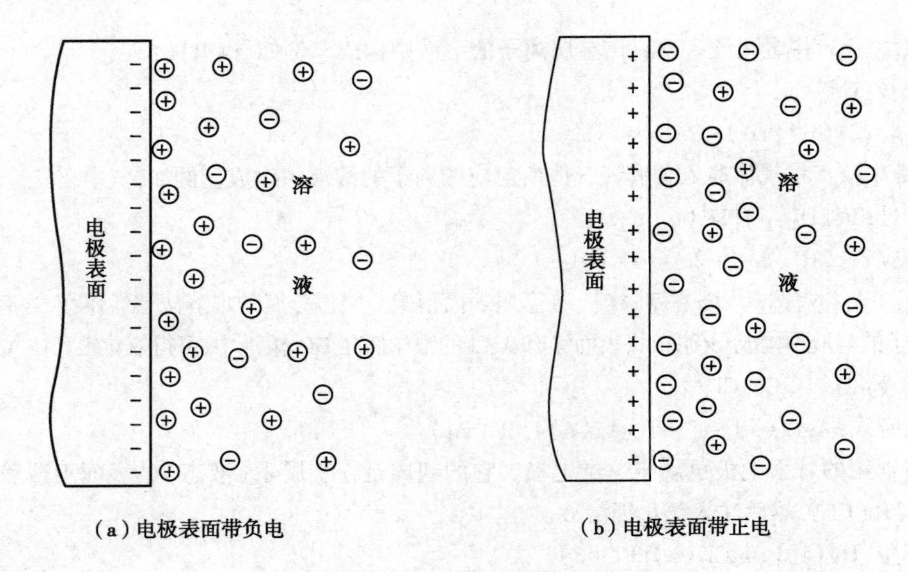

图 6-2　金属电极的电极电势形成机制

金属越活泼,溶解的倾向越大,达到平衡时金属表面电子密度就越大,该金属的电极电势就越低;反之,金属越不活泼,溶解倾向越小,而沉积倾向越大,该金属的电极电势就越高。因此,电极电势的大小主要取决于金属的活泼性。

不同的电极其电极电势也不相同。如果将两个不同的电极组成原电池,就会产生电势差和电流。在没有电流通过的情况下,正、负两极的电极电势之差称为原电池的电动势(electromotive force, emf),用符号 E 表示。

$$E=\varphi_{+}-\varphi_{-} \qquad 式(6\text{-}1)$$

式(6-1)中,φ_{+} 为正极的电极电势,φ_{-} 为负极的电极电势。

一个原电池电动势的大小和反应自发进行的方向,取决于两个电极的电极电势之差,而电极电势则主要由电极的本性所决定。此外,溶液温度、浓度、pH 及离子强度等这些因素也对电极电势都有一定的影响。当这些条件确定了,电极电势就有确定的数值。

(二)标准氢电极和标准电极电势

电极电势的大小显示了电对中氧化型物质获取电子转变为还原型物质的倾向。只要知道任意两个电对的电极电势,就可以比较这两个电对中氧化型的氧化能力(或还原型的还原能力)的相对大小,进而可以判断两电对间化学反应自发进行的方向。

由于无法测得任何一个电极的电极电势的绝对值,人们选择特定的电极作为参比电极(reference electrode),以此获得其他电极的相对电极电势。

1. 标准氢电极　按照 IUPAC 的建议,采用的基准参比电极是标准氢电极(standard hydrogen eletrode, SHE),其他电极都用标准氢电极作为比较标准。标准氢电极的构造见图 6-3,将镀有铂黑的铂片浸入含有活度为 1mol/L(常用浓度为 1mol/L 的溶液代替)的 H^{+} 溶液中,并不断通入压力为标准压力 $p^{\ominus}$(100kPa①)的纯净 H_2 气流,使铂黑吸附氢气达到饱和,同时溶液中的氢气也达到饱和状态。这样,被吸附了的 H_2 与溶液中的 H^{+} 之间建立了如下动态平衡:

$$2H^{+}(a=1\text{mol/L})+2e^{-} \rightleftharpoons H_2(g, p^{\ominus})$$

此时,该电极的电势即为标准氢电极的电极电势,规定它在 298.15K 的数值为零伏特,记作:$\varphi^{\ominus}(H^{+}/H_2)=0.000\,0\text{V}$。右上角的"$\ominus$"表示标准态。

① 标准压力 $p^{\ominus}=1\text{atm}\approx101.325\text{kPa}$,近似为 100kPa。

在实际应用时，常选用易于制作保存、电势稳定的饱和甘汞电极（saturated calomel electrode，SCE）作为参比电极（图 6-4）。电极反应为：

$$Hg_2Cl_2(s) + 2e^- \rightleftharpoons 2Hg(l) + 2Cl^-(aq)$$

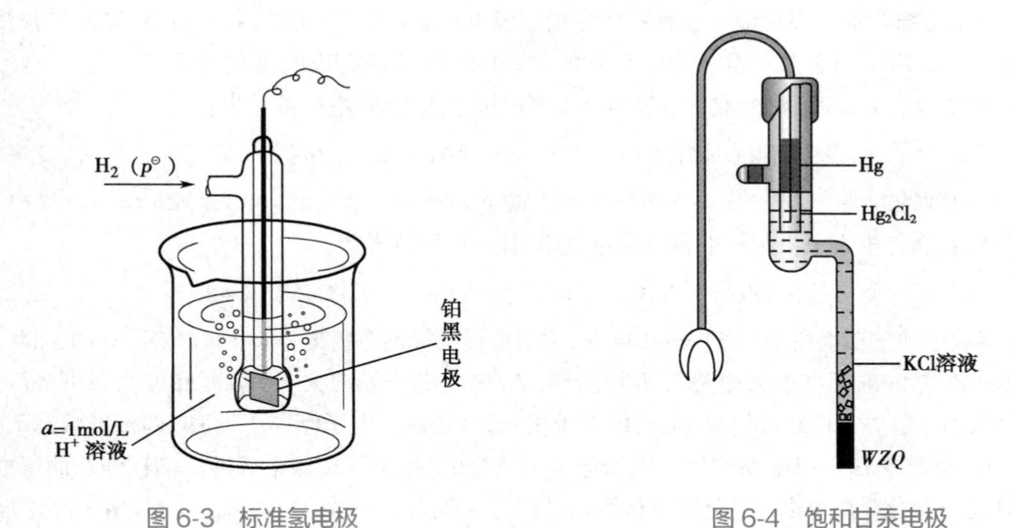

图 6-3　标准氢电极　　　　图 6-4　饱和甘汞电极

电极符号：

$$Hg(l)|Hg_2Cl_2(s)|Cl^-(c)$$

电池液多使用 KCl 溶液，有 3 种不同浓度，各自对应于不同的电极电势值：

$$c = 0.1mol/L,\quad \varphi^{\ominus}(Hg_2Cl_2/Hg) = 0.334V$$

$$c = 1mol/L,\quad \varphi^{\ominus}(Hg_2Cl_2/Hg) = 0.280V$$

$$饱和\ KCl\ 溶液,\quad \varphi^{\ominus}(Hg_2Cl_2/Hg) = 0.241V$$

2. 标准电极电势　按照化学热力学标准态的规定，将各种电极都做成标准态电极。将标准氢电极与各种待测电极组成原电池（图 6-5），测出各电极相对于标准氢电极的电极电势。IUPAC 建议把标准氢电极作为负极：

$$(-)Pt(s)|H_2(p^{\ominus})|H^+(c^{\ominus})\parallel 待测电极(+)$$

根据式（6-1），$E_{测}=E^{\ominus}=\varphi^{\ominus}_{+}-\varphi^{\ominus}_{-}$。因为 $\varphi^{\ominus}_{-}=\varphi^{\ominus}(H^+/H_2)=0.000\ 0V$，所以 $E_{测}=\varphi^{\ominus}_{+}-0.000\ 0=\varphi^{\ominus}_{+}$，即待测电极的标准电极电势（standard electrode potential）；由于是将待测电极作为发生还原反应的正极，因此所测得的标准电极电势又称为标准还原电势（standard reduction potential），用符号 $\varphi^{\ominus}(Ox/Red)$ 表示。

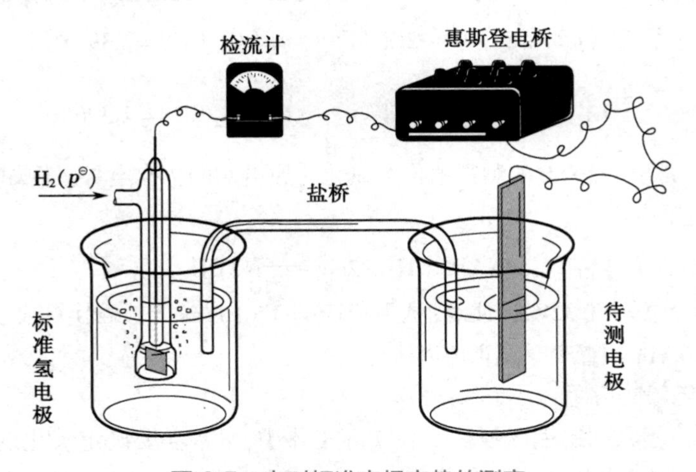

图 6-5　电对标准电极电势的测定

当组成原电池的电极中各物质均处在标准态，电池的电动势称为标准电动势（standard electromotive force），记为 $E^{\ominus}$，由式（6-1）得：

$$E^{\ominus}=\varphi_{+}^{\ominus}-\varphi_{-}^{\ominus} \quad 式（6-2）$$

标准态是指参加电极反应的各种物质在指定温度（通常为 298.15K）符合以下条件：溶液浓度为标准浓度 $c^{\ominus}=1\text{mol/L}$；气体的分压为标准压力 $p^{\ominus}=100\text{kPa}$；液体和固体为纯物质。

例如，在 298.15K 时，将标准锌电极与标准氢电极组成电池，电池符号为：

$$(-)\ Pt(s)\,|\,H_2(p^{\ominus})\,|\,H^+(c^{\ominus})\,\|\,Zn^{2+}(c^{\ominus})\,|\,Zn(s)\ (+)$$

实验测得电池的标准电动势 $E^{\ominus}=-0.762\,6\text{V}$，则锌电极的标准电极电势 $\varphi^{\ominus}(Zn^{2+}/Zn)=-0.762\,6\text{V}$。

同样，若将标准铜电极与标准氢电极组成原电池，电池符号为：

$$(-)\ Pt(s)\,|\,H_2(p^{\ominus})\,|\,H^+(c^{\ominus})\,\|\,Cu^{2+}(c^{\ominus})\,|\,Cu(s)\ (+)$$

实验测得该电池的标准电动势 $E^{\ominus}=+0.340\text{V}$，则铜电极的标准电极电势 $\varphi^{\ominus}(Cu^{2+}/Cu)=+0.340\text{V}$。

电对 Zn^{2+}/Zn 的标准电极电势带负号，表明 Zn 失去电子倾向大于 H_2，即标准状态下 Zn 可还原 H^+ 而释放 H_2；电对 Cu^{2+}/Cu 的标准电极电势带正号，表明铜失电子倾向小于 H_2，即标准状态下 Cu 不会还原 H^+ 而释放 H_2。以金属的标准电极电位为依据的，将金属按照金属性活动性强弱而制成的表格，这便是中学化学中著名的“金属活动性顺序（K Ba Ca Na Mg Al Mn Zn Cr Fe Co Ni Sn（H）Cu Hg Pb Ag Pt Au）”的由来。

三、标准电极电势表及其应用

（一）标准电极电势表

用标准氢电极作为比较标准，可以测定其他各种电极的标准电极电势。附录 5 中列出了部分常见物质在水溶液中的标准电极电势。

标准电极电势是电化学中的重要数据。在使用标准电极电势表时，应注意以下几点：

（1）标准电极电势表中的电极反应，均以还原反应的形式表示：

$$氧化型(Ox)+ne^- \rightleftharpoons 还原型(Red)$$

例如，锌电极：

$$Zn^{2+}(c^{\ominus})+2e^- \rightleftharpoons Zn \quad \varphi^{\ominus}(Zn^{2+}/Zn)=-0.762\,6\text{V}$$

$\varphi^{\ominus}(Ox/Red)$ 为标准还原电势。书写时，下标中氧化型和还原型的前后位置不能写反。

（2）标准电极电势是一个相对值，其数值的正或负只是相对于标准氢电极。

（3）标准电极电势是强度性质，无加合性。若将电极反应乘以某系数，其 $\varphi^{\ominus}$ 值不变。例如：

$$Cl_2(p^{\ominus})+2e^- \rightleftharpoons 2Cl^-(c^{\ominus}) \quad \varphi^{\ominus}(Cl_2/Cl^-)=1.396\text{V}$$

$$\frac{1}{2}Cl_2(p^{\ominus})+e^- \rightleftharpoons Cl^-(c^{\ominus}) \quad \varphi^{\ominus}(Cl_2/Cl^-)=1.396\text{V}$$

（4）生物化学中常以 pH=7.0 的测得值作为氧化还原电对的标准电势。例如，烟酰胺腺嘌呤二核苷酸（NAD^+）的电极反应：

$$NAD^+ + H^+ + 2e^- \rightleftharpoons NADH$$

其生化标准电极电势 $\varphi^{\ominus}=-0.32\text{V}$，但注意：这里 $[H^+]=1\times10^{-7}\text{mol/L}$。若换算成正常标准浓度 $[H^+]=1.00\text{mol/L}$，则 $\varphi^{\ominus}=-0.11\text{V}$。查表时注意加以区分。

（二）标准电极电势的应用

1. 判断氧化剂和还原剂的相对强弱　在实际工作中，常常需要确定氧化剂和还原剂的相对强弱，如前面讲到的“金属活动性顺序表”。标准电极电势为比较氧化剂和还原剂的强弱提供了便捷的

定性和定量的方法。由前面的讨论可知，电极电势是氧化还原电对中氧化型获得电子能力、还原型失去电子能力大小的度量值。标准电极电势 $\varphi^{\ominus}$ 值的大小则显示出在标准态条件下氧化型的氧化能力或还原型的还原能力。$\varphi^{\ominus}$ 值越大，氧化型物质的氧化能力越强，而与其对应的还原型物质的还原能力越弱；$\varphi^{\ominus}$ 值越小，还原型物质的还原能力越强，而与其对应的氧化型物质的氧化能力越弱。例如，$\varphi^{\ominus}(Cl_2/Cl^-) = 1.396V$，$\varphi^{\ominus}(I_2/I^-) = 0.536V$，因为 $\varphi^{\ominus}(Cl_2/Cl^-) > 0.536V$，故 Cl_2 是比 I_2 强的氧化剂，而 I^- 是比 Cl^- 强的还原剂；即 Cl_2 可以氧化 I^-，生成 Cl^- 和 I_2。

在附录 5 中，电对按照 $\varphi^{\ominus}(Ox/Red)$ 值由低到高排列，各电对氧化型的氧化能力，自上而下依次增强，最强的氧化剂是 F_2；还原型的还原能力自上而下依次减弱，最强的还原剂是单质 Li。在标准态，选择 $\varphi^{\ominus}$ 值大的氧化型作氧化剂，$\varphi^{\ominus}$ 值小的还原型作还原剂，两者发生自发反应，据此书写氧化还原反应方程式。在实验室中，使用的氧化剂的 $\varphi^{\ominus}$ 值一般都大于 1V，常见的氧化剂有 $KMnO_4$、MnO_2、$K_2Cr_2O_7$、H_2O_2、浓硫酸、浓硝酸等。还原剂的 $\varphi^{\ominus}$ 则往往小于或稍大于 0V，常见的还原剂有 Na、Zn、Fe、S^{2-}、I^-、Sn^{2+} 和 $S_2O_3^{2-}$ 等。比较氧化剂和还原剂在非标准态下的相对强弱时，需要用 Nernst 方程（将在第三节中讨论）进行计算，求出在指定条件下的 φ 值，然后再进行比较。

2. 判断氧化还原反应自发进行的方向　任何一个氧化还原反应在理论上都可以设计成原电池。实验表明，当电池的标准电动势 $E^{\ominus} > 0$ 时，处于标准态的反应系统正向自发进行，反之则逆向自发进行。

［**例 6-6**］　在标准状态下，判断下列氧化还原反应自发进行的方向：

① $Hg^{2+}(aq) + Cu(s) \rightleftharpoons Hg(l) + Cu^{2+}(aq)$

② $Hg_2Cl_2(s) + Cu(s) \rightleftharpoons Hg(l) + Cu^{2+}(aq) + 2Cl^-$

解：查标准电极电势表：

$$Hg^{2+} + 2e^- \rightleftharpoons Hg \quad \varphi^{\ominus}(Hg^{2+}/Hg) = +0.851V$$

$$Cu^{2+} + 2e^- \rightleftharpoons Cu \quad \varphi^{\ominus}(Cu^{2+}/Cu) = +0.340V$$

$$Hg_2Cl_2(s) + 2e^- \rightleftharpoons 2Hg + 2Cl^- \quad \varphi^{\ominus}(Hg_2Cl_2/Hg) = +0.268V$$

对反应①有：

$$E^{\ominus} = \varphi^{\ominus}_{+} - \varphi^{\ominus}_{-} = \varphi^{\ominus}(Hg^{2+}/Hg) - \varphi^{\ominus}(Cu^{2+}/Cu) = 0.851 - 0.340 = 0.511 > 0$$

故反应①在标准状态正向自发进行。

同理，对反应②有：

$$E^{\ominus} = \varphi^{\ominus}_{+} - \varphi^{\ominus}_{-} = \varphi^{\ominus}(Hg_2Cl_2/Hg) - \varphi^{\ominus}(Cu^{2+}/Cu) = 0.268 - 0.340 = -0.072 < 0$$

因此，反应②在标准状态逆向自发进行。

注意，为使电池反应自发进行，选择 $\varphi^{\ominus}$ 值大的作正极，$\varphi^{\ominus}$ 值小的作负极。当有多种氧化剂或还原剂存在时，一般地（不考虑动力学原因时），标准电动势 $E^{\ominus}$ 最大的优先进行反应。处于非标准态的氧化还原反应，如果已知对应状态时两电对的电极电势，同样可以利用电动势 E 来判断氧化还原反应自发进行的方向（见本章第三节）。

3. 为设计电解池提供参考电势　如果给原电池外加一个与电池电动势相等的电势，电池反应将处于平衡状态。当外加电势大于电池电动势，电池反应将反向进行，原电池就转变为电解池（electrolytic cell）。此时，正极称为阳极（anode），发生氧化反应；负极称为阴极（cathode），发生还原反应。

电解池常用于工业电镀，制备活泼金属、活泼的气体、强氧化剂和还原剂，提纯单质以及进行电化学合成等。设计电解池时，一般要先查阅标准电极电势表，以确定电极反应式和电解池外加电势值 E（电解池），电解池正常工作的必要条件为：

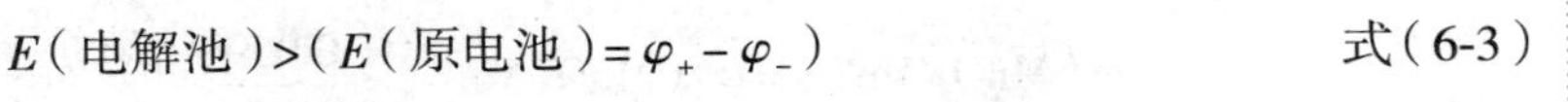

$$E(\text{电解池}) > (E(\text{原电池}) = \varphi_{+} - \varphi_{-}) \qquad 式(6\text{-}3)$$

第三节　非标准状态下电极电势——Nernst 方程

一、Nernst 方程和影响电极电势的因素

（一）Nernst 方程

前面所述的标准电极电势是在标准状态下测得的，它只能用来判断在标准状态下氧化剂或还原剂的相对强弱、氧化还原反应自发进行的方向，而绝大多数氧化还原反应都是在非标准状态下进行的。电极电势的大小，不仅取决于其电对本身的性质，还与温度、溶液中的相关离子浓度、气体的分压等因素有关。德国科学家能斯特（W. H. Nernst）从理论上推导出电极电势与反应温度、浓度等因素的关系。对于任意一个氧化还原电对，其电极反应为：

$$a\mathrm{Ox}(\text{氧化型}) + ne^- \rightleftharpoons b\mathrm{Red}(\text{还原型})$$

则有

$$\varphi(\mathrm{Ox/Red}) = \varphi^{\ominus}(\mathrm{Ox/Red}) - \frac{RT}{nF}\ln\frac{c(\mathrm{Red})^b}{c(\mathrm{Ox})^a} \qquad \text{式(6-4)}$$

式（6-4）中，φ——电对在非标准状态下的电极电势，单位 V。

$\varphi^{\ominus}$——电对的标准电极电势，单位 V。

T——热力学温度，单位 K。

F——法拉第常数，96 485J/（V·mol）。

R——摩尔气体常数，8.314J/（K·mol）。

n——电极反应式中所转移电子数。

$c(\mathrm{Ox})$、$c(\mathrm{Red})$——电极反应中在氧化型、还原型一侧各组分浓度（或分压）幂的乘积。

这个关系式称为 Nernst 方程式（Nernst equation）。

在 T=298.15K 时，将各常数代入式（6-4）中，并将自然对数转变为常用对数，则式（6-4）可转换为

$$\varphi(\mathrm{Ox/Red}) = \varphi^{\ominus}(\mathrm{Ox/Red}) - \frac{0.059\,2}{n}\lg\frac{c(\mathrm{Red})^b}{c(\mathrm{Ox})^a} \qquad \text{式(6-5a)}$$

［**例 6-7**］　已知 298.15K 时，$\varphi^{\ominus}(Ag^+/Ag) = 0.779\,1$V，请计算金属银片浸入 0.010mol/L $AgNO_3$ 溶液中组成 Ag^+/Ag 电极的电极电势。

解：已知电极反应为：$Ag^+ + e^- \rightleftharpoons Ag \quad \varphi^{\ominus}(Ag^+/Ag) = 0.779\,1\text{V}$

$$\varphi(Ag^+/Ag) = \varphi^{\ominus}(Ag^+/Ag) - \frac{0.059\,2}{1}\lg\frac{1}{c(Ag^+)}$$

$$=0.799\,1 + 0.059\,2 \times \lg 0.010 = 0.680\,8\text{V}$$

一般地，电极反应的 Nernst 方程也可表示为：

$$\varphi(\mathrm{Ox/Red}) = \varphi^{\ominus}(\mathrm{Ox/Red}) - \frac{0.059\,2}{n}\lg Q_{\text{电极}} \qquad \text{式(6-5b)}$$

其中 $Q_{\text{电极}}$ 表示电极反应的反应商。例如，对于电极反应：

$$MnO_4^- + 8H^+ + 5e^- \rightleftharpoons Mn^{2+} + 4H_2O$$

$$\varphi(MnO_4^-/Mn^{2+}) = \varphi^{\ominus}(MnO_4^-/Mn^{2+}) - \frac{0.059\,2}{5}\lg\frac{c(Mn^{2+})}{c(MnO_4^-)\,c(H^+)^8}$$

（二）物质的浓度对电极电势的影响

从电极反应的 Nernst 方程式可知，在其他浓度（或分压）恒定的条件下，增加氧化型的浓度，电极电势增大，氧化型得电子能力增强；增加还原型的浓度，电极电势减小，还原型失电子能力增强。

［例 6-8］ 计算电对 H^+/H_2 分别在 $c(H^+)=1.00mol/L$ 和 $c(NH_3)=1.00mol/L$ 两种溶液，以及纯水中的电极电势，设氢气的分压为标准分压 $p^{\ominus}$，$T=298.15K$。

解：查电对的电极反应和标准电极电势有：

$$2H^+ + 2e^- = H_2 \quad \varphi^{\ominus}(H^+/H_2) = 0.000\,0V$$

已知 $n=2$，$p(H_2)=p^{\ominus}$，代入式（6-5b），得：

$$\varphi(H^+/H_2) = \varphi^{\ominus}(H^+/H_2) - \frac{0.059\,2}{2}\lg\frac{(p(H_2)/p^{\ominus})}{(c(H^+)/c^{\ominus})^2} = 0.059\,2 \times \lg c(H^+)$$

①当 $c(H^+)=1.00mol/L$ 时：$\varphi(H^+/H_2)=0.059\,2\times\lg1.0=0.00V$

②在 $c(NH_3)=1.00mol/L$ 的溶液中，用一元弱碱最简式求［OH^-］：

$$[OH^-] = \sqrt{K_{b,NH_3}\cdot c(NH_3)} = \sqrt{1.80\times10^{-5}\times1.00} = 4.24\times10^{-3}mol/L$$

则［H^+］$=K_w$/［OH^-］$=2.36\times10^{-12}mol/L$

$$\varphi(H^+/H_2) = 0.059\,2\times\lg(2.36\times10^{-12}) = -0.688V$$

③在纯水中，［H^+］$=10^{-7}mol/L$

$$\varphi(H^+/H_2) = 0.059\,2\times\lg(10^{-7}) = -0.414V$$

该计算结果表明，当电对中物质的浓度改变时，电极电势也随之改变。

（三）溶液酸度对电极电势的影响

对于有 H^+ 或 OH^- 参加的电极反应，电极电势除了受氧化型物质或还原型物质浓度的影响外，还与溶液的 pH 有关。

［例 6-9］ 计算下列反应在 298.15K 的电极电势，并与标准态比较。

$$Cr_2O_7^{2-}(1.00mol/L) + 14H^+(1.00\times10^{-7}mol/L) + 6e^- \rightleftharpoons 2Cr^{3+}(1.00mol/L) + 7H_2O$$

解：查附录 5 得：$\varphi^{\ominus}(Cr_2O_7^{2-}/Cr^{3+})=1.36V$

根据式（6-5b），得

$$\varphi(Cr_2O_7^{2-}/Cr^{3+}) = \varphi^{\ominus}(Cr_2O_7^{2-}/Cr^{3+}) - \frac{0.059\,2}{6}\lg\frac{c(Cr^{3+})^2}{c(Cr_2O_7^{2-})\,c(H^+)^{14}}$$

$$= 1.36 - \frac{0.059\,2}{6}\lg\frac{1.00^2}{1.00\times(1.00\times10^{-7})^{14}} = 0.393V$$

与标准态相比，由于 H^+ 浓度从 1.00mol/L 降至 $1.00\times10^{-7}mol/L$，平衡向左移动，导致 $\varphi(Cr_2O_7^{2-}/Cr^{3+}) < \varphi^{\ominus}(Cr_2O_7^{2-}/Cr^{3+})$，即 $Cr_2O_7^{2-}$ 的氧化能力降低，而 Cr^{3+} 的还原性增强了。通常，若要提高含氧酸盐（如 $Cr_2O_7^{2-}$、MnO_4^- 等）的氧化能力，可将其置于较强的酸性（稀硫酸等）介质中使用。

（四）生成沉淀对电极电势的影响

在一个氧化还原反应系统中，加入能与氧化剂或还原剂反应并生成沉淀的试剂，会导致其浓度降低，从而改变电对的电极电势。这种改变有时甚至使一些原来不能进行的反应也得以发生。

［例 6-10］ 在标准银电极中加入 NaCl 使其产生 AgCl 沉淀，达到平衡时，保持溶液中［Cl^-］$=1.00mol/L$，计算该溶液中银电极的电极电势。

解：由附录 5 查得：

$$Ag^+(1.00mol/L) + e^- = Ag \quad \varphi^{\ominus}(Ag^+/Ag) = 0.799V$$

若向银电极中加入 NaCl 且产生 AgCl 沉淀：

$$Ag^+ + Cl^- \rightleftharpoons AgCl(s) \quad K_{sp}(AgCl) = 1.77 \times 10^{-10}$$

达到平衡时,如果[Cl^-]= 1.00mol/L,则氧化型物质的浓度为:

$$[Ag^+] = K_{sp}/[Cl^-] = 1.77 \times 10^{-10} mol/L$$

根据式(6-5b):

$$\varphi(Ag^+/Ag) = \varphi^\ominus(Ag^+/Ag) - 0.059\,2 \times \lg \frac{1}{[Ag^+]}$$

$$= 0.799\,1 - 0.059\,2 \times \lg \frac{1}{1.77 \times 10^{-10}} = 0.222V$$

由此可见,当加入的沉淀剂与氧化型物质作用形成沉淀时,氧化型的浓度降低,电极电势降低,平衡向形成氧化型的方向移动。实际上,在该条件下计算所得的电极电势 $\varphi(Ag^+/Ag)$ 值就是电对 AgCl/Ag 的标准电极电势 $\varphi^\ominus(AgCl/Ag)$。其电极反应为:

$$AgCl(s) + e^- \rightleftharpoons Ag(s) + Cl^- \quad \varphi^\ominus(AgCl/Ag) = 0.222V$$

一般来说,卤化银的溶度积减小,$\varphi^\ominus(AgX/Ag)$ 值也减小(X = Cl、Br、I);也就是说,K_{sp} 越小,Ag^+ 的平衡浓度越小,AgX 的氧化能力越弱,Ag 的还原能力越强。

当加入的沉淀剂与还原型物质作用形成沉淀时,还原型的浓度降低,平衡向还原型的方向移动,电极电势增大。在实际工作中,利用标准电极电势,还可以求算一些难溶强电解质的 K_{sp} 值。

[例 6-11] 在 298.15K,标准 Hg^{2+}/Hg 电极的电极电势 $\varphi^\ominus(Hg^{2+}/Hg) = 0.851V$。在电极液中加入 S^{2-},平衡时[S^{2-}]=1.00mol/L,测得电极电势值 $\varphi(Hg^{2+}/Hg) = -0.689V$,求 HgS 的 K_{sp}。

解:$Hg^{2+}(aq) + S^{2-}(aq) \rightleftharpoons HgS(s)$

当反应达到平衡且[S^{2-}]= 1.00mol/L 时,有 $[Hg^{2+}] = K_{sp}/[S^{2-}]$

对汞电极:$Hg^{2+} + 2e^- \rightleftharpoons Hg \quad \varphi^\ominus(Hg^{2+}/Hg) = 0.851V$

根据式(6-5b):$\varphi(Hg^{2+}/Hg) = \varphi^\ominus(Hg^{2+}/Hg) - \dfrac{0.059\,2}{2} \lg \dfrac{1}{c(Hg^{2+})}$

代入数据,得:$-0.689 = 0.851 + 0.0295 \times \lg K_{sp}$

解方程得:$K_{sp} = 6.51 \times 10^{-53}$

综上所述,浓度对电极电势的影响可归纳为:

(1)对于与酸度无关的电对,其氧化型浓度及与还原型浓度的比值越大,电极电势也越大。

(2)对于有 H^+ 或 OH^- 参与反应的电对,溶液的 pH,即 H^+ 或 OH^- 浓度也影响其电极电势。H^+ 或 OH^- 的计量系数越大,则[H^+]或[OH^-]对电极电势的影响也越大。

(3)若电对中氧化型物质生成沉淀,则沉淀物的 K_{sp} 越小,新电对的标准电极电势越小;相反,若电对中的还原型物质生成沉淀,则沉淀的 K_{sp} 越小,所形成新电对的标准电极电势就越大。如果氧化型和还原型均生成沉淀,而且氧化型沉淀的 K_{sp} 小于还原型沉淀的 K_{sp},那么新的电对的电极电势将减小;反之,则电极电势增大。

(4)若溶液中有弱电解质或配合物生成,电极电势也会发生变化。配合物生成对电极电势的影响见第七章。

综上可知,影响电极电势的因素有:电极的本性;相关离子的浓度和气体的分压;可引起氧化型或还原型浓度变化的溶液酸度(pH)的变化、形成沉淀、生成配合物和弱电解质;温度。

二、电极电势(Nernst 方程)的应用

(一)电池电动势的计算

依据热力学原理,电池电动势(E)大小不仅取决于电对中氧化型物质和还原型物质的本性($E^\ominus$),

还与电池反应的实际浓度条件——即反应商有关。当温度为 298.15K 时，电池电动势的 Nernst 方程可表示为：

$$E=E^{\ominus}-\frac{0.059\,2}{n}\lg Q \qquad 式(6\text{-}6)$$

式(6-6)中 Q 为氧化还原反应中用相对浓度和相对分压表示的反应商，例如，在下列电池反应中：

$$2MnO_4^-(aq)+10Cl^-(aq)+16H^+(aq)=2Mn^{2+}(aq)+5Cl_2(g)+8H_2O(l)$$

$E^{\ominus}=\varphi^{\ominus}(MnO_4^-/Mn^{2+})-\varphi^{\ominus}(Cl_2/Cl^-)$，电子的转移数 $n=10$。

电池电动势为：

$$E=[\varphi^{\ominus}(MnO_4^-/Mn^{2+})-\varphi^{\ominus}(Cl_2/Cl^-)]-\frac{0.059\,2}{10}\lg\frac{c^2(Mn^{2+})\cdot(p(Cl_2)/p^{\ominus})^5}{c^2(MnO_4^-)\cdot c^{10}(Cl^-)\cdot c^{16}(H^+)}$$

原电池的电动势 E 与氧化还原反应自发进行的方向间存在如下关系：

- $E>0$，氧化还原反应正向自发进行。
- $E<0$，氧化还原反应逆向自发进行。
- $E=0$，氧化还原反应达到平衡。

[**例 6-12**]　在温度为 298.15K 时，请分别计算下列条件下 H_3AsO_4 与 I_2 的组成原电池的电动势并判断发生自发反应的方向。

$$H_3AsO_4+2I^-+2H^+\rightleftharpoons HAsO_2+I_2+2H_2O$$

(1) 在标准状态下。

(2) 生物化学标准状态下，即 $c(H^+)=1.00\times10^{-7}mol/L$。

解:(1) 由附录 5 查得：

$$I_2+2e^-\rightleftharpoons 2I^- \quad \varphi^{\ominus}(I_2/I^-)=0.536\ V$$

$$H_3AsO_4+2H^++2e^-\rightleftharpoons HAsO_2+2H_2O \quad \varphi^{\ominus}(H_3AsO_4/HAsO_2)=0.560V$$

因为：$E^{\ominus}=\varphi^{\ominus}(H_3AsO_4/HAsO_2)-\varphi^{\ominus}(I_2/I^-)$

$=0.560-0.536=0.024V>0$，

所以在标准态时下列反应正向可自发进行：

$$H_3AsO_4+2I^-+2H^+=HAsO_2+I_2+2H_2O$$

(2) $c(H^+)=1.00\times10^{-7}mol/L$，其余物质的浓度均为 1.00mol/L

根据式(6-6)：

$$Q=\frac{c(HAsO_2)/c^{\ominus}}{(c(H_3AsO_4)/c^{\ominus})(c(I^-)/c^{\ominus})^2(c(H^+)/c^{\ominus})^2}=\frac{c(HAsO_2)}{c(H_3AsO_4)c(I^-)^2c(H^+)^2}=1/1.00\times10^{-14}$$

$$\begin{aligned}E&=E^{\ominus}-(0.059\,2/2)\lg Q\\&=0.024-(0.059\,2/2)\lg(1/1.00\times10^{-14})\\&=-0.386V<0\end{aligned}$$

所以该条件下逆向自发进行，其反应为：

$$HAsO_2+I_2+2H_2O=H_3AsO_4+2I^-+2H^+$$

以上计算结果表明，改变介质的酸碱性可以改变氧化还原反应的方向。

(二) 氧化还原反应的平衡常数的计算

根据氧化还原反应的构成原电池的 E 值可判断氧化还原反应的方向，但只有平衡常数才能定量地说明反应进行的限度。下面介绍计算氧化还原反应平衡常数的方法。

根据化学热力学原理，标准 Gibbs 自由能变 $\Delta_rG_m^{\ominus}$ 与标准平衡常数 $K^{\ominus}$ 之间有以下的关系：

$$\Delta_r G_m^{\ominus} = -RT\ln K^{\ominus} = -2.303RT\lg K^{\ominus} \quad \text{式(6-7a)}$$

又由于 $\Delta_r G_m^{\ominus} = -nFE^{\ominus}$,则式(6-7a)转换为:

$$-nFE^{\ominus} = -RT\ln K^{\ominus}$$

$$\ln K^{\ominus} = \frac{nFE^{\ominus}}{RT} \quad \text{式(6-7b)}$$

在 T=298.15K 时,代入相关常数,则有:

$$\lg K^{\ominus} = \frac{nE^{\ominus}}{0.059\,2} = \frac{\varphi_+^{\ominus} - \varphi_-^{\ominus}}{0.059\,2} \quad \text{式(6-8)}$$

由式(6-8)可知,对于给定的氧化还原反应,它的标准平衡常数($K^{\ominus}$)与标准电动势($E^{\ominus}$)呈正相关:当 $E^{\ominus} = 0$ 时,反应处于平衡状态,此时 $K^{\ominus} = 1$;当 $E^{\ominus} > 0$ 时,$K^{\ominus} > 1$,反应正向自发进行。$E^{\ominus}$ 值越大,反应正向自发进行的趋势也越大。

[例 6-13] 试计算下列反应在 298.15K 时的标准平衡常数 $K^{\ominus}$:

$$Cu^{2+} + Zn \rightleftharpoons Cu + Zn^{2+}$$

解:由附录 5 查得:$\varphi^{\ominus}(Cu^{2+}/Cu) = 0.340V$,$\varphi^{\ominus}(Zn^{2+}/Zn) = -0.763V$,代入式(6-2):

$$E^{\ominus} = 0.340 - (-0.763) = 1.103V$$

由式(6-8)得:$\lg K^{\ominus} = \dfrac{nE^{\ominus}}{0.059\,2} = \dfrac{2 \times 1.103}{0.059\,2} = 37.26$,$K^{\ominus} = 1.8 \times 10^{37}$

上述反应的 $K^{\ominus}$ 值非常大,表明该反应进行得很完全,即达平衡时,Cu^{2+} 几乎都被 Zn 置换,沉积为金属铜。

[例 6-14] 计算下列反应在 298.15K 的标准平衡常数 $K^{\ominus}$:

$$2I^-(aq) + Fe^{3+}(aq) \rightleftharpoons I_2(s) + Fe^{2+}(aq)$$

解:查表可知与该反应相关的标准电极电势为:

$$Fe^{3+} + e^- \rightleftharpoons Fe^{2+} \quad \varphi^{\ominus}(Fe^{3+}/Fe^{2+}) = 0.771V$$

$$I_2 + 2e^- \rightleftharpoons 2I^- \quad \varphi^{\ominus}(I_2/I^-) = 0.536V$$

$$E^{\ominus} = \varphi^{\ominus}(Fe^{3+}/Fe^{2+}) - \varphi^{\ominus}(I_2/I^-) = 0.771 - 0.536 = 0.235V$$

代入式(6-8):

$$\lg K^{\ominus} = \frac{nE^{\ominus}}{0.059\,2} = \frac{2 \times 0.235}{0.059\,2}, \quad K^{\ominus} = 9.25 \times 10^7$$

此例中 $K^{\ominus}$的计算值达 10^7 数量级,表明该反应正向进行的趋势或完全程度是很大的。通常,当 $n = 2$,$E > 0.2V$ 时,或 $n = 1$,$E > 0.4V$ 时,$K > 10^6$,平衡常数已相当大,反应进行得比较完全。

应当指出,化学反应的平衡常数只表明反应进行的程度大小,并不能说明该反应进行得快慢。因此,一个氧化还原反应能否自发进行且应用于实际,除了从热力学角度($\Delta_r G_m^{\ominus}$ 或 $E^{\ominus}$或 $K^{\ominus}$,$\Delta_r G_m$ 或 E)考虑外,还必须考虑动力学因素——反应速率。对于氧化还原反应来说,其反应的活化能反映在电极的超电势 η 上。关于超电势 η 的问题,将在物理化学课程的有关章节讲解。

(三)离子选择性电极及浓差电势和膜电势的形成

1. 离子选择性电极 Nernst 方程揭示了溶液中电对的离子浓度对电极电势的影响。根据这一原理,人们研制出了离子选择电极,可用于某些离子的定性和定量检测。

离子选择电极(ion selectivity electrode,ISE)又称膜电极,是一种利用选择性电极膜对溶液中待测离子产生选择性响应,而指示待测离子浓度(活度)的电极。离子选择电极具有选择性好、灵敏度高等特点,是电势分析法中发展最快、应用最广的一类指示电极。离子选择电极分析的基本原理是利用膜电势的产生进行测定。膜电势(film potential)是一种相间电势,即不同两相接触,并发生带电粒子的转移，待达到平衡后，两相间产生的电势差。

通常，离子选择电极主要有三个部分：离子选择性膜、内参比液、内参比电极。按电极膜的类型不同，常见的离子电极有玻璃膜电极、晶体膜电极和液膜电极。电极膜电势是跨膜离子浓差（内参比液离子浓度和待测液离子浓度间）形成的界面电势的总和。通常由于离子选择性膜具有厚度，在电极离子选择性膜两侧会各形成一个界面电势。

生物体细胞膜内、外体液物质的浓度不同，也会在细胞膜间产生电势差，即存在膜电势。人体神经刺激的传导、肌肉的收缩、器官对外界的感受等，都与各种膜电势的变化有关。如静止神经细胞的膜电势约为 -70mV，肌肉细胞的膜电势约为 -90mV，肝细胞的膜电势约为 -40mV。要认识生命现象，就需要了解这些电势差是如何维持以及如何变化的。

2. 浓差电势和膜电势的形成　假如我们用同一种电极组成原电池，但两侧电极溶液的溶度不同，这个原电池具有电池电动势吗？答案当然为是，因为从电极的 Nernst 方程可知，相同种类的电极如果其中氧化还原电对的浓度不同，则其电极电势也会不同。两个电极种类相同但电极电势不一样的电极连接起来组成原电池，也会产生电池电动势。这种电动势称为浓差电势，而这种电池称为浓差电池（concentration cell）。

［例 6-15］　计算下列浓差电池的电动势。

$$(-)\,Ag(s)\,|\,Ag^+(0.01mol/L)\,\|\,Ag^+(2.0mol/L)\,|\,Ag(s)\,(+)$$

解：查表知，$\varphi^{\ominus}(Ag^+/Ag) = 0.799V$，$n = 1$。由 Nernst 方程可得：

$$\varphi(Ag^+/Ag) = 0.799 - 0.059\,2 \times \lg c(Ag^+)^{-1}$$

电池正极：$\varphi_+ = 0.799 - 0.059\,2 \times \lg 2.0^{-1} = 0.818V$

电池负极：$\varphi_- = 0.799 - 0.059\,2 \times \lg 0.01^{-1} = 0.682V$

电池的电动势为：$E = \varphi_+ - \varphi_- = 0.818 - 0.682 = 0.136V$

上例可见，浓差电池的电动势取决于两侧电极溶液的浓度差，浓差电池产生电动势的过程就是一种电极物质从其浓溶液向稀溶液转移的过程，当两池的溶液浓度相等时，即无浓差时，其电池电动势变为零。

我们将浓差电池原理推广一下，分析下面一种情形：将两种不同浓度的 HCl 用一种 H^+ 选择性通透膜隔开（图 6-6）。因为膜仅允许 H^+ 透过，于是 H^+ 会从高浓度 c_2 的一侧向低浓度 c_1 的一侧进行扩散。但是，由于 Cl^- 不能同时扩散通过，这样跨过膜的 H^+ 在低浓度的一侧形成正电荷层，而滞留于高浓度一侧的 Cl^- 则形成负电荷层，形成膜电势。

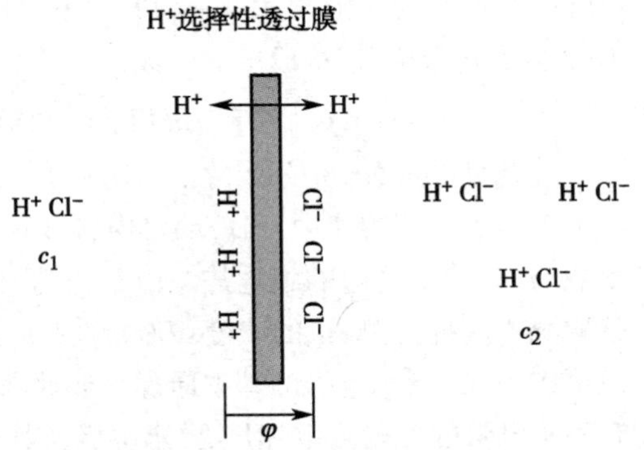

图 6-6　膜电势的形成

这种膜电势的方向是使 H^+ 逆着浓度梯度的方向运动；当膜电势随着 H^+ 的浓差扩散变得足够大时，达到膜电势和扩散平衡，即蓄积与膜电势的自由能与跨膜离子浓差形成的自由能相等。膜电势的自由能 $\Delta G_{membrane}$ 为：

$$\Delta G_{membrane} = -zF\varphi_m,$$

其中 z 为膜两侧不同浓度的离子电荷，H^+ 的 $z=+1$；φ_m 为膜电势。至于跨膜离子浓差形成的自由能 $\Delta G_{conc.diff.}$ 为：

$$\Delta G_{conc.diff.} = \Delta G^{\ominus} + RT\ln Q = 0 + RT\ln(c_1/c_2)$$

则有：

$$-zF\varphi_m = RT\ln(c_1/c_2)$$

$$\varphi_m = (RT/zF)\ln(c_2/c_1)$$

在 37℃体温条件下，对于电荷数为 $z=+1$ 的离子，如 Na^+、K^+ 等，上式可以变换为：

$$\varphi_m = 0.061\ 5\lg(c_2/c_1)$$

于是，任何离子的跨膜浓差在选择性通透膜的存在下可形成对浓差响应的膜电势，这样将浓差信号和电信号相互联系起来，这对于生命体系和化学分析具有重要意义。我们下面将举例分析。

（四）电势法测定溶液的 pH 及细胞的动作电势

1. 电势法测定溶液的 pH 根据电极电势的 Nernst 方程，电极的电极电势与溶液中离子浓度（或活度）有一定的关系，通过电极电势或电动势的测定，可以对物质的含量进行定量分析，这就是电势法[①]，即电势分析法。电极电势对 H^+ 浓度的变化符合 Nernst 方程的电极，称为指示电极，如氢电极。温度 298.15K 时，保持氢气分压为 100kPa，氢电极的电极电势和 H^+ 离子浓度的变化关系为：

$$\begin{aligned}\varphi(H^+/H_2) &= \varphi^{\ominus}(H^+/H_2) - \frac{0.059\ 2}{n}\lg\frac{p(H_2)/100}{c(H^+)^2}\\ &= \varphi^{\ominus}(H^+/H_2) - \frac{0.059\ 2}{2}\lg\frac{p_{(H_2)}/p^{\ominus}}{c(H^+)^2}\\ &= 0.000\ 0 + 0.059\ 2\times\lg[H^+]\\ &= -0.059\ 2\text{pH}\end{aligned}$$

测出此电极的电极电势就可以得到该电极溶液的 H^+ 浓度或 pH。由于氢电极存在使用不便等缺点，实际应用很少，使用最广泛的 pH 指示电极为玻璃电极（glass electrode）。

常见的玻璃电极结构见图 6-7，在玻璃管的一端是特殊玻璃制成的球形薄膜，膜厚度为 0.05~0.1mm，这是电极的关键部分。管内装有一定 pH 的内参比溶液，通常为 0.1mol/L 的 HCl 溶液，在溶液中插入一支 Ag/AgCl 内参比电极，即构成玻璃电极。

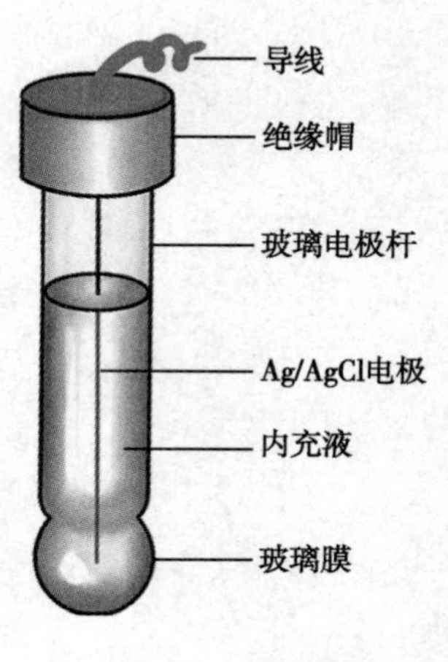

图 6-7 玻璃电极

Ag-AgCl(s)|内部液‖玻璃薄膜‖待测溶液

玻璃是硅酸盐，充分水化的玻璃膜是一种 H^+ 选择性交换膜。将玻璃电极插入待测溶液中，当玻璃膜内、外两侧的氢离子浓度不等时，就会出现对 H^+ 浓度响应的膜电势。由于膜内 HCl 浓度固定，膜电势的数值就取决于膜外待测 H^+ 的浓度（确切的讲是活度），即 pH，这就是玻璃电极可作为 pH 指示电极的基本原理。玻璃电极的内阻很高（≈100MΩ），有利于电势的准确测定，但也要求电极及其引出线不能有任何小的漏电和静电的干扰。

① 有些教材、文献资料称为电位法。

玻璃电极的电极电势的 Nernst 方程为：

$$\varphi_{玻璃}=K_{玻璃}+\frac{RT}{F}\ln a(H^+)=K_{玻璃}-\frac{2.303RT}{F}\text{pH} \qquad 式(6\text{-}9)$$

式(6-9)中，$K_{玻璃}$在理论上是个常数，也是一个未知数，原因是玻璃电极在制作过程中玻璃膜制作的批次间差异比较大，不同的玻璃电极有不同的$K_{玻璃}$值，即使同一根玻璃电极在使用过程中$K_{玻璃}$也会在使用和保存过程中发生变化，所以每次在使用之前必须校正。

测定溶液的 pH 时，通常用玻璃电极作 pH 指示电极，饱和甘汞电极作参比电极，组成原电池。

此原电池可以表示如下：

Ag, AgCl | 内参比溶液 | 玻璃 | 试液 | KCl(饱和) | Hg_2Cl_2, Hg

|← 玻璃电极 →| |← 甘汞电极 →|

上述电池的电动势为：

$$E=\varphi_{甘汞}-\varphi_{玻璃}$$

$$=\varphi_{甘汞}-K_{玻璃}+\frac{2.303RT}{F}\text{pH} \qquad 式(6\text{-}10)$$

式(6-10)中，$\varphi_{甘汞}$和$K_{玻璃}$在一定条件下均为常数，令其等于K_E，于是上式可表示为：

$$E=K_E+\frac{2.303RT}{F}\text{pH} \qquad 式(6\text{-}11)$$

在式(6-11)中有两个未知数K_E和 pH，需先将玻璃电极和饱和甘汞电极插入 pH 为 pH_S 的标准溶液中测定其电动势E_S：

$$E_S=K_E+\frac{2.303RT}{F}\text{pH}_S \qquad 式(6\text{-}12)$$

将式(6-11)和式(6-12)合并，消去K_E，即得到待测溶液的 pH：

$$\text{pH}=\text{pH}_S+\frac{(E-E_S)F}{2.303RT} \qquad 式(6\text{-}13)$$

在式(6-13)中，pH_S 为标准值，E 和 E_S 分别为由待测溶液与电极组成电池的电动势以及由标准 pH_S 溶液与电极组成电池的电动势，T 为测定时的温度，这样就可求出待测溶液的 pH。IUPAC 将式(6-13)定义为 pH 操作定义(operational definition of pH)。

pH 计(又称酸度计、毫安计)就是借用上述原理测定待测溶液的 pH。在实际测量中，并不需要先分别测定 E 和 E_S 具体数值，而是先将参比电极和指示电极插入有确定 pH 的标准缓冲溶液中组成电池。仪器按预存的参数自动将测得的电池电动势转换成 pH，使用者只需调节仪器使测量值等于标准缓冲溶液的 pH 即可，这一过程称为定位(也称 pH 校正)。现代数字化 pH 计一般只需开机放入指定标准缓冲溶液，自动完成校正过程。经校正后的 pH 计就可将电极插入待测溶液，测量其 pH。

2. 细胞的动作电势　细胞的动作电势(action potential, AP)指可兴奋细胞(包括神经细胞、肌肉细胞、腺体细胞等)受到刺激时，在静息电势基础上产生快速的可传播的短暂而有特殊波形的膜电势波动。膜电势产生的原因是细胞膜两侧离子浓度差。

细胞膜内外的电解质有很大的差别。细胞内部阳离子主要是 K^+，约为 140mmol/L；而在细胞膜外，K^+ 浓度仅约为 5mmol/L。细胞外液中，阳离子主要为 Na^+，约 145mmol/L；而在细胞膜内，Na^+ 浓度约为 10mmol/L。

在细胞膜中，组装了一些负责控制离子穿越细胞膜自由扩散过程的蛋白质分子，称为离子通道(ion channel)。在神经细胞膜上，同时存在 K^+ 通道和 Na^+ 通道。在细胞处于安静状态时，Na^+ 通道关

闭，而 K^+ 通道开放（图 6-8）。细胞内高浓度的 K^+ 向细胞外扩散，于是在细胞膜上形成了外侧为正，内侧为负的跨膜电势，这个过程称为膜的极化（polarization）。根据上述的浓差电势原理，K^+ 的平衡膜电势 E_K 为：

$$E_K = 0.0615\lg(5/140) \approx -0.090V = -90mV$$

这个 E_K 是理论的最大值。实际上 Na^+ 通道不可能 100% 完全封闭，因此实际的细胞膜电势要比这个理论平衡值小。一般地，安静状态极化的细胞膜（内侧）电势在 -50~-70mV（平均 -60mV）。

当细胞受到某种因素刺激而激动时，会发生 K^+ 通道关闭、而 Na^+ 通道开放的过程。在这个过程中细胞外高浓度的 Na^+ 向细胞内流入，首先抵消了 K^+ 的膜电势，并且随着 Na^+ 向内扩散的进一步进行，细胞膜两侧的电荷状态被反转过来；此时膜内侧电势升高到 +40mV 左右。这个过程称为细胞膜的去极化（depolarizion）过程。当细胞刺激结束，K^+ 通道会再次开放，而 Na^+ 通道重新关闭。于是，细胞膜复极化（repolarization）回到安静状态时的膜电势。这样经过去极化和复极化过程，细胞完成一次电脉冲信号过程（图 6-8）。

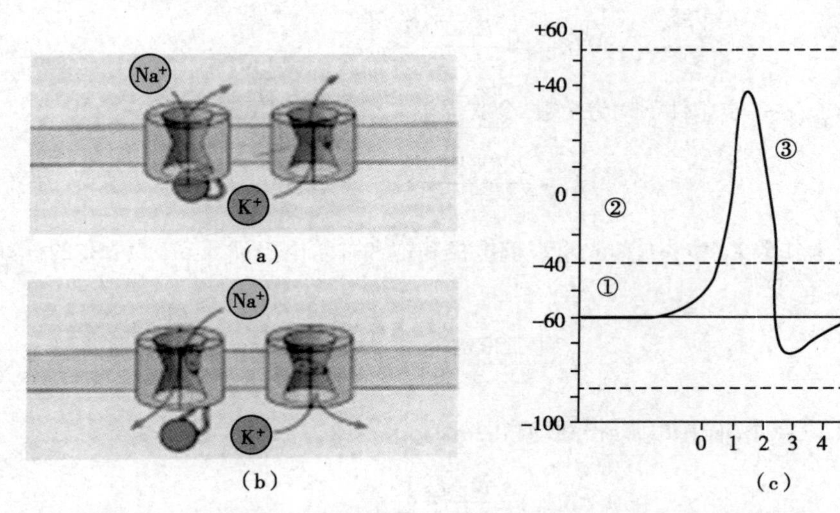

（a）细胞膜极化过程中 Na^+ 通道关闭，而 K^+ 通道开放；（b）细胞膜去极化过程中 K^+ 通道关闭，而 Na^+ 通道开放；（c）细胞膜极化—去极化—复极化形成一次细胞电脉冲。其中：①静息态，膜内侧电势约为 -60mV；②细胞膜去极化，膜内侧电势变成约 +40mV；③细胞膜复极化，回到静息态电势。

图 6-8 细胞动作电位的形成机制和过程

每一次脉冲都会有 K^+ 的外流和 Na^+ 的内流过程，造成细胞内外 K^+、Na^+ 浓度的暂时变化。不过细胞膜上还存在一种称为 Na^+, K^+-ATPase 的蛋白质。它是一种主动的离子转运体（ion transporter），可以利用 ATP 提供的能量，每次向细胞外运送 3 个 Na^+、同时向细胞内运送 2 个 K^+，使细胞内外 K^+、Na^+ 浓度重新回到原来的状态。Na^+, K^+-ATPase 消耗的 ATP 量很大，可占安静时细胞消耗 ATP 总量的四分之一。

第六章
知识拓展

习　题

1. 用离子-电子法（半反应法）配平下列各化学反应方程式。

（1）$Cr^{3+} + S \longrightarrow Cr_2O_7^{2-} + H_2S$（在酸性介质中）

（2）$Mn^{2+} + NaBiO_3 + H^+ \longrightarrow Na^+ + Bi^{3+} + MnO_4^- + H_2O$

（3）$KMnO_4 + PbSO_4 \longrightarrow PbO_2 + MnSO_4$（稀 H_2SO_4 介质中）

（4）$Cl_2 + OH^- \longrightarrow ClO_3^- + Cl^- + H_2O$

2. 写出下列各电池的电极及电池反应方程式。

（1）(－)Ni(s)|Ni^{2+}(1.0mol/L) ‖ Cl^-(1.0mol/L)|Hg_2Cl_2(s)|Hg(l)(+)

（2）(－)Pt|Cu^{2+}(1mol/L), Cu^+(1mol/L) ‖ Cu^{2+}(1mol/L), Cl^-(1mol/L)|CuCl|Pt(+)

（3）(－)Cu|[$Cu(NH_3)_4^{2+}$](1mol/L), NH_3(1mol/L) ‖ Cu^{2+}(1mol/L)|Cu(+)

（4）(－)Pt(s)|Sn^{2+}(1.0mol/L), Sn^{4+}(1.0mol/L) ‖ Cl^-(1.0mol/L)|Cl_2(100kPa)|Pt(s)(+)

3. 将下列反应设计成电池。

（1）$2H^+ + Zn = Zn^{2+} + H_2$

（2）$2Fe^{3+} + 2Hg(l) + 2Cl^- = Hg_2Cl_2(s) + 2Fe^{2+}$

（3）$Pb^{2+} + SO_4^{2-} = PbSO_4(s)$

（4）$Ag^+ + 2NH_3 = [Ag(NH_3)_2]^+$

4. 利用电极电势的知识解释下列现象：

（1）铁能置换 Cu^{2+}，电子工业制备电路板却用 $FeCl_3$ 溶液来溶解电路板上的铜。

（2）电对 $\varphi^\ominus(MnO_2/Mn^{2+}) < \varphi^\ominus(Cl_2/Cl^-)$，实验室却用 MnO_2 与盐酸反应制取氯气。

（3）Ag 不能在 HCl 溶液中置换出氢气，在 HI 溶液中却能置换出氢气。

（4）电对 $\varphi^\ominus(Sn^{2+}/Sn) < \varphi^\ominus(Pb^{2+}/Pb)$，但实验发现一定条件下，Pb 能置换溶液中的 Sn^{2+}。

5. 写出下列电池的电极反应和电池反应，计算原电池的 $E^\ominus$，判断标准状态下反应能否自发进行。

（1）(－)Ni|Ni^{2+}(1mol/L) ‖ Cu^{2+}(1mol/L)|Cu(+)

（2）(－)Fe|Fe^{2+}(1mol/L) ‖ Cl^-(1mol/L)|Cl_2(100kPa)|Pt(+)

6. 计算在 298.15K 时，下列反应的标准平衡常数并讨论反应的限度。

（1）$Ag^+ + Fe^{2+} \rightleftharpoons Ag + Fe^{3+}$

（2）$5Br^- + BrO_3^- + 6H^+ \rightleftharpoons 3Br_2 + 3H_2O$

7. 已知 298.15K 时，电极反应：$Ag^+ + e^- \rightleftharpoons Ag$，$\varphi^\ominus(Ag^+/Ag) = +0.799\ 1V$；

$Ag + Cl^- \rightleftharpoons AgCl(s) + e^-$，$\varphi^\ominus(AgCl/Ag) = +0.222\ 3V$。请设计相关原电池以求算 $K_{sp}(AgCl)$ 的值。

8. 下列电池中的溶液在 pH = 9.18 时，测得的电动势为 +0.418V；若换另一个未知溶液测得电动势为 +0.312V，计算 298.15K 时未知溶液的 pH。

(－)Pt|H_2(100kPa)|H^+($x$mol/L) ‖ 参比电极(+)

9. 电池：(－)A(s)|A^{2+} ‖ B^{2+}|B(s)(+)，298.15K 时，当 $c(A^{2+}) = c(B^{2+})$ 时电池的电动势为 +0.360V，问当 $c(A^{2+}) = 0.100$mol/L，$c(B^{2+}) = 1.00 \times 10^{-4}$mol/L 时电池的电动势为多少？

10. 电池：(－)Pt|H_2(100kPa)|HA(0.500mol/L) ‖ Cl^-(1.00mol/L)|AgCl|Ag(+)，298.15K 时，测得电池的电动势为 +0.568V，试计算一元弱酸 HA 的酸度常数。已知 $\varphi^\ominus(AgCl/Ag) = +0.222\ 3V$。

11. 298.15K 时，纯铁屑置于 0.050 0mol/L 的 Cd^{2+} 溶液中，振荡至平衡时，[Fe^{2+}]/[Cd^{2+}] 为多

少？已知 $\varphi^{\ominus}(Fe^{2+}/Fe) = -0.44V$，$\varphi^{\ominus}(Cd^{2+}/Cd) = -0.403V$。

12. 若要使 Fe^{2+} 被氧化成 Fe^{3+} 的转化率达到99.9%以上，氧化剂的电极电势至少应该为多少（氧化剂的电极电势按标准电极电势考虑）？

13. 在298.15K时，已知反应：$2Ag^{+} + Zn \rightleftharpoons 2Ag + Zn^{2+}$，开始时 Ag^{+} 和 Zn^{2+} 的浓度分别是0.100mol/L和0.300mol/L，达到平衡时，溶液中 Ag^{+} 浓度为多大？已知 $\varphi^{\ominus}(Ag^{+}/Ag) = +0.7991V$，$\varphi^{\ominus}(Zn^{2+}/Zn) = -0.762\,6V$。

14. 对于下列反应：$3A(s) + 2B^{3+} \rightleftharpoons 3A^{2+} + 2B(s)$，平衡时，$[B^{3+}]$ 及 $[A^{2+}]$ 分别为 2.00×10^{-2}mol/L和 5.00×10^{-3}mol/L，计算298.15K时上述反应的 $K^{\ominus}$ 和 $E^{\ominus}$。

15. 在298.15K时，将银丝插入 $AgNO_3$ 溶液中，将铂板插入 $FeSO_4$ 和 $Fe_2(SO_4)_3$ 混合溶液中组成原电池，分别计算下列两种情况下原电池的电动势，并写出原电池符号、电极反应和电池反应。

（1）$c(Ag^{+}) = c(Fe^{3+}) = c(Fe^{2+}) = 1.0$mol/L。

（2）$c(Ag^{+}) = 0.010$mol/L；$c(Fe^{3+}) = 1.0$mol/L；$c(Fe^{2+}) = 0.010$mol/L。

第六章
目标测试

（陆家政）

第七章

配位化学反应

第七章
教学课件

学习目标

1. **掌握** 配合物的组成和命名，配合物的基本概念；配合物的价键理论，晶体场－配位场理论的基本要点和应用；配位化学反应有关计算。
2. **熟悉** Jahn-Teller 效应和螯合效应，配合物的颜色与 d 电子跃迁的关系，酸碱平衡、沉淀平衡和氧化还原平衡对配位平衡的影响。
3. **了解** 配合物的键合异构和顺反异构现象，有机金属配合物和配位催化，配合物在医药学中的应用。

配位化合物（coordination compound）简称配合物，曾经被称为络合物（complex）。人类对于配合物的认识可能缘于其颜色，不少配合物最初就是根据其颜色命名的。早在西周至春秋时期（公元前 770—公元前 476 年），中国人就知道“染绛（红）用茜”（茜草根中的二羟基蒽醌与黏土或白矾中的 Al^{3+} 形成红色物质），“染缁（音 zi，黑色）用涅”（“涅”即绿矾 $FeSO_4 \cdot 7H_2O$，其中的 Fe^{2+} 与某些植物中的 3，4，5- 三羟基苯甲酸形成黑色物质）。大约在公元初，希腊人 Pliny 发现，可用经五倍子提取液（含 3，4，5- 三羟基苯甲酸）浸泡过的纸检测醋和胆矾中的 Fe^{2+}。在 1706 年前后，德国颜料技师 Diesbach 偶然制备出了后来被称为“普鲁士蓝”的颜料，这可能是最早的工业生产的配合物。

现代配位化学的发展史可追溯到 18 世纪末。1798 年，法国化学家 B. M. Tassaert 本想用氨水代替 NaOH 来沉淀盐酸介质中的 Co^{2+}，却意外地得到了化学组成为 $CoCl_3 \cdot 6NH_3$ 的橘黄色结晶，由此拉开了职业化学家研究配合物的序幕。瑞士化学家 Alfred Werner（1866—1919 年）认识到金属离子形成的化学键的数目可以不同于其氧化态；为解释此类化合物中金属离子与其他原子之间的连接方式，他提出了“副价”和“配位数”等概念及一系列理论，奠定了现代配位化学的基础，他也因此被称为“配位化学之父”，并于 1913 年获得了诺贝尔化学奖。从 20 世纪 20 年代末到 50 年代，化学家和物理学家们共同探索配合物的性质和结构，提出了价键理论、晶体场 / 配体场理论和分子轨道理论，对配位作用给予了合理的解释。现在，配位化学不但是无机化学的主流学科，而且已成为连接无机化学与其他化学分支学科和应用学科的纽带，与分析化学、有机化学、物理化学、高分子化学、生物化学、药物化学、材料化学等其他学科间的联系也越来越紧密，它已在学科间的相互融合与渗透中成为众多学科的交叉点，并凸显出自身的独特性质，在生命科学、环境科学、工业催化、染料、材料、农林业和海洋化学等领域具有广泛的用途。其研究范围，除了最初的简单无机络合物之外，还包括含有金属 - 碳键的金属有机配合物，含有金属 - 金属键的多核簇状配合物——金属簇合物，有机配体与金属形成的大环配合物，以及生物体内的金属酶等生物大分子配合物等。总之，配位化学正在跨越无机化学与其他化学二级学科的界限，处于现代无机化学的中心地位。

我们知道人体内存在很多微量元素，如铁、铜、锌、碘等，这些微量元素缺少或者过量都会引起人体的疾病。配合物是过渡金属元素在人体内的主要存在形式，配合物药物是合成无机药物的重要发

展方向。许多金属元素和非金属元素的化学性质都涉及配位化学。本章将在原子结构和分子结构的基础上，介绍配合物的组成和结构特点、配位平衡及与其他化学反应（第三～五章）之间的相互影响，并举例说明配合物在药学中的应用。

第一节 配合物的基本概念

一、配合物的组成

配合物是一类具有特定的组成、形状和性质的化合物，其特点是：一组称为配位体（ligand，简称配体）L 的离子或分子，以一定的方式排布在中心原子 M（通常是金属离子或原子）周围；M 和 L 之间以配位键（coordinate bond）相连，配位键的数目取决于中心原子 M 的杂化轨道类型。配位键是一种强极性的共价键，其中 2 个成键电子不是分别来自 M 和 L，而是完全由配体 L 提供。配体充当电子给予体（electron-donor），而中心原子是电子接受体（electron-acceptor）。配位键可用箭头表示，如 $M \leftarrow L$。H^+ 与 NH_3 之间的共价键虽然也是配位键，但其电子接受体并非金属离子或原子，因此通常不把 NH_4^+ 当作配合物。

配合物的结构如图 7-1 所示。以共价键相连的中心原子和配体是配合物的内界（inner sphere），置于方括号内，见图 7-1（a）。当内界电荷不为 0 时，如 $[Co(NH_3)_6]^{3+}$，称为配离子（coordination ion）。中心原子 Co（Ⅲ）与 6 个 NH_3 的 N 原子形成配位键，呈八面体形，见图 7-1（b）。配离子作为一个整体，与 3 个 Cl^- 之间形成离子键，3 个 Cl^- 称为配合物的外界（outer sphere）。在水溶液中，$[Co(NH_3)_6]Cl_3$ 解离成 $[Co(NH_3)_6]^{3+}$ 和 3 个 Cl^-。当讨论不涉及外界时，表示内界的方括号也可以省略，如 $Co(NH_3)_6^{3+}$。

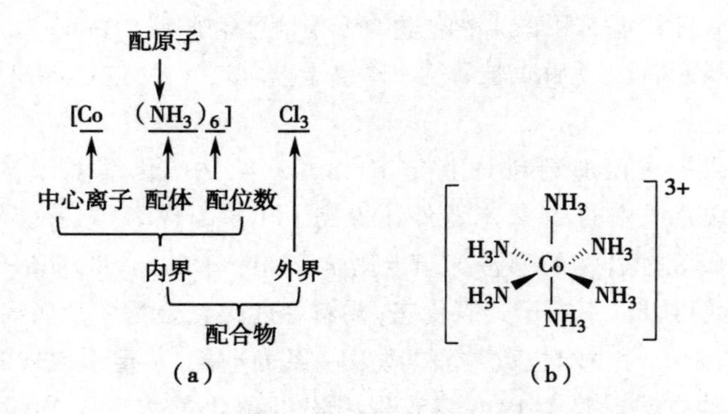

（a）配合物的组成；（b）配合物八面体构型。

图 7-1 配合物的结构特征

若配合物内界含有多种配体，则称这种配合物为混合配体配合物（mixed-ligand coordination compound），简称混配物。生命体内的配合物多为混配物。

（一）中心原子

中心原子是能够接受电子对的原子或离子，通常是过渡金属元素的正离子，如 $[Co(NH_3)_6]^{3+}$ 中的 Co（Ⅲ）；也可以是中性原子，如 $[Ni(CO)_4]$ 中的 Ni（0）。此外，一些高氧化态的非金属元素也能作为中心原子，如 $[SiF_6]^{2-}$ 中的 Si（Ⅳ）。本教材主要介绍前者。

（二）配体

配体是指具有孤对电子的负离子、原子或分子，它们以一定的空间排布方式与中心原子结合。一些常见配体列于表 7-1。

表 7-1 常见配体

化学式	名称	缩写	齿数
$:\ddot{F}:^-$、$:\ddot{Cl}:^-$、$:\ddot{Br}:^-$、$:\ddot{I}:^-$	卤素离子	X^-	1
$:SCN^-$、$:CN^-$	硫氰酸根、氰根	—	1
$:NCS^-$、$:NC^-$	异硫氰酸根、异氰根	—	1
$:NO_2^-$ 或 $:ONO^-$	当 N 原子为配位原子时称为硝基；当 O 为配位原子时称为亚硝酸根	—	1
$:NH_3$、$H_2O:$	氨、水		1
$H_2\ddot{N}CH_2CH_2\ddot{N}H_2$	乙二胺	en	2
$H_2\ddot{N}CH_2CH_2CH_2\ddot{N}H_2$	丙二胺	pn	2
$H_2\ddot{N}CH_2CO\ddot{O}^-$	氨基乙酸根	gly	2
$^-\ddot{O}OC—CO\ddot{O}^-$	草酸根	ox	2
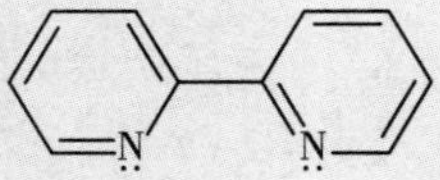	2, 2'- 联吡啶	bipy	2
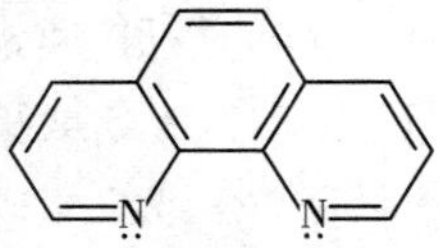	1, 10- 邻菲罗啉	phen	2
$H_2\ddot{N}CH_2CH_2\ddot{N}HCH_2CH_2\ddot{N}HCH_2CH_2\ddot{N}H_2$	三乙四胺	trien	4
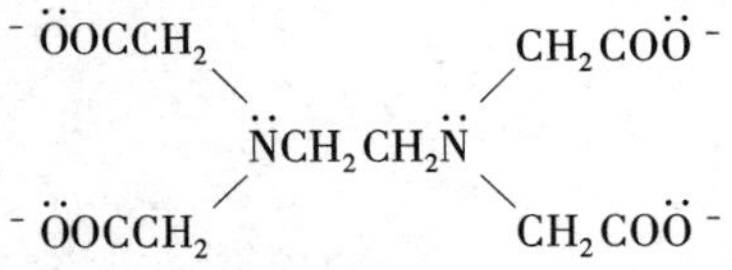 $(^-\ddot{O}OCCH_2)_2\ddot{N}CH_2CH_2\ddot{N}(CH_2CO\ddot{O}^-)_2$	乙二胺四乙酸根	EDTA	6

在配体中，提供孤对电子的原子称为配位原子（coordinate atom）；它们通常是ⅣA~ⅦA 族元素，如 C、N、P、O、S 和负 1 价卤素离子。只含有 1 个配位原子的配体称为单齿配体（monodentate ligand），如图 7-1 中的 NH_3 和图 7-2 中的 Cl^-。含有 2 个或 2 个以上配位原子的配体称为多齿配体（polydentate ligand），如图 7-2（a）中的乙二胺（其化学式见表 7-1）。

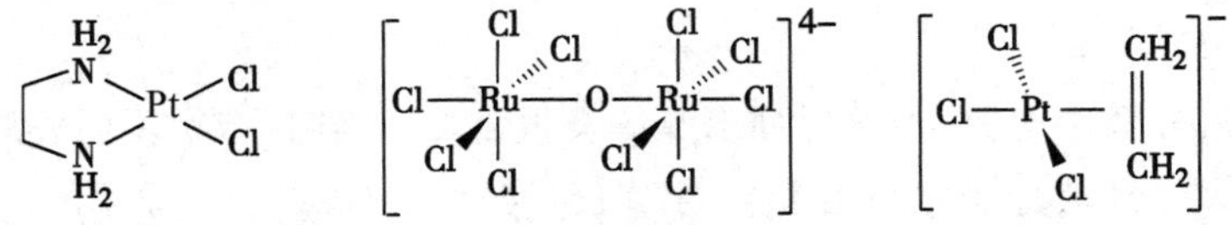

（a）单齿和双齿配体 （b）桥联配体 （c）π 配体

图 7-2 几种典型的配体

有些双齿配体虽然有 2 个配位原子，但是不能同时与同 1 个中心原子配位，而只能使用两者之一，这类配体称为两可配体（ambidentate ligand）。例如，硫氰酸根 SCN^-，在 $[Ag(SCN)_2]^-$ 中，SCN^- 用 S 配位；而在 $[Fe(H_2O)_5(NCS)]^{2+}$ 中，SCN^- 用 N 配位，此时，我们称其为异硫氰酸根，把配位原子置于前面写作 NCS^-。另一常见的两可配体是亚硝酸根 NO_2^-。用 N 原子为配位原子时称为硝基，写作 NO_2^-；用 O 为配位原子时称为亚硝酸根，写作 ONO^-。H_2O 作配体时应严格写作 OH_2。但因为 H_2O 总

是用O原子配位，所以一般仍习惯写成H_2O。

配合物中同时与2个中心原子配位的配体称为桥联配体（bridging ligand）。如[$ClAgNH_2CH_2CH_2NH_2AgCl$]中的乙二胺分子和[$(RuCl_5)_2O$]$^{4-}$中的O原子，见图7-2（b）。桥联配体可为多齿配体、两可配体以及配位原子具有不止1对孤对电子的单齿配体。

烃烯的π电子也可以与中心原子配位，这类配体称为π配体。在[$PtCl_3(\eta^2\text{-}C_2H_4)$]$^-$中，$\eta^2$表示形成配位键的是来自配体的C═C双键的一对π电子，其中2个C原子都是配位原子，见图7-2（c）。但是C═C与中心原子之间只形成1个配位键，所以η^2-C_2H_4是单齿配体。

顺便指出，羟基OH^-是一种常见配体。在酸碱质子理论（第四章）中，[$Al(H_2O)_6$]$^{3+}$和[$Al(OH^-)(H_2O)_5$]$^{2+}$构成一对共轭酸碱对，如式（7-1）所示，[$Al(H_2O)_6$]$^{3+}$将一个配位H_2O的H^+释放给溶剂水，转变成[$Al(OH^-)(H_2O)_5$]$^{2+}$，其中OH^-作为单齿配体与Al^{3+}结合。该反应的平衡常数相当于[$Al(H_2O)_6$]$^{3+}$的酸度常数K_a，与未配位H_2O的$K_a = 1.00 \times 10^{-14}$相比，配位$H_2O$的酸性显著增强了：

$$[Al(H_2O)_6]^{3+} + H_2O \rightleftharpoons [Al(OH^-)(H_2O)_5]^{2+} + H_3O^+ \quad K_a = 1.26 \times 10^{-5} \qquad \text{式(7-1)}$$

此外，OH^-还常作为桥基配体，如：

$$[(NH_3)_5Cr{-}\overset{H}{O}{-}Cr(NH_3)_5]^{5+}$$

其中由于两侧—$Cr(NH_3)_5$基团太大，Cr—O—Cr键角被扩张到166°。

（三）配位数

中心原子的配位数（coordination number）是指该中心原子与配体之间形成的配位键的数目，通常也是它接受配体提供的孤对电子数目。过渡金属离子的常见配位数是6和4，也可以是2、3、5或更多。若配合物中的所有配体都是单齿配体，则配位数等于配体数；若其中有些配体含有2个或2个以上配位原子，则配位数大于配体数，如：

[$Cr(NH_3)_6$]$^{3+}$　　配体数为6，配位数为6

[$Cr(H_2NCH_2CH_2NH_2)_3$]$^{3+}$　　配体数为3，配位数为6

若同一个中心原子与不同配体结合时，它可以具有不同的配位数，如：

[$NiBr_4$]$^{2-}$　　配位数为4，四面体形

[$Ni(H_2O)_6$]$^{2+}$　　配位数为6，八面体形

在许多配合物中，每对孤对电子来自1个配位原子，配位数与配位原子数相等。可是，在图7-2（c）所示配合物中，乙烯与Pt（Ⅱ）形成配位键用到的1对π电子却来自2个C原子。在这种情形，尽管配位原子数是5，然而Pt（Ⅱ）的配位数却是4。

二、配合物的命名

（一）配合物内界

1. 在化学式中，先写中心原子，然后列出配体及数目。命名时，依次说明配体数目、配体名称和中心原子名称。配体与中心原子之间用“合”字连接，表示配位键。中心原子的氧化数可由配离子电荷、配体电荷和配体数目算出，用罗马数字在括号中标明。

命名方式为：配体数→配体名称→“合”→中心原子（氧化数）。如：

[$Co(NH_3)_6$]$^{3+}$　　六氨合钴（Ⅲ）离子

2. 在混配物的化学式中，配体的列出次序为[①]：负离子在分子之前，无机物在有机物之前。不同

①在Lange's Handbook of Chemistry（SPEIGHT J G. 16th ed. New York，NY：McGraw-Hill，Inc，2005）和一些近年出版的国外教材（如MIESSLER G L，TARR D A. Inorganic Chemistry. 4th ed. Pearson：New Jersey，USA，2011：330和ZUMDAHL S S. Chemical Principles. 6th ed. Houghton Mifflin Company：Boston，MA，USA，2009：949）中，配体按照其名称的英文字母顺序排列，而不必区分离子和分子、有机物和无机物。例如，[$Co(NH_3)_4Cl_2$]$^+$的名称是tetraamminedichlorocobalt（Ⅲ）。

配体之间可用圆点隔开。

命名方式为：无机离子→无机分子→有机物→合→中心原子（氧化数）。如：

$[PtCl_2(NH_3)_2]$　　二氯·二氨合铂（Ⅱ）

$[CoCl(NH_3)_3en]^{2+}$　　一氯·三氨·乙二氨合钴（Ⅲ）离子

多种分子（或离子）作为配体时，按配位原子元素符号的英文字母顺序排列。如：

$[Co(NH_3)_5(H_2O)]^{3+}$　　五氨·一水合钴（Ⅲ）离子

$[PtCl(NO_2)(NH_3)_4]^{2+}$　　一氯·一硝基·四氨合铂（Ⅳ）离子

（二）配离子的盐、氢氧化物和质子酸

1. 在命名带正电荷的配离子的盐或氢氧化物时，把配离子当作简单金属离子。注意下列例子中的画线部分：

$[Co(NH_3)_6]Cl_3$	三氯化六氨合钴（Ⅲ）	比较 $CoCl_3$	三氯化钴
$[Cu(NH_3)_4]SO_4$	硫酸四氨合铜（Ⅱ）	比较 $CuSO_4$	硫酸铜
$[Ag(NH_3)_2]OH$	氢氧化二氨合银（Ⅰ）	比较 AgOH	氢氧化银

2. 在命名带负电荷的配离子的盐或质子酸时，把配离子当作含氧酸根。注意下列例子中的画线部分：

$K[Au(CN)_2]$	二氰合金（Ⅰ）酸钾	比较 KNO_3	硝酸钾
$H_2[PtCl_6]$	六氯合铂（Ⅳ）酸	比较 H_2SO_4	硫酸

3. 对于由正、负配离子组成的盐，可根据前两个原则命名。如：

$[Cu(NH_3)_4][PtCl_4]$　　四氯合铂（Ⅱ）酸四氨合铜（Ⅱ）

（三）其他注意事项

无论是无机配体，还是有机配体，如果只有一个，则表示配体数目的“一”字可以略去。没有外界的配合物，即配位分子，可不必标出中心原子的氧化数，如：$[Fe(CO)_5]$，五羰基合铁。一些常见的配合物有其习惯上沿用的名称，即俗称，不一定符合命名原则，如：$[Ag(NH_3)_2]^+$，银氨配离子；$[Cu(NH_3)_4]^{2+}$，铜氨配离子；$K_3[Fe(CN)_6]$，铁氰化钾或赤血盐；$K_4[Fe(CN)_6]$，亚铁氰化钾或黄血盐；$H_2[SiF_6]$，硅氟酸；$H_2[PtCl_6]$，氯铂酸等。

三、配合物的异构现象

分子的化学组成相同，但原子的结合和排布方式不同的现象称为异构（isomerism），这些分子互称异构体（isomer）。配合物涉及许多异构现象，主要包括结构异构、几何异构和旋光异构。

（一）结构异构

结构异构是指配合物中配体配位原子的不同或配体所处位置的变化而引起的异构现象。

例如，由两可配体使用不同原子配位引起的异构现象，亦称为键合异构（linkage isomerism）。

$$\underset{\text{硝基·五氨合钴(Ⅲ)离子}}{\underset{\text{黄色}}{[Co(NO_2)(NH_3)_5]^{2+}}} \underset{\text{加热}}{\overset{\text{紫外照射}}{\rightleftharpoons}} \underset{\text{亚硝酸根·五氨合钴(Ⅲ)离子}}{\underset{\text{红色}}{[Co(ONO)(NH_3)_5]^{2+}}}$$

请注意，当两可配体使用不同原子配位时，其名称也不相同。类似的例子还有$[Pd(SCN)_2(PPh_3)_2]$和$[Pd(NCS)_2(PPh_3)_2]$，其中 PPh_3 表示三苯基磷。

此外，配体所处位置不同引起的异构现象，如$[Co(NH_3)_5Br]SO_4$和$[Co(NH_3)_5SO_4]Br$中，由于 SO_4^{2-} 和 Br^- 分别处于配合物的内界和外界，两者互为电离异构体，在水中电离产物不同，分别为紫红色和红色，并表现出不同的性质。

（二）几何异构

在两个配合物中，如果配体的种类和数目都相同，只是在中心原子周围的空间排布方式不同，

那么这种现象就称为几何异构（geometrical isomerism）。例如，在平面四方形配合物$[PtCl_2(NH_3)_2]$中，2个Cl原子可以相邻，也可以相对，见图7-3（a）。前者称为顺式，用*cis*-表示；后者称为反式，用*trans*-表示。这类几何异构也称为顺反异构。橘黄色的*cis*-$[PtCl_2(NH_3)_2]$是一种广泛用于临床的抗癌药物；而淡黄色的*trans*-$[PtCl_2(NH_3)_2]$则没有药理活性。八面体形配合物$[CoCl_2(NH_3)_4]^+$的顺反异构如图7-3（b）所示，其中顺式异构体为紫色，反式异构体为绿色。

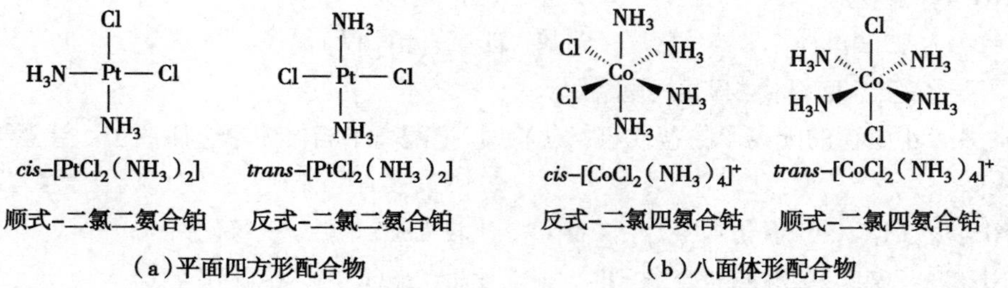

cis-$[PtCl_2(NH_3)_2]$ 顺式-二氯二氨合铂　*trans*-$[PtCl_2(NH_3)_2]$ 反式-二氯二氨合铂

（a）平面四方形配合物

cis-$[CoCl_2(NH_3)_4]^+$ 反式-二氯四氨合钴　*trans*-$[CoCl_2(NH_3)_4]^+$ 顺式-二氯四氨合钴

（b）八面体形配合物

图7-3 配合物的几何异构

（三）旋光异构

旋光异构是指由于分子中原子或基团不对称排列而引起的旋光性相反的两种物质。旋光异构体分别能使偏振光发生左旋或右旋变化，它们的三维空间结构互为镜像关系，彼此互为对映体。

例如，$[CoCl_2(en)_2]^+$配离子有顺式和反式两种几何异构体（图7-4），其中只有顺式具有光学活性，采用一定的方法可以分离出两种旋光异构体。对偏振光平面向右旋的称为右旋异构体，用符号D或（-）表示；对偏振光平面向左旋的称为左旋异构体，用符号L或（+）表示。由于一对旋光异构体的能量相同，合成中往往得到不显光学活性的外消旋混合物（即L-型和D-型等量的混合物）。

平面正方形配合物不存在旋光异构体，因为一般情形下平面正方形配合物的分子平面就是分子的对称面。

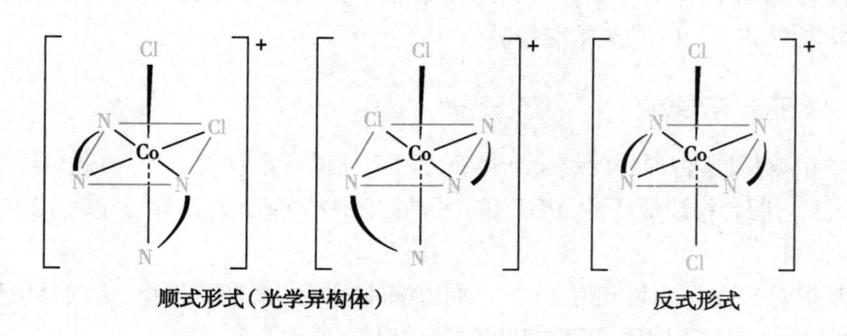

图7-4 配合物的顺反和旋光异构

第二节 配合物的化学键理论

配合物的化学键理论处理中心原子（或离子）与配体之间的键合本质问题，可以阐明中心原子的配位数、配合物的立体结构以及配合物的热力学、动力学、光谱和磁学性质。从20世纪20年代末到50年代，物理学家和化学家们对于晶体磁化率（即一种与单电子数有关的物理性质）的研究推动了配合物化学键理论的产生和发展。他们发现，$[Fe(H_2O)_6]^{2+}$是顺磁性的，含有4个单电子；而$[Fe(CN)_6]^{4-}$却是抗磁性的，不含有单电子，其中Fe^{2+}的d电子排布不遵守洪德规则（见第一章）。为解释此类现象，美国化学家Linus C.Pauling（1901—1994年）把杂化轨道理论用于配合物，在20世纪30年代初提出了配合物的价键理论（valence bond theory，VBT），较好地说明了配合物的几何构型

和某些性质。在同一时期，德国物理学家 Hans Bethe（1906—2005 年）采用群论处理晶体中配体形成的静电场对金属离子的影响，提出金属的 5 个 d 轨道因对称性不同而分裂，即晶体场理论（crystal field theory，CFT）；而美国化学家 Robert S. Mulliken（1896—1986 年）则全面考虑中心原子和配体双方的相关原子轨道，提出了分子轨道理论（molecular orbital theory，MOT）。随后，美国物理学家 John H.van Vlack（1899—1980 年）和其他科学家改进和发展了晶体场理论，把 d 轨道能量分裂的概念用于中心原子与配体之间的共价相互作用，得到了配体场理论（ligand field theory，LFT）。本节先简要介绍配合物的价键理论，然后着重说明晶体场理论；后者利用简单的物理模型就能够解释配合物的一些基本性质。

一、配合物的价键理论

（一）价键理论的基本要点

我们在分子结构部分已经学过，2 个成键原子各自提供 1 个电子可以形成共价键；在成键过程中，有些原子无须轨道杂化（如 H_2 中的 H 原子），有些则需要杂化（如 NH_3 中的 N 原子）。配合物的价键理论有一些新特点，可概括要点如下：

1. 中心原子与配体以配位键结合，配体的配位原子提供孤对电子，是电子的给体；中心原子提供容纳这些电子对的空轨道，是电子的受体。

2. 形成配位键的必要条件是中心原子必须有适当的空轨道，配体必须具有未键合的孤对电子。

3. 中心原子外层能量相近的空轨道（如第一过渡系元素的 3d、4s 和 4p）首先进行杂化（hybridization），形成数目相同、能量相等的具有一定方向性的杂化空轨道，与配体的含有孤对电子的原子轨道重叠（即配体的电子对转移到金属的杂化原子轨道），形成一种特殊形式的极性共价键，即配位键。其成键电子云以中心原子和配位两原子核的连线为对称轴分布，为 σ 配键。σ 配键的数目就是中心原子的配位数。

不同类型的杂化轨道具有不同的几何构型。中心原子的价层电子组态与配体的种类和数目共同决定杂化类型，而后者又决定配合物的立体构型、相对稳定性和磁矩等性质。

（二）配合物的杂化轨道和空间结构

对于绝大多数 d 区元素原子来说，除 s 轨道和 p 轨道参与杂化外，能量接近的 d 轨道或（n–1）d 轨道也常参与杂化，形成含有 d、s、p 成分的杂化轨道，如 d^2sp^3 和 dsp^2 等杂化轨道。根据中心原子提供的杂化轨道类型的不同，有两种不同类型配合物——外轨型和内轨型配合物。常见的杂化轨道类型与配离子的几何构型如表 7-2 所示。

1. ns、np、nd 外轨型杂化　若配位原子的电负性较大，如卤素、氧等，不易给出孤对电子，则中心离子以最外层的 ns、np、nd 空轨道进行杂化，生成数目相同、能量相等的杂化轨道，包括 sp、sp^2、sp^3、sp^3d 或 sp^3d^2 杂化等，进而形成外轨型配合物。

2. （n–1）d、ns、np 内轨型杂化　若配位原子的电负性较小，如碳（如以 C 配位的 CN^-）、氮（如以 N 配位的 NO_2^-）等，较易给出孤对电子，则中心离子以次外层（n–1）d 轨道与最外层的 ns、np 轨道杂化，形成 dsp^2、dsp^3、d^2sp^2 或 d^2sp^3 杂化轨道，进而形成内轨型配合物。

表 7-2　杂化轨道的类型与配离子的空间构型

配位数	配离子举例	轨道构成	杂化方式	几何构型
2	$[Ag(NH_3)_2]^+$	●●●●● [○ ○]○○ (d s p)	sp	直线形
3	$[Cu(CN)_3]^{2-}$	●●●●● [○ ○○]○ (d s p)	sp^2	平面正三角形

续表

配位数	配离子举例	轨道构成	杂化方式	几何构型
4	$[Zn(NH_3)_4]^{2+}$、$[NiCl_4]^{2-}$	●●●●● [○ ○○○] d s p	sp^3	正四面体
	$[Ni(CN)_4]^{2-}$	●●●●[○ ○ ○○]○ d s p	dsp^2	平面正方形
5	$[Fe(CO)_5]$	●●●●[○ ○ ○○○] d s p	dsp^3	三角双锥形
6	$[Co(NH_3)_6]^{2+}$、$[FeF_6]^{3-}$	●●●●● [○ ○○○ ○○]○○○ d s p d	sp^3d^2	正八面体
	$[Co(NH_3)_6]^{3+}$、$[Fe(CN)_6]^{3-}$	●●●[○○ ○ ○○○]○○○○○ d s p d	d^2sp^3	正八面体

（三）用价键理论解释配合物的电子结构和分子几何构型

1. 配位数为 2 的配合物　氧化值为 +1 的 Ag^+、Cu^+ 等常形成配位数为 2 的配合物，如 Ag^+ 的配合物 $[Ag(NH_3)_2]^+$、$[Ag(CN)_2]^-$、$[AgCl_2]^-$、$[AgI_2]^-$ 等。当 Ag^+ 与配体形成配位数为 2 的配合物时，它的 5s 轨道和 1 个 5p 轨道杂化组成 2 个夹角 180° 的 sp 杂化轨道，形成 $[Ag(NH_3)_2]^+$ 配离子（图 7-5），配合物的空间构型为直线形。

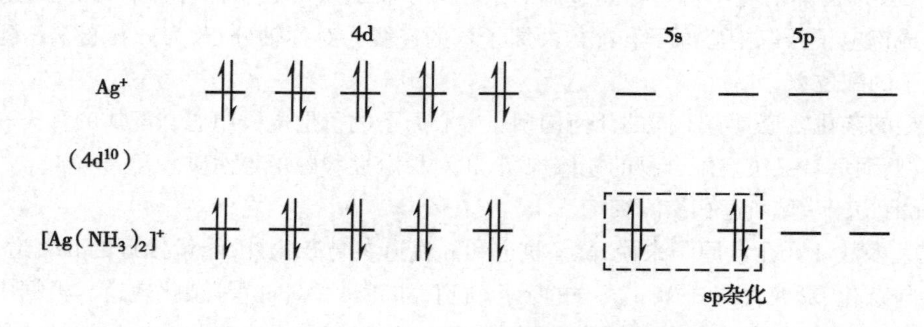

图 7-5　Ag^+ 和 $[Ag(NH_3)_2]^+$ 的电子分布及杂化轨道类型

2. 配位数为 4 的配合物　已知配位数为 4 的配合物有两种构型，正四面体和平面正方形。前者中心离子以 sp^3 杂化轨道成键，后者以 dsp^2 杂化轨道成键。到底是以 sp^3 杂化轨道成键，还是以 dsp^2 杂化轨道成键，主要由中心离子的价电子层结构和配体的性质决定。例如，Be^{2+} 的价层电子构型为 $1s^2$，其 2s、2p 价电子轨道都是空轨道，且无 $(n-1)$d 轨道，因此 Be^{2+} 形成配位数为 4 的配合物时，将采用 sp^3 杂化轨道成键，几何构型为正四面体。由实验事实可知，Be^{2+} 的配位数为 4 的配合物都是正四面体构型（如 $[BeF_4]^{2-}$、$[Be(H_2O)_4]^{2+}$ 等）。

某些过渡金属离子的价层 d 轨道中未充满电子，形成配位数为 4 的配合物时，配合物的几何构型存在两种可能性。例如，Ni^{2+} 的价层电子构型为 $3d^8$，5 个 3d 轨道中 3 个各有 2 个电子，2 个各有 1 个电子（图 7-6）。

当 Ni^{2+} 形成配位数为 4 的配合物时，一种可能是如 $[NiCl_4]^{2-}$，Ni^{2+} 以 sp^3 杂化轨道成键，配合物的几何构型为正四面体构型。由于它保留了两个未成对电子，为顺磁性分子，磁矩约为 $2.83\mu_B$。另一种可能是如 $[Ni(CN)_4]^{2-}$，Ni^{2+} 形成 dsp^2 杂化轨道，配合物的几何构型为平面正方形。此时由于 8 个电子在保留的 4 个 d 轨道全部成对排布，无单电子，配合物的磁矩为 0，为反磁性分子。

3d　4s　4p

Ni^{2+}

($3d^8$)

$[NiCl_4]^{2-}$

sp^3杂化

$[Ni(CN)_4]^{2-}$

dsp^2杂化

图 7-6　Ni^{2+}、$[NiCl_4]^{2-}$ 和 $[Ni(CN)_4]^{2-}$ 的电子结构及杂化轨道类型

3. 配位数为 6 的配合物　配位数为 6 的配合物无论采取 sp^3d^2 或 d^2sp^3 杂化轨道成键，其分子几何构型都是正八面体。某些配合物因特殊原因发生不等性杂化，成为变形的八面体形（见后面的 Jahn-Teller 效应）。

例如，在 $[Fe(CN)_6]^{3-}$ 中，Fe^{3+} 在配体 CN^- 的影响下，3d 轨道中的 5 个成单电子重排挤入 3 个 3d 轨道，其余 2 个 3d 空轨道与外层的 1 个 4s 轨道和 3 个 4p 轨道杂化形成 6 个 d^2sp^3 杂化轨道，分别与 6 个 CN^- 成键，形成空间构型为正八面体的内轨型配离子（图 7-7）。$[Fe(CN)_6]^{3-}$ 含有 1 个单电子，为顺磁性分子。

$[FeF_6]^{3-}$ 的情况则与此不同，F^- 的配位能力比 CN^- 弱得多，则 Fe^{3+} 以全外层轨道形成 sp^3d^2 杂化轨道（图 7-7），形成外轨型配离子，空间构型仍为正八面体。此时，$[FeF_6]^{3-}$ 在 3d 轨道有 5 个单电子，为顺磁性分子。相比于 $[Fe(CN)_6]^{3-}$，$[FeF_6]^{3-}$ 单电子数较多，称为高自旋配合物；$[Fe(CN)_6]^{3-}$ 则称为低自旋配合物。此外，由于 $(n-1)$d 轨道比 nd 轨道能量低，因此同一中心离子的内轨型配合物比外轨型配合物稳定。低自旋的 $[Fe(CN)_6]^{3-}$ 的稳定性远高于高自旋的 $[FeF_6]^{3-}$。

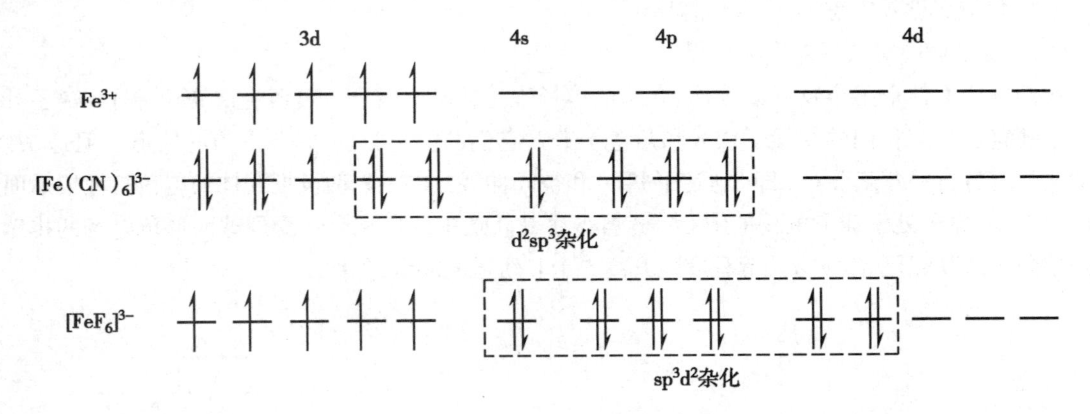

图 7-7　Fe^{3+}、$[Fe(CN)_6]^{3-}$ 和 $[FeF_6]^{3-}$ 的电子结构及杂化轨道类型

需要指出的是，在正八面体形配合物中，对于 $d^{1\sim3}$ 构型的中心离子，至少有 2 个空的 d 轨道可以参与杂化成键，肯定形成内轨型配合物。而对于 $d^{7\sim9}$ 构型的中心离子，其 d 电子占据 4 个或 5 个 d 轨道，不能空出 2 个内层轨道参与杂化成键，因此只能形成外轨型配合物。情况比较复杂的是 d^4、d^5 和 d^6 构型的中心离子，其配合物是否存在 d 电子重排，是形成内轨型还是外轨型配合物需要具体情况具体分析。根据后面的晶体场理论可以知道，可以引起 d 电子重排的配体称为强配体（或强场配体），

将形成内轨型配合物；而弱配体（或称弱场配体）则形成外轨型配合物。

（四）价键理论的成功之处与不足

配合物的价键理论简单明了地解释了配离子的空间构型，定性说明了外轨型配合物和内轨型配合物的稳定性差别。但前面分子结构学习时，大家知道，一个分子的结构和性质不仅取决于已经填充满电子的成键和非键轨道，而且取决于未充满或未填充电子的最低反键轨道，而这些对于解释分子的光学、磁学和电学性质都是非常关键的。而配合物的价键理论不涉及或很少涉及这些内容，因此配合物的许多性质还需要晶体场理论等来阐释。

二、配合物的晶体场理论与配位场理论

Bethe 在 1929 年首次提出配合物的晶体场理论，后被多次改进。晶体场理论假设中心金属离子与配体是通过类似离子键的方式相互作用，配体围绕中心金属离子形成类似离子晶体方式的堆积，因而中心金属的 d 轨道能量将在周围配体静电场的作用下发生分裂。而配合物的性质可用分裂的 d 轨道上的电子重排来解释。晶体场理论能很好地说明配合物的稳定性、磁性以及光谱性质等。

（一）晶体场理论的基本要点

1. 在配合物中，中心离子处于配体（负离子或极性分子）形成的晶体场（crystal field）中，中心离子与配体之间通过纯粹的静电作用相互影响。在配体静电场的作用下，中心离子的 5 个 d 轨道能量相较于自由离子总体升高。

2. 由于配体是点电荷，并以一定的对称方式围绕中心离子排布。因此，配体点电荷将与不同空间分布的 5 个 d 轨道中的电子产生有差异的作用，导致中心离子的原来能量相同的 5 个简并 d 轨道（能量相同轨道称为简并轨道）发生了能级分裂。有些 d 轨道能量较高，有些 d 轨道能量较低；但全部 d 轨道的总能量等于配体以球形场和中心离子作用时 5 个 d 轨道均匀升高时的总能量。不同性质的配体将导致不同大小的能级分离，可以根据 d 轨道分裂能的大小对配体与中心离子结合的强弱进行分类。

3. 由于 d 轨道能级的分裂，使 d 电子重新排布，首先占据能量较低的轨道，从而形成不同自旋的配合物，并由于形成新的 d-d 电子跃迁，赋予了配合物的颜色变化。此外，在分裂的能级上的新的电子排布可以使配合物获得额外的稳定化能量，这样就产生了中心原子（离子）与配体的附加成键效应；显然，附加成键效应越大，配合物越稳定。

（二）d 轨道能量在晶体场中分裂

我们以八面体形配合物 ML_6 为例，介绍晶体场理论的基本概念。过渡金属自由原子 / 离子外层的 5 个 d 轨道具有相同的主量子数 n 和角量子数 l，它们的能量相同，是 5 重简并轨道。但这 5 个 d 轨道又具有各自的角度分布（即“轨道形状”）和空间伸展方向。先假设把配体的电荷打散成球面形负电场，中心原子处于球形电场的中心。这样 5 个 d 轨道中的任意电子受到球面形负电场的排斥作用是相同的，即球形配体场会同等程度地升高 5 个 d 轨道的能量，如图 7-8。

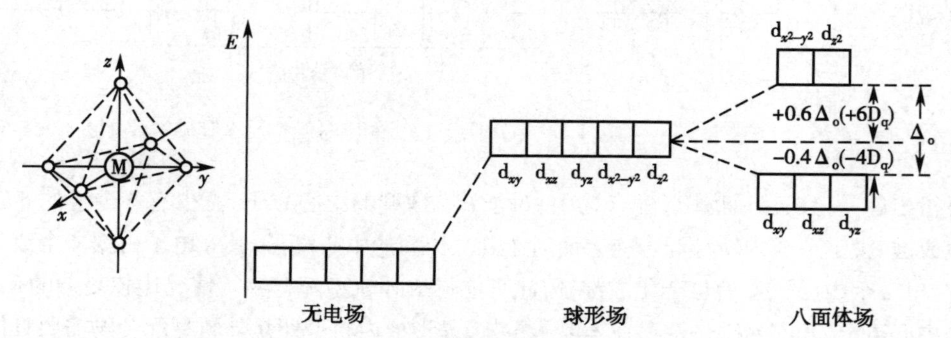

图 7-8 中心原子 d 轨道能量在正八面体场中的分裂

然而，真实的配体是点电荷，将导致不均匀的配体 -d 电子作用。在八面体配合物中，6 个携带负电荷的配体将分布于坐标轴 6 个端点位置，它们形成一个八面体形静电场（简称“八面体场”）（图 7-9）。因为 5 个 d 轨道的角度分布和伸展方向不同，八面体场对不同 d 轨道的作用有了差异。d_{z^2} 和 $d_{x^2-y^2}$ 的角度分布极大值正对着配体的点电荷，其上排布的 d 电子受配体的排斥作用较强，相应 d 轨道能量升高的幅度较大；而 d_{xy}、d_{yz} 和 d_{xz} 的角度分布极大值避开了坐标轴上的配体，因此受配体的影响较弱，能级升高的幅度较小。由此形成八面体场下的 d 轨道分裂（orbital splitting）或能量分裂（energy splitting）模式：d 轨道分裂成两组，包括能量较高的二重简并轨道 d_{z^2} 和 $d_{x^2-y^2}$（合称 e_g）与能量较低的三重简并轨道 d_{xy}、d_{yz} 和 d_{xz}（合称 t_{2g}）①。这两组轨道能量之间的差别称为分裂能（splitting energy）（式 7-2），符号 Δ_o，下标“o”表示“八面体的（octahedral）”。以球面形场中 d 轨道的能量为基准，e_g 和 t_{2g} 的能量分别升高 $0.6\Delta_o$ 和 $-0.4\Delta_o$。

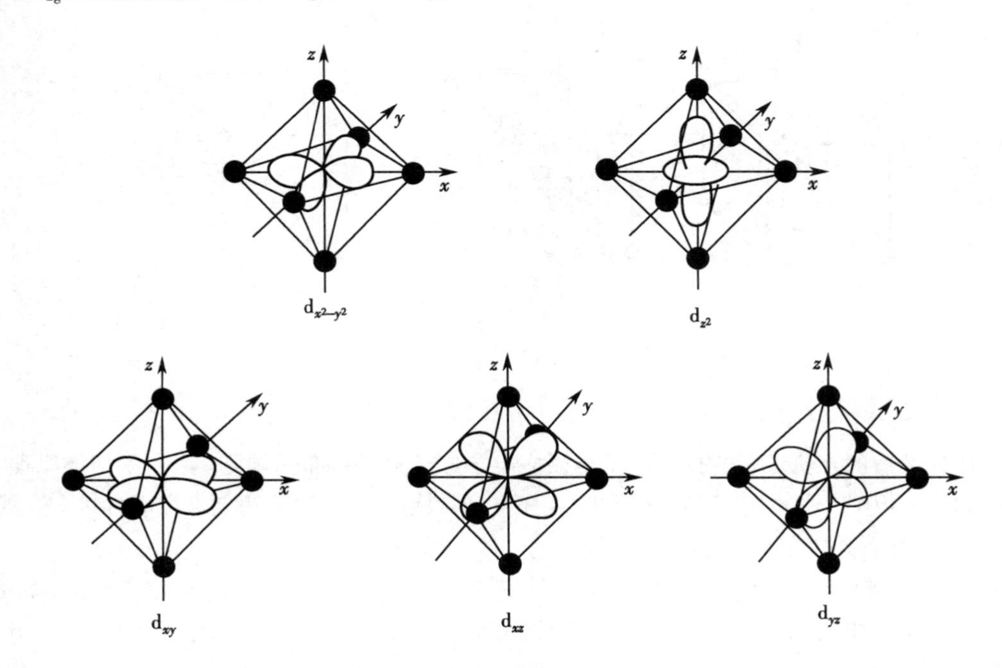

图 7-9　正八面体场中的 d 轨道

$$E(e_g)-E(t_{2g})=\Delta_o \qquad \text{式(7-2)}$$

为简便计算，令球面形场中 d 轨道的相对能量为 0，则 e_g 的相对能量 $E(e_g)$ 和 t_{2g} 的相对能量 $E(t_{2g})$ 之间满足以下关系：

$$2E(e_g)+3E(t_{2g})=0 \qquad \text{式(7-3)}$$

联立式（7-2）和式（7-3），解得这两组 d 轨道相对于在球面形场的能量分别为：

$$E(e_g)=3\Delta_o/5=0.6\Delta_o \qquad \text{式(7-4)}$$

$$E(t_{2g})=-2\Delta_o/5=-0.4\Delta_o \qquad \text{式(7-5)}$$

同理，根据图 7-10 及图 7-11 所示的 d 轨道空间伸展方向和配体分布，可以分析 d 轨道在四面体场中的分裂方式。5 个 d 轨道分裂为能量较低的二重简并轨道 e 和能量较高的三重简并轨道 t_2，其分裂能 Δ_t（下标 t 表示“四面体的 tetrahedral”）约为八面体场分裂能 Δ_o 的 4/9。

①e_g 和 t_{2g} 来自表示对称性的符号。下标 g 表示八面体场，有时可以不写。

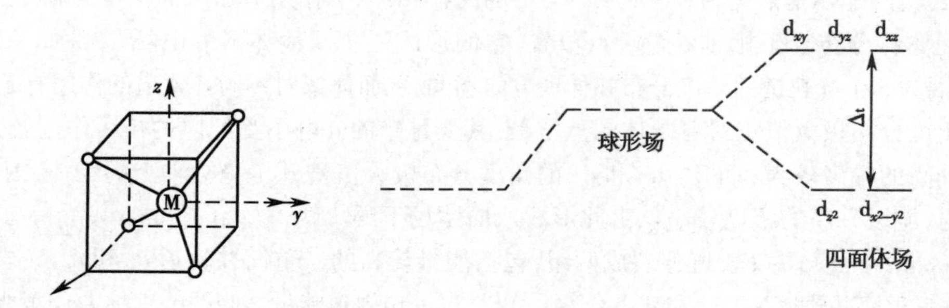

图 7-10　中心原子 d 轨道能量在正四面体场中的分裂

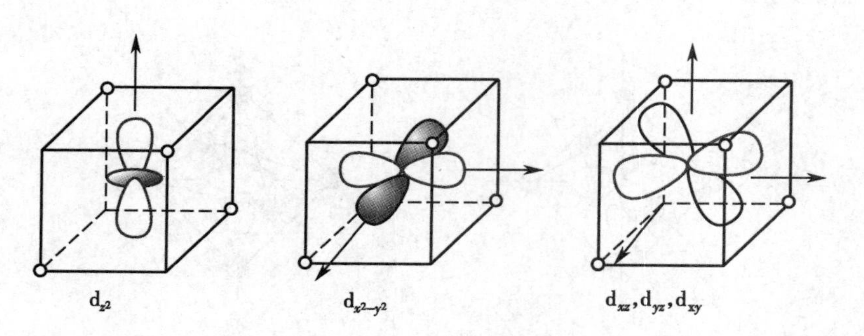

图 7-11　正四面体场中的 d 轨道

（三）晶体场中的 d 电子排布

电子在分裂后的 d 轨道中的排布除了遵循多电子原子电子排布三规则（泡利不相容原理、能量最低原理和洪德规则）外，由于 d 轨道分裂能 Δ 和电子自旋成对能相当，需要区分哪种排布方式能量最低，电子按能量最低的方式进行排列。

具体来说，当 d 电子数为 1~3 时，电子将排布在较低的 t_2 轨道，见图 7-12（a）；当 d 电子数为 4~7 时，第 4 个及其以后的电子若仍填入 t_2 轨道，则须克服与原有电子自旋配对而产生的排斥作用，所需能量称为电子成对能（electron pairing energy），用 P 表示。如果晶体场分裂能较小，即 $\Delta_o < P$，则电子排斥作用阻止电子自旋配对，使后来的电子进入能级较高的 e 轨道，见图 7-12（b）；这种电子排布方式往往具有较多的单电子，总自旋量子数大，形成高自旋（high spin）配合物。反之，如果晶体场分裂能较大，即 $\Delta_o > P$，后来的电子进入 t_2 轨道，见图 7-12（c）；这种电子排布往往形成低自旋（low spin）配合物。

根据 Δ_o 和 P 的相对大小可以定量区分晶体场和配体的强弱，即：弱场 $\Delta_o < P$，配体为弱场配体（或弱配体），往往形成高自旋配合物；强场 $\Delta_o > P$，配体为强场配体（或强配体），往往形成低自旋配合物。

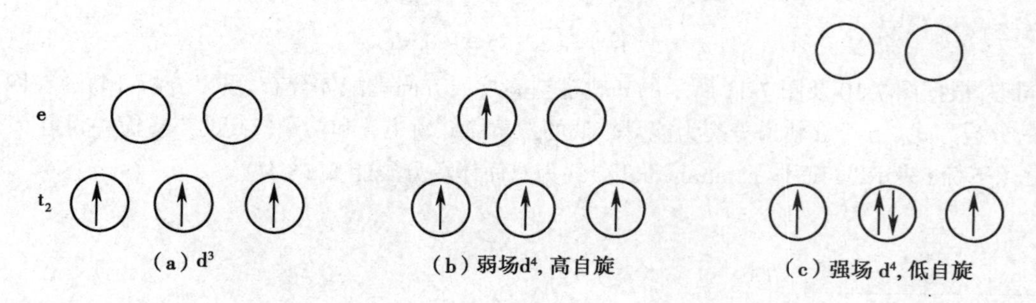

图 7-12　八面体场中 d 轨道的电子排布

可根据磁矩数值判断配合物的自旋状态。由于配合物的磁矩主要由电子的自旋来贡献，故可用式(7-6)计算一个分子的磁矩 μ：

$$\mu = \sqrt{n(n+2)}\mu_B \qquad \text{式(7-6)}$$

其中 n 为单电子数，μ_B 为玻尔磁子(Bohr magneton, $1\mu_B \approx 9.274\times10^{-24}A\cdot m^2$)。对于一个组成确定的配合物，分别用低、高自旋状态的单电子数计算其磁矩，并与实测值比较，即可判断该配合物的d电子排布，进而确定 Δ_o 和 P 的相对大小以及相应配体的配位能力的强弱。表7-3罗列了一些配合物的磁矩、分裂能和成对能数据。第一过渡系金属离子与 H_2O 形成的配合物的分裂能均小于成对能。

表 7-3 一些八面体配合物的磁矩、分裂能和成对能 *

配合物	Δ_o/cm^{-1}	P/cm^{-1}	d 电子数	单电子数	$\mu_{计算}/\mu_B$	$\mu_{测}/\mu_B$
$[Ti(H_2O)_6]^{3+}$	20 300	—	1	1	1.73	1.75
$[V(H_2O)_6]^{3+}$	18 400	—	2	2	2.83	2.80
$[V(H_2O)_6]^{2+}$	12 300	—	2	2	—	—
$[Cr(H_2O)_6]^{3+}$	17 400	—	3	3	3.87	3.88
$[Cr(H_2O)_6]^{2+}$	9 250	23 500	4	4	4.90	—
$[Mn(H_2O)_6]^{3+}$	15 800	28 000	4	4	4.90	4.93
$[Mn(H_2O)_6]^{2+}$	7 850	25 500	5	5	5.92	—
$[Fe(H_2O)_6]^{3+}$	14 000	30 000	5	5	5.92	5.40
$[Fe(CN)_6]^{3-}$	—	—	5	1	1.73	2.3
$[Fe(H_2O)_6]^{2+}$	9 350	17 600	6	4	4.90	—
$[Co(H_2O)_6]^{3+}$	16 750	21 000	6	4	4.90	—
$[Co(NH_3)_6]^{3+}$	—	—	6	0	0	0
$[Co(H_2O)_6]^{2+}$	8 400	22 500	7	3	3.87	4.85
$[Ni(H_2O)_6]^{2+}$	8 600	—	8	2	2.83	2.83
$[Cu(H_2O)_6]^{2+}$	7 850	—	9	1	1.73	1.75

注：* 磁矩数据引自 WINTER M J. d-Block Chemistry. Oxford: Oxford University Press, 1994: 81；分裂能和成对能数据引自 GARY L M, DONALD A T. Inorganic Chemistry. 4th ed. Prentice Hall: New Jersey, 2011: 380；能量用波数(波长的倒数 $1/\lambda$)表示，1cm^{-1} 相当于 11.96J/mol。

需要说明的是，磁矩的计算值和实测值有时出入较大，如表7-3中 $[Fe(CN)_6]^{3-}$ 和 $[Co(H_2O)_6]^{2+}$ 的数据。判断实际的单电子数和电子结构还需要其他实验方法，但实测值足以区分配离子是高自旋还是低自旋了。

[例 7-1] 配合物离子 $[Co(NO_2)_6]^{4-}$ 的 $\mu_{测} = 1.8\mu_B$，请判断该配合物 Δ_o 和 P 的相对大小。

解：Co(Ⅱ)的价层电子组态是 $3d^7$。$[Co(NO_2)_6]^{4-}$ 是 ML_6 型配合物，其形状为八面体。根据晶体场理论，$[Co(NO_2)_6]^{4-}$ 中 Co(Ⅱ)的 d 电子排布可能有两种情况：

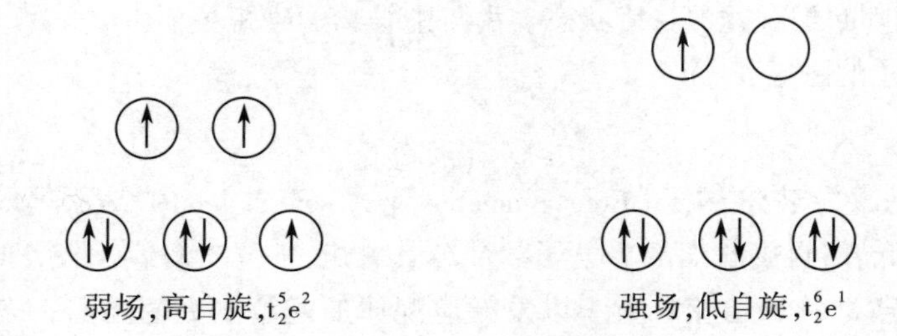

根据式（7-6），可求得高自旋和低自旋配合物的磁矩计算值分别为 $3.87\mu_B$ 和 $1.73\mu_B$。因为后者比前者更接近实测值，所以 $[Co(NO_2)_6]^{4-}$ 中 Co（Ⅱ）的 d 电子排布是低自旋 $t_2^6e^1$。该结果表明 $\Delta_o > P$，$[Co(NO_2)_6]^{4-}$ 中的 NO_2^- 是强场配体。

（四）晶体场稳定化能

在 $[Ti(H_2O)_6]^{3+}$ 中，Ti^{3+} 只有 1 个 d 电子。根据晶体场中的 d 电子排布规则，这个电子应填入 t_2 轨道。因为 t_2 轨道的相对能量为 $-0.4\Delta_o$，所以系统的能量在八面体场中比在球面形场中降低了 $0.4\Delta_o$。电子从球面形静电场中的 d 轨道转入分裂后的 d 轨道所引起的系统能量变化，称为晶体场稳定化能（crystal field stabilization energy，CFSE），负值表示系统能量降低。根据 t_2 和 e 中的电子数以及分裂前后成对电子数的变化，可以计算八面体配合物的晶体场稳定化能：

$$\text{CFSE} = xE(t_2) + yE(e) + (n_2 - n_1)P \qquad 式（7-7）$$

式中，x 和 y 分别为 t_2 和 e 轨道中的电子数，$E(t_2) = -0.4\Delta_o$ 和 $E(e) = 0.6\Delta_o$ 分别为 t_2 和 e 轨道相对于分裂前球面形场中 d 轨道的能量变化，n_1 和 n_2 分别为 d 轨道能量分裂前后的成对电子数，P 为电子成对能。

［例 7-2］　某中心原子价电子组态为 d^5，请分别计算它的强、弱场八面体配合物的晶体场稳定化能。

解： d 电子在强、弱八面体场中的排布为：

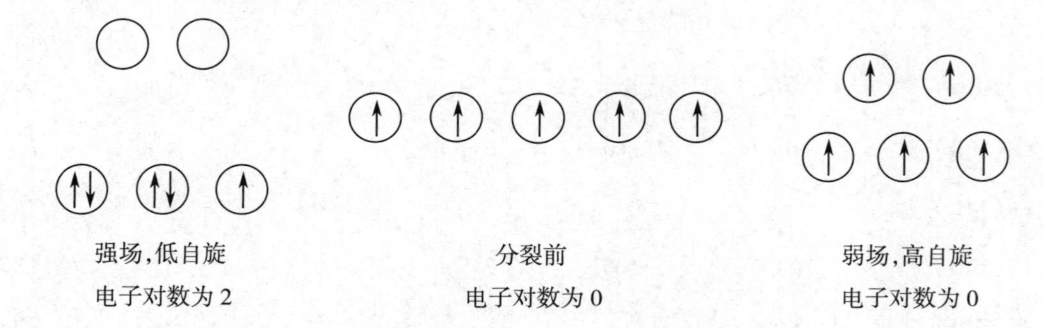

根据 d 电子排布可计算晶体场稳定化能：

强场 $\Delta_o > P$

$$(\text{CFSE})_{强} = 5 \times (-0.4\Delta_o) + 2P = -2.0\Delta_o + 2P = -2.0(\Delta_o - P) < 0$$

弱场 $\Delta_o < P$

$$(\text{CFSE})_{弱} = 3 \times (-0.4\Delta_o) + 2 \times 0.6\Delta_o = 0.0$$

该计算结果表明，在强场配合物中，电子填入能量较低的 t_2 轨道，由此引起的系统能量降低可抵消电子成对能引起的能量升高而有余。

CFSE 是配合物的配位键形成后额外获得的能量降低。对于第 1 过渡系的 +2 和 +3 价金属离子的八面体配合物来说，它们的 CFSE 通常只占总键能的大约 1/10。因此，弱场配合物的 $(\text{CFSE})_{弱} = 0$ 并不意味着该配合物不能形成，而是说，对于相同中心原子同类型的配合物来说，弱场配合物不如相应的强场配合物稳定。

（五）影响分裂能的因素

如表 7-4 中的例子所示，分裂能的大小既与中心原子有关，也与配体有关。下面我们分别讨论两者对分裂能的影响。

表 7-4　一些铬（Ⅲ）和低自旋铑（Ⅲ）八面体配合物的分裂能　单位：cm^{-1}

中心离子	Cl^-	H_2O	NH_3	en	CN^-
Cr^{3+}（d^3）	13 700	17 400	21 500	21 900	26 600
Rh^{3+}（d^6）	20 400	27 000	34 000	34 600	45 500

1. 中心原子的半径和电荷　金属原子的半径越小，正电荷越高，就越有利于配体靠近，从而使配体与 d 轨道的相互作用更强，分裂能也就更大。采用光谱学方法，测定同一种金属的不同价态离子与同一种配体形成的配合物的分裂能 Δ_o，可以显示出金属离子的半径和电荷对 Δ_o 的影响。例如，Co^{2+} 和 Co^{3+} 的离子半径分别为 79pm 和 69pm，而[$Co(H_2O)_6$]$^{2+}$ 和[$Co(H_2O)_6$]$^{3+}$ 的 Δ_o 分别为 111.3kJ/mol 和 222.5kJ/mol；Fe^{2+} 和 Fe^{3+} 的离子半径分别为 75pm 和 69pm，而[$Fe(H_2O)_6$]$^{2+}$ 和[$Fe(H_2O)_6$]$^{3+}$ 的 Δ_o 分别为 124.4kJ/mol 和 163.9kJ/mol。

2. 中心原子所处的周期　对于相同价态的同族过渡金属，若配合物形状、配体种类和数目都相同，则它们的配合物的 Δ_o 自上而下依次增加 20%~50%。原因在于，外层 d 轨道伸展范围越大，就越有利于与配体之间的相互作用；此外，伸展范围较大的 d 轨道具有较小的 P，这也有助于低自旋配合物的形成。

3. 配体　当不同的配体与同一种中心原子结合时，可以导致不同的分裂能 Δ_o。分裂能的大小可以从配离子的紫外 - 可见吸收光谱中测定。以[$Ti(H_2O)_6$]$^{3+}$ 为例，配离子的特征光吸收来自 d-d 跃迁。在八面体场中，Ti^{3+} 的 1 个 d 电子处于能量较低的 t_{2g} 轨道中——称为基态；在光照射下，这个电子会吸收能量与 Δ_o 相等的光子，跃迁到能量较高的 e_g 轨道——称为激发态，这个过程称为激发（excitation）。通过光谱测定就能知道导致 d-d 跃迁的激发光波长，从而计算出分裂能 Δ_o 大小：

$$\Delta_o = h\nu = hc/\lambda = hc\bar{\nu} \quad \text{式(7-8)}$$

式中，ν 为吸收光的频率，h 为普朗克常数，$\bar{\nu}$ 为波数。

当不同配体与同一种中心原子结合时，电子从 t_2 跃迁到 e 所需吸收的光波长越短、光子能量越高，表明相应的 Δ_o 越大、配体形成的晶体场越强。据此将配体的强弱依次排序，称为光谱化学序列（spectrochemical series）：$I^- < Br^- < Cl^- < \underline{S}CN^- < F^- < S_2O_3^{2-} < OH^- \approx \underline{O}NO^- < C_2O_4^{2-} < H_2O < \underline{N}CS^- \approx EDTA^{2-} < NH_3 < en < SO_3^{2-} < \underline{N}O_2^- \ll CN^- < CO$。光谱化学序列左端为弱场配体，右端为强场配体，显示出不同配体的配位能力。

[例 7-3]　[$Ti(H_2O)_6$]$^{3+}$ 只有 1 个 d 电子，它从 t_2 跃迁到 e 吸收波长 λ = 510nm 的光，请计算分裂能的数值。

解：每个 d 电子发生一次跃迁吸收 1 个光子，能量为：$h\nu = hc/\lambda$。分裂能为 1mol 电子跃迁吸收的光子的能量，即有：

$$\begin{aligned}\Delta_o &= N_A hc/\lambda \\ &= 6.022\times10^{23}mol^{-1}\times6.626\times10^{-34}J\cdot s\times2.998\times10^{8}m/s/(510\times10^{-9}m) \\ &= 235\,000J/mol = 235kJ/mol\end{aligned}$$

白光下物体的颜色取决于其吸收光的颜色，如物体吸收了红光，则表现出其互补色——绿色（图 7-13）。对于[$Ti(H_2O)_6$]$^{3+}$ 等简单配离子来说，可见光范围内的光吸收 d-d 电子跃迁。[$Ti(H_2O)_6$]$^{3+}$ 的 d-d 电子跃迁吸收波长为 510nm 的黄绿光，而透过的红光和蓝光合在一起，呈现出紫色，这就是 Ti^{3+} 水溶液的颜色。多数 ML_6 型简单无机配体配合物的颜色都可用 d-d 跃迁来解释，但复杂配体的

配合物还可有其他的颜色生成机制。有兴趣的同学可在分析化学课程中金属离子光谱分析的相关章节详细了解。

（六）Jahn-Teller 效应

实验发现，有一些 ML_6 型配合物并不是正八面体，而是变形的八面体。例如，在$[Cu(H_2O)_6](ClO_4)_2$ 晶体中，$[Cu(H_2O)_6]^{2+}$ 是一个 z 轴向拉长的八面体形状（图 7-14）。关于导致这类结构变形的原因，英国物理学家 H.A.Jahn 和美国物理学家 E.Teller 指出：对于晶体场中的离子，若其电子在简并轨道中存在不对称占据，会导致分子的几何构型发生畸变（这与杂化轨道理论中发生不等性杂化的情形很类似）。这样，通过降低分子的对称性和轨道的简并度，可使体系的能量进一步下降，且能量的减低将正比于畸变。这种效应称为 Jahn-Teller 效应（Jahn-Teller effect）或 Jahn-Teller 畸变（Jahn-Teller distortion）。Jahn-Teller 效应是一切分子或固体高对称性构型破缺的唯一来源。

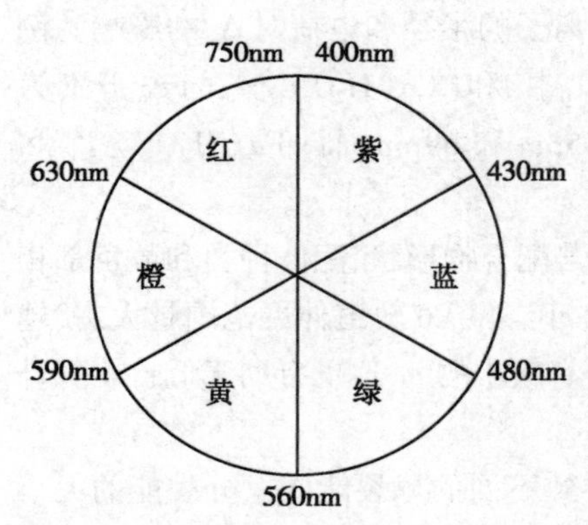

图 7-13　光的颜色及其互补色

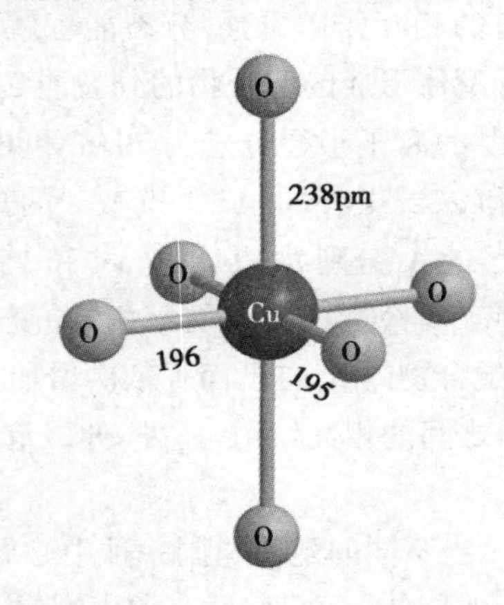

图 7-14　$[Cu(H_2O)_6]^{2+}$ 的拉长八面体结构（未画出氢原子）

如图 7-15 中部所示，在 Cu^{2+} 的 e_g 轨道中，两个轨道将排布 3 个电子，容纳成对电子的既可以是 d_{z^2}，也可以是 $d_{x^2-y^2}$。这时，将两个简并轨道能级分裂一下，让成对电子排布在低能量轨道上，单电子排布在高能量轨道上，便能获得进一步体系能量的降低。实现 e_g 能级分裂的方式有两种：①将八面体配合物沿 z 轴拉长（图 7-15 右部），使 z 轴方向的 2 个配体离中心原子变得远些（同时 xy 平面的 4 个配体相应变得略近些。这样，z 轴方向的 2 个配位键因变长而消弱，但 x 和 y 方向的 4 个配位键因变短而增强，相互抵消了能量的变化），于是 d_{z^2} 轨道上电子受配体电场的排斥作用减小，能量降低；相应地，$d_{x^2-y^2}$ 轨道的能量升高。形成新的分裂能 Δ，但轨道总能量不变。此时将两电子填入 d_{z^2} 轨道，单电子填入 $d_{x^2-y^2}$ 轨道，体系则会获得 $\Delta E = [2\times(-\Delta/2)+1\times(\Delta/2)]-(2+1)\times 0=-\Delta/2$ 的收益。上面我们未讨论 t_{2g} 轨道的能级分裂问题，因为这 3 个是电子全充满，无论怎样分裂都对体系

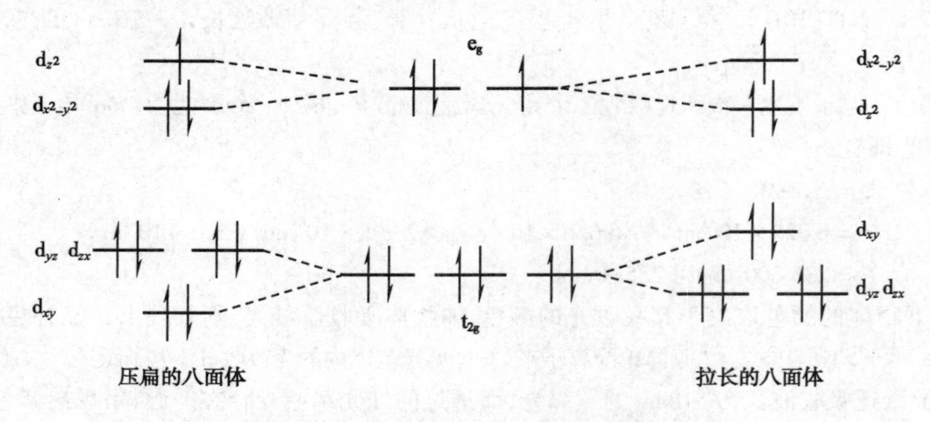

图 7-15　变形的八面体 Cu^{2+} 配合物的 d 电子组态

总能量的变化没有贡献。②将八面体配合物沿 z 轴压扁（图 7-15 左部）。同理可知，$d_{x^2-y^2}$ 轨道能量降低而同时 d_{z^2} 轨道能量升高。体系同样会获得 Δ/2 的能量降低。但更细致和定量的分析可知，方式②导致整体的能量收益不如方式①。所以实际上，$[Cu(H_2O)_6]^{2+}$ 呈现的是一个 z 轴向拉长的八面体形状。

（七）价键理论与晶体场理论互补解释配合物的结构和性质

晶体场理论简单而实用地解释了配合物的光、电、磁性质和配体的配位能力。但这一理论对中心原子与配体的作用过于简化，因此很多阐释只能借助实验 / 经验结果，而无法从理论上直接推导和计算。例如，实验测定光谱化学序列中性分子 CO 的配体强度最大，卤素负离子 X^- 最弱。但这无法从中心离子和配体的静电作用来解释。实际上，CO 的配位作用很强，不仅在于可以形成强的 σ 配键，而且其分子的空的 π 反键轨道可以与中心原子的 t_2 轨道重叠，使 t_2 轨道的一部分电子密度迁移到配体，这种作用方式称为 M → L 反馈 π 键。反馈 π 键不仅缓解了中心原子上过多的负电荷，而且促进了 t_2 轨道的能量降低，增加了分裂能。当然，这些作用显然不在极度简化的晶体场理论的考虑之列了。

理论上，全面涵盖量子力学原理的分子轨道理论可以最好地解析配位键和配合物结构。但这需要非常强大的算法和算力才能实现。所以，基于实验 / 经验结果，采用不同程度的各种近似 / 简化方法（如晶体场理论）才是实践中的实用方法。1935 年，John H.van Vlack 对晶体场理论加以改造，在静电作用之外再加上轨道重叠的共价作用，形成了一个目前在专业配位化学工作中广泛应用的配位场理论。

不过，对于大多数非专业的领域，我们其实没有必要追求学习和掌握“高、大、全”的理论，应用两个极简的模型——价键理论和晶体场理论就足以有效指导配合物的研究和应用了。配合物的成键模式和几何结构可用价键理论很好地阐释，而在确定了配合物几何构型的基础上应用配位场理论，足以让配合物性质的大多数问题获得满意的解决。所以，本课程仅要求掌握价键理论与晶体场理论，相互补充解释配合物的结构和性质。这对于同学们未来学习各种复杂的理论问题，也是一种理性和聪明的借鉴。

第三节　配位平衡基础

一、配位平衡常数

向含有 Fe^{3+} 的水溶液中加入 SCN^-，会产生红色物质，可用于定性检验 Fe^{3+} 或 SCN^-：

$$[Fe(H_2O)_6]^{3+} + SCN^- \xlongequal{\quad} [Fe(H_2O)_5(NCS)]^{2+}(\text{红色}) + H_2O$$

$$K' = \frac{[Fe(H_2O)_5(NCS)^{2+}][H_2O]}{[Fe(H_2O)_6^{3+}][NCS^-]}$$

$$K = \frac{K'}{[H_2O]} = \frac{[Fe(H_2O)_5(NCS)^{2+}]}{[Fe(H_2O)_6^{3+}][NCS^-]} = 8.91 \times 10^2$$

上述平衡强烈地倾向正反应方向。在书写反应方程式和平衡常数表达式时，配合物内界中的 H_2O 常常略去，例如，$[Fe(H_2O)_6]^{3+}$ 略作 Fe^{3+}，$[Cu(NH_3)_4(H_2O)_2]^{2+}$ 略作 $Cu(NH_3)_4^{2+}$①。这里请注意：在平衡常数表达式中，方括号“[　]”表示配合物以 mol/L 为单位的平衡浓度的数值，而非指配合物的内界。此外，在标准平衡常数 $K^{\ominus}$的书写中，物质 M 的平衡浓度需要转换成标准浓度 $c^{\ominus}$的倍数（$[M]/c^{\ominus}$）。

①把 $[Cu(NH_3)_4(H_2O)_2]^{2+}$ 写成 $[Cu(NH_3)_4]^{2+}$ 的另一个原因是：Jahn-Teller 效应导致 2 个轴向的 H_2O 比处于平面上的 $4NH_3$ 离中心原子更远，以至于有时可以把 $[Cu(NH_3)_4]^{2+}$ 当作 4 配位。

由于 $c^{\ominus}$ = 1mol/L 和配位平衡是溶液状态，通常在配位化学平衡中不区分无量纲的标准平衡常数 $K^{\ominus}$和有量纲的平衡常数 K。

配合物形成反应的平衡常数称为配合物的稳定常数（stability constant），用 K_s 表示。一般地，配合物的生成是分步进行的，溶液中存在着一系列配位平衡反应：

$$M + L \rightleftharpoons ML \qquad K_{s1} = \frac{[ML]}{[M][L]} \qquad 式(7\text{-}9)$$

$$ML + L \rightleftharpoons ML_2 \qquad K_{s2} = \frac{[ML_2]}{[ML][L]} \qquad 式(7\text{-}10)$$

……

$$ML_{n-1} + L \rightleftharpoons ML_n \qquad K_{sn} = \frac{[ML_n]}{[ML_{n-1}][L]} \qquad 式(7\text{-}11)$$

其中 K_{s1}、K_{s2}……K_{sn} 分别称为第 1 级、第 2 级……第 n 级稳定常数，或统称逐级稳定常数（stepwise stability constant）。通常有 $K_{s1} > K_{s2} > \cdots\cdots K_{sn}$，如表 7-5 中数据所示。若出现 $K_{s(n-1)} < K_{sn}$ 的情形，表明在这个步骤配合物的结构或成键情况可能发生变化，如低自旋与高自旋之间的转变，或者六配位的八面体与四配位的四面体之间的转变。

表 7-5 由 $[Ni(H_2O)_6]^{2+}$ 生成 $[Ni(NH_3)_6]^{2+}$ 的稳定常数

n	1	2	3	4	5	6
lg$K$	2.80	2.24	1.73	1.19	0.75	0.03
lgβ	2.80	5.04	6.77	7.96	8.71	8.74

将式(7-9)代入式(7-10)可得：

$$M + 2L \rightleftharpoons ML_2 \qquad \beta_2 = K_{s1}K_{s2} = \frac{[ML_2]}{[M][L]^2} \qquad 式(7\text{-}12)$$

类似地有

$$M + nL \rightleftharpoons ML_n \qquad K_s = \beta_n = K_{s1}K_{s2}\cdots K_{sn} = \frac{[ML_n]}{[M][L]^n} \qquad 式(7\text{-}13)$$

其中 $\beta_i = K_{s1}K_{s2}\cdots\cdots K_{si}$ 称为 ML_i（$1 \leqslant i \leqslant n$）的累积稳定常数。最高级累积稳定常数 β_n 也称为总稳定常数（overall stability constant），$\beta_n = K_s$。β_n 或 K_s 的数值往往很大，用对数 lgβ_n 或 lgK_s 表示比较方便。

有时也用配合物的解离常数（dissociation constant）K_d 表示配位平衡，$K_d = 1/K_s$。配合物的逐级解离平衡与多元质子酸的逐级解离平衡类似。

稳定常数可用于比较同类型配合物的相对稳定性。例如，$[Co(NH_3)_6]^{2+}$ 的 lgK_s = 5.11，$[Co(NH_3)_6]^{3+}$ 的 lgK_s = 35.20，后者 K_s 较大，表明比前者更稳定。虽然利用逐级稳定常数可求算相关物质的浓度，但是在实际工作中常加入过量的配体，使得金属离子绝大部分处在最高配位数的状态。在该条件下，若求未配位的金属离子的浓度，只需按总反应进行计算，而不必考虑逐级平衡。

[例 7-4] 已知 $Cu(NH_3)_4^{2+}$ 的 $K_s = 2.1 \times 10^{13}$，请计算含有 0.010mol/L $CuSO_4$ 和 0.540mol/L NH_3 的水溶液中 Cu^{2+} 的浓度。

解：配位平衡方程式为：

	Cu^{2+}	+	$4NH_3$	$=\!=$	$Cu(NH_3)_4^{2+}$
初始态	0.010		0.540		0
平衡态	x		$0.540 - 4(0.010 - x)$		$0.010 - x$
			≈ 0.500		≈ 0.010

$$K_s=\frac{[Cu(NH_3)_4^{2+}]}{[Cu^{2+}][NH_3]^4}=\frac{0.010}{x\times0.500^4}$$

由此解得

$$x=\frac{0.010}{K_s\times0.500^4}=7.62\times10^{-15}$$

即 Cu^{2+} 的平衡浓度为 7.62×10^{-15}mol/L。该结果表明，$x\ll0.010$，将 $0.010-x$ 近似为 0.010 所引起的误差非常小。

在以上计算中，因为配合物浓度远远大于自由金属离子浓度，所以将后者设为未知数 x 可使计算简化。如果设 $[Cu(NH_3)_4]^{2+}$ 的平衡浓度为 x，情形又会怎样？请试一试。

二、影响配合物稳定性的因素

稳定常数 K_s 显示配合物的热力学稳定性的一个参数；$\Delta G^\ominus=-RT\ln K_S$，自由能水平是决定配合物稳定性的内在原因。而 $\Delta G^\ominus=\Delta H^\ominus-T\Delta S^\ominus$，即配合物稳定性由焓（配位键键能）和熵两大因素决定。配位键键能包括了配位原子与中心原子形成共价键以及围绕中心原子配位形成的晶体场稳定化能两大部分。后者在第二节“影响分裂能的因素”中介绍过，下面介绍中心原子自身以及中心原子与配位原子之间的匹配性对成键的影响。此外，配合物形成还受到了熵效应的重大影响，反映在多齿配体与中心原子形成更稳定的配合物上。

（一）中心原子与配位原子的匹配性——硬软酸碱规则

在元素周期表中第 1 过渡系前部和中部的金属离子（如 Cr^{3+}、Mn^{2+} 和 Fe^{3+}）与卤素离子形成的配合物的稳定性顺序为：$F^-\gg Cl^->Br^->I^-$。而对于过渡系后部和过渡系以后的金属离子（如 Cu^+、Ag^+、Pt^{2+}、Hg^{2+} 和 Pb^{2+}），它们与这些卤素离子形成的配合物的稳定性顺序却完全相反（一些数据列于表 7-6）。

表 7-6　Fe（Ⅲ）和 Hg（Ⅱ）与卤素离子形成的一些配合物的稳定常数

配合物离子	$\lg K_s$			
	F^-	Cl^-	Br^-	I^-
$[FeX]^{2+}$	6.0	1.4	0.5	
$[HgX]^+$	1.0	6.7	8.9	12.9

上述现象指示了中心原子和配位原子存在匹配性问题。早先的研究者已经总结发现，硬金属如 Cr 形成的离子（Cr^{3+}）一般倾向于和以 O 为配位原子的配体结合，软金属如 Ag 形成的离子（Ag^+）一般倾向于和以 S 为配位原子的配体结合，软硬交界的金属如 Cu 的离子（Cu^{2+}）一般倾向于和以 N 为配位原子的配体结合。而以 C 为配位原子的配体（如 CN^- 和 CO）则几乎和所有的金属离子紧密结合。由此，可将金属离子分成亲氧离子、亲硫离子和亲氮离子三大类。

探讨离子结合倾向性的原因，R.Pearson 在 20 世纪 60 年代分析了金属离子和配位原子之间的作用关系后，提出了解释两者亲合作用的硬软酸碱理论（HSAB principle）。按照 Lewis 酸碱理论，能够接受电子对的物质是酸，能够给出电子对的物质是碱。配合物的中心原子和配体可以分别看作 Lewis 酸和 Lewis 碱。根据金属离子的性质，可分为硬酸（hard acid）和软酸（soft acid）。一般由硬金属形成的离子（如 Cr^{3+}、Mn^{2+} 和 Fe^{3+}）为硬酸，其结构特点是离子的离子势 Z/r 较大，电负性 X 较小；一般由软金属形成的离子（如 Ag^+、Hg^{2+}、Cu^+、Pt^{2+} 和 Pb^{2+}）称为软酸，其特点是 Z/r 较小而 X 较大等。相应地，一般由电子层数少而电负性大的原子形成硬碱（hard base），如 F^-、OH^-、NH_3 等，其特点是电负性 X 较大，原子 / 离子半径较小；一般由电子层数多而电负性小的原子形成软碱（soft base），如 I^-、S^{2-}、CO 等，其特点是电负性 X 较小，原子 / 离子半径较大和分子极化率 α 较大等。根据金属离子和配体

中配位原子的 Z、r、X 和 α 等参数可计算出相应的软硬酸碱标度，进而将软硬酸碱进行归类。一些常见的软硬酸碱列于表 7-7 中。

表 7-7 硬软酸碱的分类

硬酸	H^+												
	Li^+	Be^{2+}											
	Na^+	Mg^{2+}									Al^{3+}	Si^{4+}	
	K^+	Ca^{2+}	Sc^{3+}	Ti^{4+}	VO^{2+}	Cr^{3+}	Mn^{2+}	Fe^{3+}			Ga^{3+}		As^{3+}
	Rb^+	Sr^{2+}	Y^{3+}	Zr^{4+}		MoO^{3+}					In^{3+}	Sn^{4+}	
	Cs^+	Ba^{2+}	Ln^{3+}	Hf^{4+}									
交界酸							Fe^{2+}	Co^{2+}	Ni^{2+}	Cu^{2+}	Zn^{2+}		
							Ru^{2+}	Rh^{3+}				Sn^{2+}	Sb^{3+}
							Os^{2+}	Ir^{3+}				Pb^{2+}	Bi^{3+}
软酸										Cu^+	Zn^{2+}		
									Pd^{2+}	Ag^+	Cd^{2+}		
									$Pt^{2+,4+}$	Au^+	$Hg^{+,2+}$	Tl^{3+}	
硬碱	H_2O、OH^-、CH_3COO^-、PO_4^{3-}、SO_4^{2-}、CO_3^{2-}、NO_3^-、ROH、R_2O（醚）、F^-、Cl^-、NH_3												
交界碱	Br^-、NCS^-、N_3^-、NO_2^-、SO_3^{2-}、N_2、C_5H_5N（吡啶）、$C_6H_5NH_2$（苯胺）												
软碱	SCN^-、$S_2O_3^{2-}$、I^-、CN^-、CO、C_6H_6（苯）、S^{2-}、C_2H_4（乙烯）												

从软硬酸碱的角度归纳形成化合物的相对稳定性，得到硬软酸碱规则（hard and soft acid-base rule）：硬酸优先与硬碱结合，软酸优先与软碱结合。硬酸与硬碱的配位原子的电负性差值大，它们形成的化学键偏离子性；而软酸与软碱形成的化学键则偏共价性。软硬酸碱规则是一个很有用的经验规则。

（二）螯合效应

若多齿配体中 2 个或 2 个以上配位原子与同 1 个中心原子配位，则可形成包含中心原子的环状结构，这类配合物称为螯合物（chelate）；英文 chelate 源于希腊语，意思是"蟹钳"。能与中心原子形成螯合物的多齿配体称为螯合剂（chelating agent）。螯合物比相应的单齿配体形成的配合物更稳定，这种现象称为螯合效应（chelate effect）。例如，螯合物 $[Cu(en)(H_2O)_4]^{2+}$ 常温下的稳定常数 β_1 比相应的非螯合物 $[Cu(NH_3)_2(H_2O)_4]^{2+}$ 的稳定常数 β_2 约大 1 000 倍：

$$[Cu(H_2O)_6]^{2+} + en \rightleftharpoons [Cu(en)(H_2O)_4]^{2+} + 2H_2O \qquad \beta_1 = 10^{10.67}$$

这个反应的 $\Delta_r H_m^\ominus = -54kJ/mol$，$\Delta_r S_m^\ominus = 23J/(K \cdot mol)$。

$$[Cu(H_2O)_6]^{2+} + 2NH_3 \rightleftharpoons [Cu(NH_3)_2(H_2O)_4]^{2+} + 2H_2O \qquad \beta_2 = 10^{7.63}$$

这个反应的 $\Delta_r H_m^\ominus = -46kJ/mol$，$\Delta_r S_m^\ominus = -8.4J/(K \cdot mol)$。

从反应的热力学常数变化可知，en 配合物中的 Cu—N 的键能增加（$\Delta\Delta_r H_m^\ominus = -8kJ/mol$），这是配合物稳定性增加的一个原因，但只占总自由能降低量（$\Delta\Delta_r G_m^\ominus = -17.4kJ/mol$）的 46%，更大的 53% 的贡献来自 $\Delta_r S_m^\ominus$（$\Delta\Delta_r S_m^\ominus = -9.4kJ/mol$）。在单齿配体配合物 $[Cu(NH_3)_2(H_2O)_4]^{2+}$ 的形成反应中，其熵是减小的；而在螯合物 $[Cu(en)(H_2O)_4]^{2+}$ 形成中，其熵是增加的。可见，螯合剂对于配合物稳定性的贡献主要表现在使熵增加，螯合效应主要是一种熵效应。

螯合效应的另一个典型例子是：

$$[Ni(H_2O)_6]^{2+} + 6NH_3 \longrightarrow [Ni(NH_3)_6]^{2+} + 6H_2O \qquad \lg\beta = 8.61$$

$$[Ni(H_2O)_6]^{2+} + 3en \longrightarrow [Ni(en)_3]^{2+} + 6H_2O \qquad \lg\beta = 18.28$$

这个例子的配合物在 298K 时稳定常数增加更大（约 10^{10} 倍）。分析可知，螯合反应比普通配位反应的自由能增量 $\Delta\Delta_rG_m^{\ominus} = -52.9$kJ/mol，其中 $\Delta\Delta_rH_m^{\ominus} = -16.8$kJ/mol，$\Delta\Delta_rS_m^{\ominus} = +121$J/（K·mol）［$\Delta(T\Delta_rS_m^{\ominus})=36.1$kJ/mol］。同上一个例子很类似，$\Delta_rG_m^{\ominus}$ 降低的主要部分 2/3 来自 $\Delta_rS_m^{\ominus}$ 的贡献。

形成螯合物时，螯合环的大小和数量都会影响螯合物的稳定性。通常有机配体中的配位原子与 sp^3 杂化的碳原子相连，后者的键角约为 109°。若配体与中心原子形成正五元环，则键角为 108°，与配体中碳原子的键角很接近，这样的螯合环较为稳定。更小和更大的螯合环都会使键角更加偏离 109°，产生张力，使螯合物不稳定。例如，$NH_2CH_2CH_2NH_2$ 与中心原子形成的五元环螯合物比 $NH_2CH_2CH_2CH_2NH_2$ 的六元环螯合物更稳定。此外，螯合物中大小合适的螯合环越多，螯合物就越稳定。例如，乙二胺四乙酸根（$EDTA^{4-}$）有 6 个配位原子，可以与多种金属离子形成 1∶1 的螯合物（图 7-16），其中含有 5 个五元环。此类螯合剂在化学分析中具有广泛的用途。

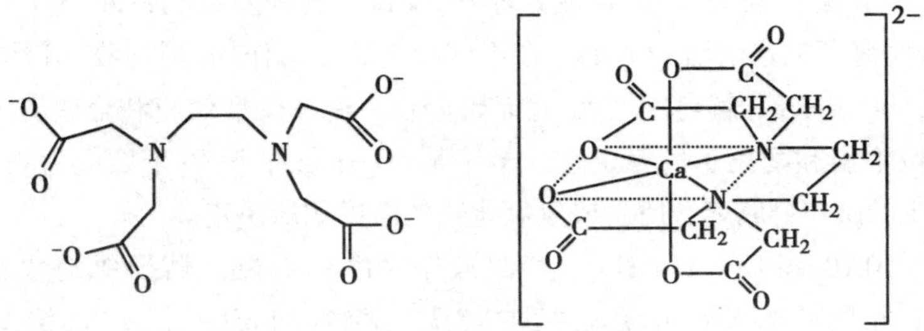

图 7-16　乙二胺四乙酸根及其与 Ca^{2+} 的螯合物

许多重要的生物分子是螯合物。例如，哺乳动物血液中传输 O_2 的血红素和植物中参与光合作用的叶绿素分别为 Fe^{2+} 和 Mg^{2+} 的螯合物（图 7-17），它们的配体都是一类被称为卟啉的环状含氮有机物。

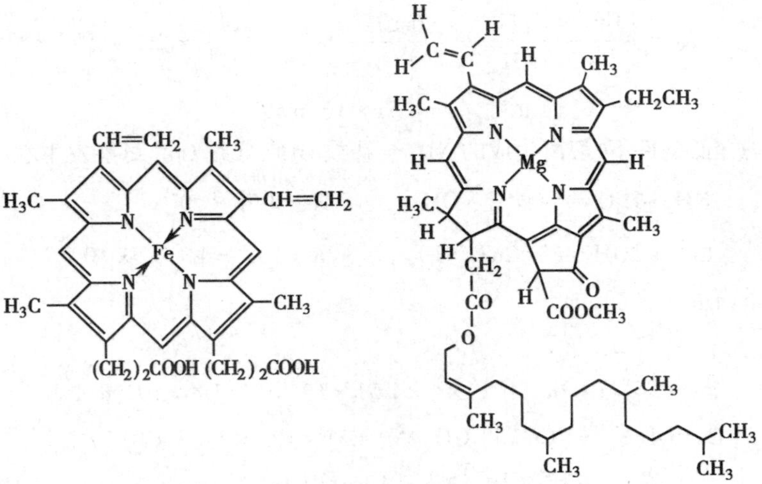

血红素 b　　　　叶绿素 a1

图 7-17　生物体中的螯合物

三、配位平衡的移动

根据平衡移动原理，如果改变平衡体系的条件，平衡就会移动。下面分别讨论酸碱、沉淀剂以及

氧化还原剂对配位平衡的影响。

（一）配位平衡与酸碱平衡

酸碱平衡可以通过两种方式影响配位平衡：H^+ 与弱碱配体形成共轭酸，使其丧失配位能力；或者 OH^- 与过渡金属离子形成氢氧化物。两者分别称为酸效应（acid effect）和水解效应（hydrolysis effect）。如下列反应式所示，我们以 $Cu(NH_3)_4^{2+}$ 为例，说明这两种效应对配位平衡的影响。

$$Cu^{2+} + 4NH_3 \rightleftharpoons [Cu(NH_3)_4]^{2+}$$

$$Cu^{2+} + 2OH^- \rightleftharpoons Cu(OH)_2(s)$$

$$4NH_3 + 4H^+ \rightleftharpoons 4NH_4^+$$

当溶液 pH 减小时，配体与 H^+ 结合生成共轭酸，配位平衡向左移动，$Cu(NH_3)_4^{2+}$ 解离度增大，稳定性降低。过渡金属离子在水溶液中大都存在不同程度的水解作用，当溶液 pH 增大时，水解程度增大，Cu^{2+} 浓度降低，$Cu(NH_3)_4^{2+}$ 解离度增大，稳定性降低。配体的酸效应和金属离子的水解效应同时存在，且都影响配位平衡和配离子的稳定性。至于某一 pH 条件下，哪个效应为主，将由配合物的稳定常数、配体的碱性强弱和金属离子所生成氢氧化物的溶度积所决定。

［例 7-5］ 计算 0.10mol/L $[Cu(NH_3)_4]^{2+}$ 溶液中 Cu^{2+} 的浓度。若要维持没有 $Cu(OH)_2$ 沉淀生成，需要溶液中最小的游离 NH_3 浓度是多少？当减小溶液的 pH 时，Cu^{2+} 的浓度如何变化？已知 $[Cu(NH_3)_4]^{2+}$ 的 $K_s = 2.1 \times 10^{13}$，NH_3 的 $K_b = 1.78 \times 10^{-5}$，$K_{sp}[Cu(OH)_2] = 2.2 \times 10^{-20}$。

解： 设 $[Cu^{2+}]$ 为 $x$mol/L，溶液中存在下列平衡：

	$[Cu(NH_3)_4]^{2+} \rightleftharpoons$	Cu^{2+} +	$4NH_3$
初始浓度	0.1	0	0
平衡平衡	$0.10-x$	x	$4x$

$$K_s = \frac{[Cu(NH_3)_4^{2+}]}{[Cu^{2+}][NH_3]^4} = \frac{0.10 - x}{x(4x)^4} \simeq \frac{0.10}{x(4x)^4} \simeq 2.1 \times 10^{13}$$

解得：　$[Cu^{2+}] = x = 4.51 \times 10^{-4}$mol/L

上述计算没有考虑在此条件下，解离生成的 NH_3 会释放 OH^-，导致 Cu^{2+} 可能发生水解，产生沉淀：

$$NH_3 + H_2O \rightleftharpoons NH_4^+ + OH^- \qquad K_b = 1.78 \times 10^{-5}$$

$$Cu^{2+} + 2OH^- \rightleftharpoons Cu(OH)_2 \qquad K = 1/K_{sp} = 1/(2.2 \times 10^{-20})$$

因此时为氨水体系，有：

$$[OH^-] = \sqrt{K_b c} = (1.78 \times 10^{-5} \times 4 \times 4.51 \times 10^{-4})^{1/2} = 1.8 \times 10^{-4} \text{mol/L}$$

则

$$IP(Cu(OH)_2) = [Cu^{2+}][OH^-]^2 = 4.51 \times 10^{-4} \times (1.8 \times 10^{-4})^2 = 1.5 \times 10^{-11} > K_{sp}[Cu(OH)_2]$$

所以必须考虑到此时会有水解发生、生成 $Cu(OH)_2$ 沉淀，此时实际反应为：

$$[Cu(NH_3)_4]^{2+} + 2H_2O \rightleftharpoons Cu(OH)_2 + 2NH_3 + 2NH_4^+$$

此时解离的配体形成缓冲体系（$NH_3 - NH_4^+$），则有：

$$[OH^-] = K_b[NH_3]/[NH_4^+] = K_b = 1.78 \times 10^{-5}$$

$$pH = 14 + \lg(1.78 \times 10^{-5}) = 9.25$$

$$[Cu^{2+}] = K_{sp}/([OH^-]^2)$$
$$= 2.2 \times 10^{-20}/(1.78 \times 10^{-5})^2 = 6.9 \times 10^{-11} mol/L$$

可以进一步计算发现，此体系中约有 22% 的 $[Cu(NH_3)_4]^{2+}$ 配离子发生了水解沉淀（过程略）。若要 $Cu(OH)_2$ 沉淀反应不发生，则需要在此条件下 $[Cu^{2+}]$ 小于上述数值，即有：

$$K_s = 2.1 \times 10^{13} = [Cu(NH_3)_4^{2+}]/([Cu^{2+}][NH_3]^4_{最小})$$
$$= 0.10/(6.8 \times 10^{-13}[NH_3]^4_{最小})$$

即需要游离 NH_3 的最小浓度为：

$$[NH_3]_{最小} = [0.10/(6.8 \times 10^{-13} \times 2.1 \times 10^{13})]^{¼} = 0.29 mol/L$$

也就是说，形成铜氨溶液时，需要加入氨水必须是过量的。

若向 $[Cu(NH_3)_4]^{2+}$ 溶液中加酸，减小 pH 时，则持续发生 $Cu(OH)_2$ 沉淀，直到 $[Cu(NH_3)_4]^{2+}$ 完全分解、形成 $Cu(OH)_2$ 沉淀时，反应为：

$$[Cu(NH_3)_4]^{2+} + 2H_2O + 2H^+ \rightleftharpoons Cu(OH)_2 + 4NH_4^+$$

此时溶液两性体系，电离出酸的为 NH_4^+ 体系，电离产生碱的为 $Cu(OH)_2$，则有：

$$NH_4^+ \rightleftharpoons H^+ + NH_3 \qquad K_1 = K_a = K_w/K_b = 5.6 \times 10^{-10}$$

$$½(Cu^{2+} \cdot 2H_2O) \rightleftharpoons ½Cu(OH)_2 + H^+ \qquad K_2 \approx K_w/\sqrt{K_{sp}} = 6.7 \times 10^{-5}$$

$$[H^+] = \sqrt{K_1K_2} \approx (6.7 \times 10^{-5} \times 5.6 \times 10^{-10})^{½} = 1.9 \times 10^{-7} mol/L$$

$$pH = -lg(1.9 \times 10^{-7}) = 6.72$$

此时：

$$[OH^-] = 1 \times 10^{-14}/(1.9 \times 10^{-7}) = 5.3 \times 10^{-8} mol/L$$
$$[Cu^{2+}] = K_{sp}/([OH^-]^2)$$
$$= 2.2 \times 10^{-20}/(5.3 \times 10^{-8})^2 = 8.2 \times 10^{-6} mol/L$$

进一步加酸，则 $Cu(OH)_2$ 完全溶解生成 Cu^{2+}，即 $[Cu^{2+}] = 0.10 mol/L$，则：

$$[OH^-] = (K_{sp}/[Cu^{2+}])^{½} = (2.2 \times 10^{-20}/0.10)^{½} = 4.7 \times 10^{-10} mol/L$$
$$[H^+] = 1 \times 10^{-14}/(4.7 \times 10^{-10}) = 2.1 \times 10^{-5} mol/L$$
$$pH = -lg(2.1 \times 10^{-5}) = 4.67$$

总结一下：0.10mol/L $[Cu(NH_3)_4]^{2+}$ 溶于水，其溶液的 pH = 9.25，大约 22% 配离子水解。酸化后产生沉淀 $Cu(OH)_2$，在 pH = 6.72 时，$[Cu(NH_3)_4]^{2+}$ 完全转化为 $Cu(OH)_2$。继续加酸至 pH = 4.67，则 $Cu(OH)_2$ 溶解为 0.10mol/L 的 Cu^{2+} 溶液。

（二）配位平衡与沉淀平衡

如果溶液中存在过渡金属离子的沉淀剂，而配体不受该沉淀剂的影响，那么金属离子就会同时参与沉淀平衡和配位平衡。例如，在 AgCl 沉淀中加入足量氨水，沉淀就会溶解，形成 $[Ag(NH_3)_2]^+$；向此溶液中加入适量 KBr 溶液，$[Ag(NH_3)_2]^+$ 就会解离，形成淡黄色的 AgBr 沉淀；随后加入 $Na_2S_2O_3$ 溶液，AgBr 溶解，形成 $[Ag(S_2O_3)_2]^{3-}$；接着加入 KI 溶液，$[Ag(S_2O_3)_2]^{3-}$ 又解离，形成黄色的 AgI 沉淀；再加入 KCN 溶液，AgI 就会溶解，形成 $[Ag(CN)_2]^-$；最后加入 Na_2S 溶液，形成黑色的 Ag_2S 沉淀。这一系列反应可表示为：

$$AgCl(s) + 2NH_3 \rightleftharpoons [Ag(NH_3)_2]^+ + Cl^-$$

$$[Ag(NH_3)_2]^+ + Br^- \rightleftharpoons AgBr(s) + 2NH_3$$

$$AgBr(s) + 2S_2O_3^{2-} \rightleftharpoons [Ag(S_2O_3)_2]^{3-} + Br^-$$

$$[Ag(S_2O_3)_2]^{3-} + I^- \rightleftharpoons AgI(s) + 2S_2O_3^{2-}$$

$$AgI(s) + 2CN^- \rightleftharpoons [Ag(CN)_2]^- + I^-$$

$$2[Ag(CN)_2]^- + S^{2-} \rightleftharpoons Ag_2S(s) + 4CN^-$$

加入配体可推动沉淀平衡向溶解方向移动，K_s 越大就越容易使沉淀转化为配离子，见[例 7-6]。反之，加入沉淀剂可促使配位平衡向解离方向移动，K_{sp} 越小就越容易使配离子转化为沉淀，见[例 7-7]。根据平衡原理，可以计算有关物质的浓度。

[例 7-6]　已知 AgCl(s)的溶度积常数为 $K_{sp} = 1.77 \times 10^{-10}$，$Ag(NH_3)_2^+$ 的稳定常数 $K_s = 1.1 \times 10^7$。欲使 0.10mol AgCl(s)溶于 1.0L 氨水中，所需氨水的最低浓度是多少？

解：当 0.10mol AgCl 在 1.0L 氨水中恰好完全溶解时，$Ag(NH_3)_2^+$ 和 Cl^- 的浓度都是 0.10mol/L，设 NH_3 的平衡浓度为 x；此时系统中存在沉淀平衡和配位平衡：

$$AgCl(s) \rightleftharpoons Ag^+(aq) + Cl^-(aq)$$

$$Ag^+(aq) + 2NH_3(aq) \rightleftharpoons [Ag(NH_3)_2]^+(aq)$$

根据多重平衡原理，两个反应方程式相加，得：

	AgCl(s)	+	$2NH_3(aq)$	$\rightleftharpoons$	$[Ag(NH_3)_2]^+(aq)$	+	$Cl^-(aq)$
初始浓度			$0.10 \times 2 + x$		0		0
平衡浓度			x		0.10		0.10

$$K = K_{sp} \cdot K_s = 1.95 \times 10^{-3}$$

$$K = \frac{[Ag(NH_3)_2^+][Cl^-]}{[NH_3]^2} = \frac{0.10 \times 0.10}{x^2}$$

$$x = \sqrt{\frac{0.10 \times 0.10}{1.95 \times 10^{-3}}} = 2.26$$

$$c_0(NH_3) = 0.10 \times 2 + 2.26 = 2.46\text{mol/L}$$

即：所需氨水的最低初始浓度为 2.46mol/L（注意，“恰好完全溶解”对应于“最低浓度”）。

[例 7-7]　某溶液中 NH_4Cl、$[Cu(NH_3)_4]^{2+}$ 和 NH_3 的初始浓度分别为 0.010mol/L、0.15mol/L 和 0.10mol/L，问是否会形成 $Cu(OH)_2$ 沉淀？已知 $[Cu(NH_3)_4]^{2+}$ 的 $K_s = 2.1 \times 10^{13}$，NH_3 的 $K_b = 1.78 \times 10^{-5}$，$Cu(OH)_2$ 的 $K_{sp} = 2.2 \times 10^{-20}$。

解：此题涉及 3 种化学反应。可以由酸碱平衡求出 $[OH^-]$，由配位平衡求出 $[Cu^{2+}]$，然后根据沉淀平衡的溶度积规则判断有无沉淀形成。

$$NH_3 + H_2O \rightleftharpoons NH_4^+ + OH^- \qquad K_b = \frac{[NH_4^+][OH^-]}{[NH_3]}$$

$$[OH^-] = \frac{K_b[NH_3]}{[NH_4^+]} = \frac{1.78 \times 10^{-5} \times 0.10}{0.010} = 1.78 \times 10^{-4}$$

$$Cu^{2+} + 4NH_3 \rightleftharpoons [Cu(NH_3)_4]^{2+} \qquad K_s = \frac{[Cu(NH_3)_4^{2+}]}{[Cu^{2+}][NH_3]^4}$$

$$[Cu^{2+}] = \frac{[Cu(NH_3)_4^{2+}]}{K_s[NH_3]^4} = \frac{0.15}{2.1 \times 10^{13} \times (0.10)^4} = 7.1 \times 10^{-11}$$

$$Cu^{2+} + 2OH^- \rightleftharpoons Cu(OH)_2$$

（反应商）离子积：

$$IP = c(Cu^{2+}) \cdot c(OH^-)^2 = 7.1 \times 10^{-11} \times (1.78 \times 10^{-4})^2$$

$$= 2.2 \times 10^{-18} > K_{sp} = 2.2 \times 10^{-20}$$

所以溶液中会有 $Cu(OH)_2$ 沉淀形成。

（三）配位平衡与氧化还原平衡

氧化还原电对的标准电极电势反映出电对氧化态的氧化能力和还原态的还原能力，配位平衡影响中心离子的氧化还原能力。如电对 Co^{3+}/Co^{2+}：

$$Co^{3+} + e^- \rightleftharpoons Co^{2+} \quad \varphi^{\ominus}(Co^{3+}/Co^{2+}) = 1.92V$$

因为标准电极电势值很高，所以在标准状态下 Co^{3+} 是强氧化剂，能氧化 H_2O，放出 O_2；而 Co^{2+} 则是弱还原剂。如果在上述含有 Co^{3+} 和 Co^{2+} 的溶液中加入足量氨水，NH_3 将分别与 Co^{3+} 和 Co^{2+} 形成配合物离子：

$$Co^{3+} + 6NH_3 \rightleftharpoons [Co(NH_3)_6]^{3+}$$

$$[Co^{3+}] = \frac{[Co(NH_3)_6^{3+}]}{K_s[NH_3]^6} \quad K_s = 1.6 \times 10^{35}$$

$$Co^{2+} + 6NH_3 \rightleftharpoons [Co(NH_3)_6]^{2+}$$

$$[Co^{2+}] = \frac{[Co(NH_3)_6^{2+}]}{K_s'[NH_3]^6} \quad K_s' = 1.3 \times 10^5$$

将配位平衡常数表达式代入相关电对的 Nernst 方程，得：

$$\varphi(Co^{3+}/Co^{2+}) = \varphi^{\ominus}(Co^{3+}/Co^{2+}) - \frac{RT}{nF}\ln\frac{K_s[Co(NH_3)_6^{2+}]}{K_s'[Co(NH_3)_6^{3+}]}$$

在 298K，标准状态下，$[Co(NH_3)_6^{2+}] = [Co(NH_3)_6^{3+}] = 1$，于是有：

$$\varphi^{\ominus}\{[Co(NH_3)_6]^{3+}/[Co(NH_3)_6]^{2+}\} = \varphi^{\ominus}(Co^{3+}/Co^{2+}) - \frac{RT}{nF}\ln\frac{K_s}{K_s'}$$

$$= 1.92 - 1.78 = 0.14V$$

由此可得，配合物电对 $[Co(NH_3)_6]^{3+}/[Co(NH_3)_6]^{2+}$ 的电极反应和标准电极电势为：

$$[Co(NH_3)_6]^{3+} + e^- \rightleftharpoons [Co(NH_3)_6]^{2+}$$

$$\varphi^{\ominus}\{[Co(NH_3)_6]^{3+}/[Co(NH_3)_6]^{2+}\} = 0.14V$$

以上结果表明，由于氧化态 Co^{3+} 形成的配离子比还原态 Co^{2+} 形成的配离子更稳定，配合物离子电对的 $\varphi^{\ominus}\{[Co(NH_3)_6]^{3+}/[Co(NH_3)_6]^{2+}\}$ 小于相应的自由金属离子电对的 $\varphi^{\ominus}(Co^{3+}/Co^{2+})$；也就是说，配离子的形成使 Co^{3+} 的氧化能力降低。

由表 7-8 可见，当配体为 CN^- 和草酸根时，Fe^{3+}/Fe^{2+} 系统的标准电极电势也是这样；而当配体为联吡啶（bipy）和 1，10- 邻菲罗啉（phen）时，情况恰恰相反，此时由于 Fe^{2+} 配离子比 Fe^{3+} 配离子更稳定，导致 $\varphi^{\ominus}(Fe^{3+}L_n/Fe^{2+}L_n)$ 比 $\varphi^{\ominus}(Fe^{3+}/Fe^{2+})$ 大，这表明配离子的形成使 Fe^{2+} 的还原能力降低。

表 7-8　一些配合物离子的 K_s 值和 $\varphi^{\ominus}$ 值

电极反应	$\varphi^{\ominus}/V$	$\lg K_s$	
		氧化态	还原态
$Zn^{2+} + 2e^- \rightleftharpoons Zn$	-0.762 8		
$[Zn(NH_3)_4]^{2+} + 2e^- \rightleftharpoons Zn + 4NH_3$	-1.04	9.46	—
$[Zn(CN)_4]^{2-} + 2e^- = Zn + 4CN^-$	-1.26	16.89	—

续表

电极反应	$\varphi^{\ominus}$/V	$\lg K_s$	
		氧化态	还原态
$Cd^{2+} + 2e^- = Cd$	−0.402 9		
$[Cd(NH_3)_4]^{2+} + 2e^- = Cd + 4NH_3$	−0.613	7.12	—
$[Cd(CN)_4]^{2-} + 2e^- = Cd + 4CN^-$	−1.028	18.85	—
$Hg^{2+} + 2e^- = Hg$	+0.85		
$[HgBr_4]^{2-} + 2e^- = Hg + 4Br^-$	+0.223	21.00	—
$[Hg(CN)_4]^{2-} + 2e^- = Hg + 4CN^-$	−0.37	41.4	—
$Co^{3+} + e^- = Co^{2+}$	+1.92		
$[Co(EDTA)]^- + e^- = [Co(EDTA)]^{2-}$	+0.60	36	16.1
$[Co(NH_3)_6]^{3+} + e^- = [Co(NH_3)_6]^{2+}$	+0.11	35.2	5.14
$[Co(en)_3]^{3+} + e^- = [Co(en)_3]^{2+}$	−0.26	48.7	13.82
$Fe^{3+} + e^- = Fe^{2+}$	+0.77		
$[Fe(C_2O_4)_3]^{3-} + e^- = [Fe(C_2O_4)_3]^{4-}$	+0.02	20.2	5.22
$[Fe(CN)_6]^{3-} + e^- = [Fe(CN)_6]^{4-}$	+0.36	43.9	36.9
$[Fe(bipy)_3]^{3+} + e^- = [Fe(bipy)_3]^{2+}$	+1.03	—	—
$[Fe(phen)_3]^{3+} + e^- = [Fe(phen)_3]^{2+}$	+1.12	14.1	21.4

[例 7-8] 金属 Cu 不能置换酸或水中的氢，但是当溶液中存在足量 KCN 时却可以，请说明原因。

解：为了判断氧化还原反应能否发生，需要比较两个电对的电极电势。

$$2H^+ + 2e^- = H_2 \qquad \varphi^{\ominus}(H^+/H_2) = 0V$$

$$Cu^+ + e^- = Cu \qquad \varphi^{\ominus}(Cu^+/Cu) = 0.52V$$

$$Cu^{2+} + 2e^- = Cu \qquad \varphi^{\ominus}(Cu^{2+}/Cu) = 0.34V$$

因为无论是 $\varphi^{\ominus}(Cu^+/Cu)$ 还是 $\varphi^{\ominus}(Cu^{2+}/Cu)$ 均大于 $\varphi^{\ominus}(H^+/H_2)$，所以在标准状态下，Cu 不能还原 H^+。

在加入 KCN 以后，形成 $Cu(CN)_2^-$，使电极电势改变：

$$Cu^+ + 2CN^- = Cu(CN)_2^- \qquad [Cu^+] = \frac{[Cu(CN)_2^-]}{K_s[CN^-]^2}$$

通过 $[Cu^+]$ 将配位平衡表达式代入电对的 Nernst 方程，并令各物质浓度为 1mol/L，得：

$$\varphi^{\ominus}\{Cu(CN)_2^-/Cu\} = \varphi^{\ominus}(Cu^+/Cu) - \frac{RT}{nF}\ln K_s$$

$$= 0.52 - 0.059\lg(10^{24}) = -0.90V$$

此时 $\varphi^{\ominus}\{Cu(CN)_2^-/Cu\} < \varphi^{\ominus}(H^+/H_2)$，所以标准状态下 Cu 在 KCN 存在下可还原溶液中的 H^+，释放氢气而自身被氧化成 $Cu(CN)_2^-$ 配离子。

此处留下一个思考题：在 KCN 存在下，Cu 会被水氧化成 $[Cu(CN)_4]^{2-}$ 吗？

若在配离子溶液中，加入能与中心原子或配体发生氧化还原反应的氧化剂或还原剂时，由于中心原子或配体的浓度减小，亦可导致配离子的解离度增大或减小，配位平衡发生移动。

（四）配位体之间的相互取代

向一种配离子中加入另一种配位剂，如果该配位剂能与中心原子形成更稳定的配离子，原来的配位平衡将发生转化，其转化趋势取决于稳定常数的相对大小，即配位平衡总是向着生成更稳定配合物的方向移动。两个配合物的稳定常数相差越大，向更稳定配合物转化的趋势也就越大。

［例 7-9］ 向$[Ag(NH_3)_2]^{2+}$溶液中加入足量的 KCN 后，将会发生什么变化？已知$K_S([Ag(CN)_2]^-)=1.3\times10^{21}$；$K_s([Ag(NH_3)_2]^+)=1.3\times10^7$。

解：这个问题实质上是判断下列反应的方向和程度：

$$[Ag(NH_3)_2]^+ + 2CN^- \rightleftharpoons [Ag(CN)_2]^- + 2NH_3$$

该反应的平衡常数为：

$$K=\frac{[Ag(CN)_2^-][NH_3]^2}{[Ag(NH_3)_2^+][CN^-]^2}=\frac{[Ag(CN)_2^-][NH_3]^2}{[Ag(NH_3)_2^+][CN^-]^2}\cdot\frac{[Ag^+]}{[Ag^+]}$$

$$=\frac{K_s([Ag(CN)_2]^-)}{K_s([Ag(NH_3)_2]^+)}=\frac{1.3\times10^{21}}{1.1\times10^{7}}=1.2\times10^{14}$$

结果表明，该反应的正向趋势很大，即向着生成$[Ag(CN)_2]^-$的方向进行。所以，在上述溶液中加入足量 KCN 后，$[Ag(NH_3)_2]^+$将转化生成更稳定的$[Ag(CN)_2]^-$。

第四节　有机金属配合物和配位催化

一、有机金属配合物简介

金属有机化合物（organometallic compound）是指含有金属 - 碳键的化合物。这里的碳键一般指有机分子骨架的碳与金属成键。所以一般的金属碳化物（carbide，如 CaC_2，Mg_2C_3，Al_4C_3）和氰化物［cyanide，如 $Au(CN)_2^-$ 等］不列入金属有机化合物范围，但羰基金属化合物、金属氢化物、与 CO 有相近的价电子结构及相近的成键性质配体（如 N_2、NO 等）的金属配合物则一般列入金属有机化合物。NO 常与 CO 共存在许多有机金属化合物中，如$[Mn(CO)(NO)_3]$等。

碱金属和碱土金属等电负性较低的金属形成的金属有机化合物如 CH_3K、C_4H_9Li 和 Grignard 试剂（卤化烷基镁 RMgX）等具有离子化合物的性质，在有机化学反应中一般用来提供含负碳离子的烷基。P 区金属和 Zn、Hg 等可与烷基形成极性共价键的化合物如$(CH_3CH_2)_3Al$、$(CH_3)_4Pb$、$(CH_3)_2Hg$ 等。其中，缺电子的硼族金属有机化合物常常用作有机反应中的 Lewis 酸催化剂。过渡金属及其离子则多以配位键形成有机金属配合物，如第一个发现的金属有机分子 Zeise 盐 $K[Pt(C_2H_4)Cl_3]\cdot H_2O$、Mond 镍 $Ni(CO)_4$、具有夹心型结构的二茂铁$[(C_5H_5)_2Fe]$和生物体系中的 Co（Ⅲ）配合物维生素 B_{12} 等。此外，一些有机金属配合物中，中心金属不仅和 CO、CH 以碳键相连，金属和金属间还直接连接并聚集成簇，形成簇状化合物（cluster compound），简称簇合物，如图 7-18 中的 $Co_3(CH)(CO)_9$。有机金属配合物具有卓越的催化能力，在有机合成中常用作催化剂或提供碳负离子、自由基和卡宾等活泼中间体的合成试剂。金属有机化合物虽归类于有机化学部分，但其发挥作用主要是通过配位化学原理进行的。所以这里仅做简单介绍。

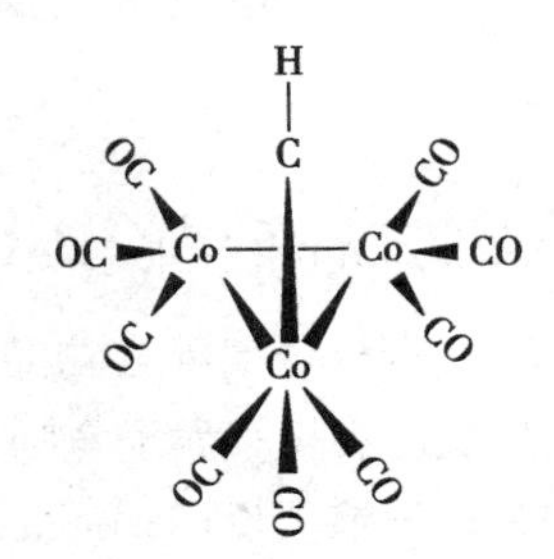

图 7-18　簇合物 $Co_3(CH)(CO)_9$

与前面讨论的经典（Werner 型）配合物不同，由于配体是以电负性较低的 C 为配位原子的有机分子（常见的配体列于表 7-9），有机金属配合物的中心原子通常采用较低的氧化值（+1 或 0）。此外，配体不仅以 σ 键配位，还可以 π 键（包括不定域 π 键）与金属形成配合物，而且，中心金属还可与配体

形成反馈 π 键。各种夹心型配合物是中心金属与含有不定域 π 键的环状有机配体形成的一类奇妙结构（图 7-19）。

表 7-9 有机金属配合物中的常见配体

配体	名称	配体	名称
CO	羰基		苯
	卡宾（亚烷基） Carbine（alkylidene）		1，5- 环辛二烯（1，5-COD） （也可形成 1，3- 环辛二烯配合物）
	卡拜（次烷基） Carbyne（alkylidyne）	$H_2C{=}CH_2$	乙烯
	环丙烯基（cyclo-C_3H_3）	$HC{\equiv}CH$	乙炔
	环丁二烯（cyclo-C_4H_4）	$—CR_3$	π- 烯丙基（C_3H_5） 烷基
	环戊二烯基（cyclo-C_5H_5） （缩写 Cp）	O C R	酰基

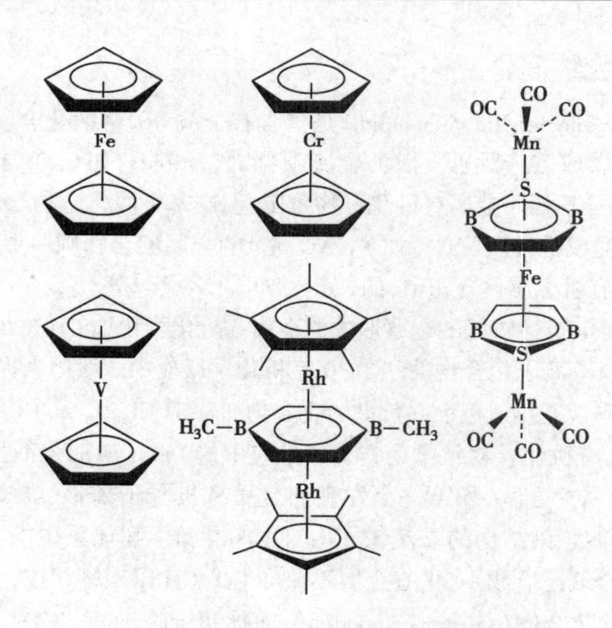

图 7-19 一些夹心型配合物

二、配位催化作用

有机金属配合物的最重要应用之一是作为催化剂，在有机合成中催化碳 - 碳键的活化和新键的形成。有机金属配合物可催化氧化加成反应（oxidative addition reaction）、插入反应（insertion reaction）和还原消去反应（reductive elimination reaction）等基本有机反应类型。此外，有机金属配合物的结构可以模拟有机反应中的某些过渡态，对于研究有机反应和催化剂的工作机制也具有重要意义。

对催化剂来说，其作用的关键包括降低反应的活化能、引导获得特定的优势产物两个方面。按照

量子化学和结构化学理论，催化剂需要有一定的空间和价键结构才能引导反应物生成特定结构的产物；对于降低活化能，则有两条途径可以使目标化学键活化：一是催化剂（作为 Lewis 酸）的结合可使目标化学键的成键电子云发生极化或转移，从而更易断开和形成新键；二是向目标的反键轨道中填充电子，从而降低该化学键的键级 / 键能，促进旧键的断裂，为新键生成提供了条件。

配位催化（coordination catalysis）作用最早由意大利化学家 G. Natta 于 1957 年提出。德国化学家 K. Ziegler 和 Natta 分别发明了用三氯化钛（触媒）和三乙基铝（触媒的活化剂）等组成的催化剂合成聚乙烯与聚丙烯的方法。此类催化剂被统称为 “Ziegler-Natta 催化剂”，是目前广泛应用的烯烃定向聚合催化剂。因此，两人在 1963 年共享了诺贝尔化学奖。后来，美国和日本化学家 R.F.Heck、根岸英和铃木章等 3 人因 “有机合成中钯催化交叉偶联” 的研究获得了 2010 年度的诺贝尔奖。他们的工作彰显了配位催化的重要意义。

配位催化的催化剂大多是过渡金属化合物，可以是简单盐类，更多是无机或有机配合物。配位催化作用可能产生的四种效应：①活化反应分子或其中有关基团；②促进反应方向和产物结构的选择性；③通过内界机制的快速电子传递；④将电子传递和能量传递相偶联。

配位催化之所以产生上述多种效应，源自以下机制：

（1）活性中心的过渡金属原子或离子具有（n–1）d 轨道，并且与 ns 和 np 的轨道能级接近，可形成多种具有不同几何构型的杂化轨道，与反应物或反应中间体分子形成配位键。利用中心金属的较大离子势（作为 Lewis 酸）直接极化和活化配位原子参与的键或基团。

（2）对于催化作用尤为重要的是，活性中心金属充满电子的 d 轨道可与反应分子（或反应基团）中对称性匹配的反键轨道（π^* 或 σ^*）形成反馈键，从而削弱这些 π 或 σ 键。同时也由于 d 轨道可参与形成过渡态中间体，使得如邻位插入等基元步骤在对称性允许的、低能垒的反应途径进行。

（3）过渡金属元素有多种价态变化，其间变化的能量（电极电位）可大可小，并可受配体的调节。此外，通过桥配体的内界机制是一种快速的电子传递途径，有利于金属离子作为氧化还原的电子传递中心，实现催化剂 - 过渡态中间产物之间、反应物 - 反应物之间的快速电子转移和通过氧化还原的能量递送。

（4）由于配位催化反应是在中心金属的配位界内进行的，而中心金属除与反应物的位点配位外，还可有足够的位点与其他配体结合，乃至形成过渡金属原子簇结构，从而调节中心金属的几何结构和微环境，在催化活性中心形成特定的位阻效应、定向电子转移效应、对映体选择性诱导效应等，从而实现对反应方向和产物结构的选择。

现以 Pt（Ⅱ）与 C_2H_4 反应生成配合物为例，说明乙烯的双键是如何弱化的：在 K_2PtCl_4 的稀盐酸溶液中通入乙烯可以得到柠檬黄色的晶体，这种配位化合物称为 Zeise 盐，其化学组成是 $K[PtCl_3(C_2H_4)]\cdot H_2O$：

$$[PtCl_4]^{2-} + C_2H_4 \longrightarrow [PtCl_3(C_2H_4)]^- + Cl^-$$

在 $[PtCl_3(C_2H_4)]^-$ 中，Pt（Ⅱ）采取 dsp^2 杂化，与 3 个 Cl^- 形成 3 个 σ 键，而与 C_2H_4 中的 π 电子形成第 4 个 σ 键。重要的是，Pt（Ⅱ）剩余的充满电子的 d 轨道和 C_2H_4 的 π^* 反键空轨道重叠，形成反馈 π 键（图 7-20）。

当乙烯分子与 Pt（Ⅱ）配位后，乙烯中 π 成键轨道上的电子与 Pt（Ⅱ）形成 σ 配键而偏离乙烯，导致 π 键电子云变形、分子中的碳 - 碳键发生弯曲。因此乙烯对称的氢原子远离中心 Pt（Ⅱ）离子向后弯曲，整个分子不再保持平面型；同时由于乙烯分子的 π^* 反键轨道填充了来自 Pt（Ⅱ）的电子，导致 π 键键级下降。这两者都削弱了乙烯分子中碳原子之间的化学键。在 Zeise 盐中，C_2H_4 配位的 C═C 键长相较于自由 C_2H_4（133.7pm）增加到了 137pm；而 C═C 键的伸缩振动频率则从自由 C_2H_4 分子的 1 623cm^{-1} 降低到 1 526cm^{-1}。说明 Zeise 盐中的 C_2H_4 分子已变成了一个被活化和易发生反应的分子。

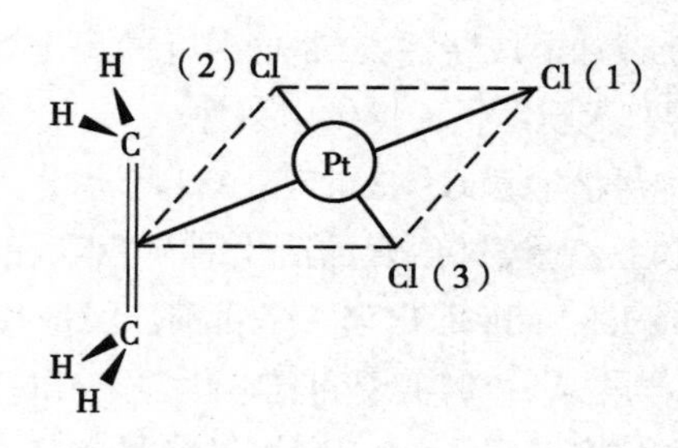

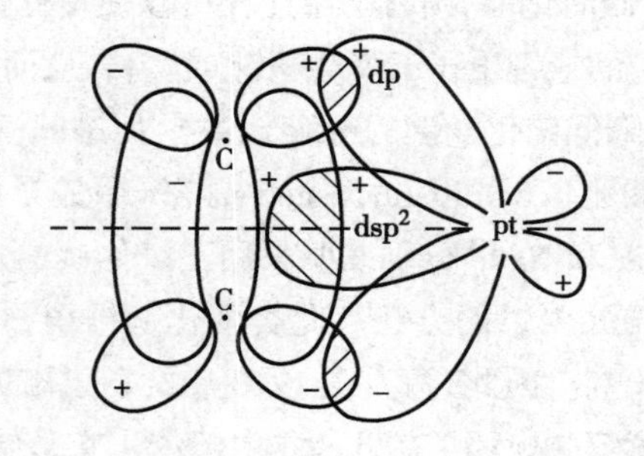

图 7-20 $[PtCl_3(C_2H_4)]^-$ 的结构和反馈 π 键

实际上,烯类以及很多不饱和烃基都可与 d 轨道上含有电子的过渡金属离子形成与上述 Zeise 盐中类似的 σ-π 配位,从而使烯烃等结构得到活化发生进一步的反应。如在 Ziegler-Natta 催化剂催化的烯烃的定向聚合中,催化金属(如 Ti 离子)活性中心与不饱和烯烃形成配位是引发高效率定向聚合反应的必要条件。不同的 Ziegler-Natta 催化剂体系可形成不同的定向聚合结果,如使用 $TiCl_4$($MgCl_2$ 负载)/$Al(CH_2CH_3)_3$ 催化丙烯聚合,可获得等规聚丙烯(isotatic polypropylene,又称为全同立构聚丙烯,分子中的甲基在主链的一侧);若使用 $VCl_4(CH_2{=}CH_2CN)/(CH_2CH_3)_2AlCl$ 催化,则可获得间规聚丙烯(syndiotactic polypropylene,甲基侧链交替规整地排列在主链两侧)。间规聚丙烯抗冲击强度为等规聚丙烯的两倍,但刚性和硬度则仅及后者的一半。

第五节 配合物在医药中的应用

自 20 世纪 70 年代抗癌药物顺铂成功应用以来,金属药物一直是吸引药物化学家的目标。相较于普通有机分子,金属配合物具有更大的分子结构多样性,包括特定的配位几何结构可以更好地识别药物作用靶点、更高的成键动态实现与靶分子的结合、利用中心原子的多余配位位点或辅助配体以实现与靶分子高特异性结合等,因此金属药物表现出了不可或缺的药理活性。相关研究归属于一门交叉学科——无机药物化学。本节作为知识拓展,将举例介绍金属药物在抗癌、抗菌、抗病毒、抗炎、抗神经退行性药物的进展,以及开发新的潜在金属药物的研究策略。

一、生物体内的配合物——金属蛋白和金属酶

人体内的金属元素依其含量被分为常量金属(bulk metal)和微量金属(trace metal)。一个体重 75kg 的正常成年人,体内含有约 100g 钠、170g 钾、1 110g 钙和 25g 镁,它们是常量金属元素;9 种微量金属元素列于表 7-10。

表 7-10 人体内过渡金属元素的含量 * 单位:g/75kg

族	VB	ⅥB	ⅦB		ⅧB		ⅠB	ⅡB
元素	V	Cr	Mn	Fe	Co	Ni	Cu	Zn
含量	1.5×10^{-2}	2×10^{-3}	1	4~5	1.2×10^{-3}		~0.1	2~3
元素		Mo						
含量		1×10^{-2}						

注:* 引自 DAVID E F. Biocoordination Chemistry. Oxford: Oxford University Press, 1995: 2。

生物大分子如氨基酸、多肽/蛋白质和核酸等富含配位基团（如—NH_2、—COO^-、—SH、卟啉基、咪唑基和嘌呤基等），因此，过渡金属元素在生物体内的主要存在形式是各种配合物。

一些蛋白质和酶的功能与金属原子密切相关。细胞色素和铁硫蛋白起电子载体的作用。转铁蛋白、铁蛋白和铜蓝蛋白是体内 Fe、Cu 等元素的转运和储存载体。血红蛋白、肌红蛋白、蚯蚓血红蛋白和血蓝蛋白是体内运载 O_2 的分子。酶对生命的意义毋庸置喙，生物体内大约三分之一的酶是含金属酶，如水解酶中含 Mg^{2+}、Zn^{2+} 或 Cu^{2+} 的磷酸酯酶，含 Mg^{2+} 或 Zn^{2+} 的氨基肽酶，含 Zn^{2+} 的羧肽酶；氧化还原酶中含 Fe、Cu 或 Mn 的超氧化物歧化酶，含 Fe、Cu 或 Mo 的还原酶和羟化酶，含 Fe 或 Ni 的氢化酶。含 Co 的维生素 B_{12} 是异构酶和合成酶等多种酶的辅酶。

与化学系统中的配合物相比，含金属的酶具有突出的结构特点。蛋白质是一种纳米机器，可以通过多肽链的不同折叠形成特定的立体化学（stereochemistry）配位环境。这样可使催化中心金属离子根据反应过渡态的需要采取相应的配位结构——常常偏离经典的正八面体或正四面体等配合物几何构型，而呈各种变形和扭曲结构，从而有助于表现出高效的催化性能。这种为催化作用“预置”较不稳定结构称为张力态（entatic state）。张力态使酶催化反应比一般催化反应具有更低的活化能，使反应得以在温和的生理条件下进行。

二、常见金属药物

无机药物可依其来源分为天然无机药物（矿物药物如蒙脱石、炉甘石、石膏、朱砂、雄黄、砒石等等）和合成无机药物。后者是通过现代药物研发体系产生的金属配合物药物（如顺铂），一些常见的金属配合物药物见数字资源“知识拓展 3”。

配合物药物也常被称为金属药物（metal-based drug），这里简要介绍几种金属药物的发现和应用进展。

1. 铂类抗癌药物　顺铂［*cis*-dichlorodiammineplatinum（Ⅱ），Cisplatin 或 CDDP］是 1978 年美国 FDA 批准的常规化疗药物。在 20 世纪 60 年代，美国密执安州立大学教授罗森伯格（B.Rosenberg，1926—2009 年）等人偶然发现了顺铂的抗肿瘤活性。由此人们开始认识到，药物的开发不仅局限于有机化合物，开启了药物发现的一个新领域。顺铂是第一代抗肿瘤金属药物，至今仍广泛应用于临床，对睾丸癌、膀胱癌、肺癌、卵巢癌、子宫癌、淋巴癌、头颈部鳞癌等均具有良好的疗效；对于睾丸癌治愈率可以高达 90% 以上。其后，第二代卡铂（Carboplatin）和第三代奥沙利铂（Oxaliplatin）也相继通过了美国 FDA 的批准。此外，仿制类药乐铂（Lobaplatin）、奈达铂（Nedaplatin）、米铂（Miriplatin）和庚铂（Heptaplatin）也分别在中、日、韩等国家批准上市（图 7-21）。

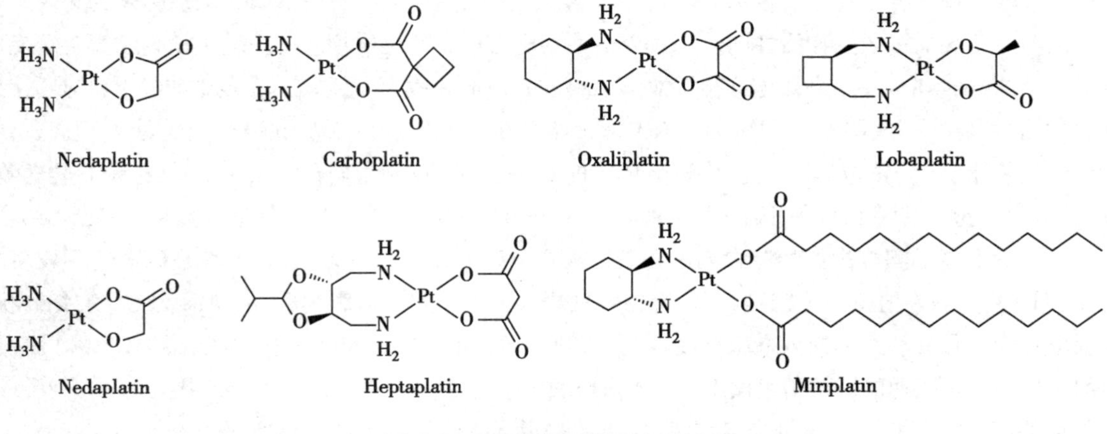

Nedaplatin　Carboplatin　Oxaliplatin　Lobaplatin

Nedaplatin　Heptaplatin　Miriplatin

图 7-21　现有临床使用铂（Ⅱ）药

目前上市的铂类药物都是顺铂的类似物，其结构均为四配位平面四边形结构的 Pt（Ⅱ）配合物，区别在于顺位的保留基团（retention group）和离去基团（leaving group 或 labile group）不同。保留基团一般为含 N 配体，能够与 Pt（Ⅱ）形成热力学较稳定的配位键。保留基团的结构和性质将影响配合物与 DNA 的识别和结合效率；离去基团一般为单配位型卤素阴离子（X^-）或螯合型双阴离子配体（COO^- 等），离去基团需要在进入肿瘤细胞后被溶剂 H_2O 分子取代（图 7-22），形成带正电荷的 $[R_2Pt(H_2O)Cl]^+$ 和 $[R_2Pt(H_2O)_2]^{2+}$ 等活泼水合 Pt（Ⅱ）配合物中间体。

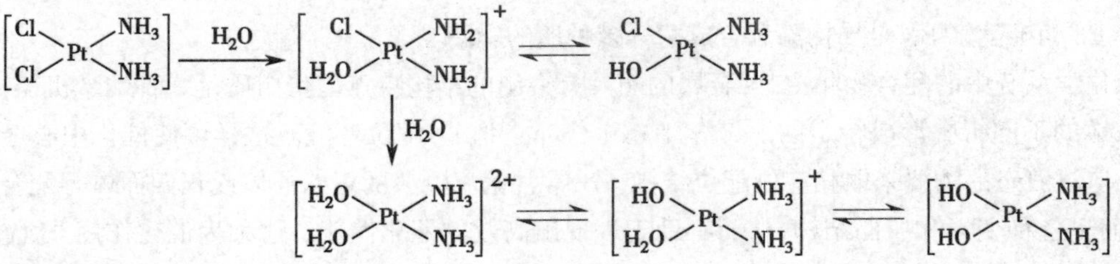

图 7-22 顺铂的水解过程

药理学研究表明，铂类药物进入肿瘤细胞后，首先将发生水解，继而形成的水合 Pt（Ⅱ）配合物与带负电的 DNA 相识别，中心离子 Pt（Ⅱ）与 DNA 位于大沟槽的鸟嘌呤碱基的 N7 配位结合，形成 DNA- 顺铂加合物（本质上也是一种配合物），导致 DNA 单链内（约 90%）或双链间（约 5%）发生交联，使 DNA 构象发生改变。这些改变对 DNA 造成损伤，会被细胞内的 DNA 损伤响应系统（DNA damage response）蛋白识别和结合，其结果导致细胞的 DNA 复制和转录被抑制、细胞停止增殖和 / 或诱导细胞凋亡。肿瘤细胞由于过于活跃的增殖行为，对铂类药物比正常细胞更为敏感，这是铂类药物抗肿瘤的原因。

在上述机制中，铂类药物的离去基团显得非常重要。因为水合 Pt（Ⅱ）配合物中间体不仅可以与 DNA 作用，也可以和蛋白质特别是含—SH 的蛋白等生物分子发生反应，这不仅导致药物失效，而且导致对正常和肿瘤细胞无差别的毒性。这就要求铂类药物的离去基团要有合适的水解动力学性质，尽可能在进入肿瘤细胞之前不发生水解反应。

2. 其他金属药物　金和银都是古老的贵重金属，其单质和简单化合物被用作药物的历史几乎与它们被发现的历史一样长。Au（Ⅰ）的巯基配合物用于治疗类风湿性关节炎已 70 多年，20 世纪末发现其代谢产物之一是 $[Au(CN)_2]^-$，它可以抑制人体免疫缺陷病毒（human immunodeficiency virus，HIV）的复制。Au（Ⅲ）配合物及其在生物体内与 Au（Ⅰ）配合物之间的相互转变与其药性和毒性密切相关。随着现代合成和分析技术的提高，人们对于金、银配合物的药用价值的认识越来越深入。

人类对于银的抗微生物活性的认识可以追溯到有记载的历史早期。一位瑞士植物学家甚至专门造了一个词 “oligodynamic” 来描述这种特性：oligos 小 + dynamis 威力，意思是 “在极微浓度下就显示出抗微生物活性”。在一些国家，用 1% 的 $AgNO_3$ 溶液给新生儿滴眼和用 0.5% 的 $AgNO_3$ 溶液处理烧烫伤，至今仍是临床上使用的方法之一。为避免体内的 Cl^- 使 Ag^+ 沉淀，人们合成出了一些 Ag 配合物药物。Ag^+ 的抗微生物机制尚不十分明确，但至少涉及 Ag^+ 与 RNA、DNA 和蛋白，尤其是细胞膜上的蛋白结合。

一些稀土离子配合物作为造影剂可显著改善医学磁共振成像的效果，目前在临床上使用较多的是钆（Ⅲ）螯合物。值得注意的是，有些慢性肾衰病人在使用此类造影剂后，出现系统性纤维化症状。该现象可能与肾衰病人体内磷酸根浓度较高、有利于形成难溶的 $GdPO_4$ 有关，后者会促使 Gd（Ⅲ）造影剂的分解。有兴趣的同学请参阅本章 “知识拓展 1”。

此外，一些金属螯合剂可作为毒性金属的排除剂使用，称为 “螯合疗法（chelation therapy）”。对于进入生物体的毒性剂量的必需或非必需金属元素，可通过螯合作用形成稳定的水溶性配合

物，通过肾脏排出，以避免金属中毒。2，3-二巯基丙磺酸钠、二巯基丁酸和乙二胺四乙酸钙盐（$Na_2[Ca(EDTA)]$）等是临床常用的螯合剂。螯合疗法也可以用来调节必需金属离子的体内平衡，用于治疗癌症、炎症和阿尔茨海默病等。

第七章
知识拓展

习　题

1. 命名下列配合物，并指出中心离子的配位数和配体的配位原子。

（1）$[Co(NH_3)_6]Cl_2$　（2）$[CoCl(NH_3)_5]Cl_2$

（3）$[Pd(SCN)_2(PPh_3)_2]$　（4）$[Pd(NCS)_2(PPh_3)_2]$

（5）$[Ag(S_2O_3)_2]^{3-}$　（6）$[Ni(NH_3)_4(H_2O)_2]Cl_2$

2. 写出下列配合物的化学式：

（1）三硝基·三氨合钴（Ⅲ）

（2）氯化二氯·三氨·一水合钴（Ⅲ）

（3）二氯·二羟基·二氨合铂（Ⅳ）

（4）六氯合铂（Ⅳ）酸钾

3. 一些具有抗癌活性的铂金属配合物，如 *cis*-$[PtCl_4(NH_3)_2]$、*cis*-$[PtCl_2(NH_3)_2]$ 和 *cis*-$[PtCl_2(en)]$，是反磁性物质。请根据价键理论指出这些配合物的轨道杂化类型。

4. 分别用价键理论和晶体场理论，说明磁矩为 $1.7\mu_B$ 的 $[Fe(CN)_6]^{3-}$ 与磁矩为 $5.9\mu_B$ 的 $[FeF_6]^{3-}$ 的磁性和稳定性。

5. 第四周期某金属离子在八面体弱场中的磁矩为 $4.90\mu_B$，而它在八面体强场中的磁矩为零，该中心离子可能是哪个离子？请画出该离子分别在强、弱场中的 d 电子排布。

6. 已知 $[Fe(H_2O)_6]^{3+}$ 的磁矩测定值为 $5.4\mu_B$，分裂能 $\Delta_o = 14\ 000cm^{-1}$；$[Fe(CN)_6]^{3-}$ 的磁矩测定值为 $2.3\mu_B$，分裂能 $\Delta_o = 35\ 000cm^{-1}$。请分别计算这两种配离子的晶体场稳定化能。

7. 试推测下列配合物的分裂能的相对大小，并说明理由。

$$[Fe(H_2O)_6]^{2+}、[Fe(CN)_6]^{3-}、[Fe(CN)_6]^{4-}$$

8. 对于 Co^{3+} 的两种配合物 $[CoCl_6]^{3-}$ 和 $[CoF_6]^{3-}$，都有 $CFSE = -0.4\Delta_o$，能否说两者稳定性相同？为什么？

9. 指出下列哪些配合物会产生 Jahn-Teller 效应，并说明理由。

$$[CrI_6]^{4-}、[Cr(CN)_6]^{4-}、[CoF_6]^{3-}、[Mn(ox)_3]^{3-}$$

10. 通过计算判断下列反应进行的方向：

（1）$[Zn(NH_3)_4]^{2+} + Cu^{2+} \rightleftharpoons [Cu(NH_3)_4]^{2+} + Zn^{2+}$

（2）$[Fe(C_2O_4)_3]^{3-} + 6CN^- \rightleftharpoons [Fe(CN)_6]^{3-} + 3C_2O_4^{2-}$

11. 若体内发生铅中毒，需要静脉注射依地酸二钠钙 $Na_2[CaEDTA]$ 来解毒，试解释治疗原理利用了依地酸二钠钙的哪些特点。

12. 在稀 $AgNO_3$ 溶液中依次加入 NaCl、NH_3、KBr、KCN 和 Na_2S，会导致沉淀和溶解交替产生，请写出化学反应方程式。

13. 在298.15K时，$[Ni(NH_3)_6]^{2+}$溶液中，$[Ni(NH_3)_6]^{2+}$浓度为0.10mol/L，NH_3浓度为1.0mol/L，加入乙二胺（en）后，使开始时en浓度为2.3mol/L。计算平衡时，溶液中$[Ni(NH_3)_6]^{2+}$、NH_3、$[Ni(en)_3]^{2+}$和en的浓度。已知$[Ni(en)_3]^{2+}$的K_s为2.0×10^{18}，$[Ni(NH_3)_6]^{2+}$的K_s为5.0×10^{8}。

14. 设计一个可用以测定$[Cd(CN)_4]^{2-}$配离子的稳定常数的原电池，并写出计算过程。已知$\varphi^{\ominus}([Cd(CN)_4]^{2-}/Cd)=-0.959V$。

15. 在含有2.5×10^{-3}mol/L $AgNO_3$和0.41mol/L NaCl溶液里，如果不使AgCl沉淀形成，溶液中CN^-的浓度最低应为多少？已知$K_s\{[Ag(CN)_2]^-\}=1.26\times10^{21}$，$K_{sp}(AgCl)=1.77\times10^{-10}$。

16. 已知$K_s\{[Ag(NH_3)_2]^+\}=1.12\times10^{7}$，$K_{sp}(AgI)=8.52\times10^{-17}$。请计算AgI在2.0mol/L氨水中的溶解度。

17. 在$[Zn(NH_3)_4]SO_4$溶液中，存在下列平衡：

$$[Zn(NH_3)_4]^{2+} \rightleftharpoons Zn^{2+}+4NH_3$$

分别向溶液中加入少量下列物质，请判断上述平衡移动的方向。

（1）稀H_2SO_4溶液；（2）NH_3溶液；（3）Na_2S溶液；（4）KCN溶液；（5）$CuSO_4$溶液

18. 在含有Ni^{2+}的水溶液中加入适量KCN水溶液，可观察到沉淀现象。继续加入更多的KCN，沉淀溶解；即使向溶液中通入H_2S气体，也没有沉淀形成。请解释以上现象，并写出有关的化学反应方程式（提示：CN^-是弱的质子碱，K_b约10^{-5}）。

19. 向0.100mol/L $AgNO_3$溶液50.0ml中加入3mol/L的氨水30.0ml，然后用水稀释至100.0ml，求：

（1）溶液中Ag^+、NH_3和$[Ag(NH_3)_2]^+$的浓度。

（2）加0.100mol固体KCl时是否有AgCl沉淀生成？

（3）欲阻止AgCl沉淀生成，原溶液中NH_3的最低浓度应为多少？

已知$K_{sp}(AgCl)=1.77\times10^{-10}$，$K_s\{[Ag(NH_3)_2]^+\}=1.12\times10^{7}$。

20. 已知$\varphi^{\ominus}(Cu^{2+}/Cu)=0.34V$，在298K，将铜片浸在一种含有1.00mol/L氨和1.00mol/L $[Cu(NH_3)_4]^{2+}$的溶液中，用标准氢电极作正极，测得电动势为0.030V，请计算$[Cu(NH_3)_4]^{2+}$的稳定常数。

21. 在水溶液中，Co^{3+}能氧化H_2O，$[Co(NH_3)_6]^{3+}$却不能。请用电极电势解释原因。已知$[Co(NH_3)_6]^{2+}$的$K_s=1.3\times10^{5}$，$[Co(NH_3)_6]^{3+}$的$K_s=1.6\times10^{35}$，$\varphi^{\ominus}(Co^{3+}/Co^{2+})=1.92V$，$\varphi^{\ominus}(O_2/H_2O)=1.229V$，$\varphi^{\ominus}(O_2/OH^-)=0.401V$。

22. 在标准状态下，下列两个歧化反应能否发生？已知$\varphi^{\ominus}(Cu^{2+}/Cu^+)=0.153V$，$\varphi^{\ominus}(Cu^+/Cu)=0.552V$，$[Cu(NH_3)_4]^{2+}$的$K_s=2.1\times10^{13}$，$[Cu(NH_3)_2]^+$的$K_s=7.2\times10^{10}$。

（1）$2Cu^+ = Cu^{2+}+Cu$

（2）$2[Cu(NH_3)_2]^+$（无色）$=[Cu(NH_3)_4]^{2+}$（深蓝色）$+Cu$

23. $[Cu(H_2O)_6]^{2+}$和$[Cu(NH_3)_2(H_2O)_4]^{2+}$的最大吸收波长分别位于大约800nm和600nm。请根据以上数据判断H_2O和NH_3晶体场分裂能的相对大小。

24. 现有3种配合物水溶液$[Cr(NH_3)_6]^{3+}$、$[Cr(H_2O)_6]^{3+}$和$[Cu(H_2O)_4Cl_2]^+$，它们呈现不同的颜色：紫色、黄色和绿色。请判断这些配合物分别是哪一种颜色？

第七章
目标测试

（徐靖源 展 鹏）

第八章

元素总论

学习目标

1. **掌握** 元素的电子结构如何决定其化学结构、化合物的性质及其生物学意义。
2. **熟悉** 无机元素的自然分布和自然界存在的基本化学形式。
3. **了解** 一些重要无机化合物(本章中列举的)的化学性质和生物效应。

第八章
教学课件

无机化合物(通常指元素的单质及其不含碳氢骨架结构的化合物)是传统无机化学学习的一个中心内容。对药学专业学生来说,掌握无机化合物的基本性质和规律、了解一些重要无机化合物的制备及其在医药学领域的应用是很有意义的,也是很有意思的。前面在绪言中说过,无机化合物在药学中应用广泛,除了已有和未来开发的无机药物外,金属及其配合物在有机和药物合成中广泛用作催化剂,无机材料在药物制剂中用作药物载体,金属酶是药物的重要作用靶等。本章提供一个无机化合物的概览,主要介绍元素及其重要化合物的自然存在形式、重要反应以及元素在生命过程中的意义。更多的关于元素的物理化学性质以及无机化合物的制备/合成,将在后两章的元素各论中进行介绍和讨论。

一、元素在自然界中的分布

地球的自然环境主要包括大气、海洋、岩石和土壤。除了水分子(H_2O)外,干洁大气的主要成分包括氮气(N_2,78%)、氧气(O_2,21%)、惰性的氩气(Ar,0.9%)和二氧化碳气体(CO_2,0.03%~0.05%)。此外,大气中还有一些污染气体化合物(如NO、H_2S、SO_2等)和以气溶胶存在的各种颗粒污染物(如大家已耳熟能详的PM 2.5)。值得一提的是:①大气中包含了C、H、O、N四种形成生命的基本元素。通过大气进行的水循环则是地球生态平衡的基础。②大气中CO_2的含量虽小,但总量巨大,提供了几乎全部的生命碳循环需要的碳元素。此外,CO_2气体的温室效应对全球气候影响巨大。通过节能减排和植树造林等形式,实现CO_2的"零排放"(或"碳中和 carbon neutrality")已成为各国环境保护的重点工作。③大气中的颗粒污染物的含量虽小,却对人体健康影响巨大。如含铅汽油焚烧释放的重金属铅,在现代工业社会中已成为影响儿童神经正常发育的一个重要污染因子。目前虽然全球禁止了含铅汽油的应用,中国更是倡导新能源汽车,但以往向大气排放的铅依然在影响着人体的健康。

在海洋中,水(即H和O)是海洋的主体成分。同时,海水中溶解了大量的无机离子和可溶性无机化合物(表8-1),其中痕量元素的存在状态非常复杂。海水蒸发后可形成多种无机盐成分,主要是氯化物和硫酸盐。

岩石和土壤的元素组成主要包括氧O、硅Si、铝Al、铁Fe、钙Ca、钠Na、钾K、镁Mg、氢H。土壤是植物和微生物生命活动的支撑。土壤的化学成分主要包括矿物质(包括次生矿物)和有机质两部分。在矿物质中,非结晶态矿物包括蛋白石、水铁矿、水铝英石和伊毛缟石等。蛋白石($SiO_2 \cdot nH_2O$)是老化的硅酸凝胶,水铁矿是老化的氢氧化铁凝胶,水铝英石和伊毛缟石[(1-2)$SiO_2 \cdot Al_2O_3 \cdot nH_2O$]由带负电的硅酸胶体与带正电的铁/铝氧化物胶体絮凝和老化而成。结晶态矿物主要包括铁矿石

表 8-1 海水中的无机元素和离子组成

宏量元素	含量 /(g/kg)	微量元素	含量 /(mg/kg)	痕量元素	含量 /(μg/kg)
Cl^-	19.35	Sr^{2+}	8	I	50
Na^+	10.76	$B(OH)_4^-$	4.6	Zn	15
SO_4^{2-}	2.712	F^-	1.3	Mo	14
Mg^{2+}	1.294	Al(Ⅲ)*	1.2	Cu	10
Ca^{2+}	0.413	Rb^+	0.12	Ti, Sn, Ni, V	5
K^+	0.387	Li^+	0.1	Pb, Se	4
HCO_3^-	0.142			Fe	3.4
Br^-	0.067			U	3.3
				As	3
				Cr, Cs	2
				Mn	1
				Te	0.2
				Ag	0.15
				Co, Cd, Au, Bi, Hg, Zr, Nb	≤0.1

注：* 海水中溶解态 Al(Ⅲ)的主要存在形式是 $[Al(OH)_4]^-$ 和 $Al(OH)_3$。

(赤铁矿、磁赤铁矿、针铁矿、纤铁矿等)、铝矿石(三水铝石、一水软铝石)、石英(SiO_2)、硅酸盐矿物(水云母、蛭石、绿泥石、蒙皂石、凹凸棒石、埃洛石、高岭石等)。土壤中铁矿石的种类和含量是决定土壤颜色的主要因素。高岭石是层状硅酸盐中成分最简单、结构最稳定的矿物,具有良好的可塑性,是土壤的主要黏合剂;纯度高的高岭石矿(高岭土,白土)是制造瓷器的主要材料。蒙脱石又名膨润土,也是一种层状硅酸盐,其吸水后体积可膨胀数倍成糊状物,有滑感。蒙脱石的一个特点是具有很强的吸附能力和阳离子交换性能;蒙脱石是黏土类矿物药的活性成分。

土壤中还有不少的有机质,主要包括土壤微生物、动植物等生物残体和代谢物。土壤有机质与土壤性质和对作物的营养关系密切,特别是土壤微生物是影响土壤肥力水平的重要因素。在医药上,土壤微生物是抗生素的重要来源,如链霉素、氯霉素、红霉素、卡那霉素等。近年来,抗生素的滥用不仅导致了抗生素耐药性,也正在破坏土壤微生物的生态;而土壤微生物多样性的丧失反过来加剧了抗生素耐药性的传播。常言道"解铃还需系铃人",研究土壤的微生物及其生态是发现新的抗生素、解决抗生素耐药性的一个重要途径。

二、无机元素自然存在的基本化学形式

无机元素在自然界中,根据其物理化学性质和环境以单质和不同形式的化合物存在。无机化合物的主要存在形式为气体、可溶盐和难溶盐 / 矿石。在矿石中,以硅酸盐 / 硅铝酸盐和硫化矿石为重要形式。

(一)单质元素

元素很少以单质形式存在,自然存在的单质一般是化学反应惰性的分子和特殊环境中的产物。

以气体存在的单质包括惰性气体(He、Ne、Ar、Kr、Xe、Rn)、氮气(N_2)和三重态的氧气($^3O_2$)。惰性气体由于外层电子的全充满结构,在化学反应性上是惰性的,只有在特殊情况下形成化合物如氟化氙(XeF_2、XeF_4、XeF_6)等。N 和 O 的原子本身反应性很强,但是 N_2 由于形成了极其稳定的三重键,

$^3O_2$ 则由于三重态分子对反应的禁阻效应，需要特定的活化条件（如金属 Fe、Mo 催化剂的存在）才能发生化学反应。

金（Au）和铂（Pt）在自然界中一般以单质形式稳定存在。高纯度的自然金呈金黄色，略带浅红色调。自然金常含有不少 Ag 的成分；这是由于 Au 和 Ag 的原子半径和化学性质相近而晶体结构类型相同，两种原子可以完全相互替代，因此，自然金和自然银属于完全类质同象（isomorphism）的晶体，区别仅是 Au、Ag 的含量多少，当含 Ag 超过 95% 时称为自然银。此外，自然金中还可含少量 Cu、Pd、Pt、Bi、Te、Se、Ir 等元素。自然铂呈银白色，但其高熔点、高密度和高硬度与银有很大区别。自然铂常含 Fe、Ir、Pd 等金属；含铁高的自然铂可呈钢灰色，微具磁性。

铁陨石是自然界中存在的单质铁。陨铁的主要成分是 Fe 和 Ni（含量 >98%）；其中 Ni 的含量为 4%~20%。Ni 含量是陨铁的一个标志参数，通过熔炼地球上铁矿石获得的金属铁不可能达到如此高的 Ni 含量；同时，高的 Ni 含量也是化学性质原本活泼的铁单质能够在自然界稳定存在的原因。

铁是影响人类文明进程的金属。陨铁是人类在建立冶铁技术前唯一的铁来源。在近代高炉炼铁（炉温约 1 700℃）发明前，古人使用炭火冶炼金属。由于炭火在开放的火堆里温度约为 700℃，在有鼓风的密闭炉子里达 1 000~1 200℃，因此，古人可以熔炼铜（熔点 1 083℃）而无法熔炼铁（熔点 1 538℃）。但聪明的古人发明了铁的锤锻法，即将陨铁（或铁矿石还原得到的蜂窝状生铁）先加热到 1 000℃至红软后，趁热锻打成薄片，由于非金属杂质不具备延展性，因而在锻打过程中被分离。然后折叠成块，再次锻打成薄片，如此反复。逐渐排除铁中的夹杂物，得到熟铁。后续通过进一步锤炼过程中渗入特定比例的碳，从而得到“百炼钢”。中外用陨铁制作的武器都可追溯到 3 400 多年前，如埃及图坦卡蒙法老的铁匕首和商代的铁刃铜钺。近年来，国内工匠仿古法打造了一把陨铁剑——“追风”剑，剑身重不到 1kg，却耗时 50 余天、花费了 20 余公斤的陨铁，足见工艺过程的难度之高和古人智慧的伟大。

（二）可溶盐——简单盐、复盐和配盐

盐类在化学上是由酸碱中和反应产生。自然界中的可溶性无机盐（inorganic salt）主要是从海水 / 盐湖水中析出，包括卤化物和各种含氧酸盐的简单盐和复盐。

海水 / 盐湖水中卤化物主要有氯化钠（NaCl）、氯化钾（KCl）、氯化镁（$MgCl_2$）和氯化钙（$CaCl_2$）等。卤化物是卤素离子（F^-、Cl^-、Br^-、I^-）和金属离子形成的盐类。卤化物大多可溶，但 CaF_2 却是难溶盐。CaF_2 的天然矿石是萤石。纯的 CaF_2 晶体是无色透明的，但由于 CaF_2 的晶格结构存在空位，所以容易掺杂入其他金属离子特别是与 Ca^{2+} 相似性高的稀土离子。因此，萤石是多彩的，并且在受日光或紫外灯等照射后可以连续几十个小时发出美丽的磷光。如果萤石中掺杂了一些放射性的元素如 ^{14}C、^{3}H、^{147}Pm、^{226}Ra、^{232}Th 等，则成为可以永久发光的夜明珠。

从海水 / 盐湖水中自然析出的盐类有很多复盐。复盐是由两种或两种以上的简单盐类组成的具有确定化学组成的同晶型化合物，如含有两种阳离子的光卤石（carnallite，$KCl \cdot MgCl_2 \cdot 6H_2O$）和两种阴离子的天然碱（$Na_2CO_3 \cdot NaHCO_3 \cdot 2H_2O$）。光卤石是盐湖水蒸发作用最后形成的矿物，纯净光卤石为白色或无色，在空气中极易潮解，易溶于水。光卤石经溶解、分步结晶等加工步骤可使 KCl 同 $MgCl_2$ 分离，是生产 KCl 的重要原料之一。

从海水 / 盐湖水中析出的含氧酸盐主要包括硫酸镁（$MgSO_4$）、硫酸钙（$CaSO_4$）、芒硝（Na_2SO_4）、硼砂（$Na_2B_4O_7 \cdot 10H_2O$）、碳酸钠（Na_2CO_3）和碳酸氢钠（$NaHCO_3$）等。含氧酸（oxacid）是指酸根中含有氧原子的酸，含氧酸可分为无机含氧酸、金属含氧酸和有机含氧酸三大类。自然界中常见的无机含氧酸有硫酸盐、硝酸盐、亚硝酸盐、碳酸盐和磷酸盐等。

硫酸盐矿物很常见，如石膏（$CaSO_4 \cdot 2H_2O$）、重晶石（$BaSO_4$）、铅晶石（$PbSO_4$）、天青石（$SrSO_4$）以及复盐如明矾［$KAl(SO_4)_2 \cdot 12H_2O$］、铁钾矾［$KFe(SO_4)_2 \cdot 12H_2O$］和摩尔盐［$(NH_4)_2Fe(SO_4)_2 \cdot 6H_2O$］等。天然的石膏又称生石膏，加热至 128℃时失去 3/4 的结晶水转变为熟石膏［$(CaSO_4)_2 \cdot H_2O$］。

熟石膏加水后调制成的浆状物会逐渐凝固成硬块，重新转化为$CaSO_4 \cdot 2H_2O$的组成并形成一种多孔的固体，常用于制造铸模、雕塑和骨科用的石膏绷带。石膏加热失去全部结晶水变成无水硫酸钙，其天然结晶称为硬石膏，但硬石膏不能像熟石膏那样再加水调制后成型。

天然的硝酸盐有钠硝石（$NaNO_3$）和钾硝石（KNO_3）。钾硝石又称火硝，是制作黑火药的主要成分之一，也是一味常用来舒缓牙齿疼痛的药物。天然的亚硝酸盐一般是在生物体内由硝酸盐还原产生，亚硝酸盐可进一步还原成体内重要的气体信使分子一氧化氮（NO）。一定浓度的亚硝酸盐对金黄色葡萄球菌和肉毒杆菌等有强烈的抑制作用，而肉毒杆菌可产生肉毒素——毒性最强的天然产物之一。因此，古人在腌制腊肉、制作火腿时，常添加低浓度的亚硝酸盐，从而大大提高肉类食品的安全性和保质期。

金属含氧酸盐如正钒酸钠（Na_3VO_4）、钼酸铵[（NH_4）$_2MoO_4$]、重铬酸钾（$K_2Cr_2O_7$）和高锰酸钾（$KMnO_4$）以及复盐如磷酸铁锂（$LiFePO_4$）等，是常用的工业材料。其中具有高氧化数的金属含氧酸盐如$K_2Cr_2O_7$和$KMnO_4$是常用的氧化剂。

配盐是由金属配离子形成的盐，如冰晶石（六氟铝酸钠Na_3AlF_6）、赤血盐（$K_3[Fe(CN)_6]$）、黄血盐钠（$Na_4[Fe(CN)_6] \cdot 10H_2O$）、普鲁士蓝（$Fe_4[Fe(CN)_6]_3$）、硫氰化铁（$Fe(SCN)_3$或$[Fe(SCN)_2]SCN$）等。铊离子（$Tl^{3+}$）可置换普鲁士蓝上的铁后形成不溶性物质，使其随粪便排出，因此，普鲁士蓝可用于治疗急、慢性铊中毒。配盐的特征是形成配离子的金属离子在溶液中不能电离出来（详见第七章配位化合物相关内容）。

影响盐的溶解性的因素很多（详见第二章离子键和第三章溶液相关内容）。一般无机盐的溶解性有以下规律：

（1）绝大部分钠盐、钾盐、铵盐易溶于水。

（2）大多卤化物可溶。但CaF_2以及卤素离子和Ag^+、Pb^{2+}、Cu^+、Hg_2^{2+}形成的盐是微溶或难溶的，且这些化合物中含有较多的非离子键成分。

（3）硝酸盐、氯酸盐都易溶于水，且溶解度随温度的升高而迅速增加。

（4）硫酸盐中，$SrSO_4$、$BaSO_4$、$PbSO_4$难溶于水，$CaSO_4$、Ag_2SO_4及Hg_2SO_4微溶于水，其他硫酸盐一般可溶。

（5）二价和三价金属离子的碳酸盐和磷酸盐大多数都不溶于水。

（6）含氧酸的酸式盐（如碳酸氢盐和磷酸二氢盐）一般都溶于水。

（三）二氧化硅、硅胶和硅酸盐

二氧化硅（SiO_2）及其衍生物是岩石和土壤的构成成分。水晶（rock crystal）是天然的SiO_2单晶体，也是一种名贵的宝石。纯净的水晶为无色透明的晶体，当晶格中掺杂了微量的Al、Fe等时，可呈粉、紫、黄、棕、褐等色彩。水晶是原子晶体，在晶体结构中Si和O以共价键相结合，每一个Si原子与4个O原子结合形成以Si为中心的正四面体，许许多多的Si—O四面体通过O原子相互连结而形成超级分子（详见第二章晶体相关内容）。这使得SiO_2晶体具备了很高的熔点、硬度和韧性，但也失去了材料的延展性和可塑性。

石英（quartz）是SiO_2的不完美结晶体，其物理化学性质和水晶基本相同。但石英由于结构中解理多而杂，因而性脆。硅酸（H_2SiO_3）是SiO_2完全水化的产物，实验室制备的方法是用硅酸钠（Na_2SiO_3，水玻璃）与盐酸反应：

$$Na_2SiO_3 + 2HCl = 2NaCl + H_2SiO_3 \downarrow$$

硅酸部分脱水凝固后形成固体硅胶（silica gel，$xSiO_2 \cdot yH_2O$），是一种非晶态物质。蛋白石（opal）就是一种硬化的天然硅胶矿物。硅藻细胞外覆盖了由大量硅胶组成的细胞壁。硅藻死后，其硅质细胞壁经过亿万年的积累和地质变迁成为硅藻土（diatomite），在工业上用途很广，可制造过滤剂、隔热及隔音材料等。在高等植物体内（如竹类和禾本科植物等）也含有植硅体（plant opal），大小在

2~2 000μm，广泛存在于植物细胞间隙和细胞内，增加了植物组织的强度，提高了植物抗倒伏、抗病虫害、抗摄食的能力。而人们熟知的玛瑙石（agate），则是以石英为主体与硅胶结构交替重复形成。因而，玛瑙中含有各种金属盐或氧化物，赋予了玛瑙多彩的颜色和变幻的图形，成为重要的大众首饰材料。

广义的硅酸盐指的是硅、氧以及其他金属元素（主要是铝、铁、钙、镁、钾、钠等）相结合而成的化合物的总称。土壤中以硅铝酸盐为常见。高岭石（kaolinite，$Al_4[Si_4O_{10}](OH)_8$）俗称瓷土，属于 1∶1 型层状硅酸盐，其结构的特征是单个黏土片层由一层硅氧四面体（硅氧片）和一层铝氧八面体（水铝片）组成，如图 8-1（a）。在硅氧片层中，硅氧四面体以共用顶角的方式沿着二维方向连接形成六方排列的网格层（不同于石英中硅四面体形成三维的晶体结构），各个硅氧四面体未公用的尖顶氧均朝向一边，与铝氧八面体层共用。铝氧八面体中每个 Al^{3+} 周围有 6 个氧（或 OH）原子，水铝片是由铝氧八面体按同样方式连接而成。相邻黏土片层间以氢键紧密结合，中间一般不含水分子。高岭石常用作陶瓷和耐火材料外，也用于合成沸石分子筛以及作纸张、橡胶和塑料等的填料。

蒙脱石［montmorillonite，$(Al,Mg)_2(SiO_{10})(OH)_2 \cdot nH_2O$］俗称膨润土。蒙脱石属于 2∶1 型层状硅酸盐，其黏土片层结构是两层硅氧片中间夹一层水铝片构成，见图 8-1（b）。与高岭石不同的是，蒙脱石的黏土片层间填充有水分子和可交换的阳离子（如 Na^+、K^+、Ca^{2+}、Mg^{2+} 等）。蒙脱石有滑感，加水后其体积可膨胀数倍，并变成糊状物。蒙脱石具有很强的吸附能力和阳离子交换性能，对消化道内的病毒、病菌及其产生的毒素有固定、抑制作用，同时对消化道黏膜有覆盖能力、提高黏膜屏障对刺激因子的防御功能。因此蒙脱石散剂为临床常用药物，用于成人及儿童急、慢性腹泻和消化道疾病引起的相关疼痛症状的辅助治疗。

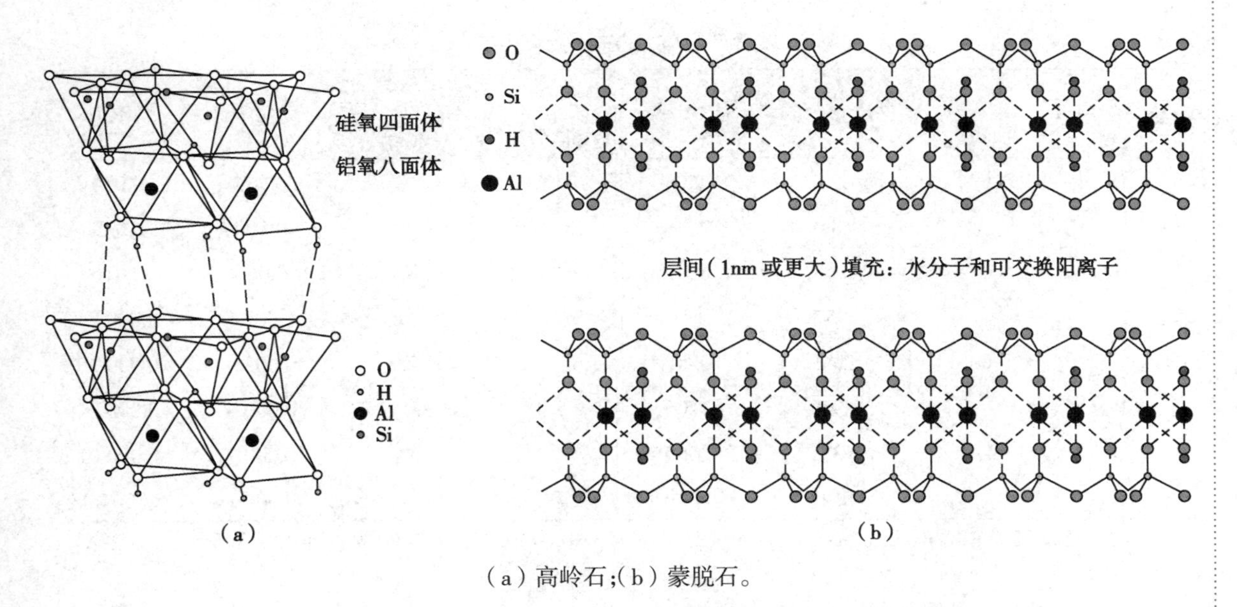

（a）高岭石；（b）蒙脱石。

图 8-1　硅铝酸盐的层状结构

硅酸盐可有很复杂的结构，如碧玺（tourmaline）是一种复杂的硼硅酸盐矿物。碧玺的化学组成为 $NaM_3Al_6[Si_6O_{18}][BO_3]_3(OH,F)_4$，其中 M=$Mg^{2+}$、$Fe^{3+}$、$Mn^{2+}$、$Li^+$ 和 Al^{3+}，它们之间可以相互替代。因 M 组成和含量的不同，形成黑、绿、黄、褐、粉、玫瑰红、蓝等颜色和种类。碧玺的结构是由上层环形的硅氧四面体、中层铝氧八面体和下层的具有缺电子特征的硼氧三角构成的三层不对称结构。这种结构使得碧玺晶体天然带电，即晶体自发的沿晶轴两端形成正负极和静电场。因此碧玺也称为电气石（请与电石 CaC_2 相区别），与自然界中拥有自发磁极和磁场的磁石相映成趣。电气石广泛用于人体的保健用品。

（四）硫化物矿物

硫化物（氢硫酸的盐）除了碱金属盐外，大多数为难溶盐。难溶硫化物是自然界中除了硅酸盐外最为丰富的矿物。硫（S）的电负性较小，但硫化物由于具有较大的晶格能，因此主体表现为离子键化合物。不过，其中也可能包含了不少共价键和/或金属键的成分。例如，具有金属键成分的方铅矿（PbS）、黄铁矿（FeS_2）和黄铜矿（$CuFeS_2$）等，表现出金属光泽、导电和导热性；具有共价键成分的闪锌矿（ZnS）、辰砂（HgS）、雄黄（As_4S_4）和雌黄（As_2S_3）等，则呈现色彩鲜艳、半透明和金刚光泽，是电和热的不良导体。复杂的键结构使得硫化物具有丰富的色彩，如 ZnS 为白色、α-HgS 为红色，Sb_2S_3 为橙色、CdS 为黄色、α-MnS 为绿色、RuS_2 为灰蓝色、Bi_2S_3 为暗褐色、CuS 为黑色等。

ZnS、MnS 和 SnS 可溶于盐酸同时放出 H_2S 气体，但 CuS 等解离度（K_{sp}）很小的硫化物只能溶于氧化性的强酸（如浓硝酸）并产生单质 S。硫化物在空气中也能缓慢氧化产生 S。此外，硫化物一个独特的性质是能和单质 S 或多硫离子（S_x^{2-}，x = 3~6）反应，可逆形成可溶性的多硫化物，这使难溶性的硫化物矿物可在一定的条件下发生跨大范围地理位置的迁移。

三、元素和生命的关系

生物体内的所有元素都来自大自然，但生命只选择了大约 20 种左右的必需元素构成生命。人体的主要元素组成见表 8-2。人体组成的绝大部分由 C、H、O、N、S、P 构成，其次是 Ca^{2+}、K^+、Cl^-、Na^+、Mg^{2+} 等无机离子。人体中还含有痕量的 Fe、Zn、Cu、Mn 重金属元素和非金属重元素 I，通常称为微量元素。值得注意的是，这些元素（除 I 外）都在周期表的前四周期之内，主要来自大气和海水。可见，对生物来说，阳光、空气和水是生存和繁衍的要素，而大地（岩石和土壤）则为生命提供了活动的空间和支持。

表 8-2 人体的主要元素组成*

元素		质量/%	摩尔/%	元素		质量/%	摩尔/%
非金属	金属			非金属	金属		
O		62.8	25.9	Cl		0.164	0.030
C		18.0	9.90		Na	0.100	0.029
H		9.43	62.2		Mg	0.060	0.016
N		2.57	1.21		Fe	0.007 1	0.000 84
	Ca	2.43	0.40		Zn	0.002 5	0.000 26
P		0.971	0.206		Cu	0.000 4	0.000 04
	K	0.357	0.060		Mn	0.000 1	0.000 01
S		0.143	0.029	I		0.000 1	0.000 005

注：* 数据来源于 Essential Elements for Life https://chem.libretexts.org/@go/page/19126（2021 年 12 月 6 日）。

（一）必需元素和非必需元素

根据生物体对元素的依赖性，可以将生命元素分成必需元素（essential element）和非必需元素（non-essential element）两大类，后者又可分成有益元素（beneficial element）和毒性元素（toxic element）。

（1）必需元素：在环境缺乏这些元素时，生物不能生长和存活。不同的生物体所需的必需元素（特别是微量元素）的种类是不同的。因为对生物体而言这些元素是必需的，同时大多数的必需元素在环境中丰度较高，其化合物易为生物利用，因此生物体对这些元素的利用建立了完善的吸收、存储和排出的控制系统。所以环境中必需元素在一个比较宽的浓度范围内，生物体都可以正常生长（图 8-2）。当然，任何过量的东西包括必需元素也导致生物体生长的抑制，如同现代化学医学的创始人帕拉塞萨斯（Paracelsus）指出的："The dose makes the poison（毒性取决于剂量）"。

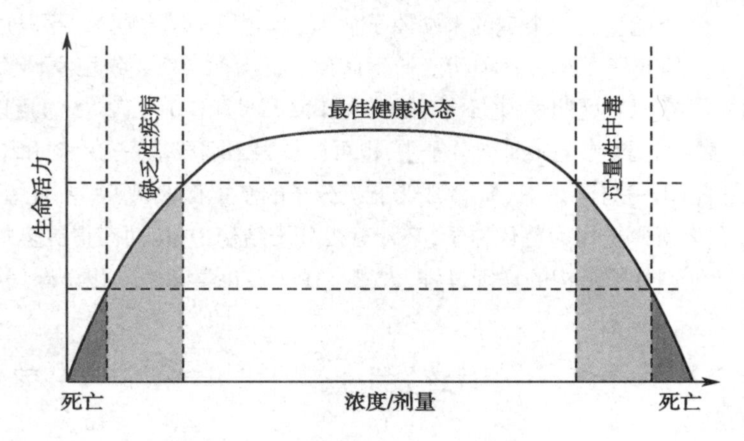

图 8-2　必需元素的浓度（剂量）相应曲线

（2）有益元素：有益元素是非必需元素。当环境缺乏这些元素时，生物的正常生长不受影响或影响轻微。但环境中的有益元素为一定低浓度时，生物的生长明显得到促进。不过当这些元素的浓度超过了一定的范围时，生物体的生长则又受到抑制。不像必需元素一样有较宽的浓度效应平台，非必需元素的生物效应在"促进生长"到"抑制生长"两种效应之间，其剂量效应曲线是连续变化的，并没有明显的浓度界限。

（3）毒性元素：毒性元素在通常的环境浓度范围内，随浓度增加抑制生物体的生长。不过，有些毒性元素可在极低的浓度下或对特定状态的生物个体，表现出在短时期内对生物体生长或某些功能有一定的促进作用，称为 Hormesis 效应（毒物兴奋效应）。Hormesis 效应的机制还不清楚，可能和机体对毒性物质的应激响应有关。

研究发现，非必需元素或离子一般是通过干预某种必需元素或离子的功能而发挥作用的。可以通过分析其与某种必需元素 / 离子的结构和性质的相似或偏离程度，预测非必需元素或离子的生物作用，这称为相似性作用规律。例如，非必需元素钒 V 的化合物钒酸根 VO_4^{3-} 在结构上类似 PO_4^{3-}。钒酸酯键（K^0 = 0.1~1）的热力学稳定性远远高于磷酸酯键（K^0 约 10^{-5}），使 VO_4^{3-} 与蛋白质的磷酸化位点结合后不易解离。因而，VO_4^{3-} 成为细胞内各种磷酸酯酶（如蛋白质酪氨酸激酶 1B，PTP1B）的强抑制剂。由于 PTP1B 活性过高可导致胰岛素抵抗，因此钒酸盐在体内可发挥胰岛素增敏的作用。利用相似性作用规律探讨元素的生物效应，本书将还有其他例子讨论。

生物体在元素利用上，可明显观察到一个优先利用轻元素的倾向。重元素（如 Pb、Cd、Hg、As、Tl、Ba 等）的毒性一般都较强，这和相似性作用规律的预测是一致的。不过，合理地利用其毒性和 Hormesis 效应，也可以将毒物用成良药，如后面要讨论的砒霜（As_2O_3），是一个知名的毒药，但也是一个对急性早幼粒性白血病有特效的良药。

（二）必需元素作为生命分子的"积木块"

生命分子的主体是有机分子，有机分子是以 C 原子形成分子的骨架结构。C 原子的电负性为 2.55，几乎位于所有元素的正中间（电负性最小的 Cs 为 0.79，最大的 F 为 3.98），这决定了 C 原子和其他元素反应时，基本上都是形成共价键。此外，C 原子的电子构型为 $1s^22s^22p^2$，C 原子价层电子可通过 sp^3、sp^2 和 sp 杂化分别形成三维、二维和一维的原子连接。由于 C 原子半径小（77pm）而—C—C—、—C═C—和—C≡C—具有较大的键能和稳定性，所以碳骨架的分子具有良好的稳定性和分子动态能力。相比之下，Si 的价层电子构型虽然与 C 相同，但 Si 的原子半径（118pm）大、电负性较小（1.90）。因此，Si 带有明显的金属性，不能像 C 一样可以—Si—Si—键形成稳定的硅链，而—Si—O—Si—虽然稳定，但只能形成坚硬的硅胶或硅氧片结构，缺乏应有的分子动态能力，所以自然界只见碳基的生命体，而不存在硅基的生命体。

把多价的C原子和只能生成一个键的末端原子如H($1s^1$)原子结合起来,足以形成具有复杂空间结构的各种碳氢分子。但要形成具有各种功能的生命分子,仅有C和H是远远不够的,还需要其他分子“积木块”(图8-3)。在元素周期表中,不难看出,N($1s^22s^22p^3$)和O($1s^22s^22p^4$)可以分别提供3个和2个单键以及1~2个孤对电子,参与碳骨架分子中,也可以作为末端羰基 —C═O 和氰基 —C≡N,形成有机分子中的特殊官能团。这样,C、H、N、O成为有机分子的基本积木原子。在此基础上,可以进一步用Si、Zn^{2+}、P、S、Se和卤素原子作为替代原子,杂入有机分子结构中,从而获得更多的增强功能。关于有机分子形成的复杂生物分子结构的详细过程,大家会在有机化学和生物化学课程中学习到。

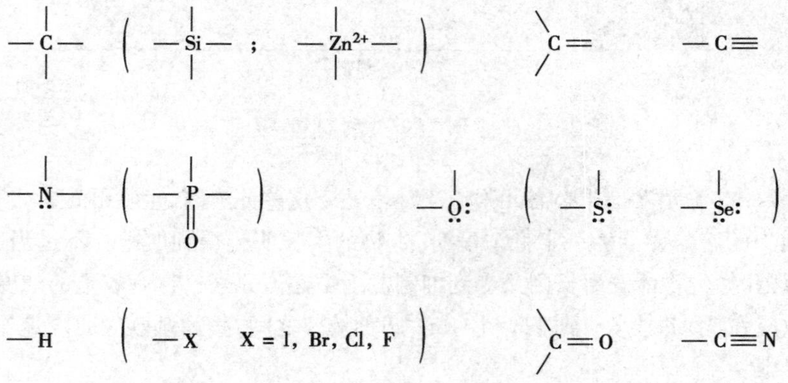

—C—　(—Si— ; —Zn^{2+}—)　>C═　—C≡

—N̈—　(—P(═O)—)　—Ö:　(—S̈: 　—S̈e:)

—H　(—X　X = I, Br, Cl, F)　>C═O　—C≡N

括号内为原结构的替代结构。

图8-3　构成生物分子的原子“积木”及其可形成化学键的数目

组成有机分子似乎和无机离子关系不大。但请大家注意:生命活动的基本单位是细胞。而在细胞中,70%水溶液是无机离子发挥作用的天地。在细胞内液中,K^+和Cl^-发挥维持溶液渗透压的作用,同时K^+和Na^+(主要在细胞外液中)配对,以形成跨细胞膜的离子浓度差梯度以及由此产生的可沿细胞膜传导的动作电位。其次是Ca^{2+}和Mg^{2+},这些离子和NO、CO、H_2S气体小分子一起构成细胞的重要信号分子。此外,Mg^{2+}电荷高(+2)而晶体离子半径小(65pm),具有很高的离子势(Z/r),是很强的Lewis酸。对于需要通过酸碱催化机制工作的各种生物酶(特别是有ATP参与的酶),Mg^{2+}是一种通用的辅酶因子。有意思的是,虽然Mg^{2+}的晶体离子半径比Ca^{2+}(99pm)小,但其水合离子半径(428pm)却大于Ca^{2+}(412pm)。加上没有容易形成配位键的3d轨道存在,这使得Mg^{2+}在溶液中的表观上显得相对惰性,只有与相应的酶分子结合后,这把离子势“利刃”才会展现其功能。同样情形的还有Na^+(晶体离子半径95pm;水合离子半径358pm)和K^+(晶体离子半径133pm;水合离子半径331pm)。细胞膜上的K^+通道蛋白正是利用了两种离子半径的差别来选择性地通过K^+、屏蔽Na^+的。

生物体中的痕量金属元素Fe、Zn、Cu、Mn等都是生物酶的催化活性中心或结构中心,在特定的位置发挥特定的作用。生命微量金属元素发挥作用的机制都依据了配位化学的原理进行,详情请参见第七章。在生物化学课程中,其生物效应及其机制(如血红蛋白的结构和载氧作用)将会被详细解说。Fe、Zn、Cu作为生物体内微量元素的“三驾马车”,下面我们也单独简单介绍。

四、一些重要元素和无机化合物简介

(一)玉、透闪石和阳起石

中国至少自石器时代就开始识玉、用玉和爱玉了,玉文化源远流长。在古人看来,玉石是钟天地灵秀而成,能够沟通天地和人神的关系。《周礼》载:“以玉作六器,以礼天地四方。以苍璧礼天,以黄琮礼地,以青圭礼东方,以赤璋礼南方,以白琥礼西方,以玄璜礼北方”。这种以玉礼天地的礼仪,在良渚文化时期(距今5 300~4 000年)就已经开始了。

历史上,中国有四大名玉:和田玉、蓝田玉、岫岩玉和独山玉。除独山玉为硬玉外,其他三种都是软玉(nephrite)。软玉的矿石构成是以透闪石—阳起石为主体,掺杂以角闪石、蛇纹石、透辉石、大理石、白云石和黑云母等。蓝田玉因秦始皇用蓝田水苍玉制作刻有李斯所书“受命于天,既寿永昌”八篆字的传国玉玺而知名,但其原生玉矿已失落。而和田玉以透闪石矿物含量高、杂质矿物极少、矿物粒度细、质体均匀和光泽油润度高等优势成为玉之正宗。和田玉的颜色也非常丰富,可分白玉、青玉、黄玉、墨玉四大类;白玉中最佳者为羊脂白玉。和田玉中墨玉的基质其实是白玉,因含微鳞片状石墨而成为黑色;这是墨玉和颜色较深的碧玉(墨碧)的区别之处。

和田玉属于硅酸盐矿物,化学组成为 $Ca_2(Mg,Fe(II))_5[Si_8O_{22}](OH)_2$,可以看成是纯的透闪石 $[Ca_2Mg_5Si_8O_{22}(OH)_2]$ 和纯的阳起石 $[Ca_2Fe(II)_5Si_8O_{22}(OH)_2]$ 在特殊地质条件下以一定比例的混合形成的固溶体。当透闪石含量超过90%,即可称为透闪石玉;透闪石含量少于90%,都可以看作是阳起石。玉石的颜色随阳起石和其他杂质矿物的含量而加深。在透闪石玉中,和田玉的透闪石含量极高(白玉约99%,青白玉约98%,青玉约97%,其他不小于95%),这是和田玉品质高的原因。透闪石类硅酸盐的化学性质是惰性的,不与酸碱等普通的化学试剂发生反应。

《说文解字》曰:“玉,石之美者,有五德”。从化学结构上,玉和石的不同观感来自其形成的不同地质条件而产生的硅酸盐矿物晶体聚集态的差异。和田玉的结构是由透闪石微晶—隐晶质形成的毛毡状集合体,因此质地细腻致密,光润柔和,即所谓玉化度高。特别是羊脂白玉,表现出了白、透、细、油润的特点,让玉石彻底脱离了石头的冰冷坚硬感,正应了玉石“五德”之“润泽以温,仁之方也”;和田玉质体非常均匀,表里如一,正应了玉之“鰓理自外可以知中,义之方也”;和田玉虽称软玉,其实摩氏硬度在6.0~6.5,不会被玻璃(摩氏硬度为5~5.6)和普通铁器划伤。同时韧度极高,仅次于黑金刚石,抗压强度甚至超过钢铁。这些特点正应了玉之“不挠不折,勇之方也”;用和田玉制成的玉磬,敲击时可发出金属般的声音,清越绵长,绝而复起,残音沉远,徐徐方尽,正应了玉之“其声舒扬专以远闻,智之方也”;由于和田玉是多矿物微晶——隐晶质聚集体,因而整体没有大的解理面,断口为参差状而不产生锋利边缘。因此人手触其破裂处不会被划伤,正应了玉石之“锐廉而不忮,洁之方也”。可见,玉之“五德”其实是其物理化学性质的人文升华和展现。君子佩玉于身,时时警醒自己,以玉之德修身养性,能不“谦谦君子,温润如玉”乎?

相比之下,阳起石由于Fe和其他杂质含量高,以及形成的地质条件等差异,造成其晶体聚集态结构和透闪石玉不一样。阳起石某种意义上像是透闪石的“同分异构体”,虽然化学组成非常近似,但其外观为不规则块状、扁长条状或短柱状,具有丝一样的光泽,断面可见纤维状或细柱状。质较硬脆,力学性质(摩氏硬度为5~6)明显不及玉石。块状、致密的阳起石经煅淬等炮制后成酥脆的小块或粉末入药。传统中医认为,阳起石“味咸,性温,归肾经”,内服可以“温肾壮阳”。《本草求真》载:“(阳起石)于阳之不能起者克起,阳起之号于是而名”。现代研究发现,阳起石炮制后,矿物的Zn、Mn、Cu元素的溶出会显著增加。大剂量的阳起石能显著增加正常小鼠的交尾次数,提高雄性小鼠血清睾酮水平和改善由氢化可的松诱发的阳虚小鼠的表型。但溶出的微量元素并不能解释阳起石的药理活性,因此阳起石的确切疗效和作用机制还有待深入阐明。

透闪石和阳起石都存在称为“石棉”的纤维状异种。石棉是具有可纺性天然纤维状的硅酸盐类矿物质的总称,实际包括了6种矿物:蛇纹石石棉、角闪石石棉、阳起石石棉、直闪石石棉、铁石棉和透闪石石棉等。石棉在工业上可做防火、绝缘和保温材料。但石棉粉尘进入生物体后,可刺伤细胞、诱导自由基产生,引起硅沉着病、间皮瘤、肺癌和各种消化道癌症等。纤维状尖型植硅体也可能有类似作用。研究发现,一些地方性食管癌与当地人习惯食用某些谷类的麸皮有关,这些谷麸中富含了尖锐的纤维状硅酸体;甘蔗是含尖型植硅体最多的植物之一,甘蔗生长和加工区有较多的“蔗渣肺”和硅沉着病病例。因此,尖锐纤维状硅酸盐对健康的损伤问题应该得到严重关注。目前,所有石棉物种都已被列入世界卫生组织国际癌症研究机构公布的一类致癌物清单中。

从透闪石玉—阳起石—阳起石石棉，可以看到，除了化学成分决定物质的物理、化学和生物性质外，晶型和晶体的聚集态也是影响其性质的重要因素（但容易被忽视）。同学在以后的学习中，有机化合物也有着同样的问题（如药剂化学中药物的晶型影响），值得大家重视。

（二）碳酸钙和磷酸钙

在动物体中的矿物主要形式为碳酸钙和磷酸钙。前者是贝类动物外骨骼（贝壳、牡蛎壳、珊瑚、珍珠等）的主要成分，在高等动物中，感知声音和运动的耳石也是碳酸钙；后者有很多不同的化学形式，其中羟基磷灰石是脊椎动物牙齿和骨骼的主要成分。

碳酸钙是地球上常见的无机矿物之一，化学式为 $CaCO_3$，存在于霰石、方解石、白垩、石灰岩、大理石、石灰华等岩石内。$CaCO_3$ 水中溶解度很小，但可呈弱碱性：

$$CaCO_3(s) + H_2O \rightleftharpoons Ca^{2+} + HCO_3^- + OH^-$$

$CaCO_3$ 可溶于酸，形成可溶性的酸式盐或释放二氧化碳：

$$CaCO_3(s) + H_2CO_3(H_2O + CO_2) = Ca(HCO_3)_2(aq)$$

$$CaCO_3(s) + 2HCl = CaCl_2 + H_2O + CO_2\uparrow$$

$CaCO_3$ 在溶解时因结晶状态不同，其溶解的动力学差异很大。稀盐酸滴加到方解石，即可见气泡产生；但滴加在白云石［钙镁混合碳酸盐，$CaMg(CO_3)_2$］上，气泡产生缓慢而不明显。

$Ca(HCO_3)_2$ 受热分解重新产生 $CaCO_3$，这是碳酸盐矿物自然迁移和钟乳石生成的原因：

$$Ca(HCO_3)_2(aq) \xrightarrow{\triangle} CaCO_3(s) + H_2O + CO_2$$

$CaCO_3$ 在标准状态下加热至 700℃可致结晶型转变为方解石，在大气下加热 500℃时分解：

$$CaCO_3 \xrightarrow{\triangle} CaO + CO_2\uparrow$$

CaO 可经历水合等一系列反应：

$$CaO + H_2O = Ca(OH)_2$$

$$Ca(OH)_2 + CO_2 = CaCO_3 + H_2O$$

$$Ca(OH)_2 + SiO_2 = CaSiO_3 + H_2O$$

反应生成的 $CaCO_3$ 和 $CaSiO_3$ 可以形成混晶而将石英类的砂石胶结在一起。这是建筑上用 $Ca(OH)_2$ 作砂石胶结剂的原理。

磷酸钙在自然界主要以一水磷酸钙［$Ca_3(PO_4)_2 \cdot H_2O$］和磷灰石［apatite, $Ca_5(F, Cl, OH)(PO_4)_3$］等形式存在。$Ca_3(PO_4)_2$ 是热稳定性好的难溶盐，与酸反应可生成酸式盐：

$$Ca_3(PO_4)_2(s) + 2HCl = CaCl_2 + 2CaHPO_4(s)$$

$$2CaHPO_4(s) + 2HCl = CaCl_2 + Ca(H_2PO_4)_2(aq.)$$

磷酸二氢钙 $Ca(H_2PO_4)_2$ 可溶于水。磷酸二氢根 HPO_4^{2-} 称为正磷酸根，是参与生物化学反应的主要形式。

羟基磷灰石［(hydroxyapatite, HAP) $Ca_{10}(PO_4)_6(OH)_2$］是磷灰石的一种，是磷酸钙的碱式盐。HAP 是人体和动物骨骼的主要成分，通过晶体表面 OH^- 介导能与机体组织在界面上形成化学键性结合。HAP 的 OH^- 能被氟化物、氯化物和碳酸根离子代替；OH^- 被 F^- 取代后生成的氟磷灰石结构坚固致密，K_{sp} 比 HAP 更小，同时也失去了与组织的结合能力。因此，对儿童的牙釉质进行局部涂氟处理，可以增强牙釉质的强度、避免牙细菌的附着和形成龋齿；但饮用水中氟含量过高时，则可造成严重的氟骨病。此外，天然磷灰石的多数其实是氟磷灰石，其晶体是理想的激光发射材料。

中药龙骨为古代哺乳动物（象、犀、三趾马、牛、鹿等）的骨骼化石，化学组成除了 HAP 外，还包括了少量的方解石和少量黏土矿物。呈灰白色土状光泽或瓷状光泽。硬度大于指甲，小于铁器。中医认为龙骨具有镇心安神，平肝潜阳，固涩，收敛之功效，常用于心悸怔忡，自汗盗汗，溃疡久不收口等症的治疗。

（三）生物酶金属中心——铁、铜、锌

Fe、Cu、Zn 都是第四周期的过渡金属元素，它们是生物体内含量最多的微量元素，是重要的“三驾马车”。

Fe 的电子组态是［Ar］$3d^6 4s^2$，倾向于失去外层的若干电子而成为更稳定的阳离子。Fe 可以首先失去 4s 的 2 个电子，形成 Fe^{2+}。如大家熟悉的反应：

$$Fe + 2HCl = H_2\uparrow + FeCl_2$$

过渡金属离子都倾向于形成配离子，Fe^{2+} 在水中实际上是以［$Fe(H_2O)_6$］$^{2+}$ 配离子形式存在。Fe^{2+} 可以继续失去其余的 3d 电子，这取决于形成配离子的稳定性。Fe^{2+} 很容易失去一个电子成为 Fe^{3+}。

Fe^{2+} 和 Fe^{3+} 都具有较大的电荷密度，因此很容易水解（即和 H_2O 结合并释放 H^+），深度水解则形成氢氧化物沉淀。$Fe(OH)_2$ 是白色絮状沉淀，极容易被空气中的 O_2 氧化成红棕色的 $Fe(OH)_3$。$Fe(OH)_3$ 受热脱水后形成红褐色的 Fe_2O_3，赭石或称赤铁矿的主要成分就是 Fe_2O_3。远古人类曾经用赭石的鲜艳红色装饰身体和用于重要的仪式。

铁磁性是单质铁及铁化合物的重要性质。将 $FeCl_2$ 和 $FeCl_3$ 按反应的比例在 40℃混合，然后缓慢加入 6mol/L 的 NaOH 溶液并不断搅拌和保温放置，可得到黑色的 Fe_3O_4 磁性微粒，反应式为：

$$Fe^{2+} + 2Fe^{3+} + 8OH^- = Fe_3O_4(FeO\cdot Fe_2O_3) + 4H_2O$$

在生物内，Fe 的作用包括三个方面：

（1）结合和运载 O_2：生物从大气摄入 O_2、氧化葡萄糖等食物分子，同时放出的能量用于合成 ATP，最终生成 CO_2 和 H_2O。然而，在水里 O_2 的溶解度很低（25℃一个大气压下，31.6ml/L）。单靠 O_2 在血液里的物理溶解，远不能满足新陈代谢的需要。所以，在血液里需要容量很大的氧载体（oxygen carrier）——血红蛋白（hemoglobin，Hb）。Hb 分子含有四个血红素辅基，每个辅基含有一个 Fe^{2+}，每个 Fe^{2+} 可逆结合一个 O_2。Hb 运载 O_2 的机制是一个非常引人入胜的问题，涉及了复杂的配位化学和氧化还原反应，留待以后的专业课程学习。

（2）组成含铁的各种氧化酶：如 CYP450 酶和含血红素的过氧化物酶等。它们氧化分解外来的异物分子，保护细胞不受外源性毒素的损害。

（3）组成含铁的电子运载蛋白：如细胞色素 a~c 和 Fe-S 蛋白等。它们在细胞的线粒体中，负责将电子高效率传递到 O_2 上，释放能量而合成生命的能量分子 ATP。其间 $Fe^{3+} \rightleftharpoons Fe^{2+}$ 互变可以起到传递单个电子的作用。

Fenton 反应是 Fe^{2+} 的重要反应之一。1894 年 Fenton 在研究有机合成时发现硫酸亚铁加过氧化氢可以产生下列反应：

$$Fe^{2+} + H_2O_2 = Fe^{3+} + \cdot OH + OH^-$$

这个反应的重要之处是导致了一种重要的分子——羟自由基（$\cdot OH$）的生成。单看这个反应，Fe^{2+} 在里面是反应物，每生成一个 $\cdot OH$ 就要消耗一个 Fe^{2+}。但是，在体内存在许多还原剂如另一种自由基分子 $\cdot O_2^-$ 可以将 Fe^{3+} 还原成 Fe^{2+}：

$$\cdot O_2^- + Fe^{3+} = O_2 + Fe^{2+}$$

因此 Fe^{2+} 得以反复再生使用。于是成就了 Fe^{2+}/Fe^{3+} 催化的 Haber-Weisz 反应：

$$\cdot O_2^- + H_2O_2 \xrightleftharpoons{Fe^{2+}/Fe^{3+}} O_2 + \cdot OH + OH^-$$

即体内微量的游离铁离子都能够产生大量的 $\cdot OH$，可对生物体造成很大的氧化应激（oxidative stress）损伤。

Cu 是ⅠB 族元素，原子的电子组态是［Ar］$3d^{10}4s^1$。虽然ⅠB 元素和ⅠA 元素外层都有 ns^1 的电

子结构，但ⅠB元素单质却都比较稳定，一般不容易失去其电子，具有高熔点和富于延展性是“贵金属”的特性。ⅠB金属都是十分优异的电子导体；银是金属中导电性最好的，铜的导电导热性能仅次于银。

Cu原子被强氧化剂氧化、失去1~2个电子后分别得到固态比较稳定的Cu（Ⅰ）化合物或水溶液中较稳定的Cu^{2+}。Cu（Ⅰ）化合物遇水发生歧化反应（disproportionation reaction）：

$$2Cu^{+} = Cu^{2+} + Cu$$

在反应中，两个Cu^{+}之间传递电子，分别得到Cu^{2+}和单质铜。

醋酸铜［$Cu_2(CH_3COO)_4 \cdot 2H_2O$］的结构如图8-4所示。它是一个二聚体分子，由于$Cu^{2+}$的3d轨道上有一个单电子，因此在两个铜原子间形成一种特殊的金属键-金属δ键，这是Cu^{2+}配合物的一个较为独特的性质。

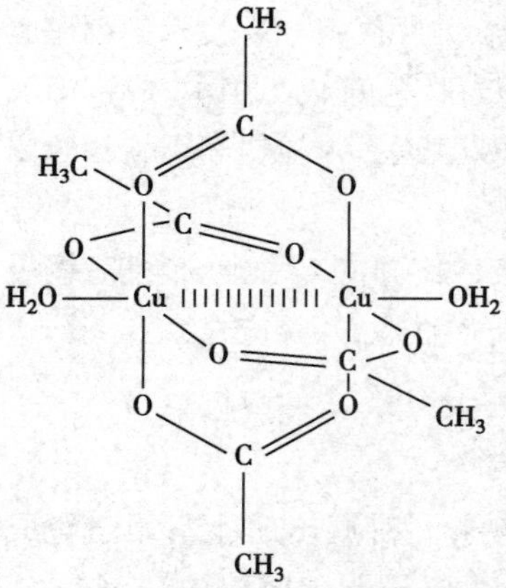

中间虚线表示两个铜原子间的金属键-金属δ键相互作用。

图8-4 醋酸铜的结构

在生物体内，Cu和Fe构成了十分有趣的关系。首先，Cu具有和Fe类似的作用。Cu可组成运载氧、氧化还原酶和电子传递蛋白。哺乳动物的血是红色的，这是因为它们用含铁的血红蛋白（Hb）来运载O_2。而很多低等海洋生物的血是蓝色的，如蜗牛、乌贼、螃蟹等，他们则是靠一种含铜的蛋白质血蓝蛋白来完成载氧任务。单胺氧化酶是肝脏药物代谢中的一类氧化酶，和CYP450酶一样重要。而在线粒体的氧化磷酸化中，也有如细胞色素c氧化酶在内的一些铜蛋白参与其中的电子传递过程。

与铁离子通过Fenton或Haber-Weisz反应催化自由基产生相比，Cu^{2+}配合物和一些含Cu^{2+}的酶则是发挥清除体内活性氧自由基的作用。一个重要的例子是Cu，Zn-SOD1超氧化物歧化酶催化超氧阴离子分解：

$$2 \cdot O_2^- + 2H^+ \xrightarrow{Cu,\ Zn\text{-}SOD} O_2 + H_2O_2$$

SOD1是体内最高效的酶之一，其催化反应的速率常数高达10^9~10^{10}/（M·s），几乎只要$\cdot O_2^-$和酶分子接触，就会完成歧化分解。SOD1的每一个催化单位中有一个Cu^{2+}和一个Zn^{2+}。其中，Cu^{2+}可能通过$Cu^{+} \rightleftharpoons Cu^{2+}$周转的方式传递电子，在两个$\cdot O_2^-$中间起到了一个电子“超导体”的作用。

其次，Cu在体内的Fe移动（mobilization）中发挥了关键的作用。Fe从食物中吸收，直到在细胞中合成各种含铁蛋白或酶，或以铁蛋白的形式储存起来。在此运输过程中，Fe需要经历多次的$Fe^{3+} \rightleftharpoons Fe^{2+}$的转变。而每次氧化或还原反应都需要一种分子中含有多个Cu^{2+}的蛋白，泛称为多铜氧化酶进行，如血液中的铜蓝蛋白。机体如果从食物中摄入铜不足，会导致血浆铜蓝蛋白水平下降，进而可能造成铁吸收减少而导致贫血症。

此外，Cu^{+}在一些条件下会发生类Fenton反应，催化自由基的生成。在家族性肌萎缩侧索硬化症（俗称渐冻症）病人中，大约有25%的SOD1的基因发生突变，这种突变使SOD1由一个抗氧化保护性酶转变为具有毒性的氧化剂，这是神经科学中一个令人迷惑的现象。

Zn属ⅡB族，原子的电子组态是［Ar］$3d^{10}4s^2$。与Cu相比，Zn原子的半径大而电负性低；Zn原子很容易失去其4s电子形成+2价的Zn^{2+}。Zn^{2+}只有这一种氧化数，和Na^{+}、K^{+}、Ca^{2+}、Mg^{2+}一样稳定，但Zn^{2+}具有比Mg^{2+}略大一点的晶体离子半径（74pm），因而Z/r值也较大，离子的电荷密度较高。在生物体内，Zn^{2+}的主要作用包括两个方面：

（1）稳定蛋白质分子的动态结构：蛋白质分子在发挥作用时，不仅需要维持一定的结构，而且需要具有分子结构进行动态变化的能力。Zn^{2+}的化学性质稳定，并可以和蛋白质分子的基团形成4个高度稳定并具有动态变化能力的配位键。因此，Zn^{2+}可以作为组建生物分子的一个特殊“积木”。例如，在转录因子中，Zn^{2+} 与 2 个组氨酸和 2 个半胱氨酸形成特异而稳定的正四面体结构，这种结构在蛋白质中具有相对独立性和一定的普遍性，称为锌指（zinc finger）结构（图 8-5）。

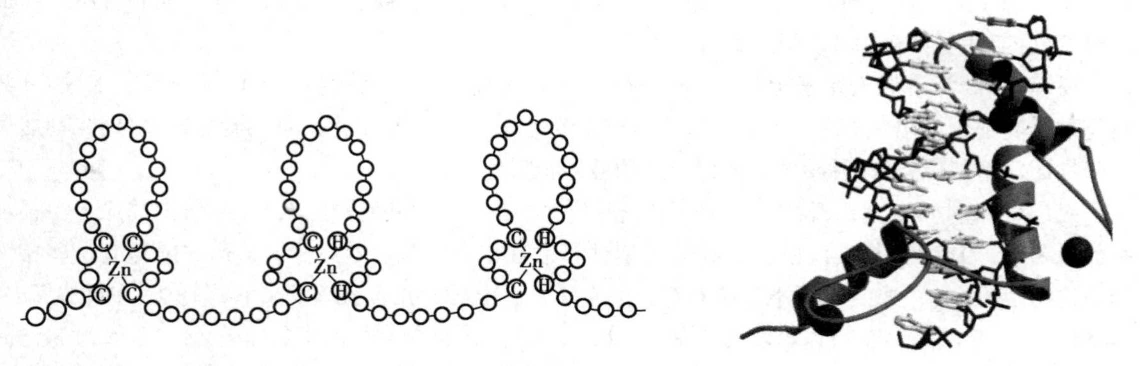

左图中每个小圆圈代表蛋白质分子的一个氨基酸单位，其中 C 代表半胱氨酸，H 代表组氨酸。右图为锌指结构和 DNA 结合的三维示意图。

图 8-5 锌指结构

（2）酸碱催化的功能：Zn^{2+} 的高电荷密度，使它可以催化一系列酸碱相关的反应，如蛋白质的水解和 CO_2 的水合反应等。CO_2 是有机分子相互流动转化过程的最重要的中间环节。在生物体内，CO_2 需要首先转化成碳酸氢根（HCO_3^-）才能被运输和参与生物合成反应。碳酸酐酶（carbonic anhydrase）则催化 CO_2 和 HCO_3^- 的相互转化：

$$HCO_3^- + H^+ \rightleftharpoons CO_2 + H_2O$$

通常 HCO_3^- 只在加热的条件下，才能迅速分解。而在碳酸酐酶的催化下，反应在温和的生理条件下进行，速率常数达 10^7~10^8/（M·s）。碳酸酐酶也是体内最高效率的酶之一。此外，Zn^{2+} 也是羧肽酶、胶原酶和血管紧张素转换酶等 300 多种酶分子的活性中心。

（四）污染重金属——铅、镉、汞

铅（Pb）、镉（Cd）、汞（Hg）是在我们的“文明”时代中非常重要的重金属环境污染物。它们一个共同的特点是金属单质都很“软”，金属离子容易形成硫化物沉淀，而在形成配合物的时候容易和硫原子结合。如前所述，这些金属离子的毒性大多可以用非必需元素或离子的“相似性作用规律”来解释。

铅（Pb）是碳族（ⅣA 族）元素，原子的电子组态是[Xe]$6s^26p^2$，有较大的原子半径和较高的电负性。Pb 主要有 +2 和 +4 价态；水溶液中 Pb^{2+} 比较稳定。Pb 可以和 C 形成共价化合物，如传统的汽油抗爆剂四乙基铅。Pb^{2+} 和其他阴离子成键带有一定程度的共价键的性质。

环境中铅污染可追溯到古罗马时代。由于广泛使用含铅的水管和器皿，铅中毒成为一个严重的问题。古罗马人生育水平低下可能和铅中毒有关。现代社会由于汽车工业的成长，含铅汽油和铅酸蓄电池是环境中铅污染的主要来源。现代人体内铅含量比进入工业时代前高 1 000 倍。虽然各国政府都逐步意识到铅污染的严重性，我国已经从 2000 年起全面禁止使用含铅汽油，但含铅气体仍是空气污染的主要问题，城市中空气的大规模污染可能引起铅在土壤中的蓄积，在人群特别是婴儿、儿童和孕妇中形成低水平铅暴露，发生慢性铅中毒。

铅进入体内后主要集中在骨骼和中枢神经系统等重要的组织中。Pb^{2+} 在体内可以和一些 Zn^{2+}、Ca^{2+} 蛋白结合并替代其中的 Zn^{2+} 和 Ca^{2+}，导致相关酶的失活。Pb^{2+} 是 Ca^{2+} 的一个拮抗剂，可影响突触结合蛋白（synaptotagmin）和蛋白激酶 C（PKC）的活性，从而干扰神经元功能和神经递质的正常释放功能。Pb^{2+} 与 Zn 蛋白的结合比 Zn^{2+} 要强。胆色素原合成酶（ALAD）特别容易受到 Pb^{2+} 的攻击而失去活性。ALAD 催化血红素合成，因此铅中毒的一个特异性症状是贫血。人精蛋白 2（protamine 2，HP2）也是一个容易受到 Pb^{2+} 攻击的 Zn 蛋白，HP2 失活可能是慢性铅中毒引起的生育力低下的原因。

镉（Cd）和 Zn 是同族元素，原子的电子组态是［Kr］$4d^{10}5s^2$。Cd^{2+} 和 Zn^{2+} 的化学性质极其相似，因此 Cd^{2+} 极容易取代 Zn 蛋白中的 Zn^{2+}，造成相关蛋白活性的丧失。很低浓度的 Cd^{2+} 就可以将人体的精子全部杀死。此外，Cd^{2+} 也干扰 Ca^{2+} 的吸收和代谢，造成骨痛病。罹患骨软化症和骨质疏松症的患者，后期甚至咳嗽就可以引发骨折。

环境中 Cd 污染的主要来源包括 Zn 采矿业、电池工业、颜料、电镀和半导体工业等。土壤 Cd 污染是迄今一个令人困扰的环境问题。20 世纪 50 年代，曾发生过日本富山县的骨痛病事件，当地居民由于长期食用 Cd 污染区种植的稻米而形成的慢性积累性中毒。

汞（Hg）也是 Zn 族元素，原子的电子组态是［Xe］$5d^{10}6s^2$。和 Pb 相似，Hg 有较大的原子半径和高的电负性，因此 Hg 与其他原子形成的化学键都带有相当的共价键成分。然而，Hg 却有一些特殊而神秘的性质。Hg 是唯一室温下呈液态存在的金属，俗称水银，并容易蒸发成 Hg 蒸汽。在自然界中，Hg 和 Au 一样比较稳定，可以单质形式存在。Hg 单质可以“溶解”许多软金属如 Zn、Ag、Au、Cu、Sn、Pb 等，形成汞齐合金（amalgam）。早期的牙医用 Ag、Cu、Sn、Zn 等加入汞调成银白色泥膏，充填于牙齿因龋齿等原因形成的腔洞内，经硬化后成为坚硬的固体质块，来修复牙齿的损伤，迄今仍是一种有效而安全的牙齿修复方法。

在自然界中，Hg 的化学形式是红色的朱砂矿物，其成分是 HgS；这也是一种很稳定的化合物，只能溶于王水中。朱砂是中药中重要的矿物之一，在传统中药复方中，大约有 10% 含有朱砂成分。这将在后面进行介绍。

由于 Hg 在化学工业特别是氯碱工业的广泛使用，Hg 污染一直是环境重金属污染中的首要问题。20 世纪 50 年代，发生于日本熊本县的水俣病事件是一个举世闻名的案例。水俣病事件的原因是当地的一家化工公司生产聚氯乙烯塑料和醋酸，其中大量使用了 $HgSO_4$ 作为催化剂。Hg^{2+} 流入环境后，和环境中的有机物反应或被微生物转化形成甲基汞（CH_3HgCl）和二甲基汞（CH_3HgCH_3），然后这些甲基化的汞化合物在污染区的鱼和贝类身体中富集起来。而当地居民长期食用被污染的鱼和贝类时，引起了甲基汞中毒，主要特征是神经系统损伤。但目前汞化合物对神经系统作用的机制仍然不清楚。

值得一说的是，虽然现代工业导致了严重的重金属污染，但 Pb、Cd 和 Hg 等原本就是在环境中存在的。生物体在进化过程中，已经形成了保护重金属损害的机制，例如，微生物有汞感受基因，并通过对 Hg^{2+} 的甲基化作用排出汞。不幸的是，细菌排出的甲基汞对高等动物具有很大的毒性。不过，高等动物包括人在内，可在重金属离子（特别是 Cd^{2+}）刺激时，大量表达谷胱甘肽和金属硫蛋白（metallothionine，MT）。谷胱甘肽可以和 Pb^{2+}、Cd^{2+} 和 Hg^{2+} 形成稳定的配合物，并通过肾脏排出体外。金属硫蛋白含有很多半胱氨酸残基，可以稳定结合重金属离子，从而保护其他蛋白质分子免受重金属结合造成破坏。

（五）现代药物中的金属——铂、铋、钒

金属和无机化合物在医药中的应用可以追溯到古代。在现代药物中，因重金属毒性的顾虑，金属药物的使用受到限制，但在一些疾病的治疗中，金属药物的作用是不可替代的。

铂（Pt）是ⅢVB 过渡金属元素，原子的电子组态是［Xe］$5d^96s^1$。顺铂［顺二氯二氨合铂（Ⅱ），cis-DDP］是第一个临床上成功合成的金属药物。1965 年 Rosenberg 偶然发现顺铂对大肠埃希菌的分裂有抑制作用，进而发现了顺铂具有很强的抗癌活性。目前，顺铂以及第二代药物卡铂是目前重要的一线抗癌药物，广泛应用于各种癌症的化学治疗。研究表明，顺铂具有抗癌活性主要是由于它能够使癌细胞 DNA 复制发生障碍而抑制癌细胞的分裂，也可能诱导细胞的 DNA 损伤响应导致癌细胞凋亡。迄今为止，顺铂及铂类药物的抗肿瘤分子机制还有待科学家的研究阐明。

铋（Bi）是氮族（ⅡVA）元素，原子的电子组态是［Xe］$6s^26p^3$。Bi 的化合物被用作药物已近 200 年，被用于治疗腹泻和消化不良。目前，胶体次枸橼酸铋（Ⅲ）被广泛应用于治疗胃溃疡和十二指肠溃疡，而且不断有新的铋剂用于临床。各种研究表明，铋制剂治疗胃溃疡的机制包括两个方面：一是

胶体次枸橼酸铋的高分子结构在胃中选择性地附着在溃疡表面，形成一种保护性薄膜，从而阻止胃酸的侵蚀；二是铋离子（Bi^{3+}）可以抑制镍尿素酶的活性，从而抑制幽门螺杆菌（*Helicobacter pylori*）的生长。幽门螺杆菌被证明是导致各种慢性胃炎、溃疡甚至胃癌的病原体。

钒（V）是VB族元素，是硬金属，原子的电子组态是[Ar]$3d^24s^2$。在体内环境中，V的稳定存在形式主要有+4价的VO^{2+}和+5价的钒酸根VO_4^{3-}两种。VO_4^{3-}是PO_4^{3-}类似物，可以和蛋白质的磷酸酯酶结合从而抑制其活性。在细胞中，一个重要的信号转导方式就是蛋白质酪氨酸基团的磷酸化修饰。在胰岛素信号传导中，活性的胰岛素受体是磷酸化的形式，当酪氨酸酯酶1B（PTP1B）将其修饰的磷酸根水解后则失活。糖尿病患者常常表现为PTP1B活性过高。因此，当PTP1B的活性被VO_4^{3-}抑制时，可以使胰岛素信号增强和延续。此外，VO^{2+}则和Ca^{2+}相似，可以激活Ca^{2+}参与的未折叠蛋白响应等一系列细胞保护性响应，从而保护胰岛细胞免受氧化应激等引起的细胞损伤，维持乃至恢复胰岛细胞的功能。因此，钒配合物是一种高效的抗糖尿病药物，是继顺铂药物以来最有前景的金属药物。

总的说来，在现代药物中，金属和无机药物的数量是很有限的，表8-3列出了一些常见的金属药物。

表8-3　一些常见的金属药物

金属药物	靶分子/可能的作用机制	商品名称/用途
抗癌药物		
Cis-[$Pt(NH_3)_2Cl_2$]	抑制肿瘤细胞DNA复制和激活DNA损伤响应等	顺铂（Cisplatin），对睾丸癌和卵巢癌最为有效
$(NH_3)_2Pt(CO_2)_2C_4H_7$	同顺铂	碳铂或卡铂（Carbplatin），第二代低毒抗癌药物
As_2O_3	抑制端粒酶等	Trisenox，对白血病（APL）特效
抗菌药物		
磺胺嘧啶银（Ⅰ）	机制尚不明确	Flamazine，治疗严重烧伤
纳米金属银微粒	机制尚不明确	治疗严重烧伤
胂凡钠明（arsenical salvarsan）	机制尚不明确	俗称六零六，治疗梅毒和昏睡病
抗炎药物		
Au[$CH_2(CO_2^-)CH(CO_2^-)S$]	机制尚不明确	Auranofin，风湿性关节炎
硝酸铈$Ce(NO_3)_3$	机制尚不明确	与磺胺嘧啶银联用，治疗严重烧伤
抗糖尿病药物		
吡咯酸铬	机制尚不明确	唐安一号，降糖食品添加剂
有机氧钒配合物（开发中）	抑制蛋白质酪氨酸磷酸酯酶1B和激活糖脂代谢等	胰岛素增敏类口服降糖药物
抗精神病药物		
Li_2CO_3	机制尚不明确	Camcolit，抗抑郁病
消化道用药		
胶体次柠檬酸铋	抑制尿素酶从而抑制幽门螺杆菌生长	丽珠得乐（De-Nol），胃溃疡和十二指肠溃疡
碳酸镧	与磷酸根形成不溶性不可吸收沉淀	Fosrenol，晚期肾病患者高磷血症
蒙脱石	吸附病毒及毒素	思密达（Smecta），急、慢性腹泻

（六）中药矿物药——朱砂、雄黄、石膏

包括各种民族药在内的中医药是我国伟大的宝库。矿物入药历史悠久，是中医药的特色之一。在《中国药典》（2020 年版）一部中，含矿物药的成方和制剂约占总成药数的 14%。学中医学不可不知矿物药及其使用。

朱砂（cinnabar）又称辰砂，是中医应用最为广泛的矿物药之一，在包括名方“安宫牛黄丸”在内的约 10% 中医方剂中获得主要的应用。朱砂的化学组成是 α-HgS，其晶体可作为激光发射材料。HgS 还有一种晶型是黑辰砂（β-HgS）。HgS 存在假升华反应，即加热可分解成单质 Hg 和 S，在冷却时重新反应（无论之前是朱砂还是黑辰砂）生成红色的 α-HgS。反复“升华”可获得非常纯净的朱砂。如此获得的色泽鲜艳的纯净朱砂古人称之为“九转金丹”。由于朱砂非常稳定，其粉末红色可以经久不褪，是传统“中国红”的颜料，也是历史最悠久的颜料之一。“涂朱甲骨”指的就是把朱砂粉末涂嵌在甲骨文的刻痕中以示醒目；“朱笔御批”指的是历代帝王利用朱砂制备的红色墨汁批改官员的文书，使批文看着醒目和长期保存。

HgS 的溶解度极小（$\lg K_{sp}=-52.03$），不溶于一般酸碱，但可与单质 S 或硫化氢在中性和弱碱性的条件下生成具有一定溶解性的多硫化物，反应可能包括：

$$HgS(s)+(x-1)S = HgS_x(aq)$$
$$HgS(s)+H_2S = Hg(SH)_2(aq)$$
$$HgS(s)+HS^- = HgS_2H^-$$
$$HgS(s)+(x-1)S+HS^- = HgS_xSH^-$$
$$HgS(s)+(x-1)S+OH^- = HgS_xOH^-$$
$$HgS(s)+(x-1)S+S^{2-} = HgS_xS^{2-}$$

其中，$x=2\sim6$。上述反应是 HgS 在动物肠道特别是弱碱性并富硫的大肠中能够溶出并被吸收的可能原因。在空气中（特别是加热时），HgS 可被缓慢氧化成 HgO：

$$2HgS+O_2 = 2HgO+2S$$

矿物药在使用时需要研磨成粉，为了使矿物容易打碎，通常采用火煅后水淬使矿物因热胀冷缩而解理变得酥脆。HgS 经煅淬后，不可避免产生 HgO。但 HgO 有一定的水溶性，并和 $HgCl_2$ 一样可被细菌转化成剧毒的甲基汞。因此，古人使用朱砂时需要对药材进行一系列的炮制，首先煅淬打碎，用磁石吸去含铁杂质，然后用“水飞法”研粉，即加水隔绝空气研磨，然后沉淀少许时间，将上层混浊液倒掉（称为“打去浮沫”），反复进行，直到上层液澄清为止。也可进一步研磨浮选，得到理想颗粒大小的朱砂粉末。此外，朱砂在使用时多入丸散服，不入煎剂。从而进一步避免了毒性汞化合物的生成，保证了朱砂使用的安全性。

中医认为朱砂“甘，微寒，归心经”，可以“清心、安神、镇惊、辟邪”，《珍珠囊》载：“心热非此不能除”。因此，朱砂在名方中应用很常见，但朱砂的现代药理和毒性作用机制至今均未阐明，尚待深入研究。

石膏（gypsum）（$CaSO_4\cdot 2H_2O$）是中医重要的退热药材之一，在著名复方如“白虎汤”和“麻杏石甘汤”中发挥主要作用。$CaSO_4\cdot 2H_2O$ 的热化学过程分为三个步骤：

$$CaSO_4\cdot 2H_2O \xrightarrow{105\sim108℃} CaSO_4\cdot 0.5H_2O\text{（熟石膏）} \xrightarrow{200\sim220℃}$$
$$CaSO_4\cdot xH_2O\ (0.06<x<0.11)\text{（Ⅲ型硬石膏）} \xrightarrow{350℃} CaSO_4\text{（Ⅱ型硬石膏）}$$
$$\xrightarrow{>1\,000℃} CaSO_4\text{（Ⅰ型硬石膏）}$$

中药的煅石膏（生石膏置于无烟炉火中武火加热，煅烧至红透、酥脆时取出，凉后碾细）应该是熟石膏、Ⅲ型和Ⅱ型硬石膏的混合物。

石膏入药分生用和煅用。煅石膏主要是外用，研末撒或调敷，可敛疮生肌、收湿和止血，显然利用了熟石膏 / 硬石膏吸水后可凝固硬化的作用。石膏则内服，中医认为石膏味甘、辛，性大寒；归肺、胃经。可清热泻火，除烦止渴，去大热结气。即用于各种发热症。$CaSO_4$ 微溶于水，至肠吸收入血能增加血清内钙离子浓度。钙剂在临床中很常见（如葡萄糖酸钙和乳酸钙等），可抗过敏反应，抑制神经应激能力（包括中枢神经的体温调节功能）、减低骨骼肌的兴奋性、缓解肌肉痉挛和减少血管通透性等。白虎汤由知母、石膏、甘草和粳米组成。其中梗米煮出各种糊精等助溶剂，可以提高复方中药效成分的溶解度。而知母可“止治实火，泻肺以泄壅热”，和石膏配合则可发挥协同功效，从而横扫炎症，有效抑制不同疾病导致的高烧发热的症状。现代药理研究表明生石膏对正常体温无降温作用，而对人工发热动物具有一定的解热作用，但纯硫酸钙无效，可能和无水硫酸钙（硬石膏）的水合能力差有关。而石膏与知母合用的退热效果较单用为强；同样，麻杏石甘汤的退热作用也强于石膏。

雄黄（realgar）（As_4S_4）常与雌黄（As_2S_3）共生，有“矿物鸳鸯”的之说。雄黄是分子晶体，是光敏的结构，有多种同分异构体。α-As_4S_4 的结构是由两个垂直交叉的 As—As 单元由 4 个 S 原子相连接。As—S 键较 As—O 键更为稳定，因此雄黄不溶于水和盐酸。但在阳光曝晒或加热下，会逐渐形成 As_2S_3 和 As_2O_3：

$$2As_4S_4 + 3O_2 = 2As_2S_3 + 2As_2O_3 + 2S$$

雄黄燃烧时则生成 As_2O_3：

$$As_4S_4 + 7O_2 = 2As_2O_3 + 4SO_2$$

As_2O_3 俗称砒霜，剧毒。可溶于水，是两性氧化物，可与酸或碱反应：

$$As_2O_3 + 6NaOH = 2Na_3AsO_3 + 3H_2O$$

$$As_2O_3 + 6HCl = 2AsCl_3 + 3H_2O$$

在空气中放置的雄黄因氧化作用一定含有 As_2O_3。药用雄黄一般含有 1% 左右的 As_2O_3；雄黄如在 80℃条件下干燥 32 小时，As_2O_3 的含量可增高 4 倍。所以，古人从不煅烧雄黄，而是用水飞法研磨炮制，以减低雄黄中 As_2O_3 的含量。炮制时用稀的酸或碱溶液都能更好地除去 As_2O_3；古法炮制时常“以米醋煮三伏时”和“酽醋浸”以降低雄黄的毒性。

不过，As_2O_3 实际上是雄黄产生药理作用的有效成分。中医认为，雄黄味辛、性大温，可解毒杀虫、燥湿祛痰和截疟。即具有杀寄生虫、抗菌、抗炎和免疫调节的作用。这些作用其实都由 As_2O_3 产生。实际上，古人曾长期用砒霜有效治疗梅毒、肺结核病等疾病，直到更安全的青霉素将之取代。急性早幼粒细胞性白血病（APL）是一种极为凶险的恶性血液疾病，以产生 PML-RARα 癌基因为特征。研究表明，As_2O_3 可引起 PML-RARα 癌蛋白的降解，诱导白血病细胞分化或凋亡。全反式维 A 酸和 As_2O_3 联合靶向治疗，可使 APL 的五年无病生存率跃升至 90% 以上，达到基本治愈标准。

雄黄可以看作是 As_2O_3 缓释剂。复方黄黛片（雄黄、青黛、丹参、太子参）正是以雄黄为君药，而复方中的丹参酮（丹参成分）和靛玉红（青黛成分）可增加水 / 甘油通道蛋白 9 表达，从而促进 As_2O_3 进入白血病细胞发挥作用。这样雄黄和三药联合通过协同作用取得明显增强的治疗效果。

雌黄（As_2S_3）是很稳定的含砷矿物，不溶于水和一般的稀酸碱。因此，雌黄作为一种明亮的黄色颜料在东西方的绘画中应用。在中国古代，雌黄经常用来修改错字。《梦溪笔谈》记载：“尝校改字之法，刮洗则伤纸，纸贴之又易脱，粉涂之则字不没，吐数遍方能漫灭。唯雌黄一漫则灭，仍久而不脱”。因此，在汉语语境中，雌黄有篡改文章的意思，并且引申为成语“信口雌黄”。

雌黄可溶于浓硝酸和 NaOH 溶液，反应为：

$$As_2S_3 + 22HNO_3 = 2H_3AsO_4 + 3SO_2\uparrow + 22NO_2\uparrow + 8H_2O$$

$$As_2S_3 + 12NaOH \xlongequal{} 2Na_3AsO_3 + 3Na_2S + 6H_2O$$

雌黄在空气中稳定，但燃烧后亦生成砒霜，这是制备砒霜的方法之一：

$$2As_2S_3 + 9O_2 \xlongequal{} 2As_2O_3 + 6SO_2$$

天然的雌黄因混有雄黄和砒霜而有毒性，也曾被记载于《神农本草》中，但现今雌黄已不列入《中国药典》的中药材名录。

（七）稀土探针——钆、铕、钕

中国是富含稀土矿物和稀土应用最广泛和深入的国家之一。稀土元素是指ⅢB族元素钪（Sc）和钇（Y），加上镧系元素（包括La、Ce、Pr、Nd、Pm、Sm、Eu、Gd、Tb、Dy、Ho、Er、Tm、Yb、Lu）共17种。其中Pm为放射性元素。在工农业和生物医学领域应用非常广泛的是镧系（lanthanide，Ln）的14种元素。

镧系元素的电子构型是$4f^{1\sim14}5d^{0\sim1}6s^2$，一般失去3个电子成为$Ln^{3+}$，个别元素也有+2和+4价的化合物。镧系元素重要的特征是其4f电子层，使原子/离子的外层电子拥有了多变的电子结构和空间分布。Ln离子的配位数一般为6~8配位。在物理性质上，Ln金属及化合物具有优异的磁学和发光性质。在生物作用上，Ln^{3+}半径都比较接近于Ca^{2+}；但Ln^{3+}具有更大的电荷密度，这一点又像Fe^{3+}；个别离子（如Ce^{3+}/Ce^{4+}和Eu^{2+}/Eu^{3+}等）具有变价能力，这一点依然很像Fe^{2+}/Fe^{3+}。因此，在生物体内，Ln^{3+}和磷酸根有很强的结合作用，也可以与钙蛋白、铁蛋白和磷酸化蛋白作用，发挥多姿多彩的生物效应。碳酸镧和硝酸铈已经成为临床应用的药物（表8-3）。

利用镧系元素的光和磁效应，Ln系探针在生物和医学领域得到了广泛的研究和应用，其中最著名的有钆Gd、铕Eu、钕Nd配合物探针。

在医学核磁共振（MRI）成像中，钆造影剂是应用最为广泛的制剂之一。Gd^{3+}的电子构型是［Xe］$4f^7$，是外层具有7个单电子的离子，具有最高的顺磁性。MRI成像测定的是组织中的^1H的信号，组织中的H_2O和蛋白质、脂肪等有机化合物都提供了^1H的信号，但H_2O是最主要的信号来源。因此，不同组织因水代谢情况不同（如组织的含水量、H_2O和生物分子的结合状态、顺磁性分子如含铁蛋白质的影响等），导致组织的MRI成像信号强度不一样。通过比较正常和疾病状态的MRI图像，就能对病变位置和状态做出判断。由于正常和病变组织的差异较小，为了进一步提高两者信号反差，大约1/3的成像需要使用造影剂。

MRI的信号强度和弛豫性质有关。纵向弛豫时间T1越短，信号越强、图像越亮；而横向弛豫时间T2越短，则信号越弱、图像越暗。一般的，顺磁性物质可增强H_2O的T1弛豫，是阳性造影剂；铁磁性物质可增强T2弛豫，是阴性造影剂。Gd^{3+}配合物是最优秀MRI阳性造影剂之一，其特点是：①弛豫效率高，图像明亮；②水溶性好，稳定低毒，易于排出体外；③组织靶向性好。Ln^{3+}本身有一定的肿瘤亲和力，而通过在配体上引入组织靶向分子如抗体等，则可以产生对肿瘤、脑淀粉样沉淀和特定器官的高特异性的造影剂。

一些Gd造影剂曾因配合物的稳定性问题导致了部分病人的肾源性系统性纤维化等不良反应，但随着新的更安全的Gd^{3+}配合物应用和规范合理的使用，Gd造影剂的临床用药安全性不断提高，其临床诊断价值正在不断增强中。

镧系元素的发光是基于它们的4f电子在f-f组态之内或f-d组态之间的跃迁，具有以下特点：①4f电子跃迁可产生大约有30 000条可观察到的谱线，Ln离子光谱涵盖了从紫外光、可见光到红外光区的各种波长。②由于f-f跃迁又称禁阻跃迁，Ln离子自身很难被激发并发射荧光，但可以通过配体的“天线效应”——即先通过有机配体分子吸收激发能量，然后传递给中心Ln离子使之被激发、进而发光。这种“天线效应”使Ln配合物的激发波长和发射波长间距（术语称Stocks位移）很大，一些配合物可有毫秒级的超长的荧光寿命。③由于5s和5p电子的屏蔽作用，Ln离子的发光受配体晶体场的影响较小，因而发射光谱为一系列具有离子特征的锐线光谱，易于与有机分子的发光相互分辨。这些性质使Ln配合物成为理想的生物探针。

Eu^{3+}配合物可发出特征的红光（613nm），其荧光寿命在几百个微秒间；Stocks位移一般在250nm以上。将发光的Eu^{3+}配合物与抗体分子（或其他靶向载体上）连接，即构成了一个强大的时间分辨荧光探针。在一般的生物荧光检测中，由于包括蛋白质在内的很多生物分子都有内源性荧光发射，造成了很强的荧光背景，严重干扰图像观察和定量分析。幸运的是，这些内源性背景荧光基本上是短寿命发射（荧光寿命大约几十个纳秒），而Stocks位移也仅在几十个纳米范围内。因此，此时可以选择合适的滤光片除去大部分背景荧光，同时使用时间分辨检测技术（即通过设定机械或电子快门的参数，选择观察的时间窗口。在背景光衰减殆尽而探针荧光仍然很强的时间区间，记录图像和测定光强），从而达到完全消除背景的干扰、最大限度地提高荧光分析的灵敏度。使用Eu^{3+}配合物探针的时间分辨荧光免疫分析方法，可以达到检测单分子级别的生物分子的水平。除Eu^{3+}配合物外，长寿命的镧系配合物荧光探针（如Tb^{3+}、Sm^{3+}配合物等）已广泛用于生物成像、细胞pH检测、阴离子和金属离子分析等方面。

Nd一般以史上最强（可吸起相当于自身重量640倍的重物）的钕铁硼永磁体而为大众知晓。但Nd^{3+}在1 060nm的近红外区有很强的发射（在激光医学等领域已经得到广泛的应用，如钕掺杂钇铝石榴石晶体Nd：YAG激光器），在1 330nm也有良好的发射光。由于近红外光波对组织有很强的穿透力，近红外发光探针在活体成像和生物检测中具有巨大的优势。因此，Nd^{3+}、Er^{3+}等镧系配合物近红外发光探针的研究和应用正方兴未艾。

习 题

1. 大气、海洋和土壤中的元素分别都有哪些？分布特征是什么？
2. 自然存在的单质元素有哪些？以单质存在的物理化学原因是什么？
3. 自然存在的无机盐主要有哪些种类？其溶解性的规律是什么？
4. 同是SiO_2矿物，水晶、石英、玛瑙和蛋白石的区别是什么？其物理化学原因是什么？
5. 高岭土和蒙脱土在矿物组成、化学组成和结构上的区别是什么？哪种黏土可以作药物使用？
6. 给出七色的硫化物矿物各一种。哪种硫化物矿物古人用于有效涂漫以修改错字？
7. 对照元素周期表，总结生命的必需元素、非必需元素和毒性元素分别是哪些？
8. 相对于其他宝石，玉之所以为中国人尊崇的原因是什么？玉的五德是由哪些化学和结构学性质衍生出来的？
9. 如何从碳酸钙制备石灰？石灰作为建筑黏合剂的化学基础是什么？
10. 为什么牙齿涂氟有利于健康，而饮水中氟含量过高会引起疾病？
11. 什么是Fenton反应？其生物学意义是什么？
12. 什么是金属-金属δ键？举一个化合物的例子。
13. 锌的主要生物作用是什么？根据锌的化学性质，设计一下缺锌的人群如何补充锌？
14. 三大环境污染重金属是什么？其危害分别是什么？
15. 请查阅文献后，总结一下古代和现代使用的无机药物/金属药物都有哪些？
16. 为什么朱砂和雄黄需要用水飞法进行炮制？其中的物理和化学过程都有哪些？
17. “白虎汤”退热的机制是什么？其中石膏发挥了什么作用？

18. “复方黄黛片”治疗白血病的主要活性成分是什么？是如何发挥其药理作用的？包含什么化学反应？

19. 为什么镧系荧光探针可以具有最高的检测灵敏度？是由什么物理化学因素决定的？

20. 查阅文献总结一下临床上应用了哪些钆造影剂？如何安全选择和使用合适的造影剂？

第八章
目标测试

（杨晓达）

第九章

主族元素

学习目标

1. **掌握** s区、p区各族元素的通性；常见s区、p区元素重要化合物的基本性质和用途。
2. **熟悉** s区、p区元素性质与电子层结构的关系及成键特征，常见主族元素离子的分析鉴定。
3. **了解** s区、p区元素的生物学效应、药用价值及作用机制。

第九章
教学课件

元素化学是无机化学中心内容之一，其主要讨论元素及其化合物的存在、性质、制备和应用，是从事化学、药学及其相关学科研究重要的专业基础知识。元素在周期表中的位置反映了元素的原子结构、核外电子排布，以及与结构有关的性质均呈现周期性变化的规律。学习元素化学时，需要基于元素周期表的趋势和规律，从化学动力学和热力学观点出发、外因（反应条件）和内因（原子的电子结构）相结合，从根本上去探究化学反应实质。

主族元素包括s区与p区元素，s区元素包括周期表中ⅠA和ⅡA族元素，p区元素包括ⅢA~ⅧA族元素，ⅧA族又称为0族元素。人体生命必需的29种元素中，11种常量元素是主族元素；18种微量或痕量元素中有8种元素都是主族元素，主族元素在医药领域具有广泛应用。

第一节　s区元素的通性

s区元素的价层电子构型为$ns^{1\sim2}$，除H元素外，均是活泼金属元素。ⅠA族元素包括氢（hydrogen，H）、锂（lithium，Li）、钠（sodium，Na）、钾（potassium，K）、铷（rubidium，Ru）、铯（cesium，Cs）和钫（francium，Fr），除H外，其他元素称为碱金属（alkali metal）。ⅡA族元素包括铍（beryllium，Be）、镁（magnesium，Mg）、钙（calcium，Ca）、锶（strontium，Sr）、钡（barium，Ba）和镭（radium，Ra），称为碱土金属（alkaline earth metal）。

碱金属在自然界中均以可溶性化合物的形式存在，其中钠和钾的丰度较大，且分布广泛。例如，地壳中有钠和钾的矿物，海水和盐湖水中有大量的Na^+、K^+。锂、铷、铯在自然界中的丰度较小，属于稀有金属，钫是放射性元素。碱土金属在自然界中主要以可溶或难溶矿石的形式存在，如光卤石（$KCl \cdot MgCl_2 \cdot 6H_2O$）、石灰石（$CaCO_3$）、白云石（$CaCO_3 \cdot MgCO_3$）、菱镁矿（$MgCO_3$）等，海水中含有大量的镁盐。铍属于稀有金属，镭是放射性元素。

s区元素的主要特性参数如表9-1和表9-2所示。

碱金属元素的价电子组态为ns^1，因此本族元素的单质容易失去外层电子，形成+1氧化态的阳离子，是强还原剂。除Li^+外，M^+为8电子组态，稳定且无色，其化合物都是离子型。碱金属盐易溶于水（部分半径较大的阴离子盐除外），不水解。氧化物和氢氧化物都显强碱性。电子结构最简单的H原子，由于仅存在一个电子，失去电子的原子核之间再无其他起屏蔽作用的电子，静电斥力太大，无法形成密堆积，因此常态下不能形成金属氢。理论上，在几百万个大气压的超高压下可得到金属氢。2017年，哈佛大学报道了在接近绝对零度条件下，用金刚石对顶砧压缩固体氢至495GPa，首次观察到了金属氢形成。

表 9-1 碱金属元素的特性参数

元素性质	锂（Li）	钠（Na）	钾（K）	铷（Rb）	铯（Cs）
价层电子结构	$1s^1$	$2s^1$	$3s^1$	$4s^1$	$5s^1$
原子半径 /pm	145	180	220	235	260
离子半径 /pm	60	95	133	148	169
第一电离能 /（kJ/mol）	520.2	495.8	418.8	403	375.7
第二电离能 /（kJ/mol）	7 298	4 562	3 052	2 633	2 234
电负性	0.98	0.93	0.82	0.82	0.79
熔点 /K	453.69	370.87	336.53	312.46	301.59
沸点 /K	1 615	1 156	1 032	961	944
密度 /（g/cm^3）	0.535	0.968	0.856	1.532	1.879
$\varphi^{\ominus}$（M^+/M）/V	−3.040	−2.713	−2.925	−2.944	−2.923
主要氧化数	+1	+1	+1	+1	+1
莫氏硬度（金刚石 = 10）	0.6	0.5	0.4	0.3	0.2

表 9-2 碱土金属元素的特性参数

特性参数	铍（Be）	镁（Mg）	钙（Ca）	锶（Sr）	钡（Ba）
价层电子结构	$1s^2$	$2s^2$	$3s^2$	$4s^2$	$5s^2$
原子半径 /pm	105	150	180	200	215
离子半径 /pm	31	65	99	113	135
第一电离能 /（kJ/mol）	899.5	737.7	589.8	549.5	502.9
第二电离能 /（kJ/mol）	1 757	1 451	1 145	1 064	965
第三电离能 /（kJ/mol）	14 849	7 733	4 912	4 138	3 600
电负性	1.57	1.31	1.00	0.95	0.89
熔点 /K	1 560	923	1 115	1 050	1 000
沸点 /K	2 740	1 363	1 757	1 655	2 143
密度 /（g/cm^3）	1.848	1.738	1.55	2.63	3.51
$\varphi^{\ominus}$（M^{2+}/M）/V	−1.97	−2.36	−2.84	−2.89	−2.92
氧化数	+2	+2	+2	+2	+2
莫氏硬度（金刚石 =10）	5.5	2.5	1.75	1.5	1.25

碱土金属元素的价电子组态为 ns^2，原子半径较同周期的碱金属要小，失去一个电子比同一周期的碱金属原子要难，但仍是活泼性较强的金属元素。虽然，失去第二个电子需一定的电离能，但由于形成的 +2 氧化数化合物所释放出的晶格能很大，所以碱土金属具有稳定 +2 氧化态。M^{2+} 也是 8 电子组态（Be^{2+} 除外），稳定且无色，其化合物也是离子型。碱土金属的氯化物、硫化物和硝酸盐可溶于水，而碳酸盐、草酸盐、硫酸盐和磷酸盐中大多微溶或难溶于水。氧化物、氢氧化物显强碱性，但氢氧化物的溶解度较小。

第二节　s 区元素单质及其重要化合物的性质

一、氢

氢元素是自然界中最为丰富的元素之一，在自然界中主要以水、石油、天然气等化合物的形式存在。单质氢在空气中的含量极微，仅占 1/14。氢失去核外价电子形成质子 H^+，具有很强的电场，很容易和邻近的原子或分子结合并导致该原子或分子的电子云强烈变形。除了气态的质子流以外，一般不存在自由质子。

H_2 是无色、无味、可燃的气体，也是最轻的气体。氢分子间的引力小，致使 H_2 熔点（14.0K）和沸点（20.3K）极低。H—H 键的键能为 436kJ/mol，比一般共价单键高很多，因此在常温下单质氢不活泼。作为自然界最小的分子，H_2 具有强大的渗透性，可以自由通过细胞膜和各种生物屏障（如大脑和血管之间的血脑屏障），从而与毒性较强的羟自由基和亚硝酸阴离子等反应，有效抑制体内活性氧水平。氢疗对多种与自由基相关的疾病具有明显防治作用。

除稀有气体元素外，单质氢几乎能和所有元素结合，生成氢化物。按其结构分为：离子型、分子型和金属型三类。

氢与活泼性强的碱金属和碱土金属在较高温度下直接化合，得到离子型氢化物，如 NaH、BaH_2 等。在这类氢化物中，金属元素的电负性都比氢的电负性小，氢以 H^- 形式存在，$\varphi^{\ominus}(H_2/H^-) = -2.23V$，所以离子型氢化物都是极强的还原剂，遇水剧烈反应产生 H_2。由于 H^- 的电荷少而半径大，能在非极性溶剂中与 B^{3+}、Al^{3+} 等结合成复合氢化物，如氢化铝锂（$Li[AlH_4]$）的生成：

$$4LiH + AlCl_3 \xrightarrow{\text{乙醚}} Li[AlH_4] + 3LiCl$$

这类化合物还包括 $Na[BH_4]$、$Li[BH_4]$ 等。其中 $Li[AlH_4]$ 是有机合成中重要的还原剂，能够还原卤代物、酸、酯、醛、酮和氰基等官能团，在精细化工、医药合成制备、农药开发生产等领域应用广泛。

氢与过渡金属元素单质在一定压力和温度下，反应生成金属型氢化物。这类金属型氢化物基本保持着金属的外观，具有金属光泽且能导电。其组成不符合正常化合价规律，含氢量随外界条件的改变而变化，通常原子数不是简单的整数比，如 $LaH_{2.76}$、$CeH_{2.69}$、$ZrH_{1.75}$ 等。在它们的晶格中，金属原子的排列基本保持不变，只是相邻原子间距离稍有增加，氢原子填充在金属的晶格空隙位置，热稳定性一般较差。温度升高时，金属氢化物中的 H 原子通过固体迅速扩散，释放出氢气。金属型氢化物可用作储氢材料，如镧镍 -5（$LaNi_5$），室温下与几个大气压的氢反应，即可吸收 3 分子 H_2 后变为 $LaNi_5H_6$，储氢量高达 1.4wt.%，稍加热后，就可把储存的氢全部释放，且能反复使用。

二、碱金属和碱土金属的单质

碱金属与碱土金属的单质大都有银白色金属光泽、半径较大、金属键较弱、有良好的导电性和导热性。除了铍和镁的单质外，其他金属单质都很软，可用刀切割，其中 Li、Na、K 的密度小于 $1g/cm^3$，能浮在水面上。它们极易形成合金，钠钾合金比热容大，液化范围宽，用作核反应堆的冷却剂。Li 可用于高能电池和储氢材料，在核动力技术中也有重要应用。镁铝合金是应用广泛的轻质合金，在航空航天和军事工业中，常用高性能的镁合金制造空间运载工具和军用器材。

（一）化学性质

碱金属与碱土金属单质最为突出的化学性质是强还原性，都与大多数非金属，如与氧、卤素、硫、

氮和氢等直接化合，形成离子型化合物。碱金属和碱土金属单质都可以从水或非氧化性酸中置换出 H_2，且反应程度在周期表从上至下逐渐强烈，遇水或酸因强烈放热发生燃烧甚至爆炸。但 Li 的熔点较高，与水反应放出的热量不足以将其熔化成小球或液体，分散性差，因此 Li 与水反应缓慢。其次，LiOH 的溶解度小，覆盖在 Li 表面，阻碍了反应的进行。Be 与 Mg 因生成难溶于水的氢氧化物，覆盖在表面，而使之在冷水中不反应，需加热促进反应的进行。

碱金属及钙、锶、钡都可溶于液氨形成蓝色导电溶液，其中含有溶剂化的氨合电子和氨合金属阳离子。氨合电子非常活泼，所以，这些金属的液氨溶液是一种低温下的强还原剂，不稳定，当长时间放置或有催化剂（如过渡金属氧化物）存在时，将会发生置换反应，释放出 H_2：

$$Na + (x+y)NH_3 = Na^+(NH_3)_x + e^-(NH_3)_y$$

$$2Na + 2NH_3(l) = 2NaNH_2 + H_2\uparrow$$

（二）焰色反应

碱金属和碱土金属中的钙、锶、钡及其挥发性化合物在无色的火焰中灼烧时，都有特征的焰色，称为焰色反应（flame test）。产生焰色反应的原因是其原子或离子受热时，电子容易被激发。当电子从激发态的原子或离子的较高能级跃迁返回基态能级时，相应的能量以光的形式释放出，产生线状光谱。由于原子结构不同，电子跃迁时能量的变化不同，发射出不同波长的光。所以，焰色反应的火焰具有元素特征颜色，其光谱颜色及主要波长见表 9-3。

表 9-3 部分碱金属和碱土金属的火焰颜色

元素	Li	Na	K	Rb	Cs	Ca	Sr	Ba
颜色	深红	黄	紫	红紫	蓝	橙红	深红	绿
波长 /nm	670.8	589.2	766.5	780.0	455.5	714.9	687.8	553.5

在利用焰色反应来判断物质中所含元素成分时，除了钠等极少数金属元素能直接通过观察进行判断外，大部分金属元素在火焰中的颜色都是相互覆盖的，即使通过各种颜色的滤色片也极难分辨出。但在借助三棱镜或光栅的折射下，每一种元素的特征谱线都出现在它们各自固定的位置上，因此可根据各种元素特征谱线来确定元素的存在。在此基础上发展出了用于元素定性和定量分析的原子发射光谱法（atomic emission spectrometry，AES；如电耦合等离子体原子发射光谱法，ICP）。原子发射光谱法同原子吸收光谱法（atomic absorption spectroscopy，AAS；如火焰原子吸收光谱法、石墨炉原子吸收光谱法）是一对在原理上互补的元素分析方法。AAS 通过测量蒸气相中待测元素的基态原子对其对应元素的特征原子发生谱线（也称为共振辐射谱线）的吸收强度来测定该元素含量。

三、碱金属和碱土金属的重要化合物

（一）氧化物

碱金属与氧作用能形成多种类型的氧化物，包括普通氧化物（oxide）、过氧化物（peroxide）和超氧化物（super-oxide）。Na 主要得到 Na_2O_2，K 主要得到 KO_2。碱土金属与氧作用可得到普通氧化物，Be 和 Mg 表面可形成致密的氧化物保护层。

1. 普通氧化物　碱金属氧化物均为固体，颜色由 Li_2O 到 Cs_2O 依次加深，热稳定性依次减小。碱金属和碱土金属氧化物熔、沸点变化趋势与热稳定性变化趋势相同。碱土金属离子的电荷为 +2，且半径较小，氧化物的晶格能较大，所以其熔点比碱金属熔点高得多，BeO 和 MgO 可作耐高温材料、高温陶瓷等，CaO 则大量用于建筑业。

碱金属氧化物与水反应生成氢氧化物，反应的激烈程度在周期表从上至下依次增加，其中 Li_2O 与水作用缓慢，Rb_2O 和 Cs_2O 遇水即沸腾乃至爆沸。与碱金属相似，碱土金属氧化物与水反应的激

烈程度在周期从上至下也依次增强，BeO 几乎不与水反应，MgO 与水缓慢作用生成 $Mg(OH)_2$，CaO、SrO、BaO 遇水剧烈反应，但产物氢氧化物的溶解度较碱金属氢氧化物小得多。

2. 过氧化物 碱金属与碱土金属元素（除 Be 外）均可生成过氧化物，其中存在过氧离子 O_2^{2-}，氧的氧化数为 -1。Na_2O_2 为黄色粉末，对热稳定，但易吸潮，与水或稀酸作用生成 H_2O_2，与 CO_2 反应放出 O_2。因此，Na_2O_2 可用作氧气发生剂，也可用作防毒面具的填料，在高空飞行和潜水时作供氧剂和 CO_2 吸收剂。

$$Na_2O_2 + 2H_2O = 2NaOH + H_2O_2$$

$$2Na_2O_2 + 2CO_2 = 2Na_2CO_3 + O_2$$

Na_2O_2 具有强氧化性，工业上用作漂白剂。由于 Na_2O_2 的强碱性，熔融时不宜使用石英或陶瓷容器，可采用铁或镍制容器。另外，熔融 Na_2O_2 遇到棉花、木炭、铝粉等还原性物质时，会发生爆炸，使用时要注意安全。

3. 超氧化物 除 Li、Be、Mg 外，其他碱金属和碱土金属元素均可形成超氧化物。在超氧化物中存在超氧离子 O_2^-。O_2^- 是一个自由基，O 的氧化数为 -1/2。碱金属超氧化物都是强氧化剂，与水和稀酸反应放出 H_2O_2 和 O_2，与 CO_2 反应放出 O_2，例如：

$$2KO_2 + 2H_2O = 2KOH + H_2O_2 + O_2\uparrow$$

$$4KO_2 + 2CO_2 = 2K_2CO_3 + 3O_2$$

因此，超氧化物可用作供氧剂和二氧化碳吸收剂。

（二）氢氧化物

碱金属氢氧化物都是白色固体，易溶于水（LiOH 除外）且完全电离，显强碱性。它们对皮肤、纤维、玻璃、陶瓷等都具有强腐蚀性，因此又称为苛性碱（caustic alkali）。碱金属氢氧化物在水中溶解度较大，溶于水时放出大量的热，在空气中易吸湿潮解且可与 CO_2 反应生成碳酸盐，使用和保管时需注意密封且保持干燥。NaOH 和 KOH 是常用的强碱，也是重要的化工原料，用于分解矿物原料、制备其他氢氧化物和氧化物等，也常用作干燥剂。但市售 NaOH 固体总难免含有 Na_2CO_3，当需要不含 Na_2CO_3 杂质的 NaOH 溶液时，可先制备 NaOH 饱和溶液，密闭静置，使 Na_2CO_3 沉淀析出，然后取上层清液，用煮沸后冷却的新鲜蒸馏水稀释到所需浓度。由于 NaOH 和 KOH 等的腐蚀性强，所以其浓溶液不能用玻璃容器来存放，试剂瓶也不能用玻璃塞，熔融的 NaOH 和 KOH 的腐蚀性更强，使用时需注意安全，防止化学烧伤。

碱土金属的氢氧化物也是白色固体，在空气中易吸湿潮解，易吸收 CO_2 形成难溶性碳酸盐。它们的溶解度较小，由于溶解的部分全部电离，因此仍是强碱。从 $Be(OH)_2$ 到 $Ba(OH)_2$ 溶解度增加、碱性增强，$Be(OH)_2$ 为两性氢氧化物，而 $Ba(OH)_2$ 为强碱。$Ca(OH)_2$ 俗称熟石灰或消石灰，因价格低廉易得，大量用于化工生产和建筑业，也是常用的干燥剂和实验试剂。

（三）常见盐

常见的碱金属和碱土金属的盐类有：卤化物、硝酸盐、硫酸盐、碳酸盐、磷酸盐和硫化物等，本节主要讨论常见盐类的共性和一些特性。

1. 溶解性 绝大多数碱金属盐属于离子型化合物，易溶于水，只有 Li 因其离子半径小，极化能力较强，所以 Li 的卤化物有部分共价性。但少数半径较大的阴离子（主要是有机酸阴离子和配阴离子）盐的溶解度较小，如六羟基锑酸钠（$Na[Sb(OH)_6]$）、酒石酸氢钾（$KHC_4H_4O_6$）、四苯基硼酸钾（$K[B(C_6H_5)_4]$）、氯铂酸钾（K_2PtCl_6）、六（亚硝酸根）合钴（Ⅲ）酸二钾钠（$K_2Na[Co(ONO)_6]$）等，可利用其难溶的性质来鉴别 Na^+、K^+。

碱土金属的盐中，与一价阴离子组成的盐易溶，如氯化物、硝酸盐、醋酸盐等，但氟化物因晶格能较大而难溶；与二价、三价阴离子组成的盐大都难溶，如草酸盐、碳酸盐、磷酸盐、硫酸盐（$MgSO_4$ 除外）、铬酸盐（$MgCrO_4$ 除外）等，但硫化物可溶。其中 CaC_2O_4、$SrSO_4$、$BaCrO_4$ 溶解度较小且反应灵敏，

常分别用于鉴别 Ca^{2+}、Sr^{2+}、Ba^{2+}。难溶的碱土金属碳酸盐、草酸盐、铬酸盐、磷酸盐等都可溶于强酸溶液中，例如：

$$CaCO_3 + 2H^+ = Ca^{2+} + CO_2\uparrow + H_2O$$

$$2BaCrO_4 + 2H^+ = 2Ba^{2+} + Cr_2O_7^{2-} + H_2O$$

因此，要使这些难溶盐沉淀完全，必须控制溶液的酸碱性。

碱土金属的酸式盐大多可溶，如其硫酸盐在浓硫酸中的溶解度大于在水中的溶解度，就是因为生成硫酸氢盐的缘故。向碳酸盐的悬浮液中通入过量 CO_2 可将难溶碳酸盐转变为可溶性碳酸氢盐。碳酸氢盐加热，溶液逸出 CO_2 则又产生碳酸盐沉淀，这就是钟乳岩及溶洞形成的原因。

2. 形成结晶水合物　碱金属离子在水溶液中易形成水合离子，碱金属离子的半径越小，水合作用越强。Li^+ 水合作用最强，Cs^+ 最弱，几乎所有的锂盐都是水合物，钠盐的水合物多于钾盐，而铷盐和铯盐的水合物则很少见。基于同样的原因，钠盐的吸湿性强于钾盐，所以分析化学中常用的标准试剂多为钾盐，配制炸药时选用 KNO_3 或 $KClO_3$，而不用相应的钠盐。

碱土金属离子的半径比碱金属离子小，正电荷高，水合作用更强，碱土金属的盐更易形成结晶水合物，其无水盐吸湿性强。无水 $CaCl_2$ 是常用的干燥剂，$MgCl_2$ 在纺织工业中常用作助柔剂，保持棉纱的湿度和柔软性。

3. 热稳定性　阳离子半径越小，正电荷越高，离子极化作用越强，盐的热稳定性就越差；阴离子半径越大，电子云变形性越大，盐的热稳定性越差。因此，碱金属盐比碱土金属盐的热稳定性强，同族元素中，阳离子半径越大，盐的热稳定性越强。含氧酸盐的热稳定顺序为：硅酸盐 > 磷酸盐 > 硫酸盐 > 碳酸盐 > 硝酸盐；正盐 > 酸式盐。

（四）配合物

碱金属和碱土金属形成配合物的能力通常较弱，很难和无机配体或有机配体形成稳定的配合物。美国化学家 C. J. Pederson 于 1967 年首次报道了冠醚化合物的合成及其相关性质，碱金属配合物的研究获得了重大的进展。冠醚是含有多个醚键，由 $\mathrm{-\!(CH_2CH_2O)\!-}$ 重复单元组成的大环化合物。冠醚既有疏水的外部骨架，又有亲水的能与金属离子形成配位键的内腔。不同冠醚的内腔大小不同，能选择性地与合适大小的金属离子形成稳定的配合物。

冠醚中两个不相邻的氧原子被氮原子取代后形成穴醚，穴醚与碱金属离子的配合物比冠醚配合物稳定得多。冠醚和穴醚是常用的人工离子载体，在研究生物体内 Na^+、K^+、Mg^{2+}、Ca^{2+} 等金属离子的跨膜转运中有重要的应用。

碱土金属形成配合物的能力比碱金属强，尤其是 Ca^{2+} 和 Mg^{2+} 的配合物较为常见。除了能形成大环配合物外，还能与草酸根、多磷酸根离子和 EDTA 等有机螯合剂配合形成稳定的配合物。

四、对角线规则

在 s 区和 p 区元素中，除了同族元素的性质相似外，还有一些元素及其化合物的性质呈现出“对角线”相似性，即ⅠA 族的 Li 与ⅡA 族的 Mg、ⅡA 族的 Be 与ⅢA 族的 Al，ⅢA 族的 B 和ⅣA 族的 Si，这三对元素在周期表中处于对角线位置，相应的两元素及其化合物的性质有许多相似之处，这种现象称为对角线规则。

例如，金属 Li 和 Mg 在过量空气中燃烧均生成普通氧化物而不生成过氧化物，与水反应都较慢；氢氧化物在水中的溶解度都比较小，受热时易分解；许多盐表现出强共价性，氟化物、碳酸盐、磷酸盐等都难溶于水。金属 Be 和 Al 都是两性元素，都可被浓硝酸钝化；其氧化物都是熔点高、硬度大的物质；氢氧化物都显两性且难溶于水；许多化合物都具有共价性，其氯化物都易升华、易聚合、易溶于有机溶剂等。

对角线规则是一经验规则，可从离子极化的角度进行解释。同一周期最外层电子组态相同的金

属离子，从左到右，随离子电荷数的增加，离子的极化作用增强；同一族元素电荷数相同的金属离子，从上到下，随离子半径的增加，极化作用减弱。对于对角线上邻近的两种元素，由于电荷和半径的影响正好相反，极化作用比较接近，所以性质具有许多相似性。

五、离子的鉴定

主族元素金属离子的鉴定主要应用离子形成难溶盐的反应。

1. Na^+ 的鉴定　向含有 Na^+ 的溶液中加入过量的醋酸铀酰锌试液，再加入醋酸酸化，有淡黄色的晶形沉淀生成（可用玻璃棒摩擦容器内壁以促使沉淀生成。反应体系中可加入适量无水乙醇降低沉淀的溶解度）：

$$Na^+ + Zn^{2+} + 3UO_2^{2+} + 9Ac^- + 9H_2O = NaAc \cdot Zn(Ac)_2 \cdot 3UO_2(Ac)_2 \cdot 9H_2O\downarrow \text{（黄色）}$$

2. K^+ 的鉴定　向含有 K^+ 的溶液中加入亚硝酸钴钠试液，有橙黄色的沉淀生成：

$$2K^+ + Na^+ + [Co(NO_2)_6]^{3-} = K_2Na[Co(NO_2)_6]\downarrow \text{（橙黄色）}$$

该反应需在近中性或弱酸性条件下进行。溶液的酸性过强，$[Co(NO_2)_6]^{3-}$ 将发生分解反应；碱性过强将生成 $Co(OH)_3$ 沉淀。

3. Mg^{2+} 的鉴定

（1）向含有 Mg^{2+} 的溶液中加入 NaOH 试液，生成白色的 $Mg(OH)_2$ 沉淀，再加入镁试剂（对硝基苯偶氮间苯二酚），$Mg(OH)_2$ 沉淀吸附镁试剂显蓝色（镁试剂在碱性溶液中显紫红色，在酸性溶液中显黄色）。

（2）向含有 Mg^{2+} 的溶液中加入磷酸氢二铵 - 氨[$(NH_4)_2HPO_4$-NH_3]试剂，溶液中有白色的磷酸铵镁（$MgNH_4PO_4$）沉淀生成。

$$Mg^{2+} + HPO_4^{2-} + NH_3 = MgNH_4PO_4\downarrow \text{（白色）}$$

4. Ca^{2+} 的鉴定　向含有 Ca^{2+} 的溶液中加入草酸铵 $(NH_4)_2C_2O_4$ 试液，溶液中有白色的草酸钙沉淀生成，该沉淀不溶于 HAc，溶于盐酸及硝酸。

$$Ca^{2+} + C_2O_4^{2-} = CaC_2O_4\downarrow \text{（白色）}$$

$$CaC_2O_4 + H^+ = Ca^{2+} + HC_2O_4^-$$

5. Ba^{2+} 的鉴定　向含有 Ba^{2+} 的溶液中加入铬酸钾 K_2CrO_4 试剂，有黄色的铬酸钡沉淀生成，该沉淀不溶于 HAc，溶于盐酸及硝酸，生成橙色的 $Cr_2O_7^{2-}$ 溶液。

$$Ba^{2+} + CrO_4^{2-} = BaCrO_4\downarrow \text{（白色）}$$

$$2BaCrO_4 + 2H^+ = 2Ba^{2+} + Cr_2O_7^{2-} + H_2O$$

此外，Na^+、K^+、Ca^{2+}、Ba^{2+} 等还可通过焰色反应来鉴定。

第三节　p 区元素的通性

p 区元素包括ⅢA~ⅧA 族（ⅧA 族也称为 0 族）六个族的元素，囊括了除 H 以外的所有非金属元素、准金属元素和部分金属元素。

一、p 区元素的价层电子组态与元素的性质

1. 价层电子组态与氧化数　p 区元素的价层电子组态为 $ns^2np^{1\sim6}$（He 为 $1s^2$），为满足形成稳定的稀有气体结构的需要，p 区元素既可以获得电子显示负氧化态，也可以失去电子（包括 s 电子和部分 p 电子）呈正氧化态。但与相应的 s 区元素相比，其失电子能力较弱，且随着原子中 p 电子数的增加，

元素获得电子的能力逐渐增强，因此ⅥA~ⅦA族元素主要显示负氧化态。同一族元素，虽然最外层电子组态相同，由于电子层数的不同，其得失电子的能力也不同。除ⅦA和0族外，p区元素都是从明显的非金属元素开始，逐渐过渡到金属元素，如第VA族就是从N、P（典型的非金属）开始，经As、Sb（半金属）过渡到Bi（金属），且沿B-Si-As-Te-At对角线将其分为两部分，对角线右上方的元素为非金属元素，对角线左下方的元素为金属元素。

根据p区元素价层电子组态的结构特征，多数p区元素具有多种氧化态。在同一族中，从上到下，元素的最高氧化态的稳定性依次降低，而低氧化态的稳定性依次增加，特别是ⅢA~VA族元素，如ⅣA族的Si（Ⅳ）化合物很稳定，而Si（Ⅱ）化合物不稳定。与此相反，Pb（Ⅳ）化合物不稳定，具有强氧化性，很容易得到电子被还原为稳定的Pb（Ⅱ）化合物。这种同一族元素从上至下，低氧化态化合物比相应高氧化态化合物更稳定的现象称为惰性电子对效应（inert electron pair effect）。其原因是随着原子中的d和f亚层充满电子，导致内层轨道产生相对收缩，加之*n*s电子的钻穿能力增强，原子核对*n*s电子的吸引力增加，使其能级显著降低，不易参与成键（成为惰性电子对）。因此，这类元素常显示较低的氧化态。砷、锑、铋都可显示+3氧化数，但Bi（Ⅲ）的稳定性远远大于As（Ⅲ）（表9-4）。

表9-4 p区元素的主要氧化数

周期＼族	ⅢA	ⅣA	VA	ⅥA	ⅦA
价电子组态	ns^2np^1	ns^2np^2	ns^2np^3	ns^2np^4	ns^2np^5
2	**+3**	**−4、+2、+4**	**−3**、+1、+2、+3、+4、**+5**	**−2**、−1	**−1**
3	+3	−4、+2、**+4**	−3、**+3**、**+5**	**−2**、**+4**、**+6**	**−1**、+1、**+3**、**+5**、**+7**
4	+1、**+3**	+2、**+4**	−3、**+3**、**+5**	**−2**、**+4**、**+6**	**−1**、+1、**+3**、**+5**、**+7**
5	+1、**+3**	**+2**、+4	**+3**、+5	**−2**、**+4**、**+6**	**−1**、+1、+3、**+5**、+7
6	**+1**、**+3**	**+2**、+4	**+3**、+5	−2、**+4**、**+6**	−1、+5、+7

注：黑体为常见氧化态。

2. 原子半径 元素的原子半径对于元素的性质起着非常重要的作用，原子半径的大小与元素的有效核电荷数和价层电子构型的关系详见第一章原子结构。同一周期中，原子半径随原子序数的增加而减小，这个规律在p区元素中更加明显；同一族中各元素随着原子序数的增加，电子层数增加，原子半径增加。

3. 第二周期和第四周期p区元素性质的特殊性 与s区元素的Li和Be相似，与同族的其他元素相比较，p区元素中的第二周期元素显示出反常性，性质有较大的差别：①半径较小、电负性较大，获得电子的能力较强，形成共价键的趋势大。②与第三周期元素相比，它们的原子半径较小，成键时键长较短，参与成键的电子之间的排斥力较大，导致单键键能较小，这与同族元素中单键键能从上到下依次递减的规律不符。③相对而言，第二周期元素的价层电子构型为$2s^22p^{1-6}$，无能量相近的空轨道可利用，所能容纳的电子数不超过8，因此形成配合物时配位数都小于或等于4。第二周期元素难以形成高氧化态的化合物，如同一族的F元素只有−1氧化态的化合物，而Cl除了−1氧化态化合物以外，还有+1、+3、+5、+7等氧化态。

第四周期元素由于d电子的填入，除原子半径相对减小以外，也导致其性质异常，例如，虽然P和Sb都可形成高氧化数的氯化物，但$AsCl_5$却不存在；溴酸和高溴酸的氧化性高于其他的卤酸和高卤酸；而电负性的变化也由此呈现锯齿形变化的趋势。

虽然，其规律性远比不上s区元素，但同族中第四、五、六周期元素性质缓慢递变。另外，由于镧

系收缩的影响，第五、六周期元素性质相似。这表明元素性质的变化不仅与价层电子有关，内层电子（如d电子层、f电子层）也会产生影响。

二、p区元素单质及其重要化合物的性质

（一）卤族元素

周期表中ⅦA族元素，包括氟（fluorine，F）、氯（chlorine，Cl）、溴（bromine，Br）、碘（iodine，I）、砹（astatine，At 放射性元素），因其都与碱金属作用生成典型的盐，统称为卤族元素，简称卤素（halogen）。卤素是相应各周期中原子半径最小、电子亲核能和电负性最大、非金属性最强的元素。

1. 卤素成键特征　卤素原子的价层电子组态为 ns^2np^5，具有获得一个电子形成稳定稀有气体结构的强烈趋势，也可以利用其成单电子与其他原子形成共用电子对。除了氟原子之外，卤素原子由于能量近似的d轨道的存在，可以发生电子跃迁，形成高氧化数化合物，而多余的电子为其形成配位键提供了孤对电子。故卤素可以形成的化合物类型较多：

（1）得到一个电子，形成 ns^2np^6 构型的负离子 X^-，其中包括形成离子键（如NaCl）和作为配体（如 $CuCl_4^{2-}$）等。

（2）与其他原子共用电子形成非极性共价键化合物（如 Cl_2）和极性共价键化合物（如HCl）。

（3）除氟外，其他元素均可显示正氧化数（包括+1、+3、+5、+7），此时形成的键为极性共价键，主要化合物包括卤素互化物、卤素氧化物及相应的含氧酸。在卤素互化物中，原子半径大（电负性小）者作为中心原子显正氧化数，半径小（电负性大）者显负氧化数，如 ClF_3、BrF_5、IF_7、IBr_3 等。中心原子拆开其成对的价电子进入 nd轨道，加上原来的一个单电子，卤素的正氧化数一般为奇数。

由于氟原子价层电子轨道（构型为 $2s^22p^5$）与d轨道能量相差太大，所以其性质与其他卤素存在一定的差异。

2. 卤素氧化的热力学趋势　表明元素各氧化态间电极电势变化关系的元素电势图，可直观了解各氧化态之间的相互关系和热力学趋势。

以氯元素为例，元素电势图见图9-1：

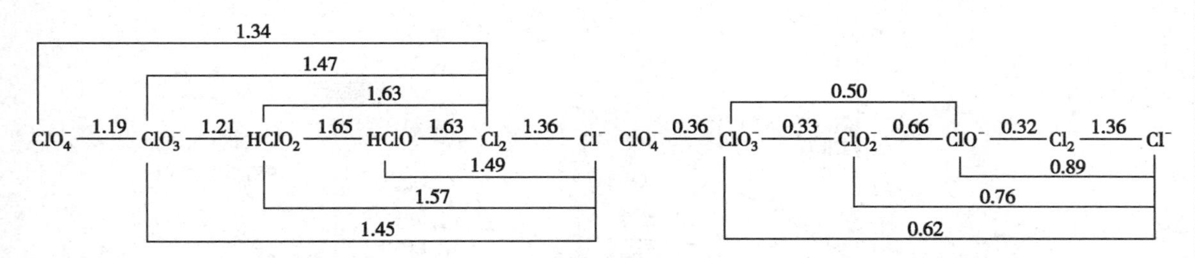

左图 pH = 0，右图 pH = 14。

图9-1　氯的元素电势图

在此介绍另外一种可以更加直观观察元素不同氧化态下性质的一种图——元素的自由能氧化态图。众所周知，推动化学反应（以及其他所有过程）的动力是能力，而任何自发反应的发生都是自由能降低的方向，所以元素的自由能氧化态图可以帮助更好地理解和记忆元素不同氧化态的稳定性和自发转化方向。根据：

$$\Delta_r G_m = -nF\varphi,\quad F = 96\ 485\text{J/(V·mol)} = 1\text{eV/V}$$

所以：

$$\Delta_r G_m = -n\varphi\ \text{eV}$$

或

$$\varphi = -\Delta_r G_m / n$$

对于标准状态下，以元素（最稳定）单质为产物的电极反应 $X^{n+} + ne^- = X$，则有：

$$\Delta_r G_m^{\ominus} = \Delta_f G_m^{\ominus}(X) - \Delta_f G_m^{\ominus}(X^{n+}) = -n\varphi^{\ominus}$$

由于热力学定义了单质的 $\Delta_f G_m^{\ominus}(X) = 0$，则可计算出 X^{n+} 的 $\Delta_f G_m^{\ominus}$：

$$\Delta_f G_m^{\ominus}(X^{n+}) = 0 - (-n\varphi^{\ominus}) = n\varphi^{\ominus}$$

可以根据电极电势数值，依次推算出元素不同氧化态物种的生成自由能数值，然后以元素氧化态为横坐标，对应生成自由能数值作图。例如，氯离子是氯元素的 -1 氧化态，其电极反应为：

$$Cl_2 + 2e^- = 2Cl^- \quad \varphi^{\ominus} = -1.36eV$$

则：

$$\Delta_f G_m^{\ominus}(Cl^-) = [0 - (-2\varphi^{\ominus})]/2 = -1.36eV$$

同理可以求出标准状态下氯元素的其他氧化态的自由能数值（表 9-5）：

表 9-5 标准状态下氯的不同氧化态的生成自由能值

物种	Cl^-	Cl_2	HClO	$HClO_2$	$HClO_3$	$HClO_4$
价态	-1	0	+1	+3	+5	+7
$\Delta_f G_m^{\ominus}$/eV	-1.36	0	1.63	4.93	7.35	9.74

作图得到标准状态下氯元素的自由能氧化态图，见图 9-2。

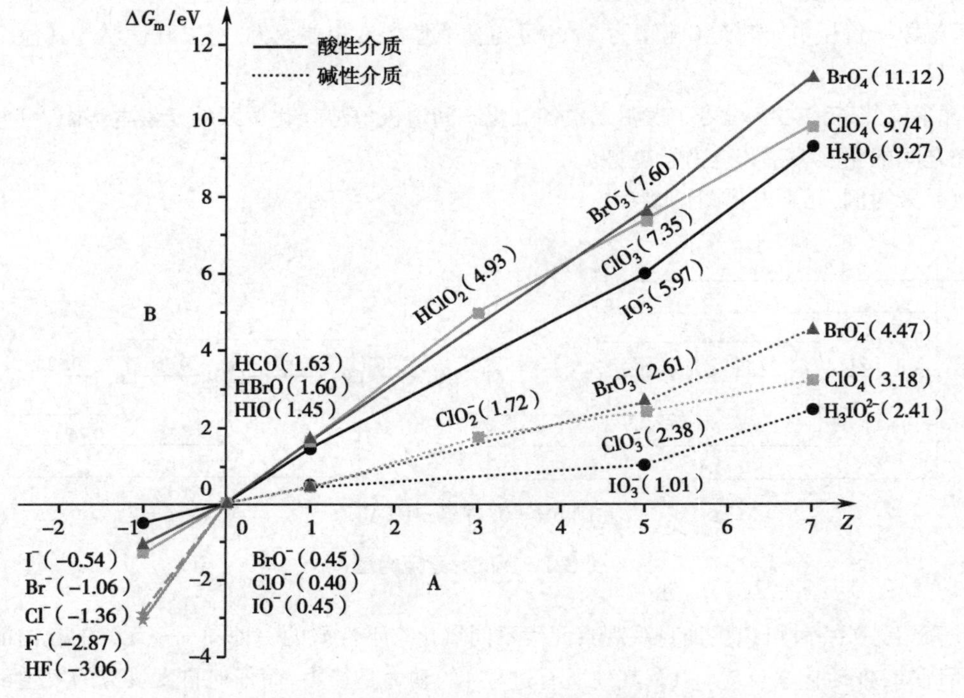

实线为标准状态下（pH = 0），虚线为碱性条件下（pH = 14）。

图 9-2 卤素的自由能氧化态图

利用元素的自由能氧化态图可以：①因纵坐标 ΔG 是自由能水平，可以直观比较同一元素不同氧化态的稳定性。即该氧化态位置越低越稳定。例如，Cl^- 是氯元素中最稳定的氧化态。②在自由能氧化态图中，任意两点连线的斜率等于该氧化还原电对的电极电势φ，可以直观比较某元素的不同氧化态的氧化性与还原性的强弱。两个形成电对的氧化态连线斜率越大，则此电对的 φ 越大，其氧化型物质的氧化性越强，还原型物质还原性越弱；或反之，斜率越小，则此电对的 φ 越小，其氧化型物质的氧化性越弱，还原型物质的还原性越强。例如，将 $HClO$、$HClO_2$、$HClO_3$、$HClO_4$ 分别与原点（Cl_2）连线，可以明显看出，斜率 $k(HClO/Cl_2) \sim k(HClO_2/Cl_2) > k(HClO_3/Cl_2) > k(HClO_4/Cl_2)$，说明氧化性强弱的顺序是 $HClO \sim HClO_2 > HClO_3 > HClO_4$。③直观预测歧化反应发生的可能性，在自由能氧化态图中，将某氧化态与相邻氧化态连线，若 k（左）$> k$（右），则该氧化态可发生歧化反应。例如，在碱性条件下，Cl^--Cl_2-ClO^- 三个依次增加的氧化态中，$k(Cl_2/Cl^-) > k(ClO^-/Cl_2)$，说明碱性条件下，$Cl_2$ 将发生歧化反应。

需要说明的是，溶液中许多物质的氧化还原反应都受到溶液酸度的影响。标准状态下，$[H^+] = 1.0mol/L$（即 $pH = 0$）。因此，不同 pH 条件下因偏离了标准状态，需要依据实际的反应商 Q 和 $\Delta_r G_m = \Delta_r G_m^\ominus + RT\ln Q$ 公式进行校正。如图 9-2 中，虚线表示 $pH = 14$ 条件下的卤素氧化态的自由能水平。

3. 卤素单质及化学性质 从图 9-2 可以知道，自然界中的卤素不以游离单质的形式存在，而多以 X^- 的形式存在于矿物或海水中。主要利用电解法、氧化剂氧化法等将 X^- 氧化成 X_2 来制备卤素单质。例如，实验室中氯气采用氧化剂氧化法来制备：

$$2KMnO_4 + 16HCl = 2MnCl_2 + 5Cl_2\uparrow + 2KCl + 8H_2O$$

$$MnO_2 + 4HCl = MnCl_2 + Cl_2\uparrow + 2H_2O$$

卤素单质均有颜色。按照分子轨道理论，卤素电子受激发后，从能量最高占据轨道跃迁到能量最低的反键轨道。从氟到碘，电子跃迁所需的能量依次下降，吸收光的波长由短到长，卤素的颜色也逐渐变深（F_2 淡黄、Cl_2 黄绿、Br_2 红棕、I_2 紫黑）。其次卤素单质分子可与溶剂作用形成溶剂化物，改变电子跃迁所需的能量，会显示与游离分子状态不同的颜色，同一种卤素单质在不同溶剂中所显示的颜色也不同，如 I_2 以游离的分子状态存在时显紫色，在溶剂如醇、醚、胺等中，因与溶剂形成电荷转移配合物而显示深红色。

卤素是周期表中电负性较强的元素，化学性质活泼，各单质均显示氧化性。从图 9-2 可以看出，F^-、Cl^-、Br^-、I^- 分别与其原点（F_2、Cl_2、Br_2、I_2）连线的斜率依次减小，可见氧化性的大小趋势为：$F_2 > Cl_2 > Br_2 > I_2$；反之，X^- 则具有还原性，还原性的大小趋势为 $F^- < Cl^- < Br^- < I^-$。除 F_2 外，其他卤素的 φ 不受 pH 变化的影响，图 9-2 也显示出，除 F_2 外的不同 pH 条件的实线和虚线在 $2X^- \rightleftharpoons X_2$ 区域是重合的。由于没有 3d 轨道，氟的性质与氯、溴、碘相比较特殊。F_2 能与所有的金属和非金属（O_2、N_2 和一些稀有气体除外）直接化合，且多数反应非常剧烈；Cl_2 也可以与所有的金属和多数非金属直接化合，但反应的剧烈程度小于 F_2；Br_2、I_2 在常温下只能与活泼金属作用，与其他金属反应需加热。

卤族元素单质与水分子会发生两类化学反应：

氧化反应： $2X_2 + 2H_2O = 4HX + O_2\uparrow$

歧化反应： $X_2 + H_2O = HX + HXO$

从热力学角度分析，能否发生氧化反应与其相应电对的电极电势有关，由表 9-6 可知，在中性条件下，F_2、Cl_2、Br_2 都可以氧化水。F_2 与水反应剧烈，不但有 O_2 生成，还有 H_2O_2、OF_2、O_3 等同时产生；Cl_2 只有在光照下才缓慢与 H_2O 反应放出 O_2；Br_2 与 H_2O 反应速率极其缓慢，需要在中性和碱性条件下进行；I_2 一般不能氧化 H_2O，但 O_2 却可以在中性和酸性条件下氧化 I^-。

表 9-6 卤素与水反应相关的电极电势

电对及条件	X_2/X^-				O_2/H_2O		
	F_2/F^-	Cl_2/Cl^-	Br_2/Br^-	I_2/I^-	$pH = 0$	$pH = 7$	$pH = 14$
$\varphi^\ominus/V$	2.87	1.36	1.07	0.54	1.23	0.816	0.401

4. 卤化氢和氢卤酸的主要性质 卤化氢(HX)是卤素氢化物的统称,具有强烈刺激气味的无色气体。HX是共价型化合物,极易溶于水,在空气中与水蒸气结合形成细小的酸雾而"发烟"。HX的性质如极性、热稳定性以 HF → HI 的顺序急剧下降,酸性和还原性逐渐增强。除HF外,HX的熔点、沸点和还原性按照 HCl < HBr < HI 分子量增加的次序变化,可通过分子间作用力加以解释。而HF由于形成分子间氢键的影响,熔点和沸点均较高。

与其他卤化氢相比,除上述共性外,氟化氢和氟化物有其特殊性。氢氟酸是弱酸,只能发生部分电离,由于氢键的存在,F^- 与HF分子发生缔合:

$$F^- + HF = HF_2^- \quad K = 5.2$$

HF另一特性是可与氧化硅等反应,形成气态四氟化硅(SiF_4)或者液态六氟合硅酸(H_2SiF_6),用于玻璃蚀刻及矿物溶解(除去矿物中 SiO_2):

$$SiO_2 + 4HF = SiF_4\uparrow + 2H_2O$$

$$SiO_2 + 6HF = H_2[SiF_6] + 2H_2O$$

氢氟酸具有强腐蚀性,对细胞组织、骨骼有严重破坏作用。氢氟酸接触皮肤后可引起肿胀并形成溃疡,有强烈疼痛感;对骨、软骨组织有损伤,不易愈合。若发现皮肤沾有氢氟酸,立即用大量稀氨水或清水冲洗。氟化物均有毒性,误食0.15g NaF就会造成严重疾病,甚至死亡。

5. 卤素含氧酸及其盐 除 F_2 外,气体卤素都可以生成氧化数为+1、+3、+5、+7的含氧酸,且这些含氧酸的中心原子均采用 sp^3 杂化轨道成键(H_5IO_6 除外)(表9-7)。卤素含氧酸及其盐的性质随分子中氧原子数目改变呈现规律性变化:氧化性随氧原子数目的增大而减小,$HXO > HXO_2 > HXO_3 > HXO_4$,而热稳定性和酸性依次增强。

表9-7 卤素含氧酸

化合物	次卤酸	亚卤酸	卤酸	高卤酸
分子式	HXO	HXO_2	HXO_3	HXO_4
氧化数	+1	+3	+5	+7
结构	直线型	V型	三角锥	四面体
例子	$HClO^*$、$HBrO^*$、HIO^*	$HClO_2^*$、$HBrO_2^*$	$HClO_3^*$、$HBrO_3^*$、HIO_3	$HClO_4$、$HBrO_4^*$、HIO_4(H_5IO_6)

注:* 不稳定,仅存在于溶液中。

(1)次卤酸及其盐:卤素与水作用可产生次卤酸(hypohalorous acid),次卤酸热稳定性差,只能存在于水溶液中。所有次卤酸都是弱酸,酸性随卤原子电负性减小而减弱。

$$X_2 + H_2O = H^+ + X^- + HOX$$

次卤酸不稳定,易分解,在水溶液中的分解反应有以下两种:

分解反应 $$2HXO = 2HX + O_2\uparrow$$

歧化反应 $$3HXO = 2HX + HXO_3$$

含不同卤素原子的次卤酸,发生歧化反应的条件不尽相同。

次氯酸盐在室温或低于室温条件下歧化速率很小,只有高于348K时易歧化,生成氯酸盐;而次溴酸盐只有低于273K才能制得,323~353K时全部歧化为溴酸盐;任何温度下,碘在碱性介质中只能得到碘酸盐:

$$I_2 + 2OH^- = I^- + IO^- + H_2O$$

$$3IO^- = 2I^- + IO_3^-$$

除反应温度外，介质、光照及催化剂等也影响反应的进行。加热有利于歧化反应的进行；碱性介质中所有的次卤酸都发生歧化反应，而中性/酸性条件下只有次氯酸可以发生歧化反应；光照或催化剂条件下，分解作用明显加快。

次卤酸盐中比较重要的是次氯酸盐，次氯酸及其盐的氧化性强于氯。将氯气与廉价的消石灰作用，通过歧化反应可制得漂白粉：

$$2Cl_2 + 2Ca(OH)_2 \xlongequal{} Ca(ClO)_2 + CaCl_2 + 2H_2O$$

$Ca(ClO)_2$ 是漂白粉的主要成分，消毒、漂白作用主要基于 ClO^- 的氧化性，将氯气通入氢氧化钠后再加入少量硼酸，可得到一种活性更强的消毒剂。

（2）亚卤酸及其盐：亚卤酸（halorous acid）中只存在亚氯酸，而且在所有氯的含氧酸中最不稳定，只能存在于稀水溶液，易发生分解和歧化反应。

$$8HClO_2 \xlongequal{} 6ClO_2\uparrow + Cl_2\uparrow + 4H_2O$$

$$HClO_2 \xlongequal{} HCl + O_2\uparrow$$

$$3HClO_2 \xlongequal{} 2HClO_3 + HCl$$

亚氯酸盐如亚氯酸钠在溶液中较稳定。相比次氯酸钠，亚氯酸钠是一种较温和的氧化剂，通常情况下不会使纤维受到严重损伤，可用于涤棉及混纺织物的漂白（不适用于蚕丝类纤维的漂白）。

（3）卤酸及其盐：卤酸（haloric acid）稳定性高于次卤酸，常温下氯酸和溴酸只能存在于水溶液，加热或浓度较高时剧烈分解，碘酸以白色晶体状态存在，常温下较稳定。

$$3HClO_3 \xlongequal{} HClO_4 + Cl_2\uparrow + 2O_2\uparrow + H_2O$$

$$4HBrO_3 \xlongequal{} 2Br_2 + 5O_2\uparrow + 2H_2O$$

氯酸和溴酸都是强酸，碘酸是中强酸。卤酸以及卤酸盐在酸性介质中都具有氧化性，氧化能力为：$HBrO_3 > HClO_3 > HIO_3$，但稳定性为 $HIO_3 > HBrO_3 > HClO_3$。

卤酸盐的热稳定性高于相应的酸，它们在酸性溶液中都是强氧化剂，在中性和碱性溶液中氧化性不明显。固体氯酸盐是强氧化剂，和各种易燃物（如S、C、P）及有机物混合时，受撞击会发生剧烈爆炸，常用来制造信号弹、火柴和焰火等。

（4）高卤酸及其盐：高氯酸（perhloric acid）是无机酸中最强的酸，酸性是浓硫酸的10倍。用浓硫酸与高氯酸钾作用可制得高氯酸：

$$KClO_4 + H_2SO_4 \xlongequal{} HClO_4 + KHSO_4$$

纯的高氯酸不稳定，易发生爆炸分解，市售的高氯酸质量分数为60%~62%。浓热的高氯酸氧化性很强，而稀和冷的高氯酸水溶液则反应缓慢。高氯酸根为正四面体构型，稳定性较强，与金属离子配位能力很弱，常在配位化学分析中用来调节溶液离子强度且不干扰配位反应。高氯酸盐溶解性异常，与一般氯化物不同，除 K^+、Ru^+、Cs^+ 和 NH_4^+ 盐外，其他高氯酸盐都溶于水。

6. 卤素离子的鉴定　根据离子性质采用不同方法对混合离子进行分离、鉴定。

（1）利用沉淀反应：氯、溴、碘离子都可与 Ag^+ 反应生成沉淀，将 Ag^+ 加入含有卤离子的溶液中：

$$Ag^+ + X^- \xlongequal{} AgX\downarrow$$

根据生成沉淀的颜色：AgCl（白）、AgBr（淡黄）、AgI（黄），来判断卤离子种类。因为沉淀的溶度积不同，生成配合物的稳定常数不同，可以将其分离。AgBr 的颜色较淡，有时难以与 AgCl 相区别，可通过加入碳酸铵，使 AgCl 形成银氨配离子而溶解：

$$AgCl + 2NH_3 \xlongequal{} [Ag(NH_3)_2]^+ + Cl^-$$

由于碳酸铵水解产生氨的浓度较小，可有效避免 AgBr 的溶解（AgI 几乎不溶于氨水，无须此操作）。溶于氨水的 AgCl 加入稀硝酸后沉淀再次出现，表明 Cl^- 的存在，同时回收 AgCl。

（2）利用氧化还原反应：卤素离子的还原性按照 Cl^-、Br^-、I^- 依次递增，氯水可以将溴、碘离子氧化，利用还原性差异进行鉴别。在搅拌下，向含有少量 Br^-、I^- 的 CCl_4 溶液中滴加氯水，若 CCl_4 层中出现紫色表示溶液中存在碘离子，氯水过量时变为无色。若变为黄色则表示存在溴离子：

$$Cl_2 + 2I^- = 2Cl^- + I_2\text{（蓝紫色）}$$

$$5Cl_2 + I_2 + 6H_2O = 10HCl + 2HIO_3\text{（无色）}$$

$$Cl_2 + 2Br^- = 2Cl^- + Br_2\text{（黄色）}$$

也可在酸性或中性介质中，将 AgBr、AgI 沉淀用 Zn 单质还原后，再用上述方法检验：

$$2AgBr + Zn = 2Ag\downarrow + Zn^{2+} + 2Br^-$$

（二）氧族元素

周期表中的ⅥA 族元素称为氧族元素，包括氧（oxygen，O）、硫（sulfur，S）、硒（selenium，Se）、碲（tellurium，Te）、钋（polonium，Po）。其中 O、S 为非金属；Se、Te 是准（半）金属；Po 为典型金属。

1. 氧族元素成键特征　氧族元素原子的价层电子构型为 ns^2np^4，容易接受（或与其他原子共用）两个电子达到稀有气体结构，形成 X^{2-}，显示明显的非金属特征。但与卤素相比，结合电子的趋势明显降低，所以非金属性也小于卤素。

氧的电负性仅次于氟，因此氧能与大多数金属元素形成二元离子型化合物，而本族其他元素与大多数金属元素形成的离子型化合物都带有一定的共价键成分。氧族元素与非金属元素化合，形成共价型化合物。本族元素有较强的形成配位键的倾向，氧和硫是常见的配位原子。硫、硒、碲的价电子层有空 d 轨道，可参与成键，在与电负性大的元素结合时显示 +2、+4、+6 等氧化数。

2. 氧及其重要化合物　氧是自然界分布最广和含量最多的元素，也是最重要的元素之一。氧是生物体必不可少的元素。氧单质有两种同素异形体（allotrope）：O_2 和 O_3，其中 O_2 最稳定。

由 O_2 的分子轨道能级图（见第二章分子结构）可知，O_2 分子的键级为 2，但分子中实际含有一个 σ 键[$(\sigma_{2p_x})^2$]和两个三电子 π 键[$(\pi_{2p})^2(\pi_{2p}^*)^1$]。$O_3$ 分子结构为 V 型，中心氧原子采用 sp^2 杂化，与另外两个配位氧原子形成两个 σ 键，同时三个 O 原子之间形成一个大 π 键（π_3^4）。臭氧具有强氧化性，常用于环境的杀菌消毒，在有机反应中用作气体氧化剂。氧的自由能氧化态图见图 9-3。

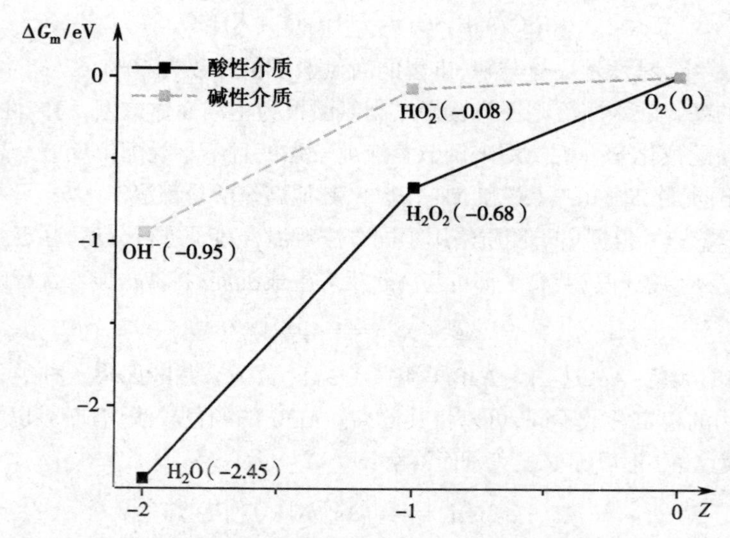

实线为标准状态下（pH = 0），虚线为碱性条件下（pH = 14）。

图 9-3　氧的自由能氧化态图

过氧化物性质都非常活泼。从氧元素的自由能氧化态图可以看出，无论是酸性还是碱性条件下，氧化数为 -1 的过氧离子易发生歧化反应。H_2O_2 是一个代表性的分子，分子中的氧原子均采用不等性 sp^3 杂化，其中两个由单电子占据的 sp^3 杂化轨道分别与 H 的 s 轨道和另一个氧原子的 sp^3 杂化轨道重叠形成 O—H 和 O—O σ 键（图 9-4）。因此，H_2O_2 分子不是直线型，两个氢原子位于两个不同平面，平面之间的夹角为 93° 51′。

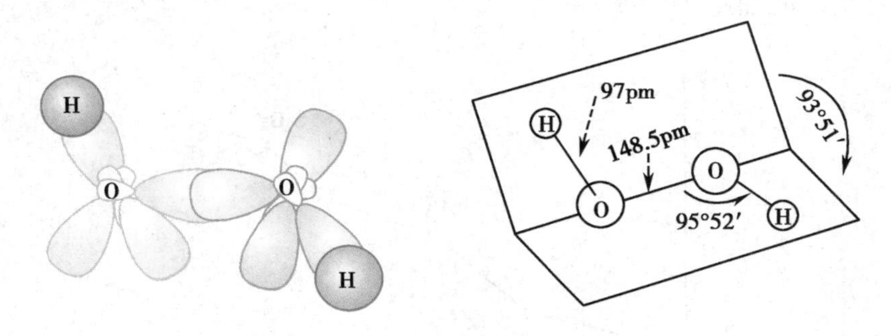

图 9-4　过氧化氢的分子结构

H_2O_2 分子中的过氧键（—O—O—）易断裂，稳定性较差，易发生歧化反应而分解：

$$2H_2O_2 \xlongequal{} 2H_2O + O_2\uparrow$$

H_2O_2 的分解与许多因素（如浓度、反应介质、反应温度和催化剂）有关，低温和较高浓度时，分解速率较慢，升温分解速率急剧增加，当加热到 426K 时剧烈分解。碱性介质，尤其是在重金属离子（Fe^{2+}、Mn^{2+}、Cu^{2+}）、杂质和光照（如 λ = 320~380nm 的光）存在情况下加速分解。因此，为预防和减少过氧化氢分解，商品中一般都加入稳定剂，如微量锡酸钠、焦磷酸钠或 8- 羟基喹啉等以除去相应杂质（医用过氧化氢添加乙酰苯胺、甘氨酸等），并置于低温避光条件下保存。

H_2O_2 是极弱的二元酸，在水中微弱电离，$K_{a1} = 1.55 \times 10^{-12}$，$K_{a2} = 1 \times 10^{-26}$，酸性略强于水，能与某些碱作用，生成过氧化物和水：

$$H_2O_2 + Ba(OH)_2 \xlongequal{} BaO_2 + 2H_2O$$

H_2O_2 既有氧化性又有还原性：

酸性介质　$H_2O_2 + 2H^+ + 2e^- \xlongequal{} 2H_2O$　　$\varphi^\ominus = 1.775V$

　　　　　$O_2 + 2H^+ + 2e^- \xlongequal{} H_2O_2$　　$\varphi^\ominus = 0.695V$

碱性介质　$HO_2^- + H_2O + 2e^- \xlongequal{} 3OH^-$　　$\varphi^\ominus = 0.878V$

　　　　　$O_2 + H_2O + 2e^- \xlongequal{} HO_2^- + OH^-$　　$\varphi^\ominus = -0.146V$

从电极电势可以看出，H_2O_2 在酸性介质中是强氧化剂，但在某些电位高于 0.695V 的氧化剂（如 Ce^{4+}）存在时，又可以作还原剂。H_2O_2 在碱性介质中是中等强度氧化剂或还原剂。重要的是，H_2O_2 如何反应取决于反应物和反应途径，例如，在酸性溶液中反应：

$$H_2O_2 + 2I^- + 2H^+ \xlongequal{} I_2 + 2H_2O$$

$$2CeO_2 + H_2O_2 + 6H^+ \xlongequal{} 2Ce^{3+} + 4H_2O + O_2\uparrow$$

在碱性溶液中反应：

$$2[Cr(OH)_4]^-（绿色）+ 3H_2O_2 + 2OH^- \xlongequal{} 2CrO_4^{2-}（黄色）+ 8H_2O$$

$$2[Ag(NH_3)_2]^+ + H_2O_2 + 2OH^- \xlongequal{} 2Ag\downarrow + 4NH_3 + 2H_2O + O_2\uparrow$$

H_2O_2 无论是作氧化剂还是还原剂，其优点是还原产物为 H_2O 或 O_2，不给反应体系引入新的杂质。医药上常利用其强氧化性作为杀菌剂，还可用于漂白剂、消毒剂、防毒面具中的氧源。

3. 硫及其重要化合物 硫在自然界分布很广，但单质硫并不多，主要以硫化物、硫酸盐等的形式存在。单质硫的同素异性体大约有50余种，由于—S—S—单键可变，所以其组成和结构较复杂。最常见的单质硫有斜方硫（又称正交硫）和单斜硫，两者都是由结构单元环状 S_8 分子组成，每个硫原子采用 sp^3 不等性杂化成键。斜方硫 S_8 是淡黄色、微臭味的晶体，不溶于水，易溶于二硫化碳和四氯化碳等非极性有机溶剂。斜方硫是室温下唯一稳定的硫的存在形式，当加热到368.5K将缓慢转变为单斜硫。硫的自由能氧化态图见图9-5。

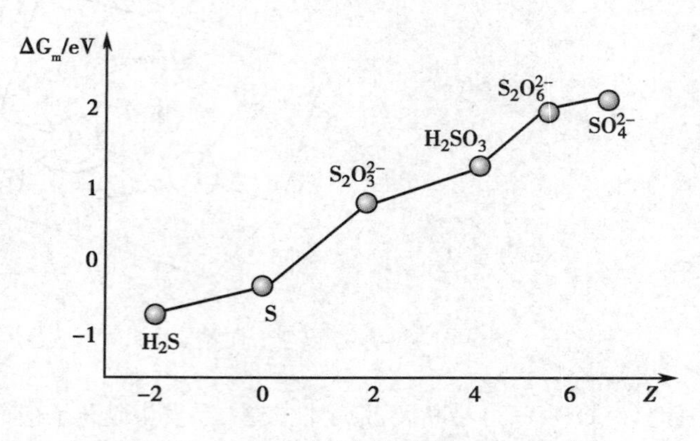

图9-5 硫的自由能氧化态图（pH = 0）

由图9-5可以看出，酸性条件下可以稳定存在的是 H_2S、SO_3^{2-} 和 SO_4^{2-}，除最高氧化态的硫酸外，其他氧化态化合物都具有还原性，硫单质的化学性质比较活泼。

硫能与许多金属单质直接化合成相应的硫化物，也可与氢气、氧气、卤素单质（碘除外）、碳、磷等直接作用生成相应的化合物。当硫与金属、氢气、碳等还原性较强的物质作用时，呈现氧化性；与电负性较大的非金属单质化合，或与氧化性强的物质作用时，呈现还原性；碱性条件下，硫容易发生歧化反应。

$$S + H_2 = H_2S$$

$$S + Hg = HgS$$

$$S + 3F_2 = SF_6$$

$$3S + 6NaOH = 2Na_2S + Na_2SO_3 + 3H_2O$$

硫化氢（H_2S）是唯一可稳定存在于自然界的硫的氢化物，是无色具有臭鸡蛋气味的气体，熔点（187K）和沸点（202K）均比水低得多。人对 H_2S 的气味非常敏感，当在空气中浓度达到0.012~0.03mg/m³时，就能感知，起初臭味的强度与浓度的升高成正比，但当 H_2S 浓度超过10mg/m³之后，臭味感反而会被抑制，以致让人产生对各种恶臭耐受。当浓度进一步升高到70mg/m³，长时间吸入会导致慢性中毒，而浓度达1 000mg/m³时，吸入数秒钟，出现急性中毒，最终因中枢神经和呼吸麻痹而死亡。虽然 H_2S 是剧毒分子，但在人体内，H_2S 是三大气体信号分子之一（另外两个是NO和CO）。内源性 H_2S 的浓度大约为50μmol/L，对调节生物体热量代谢发挥重要作用。

H_2S 中的S属于最低氧化态，主要以还原性为主，不同的氧化剂可将 H_2S 氧化，如：

$$H_2S + I_2 = 2HI + S$$

$$2H_2S + H_2SO_3 = 3S + 3H_2O$$

H_2S 在空气中燃烧，可生成 SO_2；若氧气不足时，则生成S。H_2S 的水溶液称氢硫酸，是二元弱酸。在酸性溶液中，氢硫酸是一种强还原剂，空气中的氧就可将其氧化为单质硫，与强氧化剂反应，则被氧化为硫酸。

因为 S^{2-} 是弱酸根，生成的盐类都有一定的水解性，可利用相应的 K_{sp}、水解常数等定量计算出水解趋势。碱金属硫化物的水解趋势很大（如 Na_2S 的水解度为 86%），在 0.1mol/L 的 Na_2S 水溶液中，主要成分是 NaHS：

$$Na_2S + H_2O \xlongequal{} NaHS + NaOH$$

具有强极化作用的阳离子所组成的硫化物可完全水解，如铝和铬的硫化物在水中析出相应的氢氧化物并放出 H_2S。

$$Al_2S_3 + 6H_2O \xlongequal{} 2Al(OH)_3\downarrow + 3H_2S\uparrow$$

值得注意的是，即使难溶硫化物（如 PbS）溶解的部分也会发生水解。

除了碱金属、铵盐和部分碱土金属的硫化物可以溶解（同时水解）外，多数金属硫化物都难溶于水，并具有不同的特征颜色（表 9-8）。制备金属硫化物（metal sulfide）的方法很多，主要有直接化合法、沉淀法、还原法和取代法。各种硫化物的生成及其不同的溶解度在定性分析、中草药有效成分的提取分离等方面应用广泛。通过控制介质的 pH，可以使不同金属生成硫化物沉淀，也可使硫化物沉淀溶解（表 9-9）。

表 9-8　常见金属硫化物的颜色和溶度积常数（25℃）

化合物	颜色	K_{sp}	化合物	颜色	K_{sp}	化合物	颜色	K_{sp}
α-ZnS	白色	1.6×10^{-24}	MnS	肉色	2.5×10^{-13}	β-NiS	黑色	1.0×10^{-24}
CdS	黄色	8.0×10^{-27}	SnS	灰白	1.0×10^{-25}	PbS	黑色	8.0×10^{-28}
Cu_2S	黑色	2.5×10^{-48}	CuS	黑色	6.3×10^{-36}	HgS	红色	1.0×10^{-47}
FeS	黑色	6.3×10^{-18}	α-CoS	黑色	4.0×10^{-21}	Bi_2S_3	黑色	1.0×10^{-97}

表 9-9　硫化物的溶解

K_{sp} 范围	溶解介质	产物	举例
$>10^{-30}$	溶于盐酸	硫化氢	$MnS + 2HCl \xlongequal{} H_2S + MnCl_2$
$10^{-30}>K_{sp}>10^{-50}$	溶于硝酸	单质硫	$CuS + 4HNO_3 \xlongequal{} Cu(NO_3)_2 + 2NO_2\uparrow + S\downarrow + 2H_2O$
$<10^{-50}$	溶于王水	单质硫	$3HgS + 2HNO_3 + 12HCl \xlongequal{} 3H_2[HgCl_4] + 3S + 2NO + 4H_2O$

硫有许多类型的含氧酸，硫酸与亚硫酸是母体酸，若母体中一非羟基氧原子被硫原子取代后生成硫代硫酸；两个母体分子脱去一分子水后相连成焦硫酸；若母体中硫原子被多硫链取代则生成连酸；过氧化氢分子的一个或两个氢原子被磺酸基取代后则成为过酸。但许多酸不稳定，只能以离子（盐）形式存在。

硫的含氧酸主要有以下特点：①同类酸中，正酸系列的酸性强于亚酸系列，焦酸比单酸的酸性强；②中心原子氧化数较低的酸或盐主要表现还原性，氧化数较高者，以氧化性为主；③除硫酸、过硫酸和焦硫酸外，其余酸都不稳定，只能以盐的形式存在。

SO_2 溶于水得不稳定的亚硫酸（sulfurous acid，H_2SO_3），只存在于 273K 以下，室温下亚硫酸盐遇酸分解，放出 SO_2 气体（可用酸性高锰酸钾试纸检验）。亚硫酸及其盐的主要化学性质是：不稳定性和氧化还原性。

$$SO_3^{2-} + 2H^+ \xlongequal{} SO_2\uparrow + H_2O$$

亚硫酸盐遇热发生歧化反应，生成硫化物和硫酸盐，例如：

$$4Na_2SO_3 \xlongequal{\triangle} 3Na_2SO_4 + Na_2S$$

亚硫酸是二元中强酸，其中心原子硫为 +3 氧化态，属于中间氧化态，既有氧化性又具有还原性。从硫的自由能氧化态图可以看出，亚硫酸及其盐以还原性（其氧化产物为 SO_4^{2-}）为主，只有当遇到强还原剂时，才表现出氧化性：

$$I_2 + SO_3^{2-} + 2H^+ + H_2O = 2HI + H_2SO_4$$

$$H_2SO_3 + 2H_2S = 3S\downarrow + 3H_2O$$

亚硫酸钠、亚硫酸氢钠和焦亚硫酸钠的氧化产物对人体基本无害，是药物制剂中常用的抗氧剂，以保护易变质的药物。二氧化硫与亚硫酸盐还广泛用于造纸、印染以及作为消毒剂消除潮湿地下室和地窖中的霉菌。

硫酸（sulfuricacid）为二元强酸，第二级电离常数为 $K_{a2}^{\ominus} = 1.2 \times 10^{-2}$。硫酸及其盐的主要化学性质是吸水性和脱水性、强酸性和强氧化性。浓硫酸的水合能较大（-878.6kJ/mol），与水具有强烈结合的倾向。浓硫酸与水作用放出大量热，并形成一系列稳定水合物，甚至可以从一些有机化合物中夺取与水分子组成相同的氧和氢，导致其脱水而碳化。其次浓硫酸是一种强氧化性酸，氧化性与浓度和温度有关。热的浓硫酸氧化性更强，可以氧化许多金属和非金属，本身则被还原为 SO_2，当与过量强还原剂作用时，可被还原为 S 甚至 H_2S。

$$C + 2H_2SO_4(浓) = CO_2\uparrow + 2SO_2\uparrow + 2H_2O$$

$$4Zn + 5H_2SO_4(浓) = 4ZnSO_4 + H_2S\uparrow + 4H_2O$$

稀硫酸溶液没有氧化性，只具有一般酸类的通性。硫酸能形成酸式盐和正盐，只有碱金属和氨能得到酸式盐，且都溶于水，易熔化，受热易脱水生成焦硫酸盐，进一步分解为正盐和 SO_3。正盐中除 Ag_2SO_4、$CaSO_4$ 微溶，$BaSO_4$、$PbSO_4$ 难溶外，其他硫酸盐都溶于水。

硫代硫酸钠（sodium thiosulfate）的五水合物俗称大苏打或海波，化学式为 $Na_2S_2O_3 \cdot 5H_2O$，是一种无色透明晶体，易溶于水，水溶液显弱碱性。可由 S 粉溶于沸腾的 Na_2SO_3 碱性溶液中制得：

$$Na_2SO_3 + S \xlongequal{\triangle} Na_2S_2O_3$$

硫代硫酸主要化学性质是不稳定性、还原性、配位性和沉淀作用。

硫代硫酸盐只存在于中性或碱性介质中，在 pH 小于 4.6 的溶液中不稳定，易分解放出 SO_2 气体，析出 S 固体。此性质可用来鉴定硫代硫酸根的存在：

$$S_2O_3^{2-} + 2H^+ = S\downarrow + SO_2\uparrow + H_2O$$

硫代硫酸根具有中等还原能力，碘可将 $Na_2S_2O_3$ 氧化成连四硫酸钠 $Na_2S_4O_6$，在纺织和造纸工业上 $Na_2S_2O_3$ 常被用作脱氧剂。硫代硫酸根离子具有较强的配位能力，可与一些金属离子形成稳定的配合物，如 AgBr 在 $Na_2S_2O_3$ 溶液中生成配合物 $Na_3[Ag(S_2O_3)_2]$ 而溶解，因此 $Na_2S_2O_3$ 溶液常被用作黑白照相的定影液。

$$2Na_2S_2O_3 + I_2 = Na_2S_4O_6 + 2NaI$$

4. 氧族元素离子的鉴定

（1）过氧化氢（H_2O_2）：包括定性鉴定方法和定量方法。

定性鉴定方法（药典法）：H_2O_2 与铬酸根离子在酸性条件下反应，生成蓝色五氧化铬。后者在水溶液中不稳定很快分解，生成 Cr^{3+}，并放出 O_2。但在乙醚中生成其乙醚配合物后稳定性增加。

定量方法：利用过氧化氢的氧化还原性进行定量分析，如 H_2O_2 与 KI 反应，生成的碘以淀粉溶液作指示剂，用硫代硫酸钠标准溶液滴定。

$$H_2O_2 + 2I^- + 2H^+ = I_2 + 2H_2O$$

$$I_2 + 2S_2O_3^{2-} = 2I^- + S_4O_6^{2-}$$

也可直接用 $KMnO_4$ 标准溶液在酸性介质中滴定：

$$5H_2O_2 + 2MnO_4^- + 6H^+ = 2Mn^{2+} + 5O_2\uparrow + 8H_2O$$

S^{2-} 用醋酸铅试纸鉴定，此法用于 S^{2-} 浓度较大时：

$$S^{2-} + Pb^{2+} = PbS\downarrow$$

具体做法是向试液中滴加非氧化性酸，并用润湿的醋酸铅试纸接近试管口，若试纸变黑，证明原试液中有 S^{2-} 存在。S^{2-} 量较少时，可利用五氰・亚硝酰合铁（Ⅲ）酸钾检验：

$$S^{2-} + [Fe(CN)_5NO]^{2-} = [Fe(CN)_5(NOS)]^{4-}\text{（紫红色）}$$

（2）亚硫酸根离子（SO_3^{2-}）：SO_3^{2-} 不稳定，遇酸容易分解，生成 SO_2 气体。利用 SO_2 的还原性，可将亚汞离子还原为黑色的汞，或与酸性高锰酸钾溶液反应，使溶液褪色，也可将蓝色的淀粉碘溶液中的碘还原，使蓝色褪去。

$$SO_2 + Hg_2^{2+} + 2H_2O = 2Hg + SO_4^{2-} + 4H^+$$

$$I_2 + SO_2 + 2H_2O = 2HI + H_2SO_4$$

还可以利用五氰・亚硝酰合铁（Ⅲ）酸钾在锌离子存在情况下，与水合 SO_2 反应显红色，在相同条件下，硫代硫酸根离子无此作用。

（三）氮族元素

氮族是周期表中ⅤA族元素，包括氮（nitrogen，N）、磷（phosphorus，P）、砷（arsenic，As）、锑（antimony，Sb）、铋（bismuth，Bi）。随着原子序数的增加，本族元素的非金属性减弱和金属性增强的性质最为突出，氮、磷为非金属元素，铋为金属元素，砷和锑具有半金属性质。

1. 氮族元素成键特征　氮族元素价层电子组态为 ns^2np^3，电负性属于中间状态，可以获得3个电子。但与卤素和氧族元素比较，形成氧化数为 −3 的离子较为困难，仅电负性较大的氮和磷可形成极少数的氧化数为 −3 的离子型固态化合物，如 Li_3N、Mg_3N_2、Ca_3N_2、AlN、Na_3P 等，且不稳定，易水解。由于价层 p 轨道处于较为稳定的半充满状态，失去3个电子形成氧化数为 +3 的离子的趋势也较弱，只有半径较大的元素才可形成，如 BiF_3 等。本族元素与电负性较大的元素结合形成氧化数为 +3 和 +5 的化合物。但是，由于惰性电子对效应的影响，本族元素从上到下，氧化数为 +3 的化合物稳定性依次增加，而氧化数为 +5 的化合物稳定性逐渐下降。

氮族元素的化合物多为共价型，原子越小，形成共价键趋势越大。另外本族元素具有较强形成配位键的倾向，其中 N 和 P 是常见配位原子。除 N 外，其他元素原子的价电子层中均有可利用的空 d 轨道，因此又可作为配合物的中心原子。

2. 氮及其重要化合物　氮的自由能氧化态图见图 9-6。由图 9-6 可以看出，无论在何种介质中，铵离子和单质（N_2）都可以稳定存在；$N_2H_5^+$、NH_2OH 可发生歧化反应；硝酸具有氧化性，而硝酸盐（中性/碱性条件下）氧化性较弱。N 的氧化数为 +3、+5 的化合物可被还原为 NH_4^+，或被还原为气态的单质氮分子。

氮气（N_2）是无色无味气体，微溶于水。N_2 中的两个氮原子之间形成一个 σ 键，两个 π 键，键级为3。与类似的 CO 和 HC≡CH 等分子相比，N_2 的成键分子轨道 σ_{2p}（−15.59eV）和 π_{2p}（−16.73eV）能量比较低，与反键分子轨道 π^*_{2p}（8.17eV）能量差值很大，导致成键电子很难被激发。因此，N_2 具有较强的稳定性，键离解能高达 945kJ/mol，即使在 3 273K 时也不分解。

氮族元素的氢化物均具有碱性（给电子性）及还原性，碱性顺序从上到下依次减弱，还原性顺序为 $NH_3 < PH_3 < AsH_3 < SbH_3 < BiH_3$。氮的氢化物包括氨（铵盐）、羟氨、肼和叠氮酸等。

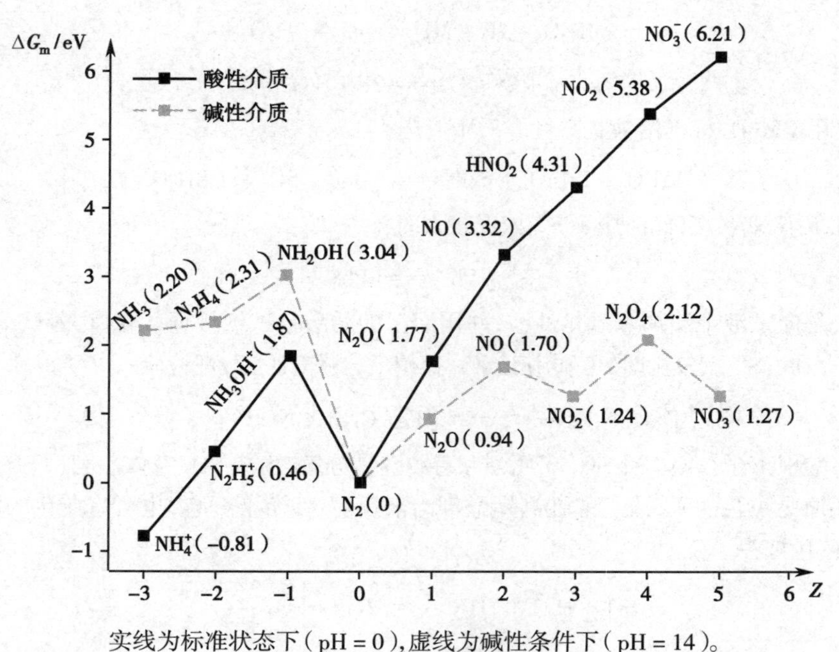

实线为标准状态下(pH = 0),虚线为碱性条件下(pH = 14)。

图 9-6 氮的自由能氧化态图

氨(NH_3)是具有强烈刺激气味的无色气体,极易溶于水,293K 时,1 体积水可溶解 700 体积的氨,氨的水溶液称为氨水($NH_3 \cdot H_2O$)。从氨的结构来看,氨分子中存在孤对电子,可以结合质子;作为路易斯碱,氨能与许多含有空轨道的离子或分子形成各种形式配合物,如$[Ag(NH_3)_2]^+$、$[Cu(NH_3)_4]^{2+}$和硼烷氨络合物(borane ammonia complex,$H_3N\text{-}BH_3$)等。氨在一定条件下可以被氧化,形成较高氧化数物质,产物以 N_2 为主。如:

$$4NH_3 + 3O_2 = 2N_2 + 6H_2O$$

氨分子中的 H 原子也可以被活泼金属取代形成氨基化物,如将氨气通入熔融金属钠中生成氨基化钠:

$$2NH_3 + 2Na \xlongequal{350℃} 2NaNH_2 + H_2\uparrow$$

此外,NH_3 还可生成亚氨基衍生物,如 Ag_2NH、Li_2NH。

氨与酸反应得到易溶于水的铵盐(NH_4^+)。铵盐不稳定,受热易分解,在水溶液中都有一定程度的水解,溶液呈弱碱性。NH_4^+ 与 Na^+ 是等电子体,但半径与 K^+ 相似,因此铵盐的性质类似于碱金属盐类。铵盐具有与钾盐、铷盐相同的晶形和相似的溶解度。

在加热条件下,任何铵盐固体或铵盐溶液与强碱作用都将分解放出 NH_3,这是鉴定铵盐的特效反应。

$$NH_4^+ + OH^- \xlongequal{\triangle} H_2O + NH_3\uparrow$$

固态铵盐加热极易分解,分解产物与酸根性质有关,一般分解为 NH_3 和相应的酸:

$$NH_4Cl \xlongequal{\triangle} NH_3\uparrow + HCl\uparrow$$

$$(NH_4)_2SO_4 \xlongequal{\triangle} NH_3\uparrow + NH_4HSO_4$$

由氧化性酸组成的铵盐被加热时,分解产生的 NH_3 被氧化性酸氧化成 N_2 或氮的氧化物,并放出大量热,例如:

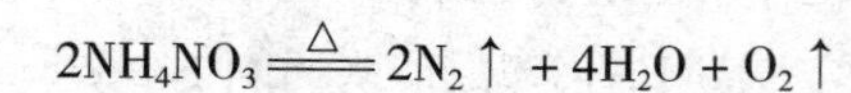

$$2NH_4NO_3 \xlongequal{\triangle} 2N_2\uparrow + 4H_2O + O_2\uparrow$$

$$(NH_4)_2Cr_2O_7 \xlongequal{\triangle} N_2\uparrow + 4H_2O + Cr_2O_3$$

氮的含氧酸主要有亚硝酸（HNO_2）及硝酸（HNO_3）。亚硝酸（nitrousacid）的水溶液可由 N_2O_3（等体积的 NO 和 NO_2 混合）溶于水制得或由可溶性亚硝酸盐和强酸作用得到：

$$H_2O + NO + NO_2 \xlongequal{} 2HNO_2$$

$$Ba(NO_2)_2 + H_2SO_4 \xlongequal{} 2HNO_2 + BaSO_4$$

亚硝酸盐可利用碱吸收 NO 和 NO_2 混合气体或利用金属铅与碱金属硝酸盐共热得到：

$$Pb(粉) + NaNO_3 \xlongequal{} PbO + NaNO_2$$

HNO_2 是弱酸，不稳定，只存在于冷的稀溶液中，受热即发生分解，生成 NO 和 NO_2。HNO_2 分子中 N 原子氧化数为 +3，属于中间氧化态，既有氧化性又有还原性，但氧化性大于还原性，在酸性介质中氧化能力更强。作为氧化剂，其还原产物与还原剂、介质的酸度和温度等因素有关，可以为 NO、N_2O、NH_2OH、N_2、NH_3 等，例如：

$$2NaNO_2 + 2KI + 2H_2SO_4 \xlongequal{} I_2 + 2NO\uparrow + K_2SO_4 + Na_2SO_4 + 2H_2O$$

该反应将 I^- 氧化为 I_2，可用来定量测定 NO_2^- 含量。只有遇到强氧化剂时，亚硝酸及其盐才表现出还原性，而生成 NO_3^-。

亚硝酸盐比亚硝酸稳定得多，均易溶于水。腌制食品中均含有一定量亚硝酸盐，以抑制肉毒杆菌所产生的毒性极强的肉毒素。不过大量亚硝酸盐在体内会被代谢产生强致癌物质亚硝胺（$R_1R_2N—N═O$）。

NO_2^- 中 N 原子以 sp^2 不等性杂化轨道分别与两个氧原子 p 轨道重叠形成两个 σ 键，同时存在一个 π_3^4 的大 π 键。NO_2^- 是两可配体，分别以 N 或 O 原子参加配位，以 N 原子配位时称为硝基，以 O 原子配位称为亚硝酸根离子。例如，在弱酸性条件下，Co^{2+} 与 NO_2^- 反应生成亚硝酸根配合物 $[Co(ONO)_6]^{3-}$：

$$3K^+ + Co^{2+} + 7NO_2^- \xlongequal{} K_3[Co(ONO)_6]\downarrow + NO\uparrow + H_2O$$

此反应可用来定性检验 K^+、Co^{2+} 或 NO_2^-。

纯硝酸（nitricacid）是具有强刺激性气味、易挥发的无色液体。硝酸是强酸，但不稳定，受热或见光分解为 NO_2，溶液颜色慢慢变黄，故硝酸要储存于棕色试剂瓶中。HNO_3 具有强氧化性，能与大部分非金属和几乎所有的金属（除 Au、Pt 等一些稀有金属）发生氧化还原反应。由于钝化作用的影响，铝、铬、铁、钙等金属在冷的浓硝酸中不溶，但可溶于稀硝酸。一般浓硝酸氧化性强于稀硝酸，且还原产物与硝酸浓度有关，HNO_3 浓度较稀时，主要产物是 NH_4^+，随着硝酸浓度增加，NO 含量逐渐增加，当硝酸密度为 1.25g/cm^3 时，产物主要是 NO，其次为 NO_2 和少量 N_2O，当硝酸密度增大到 1.35g/cm^3 时，产物主要是 NO_2：

$$3C + 4HNO_3 \xlongequal{} 3CO_2\uparrow + 4NO\uparrow + 2H_2O$$

$$3P + 5HNO_3 + 2H_2O \xlongequal{} 3H_3PO_4 + 5NO\uparrow$$

$$4HNO_3(浓) + Cu \xlongequal{} Cu(NO_3)_2 + 2NO_2\uparrow + 2H_2O$$

$$8HNO_3(稀) + 3Cu \xlongequal{} 3Cu(NO_3)_2 + 2NO\uparrow + 4H_2O$$

几乎所有的硝酸盐都溶于水，且水溶液不显氧化性。固体硝酸盐低温时较稳定，高温时表现氧化性，受热易分解，分解产物与硝酸盐中相应的金属阳离子性质有关。

碱金属、碱土金属：$2NaNO_3 \xlongequal{\triangle} 2NaNO_2 + O_2\uparrow$

金属活动顺序表中位于 Mg~Cu 之间的：$2Pb(NO_3)_2 \xlongequal{\triangle} 2PbO + 4NO_2\uparrow + O_2\uparrow$

金属活动顺序表中位于 Cu 以后的：$2AgNO_3 \xlongequal{\triangle} 2Ag + 2NO_2\uparrow + O_2\uparrow$

3. 磷及其重要化合物 磷是亲氧元素，在自然界中总是以磷酸盐形式存在。磷的价层电子构型为 $3s^2 3p^3$，可以形成离子键、共价键和配位键。磷有多种同素异形体，如白磷、红磷、黑磷等。值得一提的是，单质磷的四面体结构和磷-氧四面体结构，是磷化合物的结构基础。

白磷是无色或淡黄色透明结晶固体，化学式 P_4，为四面体构型，化学性质较活泼，易溶于有机溶剂。白磷与空气接触时发生缓慢氧化作用，部分反应能量以光的形式放出，这种现象称为磷光现象（phosphorescence）。白磷的燃点为 313K，在空气中可自燃，一般保存在水中。白磷剧毒，致死量约为 0.1g，空气中白磷的允许限量为 $0.1mg/m^3$。红磷是红棕色粉末，无毒，其结构是 P_4 四面体以单键连接形成的高聚物。红磷不溶于水、二硫化碳，微溶于无水乙醇。红磷具有较高的稳定性，着火点极高（513K）。但是只少量的 MnO_2 催化下，红磷极易被氧化燃烧，安全火柴就是据此原理制作。黑磷是黑色有金属光泽的晶体，其晶格是由双层 P 原子组成的片层结构，每个 P 原子都与其他三个 P 原子相连，所有 P—P—P 键角均为 90°，形成相互链接和嵌套的六元环结构。这一特殊结构使黑磷能导电，在层状黑磷结构中的声子、光子和电子表现出高度的各向异性，因而被称为具有重大潜在应用价值的新型材料。黑磷在空气中稳定，在磷的同素异形体中反应活性最弱。

磷能形成多种含氧酸，主要有磷酸 H_3PO_4、亚磷酸 H_3PO_3、次磷酸 H_3PO_2 和相应的多聚磷酸等。

磷酸（phosphoricacid）常温下是无色晶体，熔点为 315.3K，易溶于水。市售磷酸浓度约为 14mol/L（约含 85% H_3PO_4），是一种黏稠状溶液。磷酸是一种无氧化性、高沸点的中等强度三元酸。经高温会脱水聚合，生成多聚磷酸或偏磷酸。n 个磷酸分子中脱去 $n-1$ 个水分子所得的酸称为多聚磷酸，通式为 $H_{n+2}P_nO_{3n+1}$（$n \geqslant 2$）；$n=2$ 称为焦磷酸，$n=3$ 为三聚磷酸，依次类推。多聚磷酸为链状、环状或骨架状结构。如果 n 个磷酸分子中脱去 n 个水分子所得的多聚磷酸称为偏磷酸，通式为 $(HPO_3)_n$（$n \geqslant 3$），$n=3$ 为三偏磷酸。偏磷酸根的化学通式为 $P_nO_{3n}^{n-}$，具有环状结构。

磷酸盐包括磷酸一氢盐、二氢盐和正盐三种，所有二氢盐都溶于水。磷酸盐与过量钼酸铵在浓硝酸溶液中反应，有淡黄色磷钼酸铵晶体析出，这是鉴定磷酸根离子的特征反应：

$$PO_4^{3-} + 12MoO_4^{2-} + 3NH_4^+ + 24H^+ = (NH_4)_3[P(Mo_{12}O_{40})] \cdot 6H_2O \downarrow + 6H_2O$$

在生物体内，磷酸及多磷酸主要以磷酸酯形式存在并起着重要作用，如腺苷三磷酸（ATP）是一个三磷酸的单酯，作为重要的能量载体，当体内的生化反应、生理活动需要能量时，ATP 就会在酶催化下水解转化为腺苷二磷酸（ADP），并放出能量：

$$ATP + H_2O = ADP + H_2PO_4^- \qquad \Delta_r G_m^{\ominus} = -31kJ/mol$$

磷酸根离子为四面体结构（磷氧四面体），具有较强的配位能力，能与许多金属离子形成可溶性配合物。如与 Fe^{3+} 形成无色可溶性配合物 $H[Fe(HPO_4)_2]$，可用于化学分析时掩蔽 Fe^{3+}。多聚磷酸盐的配位能力更强，可与许多重金属离子（如 Cu^{2+}、Ag^+、Pb^{2+} 等）配位，应用于日用化学、制药行业等领域，如合成洗涤剂中的重要成分有三聚磷酸钠。但其过量应用可导致湖（河）水体过度营养化，造成次级环境污染，现在已经限制使用。

4. 砷、锑、铋及其重要化合物 虽然砷、锑、铋三种元素的价层电子构型也是 ns^2np^3，但由于其（$n-1$）次外层结构为 $s^2p^6d^{10}$ 的全充满 18 电子构型，因此性质与氮和磷有很大的差别。它们都是亲硫元素，在自然界中多以共生的硫化物形式存在，难以得到电子形成氧化数为 −3 的离子，多数以氧化数为 +3 和 +5 的形式形成更为稳定的离子型或共价型化合物。

从元素的自由能氧化态图（图 9-7）可以看出，无论在酸性条件下还是在碱性条件下，砷、锑、铋各单质都较稳定，不发生歧化反应；氧化数为 −3 的氢化物均具有还原性，还原性的顺序为 $BiH_3 > SbH_3 > AsH_3$，另外在酸性条件下，氧化数为 +5 化合物具有氧化性，其中 Bi_2O_5 氧化性最强。

砷、锑、铋的氢化物为无色，有恶臭的剧毒性气体，易分解，稳定性随 AsH_3、SbH_3、BiH_3 依次下降。AsH_3 在空气中可以自燃生成 As_2O_3。

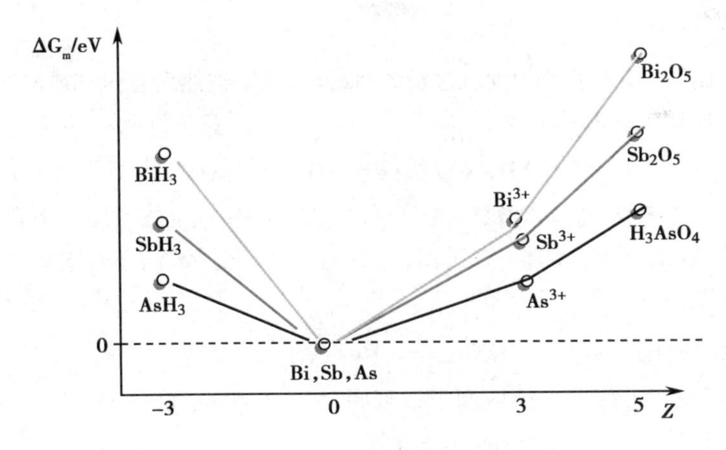

图 9-7　砷、锑、铋的自由能氧化态图（pH = 0）

$$2AsH_3 + 3O_2 \xlongequal{} As_2O_3 + 3H_2O$$

在缺氧条件下，AsH_3 受热分解为单质砷：

$$2AsH_3 \xlongequal{\triangle} 2As\downarrow + 3H_2\uparrow$$

法医学上鉴定砷的马氏（Marsh）试砷法就是利用上述反应。检验方法是用 Zn、盐酸和试样混在一起，将生成的气体导入热玻璃管，若试样中有砷的化合物存在，就会生成 AsH_3，因生成的 AsH_3 在玻璃管的加热部位分解产生 As，成亮黑色的“砷镜”（能检出 0.007mg As）。锑也有此性质，但是“砷镜”能用次氯酸钠溶液洗涤而溶解，从而证明是砷：

$$5NaClO + 2As + 3H_2O \xlongequal{} 2H_3AsO_4 + 5NaCl$$

利用 AsH_3 的还原性进行检验的古蔡氏（Gutzeit）试砷法可检出 0.003mg 的 As：

$$2AsH_3 + 12AgNO_3 + 3H_2O \xlongequal{} 12Ag + As_2O_3 + 12HNO_3$$

《中国药典》（2020 年版）中的砷斑法实际上是古蔡氏试砷法的一种，具体做法先将药品中所含的 As 还原转化为 AsH_3，后者遇溴化汞试纸产生黄棕色的砷斑，再与相同条件下的标准砷溶液产生的砷斑比较，确定样品中砷的含量：

$$AsH_3 + 2HgBr_2 \xlongequal{} 2HBr + AsH[HgBr]_2 \text{（黄色）}$$

$$AsH_3 + 3HgBr_2 \xlongequal{} 3HBr + As[HgBr]_3 \text{（棕色）}$$

砷、锑、铋都能形成氧化数为 +3 和 +5 的氧化物。As_2O_3（俗称砒霜）是白色粉状固体，剧毒，致死量为 0.1g。As_2O_3 是以酸性为主的两性氧化物，易溶于碱，生成亚砷酸盐，也可溶于酸。Sb_2O_3 又称锑白，是优良的白色颜料，难溶于水，是以碱性为主的两性氧化物，易溶于强酸或强碱溶液中。Bi_2O_3 是弱碱性氧化物，不溶于水和碱溶液，能溶于酸，生成盐。

$$As_2O_3 + 6NaOH \xlongequal{} 2Na_3AsO_3 + 3H_2O$$

$$As_2O_3 + 6HCl \xlongequal{} 2AsCl_3 + 3H_2O$$

$$Sb_2O_3 + 2NaOH \xlongequal{} 2NaSbO_2 + H_2O$$

$$Bi_2O_3 + 6HNO_3 \xlongequal{} 2Bi(NO_3)_3 + 3H_2O$$

砷、锑、铋的硫化物一般难溶于水，具有不同颜色，如 As_2S_3（黄色）、Sb_2S_3（橙红色）、Bi_2S_3（黑色）、As_2S_5（黄色）、Sb_2S_5（橙红色）。其酸碱性与相应的氧化物相似。可利用生成不同颜色硫化物的方法来鉴别 As^{3+}、Sb^{3+}、Bi^{3+}。As_2S_3 呈两性偏酸性，易溶于碱，生成亚砷酸盐和硫代亚砷酸盐（Na_3AsS_3）。具有两性的 Sb_2S_3 既可溶于碱也可溶于酸，而碱性的 Bi_2S_3 只溶于酸。

5. 氮族元素离子的鉴定

（1）铵离子（NH_4^+）：铵盐溶液中加入过量的 NaOH 试液，加热后有氨气放出，使湿润紫色石蕊试纸变蓝（或使湿润 pH 试纸变碱色）：

$$NH_4^+ + OH^- \xlongequal{} NH_3\uparrow + H_2O$$

本法用于 NH_4^+ 浓度较大时，同时氰根离子（CN^-）有一定的干扰，可加入汞盐（Hg^{2+}）消除干扰。NH_4^+ 浓度较小时，可取试液少许，加入奈氏试剂（碱性 $K_2[HgI_4]$ 溶液），若有黄色沉淀生成，表示有 NH_4^+ 存在：

$$2K_2[HgI_4] + NH_3 + 3KOH \xlongequal{} Hg_2ONH_2I\downarrow（黄色）+ 7KI + 2H_2O$$

（2）硝酸根离子（NO_3^-）：取试样数滴于试管中，加入 0.10mol/L $FeSO_4$ 试液，沿管壁缓慢加入浓 H_2SO_4，使成两液层，交界面显棕色，表明有 NO_3^- 存在。

$$NO_3^- + 3Fe^{2+} + 4H^+ \xlongequal{} 3Fe^{3+} + NO\uparrow + 2H_2O$$

$$Fe^{2+} + NO + SO_4^{2-} \xlongequal{} Fe(NO)SO_4（深棕色）$$

NO_2^- 存在干扰反应，应先加入尿素除去 NO_2^- 后再鉴定。

$$2NO_2^- + 2H^+ + CO(NH_2)_2 \xlongequal{} 2N_2\uparrow + CO_2\uparrow + 3H_2O$$

（3）亚硝酸根离子（NO_2^-）：试管中加入几滴试液、H_2SO_4 和淀粉 KI 试液，振荡试管，若显蓝色，表明有 NO_2^- 存在。

$$2NO_2^- + 4H^+ + 2I^- \xlongequal{} 2NO\uparrow + I_2 + 2H_2O$$

（四）硼族与碳族元素

硼族是周期表中的ⅢA 族元素，包括硼（boron，B）、铝（aluminium，Al）、镓（gallium，Ga）、铟（indium，In）、铊（thallium，Tl），碳族是周期表中的ⅣA 族元素，包括碳（carbon，C）、硅（silicon，Si）、锗（germanium，Ge）、锡（stannum，Sn）、铅（plumbum，Pb）。在长周期表中，这两族元素处于金属区和非金属区的交界处，元素由非金属转变为金属的性质也较为突出，这两族元素的性质和化合物的性质也较为相近，例如，B、C、Si 都有同素异性体，以形成共价键为主要特征，都有很强的自结合成链的能力，含氧酸都是弱酸等；Al 和 Sn、Pb 的氧化物、氢氧化物都显两性；它们的盐溶于水都发生水解等。

1. 硼族与碳族元素成键特征

（1）硼族元素的“缺电子性”：“缺电子性”是硼族元素最重要的特征，在其共价化合物中，中心原子价层未达到稳定的 8 电子构型，还存在一个空轨道，具有强接受电子的能力（作为 Lewis 酸），可与 Lewis 碱作用形成配合物。由于“缺电子性”，它们有充分利用价层轨道，力求生成更多的键，以增强体系稳定性的强烈倾向，因此可形成多种形式的单核、双核或多核的分子或离子。

（2）碳族元素化学键的共价性：与同族其他元素相比，碳原子半径小，电负性较大，氧化数主要有 +2 和 +4，表现出许多特殊性。碳可以采用 sp^3、sp^2、sp 等杂化形式成键，且有强烈自相成键和形成稳定多重键的倾向，可形成许多类型的化合物，同时 C—C 键、C—H 键和 C—O 键非常稳定，这是自然界生物存在的基础。

硅的氧化数主要为 +4，原子半径较大，Si—Si 键、Si—H 键键能小，不稳定，化合物较少，且形成多重键的倾向比碳要弱得多。多数硅化合物中，硅以 sp^3 杂化形成四个单键；由于 Si—O 键键能较大，可形成稳定的硅氧四面体结构，进而形成各种复杂的硅酸盐 / 硅铝酸盐等结构。

2. 硼及其重要化合物　硼是亲氧和亲氟元素，与电负性较大的元素形成氧化数为 +3 的共价化合物。硼可根据配位原子数不同以 sp^2 和 sp^3 两种杂化轨道与其他原子形成 σ 键。B 在空气中燃烧或硼酸脱水可以得到氧化硼，氧化硼与水作用得到硼酸（H_3BO_3）或偏硼酸（HBO_2）。硼在自然界中主要以硼酸或相应硼酸盐的形式存在。

硼酸（boric acid）是白色的鳞片状晶体，有滑腻感，可作润滑剂。分子中的硼原子采用 sp^2 杂化，形成平面形分子，通过分子间氢键连接形成层状结构，层与层之间以微弱的分子间力结合。H_3BO_3 为一元弱酸，$K_a = 5.8 \times 10^{-10}$，溶解度随温度的升高而增大。硼酸常用作医药上的消毒剂和食品工业上的防腐剂。硼酸溶液有一定的收敛、止痒、消肿的作用，经常用在创面和皮肤急性过敏反应的清洗和湿敷处理。

H_3BO_3 的酸性并不是因为本身解离出 H^+，而是与 B 的缺电子性有关。在溶于水后，B 的空轨道接受水分子配位，形成四配位的 $(H_2O)B(OH)_3$ 弱酸，进而解离产生硼酸根 $B(OH)_4^-$ 和 H^+。

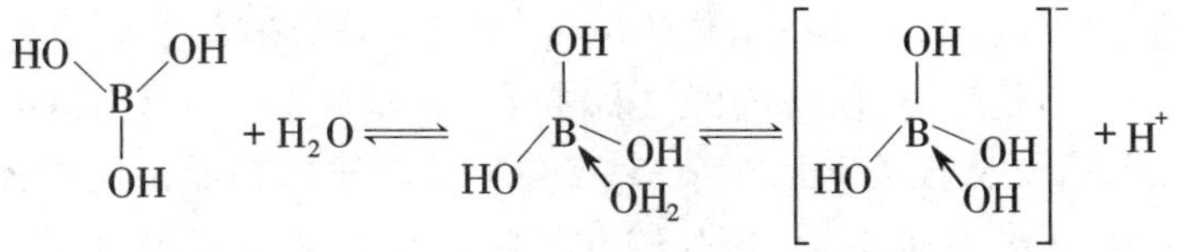

若在 H_3BO_3 体系中加入甘露醇、四羟基醇、丙三醇等含有顺式相邻羟基的多羟基化合物作为 Lewis 碱，生成更稳定的 B 配合物，可使产物酸的解离度大大增强，甚至成为强酸，如：

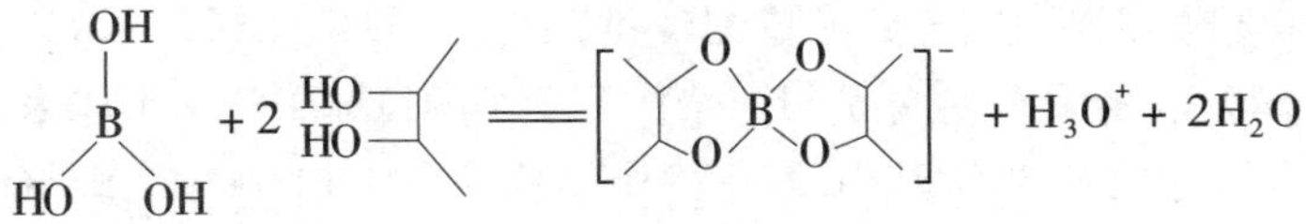

在此条件下，用标准氢氧化钠溶液滴定硼酸，滴定突跃猛增，有利于滴定终点的判断和滴定分析的准确性。

在硫酸存在下，硼酸可与醇反应生成硼酸酯，硼酸酯在高温下燃烧挥发，产生特有的绿色火焰，常用这一特性来鉴别硼的存在。

硼砂（sodium borate）化学式为 $Na_2[B_4O_5(OH)_4] \cdot 8H_2O$，是 B 的最重要含氧酸盐，白色结晶粉末，由两个 BO_4 四面体和两个 BO_3 三角形单元组成的四硼酸根离子 $[B_4O_5(OH)_4]^{2-}$ 的钠盐结构，如图 9-8。

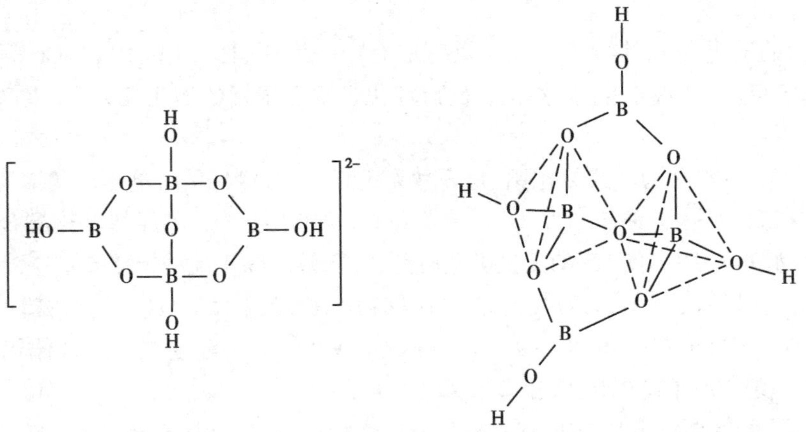

图 9-8　硼砂的结构

硼砂易溶于水并水解，产生等量的硼酸和硼酸根，形成碱性缓冲溶液：

$$[B_4O_5(OH)_4]^{2-} + 5H_2O \rightleftharpoons 2H_3BO_3 + 2[B(OH)_4]^-$$

在 20℃时，硼砂溶液的 pH 为 9.24，实验室常用其配制标准缓冲溶液。

熔融的硼砂可以溶解许多金属氧化物，形成具有金属离子特征颜色的偏硼酸复盐，常用于金属离子的定性鉴定（硼砂珠实验，表 9-10）。

表 9-10 某些金属的硼砂珠实验的颜色

金属氧化物	CuO	Cu_2O	MnO_2	Cr_2O_3	Fe_2O_3	FeO	CoO	NiO
硼砂珠颜色	蓝色	蓝色	紫色	绿色	黄色	绿色	深蓝色	褐色

3. 铝及其重要化合物　铝的主要性质有亲氧性、两性和还原性，既溶于酸又溶于碱。铝的含氧化合物主要有氧化铝和氢氧化铝，两者都具有两性，能与酸和碱作用生成相应的盐（中学已学习这部分性质，在此不再赘述）。

自然界中以结晶形式存在的 α-Al_2O_3，俗称刚玉，其熔点高，硬度大，高温稳定、抗化学腐蚀、不溶于酸碱等特点，常用作高硬度的研磨材料、耐火材料等。如果其中含有微量的杂质则呈现出美丽的颜色，如红宝石（含 Cr^{3+}）、蓝宝石（含 Fe^{2+}、Fe^{3+}）等。由氢氧化铝低温脱水形成的粉末 γ-Al_2O_3（$Al_2O_3 \cdot nH_2O$，$0 < n < 0.6$）比表面积大，具有较好的吸附性能和催化性能。γ-Al_2O_3 进一步高温（1 200℃）脱水可转化为 α-Al_2O_3。

在铝的卤化物中，除 AlF_3 是离子型化合物外，其余均为共价型化合物。由于 Al 的缺电子性，空轨道可接受 Cl 原子提供的孤对电子，而形成配位键，因此一般以二聚体 Al_2Cl_6 形式存在。在二聚 Al_2Cl_6 分子中，Al 原子以 sp^3 杂化轨道分别与两个作为端基的氯原子和两个作为桥基的氯原子相连，形成双核结构（图 9-9）。在 2 个氯桥键中，其中一个结构为“Al–Cl → Al”，即氯原子与一侧的 Al 原子形成普通共价键，而与另一侧的 Al 形成一个配位键；而另一个氯桥键的结构则为“Al ← Cl–Al”。显然“Al–Cl → Al”与“Al ← Cl–Al”是一对共振结构，所以氯桥键是一种成对的三中心四电子共价键。类似的，乙硼烷（B_2H_6）分子中存在一对“B—H—B”三中心两电子的氢桥。

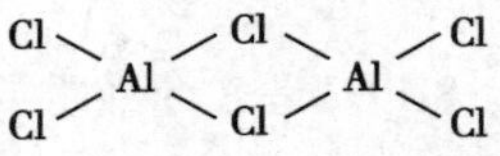

图 9-9　Al_2Cl_6 和 B_2H_6 的分子结构

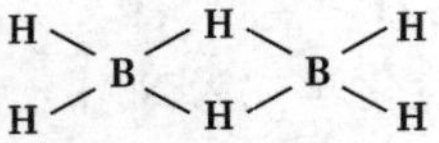

硼族卤化物的缺电子性的特点在催化反应中有广泛应用，如 $AlCl_3$、BF_3、BCl_3 等都是良好的催化剂，对许多有机反应，如烷基化、异构化、聚合、环化等都有很好的催化能力，在生产和实验中常被应用。

聚合 $AlCl_3$（PAC）也称为碱式氯化铝，是一种无机高分子材料，是由单体羟基铝配离子发生聚合反应产生的。其结构（$[Al_2(OH)_nCl_{6-n}]_m$，$1 \leqslant n \leqslant 5$，$m \leqslant 10$）是一个多羟基多核配合物。PAC 是在自来水净化核废水处理中应用广泛的无机类絮凝剂，沉降效率高于硫酸铝 2~6 倍。PAC 水溶液中 Al 的形态非常复杂，有单体如 $[Al(H_2O)_6]^{3+}$、$[Al(OH)(H_2O)_5]^{2+}$、$[Al(OH)_2(H_2O)_4]^{+}$，二聚体如 $[Al_2(OH)_2(H_2O)_8]^{4+}$，十三聚体如 $[AlO_4Al_{12}(OH)_{24}(H_2O)_{12}]^{7+}$ 等存在。聚合体铝的聚合形态分布与 Al^{3+} 的浓度、pH 和羟铝（OH/Al）比等有关。

4. 碳及其重要化合物　由于碳族元素核外电子结构特点，易以共价键结合形成结构和功能各异的大、小分子物质。碳的单质有多种同素异形体，基本的结构类型包括金刚石和石墨两种。

金刚石（diamond）是典型的原子晶体，每一个碳原子均采用 sp^3 杂化轨道与相邻的四个碳原子 sp^3 杂化轨道形成 σ 单键，组成无限的三维骨架（图 9-10）。这种结构使金刚石具有高硬度、高透明度和高折射率等优点。虽然金刚石常温下是绝缘体，但导热性能超群［导热率约 2 300W/（m·K）］，远高于金属中导热最好的银［导热率约 430W/（m·K）），而其线性热膨胀系数低至 1.2μm/K（银的热膨胀系数为 19μm/K）。金刚石的导热机制不同于金属。金属是通过自由电子传导热量，而金刚石则是通过晶格振动的格波（声子）来实现。由于金刚石具有完美的组成单一晶格和高强度共价键结构，因此晶格中 C 原子的振动能够快速传导，既不在晶格中的某点停驻，衰减又小。因此，金刚石是很好的散热材料，如电脑的 CPU 通过涂覆一层金刚石膜，加快其散热速度。

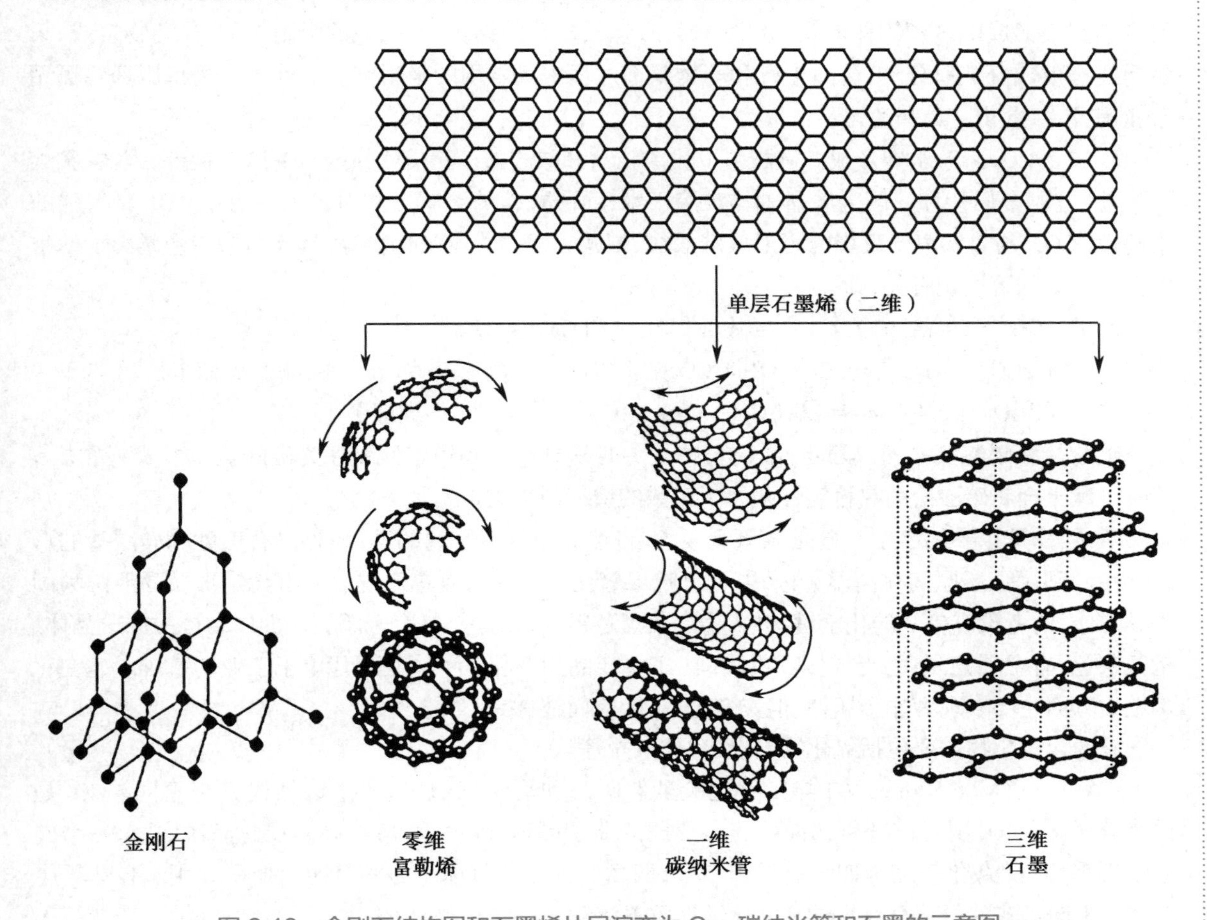

图 9-10　金刚石结构图和石墨烯片层演变为 C_{60}、碳纳米管和石墨的示意图

石墨（graphite）是一种质软的黑色固体，略有金属光泽，C 原子采用 sp^2 杂化方式，与相邻 C 原子形成三个 σ 键，并具有一个大 π 键，构成一个片状单层结构，这个单层称为石墨烯（graphene）。石墨烯层间通过范德瓦耳斯力结合形成石墨固体，厚 1mm 的石墨大约包含 300 万层石墨烯层。

石墨烯单层或数层可以被剥离出来，成为新型材料。石墨烯是已知最薄、强度最高同时具有良好韧性的材料之一，单层石墨烯几乎是完全透明的；石墨烯具有非常好的热传导性能，单层石墨烯的导热系数高达 5 300W/(m·K)，是迄今为止导热系数最高的碳材料；单层石墨烯常温下的电子迁移率超过 15 000cm^2/(V·s)，其对应电阻率约为 10^{-8}Ω·m，与银（1.59×10^{-8}Ω·m）相当或略低，为优异的导体之一；石墨烯的平面上可以吸附并脱附各种原子和分子，可以作为良好的吸氢材料或药物载体。尺寸小于 100nm 的石墨烯称为石墨烯量子点（graphene quantum dot，GQD），其具有极大的比表面积，可溶于水，并且根据尺寸大小不同发出不同荧光，光谱范围包括了紫外光、可见光和红外光的很宽区域。因此，石墨烯在材料、能源、生物医学和药物递送体系等方面具有巨大的应用前景，被认为是一种未来革命性的材料。

石墨烯除了可以形成二维平面结构外，也可卷起形成三维结构，如碳纳米管（carbon nanotube，CNT）、碳纳米角（carbon nanohorn，CNH）或纳米钻（nanodiamond）和纳米球（又称富勒烯 fullerenes）。20 世纪 80 年代 Kroto 等因发现 C_{60}（富勒烯的一种）而获得 1996 年诺贝尔化学奖。C_{60} 由 60 个碳原子构成的 32 面体，其中 12 个面是五边形，20 个面是六边形。由于分子结构酷似足球，也称其为足球烯（footballene）。由于独特的高对称性的球形结构，使得 C_{60} 球面上的碳原子分摊外部的压力，结构

非常稳定和坚固，使其在光、电、磁等特性方面都表现突出。

无定形碳（amorphous carbon）如活性炭（activated charcoal）、木炭、焦炭等都是石墨烯为结构单元无规则聚集形成的多种固体形式。活性炭具有疏松多孔的结构，有很强的吸附性能，是药物合成、天然药物有效成分提取分离、药品生产和药物制剂过程中最常用的吸附剂。活性炭作为口服药物可用于止泻、治疗食物中毒和消化不良等症。

碳酸由 CO_2 溶于水即形成。碳酸可以生成正盐和酸式盐。正盐除铵盐、钠盐、钾盐外，锂盐、碱土金属盐、过渡金属盐和 p 区金属盐等均难溶于水，而酸式盐的溶解度相对较大。由于 CO_3^{2-} 具有强的水解性，CO_3^{2-} 与金属离子反应时可形成碳酸盐、碱式碳酸盐或氢氧化物等，具体结果与金属离子的水解性和沉淀的溶度积有关，如：

$2Ag^+ + CO_3^{2-} = Ag_2CO_3\downarrow$ （Ba^{2+}、Sr^{2+}、Mn^{2+} 和 Ca^{2+} 类似）

$2Cu^{2+} + 2CO_3^{2-} + H_2O = Cu_2(OH)_2CO_3\downarrow + CO_2\uparrow$ （Pb^{2+}、Zn^{2+}、Co^{2+} 和 Mg^{2+} 类似）

$2Al^{3+} + 3CO_3^{2-} + 3H_2O = 2Al(OH)_3\downarrow + 3CO_2\uparrow$ （Fe^{3+}、Cr^{3+} 类似）

碳酸盐和碳酸氢盐的热稳定性较差，在受热时易分解。热稳定性顺序为碳酸盐 > 酸式碳酸盐 > 碳酸。碱土金属碳酸盐的热稳定性随原子序数的增加而增大。

5. 硅及其重要化合物 硅是亲氧元素，在自然界中没有游离的硅，而是以石英砂和硅酸盐的形式存在。利用强还原剂在高温（电炉中）可将二氧化硅还原得到单质硅。硅有无定形及晶形两种同素异形体，前者没有单一的化学键结构，为深灰黑色粉末；后者是具有金刚石四面体结构的原子晶体，呈银灰色，有金属光泽，为半导体。单晶硅（工业产品为“晶圆片”）是现代电子工业的基础。硅在化学性质方面主要表现为非金属性，但又有金属性，因而被称为“半金属”。

硅的含氧化物主要包括氧化物、硅酸和硅酸盐等。

二氧化硅（silicon dioxide）与二氧化碳虽然叫法和写法相似，但化学键结构完全不同。CO_2 是单个分子体；SiO_2 则是以硅氧四面体连接形成的原子晶体，硬度大，熔点高。在此晶体中，每一个硅原子都采用 sp^3 杂化轨道与四个氧原子结合，四面体顶点的氧原子为两个四面体所共用。自然界中 SiO_2 以不同形式的石英存在。SiO_2 的化学性质不活泼，但可溶于氢氟酸：

$$SiO_2 + 6HF = H_2SiF_6 + 2H_2O$$

SiO_2 是酸性氧化物，是硅酸的酸酐，与热的强碱溶液或熔融的碳酸钠作用，得到硅酸盐，如：

$$SiO_2 + 2NaOH = Na_2SiO_3 + H_2O$$

Na_2SiO_3（偏硅酸钠，俗称水玻璃）是常见的可溶性硅酸盐。除碱金属外，其他金属的硅酸盐都不溶于水。

常用可溶性硅酸盐与酸反应制取硅酸。硅酸的种类很多，组成复杂，常以通式 $xSiO_2\cdot yH_2O$ 表示。硅酸中以简单的单酸形式存在的只有正硅酸 H_4SiO_4 和其脱水产物偏硅酸 H_2SiO_3，习惯把 H_2SiO_3 称为硅酸。硅酸是极弱的二元酸，溶解度极小，很容易被其他酸（甚至铵盐）从硅酸盐溶液中置换出来，如：

$$Na_2SiO_3 + 2HCl = H_2SiO_3\downarrow + 2NaCl$$

$$Na_2SiO_3 + 2NH_4Cl = H_2SiO_3\downarrow + 2NaCl + 2NH_3\uparrow$$

实际上，生成的单分子硅酸不能立即沉淀出，而是形成水凝胶。硅酸有聚合特性，硅酸水凝胶会逐渐聚合、凝聚形成硅酸凝胶，经干燥后得到硅酸干胶（硅胶，silica gel）。硅胶具有多孔性，有较强的物理吸附作用，其吸附分子在高温可脱附。因此，硅胶常用于气体的回收、石油冶炼、催化剂的制备和实验室中的干燥剂等。

大家熟知的玻璃是一种不溶性碱金属 / 碱土金属硅酸盐复盐为主体的混合物。普通玻璃的组成为 $Na_2SiO_3\cdot CaSiO_3\cdot SiO_2$ 或写成 $Na_2O\cdot CaO\cdot 6SiO_2$ 的化学组成形式。在宏观上，玻璃是一种固态

物质，但其内部结构的混乱程度类似于液体。因此，玻璃既不是晶态，也不是非晶态，而是一种特殊的“玻璃态”，其特点是：短程有序（即在几个纳米的范围内，离子有序排列，呈现晶体特征）而长程无序（即在更大的空间范围内，离子排列表现为一种无序状态）。在玻璃中添加过渡金属等，即可得到各种有色玻璃（CuO 红色、Cr_2O_3 绿色、$CoCl_2$ 蓝色）或其他具有特殊作用的玻璃（如防辐射的铅玻璃等）。有色玻璃在中国古代称“琉璃 / 瑠璃”，因其色彩流云漓彩而得名，最初是青铜器铸造时的副产品。

将不同比例的偏硅酸钠、偏铝酸钠和氢氧化钠混合，于 373K 左右保温，再经洗涤、干燥、成型及脱水，可得到一种被称为分子筛（molecular sieve）的具有空隙的硅铝酸钠。分子筛的组成为 $M_{x/n}[(AlO_2)_x(SiO_2)_y]\cdot mH_2O$，式中 M 为金属离子，$n$ 为该离子的氧化数，x/n 为离子个数。分子筛内部有许多特定大小的与外部相通的通道，孔径大小可通过分子筛的硅铝组成比例和制备方式来调节。分子筛的内表面具有良好的吸附性能，能够吸附半径小于孔径的分子。因此，具有特定孔径大小的分子筛可以将不同大小的分子分离，实现对分子进行“筛分”的目的。

6. 硼族与碳族元素离子的鉴定

（1）Al^{3+}：向含有 Al^{3+} 的溶液中加入氨水，有白色絮状沉淀析出，该沉淀溶于醋酸和强碱溶液中：

$$Al^{3+} + 3NH_3\cdot H_2O = Al(OH)_3\downarrow + 3NH_4^+$$

茜素红 S（1，2- 二烃基蒽醌 -3- 磺酸钠）在 pH 4~9 范围内与 Al^{3+} 反应生成红色沉淀，此反应灵敏度较高。也可利用醋酸控制溶液 pH，铝试剂{玫红三羧酸三胺，3-[双（3- 羧基 -4- 羟基苯基）亚甲基]-6- 氧 -1，4- 环己烯 -1- 羧酸三铵盐}与微量的 Al^{3+} 反应生成绛红色的配合物，但需先消除 Fe^{3+} 干扰。

（2）Sn^{2+}：利用 Sn^{2+} 的还原性，可以将 $HgCl_2$ 还原为白色的氯化亚汞或黑色的汞。

$$2HgCl_2 + SnCl_2 = Hg_2Cl_2\downarrow + SnCl_4$$

$$Hg_2Cl_2 + SnCl_2 = 2Hg\downarrow + SnCl_4$$

（3）Pb^{2+}：在中性或弱酸性条件下，与铬酸盐溶液作用生成黄色的铬酸铅沉淀，Ba^{2+}、Ag^+ 有干扰。

$$Pb^{2+} + CrO_4^{2-} = PbCrO_4\downarrow$$

但 $PbCrO_4$ 溶于强碱和醋酸中，而 $BaCrO_4$ 和 Ag_2CrO_4 不溶。

$$PbCrO_4 + 3OH^- = [Pb(OH)_3]^- + CrO_4^{2-}$$

第四节 重要主族元素及其生物学效应简介

生命元素在生物体内各司其职，维持着生命体的正常活动和推动生命体的发展，许多疾病与无机金属离子有关，金属及其配合物在生命体和药物中占有极为重要的地位。此外，无机药物的应用从古（《神农本草经》中无机矿物药）到今都不断应用于治疗疾病。其中，主族金属元素发挥了重要的生物作用。

一、s 区元素的重要化合物及生物学效应

碳酸锂（Li_2CO_3）是一种抗躁狂型抑郁症药，在临床上常用来治疗躁狂抑郁型精神病、精神分裂症、癫痫、经前期紧张和抑郁综合征，并对心脏病有一定的防护作用。将碳酸锂与苯妥英、卡马西平、利培酮、氯氮平等合并使用疗效更好。其主要是以锂离子的形式发挥作用，抗躁狂发作的机制是它能够抑制神经末梢 Ca^{2+} 依赖性去甲肾上腺素和多巴胺的释放，促进神经细胞对于突触间隙中去甲肾上腺素的再摄取，增加其转化和灭活，从而使去甲肾上腺素的浓度降低，还可促进 5- 羟色胺的合成和释放，从而有助于情绪稳定。现代医学还应用锂盐治疗甲状腺功能亢进、急性痢疾、白细胞减少症、再生

障碍性贫血及某些妇科疾病等。需要指出的是，锂盐也具有明显的生物毒性，锂盐中毒主要表现为中枢神经系统症状，影响心脏传导、导致节律紊乱及内分泌系统毒性。锂盐中毒目前尚无特效的治疗药物。

硫酸盐 $Na_2SO_4 \cdot 10H_2O$ 称为芒硝，在空气中易风化脱水变成无水硫酸钠。无水硫酸钠在中药中称为玄明粉，为白色粉末。药学应用中，芒硝和玄明粉都用作缓泻剂（与峻泻药如蓖麻油、大黄、番泻叶等区别），可泻热通便，润燥软坚，用于治疗痔疮、急性乳腺炎、腹胀、急性湿疹等。此外芒硝还有清凉、消肿、止痛的功效。主要药理作用是硫酸根离子不易被肠壁吸收，因此肠内渗透压升高，体液的水分向肠腔移动，肠腔容积增加，肠壁扩张，进而刺激肠壁的传入神经末梢，反射性地引起肠蠕动增加而导泻。

硝酸钾（KNO_3）与氯化锶（$SrCl_2$）是日常防过敏牙膏的常见成分，可抑制牙痛，是良好的脱敏剂。钾离子能降低神经的兴奋性，同时能阻塞牙本质小管，缓解牙本质敏感的症状。锶盐会封闭开口的孔道，从而阻止酸痛。

生石膏（二水硫酸钙 $CaSO_4 \cdot 2H_2O$）是医药中应用最广泛的硫酸盐之一。生石膏受热脱去部分水生成烧石膏（煅石膏、熟石膏）$2CaSO_4 \cdot H_2O$（详见第八章）。这是一个可逆反应，熟石膏与水混合成糊状时逐渐硬化重新生成生石膏，在医疗上用作石膏绷带。生石膏主要是内服，有清热泻火的功效；熟石膏有解热消炎的作用，外用为主，可治疗湿疹、烫伤、疥疮溃疡等。

七水硫酸镁（$MgSO_4 \cdot 7H_2O$），俗称泻盐。与硫酸钠作用机制相同，也是缓泻剂。但硫酸镁的作用更多，口服硫酸镁可作为缓泻剂和十二指肠引流剂；注射给药（多以 10% 硫酸镁 10ml 深部肌内注射或用 5% 葡萄糖稀释成 2%~2.5% 的溶液缓慢滴注）可用于治疗惊厥、子痫、尿毒症、破伤风及高血压脑病等。注射给药可提高血镁水平，抑制中枢神经系统，松弛肌肉，可使血管扩张，血压下降。

硫酸钡（$BaSO_4$）又称重晶石，是唯一无毒的钡盐，主要利用其难溶性和对 X 线有强烈的吸收作用，医药上用于胃肠道 X 线造影检查。钡盐进入体内胃肠道或呼吸道等腔道后与周围组织结构在 X 线图象上形成密度对比，从而显示出这些腔道的位置、轮廓、形态、表面结构和功能活动情况。

二、p 区元素的重要化合物及生物学效应

p 区元素中有很多属于人体必需元素，包括 12 种常量元素中的 7 种（O、C、N、P、S、Cl、Si）和 13 种人体必需微量元素中的 5 种（Sn、F、I、Se 和 As）。但有些元素具有明显的毒性，如 Pb、Tl 等。

消化不良、胃炎、胃溃疡等胃病，是日常生活的常见病。常见胃肠道药物胃舒平等主要成分是 $Al(OH)_3$，其主要作用是可中和胃酸并保护胃黏膜。$Al(OH)_3$ 与胃酸中和作用后可生成 $AlCl_3$，大部分与食物成分和肠道黏液蛋白形成人体不吸收的配合物与未反应的氢氧化铝一起随粪便排出体外。铝碳酸镁是另一个抗酸抗胆汁的胃黏膜保护剂，其化学成分是 $Al_2Mg_6(OH)_{16}CO_3 \cdot 4H_2O$。可在食道、胃、十二指肠黏膜形成多层网状结构，沉积在黏膜表面形成保护层。形成的多层网状结构作为 HCO_3^- 的储库，可不断释放 OH^-，中和胃酸、调节胃内 pH。临床上用于治疗胃炎、胃溃疡、十二指肠溃疡、胃食管反流病等消化系统疾病。此外，铋剂也是一类用于缓解胃酸过多引起的胃痛、胃灼烧感、反酸等的药物，主要有枸橼酸铋钾、胶体果胶铋、次水杨酸铋和复方铝酸铋。药物进入人体后，在胃酸作用下，胶体铋剂形成铋盐和黏性凝结物，在溃疡组织表面形成保护层，从而达到治疗的目的。此外，其释放的铋离子（Bi^{3+}）可以杀灭幽门螺杆菌等病原体，从而防止胃炎的发生。

磷（P）在生命体中发挥着重要的作用。除形成提供能量的分子 ATP 外，磷还是构成细胞膜磷脂、核酸、骨骼羟基磷灰石等重要生物大分子和组织的要素之一。磷酸氢根（HPO_4^{2-}）是细胞内重要

的信号分子，细胞受体等蛋白质的磷酸化和去磷酸化，是细胞传递生长、分化和死亡信号的主要方式。含磷药物（包括农药）一直获得广泛的应用和研究关注，在抗肿瘤和免疫调节（如环磷酰胺类化合物）、抗寄生虫、消炎（如磷柳酸）、杀菌（如磷霉素/磷氨霉素）、抗病毒（膦甲酸钠）、治疗骨质疏松（如阿仑膦酸盐）、抗心血管疾病（如磷地尔）、作为生化营养剂（如甘磷酸胆碱）等方面发挥重要作用。

砷（As）是1975年才被认为人体必需微量元素（属于低剂量对人体可能必需，但有潜在毒性的第三类微量元素），人体内的砷含量14~21mg。砷是一种体内蓄积性很强的元素，主要积聚于角蛋白多的组织（如皮肤、指甲或毛发）中。但是量多的时候会产生毒性，As_2O_3的致死量为120mg，中毒机制为As（Ⅲ）与体内蛋白质的巯基结合导致酶失活，长期接触砷的化合物可诱发产生肿瘤。作为药用的砷的化合物包括无机物和有机化合物两大类，无机物中比较重要的有雄黄（As_4S_4）、雌黄（As_2S_3）和砒霜（主要成分是As_2O_3）等（详见第八章）。雄黄为中药矿物药，外用治疗疮疖疔毒、疥癣及虫蛇咬伤等，也可内服。雄黄还可以治疗肠道寄生虫感染和疟疾等。近年来，As_2O_3的研究主要集中在抗白血病及其他各种肿瘤的研究，As_2O_3是被中国及美国FDA批准的治疗急性早幼粒细胞白血病的一线用药。

硫黄（S_8）又称石硫黄或土硫黄，是中药矿物类药材。内服可在肠中形成硫化物盐类和硫化氢，刺激肠管，促进蠕动，软化粪便而缓泻，一部分经吸收后从肺排出。少量硫黄内服可以发挥散寒、祛痰之效；外用与皮肤接触，能溶解皮肤的角质，缓解瘙痒，在皮肤或组织分泌物的作用下可产生硫化氢及五硫黄酸，有杀菌、杀疥的作用。常用的是10%硫黄软膏、硫黄乳膏和硫黄香皂。

硫代硫酸钠（$Na_2S_2O_3$）可内服，也可静脉注射和外用。内服或静脉注射作为卤素、氰化物、重金属的解毒剂，前者利用还原性，后者利用硫代硫酸盐的配位作用；外用治疗疥疮，其原理是利用硫代硫酸钠的易分解性，先用40%硫代硫酸钠溶液洗涤，再用5%的稀盐酸洗涤，保留一段时间后，再用水冲洗干净。实际上真正起作用的是S单质和SO_2。

作为人体必需微量元素，硒与人类的健康密切相关。研究发现，保证人们有充足的硒及其他重要微量元素的摄入有助于防治癌症、维持心血管系统正常结构和功能。缺硒则可引起克山病和大骨节病。硒的生物功能主要是构成体内的各种硒酶，如谷胱甘肽过氧化物酶（GSH-Px）介导体内各种有机/无机过氧化物（ROOH）的还原清除，从而抑制自由基的产生，保护细胞免受损伤。亚硒酸钠（Na_2SeO_3）、富硒酵母和生物纳米硒等作为补硒药，具有抑制肿瘤发病率和预防心肌损伤性疾病的作用，还能增强视力，刺激免疫球蛋白和抗体产生，但应注意其副作用。

另一人体必需微量元素碘，其通过合成甲状腺素而发挥作用。甲状腺素的所有生物活性，包括促进蛋白质合成、酶的活化、能量的调节转换、维持中枢神经系统、保证正常生理功能等都与碘有关。地方性甲状腺肿大和地方性克汀病等都与当地饮食缺碘有关。常用的补碘剂有碘化钾和碘酸钾，也可用于甲状腺肿大、慢性关节炎、动脉血管硬化、眼底炎等的治疗。

铊是致命的毒性元素，毒性高于铅和汞，进入人体后，铊离子可以通过细胞膜表面的ATP酶结合进入细胞内。铊离子可抑制神经系统中承担传导各种感受的K^+活性，导致整个神经传导瘫痪；铊离子与线粒体表面含巯基团结合，抑制其氧化磷酸化过程，干扰含硫氨基酸代谢，抑制细胞有丝分裂和毛囊角质层生长。铊盐的急性中毒常在数小时内出现症状，如恶心、呕吐、口炎、腹痛、腹泻、出血性胃肠炎、心动过速及心律失常、血压升高等。部分患者发生急性铊脑炎，出现头痛、嗜睡、精神错乱、幻觉、惊厥、震颤、谵妄、昏迷等。铊盐的慢性中毒常有神经系统症状（如抑郁、失眠、激动、感觉异常、痴呆等）、眼部症状、消化系统症状（如恶心、呕吐等）、全身症状（疲乏、肌肉无力等）及其他局部症状等。临床治疗铊中毒主要采用普鲁士蓝等金属络合物。

铅是多亲和性毒物，作用于全身各个系统，主要损伤造血系统、神经系统、消化系统和心血管系统，引起贫血、神经功能紊乱、胃肠炎及溃疡等。在我国传统医学中，“密陀僧”（主要成分 α-PbO）

《本草纲目》中记载其可以治反胃、消渴、疟疾、下痢、止血、杀虫、消积，可以治诸疮、消肿毒等，但由于铅的毒性较大，需要慎用。四乙基铅一度广泛使用，在汽油中作为添加剂，以提高燃料的辛烷值，但其是剧烈的神经毒物，易侵犯中枢神经系统，主要表现为头痛、失眠等。四乙基铅中毒的解毒药物为巯基乙胺或半胱胺，与铅螯合后通过尿液排出体外。

第九章
知识拓展

习 题

1. 回答下列问题：

（1）锂的标准电极电势比钠的低，为什么锂单质与水作用时却不如钠反应剧烈？

（2）商品 NaOH 为何常含有杂质 Na_2CO_3？如何配制不含 Na_2CO_3 杂质的 NaOH 溶液？

（3）实验室中盛放强碱的试剂瓶为何不能用玻璃塞？

（4）为什么碱土金属单质比同周期的碱金属单质熔点高、硬度大？

（5）为什么 $Mg(OH)_2$ 难溶于水，但却能溶于 NH_4Cl 溶液中？

（6）为什么 Ba^{2+} 有毒，但 $BaSO_4$ 却可用作 X 光检查人体消化系统疾病时的造影剂？

（7）对角线元素 Li-Mg、Be-Al 性质相似，但与本族元素同类化合物相比较常有许多差异，原因是什么？

（8）为什么漂白粉露置于空气中容易失效？

（9）油画放久后会发暗甚至变黑，用 H_2O_2 溶液处理后又变回白色，原因是什么？

（10）铁和铝制的容器可以盛放浓硫酸，但是不能盛放稀硫酸，原因是什么？

（11）为什么硝酸分子中有一个 π_3^4 的大 π 键，而 NO_3^- 中含有一个 π_4^6 的大 π 键？

（12）为什么常温下，CO_2 是气体，而 SiO_2 是固体？

（13）为什么 CCl_4 不易水解，而 $SiCl_4$ 很易水解？

（14）为什么硅酸钠溶液中加入氯化铵溶液，生成白色沉淀？

（15）在卤素化合物中，为何 Cl、Br、I 可呈多种氧化数？

（16）硫化钠溶液在空气中放置颜色会变黄，试说明理由。

（17）为什么不能直接加热 $AlCl_3 \cdot 6H_2O$ 脱水制备无水 $AlCl_3$？

（18）为什么 CO 和 N_2 是等电子体，但 CO 更易形成配合物？

（19）为什么无论是将 Ag^+ 滴加到 $H_2PO_4^-$、HPO_4^{2-} 还是 PO_4^{3-} 的溶液中，最终都可能形成 Ag_3PO_4 沉淀？

2. 完成下列反应式

（1）$Na + NH_3 \longrightarrow$

（2）$Mg + N_2 \longrightarrow$

（3）$Na_2O_2 + H_2O \longrightarrow$

（4）$KO_2 + CO_2 \longrightarrow$

（5）$BaO_2 + H_2SO_4$（稀）$\longrightarrow$

（6）$PbS + H_2O_2 \longrightarrow$

（7）$H_2S + FeCl_3 \longrightarrow$

（8）$Cr_2(SO_4)_3 + H_2O_2 + NaOH \longrightarrow$

（9）$IO_3^- + S_2O_3^{2-} + H^+ \longrightarrow$

（10）$NO_2^- + I^- + H^+ \longrightarrow$

3. 简答题

（1）自然界中，为什么没有碱金属和碱土金属单质存在？

（2）一些碱金属和碱土金属离子在无色火焰中燃烧为什么会有特殊的颜色？这些特殊的颜色有什么实际意义和应用？

（3）从结构角度解释第二周期非金属元素性质的特殊性。

（4）SO_2 和 Cl_2 都可以作漂白剂，两者漂白的机制有何差异？

（5）H_2S、MnO_2、H_2SO_3 和 PbS 能与 H_2O_2 混合共存吗？为什么？

（6）从 $Na_2S_2O_3$ 的性质说明其在药学领域中的作用。

（7）分子筛和硅胶的化学组成有何不同？它们的吸附性质有何异同？

4. 分离与鉴别

（1）在六个没有标签的试剂瓶中分别装有白色的固体试剂，已知它们是：Na_2CO_3、KOH、MgO、$CaCO_3$、$CaCl_2$ 和 $BaCl_2$，试用简便可靠的方法识别它们。

（2）已知混合溶液中含有 Na^+、Mg^{2+}、Ca^{2+} 和 Ba^{2+} 4 种离子，如何分离它们（用流程式表示分离方案）？

（3）如何鉴别出 NH_4NO_3 和 NH_4NO_2？

（4）分离并检出混合溶液中的 Pb^{2+}、Sn^{2+}、Ba^{2+}。

（5）如何鉴别出 H_3AsO_4 和 H_3AsO_3？

第九章
目标测试

（胡密霞）

第十章

过渡金属元素

第十章
教学课件

学习目标

1. **掌握** 常见过渡金属元素氧化物和氢氧化物的性质；钛（Ⅲ、Ⅳ）化合物、钒酸盐、铬酸盐、重铬酸盐、高锰酸钾的性质；常见铁（Ⅲ、Ⅱ）盐及重要的铁（Ⅱ、Ⅲ）和铂（Ⅱ）配合物的性质；常见铜（Ⅱ）盐、银（Ⅰ）盐、锌（Ⅱ）盐、汞（Ⅰ、Ⅱ）盐的性质。
2. **熟悉** 过渡金属元素的通性和配位化学主要特征，过渡金属元素单质的主要物理性质及化学性质。
3. **了解** 常见过渡金属元素化合物的颜色特征；常见过渡金属元素药物的性质和临床应用；汞的生物毒性；Cr^{3+}、Mn^{2+}、Fe^{2+}、Fe^{3+}、Cu^{2+}、Ag^{+}、Zn^{2+}、Hg^{2+}、Hg_2^{2+}的分析鉴定。

过渡金属元素包括周期表ⅢB~ Ⅷ族的 d 区元素、ⅠB 和ⅡB 族的 ds 区元素[①]，以及 f 区的镧系和锕系元素，其中 f 区元素被称为内过渡元素。在自然界中，第四周期过渡金属元素（第一过渡系元素）的储量较多，其单质和化合物的应用十分广泛。在生物体内，它们也有举足轻重的作用，V~Zn 和 Mo 都是生命必需的微量元素，在生命活动过程中具有极其重要的生理功能。例如，它们是许多酶的辅基、催化活性中心或结构中心，维持生物大分子的构象和功能；它们具有载体作用，参与电子转移和分子重排，参与细胞信号转导、传递生物信息、促进新陈代谢以维持生物体的正常生理功能；参与和调节蛋白质、DNA 和核酸的合成等。其他过渡金属元素的丰度大多数很小，但某些元素及其化合物却有非常重要的用途，如钨、铂、银、汞等是化工、机械、电子等工业的重要原材料，钕、钇、钐等稀土元素是航空航天等现代高科技工业和军事工业所必需的关键元素，顺式 - 二氯二氨合铂（Ⅱ）等铂类抗癌药物是临床一线抗肿瘤药物，^{99m}Tc（和 ^{111}In）（显影剂），^{60}Co（和 ^{135}I）（外照射源）和 ^{192}Ir、^{103}Pd、^{241}Am（内照射源）等放射性同位素在临床上用于显影诊断、放射治疗等，而 ^{235}U、^{233}U、^{239}Pu 等是核能的主要核燃料。此外，Gd 等用于 MRI 的造影剂。本章在介绍过渡金属元素通性的基础上，重点讨论第一过渡系元素和银、汞、铂及其化合物的性质，主要介绍它们的氧化还原性、酸碱性、溶解性、热稳定性、配位性及离子鉴别，最后简要介绍 f 区元素的通性及稀土元素的性质和主要用途。

第一节　d 区、ds 区元素的通性

d 区元素是指周期表ⅢB~ Ⅷ族的元素，价层电子组态为（n−1）$d^{1\sim9}ns^{1\sim2}$（Pd，$4d^{10}$），其中次外层 d 轨道尚未充满（部分填充组态），而最外层 s 轨道多为全充满（d 轨道半满稳定型元素除外）。ds 区元素是指周期表ⅠB 和ⅡB 族的元素，价层电子组态为（n−1）$d^{10}ns^{1\sim2}$，其中 d 轨道为全充满组态，最外层对ⅠB 为 ns^1、对ⅡB 为 ns^2。

①在一些教材中，d 区元素和 ds 区元素统称为 d 区元素，即不再划分出 ds 区。

在周期表中，d 区、ds 区和 f 区元素位于 s 区元素与 p 区元素之间，因而称它们为过渡元素（transition element），由于它们都是金属元素，故亦称之为过渡金属（transition metal）。过渡元素在周期表中的位置详见第一章原子结构以及附录“元素周期表”。

一、原子结构特征与元素性质的关系

在原子结构一章中曾指出，多电子原子的原子轨道能量变化比较复杂，特别是长周期的元素，3d 和 4s、4d 和 5s、4f 和 5d、5d 和 6s 等轨道间存在能级交错现象，大多数 d 区、ds 区元素的最后一个电子填充在次外层 d 轨道上，同时由于 d 轨道未充满，所以原子的有效核电荷也较大。d 轨道特殊的电子结构使得 d 区、ds 区元素的性质具有许多不同于主族元素的显著特征，并且随 d 电子数目的变化而变化，所以说过渡元素的化学实际上是 d 电子的化学。第一过渡系元素原子的价层电子组态和一些基本性质列于表 10-1 中。

表 10-1 第一过渡系元素的价层电子组态及一些基本性质

元素	Sc	Ti	V	Cr	Mn	Fe	Co	Ni	Cu	Zn
价层电子组态	$3d^14s^2$	$3d^24s^2$	$3d^34s^2$	$3d^54s^1$	$3d^54s^2$	$3d^64s^2$	$3d^74s^2$	$3d^84s^2$	$3d^{10}4s^1$	$3d^{10}4s^2$
原子半径 /pm	161	145	132	125	124	124	125	125	128	133
离子半径 */pm	106（Ⅰ）	96（Ⅲ）	88（Ⅲ）	86（Ⅲ）	75（Ⅱ）	75（Ⅱ）	79（Ⅱ）	83（Ⅱ）	96（Ⅰ）	88（Ⅰ）
	81（Ⅲ）	68（Ⅳ）	59（Ⅴ）	52（Ⅵ）	46（Ⅶ）	69（Ⅲ）	69（Ⅲ）	62（Ⅲ）	87（Ⅱ）	74（Ⅱ）
电负性	1.36	1.54	1.63	1.66	1.55	1.83	1.88	1.91	1.90	1.65
第一电离能 /（kJ/mol）	633.1	658.8	650.9	652.9	717.3	762.5	760.4	737.1	745.5	906.4
第二电离能 /（kJ/mol）	1 235	1 310	1 414	1 591	1 509	1 562	1 648	1 753	1 958	1 733
熔点 /K	1 814	1 941	2 183	2 180	1 519	1 811	1 768	1 728	1 358	693
沸点 /K	3 103	3 560	3 680	2 944	2 334	3 134	3 200	3 186	3 200	1 180
硬度（金刚石 =10）	—	4.0	—	9.0	6.0	4.5	5.5	4.0	3.0	2.5
密度 /（g/cm^3）	3.0	4.51	6.1	7.20	7.30	7.86	8.9	8.9	8.96	7.14
$\varphi^{\ominus}(M^{2+}/M)/V$	—	−1.63	−1.13	−0.90	−1.18	−0.44	−0.28	−0.257	−0.340	−0.763
$\varphi^{\ominus}(M^{3+}/M)/V$	−2.03	−1.21	−0.838	−0.74	−0.287	−0.04	+0.45	—	—	—

注：* 括号中的数值为氧化态。

d 区、ds 区元素原子的价电子层组态的最重要特征是：对同一周期的 d 区、ds 区元素而言，随着元素原子序数的增加，原子次外层 d 轨道中的电子数由 1 依次增加到 10，即次外层（n−1）d 电子未充满或刚充满，而原子的最外层却仅有 1 或 2 个电子（Pd 除外），且最外层 ns 轨道和次外层（n−1）d 轨道的能量比较接近，属于不稳定电子组态，极化能力和变形性都较大。在一定条件下，不仅最外层的 ns 电子能参加成键，而且次外层（n−1）d 电子也可以部分或全部参加成键。因此，d 区、ds 区元素大多具有较多的氧化态，低氧化态时常以简单离子的形式存在于晶体或溶液中，这些离子大多还具有特征的颜色；高氧化态时则以氧化物、含氧酸盐及配合物的形式存在。由于既可利用空的（n−1）d 轨道接受配体的电子对与配体形成配位键，其 d 电子又可进入配体的空轨道以减少中心原子中的负电荷，

因此存在种类繁多、结构形式丰富的配合物。许多过渡金属还可形成金属—金属（M—M）键。

（一）原子半径

d 区、ds 区元素原子半径变化示意图见图 10-1。与同周期 s 区元素相比，d 区、ds 区元素的原子半径一般较小，并且同周期元素的原子半径变化呈现出一定的规律性。即从左到右，同周期 d 区、ds 区元素的原子半径随原子序数的增大先依次减小，到第Ⅷ族元素后，原子半径又有所增大。从上到下，同族 d 区、ds 区元素的原子半径增大并不显著，尤其是第五、六周期元素的原子半径十分接近。

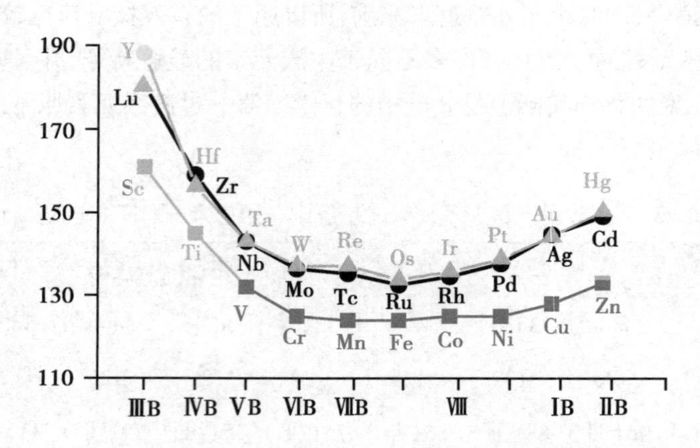

图 10-1 d 区和 ds 区元素的原子半径（单位：pm）

有关 d 区、ds 区元素的原子半径与电子层组态的关系，通常认为：随着元素原子序数的递增，原子的有效核电荷依次增大，核对外层电子的引力增强，原子半径依次减小，但与同周期主族元素相比，由于新增的 d 电子依次进入的是次外层 d 轨道，对屏蔽的贡献大，导致原子半径缩小的趋势没有主族元素大；在第Ⅷ族元素前，由于 d 轨道未充满，屏蔽作用相对较小，原子半径逐渐减小，直到第Ⅷ族元素后，d 轨道开始趋于全充满，电子间的排斥作用增强，且电子云接近球形对称，屏蔽效应增强，核对外层电子的作用力减弱，所以原子半径又有所增大。关于第五、六周期元素原子半径相近的原因，通常认为是镧系收缩（lanthanide contraction）的缘故（见第一章原子结构和本章第五节）。

（二）电负性、电离能和金属性

d 区、ds 区元素的电负性相差不大，并且无论是同周期的还是同族的元素，其电负性递变的规律性较差，电离能变化也不如主族元素的规律性强。总的变化趋势是：从左到右或从上到下，电负性和电离能逐渐增大，但交错的现象时有发生。这是由其电子层组态特征所决定的。

d 区、ds 区元素的金属性变化规律也不够显著。总的趋势是：从左到右，同周期元素的金属性依次减弱，这与它们的标准电极电势递变趋势是一致的。例外的情况有：第一过渡系的锰，其标准电极电势反常地小于铬，这是由于锰失去 2 个电子形成具有 $3d^5$ 稳定电子组态离子的缘故。从上到下，同族元素的金属性减弱。其原因可认为是：从上到下，同一族元素的原子半径增大得不多，而有效核电荷却显著增大，核对外层电子的引力增强，元素的金属性随之减弱。

二、单质的物理性质

第四周期 d 区、ds 区元素单质的主要物理性质汇于表 10-1。过渡金属元素单质最主要的物理性质是密度大、硬度大、熔点高、沸点高、导电性和导热性良好。

d 区、ds 区的原子半径较小，原子以最紧密堆积的方式组成金属晶体时，其晶体学配位数（即在晶体结构中某质点周围与该质点直接联系的质点数）通常较高，晶体中原子间的空隙较小，因此其单质的密度较大。同时，d 区、ds 区元素的最外层 ns 电子和次外层 $(n-1)$d 电子都可以参与形成金属

键，所以键能大，金属的内聚力强，晶格能高。d 区元素次外层（n–1）d 电子参与形成了部分共价性的金属键，所以这些过渡金属具有高硬度、高韧度、高熔点等性质。

过渡金属单质中，锇的密度最大，铱、铂次之，它们都比密度最小的主族金属锂要大 40 多倍。铬的莫氏（Moh）硬度为 9，仅次于金刚石，在金属中硬度最大。除汞外，过渡金属都有较高的熔点，常温下都是固体；熔点最高的钨（3 683K）比熔点最低的主族金属铯（301.6K）要高出 10 余倍。d 区、ds 区金属单质通常具有较好的延展性和机械加工性，可以形成多种合金，因而具有许多特殊的用途。如钒、铬、锰、钴和镍等一些与铁的晶体结构相近的金属，可与铁组成具有多种特殊性能的合金。形状记忆合金（如 Ti-Ni 系合金、Cu-Zn-Al 系合金等），在生物医用工程材料（如人工肾脏泵、人工心脏、人工关节）、内镜、电子仪器、能源开关、空间技术、卫星天线等方面都有重要的应用。

由于存在未成对电子，d 区、ds 区金属单质及其化合物常具有顺磁性，可作为磁性材料。利用磁天平、顺磁共振谱学、穆斯堡尔谱学、磁圆二色性等技术，通过研究化合物的磁学表现，可以确定金属离子的价态和自旋态、配位环境等。具有顺磁性的过渡金属单质、合金及化合物在超导、计算机及信息处理、靶向性药物设计等许多领域都有重要应用。总之，d 区、ds 区元素是现代工程技术材料中最重要的和应用最为广泛的金属。

三、单质的化学性质

1. 金属活泼性及反应性能　d 区、ds 区元素的反应性能及金属活泼性分类汇于表 10-2。第一过渡系金属较活泼，第二、三过渡系金属较稳定。钪族的活泼性较强，而铂系元素为惰性金属。需要指出的是，金属元素的活泼性有两层意义，一是反应的热力学性质的活泼性，二是动力学性质的活泼性，后者与元素的电子层结构及反应条件等有关。例如，仅从钛的热力学性质（第一电离能、电负性和标准电极电势等）来看，它是相当活泼的金属，但由于反应中钛的金属表面易形成致密的钝态氧化物保护膜，以致在常温下钛不能与稀酸作用，而只能溶解在热的浓盐酸、热的硝酸或氢氟酸中。因此，在讨论元素的金属活泼性时，需要具体问题具体分析。

表 10-2　d 区、ds 区元素的反应性能及金属活泼性

反应试剂	金属	金属活泼性	主要产物
H_2O	Sc, Y, La	极活泼	$M(OH)_3$
稀盐酸 / 稀硫酸	Cr, Mn, Fe, Co, Ni, Cd, Ti（浓热 HCl）	活泼	M^{2+}, M^{3+}
稀硝酸	Cu, Ag	不活泼	Cu^{2+}, Ag^{+}
浓硝酸	V（热）, Mo, Tc, Re, Pd, Hg	不活泼	VO_2^{+}, MoO_4^{2-}, TcO_4^{-}, ReO_4^{-}, Pd^{2+}, Hg^{2+}
王水	Zr, Hf, Pt, Au	极不活泼	ZrO_2, HfO_2, $PtCl_6^{2-}$, $AuCl_4^{-}$
HNO_3 + HF	Nb, Ta, W	惰性	NbF_6^{2-}, TaF_7^{2-}, WOF_5^{-}
Na_2O_2 等强氧化剂 + 熔融 NaOH	Ru, Rh, Os, Ir	惰性	RuO_4^{2-}, Rh_2O_3, OsO_4, IrO_2

许多 d 区、ds 区元素都能与活泼的非金属元素直接作用，生成相应的化合物。ⅣB～Ⅷ族的元素还能与原子半径较小的非金属（如 B、C、N 等）形成间充式化合物，这些化合物是由非金属原子钻到金属晶格的空隙中形成的。间充式化合物的硬度和熔点都高于单纯的金属，化学性质也变得更为稳定，因而在工业上有许多重要的用途。例如，碳化钨 W_2C 是硬质合金钢，可用来制造某些特殊设备等。

2. 氧化态特征 很多过渡元素具有多种氧化态（表 10-3）。与主族元素不同的是，它们的氧化数大多从 +2 开始依次增加到与族数相同的值（Ⅷ族元素除外，仅 Ru 和 Os 的氧化数可达到 +8），而且两相邻氧化数之间的差值多数为 1。形成这一氧化态特征的原因是：在化学反应中，d 区、ds 区元素的 ns^2 电子首先参加成键，故元素的氧化数通常从 +2 开始（ⅠB 族除外）；在一定条件下，$(n-1)$d 电子也可以逐一参与成键，从而使元素的氧化数呈现依次递增的特征。从左到右，同周期元素的最高氧化数随 d 电子数的增多而依次升高，可变氧化态的数目也依次增多，当 d 电子的数目达到 5 或超过 5 时，能级处于半充满及相对稳定状态（见第七章配合物的相关内容），能量降低，稳定性增强，d 电子参加成键的倾向减弱，氧化数逐渐减小，可变氧化态的数目亦随之减少；从上到下，同族元素高氧化态趋于稳定。第一过渡系元素低氧化态比较稳定，可以简单离子形式存在，而它们的高氧化数化合物通常以含氧酸盐的形式存在，且是强氧化剂；第二、三过渡系元素高氧化数化合物比较稳定，而它们的低氧化数化合物通常具有还原性。过渡元素与非金属形成二元化合物时，通常只有电负性大且半径小、不易被极化的非金属才可与之形成高氧化数的化合物。

表 10-3 第四周期 d 区、ds 区元素的氧化态

元素	Sc	Ti	V	Cr	Mn	Fe	Co	Ni	Cu	Zn
价电子组态	$3d^14s^2$	$3d^24s^2$	$3d^34s^2$	$3d^54s^1$	$3d^54s^2$	$3d^64s^2$	$3d^74s^2$	$3d^84s^2$	$3d^{10}4s^1$	$3d^{10}4s^2$
氧化态*									$\underline{+1}$	
	+2	+2	+2	+2	$\underline{+2}$	$\underline{+2}$	$\underline{+2}$	$\underline{+2}$	$\underline{+2}$	$\underline{+2}$
	$\underline{+3}$	+3	+3	$\underline{+3}$	+3	$\underline{+3}$	$\underline{+3}$	$\underline{+3}$		
		$\underline{+4}$	$\underline{+4}$	+4	$\underline{+4}$	+4	+4	+4		
			$\underline{+5}$	+5	+5	+5				
				$\underline{+6}$	$\underline{+6}$	+6				
					$\underline{+7}$					

注：*有下划线的是常见氧化态。

3. 化合物的颜色特征 d 区、ds 区元素的化合物通常具有一定的颜色，这是副族元素化合物区别于主族元素化合物的重要特征之一。表 10-4 是第四周期 d 区、ds 区元素部分水合离子的颜色。

表 10-4 第四周期 d 区、ds 区元素部分水合离子的颜色

d^0	d^1	d^2	d^3	d^4	d^5	d^6	d^7	d^8	d^9	d^{10}
Sc^{3+} 无色	Ti^{3+} 紫红色	Ti^{2+} 褐色	V^{2+} 紫色	Cr^{2+} 蓝色	Mn^{2+} 肉红色	Fe^{2+} 浅绿色	Co^{2+} 粉红色	Ni^{2+} 绿色	Cu^{2+} 蓝色	Cu^{+} 无色
Ti^{4+} 无色	MnO_4^{2-} 墨绿色	V^{3+} 绿色	Cr^{3+} 蓝紫色	Mn^{3+} 红色	Fe^{3+} 淡紫色					Zn^{2+} 无色
$CrO_4^{2-}/Cr_2O_7^{2-}$ 黄色 / 红棕色										
MnO_4^- 紫红色										

d 区、ds 区元素的离子及化合物产生颜色的原因较复杂，主要有 d-d 电子跃迁、配体 - 金属电荷迁移等，一般的规律为：①对不同金属的水合离子而言，d 电子跃迁时吸收可见光的波长范围不同，呈现不同的颜色；②对同一金属离子的不同配合物而言，因配位体的场强不同，d 轨道能级分裂的程度不同，d 电子跃迁所需要的能量就不同，配合物呈现的颜色也就不同；③对电子组态为 d^0 或 d^{10} 的金属离子而言，其 d 电子在可见光范围内不能发生 d-d 跃迁，因而这些离子通常是无色的；④ d^5 组态离子的八面体高自旋化合物常颜色较淡，这是由于电子跃迁时存在的自旋禁阻引起的[①]；⑤一些配体和金属离子间还可产生配体 - 金属电荷迁移光谱，金属离子不同、配体不同，配体 - 金属电荷迁移光谱也会不同，导致配合物的颜色不同。某些具有 d^0、d^{10} 电子组态的 d 区、ds 区元素也会生成有色化合物，如 AgI（黄色）、HgI_2（橙红色）、MnO_4^-（紫色）、$Cr_2O_7^{2-}$（红棕色）、V_2O_5（黄色），其颜色可以认为是由于极化作用，配体 O（2-）上的电子向中心金属离子迁移而产生的。

4. 氧化物及其水合物的酸碱性　d 区、ds 区元素的氧化物及其水合物的酸碱性变化与主族元素相似，遵循 Pauling 规则[②]。归纳起来有以下几点：①从左到右，同周期元素（ⅢB~ⅦB 族）最高氧化数的氧化物及其水合物的酸性增强；②从上到下，同族元素相同氧化数的氧化物及其水合物的碱性增强；③同一元素高氧化数的氧化物及其水合物的酸性大于其低氧化数的氧化物及其水合物。例如，锰元素不同氧化数的氧化物及其水合物的酸碱性变化如下：

氧化数	+2	+3	+4	+6	+7
氧化物	MnO	Mn_2O_3	MnO_2	MnO_3	Mn_2O_7
水合物	$Mn(OH)_2$	$Mn(OH)_3$	$Mn(OH)_4$	H_2MnO_4	$HMnO_4$
酸碱性	碱性	弱碱性	两性	酸性	强酸性

5. 配合物　d 区、ds 区元素最重要和最突出的化学性质之一是易形成配合物。周期系中所有的 d 区、ds 区元素都可作为配合物的形成体，与许多无机配体或有机配体形成稳定的配合物。某些金属的原子（如 Fe、Co、Ni、Pt 等）还能与 CO（羰基）、π 配体形成配合物，在这些配合物中，金属的氧化数可以为零甚至为负值。

d 区、ds 区元素的配位化学特性来源于它们的电子层组态。由于 d 区、ds 区元素的离子或原子的价电子层中通常具有较多的 ns、np、nd 或 $(n-1)d$ 空轨道，这些空轨道的能量又比较接近，有利于组成各种类型的杂化轨道；同时，其 d 电子又可进入某些配体的空轨道；此外，与主族元素相比，d 区、ds 区元素的有效核电荷较大，离子的极化作用及变形性较强。这些因素都有利于它们形成配合物。它们的配合物在功能材料和印染工业等许多领域中都有极其重要的应用，它们与生物大分子配体（如蛋白质、核酸等）形成的配合物在生命活动中具有重要功能。

综上所述，d 区、ds 区元素一系列的性质特征都与它们 d 轨道的填充状态有关。在学习中应注意把握这一点，从本质上认识 d 区、ds 区元素及其化合物的性质与其电子层组态间的有机联系。

第二节　钛、钒、铬、锰

钛（titanium，Ti）、钒（vanadium，V）、铬（chromium，Cr）和锰（manganes，Mn）分别是周期表第一过渡系 ⅣB~ⅦB 族元素。

在自然界中钛和锰的丰度较大，分别居元素序列中的第九、十一位。钛在地壳中的丰度约为

①根据晶体场理论，在正八面体场弱场中，d^5 电子组态的排布为 $t_{2g}^3e_g^2$，电子从能量较低的 t_{2g} 轨道跃迁到 e_g 轨道时，要改变自旋方向，所需能量较高，这种跃迁称为自旋禁阻跃迁（spin-forbidden transition）。

②对组成为 $XO_p(OH)_q$ 的含氧酸，其酸性与 p 值成正比，pK_a 值约为 5~8p。

0.66%①、锰的丰度约为 0.11%,分别位居所有过渡元素的第二、第三位,仅次于铁,并且分布广泛。而钒和铬的丰度较小,约为 0.019% 和 0.014%。重要的矿石有钛铁矿($FeTiO_3$)、金红石(TiO_2)、钒钛磁铁矿($Fe \cdot TiO_2 \cdot V_2O_5$)、钒酸钾铀矿[$K(UO_2)VO_4$]、钒铅矿[$Pb_5(VO_4)_3Cl$]、铬铁矿($FeCr_2O_4$)、铬铅矿($PbCrO_4$)、铬褚石矿($Cr_2O_3$),软锰矿($MnO_2$)、黑锰矿($Mn_3O_4$)、水锰矿($Mn_2O_3 \cdot H_2O$)及褐锰矿($3Mn_2O_3 \cdot MnSiO_3$)等。

它们都属于近代科学认识和使用得较早的元素。钛以含钛矿物的形式于 1791 年在英格兰的康沃尔郡被发现,发现者是业余矿物学家格雷戈尔(R. W. Gregor)。1801 年墨西哥矿物学家德尔·里奥(A. M. del Rio)在研究铅矿时发现了一种化学性质与铬、铀相似的元素,后来瑞典化学家尼尔斯·格·塞夫斯特姆(N.G.Sefström)证明是一种新元素,由于其化合物具有绚丽的颜色,便以希腊神话中美丽女神娃娜迪斯(Vanadis)的名字命名为钒(vanadium)。铬是 1797 年由法国化学家沃克兰(L. N. Vauquelin)在分析铬铅矿时首先发现的,锰通常认为是 1774 年由瑞典化学家甘英(J. Gahn)用木炭还原软锰矿时首先制得的。

在约 1 070K、氩气中用熔融的镁还原四氯化钛蒸气可得到多孔性海绵状钛,再经过电弧熔融或感应熔融可制得钛锭。

$$TiCl_4 + 2Mg = Ti + 2MgCl_2$$

炼钢所用的铬常由铬铁矿和碳在电炉中反应制得:

$$FeCr_2O_4 + 4C = Fe + 2Cr + 4CO$$

用铝热法还原软锰矿可制得纯度为 95%~98% 的锰,用电解硫酸锰的方法可制得纯锰。

$$3MnO_2 \xlongequal{\triangle} Mn_3O_4 + O_2$$

$$3Mn_3O_4 + 8Al = 9Mn + 4Al_2O_3$$

钛的价层电子组态为 $3d^24s^2$,最高和最稳定的氧化数为 +4,其他还有 +3 和 +2,较低氧化态的化合物很容易被空气、水或其他氧化剂氧化为 Ti(Ⅳ)。水溶液中实际上不存在 Ti^{4+} 水合离子,因其会发生强烈水解反应而以形成的羟基水合离子[$Ti(OH)_2(H_2O)_4$]$^{2+}$(可简写为 TiO^{2+},钛氧离子)的形式存在。钒的价层电子组态为 $3d^34s^2$,最高氧化态为 +5,其他还有 +4、+3 和 +2,其中 +5 和 +4 较稳定。同样,水溶液中不存在简单的 V^{5+}、V^{4+} 水合离子,而是以钒酸根 VO_4^{3-}、水合钒氧离子 VO^{2+} 等形式存在。铬的价层电子组态为 $3d^54s^1$,常见氧化数为 +6、+3 和 +2。锰的价层电子组态为 $3d^54s^2$,常见氧化数为 +7、+4、+2、+6 和 +3。钛、钒、铬和锰元素的氧化态 - 标准电势图见图 10-2。

由图 10-2 可以看出:①无论在酸性还是在碱性介质中,Ti、V、Cr、Mn 的单质都具有强还原性。但钛因表面易形成致密的、惰性的、能自修补的氧化膜,使得钛具有优良的抗氧化性和耐腐蚀性。块状的钒、铬、锰同样因为形成致密的氧化膜而具有优良的耐腐蚀性。②酸性介质中,除 TiO^{2+} 外,其他元素最高氧化数的化合物具有强氧化性。③酸性介质中,V^{3+} 的还原性弱于 Ti^{3+}[$\varphi^\ominus(TiO^{2+}/Ti^{3+}) = +0.10V$,$\varphi^\ominus(VO_2^+/V^{3+}) = +0.45V$]。$V^{3+}$ 在水溶液较稳定,只是被空气中 O_2 慢慢氧化。但相比之下,Ti^{2+}、V^{2+}、Cr^{2+} 的还原性都较强,它们在水溶液中都能迅速被空气中的 O_2 氧化。Cr^{3+} 和 Mn^{2+} 分别是铬和锰的最稳定的氧化态。$Cr_2O_7^{2-}$ 和 MnO_4^- 的还原产物一般为 Cr^{3+} 和 Mn^{2+}。④锰元素中间氧化数(+3、+6)的化合物可发生歧化反应,在酸性介质中歧化反应进行的倾向很强。例如:

$$2Mn^{3+} + 2H_2O \rightleftharpoons Mn^{2+} + MnO_2 + 4H^+ \qquad K = 2.9 \times 10^9$$

$$3MnO_4^{2-} + 4H^+ \rightleftharpoons 2MnO_4^- + MnO_2 + 2H_2O \qquad K = 9.5 \times 10^{45}$$

此外,V^{2+} 的固态化合物易发生歧化反应生成 V(Ⅲ)和单质 V。

①地壳中的元素丰度(abundance of element)是指元素在地壳中元素的相对含量,用重量百分比表示。数据引自 https://www.webelements.com/。

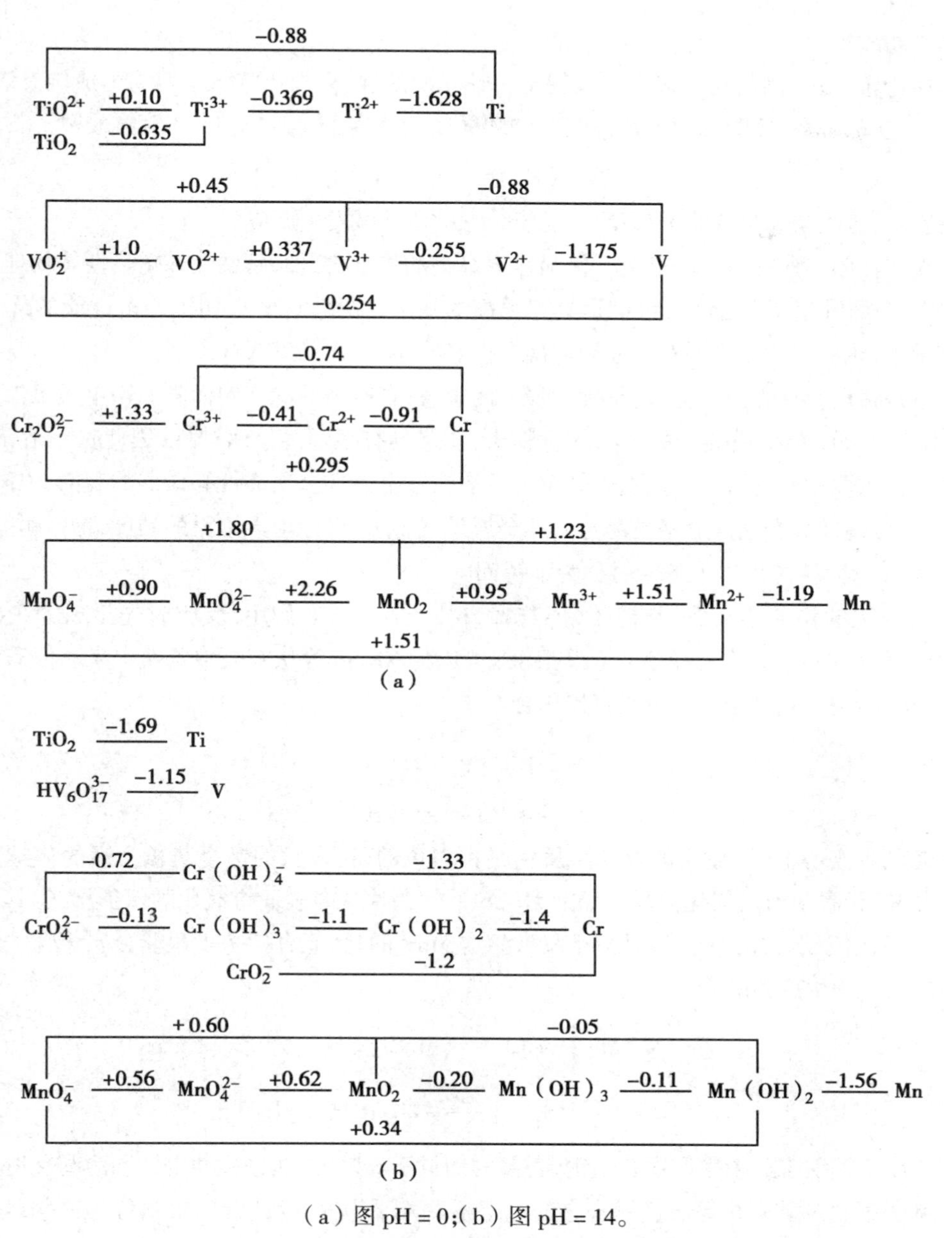

(a)图 pH = 0;(b)图 pH = 14。

图 10-2 Ti、V、Cr、Mn 的氧化态 - 标准电势图

一、单质的性质及用途

单质钛呈银白色,粉末钛呈灰色。常温下,钛不与氧气、水、卤素反应,不溶于常见的无机酸或碱溶液,但可溶于 HF 溶液:

$$Ti + 6HF = H_2TiF_6 + 2H_2$$

在加热条件下,钛可与大多数非金属直接反应,与热的 HNO_3、HCl 反应分别生成 $TiO_2 \cdot nH_2O$、$TiCl_3$。

单质钛的熔点高(表 10-1),但比其他具有相似硬度、机械强度和耐热性的金属轻得多。又由于具有优良的抗腐蚀性(不受硝酸、硫酸、盐酸、王水、潮湿的氯气、稀碱的侵蚀),钛成为制造宇航、航海、化工设备等的理想材料。钛表面的氧化层能与骨骼肌肉生长在一起,使钛合金可用于接骨和人工关节。此外,钛合金是重要的功能材料,Ti-Ni 合金具有记忆功能、Ti-Nb 合金具有超导功能、Ti-Mn 合

金具有储氢功能等。

钒单质为银灰色金属，在许多方面表现出与钛相似的性质，如块状钒也容易形成钝态氧化膜，在常温下不与空气、海水、硫酸、盐酸、苛性碱反应，但可溶于浓硫酸、硝酸、王水、氢氟酸中：

$$2V + 6HF \xlongequal{} 2VF_3 + 3H_2$$

在高温下，钒能与大多数非金属化合，能与熔融的苛性碱发生反应。

在钢铁产业中，微量的钒加入钢中，能显著提高钢的强度、韧性、延展性和耐热性等物理和力学性质，因此有"金属维生素"之称。钒钢是具有很高的强度、弹性、抗磨损和抗冲击性能的优异的特种钢。在医学中，钒的一些化合物对治疗糖尿病有很好的疗效，详见第八章。

单质铬是银白色有光泽的金属，是硬度最大的金属，含有杂质的铬硬而脆。铬单质虽然具有强还原性，但由于其表面易生成钝态的致密氧化物层，使铬具有很强的抗腐蚀性，因此铬不溶于浓 HNO_3 或王水中。铬主要用于电镀业和制造合金钢。单质铬被电镀在金属部件和仪器的表面，以防其生锈，增强耐磨性、抗腐蚀性和光泽。铬也易与其他金属形成合金，铬能增大钢材的硬度，增强耐磨性、耐热性和抗腐蚀性。含铬 10% 以上的钢材称为不锈钢。

没有被钝化的铬非常活泼，常温下，能与稀 HCl 或稀 H_2SO_4 作用，反应时先生成蓝色的 Cr^{2+} 溶液，继而被空气中的 O_2 氧化为绿色的 Cr^{3+} 溶液；可以将 Ni、Sn 等从其盐中置换出来。但需在高温条件下才能与卤素、硫、氮等非金属单质直接化合。

$$Cr + 2HCl \xlongequal{} CrCl_2 + H_2$$

$$4CrCl_2 + O_2 + 4HCl \xlongequal{} 4CrCl_3 + 2H_2O$$

锰单质的外观类似铁，致密的块状金属锰是银白色的，粉末状的锰呈灰色。锰的化学性质较活泼，是第四周期元素中形成氧化数最高的元素。单质锰为块状时表面有氧化膜保护层，但其粉末状在空气中会燃烧，溶于水放出 H_2。锰易溶于稀酸生成 Mn^{2+} 的盐，能直接与多数非金属化合。锰还能与氧气在熔融的碱中生成锰酸盐：

$$Mn + 2HCl \xlongequal{} MnCl_2 + H_2$$

$$2Mn + 4KOH + 3O_2 \xlongequal{熔融} 2K_2MnO_4 + 2H_2O$$

锰主要用于钢铁工业中生产锰合金钢，含锰的钢材不仅坚硬，而且抗冲击性和耐磨性增强。锰钢主要用于制造钢轨及破碎机等。锰铜合金的电阻系数几乎为零，因此常用来制备各种电器。在生物体中，一些超氧化物歧化酶以锰为活性中心，发挥抗氧化作用。

二、钛、钒、铬、锰的重要化合物

（一）钛的重要化合物

1. 二氧化钛　自然界中二氧化钛 TiO_2 有三种晶型，其中金红石型是一种典型的晶体构型，属四方晶系（见第二章分子结构），Ti 的配位数为 6，O 的配位数为 3，6 个 O 配位在 Ti 的周围形成八面体结构（图 10-3）。

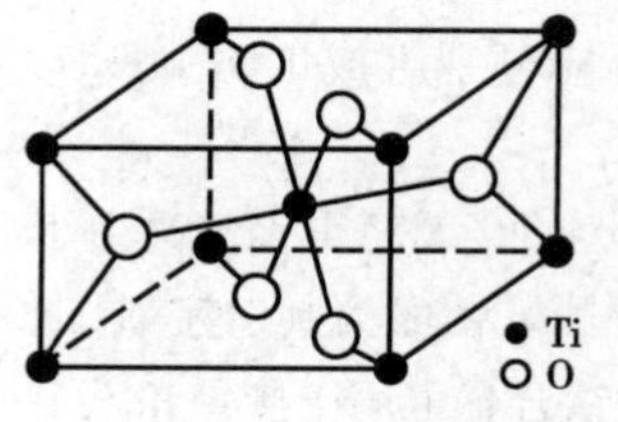

图 10-3　金红石晶型

TiO_2 不溶于水，属两性氧化物。常温下不溶于稀酸，微溶于碱生成偏钛酸盐，能溶于热的强酸，如 H_2SO_4、HCl 分别生成 $TiOSO_4$、$TiOCl_2$。在熔融条件下与碱金属、碱土金属碳酸盐反应生成偏钛酸盐。

$$TiO_2 + 2NaOH \xlongequal{} Na_2TiO_3 + H_2O$$

$$TiO_2 + H_2SO_4(浓、热) \xlongequal{} TiOSO_4 + H_2O$$

$$TiO_2 + Na_2CO_3 \xlongequal{熔融} Na_2TiO_3 + CO_2$$

TiO_2 粉末俗称钛白粉，室温下呈白色，加热时呈浅黄色。因其无毒，遮盖性、耐久性、着色力强等特点，是高级白色颜料。又因其具有优良的耐化学腐蚀性、热稳定性、高折射率及高光活性，广泛应用于日用化工、涂料、印刷、油墨、造纸、塑料、橡胶、化纤、陶瓷、冶金等领域。例如，利用其高折射率用作合成纤维的增白消光剂；将 TiO_2 与碳酸钡一起熔融（可加入氯化钡或碳酸钠作助熔剂）得偏钛酸钡（$BaTiO_3$），偏钛酸钡具有显著的"压电性能"，用于超声波发生器中；纳米 TiO_2 用作光致降解的催化剂，利用其量子尺度效应，增大了导带和价带间的能级，提高了光吸收效率和光催化活性，在废水处理、空气 / 尾气净化、杀菌消毒和肿瘤光疗等方面有广泛应用。

2. 四氯化钛 $TiCl_4$ 是制备金属钛以及一系列含钛化合物的重要原料。$TiCl_4$ 熔点 250K，沸点 409K，常温下为无色带有刺激性臭味的液体。与 $SnCl_4$ 一样，$TiCl_4$ 为易水解、可蒸馏的共价化合物，固态时为分子晶体，不导电。$TiCl_4$ 用 TiO_2 为原料来制备：

$$TiO_2 + 2Cl_2 + 2C = TiCl_4 + 2CO$$

$$TiO_2 + CCl_4 \xlongequal{770K} TiCl_4 + CO_2$$

$TiCl_4$ 在水中或潮湿的空气中都极易水解，将它暴露在空气中会发烟，用作烟雾剂。Ti（Ⅳ）具有弱氧化性，与活泼金属反应生成 Ti^{3+}。

$$2TiCl_4 + Zn = 2TiCl_3 + ZnCl_2$$

另外，Ti（Ⅳ）作为路易斯酸可与电子给予体形成加合物，可与多种配体形成配合物，如 $[Ti(NH_3)_6]^{4+}$ 和 $[TiF_6]^{2-}$、$[TiCl_6]^{2-}$ 等卤素配阴离子。在 Ti（Ⅳ）溶液中加入过氧化氢，在强酸性溶液中生成红色 $[Ti(O_2)(OH)(H_2O)_4]^+$ 过氧基配离子，在弱酸性或中性溶液中缩聚成橙黄色的含 $[Ti_2O(O_2)_2]^{2+}$ 单元的双核配离子（图 10-4）。布度钛（budotatane）和二氯二茂合钛（Ⅳ）（titanocene dichloride）（图 10-4）分别显示出抗结肠、直肠肿瘤和抗胃肠道肿瘤、抗乳腺癌等活性。

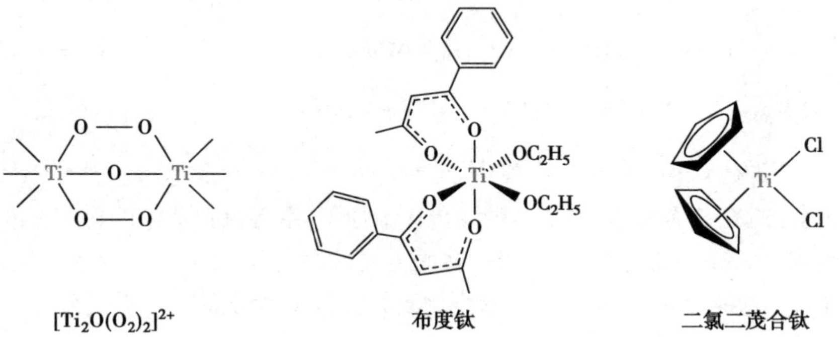

$[Ti_2O(O_2)_2]^{2+}$ 布度钛 二氯二茂合钛

图 10-4 $[Ti_2O(O_2)_2]^{2+}$、布度钛和二氯二茂合钛（Ⅳ）的结构

3. 三氯化钛 $TiCl_3$ 有颜色各异的多种变体，可溶于水，易潮解。具有较强的还原性，极易被空气或水氧化，在空气中能自燃而冒火星。因此，$TiCl_3$ 必须储存在二氧化碳、惰性气体中。工业上用铝还原法制备 $TiCl_3$：

$$3TiCl_4 + Al + nAlCl_3 = 3TiCl_3 + (n+1)AlCl_3$$

$TiCl_3$ 主要用作还原剂和 α - 烯烃聚合反应的催化剂，如齐格勒 - 纳塔（Ziegler-Natta）反应，就是以 $Al(C_2H_5)_3$-$TiCl_3$ 为催化剂，在无水、无氧、无二氧化碳条件下，由丙烯聚合成聚丙烯的反应。

（二）钒的重要化合物

V（Ⅴ）比 Ti（Ⅳ）具有更高的正电荷和更小的半径（见表 10-1），因而具有更大的电荷半径比，

在水溶液中不存在简单的 V^{5+}，而是以钒氧基（VO_2^+、VO^{3+}）或含氧酸根（VO_4^{3-}、VO_3^-）等形式存在。由于在 V 和 O 之间存在着较强的极化效应，偏向 O（2−）一端的成键电子向 V（Ⅴ）迁移，所以 V（Ⅴ）的化合物一般都有颜色。钒可形成多种氧化态化合物，不同氧化态的离子的颜色各不相同：VO_2^+（黄色）、VO^{2+}（蓝色）、V^{3+}（绿色）、V^{2+}（紫色）。

1. 五氧化二钒　V_2O_5 是橙黄色或砖红色固体，微溶于水，无臭、无味、有毒。热分解偏钒酸铵（NH_4VO_3）可得 V_2O_5。V_2O_5 为两性氧化物，主要显酸性，溶于强碱生成（偏）钒酸盐，溶于强酸生成含钒氧离子的盐。

$$V_2O_5 + 2NaOH \xlongequal{\triangle} 2NaVO_3 + H_2O$$

$$V_2O_5 + H_2SO_4 \xlongequal{\triangle} (VO_2)_2SO_4 + H_2O$$

V_2O_5 具有一定的氧化性，与浓盐酸反应时，V（Ⅴ）被还原成 V（Ⅳ）；但 V_2O_5 与稀盐酸反应生成 VO_2Cl（$pH < 1$）、$VOCl_3$。

$$V_2O_5 + 6HCl(\text{浓}) \xlongequal{} 2VOCl_2 + Cl_2 + 3H_2O$$

V_2O_5 是接触法制取硫酸（催化 SO_2 氧化成 SO_3）以及许多有机反应的催化剂。用真空蒸镀或溶胶 - 凝胶等方法制备的 V_2O_5 薄膜，具有特殊的电学、光学等物理化学性质，用于湿度传感器和气体传感器的敏感材料、抗静电涂层、光电开关、微电池以及电致变色显示器件等。将 V_2O_5 加入玻璃中可阻止紫外线透过。

2. 钒酸盐　钒酸盐有正钒酸盐和偏钒酸盐。正钒酸根离子（VO_4^{3-}）的结构为正四面体构型，与 ClO_4^-、SO_4^{2-}、PO_4^{3-} 的结构相似。但钒酸盐易脱水聚合生成多钒酸盐。钒酸盐主要有下列性质：

（1）聚合反应：VO_4^{3-} 只存在于强碱溶液中，在不同 pH 条件下，VO_4^{3-} 会生成不同聚合度的多聚钒酸根：

$$2VO_4^{3-} + 2H^+ \rightleftharpoons 2HVO_4^{2-} \rightleftharpoons V_2O_7^{4-} + H_2O \qquad pH \geqslant 13$$

$$3V_2O_7^{4-} + 6H^+ \rightleftharpoons 2V_3O_9^{3-} + 3H_2O \qquad pH = 8\text{~}7.2$$

$$10V_3O_9^{3-} + 12H^+ \rightleftharpoons 3V_{10}O_{28}^{6-} + 6H_2O \qquad pH = 6\text{~}5.5$$

$$H_2V_{10}O_{28}^{4-} + 4H^+ + (5n-3)H_2O \rightleftharpoons 5V_2O_5 \cdot nH_2O \qquad pH \sim 2$$

$$V_2O_5 \cdot nH_2O + 2H^+ \rightleftharpoons 2VO_2^+ + (n+1)H_2O \qquad pH < 1$$

随着溶液 pH 下降，聚合度增大，溶液的颜色逐渐加深，由无色到黄色再到深红色。在近中性条件下，十聚钒酸根（decavanadate）是五价钒存在的主要形式。当 pH 约为 2 时生成红棕色 V_2O_5 水合物沉淀，如果加入足量的酸使 $pH \leqslant 1$，V_2O_5 水合物沉淀溶解，以稳定的 VO_2^+ 形式存在。

（2）氧化性：在酸性溶液中，钒酸盐是一个强氧化剂，$\varphi^\ominus(VO_2^+/VO^{2+}) = +1.0V$，$VO_2^+$ 可以被 Fe^{2+}、草酸、酒石酸、乙醇等还原剂还原成 VO^{2+}。

$$VO_2^+ + Fe^{2+} + 2H^+ \xlongequal{} VO^{2+} + Fe^{3+} + H_2O$$

$$2VO_2^+ + H_2C_2O_4 + 2H^+ \xlongequal{\triangle} 2VO^{2+} + 2CO_2 + 2H_2O$$

上述反应常被用于氧化还原容量法测定钒的含量。

钒的盐类色彩丰富，可制成鲜艳的颜料，加到玻璃、墨水中制成彩色玻璃、彩色墨水。在药学研究上，硫酸氧钒、钒酸盐和多种钒的有机配体配合物都表现出了胰岛素增敏效应，可以有效降低 1 型和 2 型糖尿病患者的血糖并预防糖尿病并发症，如曾进入临床Ⅱ期研究的双乙基麦芽酚氧钒［bis（2-ethyl-3-hydroxy-4-pyronato）oxovanadium（Ⅳ），BEOV，图 10-5）］。抗糖尿病钒配合物药物目前尚在开发研究中，一个主要的难题是如何控制和消除可能存在的金属长期毒性。

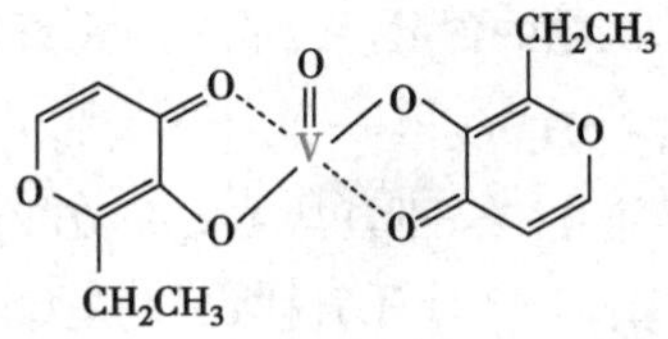

图 10-5 双乙基麦芽酚氧钒的结构式

（三）铬的重要化合物

Cr^{3+} 的价层电子组态为 $3d^3$，为不规则电子组态，价电子层中空轨道较多，次外层电子的屏蔽作用相对较差，有效核电荷较大。因此，Cr^{3+} 化合物具有以下特性：①在八面体配体场中，3 个 d 电子处于能量最低的 t_{2g} 轨道，所以 Cr^{3+} 具有较大的稳定性，既不易被氧化为 +Ⅵ氧化态，也不易被还原为 +Ⅱ氧化态；②可发生 d-d 跃迁，所以化合物都有一定的颜色；③氧化物及其水合物具有明显的两性；④ Cr^{3+} 有强水解性；⑤ Cr^{3+} 有强配位性，容易与 H_2O、NH_3、X^-、CN^- 等配体形成 6 配位的配合物，但这些配合物在水溶液中的重要特征是配体交换的动力学惰性，即其配体取代反应的速率非常缓慢。

Cr（Ⅵ）具有很强的极化作用，因此无论在晶体中或在溶液中都不存在简单的 Cr^{6+}。常见的铬（Ⅵ）化合物有三氧化铬（CrO_3）、铬酸盐和重铬酸盐。其中 Cr—O 间因 Cr（Ⅵ）的强极化效应，偏向 O（2–）一端的成键电子向 Cr（Ⅵ）迁移，从而使这些化合物呈现颜色。Cr（Ⅵ）化合物都有较大的毒性。

1. 氧化物及其水合物　铬的氧化物主要有两种：Cr_2O_3 和 CrO_3。

铬在空气中燃烧或重铬酸铵热解都可生成绿色的 Cr_2O_3。Cr_2O_3 熔点高，硬度大，微溶于水，常用作绿色颜料或研磨剂，也是有机合成的催化剂。

向 Cr（Ⅲ）盐溶液中加入适量碱，可析出灰蓝色的水合三氧化二铬（$Cr_2O_3 \cdot nH_2O$）胶状沉淀，简写为 $Cr(OH)_3$。Cr_2O_3 和 $Cr(OH)_3$ 的主要性质如下：

（1）两性：Cr_2O_3 和 $Cr(OH)_3$ 具有明显的两性，与酸作用可生成相应的铬（Ⅲ）盐，与碱作用则生成深绿色的亚铬酸盐。

$$Cr_2O_3 + 3H_2SO_4 = Cr_2(SO_4)_3 + 3H_2O$$

$$Cr(OH)_3 + 3HCl = CrCl_3 + 3H_2O$$

$$Cr_2O_3 + 2NaOH + 3H_2O = 2Na[Cr(OH)_4]$$

$[Cr(OH)_4]^-$ 可简写为 CrO_2^-（亚铬酸根离子）。

（2）氧化还原性：如前所述，在酸性溶液中 Cr_2O_3 溶解生成 Cr^{3+}（以水合离子 $[Cr(H_2O)_6]^{3+}$ 或配离子如 $[CrCl_x(H_2O)_{(6-x)}]^{3-x}$ 的形式存在），是稳定的；但在碱性条件下 Cr_2O_3 或 $Cr(OH)_3$（碱性溶液中形成 CrO_2^-）却有较强的还原性，可被 H_2O_2、Cl_2 等氧化剂氧化成铬酸盐。

$$Cr_2O_3 + KClO_3 + 4KOH = 2K_2CrO_4 + KCl + 2H_2O$$

$$Cr_2O_3 + 3KNO_3 + 2Na_2CO_3 = 2Na_2CrO_4 + 3KNO_2 + 2CO_2 \uparrow$$

$$Cr(OH)_3 + KMnO_4 + KOH = K_2CrO_4 + MnO_2 + 2H_2O$$

$$2CrO_2^- + 3H_2O_2 + 2OH^- = 2CrO_4^{2-} + 4H_2O$$

重铬酸盐与浓硫酸作用可得呈暗红色的 CrO_3。CrO_3 是强酸性共价氧化物，易溶于水，熔点较低，热稳定性较差，遇热时（707~784K）分解为 Cr_2O_3 和 O_2：

$$4CrO_3 \overset{\triangle}{=} 2Cr_2O_3 + 3O_2$$

CrO_3 具有强氧化性，遇有机物将发生剧烈的氧化还原反应，甚至起火。

在工业上 CrO_3 主要用于电镀业和鞣革业，还可用作纺织品的媒染剂和金属清洁剂等。CrO_3 还被用

于交警的酒精测试仪，检查呼出气体中酒精的含量，与乙醇反应后红色的CrO_3变为绿色的$Cr_2(SO_4)_3$：

$$C_2H_5OH + 4CrO_3 + 6H_2SO_4 = 2Cr_2(SO_4)_3 + 2CO_2\uparrow + 9H_2O$$

2. 铬(Ⅲ)的常见盐 常见的可溶性铬(Ⅲ)盐主要有硫酸铬、氯化铬和铬钾钒。将Cr_2O_3溶于冷硫酸中可得紫色的$Cr_2(SO_4)_3\cdot18H_2O$。此外还有绿色的$Cr_2(SO_4)_3\cdot6H_2O$和桃红色的$Cr_2(SO_4)_3$。$Cr_2(SO_4)_3$和碱金属硫酸盐可形成铬矾，如铬钾矾$K_2SO_4\cdot Cr_2(SO_4)_3\cdot24H_2O$。铬(Ⅲ)盐的主要性质如下：

(1) 水解性和两性：可溶性铬(Ⅲ)盐溶于水时因Cr^{3+}水解，溶液显酸性：

$$[Cr(H_2O)_6]^{3+} + H_2O \rightleftharpoons [Cr(OH)(H_2O)_5]^{2+} + H_3O^+$$

若降低溶液的酸度，则有灰绿色的$Cr(OH)_3$胶状沉淀生成。继续加入碱，则生成亚铬酸盐。

$$\underset{\text{蓝紫色}}{[Cr(OH)(H_2O)_5]^{2+}} + 2OH^- \rightleftharpoons \underset{\text{灰绿色}}{Cr(OH)_3} + 5H_2O \rightleftharpoons H^+ + \underset{\text{绿色}}{CrO_2^-} + 6H_2O$$

(2) 氧化还原性：如前所述，Cr(Ⅲ)为中间氧化态，既有氧化性又有还原性。在碱性条件下，可表现出较强的还原性。但在酸性条件下稳定，只有过硫酸铵、高锰酸钾等少数强氧化剂才能将其氧化；与强还原剂作用可表现出氧化性，如向Cr^{3+}的酸性溶液中加入Zn，可将Cr^{3+}还原为蓝色的Cr^{2+}，但Cr^{2+}不稳定，又被空气中的O_2氧化为绿色的Cr^{3+}。

$$2Cr^{3+} + 3S_2O_8^{2-} + 7H_2O \xrightarrow[\triangle]{Ag^+} Cr_2O_7^{2-} + 6SO_4^{2-} + 14H^+$$

$$2Cr^{3+} + Zn = 2Cr^{2+} + Zn^{2+}$$

$$4Cr^{2+} + O_2 + 4H^+ = 4Cr^{3+} + 2H_2O$$

(3) 配位反应：Cr^{3+}极易与NH_3、X^-、$C_2O_4^{2-}$等无机配体和en、$EDTA^{4-}$等有机配体形成配位数为6的配合物。水溶液中实际上并不存在Cr^{3+}，而是$[Cr(H_2O)_6]^{3+}$。当溶液中存在其他配体时，H_2O可被取代，可形成一系列含H_2O和其他一种或两种以上配体的混合配体配合物。此外，铬(Ⅲ)还易形成桥联多核配合物。例如，Cr^{3+}在溶液中发生水解反应时，若适当降低溶液的酸度，即有羟桥多核配合物形成。

$$\underset{\text{紫色}}{[Cr(H_2O)_6]^{3+}} \xrightarrow{Cl^-} \underset{\text{蓝绿色}}{[CrCl(H_2O)_5]^{2+}} \xrightarrow{Cl^-} \underset{\text{绿色}}{[CrCl_2(H_2O)_4]^+}$$

$$\underset{\text{紫色}}{[Cr(H_2O)_6]^{3+}} \xrightarrow{3NH_3} \underset{\text{浅红色}}{[Cr(NH_3)_3(H_2O)_3]^{3+}} \xrightarrow{3NH_3} \underset{\text{黄色}}{[Cr(NH_3)_6]^{3+}}$$

$$2[Cr(OH)(H_2O)_5]^{2+} = [(H_2O)_4Cr\langle{}^{\text{OH}}_{\text{OH}}\rangle Cr(H_2O)_4]^{4+} + 2H_2O$$

在溶液中，Cr^{3+}的性质与Al^{3+}和Fe^{3+}有许多相似之处。例如，它们都具有水解性，与适量碱作用时均可生成氢氧化物沉淀等。但它们的性质也存在许多差异。例如，水合Cr^{3+}和Fe^{3+}有颜色而Al^{3+}无色；在溶液中，Cr^{3+}能与浓氨水(加适量NH_4Cl)作用，生成紫红色的$[Cr(NH_3)_4(OH)_2]^+$，而Al^{3+}和Fe^{3+}在溶液中与NH_3作用形成相应的氢氧化物沉淀而不能形成稳定的氨配合物；$Cr(OH)_3$和$Al(OH)_3$的两性显著，而$Fe(OH)_3$仅有微弱的两性(与浓的强碱作用可生成FeO_2^-)；Cr^{3+}在碱性溶液中具有还原性，能被氧化剂氧化成为Cr(Ⅵ)的化合物，Fe^{3+}的还原性很弱，而Al^{3+}则不能形成更高氧化数的化合物。总之，利用它们物理和化学性质上的差异可容易地分离或鉴定以上三种离子。

铬(Ⅲ)的某些无机盐如$CrCl_3\cdot6H_2O$和配合物如二(烟碱酸根)·甘氨酸根合铬(Ⅲ)具有一定的改善糖耐量和动脉粥样硬化的活性。

3. 铬酸盐和重铬酸盐　CrO_3 的水溶液称为铬酸(H_2CrO_4)。H_2CrO_4 为中强酸，是一种二元酸($K_{a1}=4.1$，$K_{a2}=10^{-5}$)，仅存在于溶液中，若从溶液中析出，则立即分解为铬酐(CrO_3)。H_2CrO_4 在溶液中存在以下平衡：

$$2CrO_4^{2-} + 2H^+ \rightleftharpoons Cr_2O_7^{2-} + H_2O \qquad K = 4.2 \times 10^{14}$$

加酸平衡右移，$Cr_2O_7^{2-}$ 浓度增大，溶液由黄色变为橙红色；加碱平衡左移，CrO_4^{2-} 浓度增大，溶液由橙红色变为黄色。即酸性溶液中主要以 $Cr_2O_7^{2-}$ 的形式存在，碱性溶液中则主要以 CrO_4^{2-} 的形式存在。CrO_4^{2-} 的空间构型为四面体，$Cr_2O_7^{2-}$ 由两个 CrO_4^{2-} 四面体通过共用顶角的氧原子构成(图 10-6)。

重要的可溶性铬酸盐有铬酸钾 K_2CrO_4 和铬酸钠 Na_2CrO_4；重要的重铬酸盐有重铬酸钾 $K_2Cr_2O_7$(俗称红矾钾)和重铬酸钠 $Na_2Cr_2O_7$(俗称红矾钠)。其主要性质如下：

(1) 氧化性：$CrO_4^{2-}/Cr_2O_7^{2-}$ 具有氧化性，且溶液的酸性越强，它们的氧化性越强，其还原产物都为 Cr^{3+}。

$$2Na_2CrO_4 + 2Fe + 2H_2O = Cr_2O_3 + Fe_2O_3 + 4NaOH$$

$$K_2Cr_2O_7 + 3H_2S + 4H_2SO_4 = Cr_2(SO_4)_3 + K_2SO_4 + 3S\downarrow + 7H_2O$$

$$K_2Cr_2O_7 + 6KI + 7H_2SO_4 = Cr_2(SO_4)_3 + 4K_2SO_4 + 3I_2\downarrow + 7H_2O$$

$$K_2Cr_2O_7 + 14HCl \xlongequal{\triangle} 2CrCl_3 + 2KCl + 3Cl_2\uparrow + 7H_2O$$

$$2Cr_2O_7^{2-} + 3CH_3CH_2OH + 16H^+ = 4Cr^{3+} + 3CH_3COOH + 11H_2O$$

饱和 $K_2Cr_2O_7$ 溶液与浓硫酸按一定体积比混合，可得实验室常用的铬酸洗液。铬酸洗液具有强氧化性，可用于洗涤玻璃器皿上附着的油污，当洗液由棕红色转变为棕绿色时，表明大部分 Cr(Ⅵ)已转化为 Cr^{3+}，洗液已基本失效。由于 Cr(Ⅵ)具有显著的生物毒性，大量使用该洗液会造成环境污染，同时由于超声洗涤等方法的普及，铬酸洗液目前已被弃用。

(2) 沉淀反应：铬酸盐中除碱金属盐、铵盐和镁盐外，一般都难溶于水，而重铬酸盐的溶解度通常较大。因此，无论向铬酸盐还是向重铬酸盐溶液中加入某种沉淀剂时，均可生成难溶性的铬酸盐沉淀。例如，

$$2Ag^+ + CrO_4^{2-} = Ag_2CrO_4\downarrow\text{(砖红色)}$$

$$2Pb^{2+} + Cr_2O_7^{2-} + H_2O = 2H^+ + 2PbCrO_4\downarrow\text{(黄色)}$$

这些铬酸盐沉淀都具有特征颜色且易溶于强酸。以上沉淀反应常用于鉴定 CrO_4^{2-} 或 Ag^+、Pb^{2+}、Ba^{2+} 等金属离子。

(3) 生成过氧基配合物：酸性溶液中，$Cr_2O_7^{2-}$ 与 H_2O_2 作用时，可生成过氧基配合物 $CrO(O_2)_2$(过氧化铬酰)，它在水溶液中不稳定，在乙醚中稳定并显蓝色。

$$Cr_2O_7^{2-} + 4H_2O_2 + 2H^+ = 2CrO(O_2)_2 + 5H_2O$$

$$4CrO(O_2)_2 + 12H^+ = 4Cr^{3+} + 7O_2\uparrow + 6H_2O$$

$$CrO(O_2)_2 + (C_2H_5)_2O = [CrO(O_2)_2 \cdot O(C_2H_5)_2]\text{(蓝色)}$$

该反应是鉴定 Cr(Ⅵ)和 H_2O_2 的灵敏反应。过氧基配合物的结构见图 10-7。

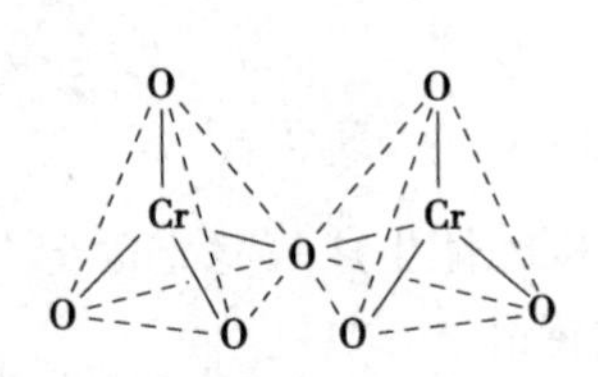

图 10-6　$Cr_2O_7^{2-}$ 的结构

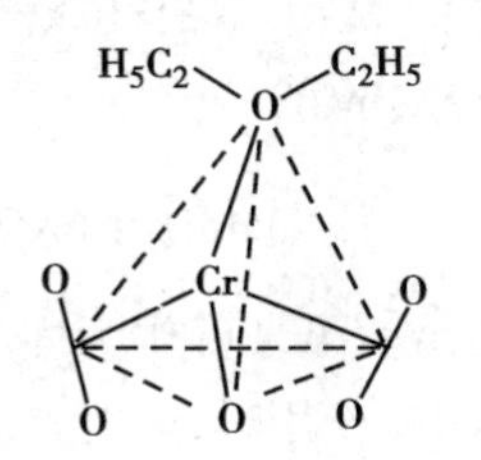

图 10-7　乙醚·过氧化铬酰的结构

铬酸钾、铬酸钠及其重铬酸盐都是重要的化工原料，是常用的氧化剂。此外，$Na_2^{51}CrO_4$ 还被用于标记红细胞，进行红细胞、血小板寿命、脾功能和血容量测定。但 Cr(Ⅵ)化合物对人有强致癌危险性。

（四）锰的重要化合物

1. 锰(Ⅱ)化合物　多数锰(Ⅱ)盐易溶于水，如氯化锰、硫酸锰、硝酸锰等，它们都是重要的锰(Ⅱ)化合物。但弱酸盐如碳酸锰、磷酸锰及硫化锰等难溶。在水溶液中 Mn^{2+} 常以肉红色 $[Mn(H_2O)_6]^{2+}$ 形式存在，所以从溶液中获得的锰(Ⅱ)盐为结晶水合物，如 $MnCl_2 \cdot 4H_2O$、$MnSO_4 \cdot 5H_2O$、$Mn(NO_3)_2 \cdot 6H_2O$ 等。Mn^{2+} 的主要性质如下：

（1）还原性：在酸性溶液中，Mn^{2+} 十分稳定，只有铋酸钠 $NaBiO_3$ 或过二硫酸铵 $(NH_4)_2S_2O_8$ 等少数的强氧化剂才能将 Mn^{2+} 氧化成 MnO_4^-，使溶液显紫红色。

$$2Mn^{2+} + 5NaBiO_3(s) + 14H^+ = 2MnO_4^-(\text{紫红色}) + 5Na^+ + 5Bi^{3+} + 7H_2O$$

该反应是鉴定 Mn^{2+} 的特效反应(specific reaction)。

碱性介质中，Mn^{2+} 的还原性较强，空气中的氧即可氧化 Mn^{2+} 为 Mn(Ⅳ)。例如，向 Mn^{2+} 盐溶液中加入适量的 NaOH 溶液，可析出白色的 $Mn(OH)_2$ 沉淀，在空气中放置片刻，$Mn(OH)_2$ 即被氧化成棕色的水合二氧化锰 $MnO_2 \cdot nH_2O$ ($MnO(OH)_2$)：

$$2Mn^{2+} + 2OH^- = Mn(OH)_2 \downarrow (\text{白色})$$

$$2Mn(OH)_2 + O_2 = 2MnO(OH)_2 (\text{棕色})$$

（2）沉淀反应：在溶液中，Mn^{2+} 与 S^{2-}、PO_4^{3-}、CO_3^{2-}、$C_2O_4^{2-}$ 等大多数弱酸的酸根离子作用时，均可生成难溶性沉淀。其中肉色的 MnS 沉淀可作为 Mn^{2+} 的鉴定反应。MnS 的溶度积常数较大，可溶于弱酸(如 HAc)，因此该反应要在近中性或弱碱性介质中进行。$MnCO_3$ 为白色沉淀，自然界中存在的碳酸锰称为锰晶石。

（3）配位性：Mn^{2+} 的价层电子组态为 $3d^5$，处于半充满状态，比较稳定。因此，Mn^{2+} 易形成配位数为 6 的高自旋型配合物，这些 Mn^{2+} 的八面体弱场配合物大多颜色较淡或无色(自旋禁阻跃迁)。Mn^{2+} 与一些强场配体作用时，也可形成低自旋型配合物。例如，$[Mn(CN)_6]^{4-}$ 是低自旋型配合物，Mn^{2+} 的价电子轨道中未成对电子数为 1。Mn^{2+} 也可形成少数配位数为 4 的正四面体配合物，由于 d 轨道在四面体场中的分裂能较小，电子发生 d-d 自旋禁阻跃迁所需能量相对较低，故 Mn^{2+} 四面体型配合物通常颜色较深。

2. 二氧化锰　二氧化锰 MnO_2 是最重要的锰(Ⅳ)化合物，在自然界中存在于软锰矿中。MnO_2 为黑色粉末，不溶于水，常温下稳定，在加热至 800K 以上分解为 Mn_2O_3 或 Mn_3O_4 和 O_2。MnO_2 有许多重要的用途，用于制备锰及其合金或锰的其他化合物，作为氧化剂用于制造干电池，用作催化剂、玻璃工业的除色剂，作为软磁铁氧体的成分用于显示器等。MnO_2 的主要性质如下：

（1）氧化还原性：在酸性介质中，MnO_2 是强氧化剂。MnO_2 与浓盐酸作用可放出 Cl_2，实验室常用该反应制备少量氯气；与浓硫酸作用可放出 O_2。

$$MnO_2 + 4HCl(\text{浓}) = MnCl_2 + Cl_2 \uparrow + 2H_2O$$

$$2MnO_2 + 2H_2SO_4(\text{浓}) = 2MnSO_4 + O_2 \uparrow + 2H_2O$$

在碱性介质中，MnO_2 具有还原性。MnO_2 与 $KClO_3$、KNO_3 等氧化剂一起加热熔融时，可被氧化成深绿色的锰酸钾 K_2MnO_4：

$$3MnO_2 + 6KOH + KClO_3 \xlongequal{\text{熔融}} 3K_2MnO_4 + KCl + 3H_2O$$

（2）配位性：锰(Ⅳ)可作为中心原子，与某些无机或有机配体生成较稳定的配合物。例如，MnO_2 与 HF 和 KHF_2 作用时，可生成金黄色的六氟合锰(Ⅳ)酸钾晶体：

$$MnO_2 + 2KHF_2 + 2HF = K_2[MnF_6] + 2H_2O$$

$KMnO_4$ 在浓 KCl 溶液中被浓盐酸还原后可生成 $K_2[MnCl_6]$ 沉淀。锰(Ⅳ)的配合物中较稳定的还有 $(NH_4)_2[MnCl_6]$ 和过氧基配合物 $K_2H_2[Mn(O_2)_4]$ 等。

3. 锰酸盐 锰(Ⅵ)化合物中，比较常见的是锰酸盐，如 K_2MnO_4、Na_2MnO_4，它们只有在碱性条件下才能稳定存在；在酸性或近中性条件下发生歧化反应，其歧化反应的趋势很大($K = 9.5 \times 10^{45}$)。即使向锰酸盐溶液中通入 CO_2 也会使歧化反应发生。

$$3MnO_4^{2-} + 2H_2O = 2MnO_4^- + MnO_2\downarrow + 4OH^-$$

$$3MnO_4^{2-} + 2CO_2 = 2MnO_4^- + MnO_2\downarrow + 2CO_3^{2-}$$

向锰酸盐溶液中通入氯气或加入次氯酸盐等氧化剂，可将其氧化为高锰酸盐。

$$2MnO_4^{2-} + Cl_2 = 2MnO_4^- + 2Cl^-$$

4. 高锰酸钾 高锰酸钾 $KMnO_4$ 外观为深紫色晶体，常温下稳定，易溶于水，其水溶液显紫红色。MnO_4^- 的呈色原因与 $Cr_2O_7^{2-}$ 相同，是 Mn—O 间电荷迁移的结果。$KMnO_4$ 的主要性质如下：

(1) 强氧化性：在酸性溶液中，MnO_4^- 是强氧化剂，本身被还原为 Mn^{2+}。例如，

$$2MnO_4^- + 5H_2O_2 + 6H^+ = 2Mn^{2+} + 5O_2\uparrow + 8H_2O$$

$$2MnO_4^- + 5C_2O_4^{2-} + 16H^+ = 2Mn^{2+} + 10CO_2\uparrow + 8H_2O$$

分析化学中常用以上反应测定 H_2O_2 和草酸盐的含量。

$KMnO_4$ 在酸性溶液中作氧化剂时，反应开始时进行得较慢，当溶液中有 Mn^{2+} 生成时，反应速率加快，这是 Mn^{2+} 具有自催化(autocatalysis)作用的缘故。

在近中性溶液或强碱性介质中，MnO_4^- 作氧化剂时，其还原产物分别为 MnO_2 和 MnO_4^{2-}。

$$2MnO_4^- + I^- + H_2O = 2MnO_2\downarrow + IO_3^- + 2OH^-$$

$$2MnO_4^- + SO_3^{2-} + 2OH^- = 2MnO_4^{2-} + SO_4^{2-} + H_2O$$

(2) 不稳定性：$KMnO_4$ 在溶液中可缓慢地发生分解反应。光对 $KMnO_4$ 的分解反应具有催化作用，因此 $KMnO_4$ 溶液应保存于棕色瓶中。

$$4MnO_4^- + 4H^+ = 4MnO_2\downarrow + 3O_2\uparrow + 2H_2O$$

加热 $KMnO_4$ 固体至 473K 以上时，即发生分解反应，实验室常用该反应制备少量的氧气：

$$2KMnO_4 \xlongequal{\triangle} MnO_2 + K_2MnO_4 + O_2\uparrow$$

$KMnO_4$ 固体与浓 H_2SO_4 作用时，生成棕绿色的油状物七氧化二锰 Mn_2O_7(高锰酸酐)，Mn_2O_7 氧化性极强，遇有机物发生燃烧，稍遇热分解生成 MnO_2、O_2 和 O_3 而发生爆炸。

日常生活中，常利用 $KMnO_4$ 的强氧化性消毒杀菌，$KMnO_4$ 的稀溶液可用于浸洗水果、茶具等；临床上 $KMnO_4$(称为 PP 粉)稀溶液用作消毒防腐剂，是妇科常用的清洗剂，也可用于有机磷中毒时洗胃等。

三、铬、锰离子的鉴定

1. Cr^{3+} 的鉴定 向含有 Cr^{3+} 的溶液中加入过量的 NaOH 溶液，再加入 H_2O_2 溶液，溶液由绿色变为黄色：

$$Cr^{3+} + 4OH^- = CrO_2^- + 2H_2O$$

$$2CrO_2^- + 3H_2O_2 + 2OH^- = 2CrO_4^{2-}(\text{黄色}) + 4H_2O$$

再向以上溶液中加入 Ba^{2+}，生成黄色的 $BaCrO_4$ 沉淀。

2. CrO_4^{2-} 和 $Cr_2O_7^{2-}$ 的鉴定

(1) 向含有 CrO_4^{2-} 或 $Cr_2O_7^{2-}$ 的溶液中加入 Ba^{2+}，溶液中有黄色的 $BaCrO_4$ 沉淀生成(该沉淀可溶

于强酸）：

$$Cr_2O_7^{2-} + Ba^{2+} + H_2O \xlongequal{} BaCrO_4\downarrow（黄色）+ H_2CrO_4$$

（2）向含有 CrO_4^{2-} 或 $Cr_2O_7^{2-}$ 的溶液中加入稀硫酸、H_2O_2 和适量的乙醚，乙醚层显蓝色：

$$CrO_4^{2-} + 2H_2O_2 + 2H^+ \xlongequal{} CrO_5 + 3H_2O$$

$$CrO_5 + (C_2H_5)_2O \xlongequal{} CrO_5\cdot(C_2H_5)_2O（蓝色）$$

3. Mn^{2+} 的鉴定

（1）向含有 Mn^{2+} 的溶液加入 $(NH_4)_2S$，溶液中有肉红色的 MnS 沉淀生成，该沉淀可溶于稀盐酸：

$$Mn^{2+} + S^{2-} \xlongequal{} MnS\downarrow（肉红色）$$

$$MnS + 2H^+ \xlongequal{} Mn^{2+} + H_2S$$

（2）向含有 Mn^{2+} 的溶液中加入 $NaBiO_3$ 固体，再加入浓硝酸酸化，溶液变为紫红色：

$$2Mn^{2+} + 5NaBiO_3 + 14H^+ \xlongequal{} 2MnO_4^-（紫红色）+ 5Bi^{3+} + 5Na^+ + 7H_2O$$

4. MnO_4^- 的鉴定

（1）向含有 MnO_4^- 的溶液中加入少量的稀硫酸，再加入 H_2O_2 溶液，MnO_4^- 的紫红色褪去，并有气体生成：

$$2MnO_4^- + 5H_2O_2 + 6H^+ \xlongequal{} 2Mn^{2+} + 5O_2\uparrow + 8H_2O$$

（2）向含有 MnO_4^- 的溶液中加入稀硫酸，再加入草酸晶体，加热，MnO_4^- 的紫红色褪去，并有气体生成：

$$2MnO_4^- + 5H_2C_2O_4 + 6H^+ \xlongequal{\triangle} 2Mn^{2+} + 5CO_2\uparrow + 8H_2O$$

第三节 铁系元素和铂

第一过渡系的第Ⅷ族元素铁（iron，Fe）、钴（cobalt，Co）、镍（nickel，Ni），它们的性质非常相似，称为铁系元素。第二、第三过渡系的钌（Ru）、铑（Rh）、钯（Pd）和锇（Os）、铱（Ir）、铂（Pt）的性质也比较相似，称为铂系元素。但铁系元素和铂系元素的性质差异显著。铁系元素的丰度较大，分布比较广泛，化学性质活泼，而铂系元素属于稀有金属，丰度很小，它们与金、银一起被称为贵金属，化学性质十分稳定。

铁原子拥有最稳定的原子核（核结合能最大），是核聚变与核裂变反应的“终点”。恒星内部的核聚变到铁就停止了，恒星一旦聚变生成铁元素，在恒星中心就会形成一个铁核，也意味着它开始了死亡的进程。而一些具有铁核的行星，能产生抵御太阳风的磁场，以保有可能孕育生命的大气层。铁在地球地壳岩石中的丰度为6.3%，排在氧、硅、铝之后列第四位。铁矿石是构成地壳的主要矿物之一，重要的有磁铁矿（Fe_3O_4）、赤铁矿（Fe_2O_3）、褐铁矿（$2Fe_2O_3\cdot3H_2O$）、菱铁矿（$FeCO_3$）和黄铁矿（FeS_2）等。人类在公元前约4000年时开始使用来自外太空的陨石中的铁，到公元前1200年进入铁器时代，直至近代钢铁的广泛应用，铁在人类文明社会的进步和发展中起着重要作用。现今钢铁工业已成为国民经济的支柱产业，钢铁的产量常作为国家工业发展的标志。钴和镍的丰度分别位列第30和22位，在自然界中常与硫、砷结合并与其他金属共生，如辉钴矿 CoAsS、镍黄铁矿 $(Fe,Ni)_9S_8$ 等。铁、钴、镍是重要的金属结构材料，如铁磁体、合金钢，用于制造仪表、钻头、刀具、模具等。镍还是贮氢材料和催化剂。利用 Ni^{2+} 对组氨酸的特殊结合性能，镍亲合层析柱被广泛用于蛋白质的分离和纯化。铂在地壳中的丰度较小，在自然界中主要以单质的形式存在。铂发现于18世纪中叶，但在当时并没有得到应用。随着现代科学技术的飞速发展，铂在许多领域都有非常重要的应用。

铁、钴、镍的价层电子组态分别为 $3d^64s^2$、$3d^74s^2$、$3d^84s^2$，最外层都有2个电子，而且半径相近

(表 10-1),只是次外层 3d 电子数不同,所以性质很相似,都可表现 +2 氧化数。从 Fe 开始,3d 电子超过 5 个,d 电子参与反应的可能性逐渐下降,Fe 常见氧化数还有 +3,在某些情况下还出现 +4 和 +5 氧化数,在强氧化剂作用下也可出现最高氧化数 +6。Co 在碱性条件下可出现稳定的 +3 氧化态。它们具有形成配合物的强烈倾向,可与 CO、π 型配体形成具有 p-d 反馈键的低氧化数乃至零价原子配合物,如二茂铁和羰基镍等。

铁系元素的氧化数 - 标准电势图,如图 10-8。由电势图可知:①铁、钴、镍都是中等活泼的金属,具有较强的还原性,活泼性依 Fe、Co、Ni 的次序减弱;②+2 氧化态在酸性介质中较稳定,在碱性介质中还原性较强,但还原性逐渐减弱;③在酸性介质中 Fe^{3+} 是中等强度的氧化剂,而 Co^{3+} 和 Ni^{3+} 是强氧化剂。

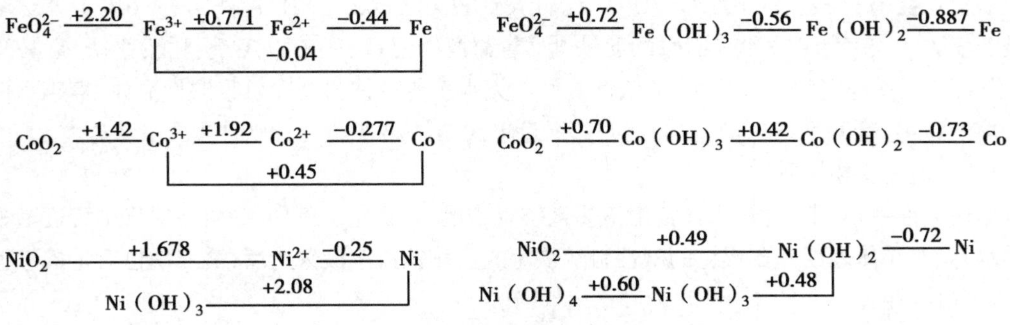

$$FeO_4^{2-}\xrightarrow{+2.20}Fe^{3+}\xrightarrow{+0.771}Fe^{2+}\xrightarrow{-0.44}Fe \qquad Fe^{3+}\xrightarrow{-0.04}Fe$$

$$FeO_4^{2-}\xrightarrow{+0.72}Fe(OH)_3\xrightarrow{-0.56}Fe(OH)_2\xrightarrow{-0.887}Fe$$

$$CoO_2\xrightarrow{+1.42}Co^{3+}\xrightarrow{+1.92}Co^{2+}\xrightarrow{-0.277}Co \qquad Co^{3+}\xrightarrow{+0.45}Co$$

$$CoO_2\xrightarrow{+0.70}Co(OH)_3\xrightarrow{+0.42}Co(OH)_2\xrightarrow{-0.73}Co$$

$$NiO_2\xrightarrow{+1.678}Ni^{2+}\xrightarrow{-0.25}Ni \qquad Ni(OH)_3\xrightarrow{+2.08}Ni$$

$$NiO_2\xrightarrow{+0.49}Ni(OH)_2\xrightarrow{-0.72}Ni \qquad Ni(OH)_4\xrightarrow{+0.60}Ni(OH)_3\xrightarrow{+0.48}Ni(OH)_2$$

左图 pH = 0;右图 pH = 14。

图 10-8　Fe、Co、Ni 的氧化数 - 标准电势图

一、铁及其化合物

(一)单质铁的性质

单质铁具有银白色的金属光泽,延展性、导电性和导热性良好。在常温和无水情况下,纯的块状单质铁是稳定的。但铁是中等活泼的金属,在潮湿的空气中,铁易被锈蚀,生成水合氧化铁 $Fe_2O_3 \cdot nH_2O$(俗称铁锈)。铁锈结构疏松,容易剥脱,不能形成有效的保护层,并通过电化学效应使锈蚀继续向内层扩展。每年由于钢铁锈蚀所造成的损失约占全世界钢铁年总产量的 20%~30%,所以钢铁的防腐蚀极为重要。防止金属锈蚀的方法很多,例如,在金属表面覆盖保护层(镀铬等金属、搪瓷化、涂油漆和高分子材料等),用电化学的方法保护大型金属设备等。

在高温时,Fe 能与卤素、氧、硫、氮等非金属剧烈反应;能从水中置换出 H_2;与非氧化性稀酸作用时生成 Fe^{2+} 盐,与氧化性稀酸作用时生成 Fe^{3+} 盐。

$$2Fe + 3Cl_2 = 2FeCl_3$$

$$Fe + 2HCl = FeCl_2 + H_2\uparrow$$

$$Fe + 4HNO_3(稀) = Fe(NO_3)_3 + NO\uparrow + 2H_2O$$

铁与浓硝酸、浓硫酸等氧化性强酸作用时,表面可被钝化。因此,可以用铁制容器贮运浓硝酸或浓硫酸。但铁能够被热的浓碱溶液所侵蚀。

在 373~473K 和 2×10^4kPa 的条件下,铁粉与一氧化碳作用生成五羰基合铁 $Fe(CO)_5$。常温下 $Fe(CO)_5$ 为淡黄色的液体。在金属羰基配合物中,CO 的碳原子提供一对孤对电子与中心金属形成 σ 键,同时中心金属的 d 电子又可以与 CO 空的反键 π^* 轨道形成反馈 π 键(图 10-9)。反馈 π 键的形成,不仅减少了中心金属原子过多的负电荷积累,而且还加强了 CO 的供电子能力,使配合

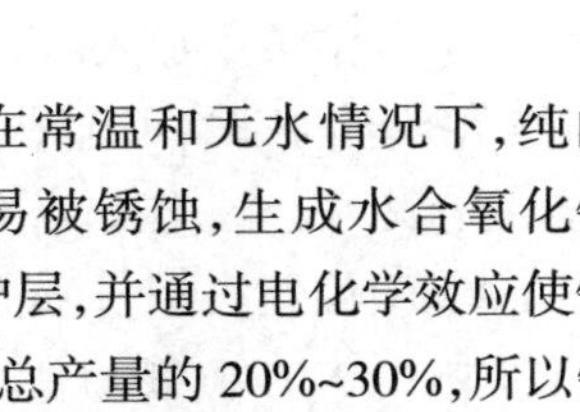

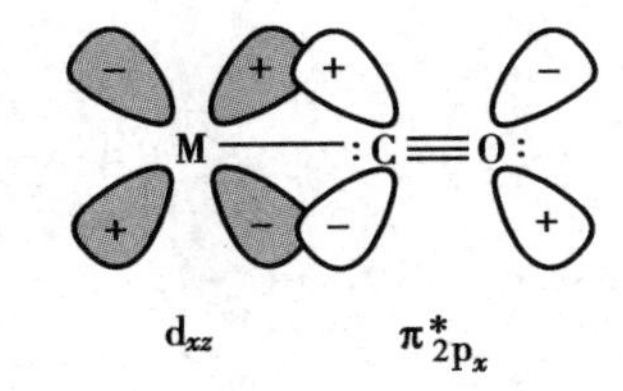

图 10-9　M—CO 间的成键方式

物的稳定性增强。

除铁外，许多过渡金属都能与CO生成羰基合物，如$Co_2(CO)_8$、$Ni(CO)_4$、$Cr(CO)_6$、$Mn_2(CO)_{10}$等，这些羰基合物的熔点、沸点都比相应的金属化合物要低，具有易挥发、受热易分解的特性。利用这一特性，可制得纯度很高的金属单质。例如，在473~523K，$Fe(CO)_5$分解可得到含碳量极低的纯铁粉：

$$Fe(CO)_5 \xlongequal{\triangle} Fe + 5CO$$

需要指出的是，金属羰基合物有毒，且中毒后很难治疗，所以制备和应用金属羰基合物时要小心防护。

（二）铁（Ⅱ）化合物

亚铁盐主要有硫酸亚铁$FeSO_4 \cdot 7H_2O$（绿矾）、硫酸亚铁铵$Fe(NH_4)_2(SO_4)_2 \cdot 6H_2O$（摩尔盐）和氯化亚铁$FeCl_2$。硫酸亚铁和有机酸的亚铁盐（葡萄糖酸亚铁、琥珀酸亚铁、乳酸亚铁、富马酸亚铁等）常作为口服铁补充剂，用于治疗缺铁性贫血。无水氯化亚铁为黄绿色吸湿性晶体，溶于水后形成浅绿色溶液；四水合物$FeCl_2 \cdot 4H_2O$为透明蓝绿色单斜结晶，加热至310K时变为二水盐。

Fe（Ⅱ）盐的主要性质如下：

（1）还原性：Fe（Ⅱ）盐的固体或溶液易被空气中的O_2氧化。例如，绿矾在空气中可逐渐失去部分结晶水，同时晶体表面有黄褐色的碱性硫酸铁生成。亚铁盐溶液久置后，溶液中也会生成棕色的碱式铁（Ⅲ）盐沉淀：

$$4FeSO_4 + O_2 + 2H_2O = 4Fe(OH)SO_4$$

因此，亚铁盐固体应密闭保存，溶液应新鲜配制。配制时除要加入适量的酸抑制Fe^{2+}的水解外，还应加入少量单质铁或抗氧剂，防止Fe^{2+}被氧化。

（2）沉淀反应：Fe^{2+}的氯化物、高氯酸盐、硝酸盐、亚硝酸盐、硫酸盐、硫代硫酸盐和醋酸盐易溶于水。在溶液中，Fe^{2+}与OH^-、S^{2-}及CO_3^{2-}、$C_2O_4^{2-}$等无机弱酸的酸根反应时，则生成难溶盐沉淀。

向Fe^{2+}溶液中加入碱，可生成白色的$Fe(OH)_2$胶状沉淀。$Fe(OH)_2$主要显碱性，其酸性很弱，与浓碱溶液作用时，可生成$[Fe(OH)_6]^{4-}$。$Fe(OH)_2$具有强还原性，可迅速被空气中的O_2氧化，变成红棕色的水合氧化铁。

（3）配位性：Fe^{2+}形成配合物的倾向很强，常见配位数为6。重要的配合物有六氰合铁（Ⅱ）酸钾$K_4[Fe(CN)_6]$（黄血盐）、环戊二烯基铁$(C_5H_5)_2Fe$（二茂铁）等。

黄血盐具有抗结性能，可用于防止细粉、结晶性食品板结。例如，食盐长久堆放易发生板结，亚铁氰化钾作为添加剂加入后，食盐的正六面体结晶转变为星状结晶，从而不易发生结块。黄血盐是实验室常用的试剂，常温下稳定，加热至373K时，开始失去结晶水变成白色粉末，继续加热可发生分解反应：

$$K_4[Fe(CN)_6] \xlongequal{\triangle} 4KCN + FeC_2 + N_2$$

在溶液中$[Fe(CN)_6]^{4-}$能与Fe^{3+}、Cu^{2+}、Cd^{2+}、Co^{2+}、Mn^{2+}、Ni^{2+}、Zn^{2+}等离子生成特征颜色的沉淀，这些反应常用于鉴定这些金属离子。

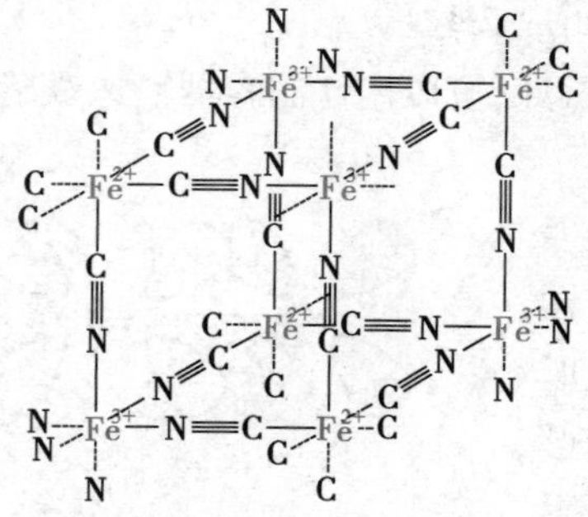

图10-10　$Fe[Fe(CN)_6]^-$的结构示意图

$[Fe(CN)_6]^{4-}$与Fe^{3+}作用时，生成深蓝色的沉淀$KFe[Fe(CN)_6]$，俗称普鲁士蓝（Prussian blue），结构见图10-10。铁原子排列在立方体的角顶上，CN^-排列在立方体的每一条边上，Fe^{2+}和Fe^{3+}交替排列，在每间隔1个立方体的中心含有一个K^+。普鲁士蓝在工业上常用作染料或颜料。普鲁士蓝也是目前治疗铊中毒的首选药物，对治疗经口急慢性铊中毒有一定疗效，原因是Tl^+可置换普鲁士蓝中的K^+形成不溶性$TlFe[Fe(CN)_6]$并随粪便排出体外。

当 $K_4[Fe(CN)_6]$ 与 $NaNO_2$ 作用时，可生成红色的取代产物五氰·亚硝酰合铁(Ⅲ)酸钠 $Na_2[Fe(CN)_5NO]\cdot 2H_2O$，俗称硝普钠。硝普钠是直接作用于动静脉血管床的强扩张剂，临床上用于高血压急症如高血压危象、高血压脑病及某些手术后阵发性高血压等的紧急降压，也可用于外科麻醉期间进行控制性降压，还用于急性心力衰竭及急性肺水肿。其水溶液放置时不稳定，光照下加速分解。硝普钠与硫离子反应生成紫红色的配离子 $[Fe(CN)_5NOS]^{4-}$，这是鉴别硫化物的灵敏反应。

二茂铁 $[Fe(C_5H_5)_2]$ 是由 1 个 Fe^{2+} 和 2 个环戊二烯基离子($C_5H_5^-$)形成的配合物。X- 射线衍射的研究结果表明，两个 $C_5H_5^-$ 环平面平行排列(在液态时为重叠式构型，在固态时为交错式构型)，Fe^{2+} 被夹在它们的中间(图 10-11)。在 $C_5H_5^-$ 中，每个碳原子上都有一个未参与形成 σ 键的 p 电子，这 5 个 p 电子和获得的 1 个电子形成离域 π 键(π_5^6)，π_5^6 中的离域电子与 Fe^{2+} 提供的 d 轨道形成 π 型配位键。二茂铁常用作燃料的添加剂，可以提高油料的燃烧效率和除烟，此外二茂铁还可用作导弹和卫星的涂料、高温润滑剂、紫外线吸收剂，以及橡胶和硅树脂的熟化剂等。环戊二烯基配体还可与许多金属离子形成配合物，如 $Ti(C_5H_5)_2Cl_2$(图 10-4)，有些还具有一定的抗肿瘤活性。

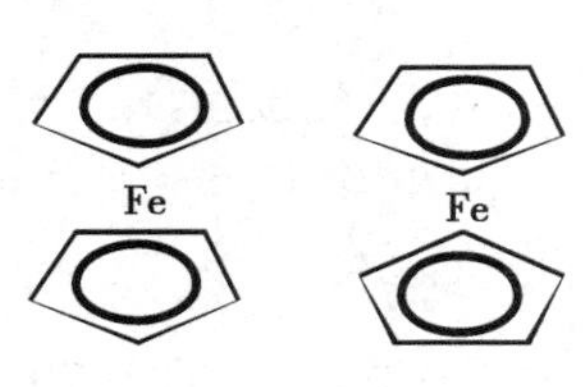

图 10-11　二茂铁的结构

(三)铁(Ⅲ)化合物

1. 三氧化二铁　三氧化二铁 Fe_2O_3 有 α 和 γ 两种构型，α 型是顺磁性的，γ 型是铁磁性的。自然界中存在的赤铁矿是 α 型的。Fe_2O_3 常用作红色颜料、涂料、媒染剂、磨光剂，以及作为一些化学反应的催化剂等。Fe_2O_3 是两性氧化物但碱性强于酸性，在低温制得的 Fe_2O_3 易溶于强酸生成 Fe^{3+} 盐，在 873K 以上制得的 Fe_2O_3 则不易溶于强酸，但与 NaOH 共融时可生成 $NaFeO_2$。

γ-Fe_2O_3 称为磁赤铁矿，其结构和磁石 / 磁铁矿(Fe_3O_4)类似。物质的铁磁性来自结构中的单电子，一致性取向的单电子形成永久磁性——铁磁性。磁石的晶体结构是 $[(8Fe^{3+})_{四面体}(8Fe^{2+}\cdot 8Fe^{3+})_{八面体}(O^{2-})_{32}]$，其中四面体和八面体中 Fe 的单电子自旋反向排列，但数量不同，从而产生净的磁性；γ-Fe_2O_3 保持了磁石的结构，但其八面体型 Fe^{2+} 的位置被 Fe^{3+} 部分取代，形成 $[(8Fe^{3+})_{四面体}(\frac{16}{3}Fe^{3+}\cdot\frac{8}{3}空穴\cdot Fe^{3+})_{八面体}(O^{2-})_{32}]$ 结构，因此也具有磁性。γ-Fe_2O_3 加热至 673K 时则磁石结构坍塌，转变成顺磁性的 α-Fe_2O_3。磁石是一味常用的中药矿物药，用于治疗惊悸失眠、头晕目眩、视物昏花等肝阳上亢证相关疾病。而各种纳米 Fe_2O_3/Fe_3O_4 磁性材料可经表面功能化(如二氧化硅包覆等)常被用作新型靶向药物载体，用于抗体的分离、磁热疗法等。

2. Fe(Ⅲ)盐　常用的 Fe^{3+} 盐有三氯化铁 $FeCl_3$、硫酸铁 $Fe_2(SO_4)_3$、硝酸铁 $Fe(NO_3)_3$ 和硫酸铁铵 $NH_4Fe(SO_4)_2$，它们的晶体都含有数量各异的结晶水。

$FeCl_3$ 属于共价型化合物，熔点(577K)和沸点(589K)较低，易溶于有机溶剂中，也易溶于水，溶于水时发生强烈的水解反应。无水 $FeCl_3$ 在空气中易潮解。在 673K 时，$FeCl_3$ 的蒸气中有双聚分子 Fe_2Cl_6 存在。向铁屑溶于盐酸所得的 $FeCl_2$ 溶液中通入 Cl_2，再经浓缩和结晶得到黄棕色水合晶体 $FeCl_3\cdot 6H_2O$。加热 $FeCl_3\cdot 6H_2O$ 则水解并释放 HCl，最终形成 Fe_2O_3。$FeCl_3$ 主要用于有机染料的生产或在某些有机反应中作催化剂。在印刷制版业，$FeCl_3$ 用于腐蚀铜版。枸橼酸铁铵、多糖铁复合物(如右旋糖酐铁、山梨醇铁、复方卡古地铁)临床用作口服补铁药物。

Fe^{3+} 的主要性质如下：

(1)水解性：在溶液中 Fe^{3+} 常以 $[Fe(H_2O)_6]^{3+}$ 形式存在。但 Fe^{3+} 的离子势(Z/r)大，极化作用强，在溶液中水解性显著。当 Fe^{3+} 的浓度为 0.1mol/L 时，即使溶液的 pH = 1，Fe^{3+} 即开始水解。降低溶液的酸度，水解反应加剧，同时发生各种类型的缩合反应。加热促进水解，加酸则抑制水解。

$$[Fe(H_2O)_6]^{3+} + H_2O \rightleftharpoons [Fe(OH)(H_2O)_5]^{2+} + H_3O^+$$

$$2[Fe(OH)(H_2O)_5]^{2+} \rightleftharpoons [(H_2O)_4Fe\langle^{O(H)}_{O(H)}\rangle Fe(H_2O)_4]^{4+} + 2H_2O$$

当溶液的pH为2~3时，缩合反应的倾向增强，水解产物聚合成多聚体，最终生成棕红色的水合三氧化二铁 $Fe_2O_3 \cdot nH_2O$ 沉淀，习惯上写成 $Fe(OH)_3$。$Fe(OH)_3$ 略显两性，碱性强于酸性，只有新生成的 $Fe(OH)_3$ 沉淀才能部分溶于浓碱中，生成 $[Fe(OH)_6]^{3-}$（或写成 FeO_2^-）。

（2）氧化性：在酸性溶液中，Fe^{3+} 是中强氧化剂，能将 I^-、H_2S 氧化成单质 I_2 和 S，将 Sn（Ⅱ）氧化成 Sn（Ⅳ）等。

（3）配位性：Fe^{3+} 与 X^-、SCN^-、CN^-、$C_2O_4^{2-}$、PO_4^{3-}、NTA^{3-} 等许多配体都能形成稳定的配合物。Fe^{3+} 与 SCN^- 作用，生成血红色的 $[Fe(NCS)_n]^{3-n}$，该反应为鉴定 Fe^{3+} 的特效反应。

$$Fe^{3+} + nSCN^- = [Fe(NCS)_n]^{3-n}（血红色）$$

六氰合铁（Ⅲ）酸钾 $K_3[Fe(CN)_6]$（俗称赤血盐），外观为红色晶体，易溶于水，在碱性溶液中有一定的氧化性，在近中性溶液中有较弱的水解性，在强酸性条件下可放出HCN，故赤血盐溶液不在强碱性或强酸性条件下使用。

$$4[Fe(CN)_6]^{3-} + 4OH^- = 4[Fe(CN)_6]^{4-} + O_2\uparrow + 2H_2O$$

$$[Fe(CN)_6]^{3-} + 3H_2O = Fe(OH)_3\downarrow + 3HCN\uparrow + 3CN^-$$

$[Fe(CN)_6]^{3-}$ 与 Fe^{2+} 作用时，生成滕氏蓝（Turnbull's blue）沉淀。现已证明，滕氏蓝的组成和结构与普鲁士蓝一样，它们属于同一种物质。

Fe^{3+} 与 F^- 作用时，生成无色的 $[FeF_6]^{3-}$。在定性分析中，常加入 F^- 以排除试剂中微量的 Fe^{3+} 对反应的干扰（掩蔽作用）。

二、钴和镍的重要化合物

钴和镍最常用的重要化合物有 $CoCl_2$、$Co(NO_3)_2$、$NiSO_4$ 和 $Ni(NO_3)_2$。羟钴胺、甲钴胺、氰钴胺和腺苷钴胺四种维生素 B_{12}，都是营养神经的药物，临床用于维生素 B_{12} 缺乏所致的疾病，如视觉疲劳、糖尿病周围神经病变，以及妊娠贫血、营养不良性贫血等疾病的治疗。

二氯化钴因含结晶水不同呈现不同的颜色。蓝色无水 $CoCl_2$ 在潮湿的空气中因吸水逐渐变成粉红色，利用这一性质，可用它来显示某些物质的含水量。例如，当含有 $CoCl_2$ 的硅胶干燥剂由蓝色变为粉红色时，表示吸水已达饱和，应放入设置温度为120℃的烘箱内烘干后再使用。

$$\underset{粉红}{CoCl_2 \cdot 6H_2O} \xrightleftharpoons{325K} \underset{紫红}{CoCl_2 \cdot 2H_2O} \xrightleftharpoons{363K} \underset{蓝紫}{CoCl_2 \cdot H_2O} \xrightleftharpoons{393K} \underset{蓝色}{CoCl_2}$$

钴、镍化合物的主要性质如下：

（1）与碱反应：向 Co^{2+}、Ni^{2+} 溶液中加入适量的碱，都可生成氢氧化物沉淀。$Co(OH)_2$ 为粉红色，主要显碱性，但对碱也能显示弱的反应性，与浓的强碱作用可形成蓝色的 $[Co(OH)_4]^{2-}$。$Co(OH)_2$ 在空气中慢慢被氧化为棕褐色的 $Co(OH)_3$。$Co(OH)_3$ 与HCl作用时放出 Cl_2，与 H_2SO_4 作用时放出 O_2。

$$4Co(OH)_2 + O_2 + 2H_2O = 4Co(OH)_3$$

$$2Co(OH)_3 + 6HCl = 2CoCl_2 + Cl_2\uparrow + 6H_2O$$

$$4Co(OH)_3 + 4H_2SO_4 = 4CoSO_4 + O_2\uparrow + 10H_2O$$

$Ni(OH)_2$ 为绿色絮状沉淀，碱性氢氧化物，在空气中稳定，当与 Br_2 等氧化剂作用时，可被氧化为

棕黑色的 NiO(OH)或 $NiO_2 \cdot nH_2O$。

$$2Ni(OH)_2 + Br_2 + 2NaOH = 2NiO(OH)\downarrow + 2NaBr + 2H_2O$$

值得一提的是,高氧化态的 Ni 的化合物是强氧化剂。

(2)配位性:Co^{2+}、Co^{3+}、Ni^{2+} 都可以形成多种配合物。常见配位数为 6,Co^{2+} 和 Ni^{2+} 的四配位配合物也较常见,其中 Co^{2+} 以四面体构型居多而 Ni^{2+} 以正方形构型居多。通常 Co^{3+} 的配合物比 Co^{2+} 的配合物更稳定。从电子层组态上看,Co^{3+} 的价层电子组态为 $3d^6$,与 Fe^{2+} 为等电子体,但与 Fe^{2+} 不同的是,Co^{3+} 的配合物多数为低自旋($t_{2g}^6e_g^0$),比较稳定。Co^{2+} 的价层电子组态为 $3d^7$,在与强场配位体形成低自旋配合物时,排列在高能量 e_g 轨道上的 1 个电子很容易失去,显示还原性。$[Co(NH_3)_6]^{2+}$ 在空气中会缓慢转变为 $[Co(NH_3)_6]^{3+}$,$[Co(CN)_6]^{4-}$ 能将溶液中的 H^+ 还原为 H_2。

$$2[Co(CN)_6]^{4-} + 2H^+ = 2[Co(CN)_6]^{3-} + H_2\uparrow$$

钴(Ⅲ)还能形成许多桥联多核配合物及混合配体配合物,其几何异构、光学异构现象也非常丰富。

三、铁、钴、镍离子的鉴定

1. Fe^{2+} 的鉴定

(1)向含有 Fe^{2+} 的溶液中加入赤血盐试液,有滕氏蓝沉淀生成:

$$Fe^{2+} + [Fe(CN)_6]^{3-} + K^+ = KFe[Fe(CN)_6]\downarrow\text{(蓝色)}$$

(2)向含有 Fe^{2+} 的溶液中加入几滴 H_2O_2 溶液,再加入 KSCN 试液,溶液变为血红色:

$$2Fe^{2+} + H_2O_2 + 2H^+ = 2Fe^{3+} + 2H_2O$$

$$Fe^{3+} + nSCN^- = [Fe(NCS)_n]^{3-n}\text{(血红色)}$$

2. Fe^{3+} 的鉴定

(1)向含有 Fe^{3+} 的溶液中加入 KSCN 试液,溶液变为血红色(反应同上)。

(2)向含有 Fe^{3+} 的溶液中加入黄血盐试液,有普鲁士蓝沉淀生成:

$$Fe^{3+} + [Fe(CN)_6]^{4-} + K^+ = KFe[Fe(CN)_6]\downarrow\text{(蓝色)}$$

3. Co^{2+} 的鉴定

(1)向含有 Co^{2+} 的溶液中加入 KSCN 试液,并加入少量丙酮作稳定剂,有蓝色的 $[Co(SCN)_4]^{2-}$ 生成:

$$Co^{2+} + 4SCN^- = [Co(SCN)_6]^{2-}\text{(蓝色)}$$

溶液中有 Fe^{3+} 干扰鉴定反应时,可用 NaF 作掩蔽剂。

(2)向含有 Co^{2+} 的溶液中加入 NH_4Cl 固体,加热,有蓝色的 $[Co(Cl)_4]^{2-}$ 生成。

4. Ni^{2+} 的鉴定　向含有 Ni^{2+} 的溶液中加丁二酮肟,有鲜红色的螯合物生成,该反应是鉴定 Ni^{2+} 的特征反应。

$$Ni^{2+} + 2\ \begin{matrix} CH_3-C=NOH \\ | \\ CH_3-C=NOH \end{matrix} = \begin{matrix} & O-H\cdots O & \\ CH_3-C=N & & N=C-CH_3 \\ | & Ni & | \\ CH_3-C=N & & N=C-CH_3 \\ & O\cdots H-O & \end{matrix} + 2H^+$$

四、铂及其化合物

（一）单质铂的性质及用途

铂（platinum，Pt）是银白色惰性金属，俗称白金，在酸性介质中还原性很弱。价层电子层组态为 $5d^96s^1$，常见氧化态为 +4 和 +2，最高氧化数为 +6。

铂最突出的物理特性是可塑性和延展性，若将纯净的铂冷轧，可加工成厚度仅为 2.5μm 的箔。铂的熔点和沸点也很高。铂表面还具有很好的气体吸附能力，常温下 1 体积铂最多可吸收 70 体积的氧。实际上，大多数铂族金属都能吸收气体，特别是氢气。钯吸氢能力最强，常温下 1 体积钯能吸收 900~2 800 体积的氢，可做贮氢材料。

铂的化学性质十分稳定，常温下与强酸、氢氟酸等均不发生反应，只能溶解于王水中，生成淡黄色的氯铂酸 $H_2[PtCl_6]$ 溶液。在高温条件下，铂可与氧、氟、氯、碳、磷、硫等非金属和过氧化钠等作用，在有氧化剂存在下与熔融的苛性碱作用转变为可溶性化合物。

铂优良的理化性质使它具有许多特殊的用途，主要有以下几个方面：①在化学化工领域，铂用于制造各种耐腐蚀、耐高温的反应器皿或仪器零件，以及铂坩埚、铂蒸发皿、铂网、铂丝、铂电极等。同时，铂表面具有极高的催化活性，铂粉（也称铂黑）用于催化许多类型的化学反应。②在电气工业领域，铂用于制造测定高温的电阻温度计、热电偶和耐高温的电炉丝等。③在医药领域，铂金属可用作牙科合金，顺铂及其衍生物卡铂、奥沙利铂等用于治疗癌症。④在珠宝业，铂合金用于加工成各类饰品。

（二）铂的重要化合物

铂的最重要化合物是氯铂酸及其盐。铂与王水作用或四氯化铂溶于盐酸时均可生成氯铂酸：

$$3Pt + 4HNO_3 + 18HCl = 3H_2[PtCl_6] + 4NO\uparrow + 8H_2O$$

$$PtCl_4 + 2HCl = H_2[PtCl_6]$$

氯铂酸与碱金属氧化物作用，可生成氯铂酸盐。氯铂酸钠 $Na_2[PtCl_6]$ 为棕红色晶体，易溶于水和乙醇。氯铂酸的钾盐、铵盐、铷盐和铯盐都是难溶于水的黄色晶体，这一性质可用来鉴定 K^+、NH_4^+ 等离子。

在铂黑的催化下，氯铂酸盐与草酸盐、肼（联氨）等还原剂作用，可生成氯亚铂酸盐。

$$K_2[PtCl_6] + K_2C_2O_4 = K_2[PtCl_4] + 2CO_2\uparrow + 2KCl$$

顺式 - 二氯 · 二氨合铂（Ⅱ），通常称为顺铂（cisplatin）。顺铂为淡黄色晶体，熔点为 541~545K（分解），溶解度为 0.257 7g/100g H_2O。顺铂是抗癌谱系很广的一线抗肿瘤药物，但溶解性差、骨髓毒性等副作用及易产生耐药性是其很大的缺点。根据其构效关系，人们合成了卡铂等一系列的顺铂衍生物，以增加疗效，降低毒副作用和改善抗药性。顺铂可由 $K_2[PtCl_4]$ 与 NH_3 直接反应合成：

$$K_2[PtCl_4]^{2-} + 2NH_3 = \textit{cis}\text{-}[PtCl_2(NH_3)_2] + 2Cl^-$$

但此方法产生的反应杂质较多，或者需要特别控制反应条件以避免无活性的反式 - 二氯 · 二氨合铂（Ⅱ）（反铂，transplatin）的生成，不适合做药用顺铂的合成。目前我国主要采用的反应路线如下：

$$K_2[PtCl_4] + 2KI + 2NH_3 = \textit{cis}\text{-}[PtI_2(NH_3)_2] + 4KCl$$

$$\textit{cis}\text{-}[PtI_2(NH_3)_2] + 2AgNO_3 = \textit{cis}\text{-}[Pt(NO_3)_2(NH_3)_2] + 2AgI\downarrow$$

$$\textit{cis}\text{-}[Pt(NO_3)_2(NH_3)_2] + 2NaCl = \textit{cis}\text{-}[PtCl_2(NH_3)_2] + 2NaNO_3$$

此方法的优点是能有效地避免反铂杂质的产生，但也由于会产生大量的含铂的 AgI 废料，增加了生产成本和环保费用。

在加热的条件下，$K_2[PtCl_6]$ 与 KBr 或 KI 作用时，可转化成深红色的 $K_2[PtBr_6]$ 或黑色的

$K_2[PtI_6]$。$[PtX_6]^{2-}$为正八面体构型的内轨型配合物，在溶液中非常稳定，其稳定性顺序按 F-Cl-Br-I 依次增大。

第四节　铜、银、锌、汞

铜（copper，Cu）、银（silver，Ag）和金（gold，Au）是周期系 ds 区 ⅠB 族元素，ⅠB 族元素也称为铜族元素。锌（zinc，Zn）、镉和汞（mercury，Hg）是周期系 ds 区 ⅡB 族元素，ⅡB 族元素也称为锌族元素。它们都是亲硫元素，主要以硫化物存在于自然界中，如闪锌矿 ZnS、辰砂 HgS 等。

铜、银、锌、汞都是人类认识和使用很早的元素。铜、银和金很早被人们用作钱币，因此有"货币金属"之称。特别是铜，大约在公元前 6 000~7 000 年，铜器开始逐渐取代石器，推动了人类历史上的新石器时代向金属工具时代的巨大转变。锌是我国古代劳动人民首先开始使用的。有的学者认为，大约在公元前 100 多年间的西汉时期就已经有了铜 - 锌合金铸造的钱币。汞俗称水银，古埃及人在公元前 16~15 世纪开始使用水银，我国最晚在公元前 3~4 世纪开始使用水银。

在自然界中，铜和锌的丰度约为铁的 1/1 000，分布也很广泛，铜既有游离态的金属铜，也以硫化物、氧化物、碳酸盐等化合态形式存在，如黄铜矿 $Cu_2S·Fe_2S_3$、辉铜矿 Cu_2S、赤铜矿 Cu_2O 和孔雀石 $Cu(OH)_2·CuCO_3$ 等。重要的锌矿有闪锌矿 ZnS 和菱锌矿 $ZnCO_3$ 等。银的丰度较小，但广泛分布于硫化物矿中，以辉银矿 Ag_2S 和角银矿 AgCl 为主。汞的丰度比银还小，主要以辰砂 HgS 矿物的形式存在，少量以单质的形式存在。

铜族元素和锌族元素的外层价电子组态分别为$(n-1)d^{10}ns^1$和$(n-1)d^{10}ns^2$，与 s 区元素相似，最外层都只有 1 或 2 个电子。但是，s 区元素的次外层为 8 电子组态，而 ds 区元素次外层为 18 个电子，$(n-1)$d 电子层达到全满结构，故 ⅠB、ⅡB 族元素的有效核电荷较大，外层电子受核的作用力较强，所以 ds 区元素的电离能和电负性比同周期 s 区元素显著增大，原子半径显著减小，其单质的化学性质远不如 s 区元素活泼。铜族元素和锌族元素的重要性质参数见表 10-5。

表 10-5　铜族元素和锌族元素的重要性质参数*

元素	Cu	Ag	Au	Zn	Cd	Hg
原子序数	29	47	79	30	48	80
原子半径 /pm	128	144	144	133	149	160
离子半径 /pm	96（Ⅰ）	126（Ⅰ）	137（Ⅰ）	88（Ⅰ）	114（Ⅰ）	125（Ⅰ）
	87（Ⅱ）	108（Ⅱ）	99（Ⅲ）	74（Ⅱ）	97（Ⅱ）	110（Ⅱ）
电负性	1.90	1.93	2.54	1.65	1.69	2.00
第一电离能 /（kJ/mol）	745.5	731.0	890.1	906.4	867.8	1 007.1
第二电离能 /（kJ/mol）	1 958	2 070	1 890	1 733	1 631	1 810
熔点 /K	1 357.8	1 234.9	1 337.3	692.7	594.2	234.3
沸点 /K	3 200	2 435	3 129	1 180	1 040	630
莫氏硬度（金刚石 =10）	3.0	2.7	2.5	2.5	2.0	—
密度 /（g/cm^3）	8.92	10.49	19.32	7.14	8.65	13.59
电阻率 /（μΩ/cm，293K）	1.67	1.59	2.35	6.0	7.0	95.65
$\varphi^{\ominus}(M^{2+}/M)$/V	+0.3402	—	—	−0.761 8	−0.402 5	+0.911
$\varphi^{\ominus}(M^{+}/M)$/V	+0.522	+0.799 6	+1.83	—	—	+0.796

注：* 主要数据引自 http://www.webelements.com/。

一、单质的性质及用途

（一）铜

所有金属中仅铜和金有特殊的颜色，单质铜是紫红色的金属。铜最突出的物理性质是优良的导电性和导热性，在所有金属中仅次于银，位列第二位。铜的熔点、沸点较高，并具有良好的延展性和机械加工性。

铜的化学性质比较稳定，常温下，铜不与氧气和水作用，但能与卤素直接化合生成卤化铜 CuX_2。加热时，铜能与氧和硫直接化合生成 CuO 和 Cu_2S。铜在潮湿的空气中放置，其表面可逐渐生成一层绿色的铜锈（碱式碳酸铜）。铜与非氧化性稀酸不反应，只能溶解在硝酸、浓盐酸及热的浓硫酸中。

$$2Cu + O_2 + H_2O + CO_2 = Cu(OH)_2 \cdot CuCO_3$$

$$3Cu + 8HNO_3 = 3Cu(NO_3)_2 + 2NO\uparrow + 4H_2O$$

$$2Cu + 4HCl(\text{浓}) = 2H[CuCl_2] + H_2\uparrow$$

铜良好的机械加工性和耐腐蚀性使它在工业领域具有十分广泛的应用。铜被广泛用于制造电线和各种电气元件，还大量用于制造合金，如黄铜（含锌 5%~45%）、青铜（含锡 5%~10%）、白铜（含镍 13%~25%、锌 13%~25%）等。

（二）银

银的导电导热性能是所有金属中最好的。银比铜稳定，室温下，不与氧气和水反应，但可与卤素发生缓慢反应；长期与含有 H_2S 的空气接触时，表面生成黑色的 Ag_2S。即使在高温下也不与氢气、氮气或碳反应。银不溶于非氧化性酸，但溶于硝酸和热的浓硫酸中。

$$4Ag + 2H_2S + O_2 = 2Ag_2S + 2H_2O$$

$$2Ag + 2H_2SO_4(\text{浓}) \xlongequal{\triangle} Ag_2SO_4\downarrow + SO_2\uparrow + 2H_2O$$

银大量用于摄影感光材料，还用于电镀、首饰、高容量电池、电器。在牙科上，银锡汞齐（Hg/γ-Ag_3Sn）用于补牙。

（三）锌

单质锌是银白色的金属，熔点（693K）和沸点（1 180K）比大多数过渡金属要低，属于低熔点金属。锌的化学性质比较活泼，在加热的条件下，锌能与绝大多数非金属元素直接化合，例如，锌在空气中燃烧生成氧化锌；与硫共热生成硫化锌等。锌在潮湿的空气中放置，可生成碱式碳酸锌。

$$4Zn + 2O_2 + 3H_2O + CO_2 = ZnCO_3 \cdot 3Zn(OH)_2$$

锌是两性金属，既能与非氧化性稀酸作用置换出 H_2，也能与碱作用生成锌酸盐。锌还能与氨水作用生成锌氨配离子，这一性质不同于铝，铝不能与氨水作用。

$$Zn + 2NaOH + 2H_2O = Na_2[Zn(OH)_4] + H_2\uparrow$$

$$Zn + 4NH_3 + 2H_2O = [Zn(NH_3)_4](OH)_2 + H_2\uparrow$$

锌的主要用途是制造合金如白铁，以及制造干电池等。

（四）汞

汞的价层电子组态为 $5d^{10}6s^2$。因同周期的“镧系收缩”（详见第五节），汞原子对最外层电子的引力较大。加上所有电子层全充满，因此汞原子就像金属中的“惰性气体”，$6s^2$ 电子不易参与成键，金属键的作用力很弱，因此熔点低（常温下为液态）。单质汞是室温下唯一的液态金属，具有流动性，又不润湿玻璃，在 273~573K 之间体积膨胀系数均匀，所以汞常可用于制造温度计。室温下汞的蒸气压很低（273K 时为 0.002 47Pa，293K 时为 0.16Pa），汞蒸气在电弧中能导电，并能辐射出高强度的可见光和紫外光，可用于制造气压计、太阳灯等。利用它的高密度、导电性和流动性，汞被用作液封剂及

大电流断路继电器等。汞的另一重要特性是能溶解金属形成汞齐，在冶金工业中用于提取贵金属等。在牙科用 Ag-Hg 合金修补龋齿等。

必须强调指出的是，汞单质有强烈的生物毒性，接触和使用时应十分小心。由于汞有挥发性，一切操作都必须在通风橱中进行。严禁将汞随便盛放在敞开的容器中，临时存放在广口瓶中的少量汞，必须在汞面上覆盖 10% 的 NaCl 溶液，以免汞蒸气挥发。使用汞时万一不慎撒落，必须尽量将汞收集起来，若撒落在无法收集的地方时，应覆盖硫黄粉，使之转化成无害的 HgS。

汞的活泼性较差，需加热至沸才能与氧气反应生成氧化汞，加热到 773K 时又分解为汞和氧气，但在室温下汞与硫粉研磨时即可生成 HgS。HgS 被古代炼丹家称为丹砂或（外）丹，因其独特的药理效用及其理化性能，被用作炼丹的主要材料。所谓炼丹即选择其他金石药物和水银（汞）按照一定配方彼此混合烧炼，并反复进行还原和氧化反应的实验，以炼就“九转还丹”或称“九还金丹”（这些是人类最早的化学反应产物）。虽然道家外丹黄白术最终未能达到预期的长生不老的目的，但道家的金丹家顽强不息的实践和探索活动，客观上却刺激、推动了中国古代科学的发展，孕育了中国灿烂的古代化学。中国人引以为豪的四大发明之一黑火药最初就是在唐代道家的金丹家“伏火”实验中孕育出来的，在北宋时期率先应用于战争。

汞不与非氧化性酸反应，但可溶解于热的浓硫酸和硝酸。若用过量 Hg 与冷的稀硝酸作用则生成 $Hg_2(NO_3)_2$。

$$3Hg + 8HNO_3 = 3Hg(NO_3)_2 + 2NO\uparrow + 4H_2O$$

$$6Hg + 8HNO_3 = 3Hg_2(NO_3)_2 + 2NO\uparrow + 4H_2O$$

二、铜、银、锌、汞的重要化合物

（一）铜的重要化合物

铜的价层电子组态为 $3d^{10}4s^1$，常见氧化数为 +2 和 +1，最高氧化数为 +3。氧化数为 +3 的化合物如 Cu_2O_3、$KCuO_2$、$K_3[CuF_6]$。由 Cu 元素的标准电势图（图 10-12）可知：①在酸性溶液中，Cu^+ 不稳定，易发生歧化反应，生成 Cu^{2+} 和 Cu；② Cu^{2+} 具有一定的氧化性。

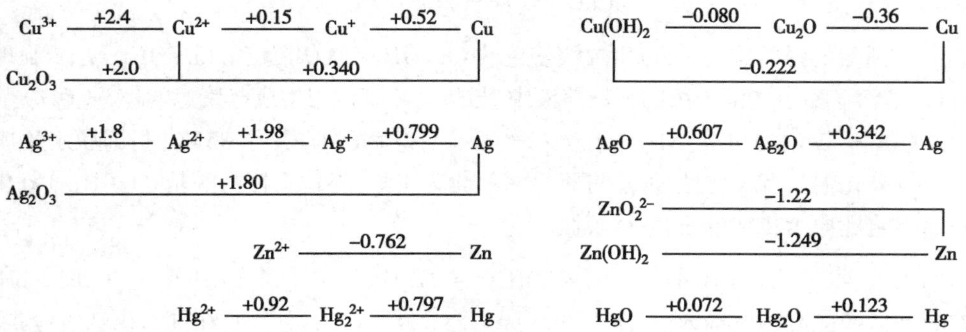

Cu^{3+} —+2.4— Cu^{2+} —+0.15— Cu^+ —+0.52— Cu；Cu_2O_3 —+2.0— Cu^{2+}；Cu^{2+} —+0.340— Cu

$Cu(OH)_2$ —−0.080— Cu_2O —−0.36— Cu；$Cu(OH)_2$ —−0.222— Cu

Ag^{3+} —+1.8— Ag^{2+} —+1.98— Ag^+ —+0.799— Ag；Ag_2O_3 —+1.80— Ag

AgO —+0.607— Ag_2O —+0.342— Ag

Zn^{2+} —−0.762— Zn

ZnO_2^{2-} —−1.22— Zn；$Zn(OH)_2$ —−1.249— Zn

Hg^{2+} —+0.92— Hg_2^{2+} —+0.797— Hg

HgO —+0.072— Hg_2O —+0.123— Hg

左图 pH = 0，右图 pH = 14。

图 10-12　Cu、Ag、Zn、Hg 的氧化态 - 标准电势图

1. 氧化亚铜　氧化亚铜 Cu_2O 外观呈红色，由于晶粒大小不同，也可以呈现黄色、橙色、棕红色等。Cu_2O 的主要性质如下：

（1）热稳定性：Cu_2O 对热十分稳定。加热至 1 517K 时熔融，继续升高温度，可发生分解反应，生成单质 Cu 并放出 O_2：

$$2Cu_2O \xlongequal{\triangle} 4Cu + O_2$$

（2）与酸作用发生歧化反应：Cu_2O 不溶于水，溶于稀酸时易发生歧化反应。

$$Cu_2O + H_2SO_4 \Longrightarrow CuSO_4 + Cu\downarrow + H_2O$$

（3）生成配合物：Cu_2O 可溶于氨水和氢卤酸等配合剂中，形成配合物 $[Cu(NH_3)_2]^+$、$[CuX_3]^{2-}$。$[Cu(NH_3)_2]^+$ 很快被空气中的 O_2 氧化，生成蓝色的 $[Cu(NH_3)_4]^{2+}$，该反应可用于除去气体中的氧。

$$Cu_2O + 4NH_3 + H_2O \Longrightarrow 2[Cu(NH_3)_2]OH$$

$$Cu_2O + 4HX \Longrightarrow 2H[CuX_2] + H_2O$$

$$4[Cu(NH_3)_2]^+ + 8NH_3 + 2H_2O + O_2 \Longrightarrow 4[Cu(NH_3)_4]^{2+} + 4OH^-$$

2. 卤化亚铜　卤化亚铜 CuX（X = Cl、Br、I）外观呈白色，均难溶于水，溶解度按 Cl-Br-I 的顺序依次减小。

CuX 可由 Cu^{2+} 盐与还原剂作用制得，常用的还原剂有 $SnCl_2$、SO_2、$Na_2S_2O_4$（连二亚硫酸钠）、Cu、Zn、Al 等。如用 Cu 作还原剂来制备 CuX 时，由于生成的 CuX 难溶于水，附着在 Cu 表面，影响反应的进行。可使 CuX 与过量的 X^- 形成配位数为 2 或 4 的配合物，以促进反应完成。

$$2CuCl_2 + SnCl_2 \Longrightarrow 2CuCl\downarrow + SnCl_4$$

CuX 与过量的 CN^- 作用，生成非常稳定的 $[Cu(CN)_4]^{3-}$（稳定常数 $K_s = 2\times10^{30}$），因而 Cu^{2+} 与 CN^- 作用时，发生氧化还原反应，不能生成 Cu^{2+} 的氰配离子。

$$2Cu^{2+} + 10CN^- \Longrightarrow 2[Cu(CN)_4]^{3-} + (CN)_2\uparrow$$

CuCl 的盐酸溶液能吸收 CO，形成氯化羰基铜（I）$[Cu(CO)Cl\cdot H_2O]$。

OC→Cu←H₂O 与 Cl 桥联：

$$\begin{matrix} OC\searrow & & Cl & & \swarrow CO \\ & Cu & & Cu & \\ H_2O\nearrow & & Cl & & \nwarrow OH_2 \end{matrix}$$

该反应可定量完成，因而可用于测定气体混合物中 CO 的含量。

3. 氧化铜和氢氧化铜　CuO 是碱性氧化物，难溶于水，溶于酸时生成相应的盐，还可溶于过量的氨水生成深蓝色的 $[Cu(NH_3)_4]^{2+}$。CuO 遇强热时可分解为 Cu_2O 和 O_2：

$$4CuO \xrightarrow{>1\,274K} 2Cu_2O + O_2$$

当 Cu^{2+} 与适量的强碱作用时，可生成淡蓝色的 $Cu(OH)_2$ 絮状沉淀。$Cu(OH)_2$ 主要显碱性也显微弱的酸性，能溶于酸也能溶于浓的强碱溶液中，与热的浓碱作用生成蓝紫色的 $[Cu(OH)_4]^{2-}$，溶于过量的氨水生成深蓝色的 $[Cu(NH_3)_4]^{2+}$。$Cu(OH)_2$ 在溶液中加热至 353K 时，即脱水生成黑褐色的氧化铜。氢氧化铜具有氧化性，加热可将甲醛氧化为甲酸，将葡萄糖的醛基（—CHO）氧化成羧基（—COOH），本身还原为砖红色的 Cu_2O 沉淀。

$$2Cu(OH)_2 + CH_2OH(CHOH)_4CHO + 2OH^- \Longrightarrow Cu_2O\downarrow + CH_2OH(CHOH)_4COOH + 2H_2O$$

酒石酸钾钠的硫酸铜碱性溶液，称为斐林试剂（Fehling reagent）。斐林试剂化学组成是 Cu^{2+}-酒石酸配合物，为深蓝色溶液，在与脂肪醛或还原性糖共热时 Cu^{2+} 被还原，蓝色逐渐消失并析出 Cu_2O 沉淀。因此，斐林试剂在有机反应中常用于鉴定可溶性的还原性糖（葡萄糖、果糖和麦芽糖）的存在，在临床上可用于尿糖的定性测量。

4. 铜（Ⅱ）盐　重要的铜（Ⅱ）盐有五水硫酸铜 $CuSO_4\cdot5H_2O$、氯化铜 $CuCl_2$、硝酸铜 $Cu(NO_3)_2$ 和一水合醋酸铜 $Cu(Ac)_2\cdot H_2O$。

$CuSO_4\cdot5H_2O$（胆矾）遇热可逐步失去结晶水，生成无水 $CuSO_4$。无水 $CuSO_4$ 为白色粉末，具有很强的吸水性，吸水后变回蓝色。故可用无水 $CuSO_4$ 检验无水乙醇、乙醚等有机溶剂中微量的水。无水 $CuSO_4$ 也可用作干燥剂。加热无水 $CuSO_4$ 至 923K 时，分解为 CuO 和 SO_3。胆矾具有催吐和祛腐等功效，中医中用于治疗风痰壅塞、喉痹、癫痫、牙疳、口疮、烂弦风眼及痔疮等；作为外用制剂用于治疗真菌感染引起的皮肤病，但有一定的副作用。

$CuCl_2$ 是共价化合物，既能溶于水，也能溶于乙醇、丙酮等有机溶剂。$CuCl_2$ 放置在空气中易吸潮。加热 $CuCl_2$ 至 773K 时，分解为 CuCl 和 Cl_2。

$Cu(NO_3)_2$ 有 $Cu(NO_3)_2 \cdot 3H_2O$、$Cu(NO_3)_2 \cdot 6H_2O$ 和 $Cu(NO_3)_2 \cdot 9H_2O$ 三种水合物。加热至约 443K 时分解生成碱式硝酸铜 $Cu(NO_3)_2 \cdot Cu(OH)_2$，进一步加热将分解为 Cu、$NO_2$ 和 O_2。

$Cu(CH_3COO)_2 \cdot H_2O$ 为蓝绿色粉末性结晶，在空气中风化，加热至 373K 失去结晶水，加热至 513~533K 分解并生成碱式醋酸铜。可溶于水、乙醇，微溶于乙醚和甘油。用作分析试剂、有机合成的催化剂，亦用作瓷釉颜料和杀虫剂、杀菌剂的原料。一水合醋酸铜，以及类似的 Rh(Ⅱ)、Cr(Ⅲ)四乙酸盐都采取“中国灯笼”式的结构，如图 10-13。两个五配位的铜原子之间的距离为 265pm，与金属铜中 Cu—Cu 距离(255pm)相近。在室温时磁矩为 1.40 B.M.，且随温度降低而减小，在 253K 时磁化率呈现出极大值，由此计算得出相邻的铜原子间的交换作用为 $286cm^{-1}$，表明二聚体中的铜原子间是以很弱的共价性 M—M 键相结合。由于两个 $Cu^{2+}(3d^9)$ 中电子的自旋方向相反，该二聚体实质上是抗磁性的。该结构对推动现代抗铁磁性耦合理论的发展有很重要的贡献。在晶体中 $Cu_2(CH_3COO)_4(H_2O)_2$ 二聚单元结构主要通过氢键结合，两个水分子配体还可被其他的小分子配体如二噁烷、吡啶类和苯胺类配体取代。含有一对或多对抗铁磁性耦合的双核铜中心，是Ⅲ型铜蛋白的结构特征。如血蓝蛋白(hemocyanin, Hc)，是某些软体动物及甲壳动物血液中的输氧蛋白，属于Ⅲ型铜蛋白，氧合血蓝蛋白存在一个 $Cu^{II}\langle O—O \rangle Cu^{II}$ 中心，由于两个 Cu(Ⅱ)离子间强烈的耦合作用，以致在室温下，基本上表现为抗磁性。

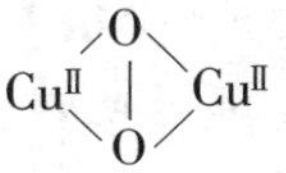

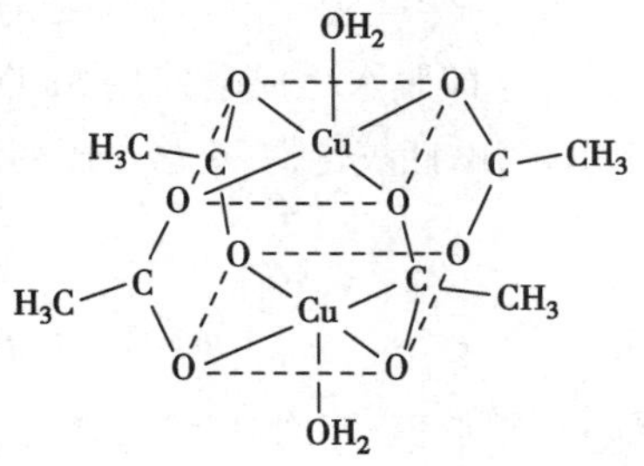

图 10-13 $Cu_2(CH_3COO)_4(H_2O)_2$ 的结构

Cu^{2+} 的主要性质如下：

(1)氧化性：在酸性介质中，Cu^{2+} 具有一定的氧化性。如 Cu^{2+} 可将 I^- 氧化为 I_2，本身被还原成 Cu(Ⅰ)。

$$2Cu^{2+} + 4I^- \xlongequal{\quad} I_2 + 2CuI\downarrow (白色)$$

该反应能定量完成，故分析化学中常用此反应测定 Cu^{2+} 的含量。

(2)沉淀反应：Cu^{2+} 盐除卤化铜、硫酸铜、硝酸铜、亚硝酸铜、铬酸铜和醋酸铜等可溶于水外，大多不溶于水。Cu^{2+} 与 CO_3^{2-} 作用生成碱式碳酸铜沉淀，自然界中的碱式碳酸铜称孔雀石，溶于酸放出 CO_2，加热分解产生 CuO。Cu^{2+} 与 S^{2-} 生成的棕黑色 CuS 只能溶解在热 HNO_3 或浓氰化钠溶液中。

$$2Cu^{2+} + 3CO_3^{2-} + 2H_2O \xlongequal{\quad} Cu_2(OH)_2CO_3\downarrow + 2HCO_3^-$$

$$2CuS + 10CN^- \xlongequal{\quad} 2[Cu(CN)_4]^{3-} + 2S^{2-} + (CN)_2\uparrow$$

(3)配位性：Cu^{2+} 具有很强的配位能力，可与氨、X^-、$S_2O_3^{2-}$、$P_2O_7^{4-}$ 及 en 等有机配体形成稳定性不同的配合物，常见的配位数为 4、6。其中 $[CuX_4]^{2-}$ 的稳定性较差，而 $[Cu(P_2O_7)_2]^{6-}$ 常作为铜的电镀液。铜(Ⅱ)盐和配合物可作为催化剂，酞菁铜及其衍生物被用于生产从蓝色到绿色的颜料，广泛用于墨水、涂料和塑料制品。

5. Cu(Ⅱ)和 Cu(Ⅰ)的相互转化 Cu(Ⅰ)的价电子组态为 $3d^{10}$，应该比 $3d^9$ 电子组态的 Cu(Ⅱ)稳定，并且 Cu 的第二电离能较高(1 958kJ/mol)，Cu(Ⅰ)再失去 1 个电子形成 Cu(Ⅱ)的化合物并不十分容易，因此 Cu(Ⅰ)的化合物在气态或固态时是稳定的。另外，Cu(Ⅱ)的极化作用大于 Cu(Ⅰ)，所以高温条件下 Cu(Ⅱ)的化合物不稳定，易分解成 Cu(Ⅰ)的化合物。例如，CuO 受热分

解为 Cu_2O 和 O_2。

在水溶液中，由于 Cu（Ⅱ）电荷高、半径小、水合能比 Cu（Ⅰ）大得多，因此 Cu（Ⅱ）在溶液中很稳定，而 Cu（Ⅰ）在溶液中易发生歧化反应，生成 Cu^{2+} 和 Cu。

$$2Cu^{+} \rightleftharpoons Cu^{2+} + Cu$$

该歧化反应的平衡常数较大（$K = 1.4 \times 10^{6}$，293K），表明歧化反应进行的倾向很强，因此 Cu^{2+} 在溶液中很稳定。而 Cu（Ⅰ）只存在于难溶性沉淀和某些稳定的配合物中，此时游离的［Cu^{+}］很小，反应向生成 Cu（Ⅰ）化合物的方向进行。

（二）银的重要化合物

1. 氧化银和氢氧化银 在 $AgNO_3$ 溶液中加入 NaOH，首先析出白色 AgOH 沉淀。常温下 AgOH 极不稳定，立即脱水生成暗棕色 Ag_2O 沉淀。Ag_2O 不稳定，加热至 473K 完全分解为 Ag 和 O_2。Ag_2O 微溶于水，为碱性氧化物，可溶于硝酸，可与 NH_3、CN^- 等配体形成配位化合物。

$$Ag_2O + 2HNO_3 = 2AgNO_3 + H_2O$$

$$Ag_2O + 4NH_3 + H_2O = 2[Ag(NH_3)_2]^{+} + 2OH^{-}$$

Ag_2O 还具有一定的氧化性，能将 CO、H_2O_2 分别氧化为 CO_2、O_2。

$$Ag_2O + CO = 2Ag + CO_2$$

2. 银（Ⅰ）盐 $AgNO_3$ 是最常见的可溶性银盐，为无色晶体，纯净的 $AgNO_3$ 对光稳定，但当其中含有极微量的有机杂质时，见光极易缓慢分解为 Ag 而显灰黑色，故 $AgNO_3$ 应保存于棕色瓶中。

$$2AgNO_3 = 2Ag + 2NO_2 + O_2$$

$AgNO_3$ 用于照相乳剂、镀银、制镜、印刷、医药、电子工业，分析上用于检验氯离子、溴离子和碘离子等。Ag^{+} 具有杀灭或抑制病原微生物的能力，硝酸银、磺胺嘧啶银、肿凡纳明银、胶态纳米银等用于消炎杀菌和促进伤口愈合。

Ag^{+} 的主要性质如下：

（1）氧化性：酸性溶液中，Ag^{+} 可被中、强还原剂还原为单质 Ag。

$$2Ag^{+} + H_3PO_3 + H_2O = 2Ag\downarrow + H_3PO_4 + 2H^{+}$$

向 $AgNO_3$ 溶液中加入氨水，先生成 Ag_2O 沉淀，Ag_2O 溶于过量的氨水形成［$Ag(NH_3)_2$］$^{+}$。$AgNO_3$ 的 NH_3 水溶液称为土伦试剂（Tollens reagent），加热时可将醛、α-羟基酮氧化成酸，本身还原为单质 Ag，该反应称为银镜反应，常用于鉴定醛类化合物、醛糖和酮糖。

$$2[Ag(NH_3)_2]^{+} + RCHO + 2OH^{-} = RCOO^{-} + 2Ag\downarrow + NH_4^{+} + 3NH_3 + H_2O$$

（2）沉淀反应：除 $AgNO_3$、AgF、$AgNO_2$ 可溶，Ag_2SO_4、AgAc 微溶外，大多数 Ag^{+} 盐都为难溶盐。向 Ag^{+} 溶液中加入 I^-，从电极电势 $\varphi^{\ominus}(Ag^{+}/Ag) = 0.799\ 6V$ 和 $\varphi^{\ominus}(I_2/I^{-}) = 0.535\ 5V$ 看，理论上应发生氧化还原反应，但由于 AgI 的 K_{sp} 极小，所以实际发生的是沉淀反应：

$$Ag^{+} + I^{-} = AgI\downarrow\text{（黄色）}$$

（3）配位性：Ag^{+} 具有较强的配位能力，可与 NH_3、$S_2O_3^{2-}$、CN^- 等形成稳定的配合物，一些难溶性银盐可溶于氨水或 KCN 等配合剂中，生成可溶性配离子。

$$AgCl + 2NH_3 = [Ag(NH_3)_2]^{+} + Cl^{-}$$

$$AgI + 2CN^{-} = [Ag(CN)_2]^{-} + I^{-}$$

（三）锌的重要化合物

1. 氧化锌和氢氧化锌 Zn 与 O_2 直接化合得到 ZnO 白色粉末，俗称锌白，常用作涂料，其优点是遇 H_2S 不会变为黑色（ZnS 为白色），也被调成膏状用作收敛杀菌药，具有收敛、促进创面愈合的作用，

常用于配制外用复方散剂、混悬剂、软膏剂和糊剂等，治疗各种皮炎和湿疹等。ZnO 还可用作催化剂。ZnO 对热稳定，加热升华而不分解。

ZnO 为两性氧化物，难溶于水，易溶于酸和碱。

$$ZnO + 2H^+ \xlongequal{} Zn^{2+} + H_2O$$

$$ZnO + 2OH^- + H_2O \xlongequal{} [Zn(OH)_4]^{2-} (ZnO_2^{2-})$$

向锌盐溶液中加入适量的碱，即可生成白色的 $Zn(OH)_2$ 沉淀。$Zn(OH)_2$ 显两性，既能溶于酸生成相应的盐，也能溶于碱生成四羟合锌(Ⅱ)离子：

$$Zn(OH)_2 + 2OH^- \xlongequal{} [Zn(OH)_4]^{2-}$$

$Zn(OH)_2$ 能溶于 NH_3 或铵盐生成 $[Zn(NH_3)_4]^{2+}$，因为 NH_4^+ 可与 OH^- 结合生成 $NH_3 \cdot H_2O$，更有利于 $Zn(OH)_2$ 的溶解。

2. 锌(Ⅱ)盐　常见锌盐有 $ZnCl_2$ 和 $ZnSO_4$。$ZnCl_2$ 是溶解度最大的固体盐(283K，333g/100g H_2O)，稀溶液时部分水解为 Zn(OH)Cl，在浓溶液中则可形成酸性很强的羟基·二氯合锌(Ⅱ)酸($H[ZnCl_2(OH)]$)。$H[ZnCl_2(OH)]$ 能溶解金属氧化物和增加导电性，故在焊接金属时，常用它清洁金属表面。但与所有无机助焊剂一样，其金属腐蚀作用大，因此通常只用于非电子产品的焊接，且使用后必须立即进行非常严格的清洗。

$$ZnCl_2(\text{稀}) + H_2O \xlongequal{} Zn(OH)Cl + HCl$$

$$ZnCl_2(\text{浓}) + H_2O \xlongequal{} H[ZnCl_2(OH)]$$

$$FeO + 2H[ZnCl_2(OH)] \xlongequal{} Fe[ZnCl_2(OH)]_2 + H_2O$$

无水 $ZnCl_2$ 吸水性很强，有机合成中常用它作脱水剂。浸过 $ZnCl_2$ 溶液的木材不易腐烂。$ZnCl_2$ 也可溶于乙醇等有机溶剂，这表明 $ZnCl_2$ 具有一定的共价性。

锌盐除卤化锌、硫酸锌、硫代硫酸锌、硝酸锌、亚硝酸锌、醋酸锌等可溶外，大多不溶于水。可溶性锌盐因 Zn^{2+} 水解显弱酸性。Zn^{2+} 具有较强的配位能力，可与 X^-、SCN^-、CN^-、NH_3 等及许多有机配体形成配位数为 4 的配合物，并且这些配合物通常是无色的。

在化工上硝酸锌用于酸化催化剂、乳胶凝结剂、树脂加工催化剂、印染媒染剂、机器零件镀锌等。在医药应用上，硝酸锌同样有收敛、腐蚀和杀菌作用。此外，硫酸锌、葡萄糖酸锌、甘草酸锌、枸橼酸锌、乳清酸 - 精氨酸锌，都是补锌药物。

(四) 汞的重要化合物

汞的反应活性差，但被强氧化剂氧化后，可形成氧化数为 +2 和 +1 两个系列的化合物。不过所有汞盐其实都是弱电解质共价化合物，其水溶液几乎不导电，所以有“假盐”之称。由于汞盐的解离度很小，溶液中游离的 Hg^{2+} 和 Hg_2^{2+} 浓度其实很低。不过本章将沿用传统，采用与其他金属离子一样的称呼，请读者自行加以区分。

Hg(Ⅱ)、Hg(Ⅰ)都有一定的氧化性(图 10-12)。在酸性溶液中，+1 氧化态的亚汞离子可以稳定存在，亚汞离子为双原子离子 $[Hg\text{-}Hg]^{2+}$，两个 Hg(Ⅰ)中存在一个共价键。汞蒸气多数为单原子 Hg^0，也存在与亚汞离子类似的 $[Hg\text{-}Hg]^+$ 离子。

在溶液中，Hg_2^{2+} 与 Cu^+ 不同，Hg^{2+} 和 Hg 转化为 Hg_2^{2+} 是自发过程。

$$Hg^{2+} + Hg \rightleftharpoons Hg_2^{2+} \qquad K = 1.2 \times 10^2$$

1. 氧化汞　在 Hg^{2+}[如 $HgCl_2$、$Hg(NO_3)_2$ 和 $HgSO_4$]溶液中加入强碱生成 $Hg(OH)_2$ 沉淀，$Hg(OH)_2$ 极不稳定，形成后立即分解为黄色 HgO，黄色 HgO 受热时可转化为红色 HgO，加热至 773K 以上，则分解为 Hg 和 O_2。无论是红色 HgO 还是黄色 HgO 都有毒。中药红粉主含红色 HgO，外用用于拔毒除脓、去腐生肌。

$$Hg^{2+} + 2OH^- \xlongequal{} HgO\downarrow + H_2O$$

$$2HgO \xlongequal{773K} 2Hg + O_2$$

2. 汞盐和亚汞盐 汞盐和亚汞盐大多数水溶性差或溶于水后发生水解。重要的汞盐/亚汞盐有氯化物和硝酸盐。氯化汞为白色针状晶体，剧毒性共价化合物（内服 0.2~0.4g 可致人死亡），熔点低（550K），微溶于水，易升华，因此又称“升汞”。氯化亚汞难溶于水，无毒，味略甜，又称“甘汞”，化学上常用其制作甘汞电极。用升华法制成的氯化亚汞，中药称为轻粉，外用杀虫敛疮、内服祛痰消积。氯化亚汞见光易分解，故应保存在棕色瓶中。

$$Hg_2Cl_2 \xlongequal{光照} HgCl_2 + Hg$$

硝酸汞和硝酸亚汞都可溶于水并水解生成碱式盐，因此配制它们的溶液时应加入硝酸抑制水解。硝酸亚汞不稳定，可被空气中氧气氧化为硝酸汞，受热则易分解为 HgO。

$$2Hg(NO_3)_2 + H_2O \xlongequal{} HgO\cdot Hg(NO_3)_2\downarrow + 2HNO_3$$

$$Hg_2(NO_3)_2 + H_2O \xlongequal{} Hg_2(OH)(NO_3)\downarrow + HNO_3$$

$$2Hg_2(NO_3)_2 + O_2 + 4HNO_3 \xlongequal{} 4Hg(NO_3)_2 + 2H_2O$$

$$Hg_2(NO_3)_2 \xlongequal{\Delta} 2HgO + 2NO_2$$

溶液中 Hg^{2+} 和 Hg_2^{2+} 的重要反应如下：

（1）与碱作用：Hg^{2+} 与碱溶液作用时生成黄色的 HgO 沉淀；Hg_2^{2+} 与碱溶液作用则歧化为 HgO 和 Hg。

$$Hg^{2+} + 2OH^- \xlongequal{} HgO\downarrow(\text{黄色}) + H_2O$$

$$Hg_2^{2+} + 2OH^- \xlongequal{} HgO\downarrow(\text{黄色}) + Hg\downarrow(\text{灰黑色}) + H_2O$$

（2）与氨水作用：Hg^{2+} 与氨水作用可生成白色的氨基汞盐沉淀。氯化氨基汞 $HgNH_2Cl$ 俗称白降汞，见光易分解，不溶于水或乙醇，易溶于热盐酸、硝酸、醋酸中，亦可溶解在 NH_3-NH_4NO_3 混合溶液中。

$$HgCl_2 + NH_3 \xlongequal{} HgNH_2Cl\downarrow(\text{白色}) + HCl$$

$Hg(NO_3)_2$ 与 $NH_3\cdot H_2O$ 反应，产物因反应条件不同而不同：

$$Hg^{2+} + 4NH_3 \xlongequal{} [Hg(NH_3)_4]^{2+}$$

$$Hg(NO_3)_2 + NH_3 \xlongequal{} HgNH_2NO_3\downarrow(\text{白色}) + HNO_3$$

$$2Hg(NO_3)_2 + 4NH_3\cdot H_2O \xlongequal{} \left[O\begin{matrix} Hg \\ \\ Hg \end{matrix} NH_2 \right] NO_3\downarrow(\text{白色}) + 3NH_4NO_3 + 3H_2O$$

$HgNH_2NO_3$ 沉淀可溶于过量 NH_3-NH_4NO_3 中：

$$HgNH_2NO_3 + NH_4^+ \xlongequal{} Hg^{2+} + 2NH_3 + NO_3^-$$

Hg_2^{2+} 与氨水作用，则发生歧化反应，生成白色的氨基汞盐沉淀和灰黑色的单质汞沉淀：

$$Hg_2Cl_2 + 2NH_3 \xlongequal{} HgNH_2Cl\downarrow(\text{白色}) + Hg\downarrow(\text{灰黑色}) + NH_4Cl$$

（3）与 KI 作用：Hg^{2+} 与适量 I^- 作用生成橙红色的 HgI_2 沉淀，HgI_2 与过量 I^- 作用生成无色配离子 $[HgI_4]^{2-}$；Hg_2^{2+} 与适量 I^- 作用生成黄绿色的 Hg_2I_2 沉淀，Hg_2I_2 与过量 I^- 作用则发生歧化反应。

$$Hg^{2+} + 2I^- \xlongequal{} HgI_2\downarrow(\text{橙红色})$$

$$HgI_2 + 2I^- \xlongequal{} [HgI_4]^{2-}(\text{无色})$$

$$Hg_2^{2+} + 2I^- = Hg_2I_2\downarrow（黄绿色）$$

$$Hg_2I_2 + 2I^- = [HgI_4]^{2-} + Hg\downarrow（灰黑色）$$

$[HgI_4]^{2-}$ 的碱性溶液称为奈斯勒试剂（Nessler reagent）。奈斯勒试剂与微量 NH_4^+ 作用生成特殊的红色沉淀，此反应常被用于鉴定 NH_4^+。

$$2[HgI_4]^{2-} + NH_4^+ + 4OH^- = \left[O\begin{matrix} Hg \\ \\ Hg \end{matrix} NH_2 \right] I\downarrow(红色) + 7I^- + 3H_2O$$

（4）与 H_2S 作用：Hg^{2+} 与 H_2S 作用生成黑色的 γ-HgS 沉淀，γ-HgS 在隔绝空气中加热则转变为红色的 α-HgS。红色硫化汞，又称朱砂、丹砂或辰砂，具有镇静安神和解毒作用，内服用于治疗惊风、癫痫，配成外用复方制剂具有消肿、解毒、止痛的功效。

HgS 能溶解在王水中：

$$3HgS + 12HCl + 2HNO_3 = 3H_2[HgCl_4] + 3S\downarrow + 2NO\uparrow + 4H_2O$$

也可部分溶解于浓 Na_2S 溶液中形成多硫化汞盐：

$$HgS + Na_2S = Na_2[HgS_2]$$

Hg_2^{2+} 与 H_2S 作用生成 HgS 和 Hg。

（5）与 $SnCl_2$ 作用：Hg^{2+} 和 Hg_2^{2+} 具有氧化性，Hg^{2+} 与少量 $SnCl_2$ 作用生成白色的 Hg_2Cl_2 沉淀；若 $SnCl_2$ 过量时则进一步与 Hg_2Cl_2 作用生成灰黑色的 Hg 沉淀。

$$2HgCl_2 + SnCl_2（少量）= Hg_2Cl_2\downarrow（白色）+ SnCl_4$$

$$Hg_2Cl_2 + SnCl_2 = 2Hg\downarrow（灰黑色）+ SnCl_4$$

以上反应均可作为 Hg^{2+} 和 Hg_2^{2+} 的区别反应或鉴定反应。

三、铜、银、锌、汞离子的鉴定

1. Cu^{2+} 的鉴定

（1）向含有 Cu^{2+} 的溶液中加入适量的氨水，溶液中有淡蓝色的 $Cu(OH)_2$ 絮状沉淀生成，继续加入过量的氨水，沉淀溶解，生成深蓝色的 $[Cu(NH_3)_4]^{2+}$：

$$Cu^{2+} + 2NH_3\cdot H_2O = Cu(OH)_2\downarrow + 2NH_4^+$$

$$Cu(OH)_2 + 4NH_3 = [Cu(NH_3)_4]^{2+} + 2OH^-$$

（2）向含有 Cu^{2+} 的溶液中加入亚铁氰化钾试液，溶液中有红棕色的亚铁氰化铜沉淀生成：

$$2Cu^{2+} + [Fe(CN)_6]^{4-} = Cu_2[Fe(CN)_6]\downarrow（红棕色）$$

2. Ag^+ 的鉴定　向含有 Ag^+ 的溶液中加入 Cl^-，溶液中有白色凝乳状的 AgCl 沉淀生成，加入氨水沉淀溶解，加 HNO_3 沉淀再次生成：

$$Ag^+ + Cl^- = AgCl\downarrow（白色）$$

$$AgCl + 2NH_3 = [Ag(NH_3)_2]^+ + Cl^-$$

$$[Ag(NH_3)_2]^+ + Cl^- + 2H^+ = AgCl\downarrow（白色）+ 2NH_4^+$$

3. Zn^{2+} 的鉴定

（1）向含有 Zn^{2+} 的溶液中加入 $(NH_4)_2S$ 试液，溶液中有白色的 ZnS 沉淀生成，ZnS 溶于稀盐酸，但在 NaOH 溶液中不溶：

$$Zn^{2+} + S^{2-} = ZnS\downarrow（白色）$$

$$ZnS + 2HCl = ZnCl_2 + H_2S\uparrow$$

(2)向含有 Zn^{2+} 的溶液中加入亚铁氰化钾试液,溶液中有白色的亚铁氰化锌沉淀生成,加入过量的 NaOH 溶液,沉淀溶解:

$$2Zn^{2+}+[Fe(CN)_6]^{4-} \xlongequal{} Zn_2[Fe(CN)_6]\downarrow(白色)$$

$$Zn_2[Fe(CN)_6]+8OH^- \xlongequal{} 2[Zn(OH)_4]^{2-}+[Fe(CN)_6]^{4-}$$

4. Hg^{2+} 和 Hg_2^{2+} 的鉴定 在汞盐中逐滴加入 $SnCl_2$ 溶液,现象和反应详见上面的 Hg^{2+}、Hg_2^{2+} 与 $SnCl_2$ 作用小节。另外,前述 Hg^{2+}、Hg_2^{2+} 的重要反应均可作为它们的区别反应或鉴定反应。

第五节 稀土元素简介

镧系元素(lanthanide element)和锕系元素(actinide element)是周期系中的 f 区元素[①],价层电子组态为 $(n-2)f^{1\sim14}(n-1)d^{0\sim1}ns^2$,其特点为价电子在 f 轨道中依次填充。镧系元素用符号 Ln 表示,锕系元素用符号 An 表示,它们属于周期系ⅢB 族元素。由于这些元素的最后 1 个电子是填充在 $(n-2)f$ 亚层上的,所以又称之为内过渡元素,它们被排列在长式周期表的下方。

ⅢB 族元素钪(scandium, Sc)、钇(yttrium, Y)的氧化态特征和性质与镧系元素十分相似,并且在自然界中钇和镧系元素常共存于同种矿物中,因此钪、钇和镧系元素一起又被称作稀土元素(rare earth element),用符号 RE 表示。"稀土"这一名称来源于它们的矿物分布稀散,其氧化物和氢氧化物难溶于水,与碱土金属相应的化合物的性质类似。但实际上某些稀土元素在地壳中的含量并不稀少,只是分布稀散,少有形成可开采利用的矿物资源。

稀土元素具有特殊的 f 电子层结构和多层次电子能级,从而使其具有许多与众不同的光、电、磁和化学特性。某些稀土元素的合金、化合物具有特殊的性能,是现代高新技术发展不可或缺的特殊材料。例如,掺钕的钇铝石榴石晶体 Y_3AlO_{12}:Nd^{3+},是制作固体激光器的激光材料;氧化钇、氧化铕、氧化铽、氧化铈是制造荧光灯、荧光屏的原料;Y_2O_2S:Eu^{3+} 在电子激发下发出鲜艳的红色荧光,用来提高彩色荧屏的亮度;含 Sm-Co、Nd-Fe 的超级永磁体,用于磁悬浮以及其他光电子领域中;含稀土 La、Nd、Ce、Sm、Y 等稀土合金(如 $LaNi_5$)用作储氢材料,具有储氢量大、易活化、吸附和脱附速率快等特征;$YBa_2Cu_3O_7$ 等具有零电阻特性,用作陶瓷高温超导材料。还有掺铷的激光玻璃、具有高强度和耐高温的稀土陶瓷、高性能的稀土催化剂等。在医药领域,稀土元素也有重要的应用,如硝酸铈是治疗严重烧伤时"铈浴"的药物,Gd^{3+} 配合物广泛用于核磁共振成像技术中的造影剂(详见第八章 稀土探针——钆、铕、钕)。

我国的稀土资源十分丰富,稀土的生产能力居世界之首。在稀土的基础研究和应用研究领域,我国的科学家也取得了一些较高水平的成果。但是,如何用好我国的稀土资源,坚持将可持续发展放在首位,节约资源,保存好资源,提高稀土产品的科技附加值,而不是大量使用和出口粗加工品,这是我国稀土研究和开发亟待解决的课题。

一、稀土元素及其重要化合物

钪(Sc)和钇(Y)的价层电子组态分别为 $3d^14s^2$ 和 $4d^15s^2$,而镧系元素(Ln)原子的基态电子组态是根据光谱实验的数据确定的(表 10-6),其价层电子组态可用通式 $4f^{0\sim14}5d^{0\sim1}6s^2$ 表示。随着 Ln 原子序数的增大,增加的电子依次填充在 4f 和 5d 亚层上,而镧系离子主要是 +3 氧化态的 Ln^{3+},其差异仅在于靠内层的 4f 亚层电子的数目,以致 Ln 的性质十分相近,变化也很有规律。镧系价层电子轨道能级顺序是 $6s < 4f < 5d$,但能量十分接近;当电子填充时,以 4f 半充满、全充满或全空的状态排布更具倾向。因此,镧系的电子填充有所变动,如 La 的价层电子组态为 $4f^05d^16s^2$,而不是 $4f^15d^06s^2$。

①镧(lanthanum, La)和锕(actinium, Ac)是否分别为镧系元素和锕系元素的成员,不同教材有所不同。

表 10-6　镧系元素及其离子的价层电子组态和颜色

原子序数	元素	符号	价层电子组态	+Ⅱ	+Ⅲ	+Ⅳ
57	镧	La	$4f^05d^16s^2$		$4f^0$（La^{3+}，无色）	
58	铈	Ce	$4f^15d^16s^2$	$4f^2$（$CeCl_2$）	$4f^1$（Ce^{3+}，无色）	$4f^0$（CeO_2，CeF_4，Ce^{4+}）
59	镨	Pr	$4f^35d^06s^2$		$4f^2$（Pr^{3+}，绿）	$4f^1$（PrO_2，PrF_4，K_2PrF_6）
60	钕	Nd	$4f^45d^06s^2$	$4f^4$（NdI_2）	$4f^3$（Nd^{3+}，浅黄）	$4f^2$（Cs_3NdF_7）
61	钷	Pm	$4f^55d^06s^2$		$4f^4$（Pm^{3+}，浅红，黄）	
62	钐	Sm	$4f^65d^06s^2$	$4f^6$（SmX_2，SmO）	$4f^5$（Sm^{3+}，绿）	
63	铕	Eu	$4f^75d^06s^2$	$4f^7$（Eu^{2+}）	$4f^6$（Eu^{3+}，无色）	
64	钆	Gd	$4f^75d^16s^2$		$4f^7$（Gd^{3+}，无色）	
65	铽	Tb	$4f^95d^06s^2$		$4f^8$（Tb^{3+}，无色）	$4f^7$（TbO_2，TbF_4，Cs_3TbF_7）
66	镝	Dy	$4f^{10}5d^06s^2$		$4f^9$（Dy^{3+}，黄）	$4f^8$（Cs_3DyF_7）
67	钬	Ho	$4f^{11}5d^06s^2$		$4f^{10}$（Ho^{3+}，浅红，黄）	
68	铒	Er	$4f^{12}5d^06s^2$		$4f^{11}$（Er^{3+}，浅黄）	
69	铥	Tm	$4f^{13}5d^06s^2$	$4f^{13}$（TmI_2）	$4f^{12}$（Tm^{3+}，绿）	
70	镱	Yb	$4f^{14}5d^06s^2$	$4f^{14}$（YbX_2，Yb^{2+}）	$4f^{13}$（Yb^{3+}，无色）	
71	镥	Lu	$4f^{14}5d^16s^2$		$4f^{14}$（Lu^{3+}，无色）	

稀土元素都是活泼的金属元素，根据其电子层构型及其性质（如盐类的溶解性）的差异，稀土元素分为两组：轻稀土元素组和重稀土元素组（表 10-7）：

（1）轻稀土元素组：La、Ce、Pr、Nd、Pm、Sm、Eu。它们的化合物与相应的镧化合物性质相似，也称为铈（cerium，Ce）分组。

（2）重稀土元素组：Gd、Td、Dy、Ho、Er、Tm、Yb、Lu 和 Sc、Y。它们的化合物与相应的钆（gadolinium，Gd）化合物性质相似，也称为钇分组。

表 10-7　稀土元素分组表

阴离子	轻稀土元素	重稀土元素
F^-	不溶于水	不溶于水
Cl^-、Br^-、I^-、ClO_4^-、BrO_3^-、NO_3^-、Ac^-	易溶于水	易溶于水
SO_4^{2-}（M^I 复盐）	不溶于 M_2SO_4 溶液	溶于 M_2SO_4 溶液
NO_3^{2-}（碱式盐）	中等溶解于水	微溶于水
PO_4^{3-}	不溶于水	不溶于水
CO_3^{2-}	不溶于水，也不溶于 CO_3^{2-} 溶液	不溶于水，溶于 CO_3^{2-} 溶液
$C_2O_4^{2-}$	不溶于水，也不溶于 $C_2O_4^{2-}$ 溶液	不溶于水，溶于 $C_2O_4^{2-}$ 溶液

稀土元素具有以下通性：

1. 原子半径和离子半径　Sc、Y、La 都是Ⅲ B 族元素，原子半径分别为 160pm、180pm、195pm，而 Sc^{3+}、Y^{3+}、La^{3+} 的离子半径分别为 81pm、104pm、117pm，依次增大，这是由于电子层数依 Sc-Y-La 增加，

核对外层电子的引力逐渐减弱引起的，符合元素周期表半径变化的规则，即同一周期元素从左往右半径减小，同一族元素从上往下半径增大。但相比之下，同周期的镧系元素 Ln 的原子半径和 Ln^{3+} 半径随原子序数增加的变化幅度要小得多（图 10-14）。随着 Ln 原子序数的增大，Ln 原子半径缓缓减小，这种减小的趋势非常缓和，从 La 到 Lu 原子半径共缩小 14.3pm，平均每两个相邻元素减小 1pm 左右；对于三价镧系金属离子 Ln^{3+}，其半径从左往右共减少 21.3pm，平均每两个相邻离子减少约 1.5pm。因镧系共有十五个元素，Ln 和 Ln^{3+} 的半径随原子序数增大而逐渐减小，其结果超出了人们的预期，导致第四周期同周期元素从ⅢB 族的 La（195pm）到ⅣB 族的 Hf（155pm）原子半径突然减小 40pm 之多；同时还造成了同族元素原子半径的反常，例如，Hf 是第六周期元素，但其原子半径与第五周期的 Zr（155pm）相当，实际上，整个第六周期过渡金属元素与其同族中少了一层电子的第五周期过渡金属相比，原子和离子半径相当甚至略小。相比之下，过渡后 p 区元素中同一主族金属第五周期的 In（155pm）和第六周期的 Tl（190pm）则显得正常。镧系中相邻元素的半径之间差值非常小，其结果对于其他周期相邻元素来说是收缩的，对于非过渡金属以及其他过渡金属来说是反常的，这种现象被称为镧系收缩（lanthanide contraction）。

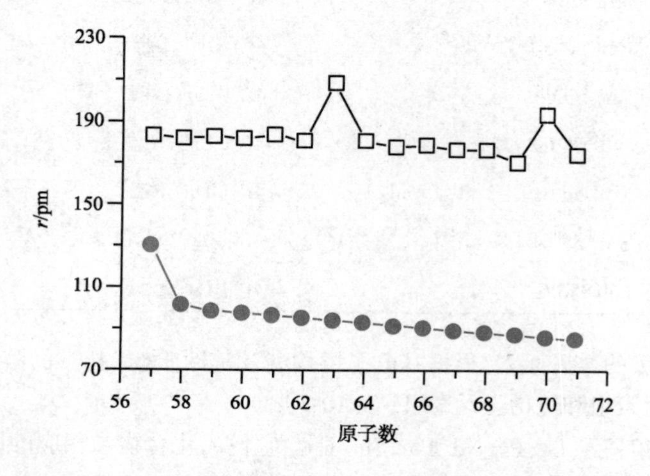

图 10-14　Ln 的原子半径（□）和 Ln^{3+} 半径（●）

镧系元素原子 / 离子半径逐渐减小的原因是，其电子排布是相继填入内层 4f 能级，而 f 轨道在空间中伸展较大且分散，以至于 4f 电子对原子核的屏蔽效应较小，导致 6s 电子受核的吸引较大，因此外层半径有所减小。铕（europium，Eu）和镱（ytterbium，Yb）的原子半径偏离上述变化规律，这是由于它们具有 4f 半充满（$4f^7$）和全充满（$4f^{14}$）的组态，形成总体上全对称的 4f 电子云，对核电荷的屏蔽作用较大，因而使原子半径明显增大。

镧系收缩是无机化学中一个重要的现象，影响了包括镧系元素以及同周期其他过渡金属的结构和化学性质，特别是半径依赖的性质如晶格能、离子的溶剂化能和配合物稳定常数等。由于镧系收缩，使 Ln^{3+} 的性质极为相近，第五周期同族元素钇离子 Y^{3+} 的半径（89.3pm）落入 Ho^{3+}（89.4pm）与 Er^{3+}（88.1pm）之间，因此 Y 与镧系元素常常共生在一起，成为重稀土元素的一员。实际上，17 种稀土元素间性质相似，成矿时常常共生在一起，使分离提纯极为困难。由于镧系收缩，镧系后的过渡元素的金属活泼性明显减小。此外，由于 6s 电子的钻穿能力强，可以接受较大的有效核电荷的吸引，导致了 Au 和 Hg 的不活泼性和主族金属 Tl、Pb、Bi 呈现 $6s^2$ 惰性电子对效应：$6s^2$ 电子不易参与成键，Tl^+、Pb^{2+}、Bi^{3+} 比 Tl（Ⅲ）、Pb（Ⅳ）、Bi（Ⅴ）稳定。

2. 金属活泼性　稀土金属活泼性仅次于碱金属和碱土金属，按钪 - 钇 - 镧递增，钪的性质相差较大；镧 - 镥递减，但差距较小，活泼性十分相似。稀土元素在空气中慢慢被氧化，在潮湿的空气中反应进行得很快，因此稀土金属单质应隔绝空气保存。轻稀土金属的燃点很低，燃烧时放出大量的热。含

Ce 为主的轻稀土引火合金用于制作打火石、子弹和炸弹的引信和点火装置。稀土金属与冷水缓慢作用放出氢气，易溶于稀酸但不溶于碱。

3. 氧化态 稀土元素的特征氧化数为 +3。由于 Ln 原子的 4f、5d 和 6s 能级比较接近，所以 Ln 的电子组态倾向于保持或接近全空、全充满和半充满的稳定状态，因而一些稀土元素的常见氧化数还表现为 +4 或 +2（表 10-6）。例如，Ce^{4+}（$4f^05d^06s^0$）、Dy^{4+}（$4f^86s^0$）、Eu^{2+}（$4f^76s^0$）、Yb^{2+}（$4f^{14}6s^0$）等。

4. 离子的颜色 Sc^{3+}、Y^{3+} 和 La^{3+} 的价电子组态为惰性气体结构，没有光学活性，水合离子没有颜色。但多数 Ln^{3+} 具有一定的颜色，且其颜色按照 4f 轨道中电子的数目而变化（表 10-6）。具有电子组态 f^n 与 f^{14-n}（n = 0~7）的水合离子颜色相同或相近，这些颜色来源于电子发生的 f–f 跃迁、d–f 跃迁和配体 - 金属电荷迁移。当 4f 轨道处于全空（$4f^0$）、全满（$4f^{14}$）或半满（$4f^7$）状态时，离子也是无色的。当 4f 轨道处于接近全空、全满或半满状态时，即当 Ln^{3+} 的电子组态为 $4f^1$、$4f^6$、$4f^8$ 及 $4f^{13}$ 时，其颜色接近无色或呈现淡的粉红色，这是因为这些离子的吸收光波长落在了紫外区或红外区。

稀土元素的重要化合物有：

1. 氧化物和氢氧化物 稀土元素都能生成稳定的 M_2O_3 氧化物。将稀土元素的金属单质、氢氧化物、草酸盐、碳酸盐、硝酸盐、硫酸盐在空气中灼烧都可制得其氧化物 M_2O_3，但与 O_2 直接反应时，可生成高价氧化物或混合价态氧化物，如 Ce 生成白色 CeO_2、Pr 生成棕褐色 Pr_6O_{11}、Tb 生成暗棕色 Tb_4O_7。M_2O_3 都是碱性氧化物，难溶于水，易溶于酸，并能从空气中吸收 CO_2 和水蒸气形成碱式盐。M_2O_3 的颜色变化与 M^{3+} 的颜色变化规律相同。M_2O_3 的熔点很高（> 2 000℃），可用于制造耐火材料、光学玻璃，用作玻璃抛光剂和着色剂等。

稀土元素的氢氧化物不具有两性，碱性与碱土金属氢氧化物接近，稍弱于 $Ca(OH)_2$ 但强于 $Al(OH)_3$，随 M^{3+} 离子半径递减而有规律地减弱；在空气中放置时能吸收空气中的 CO_2 生成碳酸盐。它们的溶解度很小，$Sc(OH)_3$ 的 $K_{sp} = 2.2 \times 10^{-31}$、$Y(OH)_3$ 的 $K_{sp} = 1.0 \times 10^{-22}$，其他 $Ln(OH)_3$ 的 $K_{sp} = 10^{-24} \sim 10^{-19}$。向稀土盐溶液中缓慢加入氨水并严格控制 pH，可按溶度积由小到大依次沉淀出 $M(OH)_3$。

2. 氟化物和氯化物 稀土元素的氟化物 MF_3 都不溶于水，常利用这一性质来分离和鉴定稀土离子 M^{3+}。向 $M(OH)_3$、M_2O_3、$M_2(CO_3)_3$ 中加入盐酸可得氯化物 MCl_3，由于 MCl_3 的溶解度很大，无法用直接蒸发浓缩的方法将氯化物结晶出来。通过向其浓溶液中通入 HCl 至饱和再冷却的方法可析出水合氯化物晶体。加热水合氯化物可脱水生成无水氯化物，但脱水的同时会发生水解反应生成 MOCl。温度越高，M^{3+} 的碱度越小，越易发生水解反应。

$$MCl_3 \cdot nH_2O \xlongequal{\triangle} MOCl + 2HCl + (n-1)H_2O$$

因 $M(OH)_3$ 的溶解度很小，向 MCl_3 溶液中加入碱（包括氨水）生成氢氧化物 $M(OH)_3$ 沉淀；加入 Na_2S 溶液甚至会发生双水解反应，生成 $M(OH)_3$ 沉淀和 H_2S 气体。稀土元素的碳酸盐的溶解度也较小，向 MCl_3 浓溶液中加入碳酸盐溶液，会生成碳酸盐共沉淀。

$$2LaCl_3(浓) + 4(NH_4)_2CO_3 + 4H_2O \xlongequal{} (NH_4)_2La_2(CO_3)_4 \cdot 4H_2O\downarrow + 6NH_4Cl$$

$$2CeCl_3(浓) + 4K_2CO_3 + 12H_2O \xlongequal{} K_2Ce_2(CO_3)_4 \cdot 12H_2O\downarrow + 6KCl$$

3. 含氧酸盐 稀土元素的含氧酸盐也都含结晶水。硝酸盐 $M(NO_3)_3$、硫酸盐 $M_2(SO_4)_3$ 易溶于水，硝酸盐还能溶于醇、酮、酯和胺中。草酸盐 $M_2(C_2O_4)_3$ 难溶于水也难溶于酸，常利用这一性质将稀土金属离子与其他金属离子分离。水合硝酸盐、硫酸盐和草酸盐受热时先脱水，温度高时发生水解反应，最终分解成氧化物。

轻稀土硝酸盐能与碱金属、铵、镁、锰、镍、锌的硝酸盐形成复盐，如 $2M^{I}NO_3 \cdot Ln(NO_3)_3 \cdot nH_2O$、$3M^{II}(NO_3)_2 \cdot 2Ln(NO_3)_3 \cdot 24H_2O$。这些复盐的溶解度都很小，且随稀土离子半径减小而增大，因此重稀土元素（除铽外）几乎不形成硝酸盐复盐。利用这一性质可用分级结晶法分离轻稀土元素。

+4 氧化态的稀土元素中，只有 Ce^{4+} 既能存在于固体中也能存在于水溶液中，但 Ce^{4+} 的离子势（*z*/*r*）很大、碱度很小，极易水解。比较常见的盐 $Ce(SO_4)_2 \cdot 2H_2O$ 和 $Ce(NO_3)_4 \cdot 3H_2O$，它们都能溶于水，还能形成复盐且复盐比相应的简单盐稳定。$(NH_4)_2[Ce(NO_3)_6]$ 在分析上用作基准物。

+2 氧化态的 Sm^{2+}、Eu^{2+}、Yb^{2+} 与 +2 氧化态的碱土金属离子（特别是 Sr^{2+}、Ba^{2+}）在某些性质上很相似，如 $EuSO_4$ 和 $BaSO_4$，它们的溶解度都很小，且为类质同晶。

4. 配合物　稀土元素形成配合物的能力与碱土金属中的钙和钡相似，其配位化学性质并不像过渡元素那样非常突出。其原因是，基态 RE（Ⅲ）离子具有惰性气体的外层电子构型，特别是内层 4f 轨道受外部原子的影响很小，难以参与成键。所以 RE（Ⅲ）离子与配体间所形成的配位键稳定化能小，配合物的稳定性较低。按照软硬酸碱的规则划分，稀土金属离子属于硬酸，与属于硬碱的配位原子（如 F、O、N 等）能形成较稳定的配位键（离子性配位键）。

二、稀土元素的生物学效应及常用药物

目前的研究认为，稀土元素不是生命必需元素。但是，稀土元素广泛存在于动植物体内，并具有一定的生物学作用。我国在农业上使用轻稀土元素的水溶性盐类育种或处理作物，以加速作物成熟、提高抗病害能力、提高作物产量和改善某些作物品质，称为稀土微肥。畜牧业使用稀土饲料添加剂，以促进畜禽生长、提高饲料利用率。稀土元素呈现一定的抗凝血作用。凝血过程必须由 Ca^{2+} 参与，稀土离子的半径和配位化学性质与 Ca^{2+} 相近，因此在体内可取代 Ca^{2+}，阻止了正常凝血过程。1951 年曾用 3- 磺基异烟酸钕成功地治疗血栓疾病，患者迅速康复，且未复发。口服微量钪、镧、铈的氧化物、氯化物，可以改善脑血液循环和防护细胞不受侵害。从 20 世纪初，在抗生素没有发现前，稀土化合物曾作为外用抗菌药物在临床上使用；1920 年，铈、钕和镨的硫酸盐溶液曾静脉注射用于治疗结核病。1950 年前后，草酸铈作为止吐药用于临床，其后还曾作为治疗消化道疾病的药物被载入多国药典。1982 年英国 Martindale 药典将硝酸铈作为治疗烧伤的药物收载。近几年来稀土元素及其化合物的药学研究又得到了进一步的发展。我国生物无机化学工作者经过不懈努力，在稀土进入生物体后的物种分布、稀土的跨膜转运、稀土对细胞中钙内流的影响、稀土对细胞的一系列生物效应的影响和机制等方面取得了许多研究成果。

目前在临床上使用的含稀土元素的药物有：碳酸镧 $La_2(CO_3)_3 \cdot 4H_2O$ 用于治疗晚期肾衰竭患者并发的高磷血症；"烧伤宁"［2.2%$Ce(NO_3)_3$+1% 磺胺嘧啶银］用于治疗烧伤；钆配合物［$Gd(DTPA)(H_2O)]^{2-}$（Magnevist）、［$Ga(DOTA)(H_2O)]^{-}$（Dotarem）等作为核磁共振成像造影剂，用于肿瘤等医学的诊断。

第十章
知识拓展

习　题

1. 解释下列实验现象（可用反应方程式表示）：

（1）打开装 $TiCl_4$ 的试剂瓶的瓶塞后瓶口冒白烟，向瓶中加入 Zn 和浓盐酸溶液，溶液变紫色，放置后紫色又褪去。

(2) 可溶性钒(V)的化合物在碱性、中性、强酸性溶液中颜色不同。

(3) 酸性溶液中用Zn还原$Cr_2O_7^{2-}$时,溶液的颜色橙色→绿色→蓝色,最后又变为绿色。

(4) 黄色的$BaCrO_4$沉淀与浓盐酸作用得到的溶液显绿色。

(5) 向$K_2Cr_2O_7$溶液中加入$Pb(NO_3)_2$溶液,生成的是黄色的$PbCrO_4$沉淀。

(6) $Mn(OH)_2$沉淀在空气中放置,颜色由白色变为褐色。

(7) 深绿色的K_2MnO_4遇酸则变为紫红色的溶液和棕色的沉淀。

(8) $FeCl_3$溶液与Na_2CO_3溶液作用时生成的是氢氧化铁沉淀,而不是碳酸铁沉淀。

(9) Co(Ⅲ)盐不稳定而其配离子稳定,Co(Ⅱ)则相反。

(10) 铜器在潮湿的空气中放置时会慢慢生成一层铜绿。

(11) 在金属焊接时,常用浓$ZnCl_2$溶液处理金属表面。

(12) 当汞洒落后无法收集时,常撒上硫黄粉。

2. 回答下列问题:

(1) 为什么金属钛不能溶于HNO_3和强碱溶液中,但能溶于HF溶液中?

(2) 如何解释钒是过渡金属,磷是非金属,然而这两种元素却有许多相似之处?

(3) $KMnO_4$溶液为何应贮存在棕色瓶中?

(4) Mn(Ⅱ)的配合物为何大多无色或颜色较淡?

(5) 为什么不能将$KMnO_4$固体与浓硫酸混合?

(6) 若Cr^{3+}、Al^{3+}和Fe^{3+}共存,应如何分离它们?

(7) 为什么在溶液中不能用Fe^{3+}与I^-反应制备FeI_3?

(8) Fe^{3+}能腐蚀Cu,而Cu^{2+}又能腐蚀Fe,两者是否有矛盾?试应用有关电对的电极电势说明。

(9) 配制$FeSO_4$溶液时,为什么要配在稀硫酸中并加入铁钉?

(10) 实验室使用铂制器皿时,应遵守哪些操作规程,为什么?

(11) 讨论:Cu(Ⅱ)和Cu(Ⅰ)相互转化的条件及其化合物的稳定性。

(12) 指出Hg^{2+}和Hg_2^{2+}性质上的差异,可用哪些反应区别它们?

3. 如何由钛铁矿制备钛白?写出相关反应式。

4. 根据钒的氧化态-标准电势图,分别写出在酸性条件下,Fe^{2+}、Sn^{2+}、Zn与VO_2^+反应的最终产物。

5. 根据锰元素的标准电势图讨论以下问题:

(1) 根据Mn(Ⅲ)的歧化反应设计原电池,并计算电池的标准电动势和Mn(Ⅲ)歧化反应的标准平衡常数。

(2) 通过计算说明MnO_4^{2-}稳定存在的pH最低为多少?

6. 完成并配平下列反应方程式:

(1) $TiO_2 + HNO_3$(热)$\longrightarrow$

(2) $TiO_2 + C + Cl_2 \longrightarrow$

(3) $V_2O_5 + NaOH \longrightarrow$

(4) $V_2O_5 + HCl$(浓)$\longrightarrow$

(5) $K_2Cr_2O_7 + H_2S + H_2SO_4 \longrightarrow$

(6) $CrCl_3 + NaOH + Br_2 \longrightarrow$

(7) $K_2Cr_2O_7 + H_2SO_4$(浓)$\longrightarrow$

(8) $MnO_2 + HCl$(浓)$\longrightarrow$

(9) $KMnO_4 + KI + H_2O \longrightarrow$

(10) $KMnO_4 + Na_2SO_3 + NaOH \longrightarrow$

(11) $Fe(OH)_3 + KClO + KOH \longrightarrow$

(12) $Ni(OH)_2 + Br_2 + NaOH \longrightarrow$

(13) $Co_2O_3 + HCl \longrightarrow$

(14) $CuS + HNO_3$(热)$\longrightarrow$

(15) $CuSO_4 + KI \longrightarrow$

(16) $Ag^+ + S_2O_3^{2-}$(适量)$\longrightarrow ? \xrightarrow{放置}$

(17) $Hg_2Cl_2 + NH_3 \longrightarrow$

(18) $HgCl_2 + SnCl_2$(适量)$\longrightarrow ? \xrightarrow[过量]{SnCl_2}$

7. 有一锰的黑色粉末状化合物A,不溶于水,与浓硫酸反应得淡红色溶液B并放出无色气体C。向B的溶液中加入强碱得白色沉淀D,D露置于空气中转化为棕色物质E。将A与KOH、$KClO_3$一起熔融得绿色物质F,通入CO_2于F的溶液得紫色溶液G,同时析出物质A。试问A、B、C、D、E、F、G各为何物,写出相关反应方程式。

8. 向含有Fe^{3+}、Cu^{2+}、Zn^{2+}、Hg^{2+}、Hg_2^{2+}、Cr^{3+}和Mn^{2+}的混合溶液中加入过量的氨水,溶液中有哪些物质?沉淀中有哪些物质?若将氨水换成NaOH试液又将如何?

9. 如何鉴定下列离子?试分别写出下列离子的鉴定反应方程式:

Cr^{3+}、Mn^{2+}、Fe^{2+}、Fe^{3+}、Co^{2+}、Ni^{2+}、Ag^+、Cu^{2+}、Zn^{2+}、Hg^{2+}、Hg_2^{2+}

10. 如何分离鉴定下列各组混合离子溶液:

(1) Cr^{3+}、Mn^{2+}、Cu^{2+}、Fe^{3+}

(2) Zn^{2+}、Hg^{2+}、Al^{3+}、Ag^+

第十章
目标测试

(仲维清)

参考文献

[1] 曹凯鸣,李碧羽,彭泽国 . 核酸化学导论 . 上海：复旦大学出版社，1991.

[2] 胡琴 . 基础化学 . 4 版 . 北京：高等教育出版社，2020.

[3] 李雪华,刘德育 . 基础化学 . 9 版 . 北京：人民卫生出版社，2018

[4] 刘君,张爱平 . 无机化学 . 2 版 . 北京：中国医药科技出版社，2021.

[5] 刘新锦 . 无机元素化学 . 3 版 . 北京：科学出版社，2021.

[6] 宋天佑 . 无机化学 . 4 版 . 北京：高等教育出版社，2021.

[7] 孙永安,王晓晖 . 催化作用原理与应用 . 天津：天津科学技术出版社，2008.

[8] 王建枝,钱睿哲 . 病理生理学 . 9 版 . 北京：人民卫生出版社，2018.

[9] 王夔 . 化学原理和无机化学 . 北京：北京大学医学出版社，2005.

[10] 王元兰 . 无机化学 . 2 版 . 北京：化学工业出版社，2011

[11] 武汉大学 . 分析化学 . 6 版 . 北京：高等教育出版社，2016.

[12] 吴巧凤,李伟 . 无机化学 . 3 版 . 北京：人民卫生出版社，2021.

[13] 邢其毅,裴伟伟,徐瑞秋,等 . 基础有机化学 . 3 版 . 北京：高等教育出版社，2005.

[14] 闫静 . 无机化学 . 北京：人民卫生出版社，2020.

[15] 杨怀霞,吴培云 . 无机化学 . 5 版 . 北京：中国中医药出版社，2021.

[16] 杨晓达 . 大学基础化学 . 北京：北京大学出版社，2008.

[17] 杨晓达,王美玲 . 基础化学 . 北京：北京大学医学出版社，2013.

[18] 张爱平,程向晖 . 无机化学(案例版). 2 版 . 北京：科学出版社，2017.

[19] 张楚富 . 生物化学原理 . 2 版 . 北京：高等教育出版社，2011.

[20] 张乐华 . 无机化学 . 3 版 . 北京：高等教育出版社，2017.

[21] 张天蓝,姜凤超 . 无机化学 . 7 版 . 北京：人民卫生出版社，2016.

[22] GARY L M, DONALD A T. Inorganic chemistry. 4th ed. New Jersey：Prentice Hall，2011.

[23] KATJA A S. Essentials of inorganic chemistry. New Jersey：Wiley，2015.

[24] 李红梅 . 氢分子生物医学研究进展 . 医学综述，2016，22(24)：4798-4802.

习题参考答案

第一章

1.（1）√ （2）× （3）√ （4）× （5）×

2.（1）3, 3 （2）Cl < Mg < Ba （3）$1s^22s^22p^63s^23p^63d^54s^1$，四，VIB （4）Na （5）Cr, Mn, Cu, Zn

3.（1）A （2）B （3）C （4）A （5）D

4.（1）3个亚层。l=0、1、2。3s、3p、3d。3s亚层有1个轨道：3s（3, 0, 0）；3p亚层有3个轨道：$3p_z$（3, 1, 0），$3p_x$（3, 1, +1），$3p_y$（3, 1, -1）；3d亚层有5个轨道：$3d_{z^2}$、$3d_{xz}$、$3d_{yz}$、$3d_{x^2-y^2}$、$3d_{xy}$，（3, 2, 0）、（3, 2, 1）、（3, 2, -1）、（3, 2, 2）、（3, 2, -2）

（2）电负性是指元素原子吸引电子的能力，同周期电负性依次增大；同主族电负性逐渐减小

（3）屏蔽效应和洪德规则特例

（4）S：p区、第三周期、ⅥA，$3s^23p^4$，2；Zn：$3d^{10}4s^2$

（5）K（钾）、Cr（铬）、Cu（铜）。19、24、29。K：[Ar]$4s^1$，第四周期，ⅠA族，s区元素；Cr：[Ar]$3d^54s^1$，第四周期，ⅥB族，d区元素；Cu：[Ar]$3d^{10}4s^1$，第四周期，ⅠB族，ds区元素

第二章

1. $\Delta H = -5\ 964$kJ/mol

2. CH_4 分子中的C原子采用 sp^3 杂化。C_2H_2 分子中的C原子采用sp杂化。C_2H_4 分子中的C原子采用 sp^2 杂化。CH_3OH 分子中的C原子采用 sp^3 杂化。CH_2O 分子中的C原子采用 sp^2 杂化

3. ClO_4^- 正四面体；NO_3^- 平面三角形；SiF_6^{2-} 八面体形；BrF_5 四方锥形；NF_3 三角锥形；NO_2 V形；NH_4^+ 正四面体

4.（1）NaCl最大，PCl_5 最小；（2）CsF最大，LiF最小；（3）HF最大，HI最小

5.（1）NO的键级为2.5；（2）NO的键长比 NO^- 的键长短；（3）NO分子有1个单电子；（4）NO^+ 可以稳定存在；（5）NO表现为顺磁性，NO^- 具有顺磁性，NO^+ 为抗磁性

6. 略

7.（1）苯 -CCl_4：色散力；（2）甲醇 - 水：取向力、诱导力、色散力、氢键；（3）HBr-HBr：取向力、诱导力、色散力；（4）He- 水：诱导力、色散力；（5）NaCl- 水：离子 - 偶极作用

8.（1）H_2 < Ne < CO < HF；（2）$CF_4 < CCl_4 < CBr_4 < CI_4$

9.（1）键能：HF > HCl > HBr > HI；（2）晶格能：NaF > NaCl > NaBr > NaI

第三章

1. $\rho_B = 112$g/L，$c_B = 1.0$mol/L

2. $c_{os} = 280$mmol/L，$\Pi = 721$kPa

3. 69.0kg/mol

4. $\Delta_r H_m^\ominus = 131.3$kJ/mol

5.（1）$\Delta_r H_m^\ominus = -128.7$kJ/mol；（2）$\Delta_r H_m^\ominus = 151.2$kJ/mol；（3）$\Delta_r H_m^\ominus = -1\ 234.8$kJ/mol；（4）$\Delta_r H_m^\ominus = -139.7$kJ/mol；（5）$\Delta_r H_m^\ominus = -112.2$kJ/mol

6.（1）$K^\ominus = \dfrac{(p_{NO}/p^\ominus)^4(p_{H_2O}/p^\ominus)^6}{(p_{NH_3}/p^\ominus)^4(p_{O_2}/p^\ominus)^5}$；（2）$K^\ominus = \dfrac{(p_{COCl_2}/p^\ominus)}{(p_{CO}/p^\ominus)(p_{Cl_2}/p^\ominus)}$；（3）$K^\ominus = \dfrac{(p_{NO}/p^\ominus)^4}{(p_{N_2O}/p^\ominus)^2(p_{O_2}/p^\ominus)}$；

（4）$K^\ominus = \dfrac{([CH_3COO^-]/c^\ominus)([H_3O^+]/c^\ominus)}{([CH_3COOH]/c^\ominus)}$；（5）$K^\ominus = p_{O_2}/p^\ominus$

7.（1）$\Delta_r G_m^\ominus = -72.6\text{kJ/mol}$，$K^\ominus = 5.25 \times 10^{12}$；向右自发；（2）$\Delta_r G_m^\ominus = 220.9\text{kJ/mol}$，$K^\ominus = 1.90 \times 10^{-39}$；向左自发；（3）$\Delta_r G_m^\ominus = -233.36\text{kJ/mol}$，$K^\ominus = 8.06 \times 10^{40}$；向右自发；（4）$\Delta_r G_m^\ominus = 141.9\text{kJ/mol}$，$K^\ominus = 1.34 \times 10^{-25}$；向左自发；（5）$\Delta_r G_m^\ominus = -6.1\text{kJ/mol}$，$K^\ominus = 11.70$；向右自发

8.（1）405.8K；（2）625K；（3）1 015.4K

9.（1）$v = kc(NH_4^+)c(NO_2^-)$，NH_4^+ 和 NO_2^- 的反应级数均为1级；（2）$k = 3 \times 10^{-4}\text{L/(mol} \cdot \text{s)}$；（3）$6.1 \times 10^{-6}\text{mol/(L} \cdot \text{s)}$

10.（1）0.1mol/L；（2）130min

11. 52.7kJ/mol

12. 70.85kJ/mol

第四章

1. $H_3PO_4 + H_2O \rightleftharpoons H_2PO_4^- + H_3O^+$ $\quad K_a = \dfrac{[H_2PO_4^-][H_3O^+]}{[H_3PO_4]}$

$NH_3 + H_2O \rightleftharpoons NH_4^+ + OH^-$ $\quad K_b = \dfrac{[NH_4^+][OH^-]}{[NH_3]}$

$CH_3COO^- + H_2O \rightleftharpoons CH_3COOH + OH^-$ $\quad K_b = \dfrac{[CH_3COOH][OH^-]}{[CH_3COO^-]}$

$H_3O^+ + H_2O \rightleftharpoons H_2O + H_3O^+$ $\quad K_a = \dfrac{[H_3O^+]}{[H_3O^+]} = 1$

$OH^- + H_2O \rightleftharpoons H_2O + OH^-$ $\quad K_b = \dfrac{[OH^-]}{[OH^-]} = 1$

$[Zn(H_2O)_4]^{2+} + H_2O \rightleftharpoons [Zn(H_2O)_3(OH)]^+ + H_3O^+$ $\quad K_a = \dfrac{[Zn(H_2O)_3(OH)^+][H_3O^+]}{[Zn(H_2O)_4^{2+}]}$

2. $HS^- + H_2O \rightleftharpoons S^{2-} + H_3O^+$ $\quad K_a = \dfrac{[S^{2-}][H_3O^+]}{[HS^-]}$

$HS^- + H_2O \rightleftharpoons H_2S + OH^-$ $\quad K_b = \dfrac{[H_2S][OH^-]}{[HS^-]}$

$NH_4^+ + H_2O \rightleftharpoons NH_3 + H_3O^+$ $\quad K_a = \dfrac{[NH_3][H_3O^+]}{[NH_4^+]}$

$Ac^- + H_2O \rightleftharpoons HAc + OH^-$ $\quad K_b = \dfrac{[HAc][OH^-]}{[Ac^-]}$

$H_2O + H_2O \rightleftharpoons OH^- + H_3O^+$ $\quad K = [OH^-][H_3O^+] = K_w$

3. $HAc + NH_3 \rightleftharpoons Ac^- + NH_4^+$；

因为接受质子的能力 $NH_3 > H_2O$，所以 HAc 在液氨中的酸性更强

4. $1.000 \times 10^{-9}\text{mol/L}$

5. $C_5H_4NCOOH + H_2O \rightleftharpoons H_3O^+ + C_5H_4NCOO^-$；$6.67 \times 10^{-11}$

6. CO_3^{2-} 的碱性比 PO_4^{3-} 弱

7. 1.4×10^{-4}

8. 2.93，1.16%；3.09，1.64%

9. 2.65

10.（1）11.97；（2）8.73；（3）8.35

11. 1.00 mol/L；1.65 L

12. 3.7×10^{-6}

13. $[H_3O^+] \approx [HS^-] = 9.44 \times 10^{-5}\text{mol/L}$，$[S^{2-}] \approx 1.20 \times 10^{-13}\text{mol/L}$，$[OH^-] = 1.06 \times 10^{-10}\text{mol/L}$

14. 2.67×10^{-20} mol/L; 0.70

15. 9.24; 0.0087%

16. 1.55

17. 0.15mol/L; 4.50

18. 0.50g

19. $V(KH_2PO_4) = 0.38L$, $V(K_2HPO_4) = 0.62L$

20. 0.24L

21. 13.08g

22. 7.31; 酸中毒

第五章

1. PbI_2: $K_{sp} = [Pb^{2+}][I^-]^2$; AgBr: $K_{sp} = [Ag^+][Br^-]$; $Ba_3(PO_4)_2$: $K_{sp} = [Ba^{2+}]^3[PO_4^{3-}]^2$; $Fe(OH)_3$: $K_{sp} = [Fe^{3+}][OH^-]^3$; Ag_2S: $K_{sp} = [Ag^+]^2[S^{2-}]$

2. 略

3. 略

4. $K_3[Fe(CN)_6] > MgSO_4 > AlCl_3$; $AlCl_3 > MgSO_4 > K_3[Fe(CN)_6]$

5. 胶团 $\{[Fe(OH)_3]_m \cdot nFeO^+ \cdot (n-x)Cl^-\}^{x+} \cdot xCl^-$; 胶粒 $\{[Fe(OH)_3]_m \cdot nFeO^+ \cdot (n-x)Cl^-\}^{x+}$; 胶核 $[Fe(OH)_3]_m$; 吸附层 $nFeO^+$; 扩散层 $(n-x)Cl^-$

6. 略

7. (1) $K_{sp}(A_2B) = 1.08 \times 10^{-13}$; (2) 5.2×10^{-6}mol/L; 1.08×10^{-7}mol/L

8. 1.75×10^{-10}

9. 无沉淀生成

10. 2.41×10^{-8}mol/L

11. (1) 1.3×10^{-8}mol/L; 3.1×10^{-3}mol/L; (2) 4.1×10^{-10}mol/L

12. (1) 不能转化为 Ag_2CO_3; 能转化为 Ag_2S; (2) 5.0×10^{-3}mol/L

13. 2.7×10^{-8}mol/L

14. 0.65mol; 2.3mol/L

15. 能; 不能

16. 1.71~6.69

第六章

1~4. 略

5. (1) $E^{\ominus}=0.597$ V, $\Delta_r G_m^{\ominus} = -115$kJ/mol, 能 (2) $E^{\ominus}=1.8$V, $\Delta_r G_m^{\ominus} = -3.5 \times 10^2$ kJ/mol, 能

6. (1) $K_1^{\ominus}=2.98$ (2) $K_2^{\ominus}= 7.6 \times 10^{34}$

7. $K_{sp}(AgCl)=1.81 \times 10^{-10}$

8. pH =7.39

9. $E = 0.271$V

10. $K_a = 4.2 \times 10^{-12}$

11. $[Fe^{2+}]/[Cd^{2+}]=18$

12. $\varphi(Fe^{2+}/Fe^{2+}) \geqslant 0.984$

13. 2.47×10^{-27}mol/L

14. $K^{\ominus}=3.13 \times 10^{-4}$, $E^{\ominus}=-0.0346$V

15. $E_1 = E^{\ominus} = 0.028$ V, $E_2 = 0.205$V

第七章

1~5. 略

6. $-5\,600cm^{-1}$; $-49\,200cm^{-1}$

7. $[Fe(CN)_6]^{3-}>[Fe(CN)_6]^{4-}>[Fe(H_2O)_6]^{2+}$

8~12. 略

13. $[Ni(NH_3)_6^{2+}]=5.24\times10^{-11}mol/L$,$[NH_3]=1.60mol/L$,$[en]\approx2.0mol/L$,$[Ni(en)_3^{2+}]\approx0.10mol/L$

14. (+) $Cd^{2+}+2e^-\rightleftharpoons Cd$ $\varphi^\ominus=-0.403V$

(−) $[Cd(CN)_4]^{2-}\rightleftharpoons Cd^{2+}+4CN^-$ $\varphi^\ominus=-0.959V$

电池反应为

$Cd^{2+}+4CN^-\rightleftharpoons[Cd(CN)_4]^{2-}$

15. $5.0\times10^{-3}mol/L$

16. $6.18\times10^{-5}mol/L$

17. (1)右;(2)左;(3)右;(4)右;(5)右

18. 略

19. ①Ag^+、NH_3和$[Ag(NH_3)_2]^+$的浓度分别为$6.97\times10^{-9}mol/L$, 0.800mol/L, 0.0500mol/L; ②有AgCl沉淀产生; ③NH_3浓度至少为5.12mol/L

20. 3.29×10^{12}

21. 略

22. (1)能;(2)否

23. $NH_3>H_2O$

24. $[Cr(H_2O)_6]^{3+}$(紫色),$[Cr(NH_3)_6]^{3+}$(黄色),$[Cu(H_2O)_4Cl_2]^+$(绿色)

第八章～第十章

略

附录①

附录 1　一些物理量的单位和数值

表 1-1　基本国际制单位(base SI units)和符号

物理量	单位
长度, l	米, m
质量, m	千克(公斤), kg
时间, t	秒, s
热力学温度, T	开[尔文], K
物质的量, n	摩[尔], mol
电流, I	安[培], A
光强度, I_v(下标 v 表示可见光)	坎[德拉], cd

表 1-2　一些导出国际制单位(derived SI units)和符号

物理量	国际制单位名称和符号	与基本国际制单位的换算
能(量)、功、热	焦耳, J	$N \cdot m = m^2 \cdot kg \cdot s^{-2}$
力	牛顿, N	$m \cdot kg \cdot s^{-2}$
电势、电位、电动势	伏特, V	$J \cdot C^{-1} = m^2 \cdot kg \cdot s^{-3} \cdot A^{-1}$
功率	瓦特, W	$J \cdot s^{-1} = m^2 \cdot kg \cdot s^{-3}$
压力、应力	帕斯卡, Pa	$N \cdot m^{-2} = m^{-1} \cdot kg \cdot s^{-2}$
电阻	欧姆, Ω	$V \cdot A^{-1} = m^2 \cdot kg \cdot s^{-3} \cdot A^{-2}$
摄氏温度	摄氏度, ℃	℃ =(K − 273.15)

表 1-3　一些非国际制单位及其与国际制单位的换算

物理量	国际制单位名称和符号	与基本国际制单位的换算
(原子)截面	靶恩, b	$1b = 10^{-28}m$
能(量)	电子伏, eV	$1eV \approx 1.602\ 18 \times 10^{-19}J$
长度	埃, Å	$1Å = 10^{-10}m = 0.1nm$
质量	吨, t 统一的原子质量单位, u; 道尔顿, Da	$1t = 10^3kg$ $m_a(^{12}C)/12 \approx 1.660\ 54 \times 10^{-27}kg$
压力	巴, bar	$1bar = 10^5Pa = 10N/m^2$
时间	分, min; 小时, h	1min = 60s; 1h = 3 600s
体积	升, L 或 l	$1L = dm^3 = 10^{-3}m^3$

①数据取自 JAMES G S. Lange's Handbook of Chemistry. 16th ed. New York, NY: McGraw-Hill, Inc. 2005.; 周宁怀, 姚国琦 . IUPAC 物理化学量和单位的符号与术语手册 . 北京: 技术标准出版社, 1981。

表 1-4　一些常数的符号和数值

量的英文名称	量的名称和符号	数值
atomic mass constant	原子质量常数，$m_u = 1u$	$1.660\ 540\ 2(10) \times 10^{-27}$kg
Avogadro constant	阿伏加德罗常数，L 或 N_A	$6.022\ 136\ 7(36) \times 10^{23}$mol^{-1}
Bohr magneton	玻尔磁子，μ_B	$9.274\ 015\ 4(31) \times 10^{-24}$J/T
Bohr radius	玻尔半径，a_0	$5.291\ 772\ 49(24) \times 10^{-11}$m
Boltzmann constant	玻尔兹曼常数，k	$1.380\ 658(12) \times 10^{-23}$J/K
charge-to-mass ratio for electron	电子荷质比，e/m_e	$1.758\ 805(5) \times 10^{-11}$C/kg
electron magnetic moment	电子磁矩，μ_e	$9.284\ 770\ 1(31) \times 10^{-24}$J/T
electron radius (classical)	电子半径（经典），r_e	$2.817\ 938(7) \times 10^{-15}$m
electron rest mass	电子静止质量，m_e	$9.109\ 389\ 7(54) \times 10^{-31}$kg
elementary charge	单位电荷，e	$1.602\ 177\ 33(49) \times 10^{-19}$C
Faraday constant	法拉第常数，F	96 485.309(29)C/mol
gas constant	气体常数，R	8.314 510(70)J/(K·mol)
gravitational constant	引力常数，G	$6.672\ 59(85) \times 10^{-11}$m^3/(kg·s^2)
magnetic moment of protons, in water	质子在水中的磁矩，μ_p/μ_B	$1.520\ 993\ 129(17) \times 10^{-3}$
molar volume, ideal gas, $p = 1$bar, $\theta = 0$℃	理想气体的摩尔体积 $p = 1$bar, $\theta = 0$℃	22.711 08(19)L/mol
neutron rest mass	中子静止质量，m_n	$1.674\ 928\ 6(10) \times 10^{-27}$kg
nuclear magneton	核磁矩，μ_N	$5.050\ 786\ 6(17) \times 10^{-27}$J/T
Plank constant	普朗克常数，h	$6.626\ 075\ 5(40) \times 10^{-34}$J·s
proton magnetic moment	质子磁矩，μ_p	$1.410\ 607\ 61(47) \times 10^{-26}$J/T
proton rest mass	质子静止质量，m_p	$1.672\ 623\ 1(10) \times 10^{-27}$kg
Rydberg constant	里德堡常数，R_∞	$1.097\ 373\ 153\ 4(13) \times 10^{7}$m^{-1}
speed of light in vacuum	真空光速，c_0	299 792 458m/s
standard acceleration of free fall	标准重力加速度，g_n	9.806 65m/s^2
standard atmosphere	标准大气压，atm	101 325Pa

附录 2　常见物质的热力学函数（298.15K）

物质	$\Delta_f H_m^\ominus$/(kJ/mol)	$S_m^\ominus$/[J/(K·mol)]	$\Delta_f G_m^\ominus$/(kJ/mol)
Ag(s)	0	42.6	0
Ag^+(aq)	105.6	72.7	77.1
$AgNO_3$(s)	−124.4	140.9	−33.4
AgCl(s)	−127.0	96.3	−109.8
AgBr(s)	−100.4	107.1	−96.9
AgI(s)	−61.8	115.5	−66.2

续表

物质	$\Delta_f H_m^\ominus$/(kJ/mol)	$S_m^\ominus$/[J/(K·mol)]	$\Delta_f G_m^\ominus$/(kJ/mol)
Ba(s)	0	62.5	0
Ba^{2+}(aq)	−537.6	9.6	−560.8
$BaSO_4$(s)	−1 473.2	132.2	−1 362.2
Br_2(g)	30.9	245.5	3.1
Br_2(l)	0	152.2	0
C(金刚石)	1.9	2.4	2.9
C(石墨)	0	5.7	0
CO(g)	−110.5	197.7	−137.2
CO_2(g)	−393.5	213.8	−394.4
Ca(s)	0	41.6	0
Ca^{2+}(aq)	−542.8	−53.1	−553.6
$CaCO_3$	−1 207.6	91.7	−1 129.1
CaO(s)	−634.9	38.1	−603.3
$Ca(OH)_2$(s)	−985.2	83.4	−897.5
Cl_2(g)	0	223.1	0
Cl^-(aq)	−167.2	56.5	−131.2
Cu(s)	0	33.2	0
Cu^{2+}(aq)	64.8	−99.6	65.5
Fe(s)	0	27.3	0
Fe^{2+}(aq)	−89.1	−137.7	−78.9
Fe^{3+}(aq)	−48.5	−315.9	−4.7
FeO(s)	−272.0	61	−251
Fe_3O_4(s)	−1 118.4	146.4	−1 015.4
Fe_2O_3(s)	−824.2	87.4	−742.2
H_2(g)	0	130.7	0
H^+(aq)	0	0	0
HCl(g)	−92.3	186.9	−95.3
HF(g)	−273.3	173.8	−275.4
HBr(g)	−36.3	198.70	−53.4
HI(g)	26.5	206.6	1.7
H_2O(g)	−241.8	188.8	−228.6
H_2O(l)	−285.8	70.0	−237.1
H_2O_2(g)	−136.3	232.7	−105.6
H_2O_2(l)	−187.78	109.6	−120.42
I_2(g)	62.4	260.7	19.3
I_2(s)	0	116.1	0

续表

物质	$\Delta_f H_m^\ominus$/(kJ/mol)	$S_m^\ominus$/[J/(K·mol)]	$\Delta_f G_m^\ominus$/(kJ/mol)
I^-(aq)	−55.2	111.3	−51.6
N_2(g)	0	191.6	0
NH_3(g)	−45.9	192.8	−16.4
N_2H_4(l)	50.6	121.2	149.3
NH_4Cl(s)	−314.4	94.6	−202.9
NO(g)	91.3	210.8	87.6
NO_2(g)	33.2	240.1	51.3
N_2O(g)	81.6	220.0	103.7
N_2O_4(g)	11.1	304.38	99.8
Na(s)	0	51.3	0
Na^+(aq)	−240.1	59.0	−261.9
NaCl(s)	−411.2	72.1	−384.1
Na_2CO_3(s)	−1 130.7	135.0	−1 044.4
$NaHCO_3$(s)	−950.81	101.7	−851.0
O_2(g)	0	205.2	0
OH^-(aq)	−230.0	−10.8	−157.2
SO_2(g)	−296.8	248.2	−300.1
SO_3(g)	−395.7	256.8	−371.1
Zn(s)	0	41.6	0
Zn^{2+}(aq)	−153.9	−112.1	−147.1
ZnO(s)	−350.5	43.7	−320.5
CH_4(g)	−74.6	186.3	−50.5
C_2H_2(g)	227.4	200.9	209.9
C_2H_4(g)	52.4	219.3	68.4
C_6H_6(g)	82.9	269.2	129.7
C_6H_6(l)	49.1	173.4	124.5
CH_3OH(g)	−201.0	239.9	−162.3
CH_3OH(l)	−239.2	126.8	−166.6
C_2H_5OH(g)	−234.8	281.6	−167.9
C_2H_5OH(l)	−277.6	160.7	−174.8
HCOOH(l)	−425.0	129.0	−361.4
CH_3COOH(l)	−484.3	159.8	−389.9
$C_6H_{12}O_6$(s)	−1 273.3	212.1	−910.4
$C_{12}H_{22}O_{11}$(s)	−2 226.1	360.2	−1 544.7

附录 3 溶度积常数(18~25℃)

化合物	K_{sp}	化合物	K_{sp}
$AlAsO_4$	1.6×10^{-16}	$BiO(NO_2)$	4.9×10^{-7}
$Al(OH)_3$	1.3×10^{-33}	$BiO(SCN)$	1.6×10^{-7}
$AlPO_4$	9.84×10^{-21}	$BiPO_4$	1.3×10^{-23}
Al_2Se_3	4×10^{-25}	Bi_2S_3	1×10^{-97}
Al_2S_3	2×10^{-7}	$Cd_3(AsO_4)_2$	2.2×10^{-33}
As_2S_3	2.1×10^{-22}	$CdCO_3$	1.0×10^{-12}
$Ba_3(AsO_4)_2$	8.0×10^{-51}	$Cd(CN)_2$	1.0×10^{-8}
$Ba_3(BO_3)_2$	2.43×10^{-4}	$Cd_2[Fe(CN)_6]$	3.2×10^{-17}
$BaCO_3$	2.58×10^{-9}	CdF_2	6.44×10^{-3}
$BaCrO_4$	1.17×10^{-10}	$Cd(OH)_2$新制	7.2×10^{-15}
$Ba_2[Fe(CN)_6]\cdot6H_2O$	3.2×10^{-8}	$Cd(IO_3)_2$	2.5×10^{-8}
BaF_2	1.84×10^{-7}	$CdC_2O_4\cdot3H_2O$	1.42×10^{-8}
$BaHPO_4$	3.2×10^{-7}	$Cd_3(PO_4)_2$	2.53×10^{-33}
$Ba(OH)_2\cdot8H_2O$	2.55×10^{-4}	CdS	8.0×10^{-27}
$Ba(IO_3)_2\cdot H_2O$	4.01×10^{-9}	$Ca(OAc)_2\cdot3H_2O$	4×10^{-3}
$BaMoO_4$	3.54×10^{-8}	$Ca_3(AsO_4)_2$	6.8×10^{-19}
$Ba(NO_3)_2$	4.64×10^{-3}	$CaCO_3$	2.8×10^{-9}
BaC_2O_4	1.6×10^{-7}	$CaCO_3$(方解石)	3.36×10^{-9}
$BaC_2O_4\cdot H_2O$	2.3×10^{-8}	$CaCO_3$(文石)	6.0×10^{-9}
$Ba(MnO_4)_2$	2.5×10^{-10}	$CaCrO_4$	7.1×10^{-4}
$Ba_3(PO_4)_2$	3.4×10^{-23}	CaF_2	5.3×10^{-9}
$Ba_2P_2O_7$	3.2×10^{-11}	$CaHPO_4$	1.0×10^{-7}
$BaSeO_4$	3.40×10^{-8}	$Ca(OH)_2$	5.5×10^{-6}
$BaSO_4$	1.08×10^{-10}	$Ca(IO_3)_2\cdot6H_2O$	7.10×10^{-7}
$BaSO_3$	5.0×10^{-10}	$CaMoO_4$	1.46×10^{-8}
BaS_2O_3	1.6×10^{-5}	$CaC_2O_4\cdot H_2O$	2.32×10^{-9}
$BeCO_3\cdot4H_2O$	1×10^{-3}	$Ca_3(PO_4)_2$	2.07×10^{-29}
$Be(OH)_2$	6.92×10^{-22}	$CaSiO_3$	2.5×10^{-8}
$BeMoO_4$	3.2×10^{-2}	$CaSO_4$	4.93×10^{-5}
$BiAsO_4$	4.43×10^{-10}	$CaSO_4\cdot2H_2O$	3.14×10^{-5}
$Bi(OH)_3$	6.0×10^{-31}	$CaSO_3$	6.8×10^{-8}
BiI_3	7.71×10^{-19}	$CaSO_3\cdot0.5H_2O$	3.1×10^{-7}
$BiOBr$	3.0×10^{-7}	$Cr(OH)_2$	2×10^{-16}
$BiOCl$	1.8×10^{-31}	$CrAsO_4$	7.7×10^{-21}
$BiO(OH)$	4×10^{-10}	CrF_3	6.6×10^{-11}
$BiO(NO_3)$	2.82×10^{-3}	$Cr(OH)_3$	6.3×10^{-31}

续表

化合物	K_{sp}	化合物	K_{sp}
$CrPO_4 \cdot 4H_2O$ 绿	2.4×10^{-23}	$FeCO_3$	3.13×10^{-11}
$CrPO_4 \cdot 4H_2O$ 紫	1.0×10^{-17}	FeF_2	2.36×10^{-6}
$Co_3(AsO_4)_2$	6.8×10^{-29}	$Fe(OH)_2$	4.87×10^{-17}
$CoCO_3$	1.4×10^{-13}	$FeC_2O_4 \cdot 2H_2O$	3.2×10^{-7}
$Co_2[Fe(CN)_6]$	1.8×10^{-15}	FeS	6.3×10^{-18}
$CoHPO_4$	2×10^{-7}	$FeAsO_4$	5.7×10^{-21}
$Co(OH)_2$ 新制	5.92×10^{-15}	$Fe_4[Fe(CN)_6]_3$	3.3×10^{-41}
$Co(OH)_3$	1.6×10^{-44}	$Fe(OH)_3$	2.79×10^{-39}
$Co(IO_3)_2$	1.0×10^{-4}	$Fe(PO_4)_2 \cdot 2H_2O$	9.91×10^{-16}
$Co_3(PO_4)_2$	2.05×10^{-35}	$La(OH)_3$	2.0×10^{-19}
α-CoS	4.0×10^{-21}	$LaPO_4$	3.7×10^{-23}
β-CoS	2.0×10^{-25}	$Pb(OAc)_2$（乙酸铅）	1.8×10^{-3}
CuN_3	4.9×10^{-9}	$PbBr_2$	6.60×10^{-6}
CuBr	6.27×10^{-9}	$PbCO_3$	7.4×10^{-14}
CuCl	1.72×10^{-7}	$PbCl_2$	1.70×10^{-5}
CuCN	3.47×10^{-20}	$PbCrO_4$	2.8×10^{-13}
CuOH	1×10^{-14}	$Pb_2[Fe(CN)_6]$	3.5×10^{-15}
CuI	1.27×10^{-12}	PbF_2	3.3×10^{-8}
Cu_2S	2.5×10^{-48}	$PbHPO_4$	1.3×10^{-10}
CuSCN	1.77×10^{-13}	$PbHPO_3$	5.8×10^{-7}
$Cu_3(AsO_4)_2$	7.95×10^{-36}	$Pb(OH)_2$	1.43×10^{-15}
$Cu(N_3)_2$	6.3×10^{-10}	$Pb(IO_3)_2$	3.69×10^{-13}
$CuCO_3$	1.4×10^{-10}	PbI_2	9.8×10^{-9}
$CuCrO_4$	3.6×10^{-6}	PbC_2O_4	4.8×10^{-10}
$Cu_2[Fe(CN)_6]$	1.3×10^{-16}	$Pb_3(PO_4)_2$	8.0×10^{-43}
$Cu(OH)_2$	2.2×10^{-20}	$PbSO_4$	2.53×10^{-8}
$Cu(IO_3)_2$	6.94×10^{-8}	PbS	8.0×10^{-28}
CuC_2O_4	4.43×10^{-10}	$Pb(SCN)_2$	2.0×10^{-5}
$Cu_3(PO_4)_2$	1.40×10^{-37}	PbS_2O_3	4.0×10^{-7}
$Cu_2P_2O_7$	8.3×10^{-16}	$Pb(OH)_4$	3.2×10^{-66}
CuS	6.3×10^{-36}	Li_2CO_3	2.5×10^{-2}
$Gd(OH)_3$	1.8×10^{-23}	LiF	1.84×10^{-3}
AuCl	2.0×10^{-13}	Li_3PO_4	2.37×10^{-11}
AuI	1.6×10^{-23}	$MgNH_4PO_4$	2.5×10^{-13}
$AuCl_3$	3.2×10^{-25}	$MgCO_3$	6.82×10^{-6}
$Au(OH)_3$	5.5×10^{-46}	$MgCO_3 \cdot 3H_2O$	2.38×10^{-6}
AuI_3	1×10^{-46}	MgF_2	5.16×10^{-11}
$Au_2(C_2O_4)_3$	1×10^{-10}	$Mg(OH)_2$	5.61×10^{-12}

续表

化合物	K_{sp}	化合物	K_{sp}
$Mg(IO_3)_2 \cdot 4H_2O$	3.2×10^{-3}	NiC_2O_4	4×10^{-10}
$MgC_2O_4 \cdot 2H_2O$	4.83×10^{-6}	$Ni_3(PO_4)_2$	4.74×10^{-32}
$Mg_3(PO_4)_2$	1.04×10^{-24}	$Ni_2P_2O_7$	1.7×10^{-13}
$MgSO_3$	3.2×10^{-3}	α-NiS	3.2×10^{-19}
$MnCO_3$	2.34×10^{-11}	β-NiS	1.0×10^{-24}
$Mn_2[Fe(CN)_6]$	8.0×10^{-13}	γ-NiS	2.0×10^{-26}
$Mn(IO_3)_2$	4.37×10^{-7}	$Pd(OH)_2$	1.0×10^{-31}
$Mn(OH)_2$	1.9×10^{-13}	$Pd(OH)_4$	6.3×10^{-71}
$MnC_2O_4 \cdot 2H_2O$	1.70×10^{-7}	$Pd(SCN)_2$	4.39×10^{-23}
MnS（无定形）	2.5×10^{-10}	$PtBr_4$	3.2×10^{-41}
MnS（晶体）	2.5×10^{-13}	$Pt(OH)_2$	1×10^{-35}
Hg_2Br_2 ①	6.40×10^{-23}	$K_2[PtBr_6]$	6.3×10^{-5}
Hg_2CO_3	3.6×10^{-17}	$K_2[PtCl_6]$	7.48×10^{-6}
Hg_2Cl_2	1.43×10^{-18}	$K_2[PtF_6]$	2.9×10^{-5}
$Hg_2(CN)_2$	5×10^{-40}	KIO_4	3.74×10^{-4}
Hg_2CrO_4	2.0×10^{-9}	$KClO_4$	1.05×10^{-2}
$(Hg_2)_3[Fe(CN)_6]_2$	8.5×10^{-21}	$K_2Na[Co(NO_2)_6] \cdot 2H_2O$	2.2×10^{-11}
Hg_2F_2	3.10×10^{-6}	$Rh(OH)_3$	1×10^{-23}
Hg_2HPO_4	4.0×10^{-13}	$Ru(OH)_3$	1×10^{-36}
$Hg_2(OH)_2$	2.0×10^{-24}	AgOAc（乙酸银）	1.94×10^{-3}
$Hg_2(IO_3)_2$	2.0×10^{-14}	Ag_3AsO_4	1.03×10^{-22}
Hg_2I_2	5.2×10^{-29}	AgN_3	2.8×10^{-9}
$Hg_2C_2O_4$	1.75×10^{-13}	AgBr	5.35×10^{-13}
Hg_2SO_4	6.5×10^{-7}	AgCl	1.77×10^{-10}
Hg_2SO_3	1.0×10^{-27}	Ag_2CO_3	8.46×10^{-12}
Hg_2S	1.0×10^{-47}	Ag_2CrO_4	1.12×10^{-12}
$Hg_2(SCN)_2$	3.2×10^{-20}	Ag_2CN_2	7.2×10^{-11}
$HgBr_2$	6.2×10^{-20}	AgCN	5.97×10^{-17}
$Hg(OH)_2$	3.2×10^{-26}	$Ag_2Cr_2O_7$	2.0×10^{-7}
$Hg(IO_3)_2$	3.2×10^{-13}	$Ag_4[Fe(CN)_6]$	1.6×10^{-41}
HgI_2	2.9×10^{-29}	AgOH	2.0×10^{-8}
HgS 红	4×10^{-53}	$AgIO_3$	3.17×10^{-8}
HgS 黑	1.6×10^{-52}	AgI	8.52×10^{-17}
$Ni_3(AsO_4)_2$	3.1×10^{-26}	Ag_2MoO_4	2.8×10^{-12}
$NiCO_3$	1.42×10^{-7}	$AgNO_2$	6.0×10^{-4}
$Ni_2[Fe(CN)_6]$	1.3×10^{-15}	$Ag_2C_2O_4$	5.40×10^{-12}
$Ni(OH)_2$ 新制	5.48×10^{-16}	Ag_3PO_4	8.89×10^{-17}
$Ni(IO_3)_2$	4.71×10^{-5}	Ag_2SO_4	1.20×10^{-5}

续表

化合物	K_{sp}	化合物	K_{sp}
Ag_2SO_3	1.50×10^{-14}	$TiO(OH)_2$	1×10^{-29}
Ag_2S	6.3×10^{-50}	$VO(OH)_2$	5.9×10^{-23}
$AgSCN$	1.03×10^{-12}	$Zn_3(AsO_4)_2$	2.8×10^{-28}
$SrCO_3$	5.60×10^{-10}	$ZnCO_3$	1.46×10^{-10}
SrF_2	4.33×10^{-9}	$Zn_2[Fe(CN)_6]$	4.0×10^{-15}
$Sr_3(PO_4)_2$	4.0×10^{-28}	ZnF_2	3.04×10^{-2}
$Tb(OH)_3$	2.0×10^{-22}	$Zn(OH)_2$	3×10^{-17}
$Tl_4[Fe(CN)_6]\cdot2H_2O$	5×10^{-10}	$Zn(IO_3)_2\cdot2H_2O$	4.1×10^{-6}
Tl_2S	5.0×10^{-21}	$ZnC_2O_4\cdot2H_2O$	1.38×10^{-9}
$Tl(OH)_3$	1.68×10^{-44}	$Zn_3(PO_4)_2$	9.0×10^{-33}
$Sn(OH)_2$	5.45×10^{-28}	α-ZnS	1.6×10^{-24}
$Sn(OH)_4$	1×10^{-56}	β-ZnS	2.5×10^{-22}
SnS	1.0×10^{-25}	$ZrO(OH)_2$	6.3×10^{-49}
$Ti(OH)_3$	1×10^{-40}	$Zr_3(PO_4)_4$	1×10^{-132}

附录 4　一些无机酸和简单有机酸的酸度常数（25℃）

名称	分子式	pK_{a1}	pK_{a2}	pK_{a3}
水合铝（Ⅲ）离子	$[Al(H_2O)_6]^{3+}$	4.9		
铵离子	NH_4^+	9.25		
亚砷酸	H_3AsO_3	9.22		
砷酸	H_3AsO_4	2.30		
硼酸	H_3BO_3	9.24		
次溴酸	$HOBr$	8.70		
碳酸	H_2CO_3	6.38①	10.32	
次氯酸	$HOCl$	7.43		
亚氯酸	$HClO_2$	2.0		
水合铬（Ⅲ）离子	$[Cr(H_2O)_6]^{3+}$	3.9		
肼离子（氨基铵离子）	$H_2N\text{-}NH_3^+$	7.93		
氢氰酸	HCN	9.40		
氢氟酸	HF	3.25		
过氧化氢	H_2O_2	11.62		
硫化氢	H_2S	7.05	12.92	
羟（基）铵离子	$HO\text{-}NH_3^+$	5.82		
次碘酸	HOI	10.52		
碘酸	HIO_3	0.8		
水合铁（Ⅲ）离子	$[Fe(H_2O)_6]^{3+}$	2.22		

续表

名称	分子式	pK_{a1}	pK_{a2}	pK_{a3}
水合铅（Ⅱ）离子	$[Pb(H_2O)_6]^{2+}$	7.8		
亚硝酸	HNO_2	3.34		
次磷酸	H_3PO_2	2.0		
亚磷酸	H_3PO_3	2.00	6.58	
磷酸	H_3PO_4	2.15	7.21	12.36
硅酸	H_2SiO_3	9.9	11.9	
硫酸	H_2SO_4		1.92	
亚硫酸	H_2SO_3	1.92	7.21	
水合锌（Ⅱ）离子	$[Zn(H_2O)_6]^{2+}$	8.96		
甲酸	HCOOH	3.751		
乙酸	CH_3COOH	4.756		
草酸（乙二酸）	$C_2H_2O_4$	1.271	4.272	
枸橼酸	$C_6H_8O_7$	3.128	4.761	6.396

注：[①]部分未脱质子的酸并非 H_2CO_3，而是以溶解态 CO_2 形式存在；若仅考虑其中的 H_2CO_3 部分，pK_{a1} 约为 3.7。

附录 5 标准电极电势

表 5-1 在酸性溶液中（$[H^+]=1.0mol/kg$）

电极反应	$E^\ominus$/V	电极反应	$E^\ominus$/V
$Li^+ + e^- \longrightarrow Li$	−3.045	$CO_2 + 2H^+ + 2e^- \longrightarrow HCOOH + H_2O$	−0.16
$K^+ + e^- \longrightarrow K$	−2.925	$AgI + e^- \longrightarrow Ag + I^-$	−0.152
$Na^+ + e^- \longrightarrow Na$	−2.714	$Sn^{2+} + 2e^- \longrightarrow Sn$	−0.136
$Mg^{2+} + 2e^- \longrightarrow Mg$	−2.356	$Pb^{2+} + 2e^- \longrightarrow Pb$	−0.125
$H_2 + 2e^- \longrightarrow 2H^-$	−2.25	$2H^+ + 2e^- \longrightarrow H_2$	0.000
$Be^{2+} + 2e^- \longrightarrow Be$	−1.97	$AgBr + e^- \longrightarrow Ag + Br^-$	0.071
$Zr^{4+} + 4e^- \longrightarrow Zr$	−1.70	$S_4O_6^{2-} + 2e^- \longrightarrow 2S_2O_3^{2-}$	0.08
$Al^{3+} + 3e^- \longrightarrow Al$	−1.67	$S + 2H^+ + 2e^- \longrightarrow H_2S$	0.144
$Ti^{3+} + 3e^- \longrightarrow Ti$	−1.21	$Sn^{4+} + 2e^- \longrightarrow Sn^{2+}$	0.15
$Mn^{2+} + e^- \longrightarrow Mn$	−1.18	$SO_4^{2-} + 4H^+ + 2e^- \longrightarrow H_2SO_3 + H_2O$	0.158
$Zn^{2+} + 2e^- \longrightarrow Zn$	−0.763	$Cu^{2+} + e^- \longrightarrow Cu^+$	0.159
$Fe^{2+} + 2e^- \longrightarrow Fe$	−0.44	$AgCl + e^- \longrightarrow Ag + Cl^-$	0.222
$Cr^{3+} + e^- \longrightarrow Cr^{2+}$	−0.424	$Cu^{2+} + 2e^- \longrightarrow Cu$	0.340
$Cd^{2+} + 2e^- \longrightarrow Cd$	−0.403	$Fe(CN)_6^{3-} + e^- \longrightarrow Fe(CN)_6^{2-}$	0.361
$PbSO_4 + 2e^- \longrightarrow Pb + SO_4^{2-}$	−0.351	$2H_2SO_3 + 2H^+ + 4e^- \longrightarrow S_2O_3^{2-} + 3H_2O$	0.400
$Co^{2+} + 2e^- \longrightarrow Co$	−0.277	$H_2SO_3 + 4H^+ + 4e^- \longrightarrow S + 3H_2O$	0.500
$H_3PO_4 + 2H^+ + 2e^- \longrightarrow H_3PO_3 + H_2O$	−0.276	$4H_2SO_3 + 4H^+ + 6e^- \longrightarrow S_4O_6^{2-} + 6H_2O$	0.507
$Ni^{2+} + 2e^- \longrightarrow Ni$	−0.257	$Cu^+ + e^- \longrightarrow Cu$	0.520
$2SO_4^{2-} + 4H^+ + 2e^- \longrightarrow S_2O_6^{2-} + 2H_2O$	−0.253	$I_2 + 2e^- \longrightarrow 2I^-$	0.535 5
$N_2 + 5H^+ + 4e^- \longrightarrow N_2H_5^+$	−0.23	$I_3^- + 2e^- \longrightarrow 3I^-$	0.536

续表

电极反应	$E^\ominus$/V	电极反应	$E^\ominus$/V
$MnO_4^- + e^- \longrightarrow MnO_4^{2-}$	0.56	$O_2 + 4H^+ + 4e^- \longrightarrow 2H_2O$	1.229
$S_2O_6^{2-} + 4H^+ + 2e^- \longrightarrow 2H_2SO_3$	0.569	$MnO_2 + 4H^+ + 2e^- \longrightarrow Mn^{2+} + 2H_2O$	1.23
$O_2 + 2H^+ + 2e^- \longrightarrow H_2O_2$	0.695	$Cl_2 + 2e^- \longrightarrow 2Cl^-$	1.358
$Rh^{3+} + 3e^- \longrightarrow Rh$	0.76	$Cr_2O_7^{2-} + 14H^+ + 6e^- \longrightarrow 2Cr^{3+} + 7H_2O$	1.36
$(NCS)_2 + 2e^- \longrightarrow 2NCS^-$	0.77	$PbO_2 + 4H^+ + 2e^- \longrightarrow Pb^{2+} + 2H_2O$	1.468
$Fe^{3+} + e^- \longrightarrow Fe^{2+}$	0.771	$2BrO_3^- + 12H^+ + 10e^- \longrightarrow Br_2 + 6H_2O$	1.478
$Hg_2^{2+} + 2e^- \longrightarrow 2Hg$	0.796	$Au^{3+} + 3e^- \longrightarrow Au$	1.52
$Ag^+ + e^- \longrightarrow Ag$	0.799	$2HBrO + 2H^+ + 2e^- \longrightarrow Br_2 + 2H_2O$	1.604
$2NO_3^- + 4H^+ + 2e^- \longrightarrow N_2O_4 + 2H_2O$	0.803	$2HClO + 2H^+ + 2e^- \longrightarrow Br_2 + 2H_2O$	1.630
$Hg^{2+} + 2e^- \longrightarrow Hg$	0.911	$PbO_2 + SO_4^{2-} + 4H^+ + 2e^- \longrightarrow PbSO_4 + 2H_2O$	1.698
$NO_3^- + 3H^+ + 2e^- \longrightarrow HNO_2 + H_2O$	0.94	$MnO_4^- + 4H^+ + 3e^- \longrightarrow MnO_2 + 2H_2O$	1.70
$NO_3^- + 4H^+ + 3e^- \longrightarrow NO + 2H_2O$	0.957	$H_2O_2 + 2H^+ + 2e^- \longrightarrow 2H_2O$	1.763
$N_2O_4 + 4H^+ + 4e^- \longrightarrow 2NO + 2H_2O$	1.039	$Au^+ + e^- \longrightarrow Au$	1.83
$Br_2 + 2e^- \longrightarrow 2Br^-$	1.065	$Co^{3+} + e^- \longrightarrow Co^{2+}$	1.92
$N_2O_4 + 2H^+ + 2e^- \longrightarrow 2HNO_2$	1.07	$S_2O_8^{2-} + 2e^- \longrightarrow 2SO_4^{2-}$	1.96
$H_2O_2 + H^+ + e^- \longrightarrow \cdot OH + H_2O$	1.14	$O_3 + 2H^+ + 2e^- \longrightarrow O_2 + H_2O$	2.075
$ClO_4^- + 2H^+ + 2e^- \longrightarrow ClO_3^- + H_2O$	1.201	$F_2 + 2H^+ + 2e^- \longrightarrow 2HF$	3.053

表 5-2　在碱性溶液中（[OH⁻]=1.0mol/kg）

电极反应	$E^\ominus$/V	电极反应	$E^\ominus$/V
$Ca(OH)_2 + 2e^- \longrightarrow Ca + 2OH^-$	−3.026	$MnO_2 + 2H_2O + 2e^- \longrightarrow Mn(OH)_2 + 2OH^-$	−0.05
$Mg(OH)_2 + 2e^- \longrightarrow Mg + 2OH^-$	−2.687	$NO_3^- + H_2O + 2e^- \longrightarrow NO_2^- + 2OH^-$	0.01
$Al(OH)_4^- + 3e^- \longrightarrow Al + 4OH^-$	−2.310	$Co(NH_3)_6^{3+} + e^- \longrightarrow [Co(NH_3)_6]^{2+}$	0.058
$Mn(OH)_2 + 2e^- \longrightarrow Mn + 2OH^-$	−1.56	HgO(红)$ + H_2O + 2e^- \longrightarrow Hg + 2OH^-$	0.098
$Zn(OH)_4^{2-} + 2e^- \longrightarrow Zn + 4OH^-$	−1.285	$Co(OH)_3 + e^- \longrightarrow Co(OH)_2 + OH^-$	0.17
$Zn(NH_3)_4^{2+} + 2e^- \longrightarrow Zn + 4NH_3$	−1.04	$O_2^- + H_2O + e^- \longrightarrow HO_2^- + OH^-$	0.20
$MnO_2 + 2H_2O + 4e^- \longrightarrow Mn + 4OH^-$	−0.980	$ClO_3^- + H_2O + 2e^- \longrightarrow ClO_2^- + 2OH^-$	0.295
$SO_4^{2-} + H_2O + 2e^- \longrightarrow SO_3^{2-} + 2OH^-$	−0.94	$Ag_2O + H_2O + 2e^- \longrightarrow 2Ag + 2OH^-$	0.342
$2H_2O + 2e^- \longrightarrow H_2 + 2OH^-$	−0.828	$Ag(NH_3)_2^+ + e^- \longrightarrow Ag + 2NH_3$	0.373
$HFeO_2^- + H_2O + 2e^- \longrightarrow Fe + 3OH^-$	−0.8	$ClO_4^- + H_2O + 2e^- \longrightarrow ClO_3^- + 2OH^-$	0.374
$Co(OH)_2 + 2e^- \longrightarrow Co + 2OH^-$	−0.733	$O_2 + 2H_2O + 4e^- \longrightarrow 4OH^-$	0.401
$CrO_4^{2-} + 4H_2O + 3e^- \longrightarrow Cr(OH)_4^- + 4OH^-$	−0.72	$BrO_3^- + 3H_2O + 6e^- \longrightarrow Br^- + 6OH^-$	0.584
$Ni(OH)_2 + 2e^- \longrightarrow Ni + 2OH^-$	−0.72	$MnO_4^{2-} + 2H_2O + 2e^- \longrightarrow MnO_2 + 4OH^-$	0.62
$FeO_2^- + H_2O + 2e^- \longrightarrow HFeO_2^- + OH^-$	−0.69	$ClO_2^- + H_2O + 2e^- \longrightarrow ClO^- + 2OH^-$	0.681
$2SO_3^{2-} + 3H_2O + 4e^- \longrightarrow S_2O_3^{2-} + 6OH^-$	−0.58	$BrO^- + H_2O + 2e^- \longrightarrow Br^- + 2OH^-$	0.766
$Ni(NH_3)_6^{2+} + 2e^- \longrightarrow Ni + 6NH_3$	−0.476	$HO_2^- + H_2O + 2e^- \longrightarrow 3OH^-$	0.867
$S + 2e^- \longrightarrow S^{2-}$	−0.45	$ClO^- + H_2O + 2e^- \longrightarrow Cl^- + 2OH^-$	0.89
$O_2 + e^- \longrightarrow O_2^-$	−0.33	$O_3 + H_2O + 2e^- \longrightarrow O_2 + 2OH^-$	1.246
$CuO + H_2O + 2e^- \longrightarrow Cu + 2OH^-$	−0.29	$HO + e^- \longrightarrow OH^-$	1.985
$O_2 + H_2O + 2e^- \rightarrow HO_2^- + OH^-$	−0.065		

附录 6 一些金属配合物的累积稳定常数（25℃）

配位体	金属离子	$\lg\beta_1$	$\lg\beta_2$	$\lg\beta_3$	$\lg\beta_4$	$\lg\beta_5$	$\lg\beta_6$
NH_3	Cd^{2+}	2.65	4.75	6.19	7.12	6.80	5.14
	Co^{2+}	2.11	3.74	4.79	5.55	5.73	5.11
	Co^{3+}	6.7	14.0	20.1	25.7	30.8	35.2
	Cu^{+}	5.93	10.86				
	Cu^{2+}	4.31	7.98	11.02	13.32	12.86	
	Fe^{2+}	1.4	2.2				
	Mn^{2+}	0.8	1.3				
	Hg^{2+}	8.8	17.5	18.5	19.28		
	Ni^{2+}	2.80	5.04	6.77	7.96	8.71	8.74
	Pt^{2+}						35.3
	Ag^{+}	3.24	7.05				
	Zn^{2+}	2.37	4.81	7.31	9.46		
Br^{-}	Bi^{3+}	4.30	5.55	5.89	7.82		9.70
	Cd^{2+}	1.75	2.34	3.32	3.70		
	Pb^{2+}	1.2	1.9		1.1		
	Hg^{2+}	9.05	17.32	19.74	21.00		
	Pt^{2+}				20.5		
	Rh^{3+}		14.3	16.3	17.6	18.4	17.2
	Ag^{+}	4.38	7.33	8.00	8.73		
Cl^{-}	Bi^{3+}	2.44	4.7	5.0	5.6		
	Cd^{2+}	1.95	2.50	2.60	2.80		
	Cu^{+}		5.5	5.7			
	Cu^{2+}	0.1	−0.6				
	Fe^{2+}	0.36					
	Fe^{3+}	1.48	2.13	1.99	0.01		
	Pb^{2+}	1.62	2.44	1.70	1.60		
	Hg^{2+}	6.74	13.22	14.07	15.07		
	Pt^{2+}		11.5	14.5	16.0		
	Ag^{+}	3.04	5.04		5.30		
	Sn^{2+}	1.51	2.24	2.03	1.48		
	Sn^{4+}						4
	Zn^{2+}	0.43	0.61	0.53	0.20		

续表

配位体	金属离子	$\lg\beta_1$	$\lg\beta_2$	$\lg\beta_3$	$\lg\beta_4$	$\lg\beta_5$	$\lg\beta_6$
CN^-	Cd^{2+}	5.48	10.60	15.23	18.78		
	Cu^+		24.0	28.59	30.30		
	Au^+		38.3				
	Fe^{2+}						35
	Fe^{3+}						42
	Hg^{2+}				41.4		
	Ni^{2+}				31.3		
	Ag^+		21.1	21.7	20.6		
	Zn^{2+}				16.7		
F^-	Al^{3+}	6.10	11.15	15.00	17.75	19.37	19.84
	Be^{2+}	5.1	8.8	12.6			
	Cr^{3+}	4.41	7.81	10.29			
	Fe^{3+}	5.28	9.30	12.06			
OH^-	Al^{3+}	9.27			33.03		
	Be^{2+}	9.7	14.0	15.2			
	Bi^{3+}	12.7	15.8		35.2		
	Cd^{2+}	4.17	8.33	9.02	8.62		
	Cr^{3+}	10.1	17.8		29.9		
	Cu^{2+}	7.0	13.68	17.00	18.5		
	Fe^{2+}	5.56	9.77	9.67	8.58		
	Fe^{3+}	11.87	21.17	29.67			
	Pb^{2+}	7.82	10.85	14.58			61.0
	Mn^{2+}	3.90		8.3			
	Ni^{2+}	4.97	8.55	11.33			
	Zn^{2+}	4.40	11.30	14.14	17.66		
	Zr^{2+}	14.3	28.3	41.9	55.3		
I^-	Bi^{3+}	3.63			14.95	16.80	18.80
	Cd^{2+}	2.10	3.43	4.49	5.41		
	Cu^+		8.85				
	Pb^{2+}	2.00	3.15	3.92	4.47		
	Hg^{2+}	12.87	23.82	27.60	29.83		
	Ag^+	6.58	11.74	13.68			
$P_2O_7^{4-}$	Ca^{2+}	4.6					
	Cu^{2+}	6.7	9.0				
	Mn^{2+}	5.7					
	Ni^{2+}	5.8	7.4				

续表

配位体	金属离子	$\lg\beta_1$	$\lg\beta_2$	$\lg\beta_3$	$\lg\beta_4$	$\lg\beta_5$	$\lg\beta_6$
SCN^-	Bi^{3+}	1.15	2.26	3.41	4.23		
	Cd^{2+}	1.39	1.98	2.58	3.6		
	Cr^{3+}	1.87	2.98				
	Co^{2+}	−0.04	−0.70	0	3.00		
	Cu^+	12.11	5.18				
	Au^+		23		42		
	Fe^{3+}	2.95	3.36				
	Hg^{2+}		17.47		21.23		
	Ni^{2+}	1.18	1.64	1.81			
	Ag^+		7.57	9.08	10.08		
	Zn^{2+}	1.62					
$S_2O_3^{2-}$	Cd^{2+}	3.92	6.44				
	Cu^+	10.27	12.22	13.84			
	Fe^{3+}	2.10					
	Pb^{2+}		5.13	6.35			
	Hg^{2+}		29.44	31.90	33.24		
	Ag^+	8.82	13.46				
OAc^- 乙酸根	Cd^{2+}	1.5	2.3	2.4			
	Fe^{2+}	3.2	6.1	8.3			
	Pb^{2+}	2.52	4.0	6.4	8.5		
cit^{3-} 枸橼酸根	Al^{3+}	20.0					
	Cd^{2+}	11.3					
	Co^{2+}	12.5					
	Cu^{2+}	14.2					
	Fe^{2+}	15.5					
	Fe^{3+}	25.0					
	Ni^{2+}	14.3					
	Zn^{2+}	11.4					
dipy 2, 2′ - 联吡啶	Ag^+	3.65	7.15				
	Cd^{2+}	4.26	7.81	10.47			
	Co^{2+}	5.73	11.57	17.59			
	Cr^{2+}	4.5	10.5	14.0			
	Cu^+		14.2				
	Cu^{2+}	8.0	13.60	17.08			
	Fe^{2+}	4.36	8.0	17.45			

续表

配位体	金属离子	$\lg\beta_1$	$\lg\beta_2$	$\lg\beta_3$	$\lg\beta_4$	$\lg\beta_5$	$\lg\beta_6$
dipy 2,2′-联吡啶	Hg^{2+}	9.64	16.74	19.54			
	Mn^{2+}	4.06	7.84	11.47			
	Ni^{2+}	6.80	13.26	18.46			
	Pb^{2+}	3.0					
	Ti^{3+}			25.28			
	Zn^{2+}	5.30	9.83	13.63			
en 乙二胺	Ag^{+}	4.70	7.70				
	Cd^{2+}(20℃)	5.47	10.09	12.09			
	Co^{2+}	5.91	10.64	13.94			
	Co^{3+}	18.7	34.9	48.69			
	Cr^{2+}	5.15	9.19				
	Cu^{+}		10.8				
	Cu^{2+}	10.67	20.00	21.0			
	Fe^{2+}	4.34	7.65	9.70			
	Hg^{2+}	14.3	23.3				
	Mg^{2+}	0.37					
	Mn^{2+}	2.73	4.79	5.67			
	Ni^{2+}	7.52	13.84	18.33			
	Pb^{2+}		26.90				
	Zn^{2+}	5.77	10.83	14.11			
$EDTA^{4-}$	Ag^{+}	7.32					
	Al^{3+}	16.11					
	Ba^{2+}	7.78					
	Be^{2+}	9.3					
	Bi^{3+}	22.8					
	Ca^{2+}	11.0					
	Cd^{2+}	16.4					
	Co^{2+}	16.31					
	Co^{3+}	36					
	Cr^{2+}	13.6					
	Cr^{3+}	23					
	Cu^{2+}	18.7					
	Fe^{2+}	14.33					
	Fe^{3+}	24.23					
	Hg^{2+}	21.80					

续表

配位体	金属离子	$\lg\beta_1$	$\lg\beta_2$	$\lg\beta_3$	$\lg\beta_4$	$\lg\beta_5$	$\lg\beta_6$
$EDTA^{4-}$	Li^{+}	2.79					
	Mg^{2+}	8.64					
	Mn^{2+}	13.8					
	Na^{+}	1.66					
	Ni^{2+}	18.56					
	Pb^{2+}	18.3					
	Sn^{2+}	22.1					
	Ti^{3+}	21.3					
	Tl^{3+}	22.5					
	Zn^{2+}	16.4					
ox^{2-} 草酸根	Co^{2+}	4.79	6.7	9.7			
	Co^{3+}			~20			
	Cu^{2+}	6.16	8.5				
	Fe^{2+}	2.9	4.52	5.22			
	Fe^{3+}	9.4	16.2	20.2			
	Hg^{2+}		6.98				
	Mg^{2+}	3.43	4.38				
	Mn^{2+}	3.97	5.80				
	Ni^{2+}	5.3	7.64	~8.5			
	Pb^{2+}		6.54				
	Zn^{2+}	4.89	7.60	8.15			
	Zr^{2+}	9.80	17.14	20.86	21.15		
phen 1,10-菲绕啉	Ag^{+}	5.02	12.07				
	Ca^{2+}	0.7					
	Cd^{2+}	5.93	10.53	14.31			
	Co^{2+}	7.25	13.95	19.90			
	Cu^{2+}	9.08	15.76	20.94			
	Fe^{2+}	5.85	11.45	21.3			
	Fe^{3+}	6.5	11.4	23.5			
	Hg^{2+}		19.65	23.35			
	Mg^{2+}	1.2					
	Mn^{2+}	3.88	7.04	10.11			
	Ni^{2+}	8.80	17.10	24.80			
	Pb^{2+}	4.65	7.5	9			
	Zn^{2+}	6.55	12.35	17.55			

附录 7　元素的标准原子质量[①]

原子序数	元素名称	元素符号	电子组态	原子质量
1	hydrogen	H	$1s^1$	1.008［1.007 84，1.008 11］
2	helium	He	$1s^2$	4.002 602（2）
3	lithium	Li	［He］$2s^1$	6.94［6.938，6.997］
4	beryllium	Be	［He］$2s^2$	9.012 183 1（5）
5	boron	B	［He］$2s^2 2p^1$	10.81［10.806，10.821］
6	carbon	C	［He］$2s^2 2p^2$	12.011［12.009 6，12.011 6］
7	nitrogen	N	［He］$2s^2 2p^3$	14.007［14.006 43，14.007 28］
8	oxygen	O	［He］$2s^2 2p^4$	15.999［15.999 03，15.999 77］
9	fluorine	F	［He］$2s^2 2p^5$	18.998 403 163（6）
10	neon	Ne	［He］$2s^2 2p^6$	20.179 7（6）
11	sodium	Na	［Ne］$3s^1$	22.989 769 28（2）
12	magnesium	Mg	［Ne］$3s^2$	24.305［24.304，24.307］
13	aluminum	Al	［Ne］$3s^2 3p^1$	26.981 538 5（7）
14	silicon	Si	［Ne］$3s^2 3p^2$	28.085［28.084，28.086］
15	phosphorus	P	［Ne］$3s^2 3p^3$	30.973 761 998（5）
16	sulfur	S	［Ne］$3s^2 3p^4$	32.06［32.059，32.076］
17	chlorine	Cl	［Ne］$3s^2 3p^5$	35.45［35.446，35.457］
18	argon	Ar	［Ne］$3s^2 3p^6$	39.948（1）
19	potassium	K	［Ar］$4s^1$	39.098 3（1）
20	calcium	Ca	［Ar］$4s^2$	40.078（4）
21	scandium	Sc	［Ar］$3d^1 4s^2$	44.955 908（5）
22	titanium	Ti	［Ar］$3d^2 4s^2$	47.867（1）
23	vanadium	V	［Ar］$3d^3 4s^2$	50.941 5（1）
24	chromium	Cr	［Ar］$3d^5 4s^1$	51.996 1（6）
25	manganese	Mn	［Ar］$3d^5 4s^2$	54.938 044（3）
26	iron	Fe	［Ar］$3d^6 4s^2$	55.845（2）

①数据取自 Atomic weights of the elements 2020 (IUPAC Technical Report)。

续表

原子序数	元素名称	元素符号	电子组态	原子质量
27	cobalt	Co	[Ar]$3d^7 4s^2$	58.933 194(4)
28	nickel	Ni	[Ar]$3d^8 4s^2$	58.693 4(4)
29	copper	Cu	[Ar]$3d^{10} 4s^1$	63.546(3)
30	zinc	Zn	[Ar]$3d^{10} 4s^2$	65.38(2)
31	gallium	Ga	[Ar]$3d^{10} 4s^2 4p^1$	69.723(1)
32	germanium	Ge	[Ar]$3d^{10} 4s^2 4p^2$	72.630(8)
33	arsenic	As	[Ar]$3d^{10} 4s^2 4p^3$	74.921 595(6)
34	selenium	Se	[Ar]$3d^{10} 4s^2 4p^4$	78.971(8)
35	bromine	Br	[Ar]$3d^{10} 4s^2 4p^5$	79.904[79.901, 79.907]
36	krypton	Kr	[Ar]$3d^{10} 4s^2 4p^6$	83.798(2)
37	rubidium	Rb	[Kr]$5s^1$	85.467 8(3)
38	strontium	Sr	[Kr]$5s^2$	87.62(1)
39	yttrium	Y	[Kr]$4d^1 5s^2$	88.905 84(2)
40	zirconium	Zr	[Kr]$4d^2 5s^2$	91.224(2)
41	niobium	Nb	[Kr]$4d^4 5s^1$	92.906 37(2)
42	molybdenum	Mo	[Kr]$4d^5 5s^1$	95.95(1)
43	technetium	Tc	[Kr]$4d^5 5s^2$	[98]*
44	ruthenium	Ru	[Kr]$4d^7 5s^1$	101.07(2)
45	rhodium	Rh	[Kr]$4d^8 5s^1$	102.905 50(2)
46	palladium	Pd	[Kr]$4d^{10}$	106.42(1)
47	silver	Ag	[Kr]$4d^{10} 5s^1$	107.868 2(2)
48	cadmium	Cd	[Kr]$4d^{10} 5s^2$	112.414(4)
49	indium	In	[Kr]$4d^{10} 5s^2 5p^1$	114.818(1)
50	tin	Sn	[Kr]$4d^{10} 5s^2 5p^2$	118.710(7)
51	antimony	Sb	[Kr]$4d^{10} 5s^2 5p^3$	121.760(1)
52	tellurium	Te	[Kr]$4d^{10} 5s^2 5p^4$	127.60(3)
53	iodine	I	[Kr]$4d^{10} 5s^2 5p^5$	126.904 47(3)
54	xenon	Xe	[Kr]$4d^{10} 5s^2 5p^6$	131.293(6)
55	cesium	Cs	[Xe]$6s^1$	132.905 451 96(6)
56	barium	Ba	[Xe]$6s^2$	137.327(7)
57	lanthanum	La	[Xe]$5d^1 6s^2$	138.90547(7)
58	cerium	Ce	[Xe]$4f^1 5d^1 6s^2$	140.116(1)

续表

原子序数	元素名称	元素符号	电子组态	原子质量
59	praseodymium	Pr	[Xe]$4f^3 6s^2$	140.907 66(2)
60	neodymium	Nd	[Xe]$4f^4 6s^2$	144.242(3)
61	promethium	Pm	[Xe]$4f^5 6s^2$	[145]*
62	samarium	Sm	[Xe]$4f^6 6s^2$	150.36(2)
63	europium	Eu	[Xe]$4f^7 6s^2$	151.964(1)
64	gadolinium	Gd	[Xe]$4f^7 5d^1 6s^2$	157.25(3)
65	terbium	Tb	[Xe]$4f^9 6s^2$	158.925 35(2)
66	dysprosium	Dy	[Xe]$4f^{10} 6s^2$	162.500(1)
67	holmium	Ho	[Xe]$4f^{11} 6s^2$	164.930 33(2)
68	erbium	Er	[Xe]$4f^{12} 6s^2$	167.259(3)
69	thulium	Tm	[Xe]$4f^{13} 6s^2$	168.934 22(2)
70	ytterbium	Yb	[Xe]$4f^{14} 6s^2$	173.045(10)
71	lutetium	Lu	[Xe]$4f^{14} 5d^1 6s^2$	174.966 8(1)
72	hafnium	Hf	[Xe]$4f^{14} 5d^2 6s^2$	178.49(2)
73	tantalum	Ta	[Xe]$4f^{14} 5d^3 6s^2$	180.947 88(2)
74	tungsten	W	[Xe]$4f^{14} 5d^4 6s^2$	183.84(1)
75	rhenium	Re	[Xe]$4f^{14} 5d^5 6s^2$	186.207(1)
76	osmium	Os	[Xe]$4f^{14} 5d^6 6s^2$	190.23(3)
77	iridium	Ir	[Xe]$4f^{14} 5d^7 6s^2$	192.217(3)
78	platinum	Pt	[Xe]$4f^{14} 5d^9 6s^1$	195.084(9)
79	gold	Au	[Xe]$4f^{14} 5d^{10} 6s^1$	196.966 569(5)
80	mercury	Hg	[Xe]$4f^{14} 5d^{10} 6s^2$	200.592(3)
81	thallium	Tl	[Xe]$4f^{14} 5d^{10} 6s^2 6p^1$	204.38[204.382,204.385]
82	lead	Pb	[Xe]$4f^{14} 5d^{10} 6s^2 6p^2$	207.2(1)
83	bismuth	Bi	[Xe]$4f^{14} 5d^{10} 6s^2 6p^3$	208.980 40(1)
84	polonium	Po	[Xe]$4f^{14} 5d^{10} 6s^2 6p^4$	[209]*
85	astatine	At	[Xe]$4f^{14} 5d^{10} 6s^2 6p^5$	[210]*
86	radon	Rn	[Xe]$4f^{14} 5d^{10} 6s^2 6p^6$	[222]*
87	francium	Fr	[Rn]$7s^1$	[223]*
88	radium	Ra	[Rn]$7s^2$	[226]*
89	actinium	Ac	[Rn]$6d^1 7s^2$	[227]*
90	thorium	Th	[Rn]$6d^2 7s^2$	232.037 7(4)

续表

原子序数	元素名称	元素符号	电子组态	原子质量
91	protactinium	Pa	[Rn]$5f^26d^17s^2$	231.035 88(2)
92	uranium	U	[Rn]$5f^36d^17s^2$	238.028 91(3)
93	neptunium	Np	[Rn]$5f^46d^17s^2$	[237]*
94	plutonium	Pu	[Rn]$5f^67s^2$	[244]*
95	americium	Am	[Rn]$5f^77s^2$	[243]*
96	curium	Cm	[Rn]$5f^76d^17s^2$	[247]*
97	berkelium	Bk	[Rn]$5f^97s^2$	[247]*
98	californium	Cf	[Rn]$5f^{10}7s^2$	[251]*
99	einsteinium	Es	[Rn]$5f^{11}7s^2$	[252]*
100	fermium	Fm	[Rn]$5f^{12}7s^2$	[257]*
101	mendelevium	Md	[Rn]$5f^{13}7s^2$	[258]*
102	nobelium	No	[Rn]$5f^{14}7s^2$	[259]*
103	lawrencium	Lr	[Rn]$5f^{14}6d^17s^2$	[262]*
104	rutherfordium	Rf	[Rn]$5f^{14}6d^27s^2$	[267]*
105	dubnium	Db	[Rn]$5f^{14}6d^37s^2$	[270]*
106	seaborgium	Sg	[Rn]$5f^{14}6d^47s^2$	[269]*
107	bohrium	Bh	[Rn]$5f^{14}6d^57s^2$	[270]*
108	hassium	Hs	[Rn]$5f^{14}6d^67s^2$	[269]*
109	meitnerium	Mt	[Rn]$5f^{14}6d^77s^2$	[278]*
110	darmstadtium	Ds	[Rn]$5f^{14}6d^87s^2$	[281]*
111	roentgenium	Rg	[Rn]$5f^{14}6d^97s^2$	[281]*
112	copernicium	Cn	[Rn]$5f^{14}6d^{10}7s^2$	[285]*
113	nihonium	Nh	[Rn]$5f^{14}6d^{10}7s^27p^1$	[286]*
114	flerovium	FI	[Rn]$5f^{14}6d^{10}7s^27p^2$	[289]*
115	moscovium	Mc	[Rn]$5f^{14}6d^{10}7s^27p^3$	[289]*
116	livermorium	Lv	[Rn]$5f^{14}6d^{10}7s^27p^4$	[293]*
117	tennessine	Ts	[Rn]$5f^{14}6d^{10}7s^27p^5$	[293]*
118	oganesson	Og	[Rn]$5f^{14}6d^{10}7s^27p^6$	[294]*

注:* 该放射性元素半衰期最长同位素的质量数。

中英文对照索引

元素周期表

原子序数 1 H 元素符号；氢 元素名称；Hydrogen 英文名称

周期	1	2	3	4	5	6	7	8	9	10	11	12	13	14	15	16	17	18
	ⅠA	ⅡA	ⅢB	ⅣB	ⅤB	ⅥB	ⅦB	ⅧB			ⅠB	ⅡB	ⅢA	ⅣA	ⅤA	ⅥA	ⅦA	ⅧA
1	1 H 氢 Hydrogen																	2 He 氦 Helium
2	3 Li 锂 Lithium	4 Be 铍 Beryllium											5 B 硼 Boron	6 C 碳 Carbon	7 N 氮 Nitrogen	8 O 氧 Oxygen	9 F 氟 Fluorine	10 Ne 氖 Neon
3	11 Na 钠 Sodium	12 Mg 镁 Magnesium											13 Al 铝 Aluminum	14 Si 硅 Silicon	15 P 磷 Phosphorus	16 S 硫 Sulfur	17 Cl 氯 Chlorine	18 Ar 氩 Argon
4	19 K 钾 Potassium	20 Ca 钙 Calcium	21 Sc 钪 Scandium	22 Ti 钛 Titanium	23 V 钒 Vanadium	24 Cr 铬 Chromium	25 Mn 锰 Manganese	26 Fe 铁 Iron	27 Co 钴 Cobalt	28 Ni 镍 Nickel	29 Cu 铜 Copper	30 Zn 锌 Zinc	31 Ga 镓 Gallium	32 Ge 锗 Germanium	33 As 砷 Arsenic	34 Se 硒 Selenium	35 Br 溴 Bromine	36 Kr 氪 Krypton
5	37 Rb 铷 Rubidium	38 Sr 锶 Strontium	39 Y 钇 Yttrium	40 Zr 锆 Zirconium	41 Nb 铌 Niobium	42 Mo 钼 Molybdenum	43 Tc 锝 Technetium	44 Ru 钌 Ruthenium	45 Rh 铑 Rhodium	46 Pd 钯 Palladium	47 Ag 银 Silver	48 Cd 镉 Cadmium	49 In 铟 Indium	50 Sn 锡 Tin	51 Sb 锑 Antimony	52 Te 碲 Tellurium	53 I 碘 Iodine	54 Xe 氙 Xenon
6	55 Cs 铯 Cesium	56 Ba 钡 Barium	57-71 镧系	72 Hf 铪 Hafnium	73 Ta 钽 Tantalum	74 W 钨 Tungsten	75 Re 铼 Rhenium	76 Os 锇 Osmium	77 Ir 铱 Iridium	78 Pt 铂 Platinum	79 Au 金 Gold	80 Hg 汞 Mercury	81 Tl 铊 Thallium	82 Pb 铅 Lead	83 Bi 铋 Bismuth	84 Po 钋 Polonium	85 At 砹 Astatine	86 Rn 氡 Radon
7	87 Fr 钫 Francium	88 Ra 镭 Radium	89-103 锕系	104 Rf 𬬻 Rutherfordium	105 Db 𬭊 Dubnium	106 Sg 𬭳 Seaborgium	107 Bh 𬭛 Bohrium	108 Hs 𬭶 Hassium	109 Mt 鿏 Meitnerium	110 Ds 𫟼 Darmstadtium	111 Rg 𬬭 Roentgenium	112 Cn 鿔 Copernicium	113 Nh 鿭 Nihonium	114 Fl 𫓧 Flerovium	115 Mc 镆 Moscovium	116 Lv 𫟷 Livermorium	117 Ts 鿬 Tennessine	118 Og 鿫 Oganesson

57 La 镧 Lanthanum	58 Ce 铈 Cerium	59 Pr 镨 Praseodymium	60 Nd 钕 Neodymium	61 Pm 钷 Promethium	62 Sm 钐 Samarium	63 Eu 铕 Europium	64 Gd 钆 Gadolinium	65 Tb 铽 Terbium	66 Dy 镝 Dysprosium	67 Ho 钬 Holmium	68 Er 铒 Erbium	69 Tm 铥 Thulium	70 Yb 镱 Ytterbium	71 Lu 镥 Lutetium
89 Ac 锕 Actinium	90 Th 钍 Thorium	91 Pa 镤 Protactinium	92 U 铀 Uranium	93 Np 镎 Neptunium	94 Pu 钚 Plutonium	95 Am 镅 Americium	96 Cm 锔 Curium	97 Bk 锫 Berkelium	98 Cf 锎 Californium	99 Es 锿 Einsteinium	100 Fm 镄 Fermium	101 Md 钔 Mendelevium	102 No 锘 Nobelium	103 Lr 铹 Lawrencium

注：元素详细信息见附录7。